Algorithmen und Datenstrukturen

Gunter Saake ist Professor für Datenbanken und Informationssysteme an der Uni Magdeburg und forscht unter anderem auf den Gebieten Datenbankintegration, digitale Bibliotheken, objektorientierte Informationssysteme und Informationsfusion. Er ist Koautor mehrerer Lehrbücher, u.a. zu Datenbankkonzepten und -implementierungstechniken, Datenbanken & Java.

Kai-Uwe Sattler ist Professor für Datenbanken und Informationssysteme an der TU Ilmenau. Zu seinen Arbeitsgebieten zählen Datenbankintegration und Anfrageverarbeitung in heterogenen sowie massiv verteilten Datenbanksystemen. Er ist Koautor mehrerer Lehrbücher, u.a. zu Datenbankkonzepten und zu Datenbanken & Java.

Gunter Saake · Kai-Uwe Sattler

Algorithmen und Datenstrukturen

Eine Einführung mit Java

4., überarbeitete Auflage

dpunkt.verlag

Prof. Dr. Gunter Saake
Institut für Technische und Betriebliche Informationssysteme
Otto-von-Guericke-Universität Magdeburg
Universitätsplatz 2
39106 Magdeburg
E-Mail: saake@iti.cs.uni-magdeburg.de

Prof. Dr. Kai-Uwe Sattler
Fakultät für Informatik und Automatisierung
FG Datenbanken und Informationssysteme
Technische Universität Ilmenau
Langewiesener Straße 37
98693 Ilmenau
E-Mail: kus@tu-ilmenau.de

Lektorat: Christa Preisendanz
Copy-Editing: Ursula Zimpfer, Herrenberg
Satz: Kai-Uwe Sattler, Ilmenau
Herstellung: Frank Heidt
Umschlaggestaltung: Helmut Kraus, www.exclam.de
Fotograf des Fotos von Kai-Uwe Sattler: Ingo Herzog
Druck und Bindung: Media-Print Informationstechnologie, Paderborn

Bibliografische Information der Deutschen Nationalbibliothek
Die Deutsche Nationalbibliothek verzeichnet diese Publikation in der Deutschen Nationalbibliografie; detaillierte bibliografische Daten sind im Internet über http://dnb.d-nb.de abrufbar.

ISBN 978-3-89864-663-5

4., überarbeitete Auflage 2010

Ringstraße 19 B
69115 Heidelberg

5 4 3 2 1 0

Vorwort

Nach fast 5 Jahren Bestand der 3. Auflage war es an der Zeit, wieder einmal eine Überarbeitung vorzunehmen. Auch wenn die relevanten Änderungen an der Programmiersprache Java eher marginal sind – die Java-Plattform hat sich dagegen sehr viel weiter entwickelt, aber das ist für ein Buch dieser Art weniger von Bedeutung –, haben wir einige Hinweise und eigene Lehrerfahrungen integriert. Unser Anliegen bleibt jedoch weiterhin ein Begleitbuch für Erst- und Zweitsemester in Informatik-lastigen Studiengängen: Weder wollten wir den Umfang durch Aufnahme einer Vielzahl weiterer Algorithmen und Datenstrukturen sprengen noch im Interesse von Überblicksvorlesungen oder Programmierkursen abspecken. Wir haben in dieser Auflage als neue Algorithmen den für die Routenplanung wichtigen A*-Algorithmus und die Levenshtein-Distanz zum Ähnlichkeitsvergleich von Texten aufgenommen. Weiterhin ist für den B-Baum nun auch eine einfache Beispielimplementierung angegeben. Auf die Neuerungen der seit der 3. Auflage eingeführten Sprachversion 6.0 sowie der für Ende 2010 geplanten Version Java SE 7.0 wird an geeigneter Stelle eingegangen.

Schließlich möchten wir allen Lesern (Studierenden wie Kollegen) danken, die uns wertvolles Feedback geliefert haben.

Magdeburg und Ilmenau, April 2010
Gunter Saake und Kai-Uwe Sattler

Vorwort zur 3. Auflage

Die Nachfrage nach diesem Buch, einige in der 2. Auflage übersehene Fehler und nicht zuletzt die Weiterentwicklung der Sprache Java haben die 3. Auflage früher als erwartet notwendig gemacht. Somit beziehen sich die Neuerungen dieser Auflage im Wesentlichen auf die Vorstellung der neuen Sprachkonzepte von Java in der Version 5.0, die gerade im Zusammenhang mit Datenstrukturen wie Feldern oder Listen von Bedeutung sind. Weiterhin haben wir uns bemüht, alle gemeldeten Fehler zu korrigieren. Für entsprechende Hinweise von aufmerksamen Lesern möchten wir uns an dieser Stelle ausdrücklich bedanken.

Magdeburg und Ilmenau, November 2005
Gunter Saake und Kai-Uwe Sattler

Vorwort zur 2. Auflage

Zur 1. Auflage dieses Buches haben wir eine Vielzahl von Rückmeldungen von Dozenten und Studierenden an Universitäten und Fachhochschulen, aber auch von Informatik-Lehrern an Gymnasien erhalten. Neben Lob, Kritik und Hinweisen auf einige Fehler befanden sich darunter auch einige Wünsche nach der Behandlung von Algorithmen und Datenstrukturen, die im Buch bisher fehlten. Daher haben wir uns entschlossen, für die vorliegende 2. Auflage nicht nur Fehlerkorrekturen vorzunehmen, sondern auch einige Ergänzungen aufzunehmen. So werden nun mit den genetischen Algorithmen und den neuronalen Netzen zwei weitere »Algorithmenparadigmen« vorgestellt. Weitere Neuerungen betreffen die Aufnahme von Rot-Schwarz-Bäumen, die gern als Alternative zu AVL-Bäumen behandelt werden, sowie praktische Realisierungen von Tries und erweiterbaren Hashverfahren. Dabei haben wir jedoch versucht, dem ursprünglichen Anliegen des Buches als ein Begleitwerk zu einer einführenden »Algorithmen & Datenstrukturen«-Vorlesung für Informatik-Studiengänge an Universitäten und Fachhochschulen treu zu bleiben. Dies bedeutet für uns eine gesunde Mischung aus Theorie und Praxis, wobei jedoch Themen, die normalerweise im weiteren Verlauf des Studiums noch vertiefend behandelt werden (z.B. Theoretische Informatik, Komplexitätstheorie, Objektorientierte Programmierung oder alternative Algorithmenkonzepte), nur soweit angesprochen werden, wie es für das grundlegende Verständnis von Zusammenhängen des Stoffes notwendig ist.

Abschließend gilt unser Dank speziell Ilona Blümel, Christian Borgelt, Martin Dietzfelbinger, Horst-Michael Groß und Dominik Gruntz sowie allen Lesern der 1. Auflage, die mit ihren Hinweisen und Kommentaren zur Verbesserung und somit zu der vorliegenden 2. Auflage beigetragen haben.

Magdeburg und Ilmenau, März 2004
Gunter Saake und Kai-Uwe Sattler

Vorwort zur 1. Auflage

Genese des Buches

Das vorliegende Buch entstand aus den Begleitmaterialien einer Vorlesung »Einführung in Algorithmen und Datenstrukturen«, die die Autoren an der Universität Magdeburg im Vorlesungszyklus 1999/2000 für die Studienanfänger in den Diplomstudiengängen Informatik, Wirtschaftsinformatik und Computervisualistik neu konzipierten, da erstmals diese Grundvorlesung mit praktischen Übungen in der Programmiersprache Java angeboten wurde. Neben dem in dem Buch aufbereiteten Stoff wurden Einschübe z.B. zur Realisierung relationaler Datenbanken in der Vorlesung integriert, die zur Verdeutlichung der vermittelten Techniken anhand realer Problemstellungen dienten. Diese Einschübe dürften bei anderer Gelegenheit jeweils durch Einschübe aus dem konkreten Arbeitsgebiet der Vorlesenden gewählt werden, so dass sie in diesem Buch weggelassen wurden.

Zielgruppe des Buches

Die Zielgruppe dieses Buches sind somit insbesondere Studierende in universitären Grundstudiumsvorlesungen, die einen Umfang von bis zu acht Semesterwochenstunden haben und eine Einführung in die Grundkonzepte der praktischen Informatik, begleitet durch praktische Übungen in Java, geben sollen, um das Fundament für die vertiefende Behandlung der verschiedenen Teilgebiete der praktischen Informatik zu bilden. Dabei wird davon ausgegangen, dass die mathematischen Grundlagen sowie die Konzepte der theoretischen Informatik und insbesondere der technischen Informatik in parallelen oder anschließenden separaten Vorlesungen behandelt werden.

Um den Studierenden den Zugang zu erleichtern, wurde, wenn immer es möglich und sinnvoll erschien, auf etablierte Notationen und Beispiele (etwa dem Schülerduden entnommen) zurückgegriffen.

Inhalt des Buches

Der Inhalt des Buches orientiert sich an den Inhalten vergleichbarer Studienangebote an deutschen Universitäten und den bekannten Empfehlungen zu Grundstudiumsangeboten der genannten Studiengänge. Als Besonderheiten sind zu nennen:

- Einige der behandelten theoretischen Grundlagen (abstrakte Maschinenmodelle, Berechenbarkeit, Halteproblem, Algorithmenparadigmen) kommen unseren Recherchen nach oft in Programmiersprachen-gestützten Kursen zu kurz. Diese wurden bewusst aufgenommen, um durch Verknüpfung dieser Themen mit konkreter Programmierung in Java (etwa die Simulation einer Registermaschine) den Studierenden die Vernetzung dieser abstrakten Konzepte zu ermöglichen.

- Entgegen anderer Vorlesungszyklen wurde die Behandlung von parallelen und verteilten Abläufen bewusst in den dem ersten Semester zugeordneten Vorlesungsteil aufgenommen.
- Die Behandlung des üblichen Kanons von Basisdatenstrukturen wurde um einige, in der Praxis wichtige Verfahren und Algorithmen (spezielle Suchbäume, Graphenalgorithmen) erweitert.

Besonderheiten

Wenn man dieses Buch mit anderen Büchern für Grundlagenvorlesungen »Algorithmen und Datenstrukturen« vergleicht, erscheint es auf den ersten Blick widersprüchlich: Einerseits beinhaltet es eine ganze Reihe von Grundlagenthemen, die sich nicht stark von entsprechenden Materialien von vor 20 Jahren unterscheiden, andererseits wird mit den Abschnitten über Java-Programmierung eine der modernsten Programmiersprachen zur Illustration der Konzepte genutzt. Dieser Widerspruch ist Methode: Die Autoren wollen hiermit verdeutlichen, dass die Informatik die Reife einer Wissenschaftsdisziplin mit etablierten methodischen und theoretischen Grundlagen erlangt hat und auf einem reichen Schatz an gefestigtem Basiswissen beruht, und dieses mit dem (zum Teil spielerischen, zum Teil ernsthaften) Umgang mit Methoden und Sprachen moderner Softwareerstellung verbinden.

Das Lehrziel des Buches fußt dabei auf beiden Aspekten: Studierende sollen eine Grundlage für die theoretischen und praktischen Vertiefungen eines intensiven Hauptstudiums bekommen und diese Grundkenntnisse direkt umsetzen können in den »praktischen Alltag« des Arbeitens mit Programmen, Spezifikationen und Modellierungen. Das vorliegende Buch hat weder den Anspruch eines Basiswerkes über die Theorie der Algorithmen und Datenstrukturen, noch ist es eine reine Einführung in die Programmierung mit Java.

Einsatz des Buches

Das Buch ist in drei Teile aufgeteilt, wobei die ersten beiden Teile den Stoff des ersten Semesters abdecken. Der dritte Teil, ergänzt um spezifische Inhalte wie oben erläutert, bildet den Stoff eines dem Thema »Datenstrukturen« gewidmeten zweiten Semesters. Beide Vorlesungen sollten durch Veranstaltungen zur Einführung in die Programmiersprache Java begleitet werden, wobei der Stoff eine schrittweise Einführung über die Stufen »Java als imperative Programmiersprache«, »Funktionen und Rekursion in Java«, »Objektorientierung: Klassen und Methoden« und abschließend »Methoden des Software Engineering in Java« nahe legt. Im Laufe des zweiten Semesters sollte eine über eine längere Zeit zu bearbeitende größere Programmieraufgabe, evtl. bereits in Kleingruppen, gelöst werden oder (wie in unserer Veranstaltung) in Form eines Programmierwettbewerbs die Studierenden zur kreativen Nutzung des erarbeiteten Wissens animiert werden.

Einführung in Java

Die Trennung von Algorithmen und Datenstrukturen erscheint im Zeitalter von Objektorientierung auf den ersten Blick vielleicht anachronistisch. Erfahrungen der Autoren haben aber gezeigt, dass ein Zugang zu dieser Thematik gerade Studienanfängern leichter fällt, wenn der Fokus zunächst auf funktionale und imperative Konzepte zur Formulierung und Implementierung von Algorithmen gelegt wird und die (objektorientierten) Eigenschaften der Programmiersprache nur so weit wie notwendig vorgestellt werden. Probleme wie Suchen oder Sortieren lassen sich am einfachsten ohne den »Ballast« von Klassen oder Objekten erfassen. Das Verständnis für Objektorientierung ergibt sich später mit der Einführung von abstrakten Datentypen und in der praktischen Arbeit mit der Java-Klassenbibliothek. Nicht vergessen sollte man dabei auch, dass Objektorientierung nur *ein* Paradigma neben anderen (z.B. funktional) ist.

Funktionale und imperative Konzepte

Objektorientierung

Der Buchstoff kann (und sollte) durch animierte Algorithmen und Datenstrukturen ergänzt und insbesondere in den Übungen durch »best practice«-Programmfragmente (und deren abschreckende Gegenstücke) vertieft werden. Auf der Webseite diese Buches findet sich ein Vorrat derartiger Ergänzungen, der laufend erweitert werden soll:

`www.dpunkt.de/buch/alg_dat.html`

Dort wird auch Folienmaterial zur Verfügung gestellt.

Danksagungen

Ein Buch über derartig grundlegende Themen basiert natürlich auf den Vorarbeiten und der Unterstützung einer ganzen Reihe von Personen, von denen wir hier einigen besonders danken wollen.

Die Notationen und Beispiele im Kapitel Registermaschinen sind an die Ausführungen in einem Skript von Jürgen Dassow angelehnt.

Viele Beispiele und Notationen betreffend Grundlagen und Paradigmen von Algorithmen sind durch Vorlesungsunterlagen von Hans-Dieter Ehrich beeinflusst. Dies erfolgte direkt und indirekt über Materialien von Rudolph Kruse und Gunter Saake, die ihrerseits auf den ursprünglichen Materialien von Ehrich aufbauten.

Weiterhin wollen wir allen danken, die durch Hinweise oder Korrekturlesen des Manuskriptes zum Gelingen des Buches beigetragen haben. Hier sind zuerst unsere Kollegen aus der Arbeitsgruppe Datenbanken Sören Balko, Oliver Dunemann, Martin Endig, Ingolf Geist, Hagen Höpfner, Eike Schallehn, Ingo Schmitt und Nadine Schulz zu nennen sowie alle Übungsleiter zur Vorlesung »Algorithmen & Datenstrukturen« 1999/2000, wobei wir stellvertretend Ilona Blümel hervorheben möchten, die uns mit zahlreichen Beispielen und Hinweisen unterstützt hat. Last but not least danken wir den Studierenden, die die erste Version des Skriptes im Rahmen der Vorlesung kritisch begleitet haben.

Unser Dank geht auch an unsere Lektorin Christa Preisendanz vom dpunkt.verlag, die uns anfangs zu diesem Projekt ermutigt und später mit Geduld begleitet hat, sowie an Ursula Zimpfer für die vielen Korrekturhinweise.

Der Dank von Gunter Saake gilt denjenigen aus seiner Familie und dem Bekanntenkreis, die auch bei diesem Buchprojekt in unterschiedlichem Grade unter der Bucherstellung zu leiden hatten.

Kai-Uwe Sattler dankt seinem Sohn Bennett, der aufmerksam darüber gewacht hat, dass Papas »Klackern« nicht zulasten so wichtiger Dinge wie Legobauen und Rollerfahren ging, und natürlich seiner Frau Britta, die die »Nur-noch«-Ausreden (Nur noch dieses Kapitel!, Nur noch diese Woche! etc.) dieses Mal noch länger ertragen musste und dennoch für den notwendigen Rückhalt gesorgt hat, ohne den ein Buchprojekt wohl nicht möglich wäre. Er dankt weiterhin seinen Eltern für das Verständnis, wenn gerade in der Endphase der Bucherstellung die wenigen Besuche auch noch durch das mitgebrachte Notebook gestört wurden. Ein abschließender Dank gilt Fred Kreutzmann und Steffen Thorhauer, die im Kaffeekochen inzwischen nicht nur uneinholbar vorn liegen, sondern auch ihren oftmals gestressten Bürokollegen mit Geduld ertragen haben.

Magdeburg, August 2001
Gunter Saake und Kai-Uwe Sattler

Inhaltsverzeichnis

Teil I

Grundlegende Konzepte

1 Vorbemerkungen und Überblick

Im beginnenden neuen Jahrtausend ist es eigentlich nicht mehr notwendig, Begriffe wie Computer, Programm oder Software einzuführen. Wir werden in diesem Kapitel trotzdem einige Vorbemerkungen machen, um den Kontext dieses Buches und der behandelten Begriffe zu verdeutlichen.

1.1 Informatik, Algorithmen und Datenstrukturen

Informatik

Informatik ist ein Kunstwort aus den 60er Jahren, das die Assoziationen Informatik gleich Information oder Technik *oder* Informatik gleich Information und Mathematik erwecken sollte. Bei der Begriffsbildung sollte durchaus bewusst ein Gegensatz zum amerikanischen Begriff *Computer Science* aufgebaut werden, um zu verdeutlichen, dass die Wissenschaft Informatik nicht nur auf Computer beschränkt ist. Informatik als Begriff ist insbesondere im nicht englischsprachigen europäischen Raum gebräuchlich. Die Informatik hat zentral zu tun mit

- systematischer Verarbeitung von Informationen und
- Maschinen, die diese Verarbeitung automatisch leisten.

Wichtige Grundkonzepte der Informatik können in einer maschinenunabhängigen Darstellung vermittelt werden. Der Bezug zu den Themen diese Buches kann durch die folgende Aussage hergestellt werden:

Algorithmen und Daten

> Die »systematische Verarbeitung« wird durch den Begriff *Algorithmus* präzisiert, Information durch den Begriff *Daten*.

In einer ersten Näherung kann man das Konzept des Algorithmus wie folgt charakterisieren:

> Ein *Algorithmus* ist eine eindeutige Beschreibung eines in mehreren Schritten durchgeführten (Bearbeitungs-)Vorganges.

In der Informatik werden nun speziell *Berechnungsvorgänge* statt allgemeiner Bearbeitungsvorgänge betrachtet, wobei der Schwerpunkt auf der *Ausführbarkeit* durch (abstrakte) Maschinen liegt, die auch als Prozessoren bezeichnet werden:

Prozessor

> Ein *Prozessor* führt einen Prozess (Arbeitsvorgang) auf Basis einer eindeutig interpretierbaren Beschreibung (dem Algorithmus) aus.

In diesem Buch werden eine Reihe von Fragestellungen behandelt, die Aspekte des Umgangs mit Algorithmen betreffen. Die verschiedenen *Notationen* für die Beschreibung von Algorithmen führen direkt zu Sprachkonzepten moderner Programmiersprachen.

Ausdrucksfähigkeit verschiedener Notationen

Wenn verschiedene Notationen verwendet werden können, stellt sich die Frage der *Ausdrucksfähigkeit* dieser Algorithmensprachen. Man kann sich diese Fragestellungen daran verdeutlichen, dass man sich überlegt, wie ausdrucksfähig die Bienensprache, die ja konkrete Wegbeschreibungen ermöglicht, im Vergleich zu einer Programmiersprache zur Wegfindungsprogrammierung von Robotern ist, oder ob dressierte Hunde tatsächlich dieselbe Sprache verstehen wie Menschen.

Korrektheit und Zeitbedarf

Spätestens beim Übergang zu konkreten Programmen in einer Programmiersprache müssen natürlich die Fragestellungen der *Korrektheit* und des *Zeitbedarfs* bzw. der Geschwindigkeit von Programmen betrachtet werden.

In diesem Buch geht es primär um Algorithmen für Rechner, also schnelle (aber dumme) Prozessoren (ein Rechner ist im Vergleich zu einem Menschen ein »Hochgeschwindigkeitstrottel«, der falsche Anweisungen prinzipiell nicht erkennen kann, aber sehr schnell als Programm vorgegebene Anweisungen ausführen kann). Hierzu werden mathematisch formale Grundlagen von Algorithmen eingeführt – ein Rechner »versteht« nur Bits, so dass jede Anweisungssprache auf diese einfache Ebene heruntergebrochen werden muss. Die Umsetzung von menschenverständlichen Algorithmen in eine maschinennahe Darstellung geht natürlich nur, wenn die Bedeutung beider Darstellungen exakt formal festgelegt ist.

Datenstrukturen

Auch wenn sich beim Programmieren scheinbar alles um die Algorithmen dreht, ist das Gegenstück, die *Datenstrukturen*, ebenfalls ein zentraler Aspekt der Grundlagen der Informatik. Erst rechnerverarbeitbare Darstellungen von Informationen erlauben das Programmieren realistischer Probleme auf einer angemessenen Abstraktionsebene – die Zeit, in der ein Programmierer sich an den Rechner anpassen und direkt in Bits und Bytes denken musste, ist zumindest in der nicht stark hardwarenahen Programmierung vorbei.

1.2 Historischer Überblick: Algorithmen

Die in diesem Buch behandelten Konzepte der Informatik sind älter als die Geschichte der Computer, die Programme ausführen können. Die Informatik behandelt Konzepte, die auch ohne existierende Computer gültig sind – aber zugegebenermaßen erst durch den Siegeszug der Computer die heutige praktische Relevanz erlangten.

In diesem Abschnitt wollen wir kurz einige Ergebnisse aus der Zeit *vor* dem Bau des ersten Computers nennen, um dies zu verdeutlichen:

300 v. Chr.: Euklids Algorithmus zur Bestimmung des `ggT` (beschrieben im 7. Buch der Elemente), also des größten gemeinsamen Teilers, mit dem etwa

$$\texttt{ggT}(300, 200) = 100$$

sehr effizient berechnet werden kann, ist die erste Beschreibung eines Verfahrens, das modernen Kriterien für Algorithmen gerecht wird.

800 n. Chr.: Der persisch-arabische Mathematiker Muhammed ibn Musa abu Djafar alChoresmi (oft auch als »al Chworesmi« oder »al Charismi« geschrieben) veröffentlicht eine Aufgabensammlung für Kaufleute und Testamentsvollstrecker, die später ins Lateinische als *Liber Algorithmi* übersetzt wird.
Das Wort Algorithmus ist ein Kunstwort aus dem Namen dieses Mathematikers und dem griechischen »arithmos« für Zahl.

1574: Adam Rieses Rechenbuch verbreitet mathematische Algorithmen in Deutschland.

1614: Die ersten Logarithmentafeln werden algorithmisch berechnet – ohne Computer dauerte dies 30 Jahre!

1703: Binäre Zahlensysteme werden von Leibnitz eingeführt. Diese Zahlensysteme bilden die Grundlage der internen Verarbeitung in modernen Computern.

1815: Augusta Ada Lovelace, die erste »Computer-Pionierin«, wird geboren. Sie entwickelt schon früh Konstruktionspläne für verschiedenartige Maschinen, wird Assistentin von Babbage und entwirft Programme für dessen erste Rechenmaschinen.

1822: Charles Babbage entwickelt die so genannte *Difference Engine*, die in einer verbesserten Version 1833 fertig gestellt wird. Später entwickelt er auch die *Analytical Engine*, die bereits die wichtigsten Komponenten eines Computers umfasst, aber niemals vollendet wird.

1931: Gödels Unvollständigkeitssatz beendet den Traum vieler damaliger Mathematiker, die gesamte Beweisführung aller Sätze in der

Mathematik mit algorithmisch konstruierten Beweisen durchzuführen.

1936: Die Church'sche These vereinheitlicht die Welt der Sprachen zur Notation von Algorithmen, indem für viele der damaligen Notationen die gleiche Ausdrucksfähigkeit postuliert wird.

danach: Mit der Realisierung der ersten Computer erfolgte natürlich der Ausbau der Algorithmentheorie zu einem eigenen Wissenschaftsgebiet.

Auch für den Bereich der Datenstrukturen können lang zurückreichende Wurzeln gefunden werden, etwa das Indexierungssystem historischer Bibliotheken.

Ein historischer Überblick, der auch die technische Informatik, die Programmierung und Aspekte des Software Engineering behandelt, würde den Rahmen des vorliegenden Buches sprengen. So werden wir nur noch im folgenden Abschnitt, der die Wahl der Sprache Java als Ausbildungssprache motivieren soll, die Historie der Programmiersprachen kurz anreißen.

1.3 Historie von Programmiersprachen und Java

Bevor wir näher auf die in diesem Buch verwendete Programmiersprache Java eingehen, lohnt es sich, einen Blick in die Geschichte zu werfen. Die Ursprünge höherer Programmiersprachen reichen zurück an den Anfang der fünfziger Jahre, als erste Sprachen wie *Autocode* vorgeschlagen wurden, die bereits arithmetische Ausdrücke, Schleifen, bedingte Sprünge und Prozeduren umfassten. Daraus wurde dann *Fortran* (FORmula TRANslator) entwickelt, deren erste Fassung 1954 vorgestellt wurde und die auch heute noch speziell im wissenschaftlich-technischen Bereich zum Einsatz kommt. Anfang der sechziger Jahre wurden dann *Algol* (ALGOrithmic Language), eine Sprache, die u.a. Pascal nachhaltig beeinflusst hat, *Lisp*, als die Grundlage aller funktionalen Programmiersprachen und im Bereich der künstlichen Intelligenz immer noch häufig eingesetzt, und die vielleicht noch am weitesten verbreitete Programmiersprache *COBOL* (COmmon Business Oriented Language) entwickelt. Auch die Entwicklung von *BASIC* geht auf die Mitte der sechziger Jahre zurück.

Autocode *Fortran* *Algol* *Lisp* *COBOL*

Die Methode der strukturierten Programmierung wurde wesentlich durch *Pascal* begründet, eine Entwicklung von Niklaus Wirth zu Beginn der siebziger Jahre. Mit Pascal wurden nicht nur Sprachmittel eingeführt, die heute in allen modernen Programmiersprachen zu finden

Pascal

sind, sondern es wurde auch erstmals die Programmausführung durch die Interpretation von Zwischencode (so genannten *P-Code*) verwirklicht. Dieses Verfahren wurde dann bespielsweise für Java »wiederentdeckt« und hat wesentlich zur Verbreitung der Sprache beigetragen.

Ebenfalls Anfang der siebziger Jahre wurde ausgehend von Sprachen wie *CPL* und *BCPL* die Programmiersprache C entwickelt und zur Implementierung des Betriebssystems UNIX eingesetzt. Damit wurde erstmals eine höhere Programmiersprache für die Betriebssystementwicklung verwendet. Der sich daraus ergebenden weitgehenden Maschinenunabhängigkeit ist es letztendlich zu verdanken, dass UNIX und die Vielzahl der Derivate (wie u.a. Linux) heute auf nahezu allen Hardwareplattformen zu finden sind.

C

Die Idee modularer Programmiersprachen wurde ab Mitte der siebziger Jahre wiederum von Wirth mit *Modula* entwickelt und speziell auch in *Ada* umgesetzt.

Modula

Objektorientierte Programmiersprachen wie Smalltalk, C++ oder Java haben ihren Ursprung in *Simula-67*, die um 1967 in Norwegen als eine Sprache für die ereignisorientierte Simulation entstanden ist. Das Potenzial objektorientierter Programmierung wurde zu dieser Zeit jedoch noch nicht wirklich erkannt. Erst mit der Entwicklung von *Smalltalk* durch Xerox PARC Ende der siebziger Jahre fanden Konzepte wie »Klasse« oder «Vererbung« Einzug in die Programmierung. Ausgehend vom objektorientierten Paradigma einerseits und der Systemprogrammiersprache C andererseits wurde 1983 bei AT&T die Programmiersprache C++ entworfen, die nicht zuletzt wegen der »Abwärtskompatibilität« zu C schnell eine weite Verbreitung fand.

Simula-67

Smalltalk

C++

Als Entwicklungen der letzten Jahre vor Java sind insbesondere *Eiffel* von Bertrand Meyer mit dem neuen Konzept der Zusicherungen bzw. des vertraglichen Entwurfs (*design by contract*), *Oberon* von Wirth mit dem Ziel einer Rückbesinnung auf einen einfachen, kompakten und klaren Sprachentwurf sowie die Vielzahl von Skriptsprachen wie *Perl*, *Tcl* oder *Python* zu nennen.

Eiffel

Die Arbeiten zu Java lassen sich bis in das Jahr 1990 zurückverfolgen, als bei Sun Microsystems eine Sprache für den Consumer-Electronics-Bereich unter dem Namen *Oak* entwickelt werden sollte. Entwurfsziele dieser Sprache waren bereits Plattformunabhängigkeit durch Verwendung von Zwischencode und dessen interpretative Ausführung, Objektorientierung und die Anlehnung an C/C++, um so den Lernaufwand für Kenner dieser Sprachen gering zu halten. Mit der Entwicklung des World Wide Web um 1993 fand im Entwicklerteam eine Umorientierung auf Web-Anwendungen und damit eine Umbenennung in *Java* – die bevorzugte Kaffeesorte der Entwickler – statt.

Java

HotJava

1995 wurde die Sprache dann zusammen mit einer Referenzimplementierung und dem *HotJava*-Browser der Öffentlichkeit vorgestellt. Dieser Browser ermöglichte erstmals aktive Web-Inhalte – durch so genannte Applets. Hinter diesem Begriff verbergen sich kleine Java-Programme, die als Teil eines Web-Dokumentes von einem Server geladen und in einem geschützten Bereich des Browsers ausgeführt werden können. Da der HotJava-Browser selbst in Java geschrieben wurde, war dies gleichzeitig die Demonstration der Eignung von Java für größere Projekte. Als Netscape – damals unbestrittener Marktführer bei Web-Browsern – kurz darauf die Unterstützung von Java-Applets in der nächsten Version des Navigators bekannt gab, fand Java in kürzester Zeit eine enorme Verbreitung. Dies wurde auch noch dadurch verstärkt, dass die Entwicklungsumgebung für Java von Sun kostenlos über das Web zur Verfügung gestellt wurde. Im Jahre 1997 wurde dann die Version 1.1 des *Java Development Kit (JDK)* freigegeben und alle großen Softwarefirmen wie IBM, Oracle oder Microsoft erklärten ihre Unterstützung der Java-Plattform. Mit der Veröffentlichung von Java 2 im Jahr 1998 und der Folgeversionen des JDK hat sich dann nicht nur die Anzahl der Systemplattformen, auf denen Java-Programme lauffähig sind, vergrößert, sondern insbesondere auch die Zahl der Klassenbibliotheken, die für Java verfügbar sind. In der im Sommer 2005 freigegebenen Version *J2SE 5.0* (Java 2 Platform Standard Edition) wurden schließlich auch einige neue Sprachkonzepte wie Generics und variable Parameterlisten eingeführt, auf die wir an geeigneter Stelle eingehen werden. Die Nachfolgeversion *Java SE 6.0* erschien im Dezember 2006 und hat seitdem einige Updates erfahren. Wesentliche Änderungen an der Sprache selbst bietet diese Version jedoch nicht. Seit 2006 ist Java auch als Open-Source-Software – das OpenJDK – verfügbar. 2009/2010 wurde die Firma Sun Microsystems und damit auch die Java-Technologien vom Datenbankhersteller Oracle gekauft. Die Weiterentwicklung von Java, die im so genannten *Java Community Process (JCP)* stattfindet, wird nun also von Oracle geleitet. Die nächste Version *Java SE 7.0* ist für Ende 2010 angekündigt. Auf einige wesentliche Spracherweiterungen, deren Aufnahme in diese Version bereits beschlossen ist, werden wir entsprechend hinweisen.

Netscape

Java Development Kit

J2SE 5.0

Java SE 6.0

Java SE 7.0

Geblieben sind die ursprünglichen Ansprüche: eine leicht erlernbare, klare und kompakte Sprache, die die Komplexität beispielsweise von C++ vermeidet, aber dennoch das objektorientierte Paradigma umsetzt. Gleichzeitig ist Java architekturneutral, d.h., durch Verwendung eines plattformunabhängigen Zwischencodes sind Programme auch in kompilierter Form portabel – eine Eigenschaft, die für eine moderne Internet-Programmiersprache fundamental ist.

1.4 Grundkonzepte der Programmierung in Java

Ein fundamentaler Begriff beim Programmieren – eigentlich beim Umgang mit Computern allgemein – ist das *Programm*. Egal ob man ein Textverarbeitungssystem oder ein kleines, selbst geschriebenes Java-Programm zur Berechnung der Fakultät einer Zahl betrachtet – in beiden Fällen handelt es sich um ein Programm (oder eine Sammlung davon).

Programm

Definition 1.1
Programm

Ein Programm ist die Formulierung eines Algorithmus und der zugehörigen Datenstrukturen in einer Programmiersprache. □

Die Grundbausteine von Programmen in höheren Programmiersprachen werden wir erst in den nächsten Kapiteln kennen lernen. Intuitiv wissen wir aber, dass zumindest Anweisungen wie elementare Operationen, bedingte Anweisungen und Schleifen, Datentypen zur Festlegung der Struktur der Daten und darauf definierte Operationen sowie die Möglichkeit der Formulierung von Ausdrücken benötigt werden.

Die syntaktisch korrekte Kombination dieser Bausteine allein führt jedoch noch nicht zu einem ausführbaren Programm. Da Programme meist in einer für Menschen schreib- und lesbaren Form erstellt werden, sind sie für Computer, die nur einen von der jeweiligen Prozessorarchitektur (etwa Intels x86-Familie, die SPARC-Prozessoren von Sun oder die PowerPC-Prozessorfamilie der Macs bzw. IBM-Rechner) abhängigen Maschinencode »verstehen«, nicht direkt ausführbar. Es ist daher eine Übersetzung oder auch Kompilierung (engl. compile) des Programms aus der Programmiersprache in den Maschinencode notwendig. Die Übersetzung erfolgt durch ein spezielles Programm, das als Compiler bezeichnet wird. Neben der Übersetzung in Maschinencode führt einer solcher Compiler auch noch verschiedene Überprüfungen des Programms durch, z.B. ob das Programm hinsichtlich der Syntax korrekt ist, ob benutzte Variablen und Prozeduren deklariert sind u.Ä. Programmiersprachen wie C, C++ oder (Turbo-)Pascal basieren auf diesem Prinzip.

Compiler

Da jede Änderung am Programmtext eine Neukompilierung erfordert, verzichtet man bei einigen Sprachen auf die Übersetzung, indem die Programme interpretiert werden. Das bedeutet, dass ein spezielles Programm – der so genannte Interpreter – den Programmtext schrittweise analysiert und ausführt. Der Interpreter muss also Syntax und Semantik der Sprache kennen! Der Vorteil dieses Ansatzes ist, dass die

Interpreter

Kompilierung entfällt und dadurch Änderungen vereinfacht werden. Auch ist das Programm (man spricht häufig auch von Skripten) unabhängig von einer konkreten Prozessorarchitektur. Diese Vorteile werden durch die Notwendigkeit eines Interpreters und eine durch die interpretierte Ausführung verschlechterte Performance erkauft. Beispiele für Sprachen, die mit diesem Prinzip realisiert werden, sind insbesondere die im Web-Umfeld beliebten Skriptsprachen wie JavaScript.

Skriptsprachen

Java basiert auf einem kombinierten Ansatz (Abbildung 1.1). Programme werden zwar kompiliert, jedoch nicht in einen prozessorspezifischen Maschinencode, sondern in einen so genannten Bytecode. Hierbei handelt sich um Code für eine abstrakte Stack-Maschine. Dieser Bytecode wird schließlich von einem Java-Interpreter, der virtuellen Java-Maschine (*Java VM* – engl. Virtual Machine), ausgeführt. Da der Bytecode relativ maschinennah ist, bleibt die Interpretation und Ausführung einfach, wodurch der Performance-Verlust gering gehalten werden kann. Andererseits lassen sich auf diese Weise auch übersetzte Java-Programme auf unterschiedlichen Prozessorarchitekturen ausführen, sofern dort eine Java-VM verfügbar ist.

Bytecode

Abbildung 1.1
Compiler und Interpreter bei Java

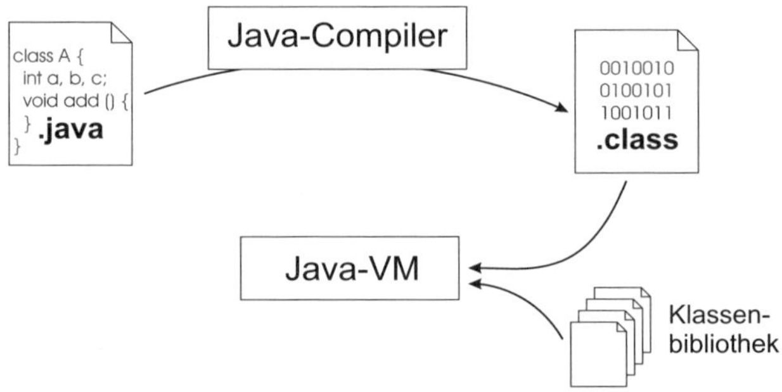

Aufbau von Java-Programmen
Klasse

Wie ist nun ein Java-Programm aufgebaut? Ein solches Programm besteht aus einer oder mehreren Klassen, die damit das Hauptstrukturierungsmittel in Java darstellen. Wir werden auf den Begriff der Klasse später im Zusammenhang mit Datenstrukturen noch genauer eingehen. Zunächst wollen wir darunter nur ein Modul verstehen, das eine Menge von Variablen und Prozeduren bzw. Funktionen kapselt. Im Sprachgebrauch von Java werden Prozeduren und Funktionen, d.h. die Zusammenfassung von Anweisungen zu einer logischen Einheit, auch als Methoden bezeichnet.

Methoden

Abbildung 1.2 verdeutlicht den Aufbau eines Java-Programms aus mehreren Klassen. Jede Klasse ist durch einen Namen gekennzeichnet und kann Attribute und Methoden definieren. Mindestens eine Klasse muss eine spezielle Methode `main` besitzen, die den Einstiegspunkt für die Ausführung bildet. Wenn das Programm später ausgeführt werden soll, ist der Name der Klasse mit der `main`-Methode (engl. für »Haupt«-

`main`-*Methode*

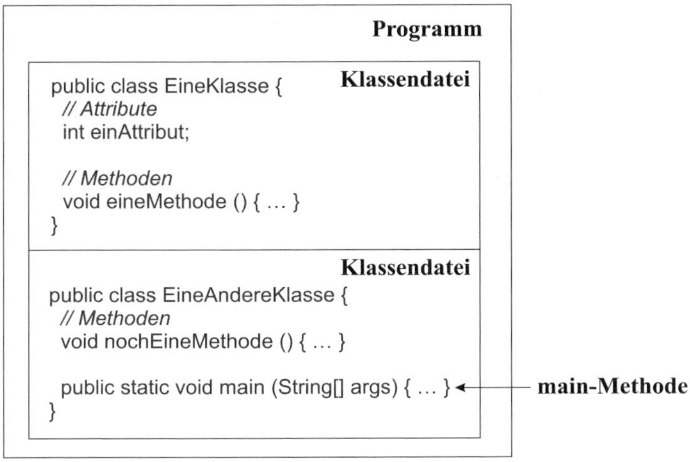

Abbildung 1.2 *Struktur eines Java-Programms*

Methode) anzugeben. Beim Start wird dann zuerst diese Methode aufgerufen, die damit das »Hauptprogramm« bildet.

Dateien mit Klassendefinitionen werden in Java mit der Endung `.java` gespeichert, wobei für jede öffentliche, d.h. von »außen« nutzbare Klasse eine eigene Datei verwendet wird, die den Namen der Klasse trägt. Die Klassen müssen zur Erstellung eines ausführbaren Programms zunächst mit dem Java-Compiler in Bytecode übersetzt werden. Der Java-Compiler ist entweder in eine Entwicklungsumgebung integriert oder als ein Programm mit dem Namen `javac` verfügbar. Im ersten Fall erfolgt die Übersetzung einfach über die grafische Benutzerschnittstelle der Entwicklungsumgebung. Im zweiten Fall muss dies durch ein Kommando der folgenden Form vorgenommen werden:

Übersetzung

```
> javac Klasse.java
```

Als Ergebnis der Übersetzung entsteht für jede Klasse eine Datei mit der Endung `.class`, die den Bytecode enthält und durch den Java-Interpreter ausführbar ist. Ein explizites Binden der übersetzten Klassen, wie es etwa bei C-Programmen durchgeführt werden muss, ist dagegen nicht notwendig. Zur Ausführung muss der Interpreter – ein Programm mit dem Namen `java` – gestartet werden, wobei der Name der Klasse als Parameter übergeben wird. Sind in der auszuführenden Klasse weitere Klassen referenziert, so wird der benötigte Bytecode vom Interpreter bei Bedarf nachgeladen. Dazu muss bekannt sein, wo dieser Code zu finden ist. Sowohl Compiler als auch Interpreter werten daher eine Umgebungsvariable `CLASSPATH` aus, die eine Liste von Verzeichnissen bzw. von Archiven mit `.class`-Dateien beinhaltet. Im einfachsten Fall ist dies das aktuelle Verzeichnis, das durch ».« bezeichnet wird. Sollen mehrere Verzeichnisse angegeben werden, so werden diese unter UNIX durch »:« bzw. unter Windows durch »;« getrennt.

Ausführung

`CLASSPATH`

Package Ein weiteres wichtiges Strukturierungsmittel in Java sind Packages oder Pakete. Hierbei handelt es sich um einen Mechanismus zur Organisation von Java-Klassen. Durch Pakete werden Namensräume gebildet, die Konflikte durch gleiche Bezeichnungen verhindern. So kann eine Klasse `Object` definiert werden, ohne dass es dadurch zu Konflikten mit der Standardklasse `java.lang.Object` kommt. Ein Paket `demo` wird beispielsweise durch die Anweisung

```
package demo;
```

vereinbart, wobei dies am Anfang der Quelldatei anzugeben ist. Jede Klasse, in deren Quelldatei diese Anweisung steht, wird dem Paket `demo` zugeordnet. Über die Notation `demo.MeineKlasse` kann danach eindeutig die im Paket `demo` definierte Klasse `MeineKlasse` identifiziert werden. Diese Schreibweise lässt sich jedoch abkürzen, indem zu Beginn der Quelldatei eine **import**-Anweisung eingefügt wird:

Importieren

```
import demo.MeineKlasse;
```

Danach kann die Klasse `MeineKlasse` ohne vorangestellten Paketnamen verwendet werden. Alle Klassen eines Paketes lassen sich durch Angabe eines `*` importieren:

```
import demo.*;
```

Paketnamen Paketnamen können hierarchisch aufgebaut werden, wobei die einzelnen Namensbestandteile durch ».« getrennt werden. Allerdings wird durch Angabe des »*« beim Import kein rekursives Importieren durchgeführt, sondern es sind nur die Klassen des bezeichneten Paketes betroffen. Zu beachten ist weiterhin, dass die Pakete, die mit `java.` beginnen, zum Standard-API gehören und nicht verändert werden dürfen, d.h., eigene Paketnamen dürfen nicht mit `java.` beginnen.

Standard-API

Pakete liefern dem Java-Compiler auch Hinweise, wo die kompilierten Klassendateien (Dateien mit der Endung `.class`) abgelegt werden sollen. Danach werden Punkte im Paketnamen durch den Separator für Verzeichnisnamen ersetzt. Eine Klassendatei der Klasse `algoj.sort.QuickSort` wird demzufolge im Verzeichnis `algoj/sort` unter dem Namen `QuickSort.class` abgelegt.

Betrachten wir nun am Beispiel einer einfachen Klasse die Schritte der Erstellung eines Java-Programms. Die Klasse `Hello` aus Programm 1.1 soll die typische Aufgabe eines jeden ersten Programms aus Einführungsbüchern zu Programmiersprachen erfüllen: die Ausgabe der Meldung »Hello World!«.

Programm 1.1 *»Hello World!« in Java*

```
// Hello World! in Java
public class Hello {
```

```
  public static void main(String[] args) {
    System.out.println("Hello World!");
  }
}
```

Für das Programm muss zunächst eine Klasse definiert werden, die als »Kapsel« dient: Attribute und Methoden können nur im Rahmen von Klassen definiert werden. Eine Klassendefinition wird durch das Schlüsselwort **class**, gefolgt vom Bezeichner der Klasse, eingeleitet. Das im obigen Programm vorangestellte Schlüsselwort **public** definiert zusätzlich noch die Sichtbarkeit der Klasse und gibt an, dass diese Klasse öffentlich ist, d.h. auch von anderen Modulen aus zugreifbar ist. Es sei an dieser Stelle noch betont, dass bei Java zwischen Groß- und Kleinschreibung unterschieden wird: Die Schlüsselwörter der Sprache (z.B. **class**) werden grundsätzlich kleingeschrieben, bei Bezeichnern (wie etwa der Name einer Klasse) bleibt dies dem Entwickler überlassen, muss aber konsistent erfolgen. So bezeichnen `eineKlasse`, `EineKlasse` und `EINEKLASSE` verschiedene Klassen!

Klassenbezeichner

Im Anschluss an den Klassenbezeichner folgt in geschweiften Klammern die Definition der Attribute und Methoden. In unserem Beispiel umfasst die Klasse nur eine Methode `main`. Diese Methode ist öffentlich (**public**), liefert kein Ergebnis zurück (Typ **void**) und erwartet als Parameter ein Feld von Zeichenketten (`String[] args`). Obwohl die Parameter in unserem Beispiel nicht benötigt werden, müssen sie dennoch hier angegeben werden, da der Java-Interpreter eine Methode mit exakt der Signatur **static void** `main (String[])` sucht und aufruft. Das Schlüsselwort **static** kennzeichnet die Methode als *Klassenmethode*, d.h., sie kann ohne Objekt aufgerufen werden. Da wir die Konzepte der Objektorientierung erst in Kapitel 11 behandeln, werden wir zunächst alle Methoden als Klassenmethoden realisieren.

Definition der Attribute und Methoden

Klassenmethode

Die `main`-Methode besteht nur aus einer Anweisung zur Ausgabe der Zeichenkette »Hello World!« auf den Bildschirm. Diese Anweisung ist der Aufruf der Methode `println`. Das vorangestelle `System.out` bezeichnet das Objekt, für das diese Methode aufgerufen wird – es handelt sich hier konkret um ein Objekt, das durch das Attribut `out` der Klasse `System` bezeichnet wird und die Ausgabe repräsentiert.

Ausgabe

Ein Kommentar im Quelltext wird durch das Voranstellen der Zeichenfolge // gekennzeichnet. In diesem Fall erstreckt sich der Kommentar bis zum Zeilenende. Eine zweite Möglichkeit ist das Einschließen in /* *Kommentar* */. Hier kann sich der Kommentar auch über mehrere Zeilen erstrecken.

Kommentar

Der Quelltext der obigen Klasse `Hello` wird in einer Datei `Hello.java` gesichert und mit Hilfe des Compilers übersetzt:

Übersetzung

```
> javac Hello.java
```

Schließlich wird der erzeugte Bytecode mit dem Interpreter ausgeführt und dabei die Meldung »Hello World!« ausgegeben:

```
> java Hello
Hello World!
```

Zu beachten ist, dass nur der Name der auszuführenden Klasse als Parameter angegeben wird und nicht der vollständige Dateiname.

Applet

Eine spezielle Form von Java-Programmen sind die *Applets*. Hierbei handelt es sich um kleine Module, die im Rahmen von Webseiten in einem Web-Browser ausgeführt werden. Daraus ergibt sich, dass diese Applets gemeinsam mit dem Dokument vom Web-Server geladen werden – das Installieren von Programmen kann damit entfallen. Applets dienen vor allem zur Gestaltung aktiver Elemente in Webseiten. Sie ermöglichen es, Anwendungslogik im Form von Java-Code im Browser auszuführen. So lassen sich beispielsweise Spiele realisieren oder Daten aus anderen Quellen interaktiv präsentieren und manipulieren. Ähnliche Konzepte existieren inzwischen auch für die Ausführung von Java-Programmen auf Mobiltelefonen. Da Applets jedoch aus Sicht der Programmierung keine wesentlichen Unterschiede aufweisen, werden wir uns im Weiteren auf »normale« Java-Programme beschränken.

2 Algorithmische Grundkonzepte

Der Begriff des Algorithmus entstammt ursprünglich den Bemühungen, mathematische Berechnungsvorschriften eindeutig zu beschreiben und zu dokumentieren. In der Informatik geht es speziell darum, »*durch Rechner bearbeitbare Aufgaben*« zu beschreiben – Algorithmen sind somit ein abstrakteres Konzept für auf konkreten Rechnern ausführbare Programme.

In diesem Abschnitt werden die Grundkonzepte von Algorithmen und derer Beschreibung vorgestellt. Wir beginnen mit einem intuitiven Zugang zu Algorithmen, aus dem wir Anforderungen an einen formal fundierten Ansatz ableiten werden. Die folgenden Abschnitte stellen einige Voraussetzungen für die Formalisierung von Algorithmen zusammen – wie legt man eine Sprache für Algorithmen fest, wie beschreibt man von Algorithmen zu verarbeitende Daten, wie notiert man elementare arithmetische Berechnungsschritte.

Dieses Kapitel präsentiert die Grundkonzepte von Algorithmen bewusst ohne Zugriff auf eine konkrete Programmiersprache, da diese universell gültig sind und nicht an eine konkrete maschinelle Interpretation gebunden sind.

2.1 Intuitiver Algorithmusbegriff

Der Begriff des Algorithmus ist zentral für die Informatik. Wir werden uns in diesem Abschnitt diesem Begriff von der intuitiven, d.h. nicht mathematisch formalisierten Sichtweise her nähern, bevor wir den Schritt der Formalisierung in den folgenden Abschnitten vollziehen.

2.1.1 Beispiele für Algorithmen

Algorithmen sind als mathematische Berechnungsvorschriften entstanden. Allgemeiner kann man Algorithmen als Vorschriften zur Ausführung einer Tätigkeit charakterisieren, wie die folgenden Beispiele verdeutlichen.

Beispiel 2.1 *Intuitiver Algorithmenbegriff*

Die folgenden Algorithmen im intuitiven Sinne begegnen uns im täglichen Leben:

- Bedienungsanleitungen,
- Bauanleitungen,
- Kochrezepte.

Diese Ausführungsvorschriften sind für ausführende Menschen gedacht, nicht etwa für Rechner, und sind nicht unbedingt in dem engeren Sinne Algorithmen, wie wir diesen Begriff später benutzen werden. □

Aus diesen Beispielen lässt sich nun eine intuitive Begriffsbestimmung ableiten, die als erste Konkretisierung des Algorithmenbegriffs dienen wird:

Intuitive Begriffsbestimmung

> Ein *Algorithmus* ist eine präzise (d.h. in einer festgelegten Sprache abgefasste) endliche Beschreibung eines allgemeinen Verfahrens unter Verwendung ausführbarer elementarer (Verarbeitungs-)Schritte.

Die Bedeutung einiger Teile dieser Festlegung wird in den folgenden Abschnitten noch klarer. So bezieht sich die Endlichkeit auf die Tatsache, dass eine Algorithmenbeschreibung eine feste Länge haben muss und nicht einfach »endlos weitergehen« darf. Mit der *festgelegten Sprache* schließen wir vorerst nur in beliebiger »Prosa« verfasste Texte aus; stattdessen gehen wir von festen Beschreibungsmustern aus, wie sie auch in den intuitiven Beispielen zum Teil genutzt werden. Später werden wir hier weiter einschränken.

Beispiel 2.2 *Bekannte Algorithmen*

Eine Reihe von Algorithmen in diesem engeren Sinne sind den meisten aus der elementaren Schulmathematik und dem Organisieren von Unterlagen bekannt:

1. Die Addition zweier positiver Dezimalzahlen (mit Überträgen) ist einer der ersten Algorithmen, die in der Schule gelehrt werden:

$$\begin{array}{rcc} & 3 & 3 \\ + & 4 & 8 \\ & {\scriptstyle 1} & \\ \hline & 8 & 1 \end{array}$$

2. Ein komplexerer Algorithmus beschreibt den Test, ob eine gegebene natürliche Zahl eine Primzahl ist.
3. Auch das Sortieren einer unsortierten Kartei (etwa lexikographisch) kann als Algorithmus beschrieben werden.
4. Die Berechnung der dezimalen Darstellung der Zahl $e = 2.7182\ldots$ hingegen ist ein Spezialfall, auf den wir später noch eingehen werden.

□

Bevor wir uns die Beschreibung von Algorithmen genauer anschauen, werden erst einige grundlegende Begriffe eingeführt. Der erste ist der Begriff der *Terminierung*:

Terminierung

> Ein Algorithmus heißt *terminierend*, wenn er (bei jeder erlaubten Eingabe von Parameterwerten) nach endlich vielen Schritten abbricht.

Unser erster Algorithmus zur Addition zweier Dezimalzahlen bestimmt das Ergebnis auch sehr großer Zahlen in endlich vielen Schritten, da er ja jede Stelle der Zahlen (von hinten nach vorne) nur einmal betrachtet und den Übertrag sozusagen »vor sich her schiebt«.

Ein weiterer, ähnlich klingender, aber völlig anders gearteter Begriff ist der Begriff des *Determinismus*. Der Determinismus legt im gewissen Sinne die »Wahlfreiheit« bei der Ausführung eines Verfahrens fest. Er begegnet uns dabei in zwei Spielarten:

Determinismus

- Ein *deterministischer Ablauf* bedeutet, dass der Algorithmus eine eindeutige Vorgabe der Schrittfolge der auszuführenden Schritte festlegt.
- Ein *determiniertes Ergebnis* wird von Algorithmen dann geliefert, wenn bei vorgegebener Eingabe ein eindeutiges Ergebnis geliefert wird – auch bei mehrfacher Durchführung des Algorithmus (natürlich mit denselben Eingabeparametern).

Von Rechnern ausgeführte Programme erfüllen in der Regel beide Eigenschaften – man muss sich sogar Mühe geben, um nichtdeterminierte Effekte zu simulieren, zum Beispiel bei einem Programm, das ein zufälliges Ergebnis etwa beim Würfeln nachbildet. Während nichtdeterminierte Ergebnisse in der Regel unerwünscht sind, sind nichtdeterministische Abläufe gerade beim Entwurf von Algorithmen ein häufig eingesetztes Konzept.

Beispiel 2.3
Nichdeterministischer Ablauf

Ein Beispiel für einen nichtdeterministischen Ablauf bildet die folgende Bearbeitungsvorschrift für das Sortieren eines Stapels von Karteikarten:

> Sortieren: Wähle zufällig eine Karte, bilde zwei Stapel (lexikographisch vor der Karte, lexikographisch nach der Karte), sortiere diese (kleineren) Stapel, füge die sortierten Stapel wieder zusammen.

Das Ergebnis ist auf jeden Fall ein korrekt sortierter Stapel, das Verfahren ist somit *determiniert*.
Das folgende Beispiel zeigt ein nichtdeterminiertes Ergebnis:

> Wähle zufällig eine Karte.

□

Determinierte Algorithmen

Wir bezeichnen nichtdeterministische Algorithmen mit determiniertem Ergebnis als *determiniert*. Die folgenden Beispiele sollen diese Begriffe noch einmal verdeutlichen:

Beispiel 2.4
Nichtdeterminierter vs. determinierter Algorithmus

Die folgende Berechnungsvorschrift bildet ein Beispiel für einen nichtdeterminierten Algorithmus:

1. Nehmen Sie eine beliebige Zahl x.
2. Addieren Sie 5 hinzu und multiplizieren Sie mit 3.
3. Schreiben Sie das Ergebnis auf.

Hingegen ist die folgende Berechnungsvorschrift ein Beispiel für einen determinierten, allerdings nichtdeterministischen Algorithmus:

1. Nehmen Sie eine Zahl x ungleich 0.
2. Entweder: Addieren Sie das Dreifache von x zu x und teilen das Ergebnis durch x

   $$(3x + x)/x$$

   Oder: Subtrahieren Sie 4 von x und subtrahieren das Ergebnis von x

   $$x - (x - 4)$$

3. Schreiben Sie das Ergebnis auf.

Nach einigem Nachdenken sieht man, dass dieses Verfahren immer das Ergebnis 4 liefert (im ersten Fall durch Herauskürzen von x), egal welche Variante man in Schritt 2 gewählt hat. □

Diese Beispiele zeigen, dass man Nichtdeterminiertheit und Nichtdeterminismus nur durch eine im gewissen Sinne »freie Wahlmöglichkeit« bekommen kann, ein Konzept, das einem »mechanisch« arbeitenden Computer natürlich prinzipiell fremd ist.

Eine wichtige Klasse für unsere späteren Überlegungen sind daher deterministische, terminierende Algorithmen. Diese definieren jeweils eine *Ein-/Ausgabefunktion*:

Ein-/Ausgabefunktion

$$f : \text{Eingabewerte} \rightarrow \text{Ausgabewerte}$$

Algorithmen geben eine konstruktiv ausführbare Beschreibung dieser Funktion an. Die Ein-/Ausgabefunktion bezeichnen wir als *Bedeutung* (oder *Semantik*) des Algorithmus. Es kann mehrere verschiedene Algorithmen mit der gleichen Bedeutung geben.

Bedeutung / Semantik von Algorithmen

Beispiel 2.5
Funktionen zu den Beispielalgorithmen

Die folgende Aufzählung zeigt Funktionen zu den Algorithmen aus Beispiel 2.2:

1. Addition zweier positiver Dezimalzahlen (mit Überträgen)

   $$f\colon \mathbb{Q} \times \mathbb{Q} \rightarrow \mathbb{Q} \text{ mit } f(p, q) = p + q$$

   $\mathbb{Q}$ seien hierbei die positiven Rationalzahlen
2. Test, ob eine gegebene natürliche Zahl eine Primzahl ist

   $$f\colon \mathbb{N} \rightarrow \{\texttt{ja}, \texttt{nein}\} \text{ mit } f(n) = \begin{cases} \texttt{ja} & \text{falls } n \text{ Primzahl} \\ \texttt{nein} & \text{sonst} \end{cases}$$

3. Sortieren einer unsortierten Kartei (etwa lexikographisch)
   K Menge von Karteikarten
   S_K Menge von sortierten Karteien über K
   US_K Menge von unsortierten Karteien über K

   $$f : US_K \rightarrow S_K$$

4. Berechnung der Stellen der Zahl $e = 2.7182\ldots$
   Diese Berechnung ist, da die Darstellung aus unendlich vielen Ziffern besteht, *nicht terminierend!* Im engeren Sinne handelt es sich somit gar nicht um einen Algorithmus, wie wir ihn im Folgenden betrachten werden.

□

2.1.2 Bausteine für Algorithmen

Unserer ersten Begriffsbestimmung für Algorithmen zufolge beschreibt ein Algorithmus ein Verfahren, das einen Bearbeitungsvorgang aus elementaren Schritten zusammensetzt. Bevor wir uns konkreten Sprachen für die Formulierung von Algorithmen zuwenden, listen wir einige gängige Bausteine für derartige Algorithmenbeschreibungen auf, die auch aus Handlungsvorschriften des täglichen Lebens bekannt sein dürften. Wir werden diese Bausteine anhand einfacher Vorschriften aus Kochrezepten verdeutlichen.

Elementare Operationen

- Die Basiselemente sind die *elementaren Operationen*, die ausgeführt werden, ohne näher aufgeschlüsselt zu werden:
  »Schneide Fleisch in kleine Würfel.«

Sequenzielle Ausführung

- Das Hintereinanderausführen von Schritten bezeichnet man als *sequenzielle Ausführung*:
  »Bringe das Wasser zum Kochen, dann gib das Paket Nudeln hinein, schneide das Fleisch, dann das Gemüse.«

Parallele Ausführung

- Die *parallele Ausführung* hingegen bedeutet das gleichzeitige Ausführen von Schritten:
  »Ich schneide das Fleisch, du das Gemüse.«
  Im Gegensatz zur sequenziellen Ausführung verbindet man mit der parallelen Ausführung in der Regel mehrere *Prozessoren*, also ausführende Subjekte bzw. Maschinen.

Bedingte Ausführung

- Unter einer *bedingten Ausführung* verstehen wir einen Schritt, der nur ausgeführt wird, wenn eine bestimmte Bedingung erfüllt wird.
  »Wenn die Soße zu dünn ist, füge Mehl hinzu.«
  Eine bedingte Ausführung erfordert also einen Test einer Bedingung. Eine Variante der bedingten Ausführung erhält man, indem auch für den negativen Ausgang des Tests ein auszuführender Schritt angegeben wird.

Schleife

- Unter einer *Schleife* versteht man die Wiederholung einer Tätigkeit, bis eine vorgegebene Endbedingung erfüllt wird:
  »Rühre, bis die Soße braun ist.«
  Man bewegt sich also »im Kreise«, bis man etwas fertig gestellt hat – man kann sich den Begriff gut mit der Assoziation einer »Warteschleife« eines Flugzeuges merken.

Unterprogramm

- Bereits aus dem Sprachgebrauch der Informatik stammt das Konzept des *Unter»programms«*:
  »Bereite Soße nach Rezept Seite 42.« Ein Unterprogramm beschreibt durch einen Namen (oder hier durch eine Seitennummer) eine Bearbeitungsvorschrift, die »aufgerufen« wird, um dann ausgeführt zu werden. Nach Ausführung des Unterprogramms fährt man im eigentlichen Algorithmus an der Stelle fort, an der man zum Unterprogramm gewechselt war.

Rekursion

- Eines der Kernkonzepte der Informatik ist die *Rekursion*. Die Rekursion bedeutet die Anwendung desselben Prinzips auf in ge-

wisser Weise »kleinere« oder »einfachere« Teilprobleme, bis diese Teilprobleme so klein sind, dass sie direkt gelöst werden können. Hier gibt es leider offenbar keine direkten Beispiele aus Kochbüchern, so dass wir uns mit dem folgenden eher künstlichen Beispiel behelfen:
»Viertele das Fleischstück in vier gleich große Teile. Falls die Stücke länger als 2 cm sind, verfahre mit den einzelnen Stücken wieder genauso (bis die gewünschte Größe erreicht ist).«
Rekursion wird uns durch das ganze Buch begleiten – sollte das Prinzip bei diesem eher künstlichen Beispiel nicht klar geworden sein, verweisen wir auf die folgenden Abschnitte, in denen Rekursion intensiv behandelt wird.

Bei einer derart langen Auflistung stellt man sich schnell die Frage, ob denn alle diese Konstrukte auch notwendig sind. Diese Frage betrifft das Problem der *Ausdrucksfähigkeit* von Algorithmensprachen und wird uns noch näher beschäftigen. Hier sei nur bemerkt, dass die Konstrukte

Ausdrucksfähigkeit von Algorithmensprachen

- elementare Operationen + Sequenz + Bedingung + Schleifen

ausreichen, um eine genügend ausdrucksstarke Algorithmensprache festzulegen – allerdings genügen hierfür auch andere Kombinationen, wie wir später sehen werden.

2.1.3 Pseudocode-Notation für Algorithmen

Die genannten Bausteine sind dafür geeignet, auf der intuitiven Ebene (also nicht auf der Basis mathematischer Strenge) Algorithmen zu formulieren. Ein Aspekt der Formulierung ist die Nutzung einer genormten, festgelegten Ausdrucksweise. Wir werden eine derartige Ausdrucksweise kennen lernen, die die genannten Bausteine benutzt und auf einer leicht verständlichen Ebene bleibt. Da die Formulierung der Algorithmen nahe an den Konstrukten verbreiteter Programmiersprachen ist, in denen Programme »kodiert« werden, bezeichnet man diese intuitiven Algorithmen auch als Pseudocode-Algorithmen.

Pseudocode-Notation für Algorithmen

In der Informatik werden derartige Pseudocode-Algorithmen in der Regel unter der Verwendung spezieller englischer Begriffe formuliert. Diese englischen Begriffe sind der Alltagssprache entnommen und haben eine festgelegte Bedeutung für den Ablauf eines Verfahrens und werden daher als Kontroll- oder Schlüsselwörter bezeichnet. So wird eine bedingte Anweisung mit dem englischen `if` für »wenn/falls« eingeleitet. Wir beginnen allerdings mit einer semiformalen Notation, die

Schlüsselwort

angelehnt an das Lehrbuch von Goldschlager/Lister [GL90] vorerst mit deutschen Kontrollwörtern arbeitet, um den Zugang zu den Konzepten zu erleichtern.

Die Erläuterungen erfolgen wieder anhand eines Beispiels aus dem täglichen Leben, nämlich dem *Kaffeekochen*. Die Basisoperationen haben in diesem Beispiel die Form einfacher deutscher Befehlssätze, etwa »koche Kaffee!«.

Sequenz

Notation der Sequenz

Die Sequenz, also die zeitliche Abfolge von Schritten, kann man auf verschiedene Arten notieren. Eine Möglichkeit ist es, die Schritte durchzunummerieren, um ihre Reihenfolge vorzugeben:

(1) Koche Wasser
(2) Gib Kaffeepulver in Tasse
(3) Fülle Wasser in Tasse

Verfeinerung

Diese Notation hat den Vorteil, dass sie gleichzeitig eine elegante Form der *Verfeinerung* von Schritten ermöglicht, indem ein Schritt, zum Beispiel der Schritt (2), durch eine Folge von Einzelschritten, etwa (2.1) bis (2.4), ersetzt wird, die den bisher nur grob beschriebenen Schritt detaillierter, sozusagen »feiner« darstellen. Der Schritt

(2) Gib Kaffeepulver in Tasse

kann zum Beispiel zu folgender Sequenz verfeinert werden:

(2.1) Öffne Kaffeeglas
(2.2) Entnehme Löffel voll Kaffee
(2.3) Kippe Löffel in Tasse
(2.4) Schließe Kaffeeglas

Schrittweise Verfeinerung

Auf dieser Idee der Verfeinerung beruht das Entwurfsprinzip der *schrittweisen Verfeinerung*, das oft beim Entwurf von Algorithmen eingesetzt wird.

Sequenzoperator ;

Um das oft umständliche Durchnummerieren zu vermeiden und um den Aspekt der Sequenz zu verdeutlichen, wird in Pseudocode-Algorithmen der explizite *Sequenzoperator*, notiert als `;`, eingesetzt. Die Notation mit dem Semikolon wurde auch in viele Programmiersprachen übernommen. Unser Beispiel lautet nun wie folgt:

Koche Wasser;
Gib Kaffeepulver in Tasse;
Fülle Wasser in Tasse

Diese Notation erspart die Durchnummerierung und entfernt auch irrelevante Information aus den Algorithmen – so ist die Tatsache, dass es sich beim Wassereinfüllen um den dritten, und nicht etwa den vierten Schritt handelt, für die Ausführung des Algorithmus nicht relevant.

Bedingte Anweisungen

Bedingte Anweisungen: Auswahl / Selektion

Bedingte Anweisungen wählen aufgrund einer zu testenden Bedingung einen Schritt aus. Sie werden daher auch als *Auswahl-* oder *Selektionsschritte* bezeichnet. Wie bereits erwähnt, gibt es zwei Varianten: Entweder wird nur bei positivem Test der Schritt ausgeführt (der Schritt also andernfalls übersprungen) oder es gibt eine weitere Angabe eines Schritts für den negativen Testausgang. Notiert werden diese beiden Varianten als

```
falls Bedingung
  dann Schritt
```

bzw. als

```
falls Bedingung
  dann Schritt a
  sonst Schritt b
```

Ein Beispiel, diesmal aus einem anderen Alltagsbereich, soll den Einsatz der Auswahl verdeutlichen:

```
falls Ampel rot oder gelb
  dann stoppe
  sonst fahre weiter
```

Der Test liefert einen Wahrheitswert »wahr« oder »falsch«, aufgrund dessen die Ausführung des ersten oder zweiten Schritts entschieden wird.

Schachtelung von Selektionen

Die Schachtelung mehrerer Selektionen ineinander ermöglicht komplexe Auswahlen unter mehreren Schritten, wie das folgende Beispiel zeigt:

```
falls Ampel ausgefallen
  dann fahre vorsichtig weiter
  sonst falls Ampel rot oder gelb
              dann stoppe
              sonst fahre weiter
```

Das Konstrukt **falls** ... **dann** ... **sonst** ... entspricht in verbreiteten Programmiersprachen den folgenden Konstrukten:

if Bedingung **then** ... **else** ... **fi**
if Bedingung **then** ... **else** ... **endif**
if (Bedingung) ... **else** ...

Das letzte Beispiel gibt die Notation in Java wieder. In Programmiersprachen werden also in der Regel die entsprechenden englischen Wörter verwendet, wobei sich die Sprachen darin unterscheiden, ob sie alle Wörter explizit notieren (in Java wird das **then** durch eine Klammerung der Bedingung überflüssig) und ob sie ein spezielles Schlüsselwort (etwa **endif**) zum Abschluss der bedingten Anweisung benutzen. Die erste Variante der Bedingung (Ausführung eines Schrittes nur bei positivem Test) wird jeweils durch Weglassen des **else**-Teiles realisiert.

Schleifen / Iteration

Schleife

Die Wiederholung eines Schrittes in einer Schleife wird nach dem folgenden Muster notiert:

wiederhole Schritte
bis Abbruchkriterium

Das folgende Beispiel, das bereits nahe an einer von Rechnern interpretierbaren Form ist, zeigt das Prinzip anhand einer Suche nach der nächstgrößeren Primzahl:

```
/* nächste Primzahl */
wiederhole
   Addiere 1;
   Teste auf Primzahleigenschaft
bis Zahl Primzahl ist;
gebe Zahl aus
```

Dieses Beispiel zeigt gleichzeitig die Kombination mehrerer Bausteine mittels Schachtelung, hier eine Sequenz innerhalb einer Schleife. Die inneren Schritte einer Schleife werden als *Schleifenrumpf* bezeichnet.

Varianten der Iteration

Die bisherige Schleifenvariante hat jeweils den Schleifenrumpf ausgeführt, um danach zu testen, ob sie eine weitere Iteration durchführt oder die Schleife abbricht. Der Schleifenrumpf wird somit mindestens einmal durchlaufen. Eine andere verbreitete Notation führt diesen Test *am Beginn* jeden Durchlaufs durch:

solange Bedingung
führe aus Schritte

Nach der englischen Übersetzung des Schlüsselwortes ist diese Variante insbesondere unter dem Namen *While-Schleife* bekannt. Ein Beispiel für den Einsatz der While-Schleife zeigt folgender Algorithmus:

While-Schleife

```
/* Bestimmung der größten Zahl einer Liste */
Setze erste Zahl als bislang größte Zahl;
solange Liste nicht erschöpft
führe aus
  Lies nächste Zahl der Liste;
  falls diese Zahl > bislang größte Zahl
    dann setze diese Zahl als bislang größte Zahl;
gebe bislang größte Zahl aus
```

Bei While-Schleifen kann der Fall auftreten, dass der Schleifenrumpf keinmal ausgeführt wird, da die Abbruchbedingung bereits vor dem ersten Durchlauf zutrifft.

Die letzte verbreitete Variante ist die Iteration über einen festen Bereich, zum Beispiel über einen Zahlenbereich. Wir notieren diesen Fall wie folgt:

Iteration über festen Bereich

```
wiederhole für Bereichsangabe
  Schleifenrumpf
```

Nach dem englischen Schlüsselwort sind derartige Schleifen als *For-Schleifen* bekannt. Typische Bereichsangaben wären z.B. »jede Zahl zwischen 1 und 100«, »jedes Wagenrad«, »jeden Hörer der Vorlesung«. Der Bereich, und somit die Zahl der Ausführungen des Schleifenrumpfs, ist – im Gegensatz zu den bisher diskutierten Varianten – bei Beginn der Schleifenausführung festgelegt.

For-Schleife

Die vorgestellten Schleifenkonstrukte entsprechen wieder jeweils Programmiersprachenkonstrukten:

```
wiederhole ... bis        repeat ... until ...
                          do ... while not ...

solange ... führe aus     while ... do ...
                          while (...) ...

wiederhole für            for each ... do ...
                          for ...do ...
                          for (...) ...
```

Bei der Umsetzung von **wiederhole... bis** mit einem **do-while**-Konstrukt ist jedoch zu beachten, dass dabei die Bedingung negiert wird, da erstere Variante eine Abbruchbedingung erwartet, während bei der letzteren die Schleife so lange ausgeführt wird, wie die Bedingung erfüllt ist.

2.1.4 Struktogramme

Struktogramme

Struktogramme ermöglichen eine standardisierte grafische Notation für den Aufbau von Algorithmen mittels Sequenz, Bedingung und Schleife (vergleiche z.B. Duden Informatik [Lek93]).

Die Notation für Struktogramme wird in Abbildung 2.1 eingeführt (es gibt weitere Konstrukte für Mehrfachverzweigungen etc., auf die wir hier nicht eingehen werden). Elementare Aktionen entsprechen beschrifteten Rechtecken. Die Konstrukte können beliebig ineinander geschachtelt werden.

Abbildung 2.1
Notation für Struktogramme

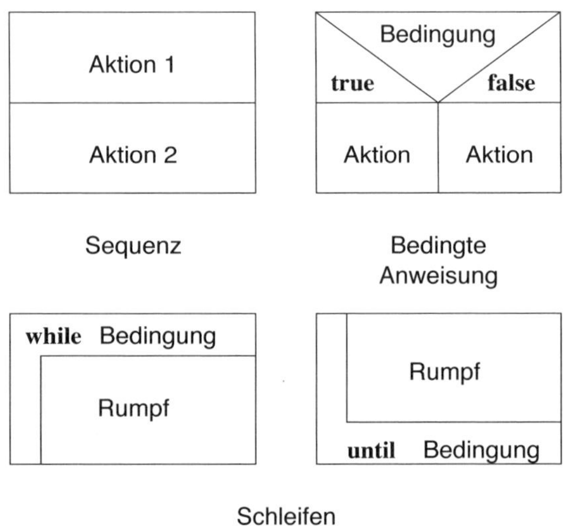

Abbildung 2.2 zeigt den bereits bekannten Algorithmus zur Bestimmung der nächstgrößeren Primzahl als Struktogramm.

Abbildung 2.2
Beispiel eines Struktogramms

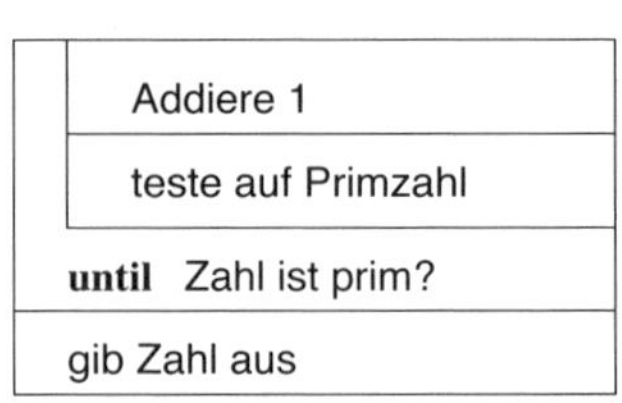

2.1.5 Rekursion

Das Thema Rekursion wird später an mehreren Stellen noch ausführlich behandelt. Da dieser Begriff zentral für den Stoff diese Buches ist, werden wir ihn nun bereits anhand eines kurzen Beispiels erläutern. Bei

Türme von Hanoi

dem Beispiel geht es um die bekannten »Türme von Hanoi« (siehe auch Goldschlager/Lister [GL90] auf den Seiten 57 bis 59 in ausführlicher Beschreibung).

Bei den Türmen von Hanoi handelt es sich ursprünglich um eine kurze Geschichte, die erfunden wurde, um das Prinzip der Rekursion zu verdeutlichen.

In dieser Geschichte haben Mönche die Aufgabe, einen Turm von 64 unterschiedlich großen goldenen Scheiben zu bewegen. Dabei gelten folgende Regeln:

- Zu jedem Zeitpunkt können Türme von Scheiben unterschiedlichen Umfangs auf drei Plätzen stehen. Der ursprüngliche Standort wird als Quelle bezeichnet, das Ziel als Senke. Der dritte Platz dient als Arbeitsbereich (kurz AB), um Scheiben zwischenzulagern.
- Nur jeweils die oberste Scheibe eines Turmes darf einzeln bewegt werden.
- Dabei darf niemals eine größere auf einer kleineren Scheibe zu liegen kommen.

Die Aufgabe ist nun das Bewegen eines Turmes der Höhe n (etwa $n = 64$ im Originalbeispiel) von einem Standort zu einem zweiten unter Benutzung des dritten Hilfsstandorts (siehe Abbildung 2.3).

Es ist nun gar nicht so einsichtig, in welcher Reihenfolge man Scheiben von wo nach wo bewegen muss, um tatsächlich dieses Ziel zu erreichen (man probiere es selbst mit einem kleinen n, etwa $n = 4$ – statt goldener Scheiben genügen auch Teller oder unterschiedlich große Bücher).

Durch Nachdenken kommt man allerdings zu der Erkenntnis, dass man, sofern man weiß, wie man einen um eins kleineren Turm bewegen kann, auch den größeren Turm bewegen kann. Die Vorgehensweise zeigt folgender Pseudocode-Algorithmus:

Algorithmus 2.1
Türme von Hanoi (rekursiv)

```
Modul Turmbewegung(n, Quelle, Senke, AB)
    /* Bewegt einen Turm der Höhe n von Quelle
    nach Senke unter Benutzung des Arbeitsbereichs */
falls n = 1
dann bewege Scheibe von Quelle zur Senke
sonst Turmbewegung(n-1, Quelle, AB, Senke)
      bewege 1 Scheibe von Quelle zur Senke
      Turmbewegung(n-1, AB, Senke, Quelle)
```

Das Prinzip besagt Folgendes: Möchte ich einen Turm der Höhe 5 von A nach B bewegen (unter Zuhilfenahme von C), kann ich das damit erreichen, dass ich einen Turm der Höhe 4 erst von A nach C bewege (jetzt unter Zuhilfenahme von B), dann die größte, fünfte Scheibe direkt nach B lege und den Turm der Höhe 4 zuletzt von C nach B auf diese Scheibe bewege. Das Verfahren heißt *rekursiv*, da sich eine Turmbewegung (der Größe n) unter anderem wiederum durch zwei Turmbewegungen (nun der Höhe $n-1$) beschreiben lässt.

Rekursives Verfahren

Der folgende Ablauf verdeutlicht die Vorgehensweise (genauer in Abbildung 2.3). Ziel ist eine Bewegung eines Turmes der Höhe 3 von A nach B. Die Rekursion wird durch Einrückungen verdeutlicht. Es werden nur die Aufrufe der Turmbewegungen (als `Turm` abgekürzt) und die Scheibenbewegungen notiert.

```
Turm(3,A,B,C)
    Turm(2,A,C,B)
        Turm(1,A,B,C)
            bewege A → B
        bewege A → C
        Turm(1,B,C,A)
            bewege B → C
    bewege A → B
    Turm(2,C,B,A)
        Turm(1,C,A,B)
            bewege C → A
        bewege C → B
        Turm(1,A,B,C)
            bewege A → B
```

Bei 64 Scheiben benötigt man übrigens ca. 600.000.000.000 Jahre, falls man jede Sekunde eine Scheibe bewegen kann (genauer: $2^{64}-1$ Sekunden!).

Module als aufrufbare Programme

Das Beispiel zeigte noch eine weitere Besonderheit: Der beschriebene Pseudocode-Algorithmus hat sich quasi selbst als Unterprogramm aufgerufen. Das Schlüsselwort **`Modul`** startet die Definition eines derartig aufrufbaren Unterprogramms, indem nach ihm der Name des Unterprogramms und eventuelle Parameter für den Aufruf festlegt werden.

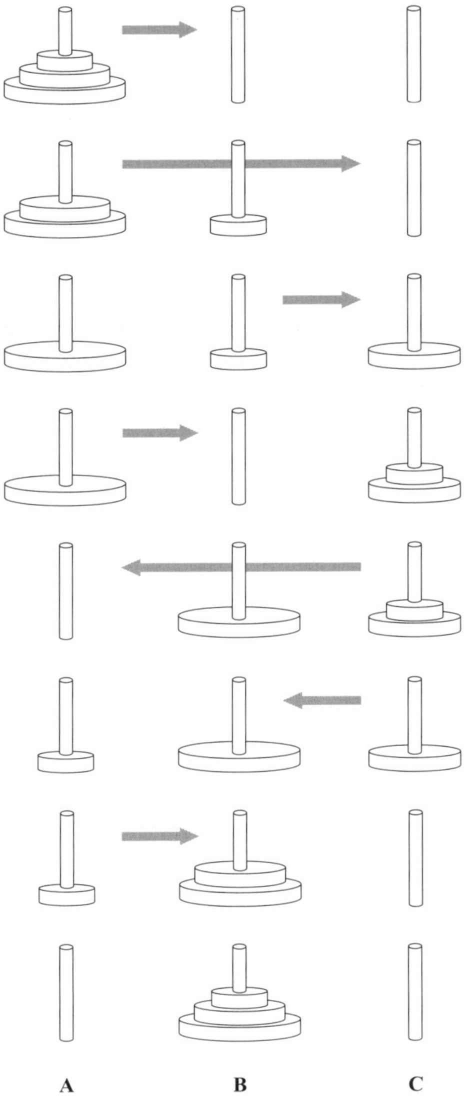

Abbildung 2.3
Türme von Hanoi

2.2 Sprachen und Grammatiken

Bevor wir uns detaillierter mit Algorithmen beschäftigen, müssen wir uns einige Grundlagen aus anderen Gebieten aneignen. Laut unseren intuitiven Einführungen sollen Beschreibungen von Algorithmen

- *verständlich* und
- *ausführbar*

sein. Mit dem Aspekt der Ausführbarkeit werden wir uns bei der Diskussion von Maschinenmodellen intensiver beschäftigen; hier geht es nun um den Aspekt der Verständlichkeit.

Verständlichkeit

Bei der Diskussion von Algorithmen betrachtet man Verstehbarkeit primär im Sinne der Festlegung einer *Sprache*, die von Rechnern interpretiert werden kann. Eine Beschreibung in natürlicher Sprache ist in der Regel mehrdeutig und entspricht somit nicht unseren Anforderungen. Unser Ziel ist es daher, spezielle Sprachen zur Festlegung von Algorithmen zu entwickeln.

Allgemein unterscheidet man bei Sprachen zwei Aspekte:

Syntax legt Muster fest

- Die *Syntax* gibt formale Regeln vor, welche Satzmuster gebildet werden können. Ein Beispiel aus der deutschen Sprache:
  - »Der Elefant aß die Erdnuss.« (syntaktisch korrekt)
  - »Der Elefant aß Erdnuss die.« (syntaktisch falsch)

Semantik legt Bedeutung fest

- Die *Semantik* hingegen legt die Bedeutung fest. Auch hier werden (formale oder informale) Regeln genutzt, um festzulegen, welche Sätze eine *Bedeutung* haben:
  - »Der Elefant aß die Erdnuss.« (semantisch korrekt, sinnhaft)
  - »Die Erdnuss aß den Elefanten.« (semantisch falsch, sinnlos)

Festlegung von Syntax und Semantik von Sprachen, insbesondere von Programmiersprachen, ist Inhalt späterer Studienabschnitte eines Informatik-Hauptstudiums und soll hier nicht vertieft werden. Wir präsentieren nur einige kurze Ausführungen, die für die restlichen Abschnitte des Buches benötigt werden. Nur als Bemerkung sei erwähnt, dass bei der Analyse natürlicher Sprache noch weitere Aspekte neben der Semantik und der Syntax, etwa die Pragmatik, untersucht werden müssen, die bei Sprachen, die für Rechner entwickelt wurden, keine besondere Rolle spielen.

2.2.1 Begriffsbildung

Für die Festlegung von Sprachen gibt es einige einfache Konzepte, die wir im Folgenden kurz vorstellen werden.

Grammatik

Eine Grammatik ist ein Regelwerk zur Beschreibung der Syntax einer Sprache. Es gibt unterschiedliche Regelwerke zur Festlegung von Grammatiken, von denen wir mit den Produktionsregeln ein einfaches benutzen werden. Eine Produktionsregel ist eine einfache Regel einer Grammatik zum Bilden von Sätzen, bei der Satzbausteine durch andere

Produktionsregel

Bausteine verfeinert werden. Ein Beispiel aus dem Bereich der natürlichen Sprache ist die folgende Regel:

$$\text{Satz} \mapsto \text{Subjekt Prädikat Objekt.}$$

Die Regeln einer Grammatik legen die so genannte generierte Sprache fest. Die generierte Sprache ist die Menge aller durch Anwendungen der Regeln einer Sprache erzeugbaren Sätze. *Generierte Sprache*

Im Folgenden werden wir zwei Formalismen zur Beschreibung einfacher »Kunst«-Sprachen kennen lernen, die im weiteren Verlauf des Buches eingesetzt werden und an denen wir diese eingeführten Begriffe erläutern können.

2.2.2 Reguläre Ausdrücke

Reguläre Ausdrücke bieten einfache Operatoren, um Konstruktionsregeln für Zeichenketten festzulegen: *Reguläre Ausdrücke*

- »Worte« sind die nicht weiter zerlegbaren Satzbestandteile, in unseren Beispielen etwa a, b etc.
- Die Sequenz beschreibt das »Hintereinanderschreiben«: pq *Sequenz*
- Die Auswahl ermöglicht die Wahl zwischen zwei Alternativen: $p + q$ *Auswahl*
- Die Iteration ermöglicht das Wiederholen von Satzbausteinen: p^* (0-, 1- oder n-mal) *Iteration*
  Eine oft genutzte Variante der Iteration schließt die »leere« Iteration aus: p^+ (1- oder n-mal)
- Zusätzlich besteht die Möglichkeit der Klammerung zur Strukturierung. Ansonsten gilt »Punkt- vor Strichrechnung«.

Der Einsatz regulärer Ausdrücke soll nun anhand einiger Beispiele erläutert werden:

- Mit L beginnende Binärzahlen über L und O können wie folgt beschrieben werden:

  $$L(L + O)^*$$

  Eine Binärzahl beginnt also mit einem L, danach kann eine beliebig lange Folge von L und O kommen. Beispiele sind L, LO, $LOLO$, $LOOOOOLLLL$.
  Mit einer kleinen Variation generieren wir zusätzlich auch die O als einzige mit diesem Symbol startende Zahl:

  $$O + L(L + O)^*$$

- Ein weiteres Beispiel sind Bezeichner einer Programmiersprache, die mit einem Buchstaben anfangen müssen, nach dem ersten Buchstaben aber auch Ziffern enthalten dürfen:

$$(a + b + \ldots + z)(a + b + \ldots + z + 0 + 1 + \ldots 9)^*$$

Beispiele für generierte Wörter sind $abba$, $mz4$, $u2$; kein Beispiel wäre $124c4u$.

Reguläre Ausdrücke sind für mehrere Bereiche der Informatik relevant: Sie werden zur Festlegung von Datenformaten für Programmeingaben genutzt, definieren Muster zum Suchen in Texten und Suchmasken in Programmiersprachen.

Reguläre Ausdrücke sind ein einfacher Mechanismus zur Festlegung einer generierten Sprache. Im Folgenden werden wir einen komplexeren Mechanismus kennen lernen.

2.2.3 Backus-Naur-Form (BNF)

Backus-Naur-Form
BNF

Nach den einfachen Mustern der regulären Ausdrücke werden wir nun einen Formalismus vorstellen, der eine einfache Festlegung der Syntax von Kunstsprachen ermöglicht, wie sie etwa Programmiersprachen darstellen. Die Backus-Naur-Form (kurz BNF) ist benannt nach den Autoren des ursprünglichen Vorschlags und wird insbesondere zur Festlegung der Syntax von Programmiersprachen genutzt.

Eine Beschreibung einer Syntax in BNF besteht aus Ersetzungsregeln der folgenden Form:

```
linkeSeite ::= rechteSeite
```

Die `linkeSeite` ist ein Name für ein zu definierendes Konzept, also eines Satzbausteines. In einer Programmiersprachendefinition könnte ein derartiges Konzept etwa den Namen `Schleife` haben. Die `rechteSeite` gibt nun eine Definition an, die die Form einer Liste von Sequenzen aus Konstanten und anderen, ebenfalls definierten Konzepten (evtl. einschließlich dem zu definierenden!) hat. Die Listenelemente bilden Alternativen und sind durch das Symbol | getrennt.

Wir erläutern diese Festlegungen an einem einfachen Beispiel. Es handelt sich wieder um die Bezeichner in einer Programmiersprache, die wir ja bereits mittels regulärer Ausdrücke beschrieben hatten.

⟨Ziffer⟩ ::= 1|2|3|4|5|6|7|8|9|0
⟨Buchstabe⟩ ::= $a|b|c|\ldots|z$
⟨Zeichenkette⟩ ::= ⟨Buchstabe⟩|⟨Ziffer⟩|
⟨Buchstabe⟩⟨Zeichenkette⟩|
⟨Ziffer⟩⟨Zeichenkette⟩
⟨Bezeichner⟩ ::= ⟨Buchstabe⟩|
⟨Buchstabe⟩⟨Zeichenkette⟩

Nichtterminalsymbole und Terminalsymbole

Für derartige Definitionen haben sich bestimmte Sprechweisen etabliert. Die definierten Konzepte, die in die Klammern ⟨⟩ eingeschlossen sind, werden als Nichtterminalsymbole bezeichnet in Abgrenzung zu den Konstanten, die Terminalsymbole genannt werden. Die Bezeichnung basiert darauf, dass bei diesen Symbolen die Ersetzung mittels Regeln endet (»terminiert«).

Beispiel 2.6 *Syntax für Pseudocode-Algorithmen*

Als etwas komplexeres Beispiel betrachten wir die Syntax für die eingeführten Pseudocode-Algorithmen.

⟨atom⟩ ::= 'addiere 1 zu x' | ...
⟨bedingung⟩ ::= 'x=0' | ...
⟨sequenz⟩ ::= ⟨block⟩; ⟨block⟩
⟨auswahl⟩ ::= **falls** ⟨bedingung⟩ **dann** ⟨block⟩ |
falls ⟨bedingung⟩ **dann** ⟨block⟩ **sonst** ⟨block⟩
⟨schleife⟩ ::= **wiederhole** ⟨block⟩ **bis** ⟨bedingung⟩ |
solange ⟨bedingung⟩ **führe aus** ⟨block⟩
⟨block⟩ ::= ⟨atom⟩ | ⟨sequenz⟩ | ⟨auswahl⟩ | ⟨schleife⟩

Für Atome und Bedingungen müssen jeweils geeignete Konstanten aufgelistet werden, da die Syntax an dieser Stelle nicht festgelegt war. □

BNF-Syntax-Festlegungen sind insbesondere relevant für die Definition der Syntax für Programmiersprachen und die Definition komplexerer Dateiformate. Die BNF bildet dabei eine spezielle Form kontextfreier Grammatiken (diese werden später im Studium genauer behandelt).

EBNF und Syntaxdiagramme

Verbreitet sind Erweiterungen der BNF (oft EBNF für *Extended BNF*). Diese integrieren Elemente regulärer Ausdrücke (optionale Teile mittels [...], Iterationen mittels {...}) in die einfache BNF-Notation (siehe etwa den Eintrag Backus-Naur-Form im Duden Informatik [Lek93]).

Die verbreiteten *Syntaxdiagramme* bilden eine grafische Variante (siehe ebenfalls in [Lek93]).

2.3 Elementare Datentypen

Die ausführbaren elementaren Schritte eines auf Rechnern ablaufenden Algorithmus basieren meistens auf den Grundoperationen eines *Datentyps*. Während die bisher vorgestellten Bausteine einer Algorithmenbeschreibung den Bearbeitungsprozess steuern, legen Datentypen die zu bearbeitenden Informationseinheiten fest.

Datentypen

Die Beschreibung von Datentypen nimmt später in diesem Buch einen eigenen Abschnitt ein. Um rechnerausführbare Algorithmen beschreiben zu können, benötigt man Datentypen; um Datentypen mit ihren Operationen zu beschreiben, benötigt man wiederum eine Algorithmensprache. Wir lösen diesen Abhängigkeitszyklus dadurch auf, dass wir jetzt einige typische Datentypen vorstellen, die wir beim Leser als bekannt voraussetzen, um uns dann nach der Vorstellung von Algorithmensprachen wieder intensiv mit dem Thema Datentypen zu beschäftigen.

2.3.1 Datentypen als Algebren

Ein Algorithmus verarbeitet Daten, etwa Kontoführungsdaten oder geometrische Angaben. Ein Datentyp soll gleichartige Daten zusammenfassen und die nötigen Basisoperationen zur Verfügung stellen, wie beispielsweise eine Skalierung oder Rotation bei geometrischen Daten. Was ist nun die passende Abstraktion von derartigen Datentypen, wenn man sie mathematisch exakt definieren möchte?

Datentypen als Algebren

Eine passende mathematische Abstraktion für Datentypen sind *Algebren*. Eine Algebra ist eine Wertemenge plus Operationen auf diesen Werten. Ein typisches Beispiel für diese Konzept sind die natürlichen Zahlen $\mathbb{N}$ mit den Operationen $+, -, \cdot, \div$ etc. Wir betrachten nun den Zusammenhang zwischen Datentypen und Algebren etwas genauer.

Sorten eines Datentyps

Mehrsortige Algebren

Wertemengen eines Datentyps werden in der Informatik als Sorten bezeichnet. Die Operationen eines Datentyps entsprechen Funktionen und werden durch *Algorithmen* realisiert. In der Regel haben wir die Situation einer *mehrsortigen Algebra* vorliegen, also einer Algebra mit mehreren Sorten als Wertebereiche. Ein Beispiel für eine mehrsortige Algebra sind wiederum die natürlichen Zahlen plus die Wahrheitswerte mit den Operationen $+, -, \cdot, \div$ auf den Zahlen, $\neg, \wedge, \vee, \ldots$ auf den Wahrheitswerten und $=, <, >, \leq, \ldots$ als Verbindung zwischen den beiden Sorten.

Die Informatiksichtweise eines Datentyps basiert – im Gegensatz zum auf beliebigen Wertebereichen und Funktionen basierenden mathematischen Konzept der Algebra – auf *interpretierbaren Werten* mit *ausführbaren Operationen* – genauer gesagt *durch Rechner* interpretierbare Wertebereiche und *durch Rechner* ausführbare Operationen.

In den folgenden Abschnitten werden einige Beschreibungsmethoden für Algebren kurz skizziert, eine genauere Betrachtung erfolgt in Kapitel 11.

2.3.2 Signaturen von Datentypen

Ein zentraler Begriff in der Beschreibung eines Datentyps ist der Begriff der Signatur. Eine Signatur ist eine Formalisierung der Schnittstellenbeschreibung eines Datentyps und besteht aus der Angabe der Namen der Sorten und der Operationen. Bei Operationen werden neben dem Bezeichner der Operation auch die Stelligkeit der Operationen und die Sorten der einzelnen Parameter angegeben. Die *Konstanten* eines Datentyps werden als nullstellige Operationen realisiert.

Signatur

Beispiel 2.7
Datentyp für natürliche Zahlen

Das Beispiel der natürlichen Zahlen verdeutlicht diese Angaben:

```
type nat
sorts nat, bool
functions
   0 : → nat
   succ : nat → nat
   + : nat × nat → nat
   ≤ : nat × nat → bool
   ...
```

Der Datentyp `nat` hat zwei Sorten, `nat` und `bool`. Oft ist, wie in diesem Fall, der Name des Datentyps auch der Name einer Sorte – in diesen Fällen wird in der Regel diese Sorte neu definiert, während die anderen Sorten als bereits definiert »importiert« werden.
Das Operationssymbol **succ** steht für die Nachfolgerfunktion *successor*, also den unären Operator »+1«.

Die Operation + hat die Stelligkeit 2, besitzt zwei Parameter vom Typ `nat` und liefert als Ergebnis wiederum einen `nat`-Wert. Die Konstante 0 wird als nullstellige Funktion modelliert, hat also keine Parameter.

Das Beispiel ist angelehnt an die algebraische Spezifikation von Datentypen (Details hierzu in Kapitel 11). □

Signaturgraphen

Neben der textuellen Variante ist auch die grafische Notation durch *Signaturgraphen* verbreitet. Abbildung 2.4 zeigt den Signaturgraphen für das `nat`-Beispiel. Knoten des Graphen sind die Sorten des Datentyps; Kanten beschreiben die Operationen.

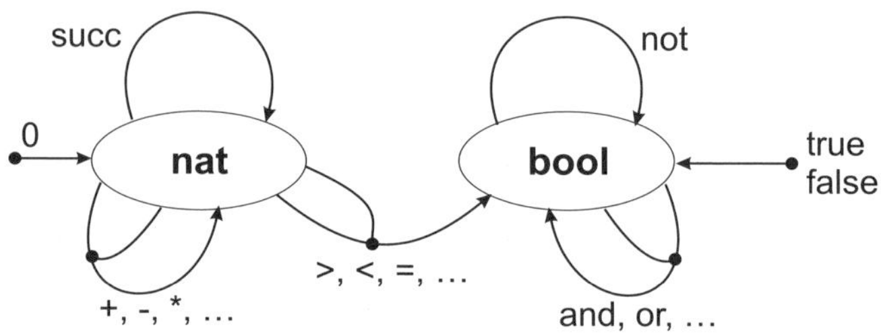

Abbildung 2.4 *Signaturgraph für natürliche Zahlen*

Nach diesen Vorbemerkungen werden wir einige wenige Datentypen einführen, die in der Definition von Algorithmensprachen und in den Programmierbeispielen der folgenden Kapitel eingesetzt werden.

2.3.3 Der Datentyp `bool`

Datentyp der Wahrheitswerte

Der erste von uns betrachtete Datentyp **boolean**, auch kurz **bool**, ist der Datentyp der Wahrheitswerte. Er ist nach G. Boole (1815-1864) benannt, der als erster Mathematiker die Boole'sche Algebra der Wahrheitswerte formalisierte. Die einzigen zwei Werte von **bool** bezeichnen wir mit den Konstanten {**true**, **false**} für wahr und falsch. Die beiden Werte werden oft auch als 1 und 0 oder auch als L und O notiert.

Operationen auf `bool`

Die wichtigsten Operationen auf **bool**-Werten sind die folgenden:

- $\neg$, auch **not**: logische Negation
- $\wedge$, auch **and**: logisches Und
- $\vee$, auch **or**: logisches Oder
- $\Longrightarrow$, auch **implies**: logische Implikation ('wenn ... dann ...')

Die Negation $\neg$ hat einen Eingabeparameter, die anderen jeweils zwei. In Abbildung 2.4 auf Seite 36 ist die Signatur von **bool** als Teil des Gesamtgraphens abgebildet.

Da es nur zwei Werte in **bool** gibt, liegt es nahe, die Bedeutung der Operationen direkt durch *Wahrheitstafeln* zu definieren:

Negation

- Die Negation ersetzt jeden Wert durch sein Gegenstück:

$\neg$	
false	**true**
true	**false**

- Das logische Und ergibt nur dann wahr, wenn beide Parameter den Wert **true** annehmen:

Logisches Und

$\wedge$	**false**	**true**
false	**false**	**false**
true	**false**	**true**

- Für das logische Oder reicht es aus, wenn ein Parameter wahr wird:

Logisches Oder

$\vee$	**false**	**true**
false	**false**	**true**
true	**true**	**true**

- Die Implikation $p \implies q$ ist definiert als $\neg p \vee q$:

Logische Implikation

$\implies$	**false**	**true**
false	**true**	**true**
true	**false**	**true**

Der Datentyp **bool** spielt in der Informatik auch deshalb eine besondere Rolle, da sein Wertebereich genau einem Bit entspricht, der kleinsten möglichen Speichereinheit in einem Rechner.

2.3.4 Der Datentyp integer

Der Datentyp **integer**, auch **int**, stellt den Datentyp der ganzen Zahlen dar. Die Werte von **int** bilden somit die folgende (unendliche!) Menge: $\{\ldots, -2, -1, 0, 1, 2, 3, 4, \ldots\}$.

Datentyp int der ganzen Zahlen

Auf **int** sind die bekannten arithmetischen Operationen $+, -, \cdot, \div,$ **mod**, **sign**, $>, <, \ldots$ etc. definiert. Die wichtigsten werden wir nun kurz aufführen, indem wir die Signatur der Operation sowie eine informelle Erläuterung der Bedeutung angeben:

Arithmetische Operationen

- $+$: **int** $\times$ **int** $\rightarrow$ **int**
  Die Addition zweier Zahlen: Z.B. ergibt 3 plus 4 den Wert 7. Wir notieren dies wie folgt: $4+3 \mapsto 7$. Analog werden Multiplikation, Subtraktion und ganzzahlige Division definiert.
- **mod**: **int** $\times$ **int** $\rightarrow$ **int**
  Der Rest bei der ganzzahligen Division wird mittels eines Operators **mod** (für modulo) definiert. Ein Beispiel ist die folgende Auswertung: 19 **mod** $7 \mapsto 5$.
- **sign**: **int** $\rightarrow \{-1, 0, 1\}$
  Das Vorzeichen einer Zahl gibt uns an, ob es sich um eine Zahl aus dem negativen oder dem positiven Zahlenbereich oder um die

Zahl 0 handelt. Die Vorzeichenfunktion ist ein Beispiel für eine einstellige Funktion auf **nat**. Beispiele für Auswertungen dieser Funktion sind **sign**$(7) \mapsto 1$, **sign**$(0) \mapsto 0$ und **sign**$(-7) \mapsto -1$.

- $>$: **int** $\times$ **int** $\rightarrow$ **bool**
  Die Größerrelation ist ein Beispiel für eine Operation, die mehrere Sorten (hier **int** und die Wahrheitswerte) betrifft. Ein Beispiel für eine Auswertung ist $4 > 3 \mapsto$ **true**.
- Der Datentyp **int** umfasst eine Reihe weiterer üblicher Operationen. In den unten aufgeführten Beispielen werden insbesondere folgende Operationen genutzt: **abs** zur Berechnung des Absolutbetrags einer Zahl und die einstelligen Operationen **odd** und **even**, die auf ungerade bzw. gerade Zahlen testen.
  Die Operationsnamen **odd** und **even** kann man sich leicht mit folgender Merkregel verinnerlichen: **odd** hat drei Buchstaben und steht für ungerade, **even** hat vier Buchstaben und steht für gerade!

Notation $\mapsto$ für Auswertung eines Operators

Das Symbol $\mapsto$ bedeutet hierbei »wird ausgewertet zu«. Es wird in dieser Bedeutung auch später im Buch benutzt.

In einem Rechner sind stets nur endlich viele **integer**-Werte definiert. Dies folgt aus der Beschränktheit des Speichers jedes Rechners im Gegensatz zur unendlich großen Wertemenge der mathematischen ganzen Zahlen.

Undefinierter Wert $\bot$

Mit der ganzzahligen Arithmetik haben wir erstmals einen Effekt, der uns später bei Algorithmen öfters beschäftigen wird: Die Operationen haben nicht für alle Auswertungen ein definiertes Ergebnis, etwa bei der Division durch 0. Wir verwenden das Zeichen $\bot$, wenn das Ergebnis einer Auswertung *undefiniert* ist:

$$\begin{aligned} 19 \div 0 &\mapsto \bot \\ 2 \cdot \bot &\mapsto \bot \\ \bot + 3 &\mapsto \bot \end{aligned}$$

Wird ein undefinierter Wert mit einem beliebigen anderen Wert verknüpft, ist das Ergebnis wieder undefiniert. Mathematisch bedeutet dies, dass Operationen eines Datentyps im allgemeinen Fall *partielle Funktionen* sind.

2.3.5 Felder und Zeichenketten

Eine ganze Reihe weiterer Datentypen werden im Laufe dieses Buches behandelt. Für die praktischen Übungen, ein paar Beispiele und die Umsetzung in Java sind einige Datentypen besonders relevant, die wir nun kurz skizzieren werden:

- Der Datentyp **char** hat als Wertebereich die Zeichen in Texten $\{A, .., Z, a, ..\}$ mit der einzigen Operation $=$. Als Erweiterung kann man Operationen für die lexikographische Ordnung und eine Nachfolgerfunktion definieren.

Datentyp **char** *für Zeichen*

- Der Datentyp **string** hat als Wertebereich Zeichenketten über Zeichen in **char**.
  Für Zeichenketten sind ein ganze Reihe von Operationen sinnvoll:

string *für Zeichenketten*

  - Gleichheit: $=$
  - Konkatenation (»Aneinanderhängen«): $+$
  - Selektion des i-ten Zeichens: $s[i]$
  - Länge: **length**
  - jeder Wert aus **char** wird als ein **string** der Länge 1 aufgefasst, wenn er wie folgt notiert wird: `"A"`
  - **empty** oder auch ϵ als leerer **string** der Länge 0
  - weitere Operatoren, etwa **substring**

- Der Datentyp **array** erlaubt die Definition von »Feldern« mit Werten eines Datentyps als Eintrag, wobei die Ausdehnung fest vorgegeben ist. Ein Array kann eindimensional oder auch mehrdimensional sein und ist damit das Gegenstück zu den mathematischen Konstrukten Vektor und Matrix.
  Beispiele für Werte dieses Datentyps sind im Falle von Feldern über ganze Zahlen die folgenden Werte:

array *für Felder*

$$\begin{pmatrix} 3 \\ 42 \\ -7 \end{pmatrix}, \quad \begin{pmatrix} 3 & 4 & 0 \\ 42 & 424 & -1 \\ -7 & 7 & 7 \end{pmatrix}$$

  In diesen Beispielen sind die Dimensionen jeweils auf 3 Werte begrenzt. Eine Definition der zugehörigen Wertebereiche könnte wie folgt aussehen:

```
array 1..3 of int;
array 1..3, 1..3 of int;
```

  Mit den Angaben 1..3 werden die einzelnen Elemente selektierbar oder auch *adressierbar*. Einige Programmiersprachen, so auch Java, ziehen es vor, mit der Adressierung bei 0 anstelle von 1 zu beginnen – das Prinzip bleibt dasselbe.
  Typische Operationen auf Feldern sind die folgenden:

  - Gleichheit: $=$
  - Selektion eines Elementes aus einem Feld A: $A[n]$ oder $A[1, 2]$

- Konstruktion eines Feldes: $(1, 2, 3)$ oder $((1, 2, 3), (3, 4, 5), (6, 7, 8))$

Datentypkonstruktoren

Letzterer Datentyp ist genau genommen ein *Datentypkonstruktor*, da mit ihm Felder verschiedener Ausdehnung, Dimensionalität und verschiedener Basisdatentypen gebildet werden können, die jeweils unterschiedliche Datentypen darstellen. Diese Art von Datentypen wird später noch genauer behandelt; die bisherigen Erläuterungen reichen aber aus, um Felder in Beispielen nutzen zu können.

2.4 Terme

Wir haben bisher Datentypen und Operationen kennen gelernt; nun wollen wir mit diesen auch komplexere Rechnungen ausdrücken, in denen mehrere Operationen genutzt werden. Der Fachausdruck hierfür ist die Bildung von *Termen* und deren Auswertung.

2.4.1 Bildung von Termen

Terme

Die Frage nach komplexeren Berechnungen kann man wie folgt umformulieren: *Wie setzt man Grundoperationen zusammen?* In der Mathematik führt dies zur Bildung von Termen, etwa dem folgenden Term

$$7 + (9 + 4) \cdot 8 - 14$$

oder

$$13 - \mathbf{sign}(-17) \cdot 15$$

als Beispiele für ganzzahlige Terme. Der folgende Term zeigt, dass Terme natürlich auch für andere Datentypen, etwa **bool**, gebildet werden können:

$$\neg\mathbf{true} \vee (\mathbf{false} \vee (\neg\mathbf{false} \wedge \mathbf{true}))$$

Diese Beispiele veranschaulichen, dass bei der Termbildung Klammern und Prioritäten zur Festlegung der Auswertungsreihenfolge der Operationen genutzt werden – beim ersten Beispiel wären sonst mehrere Auswertungen (mit jeweils unterschiedlichem Ergebnis!) möglich.

Bedingte Terme

Für Algorithmensprachen werden wir eine weitere Art von Termen kennen lernen, die in normaler Arithmetik nicht eingesetzt werden. *Bedingte Terme* erlauben – analog dem Auswahloperator in der Pseudocode-Notation – die Auswahl zwischen zwei Alternativen basierend auf dem Test eines Prädikats. Notiert wird ein bedingter Term wie folgt:

if b **then** t **else** u **fi**

Hierbei ist b ein boolescher Term und die beiden Terme t und u sind zwei Terme gleicher Sorte.

Die Auswertung bedingter Terme folgt einer bestimmten Regel bezüglich undefinierter Werte. Die folgenden Beispiele zeigen einige Auswertungen:

Auswertung bedingter Terme

$$\begin{aligned}
\textbf{if true then } t \textbf{ else } u \textbf{ fi} &\mapsto t\\
\textbf{if false then } t \textbf{ else } u \textbf{ fi} &\mapsto u\\
\textbf{if true then } 3 \textbf{ else } \bot \textbf{ fi} &\mapsto 3\\
\textbf{if false then } 3 \textbf{ else } \bot \textbf{ fi} &\mapsto \bot
\end{aligned}$$

Im Gegensatz zu allen bisherigen Operationen erzwingt in bedingten Termen ein Teilausdruck, der undefiniert ist, nicht automatisch die Undefiniertheit des Gesamtterms! Dies ist motiviert durch die Auswertungsstrategie, dass nach einem Test nur die ausgewählte Alternative weiter bearbeitet werden sollte – man weiß also gar nicht, ob die andere Alternative eventuell undefiniert ist. Eine tiefer gehende Motivation für diese Regel werden wir allerdings erst im nächsten Kapitel bei der Diskussion applikativer Algorithmen kennen lernen.

Um eine eindeutige Syntax für die Termauswertung vorzugeben, ist eine Formalisierung der Bildung und Auswertung von Termen notwendig. Wir zeigen dies für **int**-Terme in Form einer mathematischen Definition, die erst die erlaubten Konstrukte festlegt und dann alle weiteren Bildungen verbietet.

Formalisierung von Termen

Definition 2.1
Definition von **int***-Termen*

1. Die **int**-Werte $\ldots, -2, -1, 0, 1, \ldots$ sind **int**-Terme.
2. Sind t, u **int**-Terme, so sind auch $(t + u)$, $(t - u)$, $(t \cdot u)$, $(t \div u)$, **sign**(t), **abs**(t) **int**-Terme.
3. Ist b ein **bool**-Term und sind t, u **int**-Terme, so ist auch **if** b **then** t **else** u **fi** ein **int**-Term.
4. Nur die durch diese Regeln gebildeten Zeichenketten sind **int**-Terme.

□

Eine analoge Definition ist auch für **bool**-Terme notwendig, bei denen dann auch ein Term $t < u$ basierend auf **int**-Termen ein **bool**-Term ist. Durch diese Regeln ist für jeden Ausdruck festgelegt, ob er ein korrekter Term ist und welchen Datentyp das Ergebnis seiner Auswertung hat.

Die Regeln der Definition 2.1 ergeben vollständig geklammerte Ausdrücke und vermeiden daher jede Mehrdeutigkeit in der Auswertungsreihenfolge. Wir verwenden die üblichen aus der Schulmathematik bekannten Klammereinsparungsregeln:

Klammereinsparungsregeln

- Es gelten die üblichen Vorrangregeln: Punktrechnung vor Strichrechnung, $\neg$ vor $\wedge$ vor $\vee$ etc. Der **if**-Konstruktor ist schwächer als alle anderen Operatoren.
- Assoziativgesetze werden in den Fällen, in denen Klammern unnötig sind, da ein identischer Wert als Ergebnis auftritt, ausgenutzt.

Als Resultat können wir für

$$(((\mathbf{abs}((7 \cdot 9) + 7) - 6) + 8) - 17)$$

kurz

$$\mathbf{abs}(7 \cdot 9 + 7) - 6 + 8 - 17$$

schreiben. Der Multiplikationsoperator wird in der Notation oft ebenfalls eingespart, wenn es keine Verwechslung geben kann:

$$2 \cdot (2 + 3) \text{ wird kurz zu } 2(2 + 3)$$

2.4.2 Algorithmus zur Termauswertung

Termauswertung

Wir werden später erneut auf Algorithmen zur Auswertung von Termen kommen. Hier wird nur kurz skizziert, wie ein derartiger Algorithmus prinzipiell abläuft. Die Auswertung eines Terms geschieht von innen nach außen (der Klammerstruktur folgend). Es werden also jeweils Teilterme gesucht, die direkt auswertbar sind (da die Parameterwerte direkt Werte darstellen), und diese werden durch Ausführung der betreffenden Operation ausgewertet und durch das Ergebnis der Auswertung ersetzt. Wie bereits erwähnt, wird bei bedingten Termen zuerst die Bedingung ausgewertet und danach die Auswertung bei der ausgewählten Alternative fortgeführt – hier wird im Gegensatz zu anderen Operatoren also von außen nach innen vorgegangen.

Die Auswertung eines Terms verdeutlicht folgendes Beispiel:

$$
\begin{array}{ll}
 & 1+ \texttt{\textbf{if}}\ \texttt{\textbf{true}} \vee \neg\texttt{\textbf{false}}\ \texttt{\textbf{then}}\ 7\cdot 9+7-6\ \texttt{\textbf{else}}\ \texttt{\textbf{abs}}(3-8)\ \texttt{\textbf{fi}} \\
\mapsto & 1+ \texttt{\textbf{if}}\ \texttt{\textbf{true}} \vee \texttt{\textbf{true}}\ \texttt{\textbf{then}}\ 7\cdot 9+7-6\ \texttt{\textbf{else}}\ \texttt{\textbf{abs}}(3-8)\ \texttt{\textbf{fi}} \\
\mapsto & 1+ \texttt{\textbf{if}}\ \texttt{\textbf{true}}\ \texttt{\textbf{then}}\ 7\cdot 9+7-6\ \texttt{\textbf{else}}\ \texttt{\textbf{abs}}(3-8)\ \texttt{\textbf{fi}} \\
\mapsto & 1+7\cdot 9+7-6 \\
\mapsto & 1+63+7-6 \\
\mapsto & 64+7-6 \\
\mapsto & 71-6 \\
\mapsto & 65
\end{array}
$$

Eigenschaften der Termauswertung

Der Algorithmus zur Termauswertung ist in dieser Form nichtdeterministisch, determiniert und terminierend. Als Beispiel für den Nichtdeterminismus kann man folgende Auswertung betrachten: $(7+9)\cdot(4+10)$ kann über $16\cdot(4+10)$ oder über $(7+9)\cdot 14$ zu $16\cdot 14$ ausgewertet werden. Man kann den Algorithmus deterministisch machen, indem z.B. bei mehreren Möglichkeiten jeweils immer der am weitesten links stehende auswertbare Teilterm ausgewertet wird.

2.5 Datentypen in Java

Den Begriff des Datentyps haben wir bereits in Abschnitt 2.3 als ein Konzept zur Definition von Strukturen und Wertebereichen sowie der zulässigen Operationen für Daten kennen gelernt. Datentypen spielen in Java eine wichtige Rolle, da hier eine strenge Typisierung realisiert ist. Dies bedeutet, dass jede Variable einen wohldefinierten Typ hat, der vor der ersten Verwendung der Variablen auch festgelegt werden muss. Typumwandlungen sind nur unter bestimmten Bedingungen zulässig.

In Java werden zwei Arten von Datentypen unterschieden: primitive Datentypen und Referenzdatentypen.

2.5.1 Primitive Datentypen

Die *primitiven Datentypen* sind die in der Sprache »eingebauten« Typen zur Speicherung von Werten. Die Menge dieser Typen ist dabei statisch und kann auch nicht erweitert werden. Zu den primitiven Datentypen gehören:

- die numerischen Typen für Ganz- und Gleitkommazahlen,
- der Zeichen-Datentyp,
- der boolesche Datentyp.

Ganzzahl-Datentypen

Die Ganzzahl-Datentypen dienen zur Repräsentation ganzzahliger numerischer Werte (so genannter Integerwerte) und sind vorzeichenbehaftet. Es gibt die Typen **byte**, **short**, **int** und **long**, die sich durch die Art der internen Speicherung, d.h. die Anzahl der benutzten Bits, und die sich daraus ergebenden Wertebereiche unterscheiden (Tabelle 2.1).

Gleitkomma-Datentypen

Für numerische Gleitkommawerte gibt es mit **float** und **double** zwei verschiedene Typen für unterschiedliche Wertbereiche und Genauigkeiten (Tabelle 2.1).

Tabelle 2.1 *Numerische Datentypen in Java*

Datentyp	Größe	Wertebereich
byte	8 Bit	$-128 \ldots 127$
short	16 Bit	$-32768 \ldots 32767$
int	32 Bit	$-2^{31} \ldots 2^{31} - 1$
long	64 Bit	$-2^{63} \ldots 2^{63} - 1$
float	32 Bit	$10^{-46} \ldots 10^{38}$ (6 sign. Stellen)
double	64 Bit	$10^{-324} \ldots 10^{308}$ (15 sign. Stellen)

Zeichen-Datentyp

Als Zeichen-Datentyp bietet Java den Typ **char**, der einen vorzeichenlosen 16-Bit-Integer-Typ darstellt. Dieser Typ erlaubt die Repräsentation von Zeichen im so genannten Unicode-Zeichensatz, der u.a. auch chinesische und arabische Schriftzeichen unterstützt. Es ist jedoch zu beachten, dass mit einem **char**-Wert nur jeweils ein Zeichen gespeichert werden kann: Zeichenketten (Strings) werden dagegen mit Hilfe der Klasse `java.lang.String` dargestellt, die intern ein Feld von **char**-Werten verwaltet.

Boolescher Datentyp

Der boolesche Datentyp zur Repräsentation von Wahrheitswerten heißt in Java **boolean** und wird als 1-Bit-Wert gespeichert. Mögliche Werte sind dabei **true** und **false**. Der **boolean**-Typ wird insbesondere als Ergebnistyp von logischen Vergleichen angewendet.

Datentypen beschreiben Struktur und Wertebereich von Daten bzw. Werten. Die Werte selbst werden in Variablen gespeichert, die benannte Speicherbereiche (im Fall von primitiven Datentypen) bzw. benannte Verweise auf Speicherbereiche (bei Referenzdatentypen) darstellen. Jeder Variablen ist ein Typ zugeordnet, dem Wert und angewendete Operationen entsprechen müssen. Jede Variable muss in Java vor der

Deklaration

Verwendung *deklariert* werden. Diese Deklaration umfasst

- die Festlegung des Typs,
- die Initialisierung (explizit durch Angabe eines Wertes oder implizit durch den Standardwert `0`) und

- die Bestimmung der Sichtbarkeit (speziell bei Attributen im Rahmen einer Klassendefinition).

Eine Variable wird in folgender Notation deklariert:

```
typ bezeichner [ = init_wert ];
```

Hierbei ist die Angabe des Initialwertes optional (ausgedrückt durch die eckigen Klammern). Variablen können überall in Methoden oder Anweisungsblöcken vereinbart werden. Im Interesse einer besseren Übersichtlichkeit sollte dies jedoch vorzugsweise zu Beginn eines Blockes erfolgen.

Bezeichner

Die Namen oder *Bezeichner* für Variablen (sowie auch Klassen und Methoden) lassen sich frei wählen und unterliegen keiner Längenbeschränkung. Sie dürfen jedoch keine Schlüsselwörter von Java sein und nicht mit einer Ziffer beginnen.

Literale

Ein weiteres Konzept im Zusammenhang mit Variablen sind die *Literale* oder Konstanten. Hierbei kann unterschieden werden in

- numerische Werte, wie beispielsweise `42`, `23L` (für einen **`long`**-Wert) oder `345.7` und `7.899E+34` für Gleitkommawerte,
- Zeichen wie `'a'` und `'\u0012'`,
- Zeichenketten, z.B. `"Ein String"`.

Bei der Schreibweise `'\uxxxx'` handelt es sich um eine Unicode-Escape-Sequenz, wobei *`xxxx`* für eine vierstellige Hexadezimalzahl mit dem Code des Zeichens steht. Im folgenden Beispiel ist die Deklaration von Variablen verschiedener primitiver Typen noch einmal illustriert:

```
int eineVariable = 23;
float a, b;
char c1 = 'A', c2 = 'B';
boolean einWahrheitsWert = true;
```

Java SE 7.0

Für die kommende Version *Java SE 7.0* sind noch weitere Möglichkeiten zur Angabe von Literalen vorgesehen. So können Werte auch binär angegeben (z.B. `0b00100110` für den Wert `70`) sowie lange Integer-Werte zur besseren Lesbarkeit mit Unterstrich separiert werden:

```
byte einByteWert = (byte) 0b00100110;
long meineKreditkartenNummer = 9876_5432_0123_4567L;
```

2.5.2 Referenzdatentypen

Die zweite Form von Datentypen in Java sind die *Referenzdatentypen.* Variablen dieser Typen enthalten nicht die Daten selbst wie bei den primitiven Datentypen, sondern nur einen Verweis (*Referenz*) auf den Speicherort der Daten. Der Standardwert von Referenzvariablen ist **null**, der besagt, dass die Variable auf kein Objekt verweist.

Referenz

`null`

Bei Referenzdatentypen lassen sich wiederum zwei Arten unterscheiden:

Feld

- Ein *Feld* (Array) ist eine Datenstruktur fester Größe, die aus Elementen gleichen Typs (sowohl primitive als auch Referenzdatentypen) aufgebaut ist.

Objektdatentyp

- Ein *Objektdatentyp* dient dagegen zur Repräsentation von Objekten, die wir erst später behandeln werden.

Felder werden bei der Deklaration durch das Anhängen eckiger Klammern »[]« an den Datentyp oder den Bezeichner gekennzeichnet. So werden im Folgenden zwei Referenzvariablen auf Felder von **int**-Werten vereinbart:

```
int einFeld[];
int[] auchEinFeld;
```

Allokation

Felder erfordern in Java eine explizite Allokation, d.h., der benötigte Speicherplatz muss bereitgestellt werden. Dies erfolgt durch

new-Operator

- Aufruf des **new**-Operators, wobei hinter dem Operator der Elementtyp und – in Klammern – die Anzahl der Elemente anzugeben sind. So wird durch die Anweisung

  ```
  int[] feld = new int[20];
  ```

  der Variablen `feld` ein Verweis auf einen Speicherbereich für 20 **int**-Werte zugewiesen.

Initialisierung

- Initialisierung mit Literalen, die in geschweiften Klammern als Aufzählung angegeben werden. Alle Literale müssen zum Typ der Feldvariablen passen. Die Feldlänge entspricht der Anzahl der angegebenen Literale. Im folgenden Beispiel verweist `feld` daher auf einen Speicherbereich, in dem die drei angegebenen Werte abgelegt sind:

  ```
  int[] feld = { 5, 23, 42 };
  ```

Zuweisung

- Zuweisung, wobei hier eigentlich kein Speicherplatz bereitgestellt wird, sondern die Variable nur mit einem Verweis auf den Inhalt der rechten Seite der Zuweisung belegt wird:

```
int[] feld = einAnderesFeld;
```

Referenzvariablen

Eine wichtige Eigenschaft von Referenzvariablen ist die Tatsache, dass Vergleiche (z.B. mittels »==«) und Zuweisungen (über »=«) auf den Referenzen erfolgen. So zeigt im Beispiel in Abbildung 2.5 die Variable `feld2` nach der Zuweisung von `feld1` ebenfalls auf das Feld und nicht etwa auf eine Kopie!

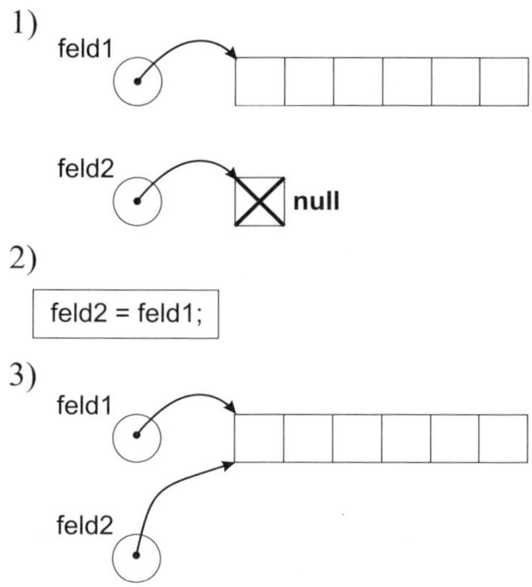

Abbildung 2.5 *Zuweisung von Referenzen*

Kopieren von Feldern

Das Kopieren des Feldes müsste daher entweder durch Anlegen eines neuen Feldes und das anschließende elementweise Kopieren erfolgen oder unter Nutzung der speziellen Methode `arraycopy`, deren Anwendung im folgenden Beispiel demonstriert wird:

```
int[] feld1 = { 1, 2, 3, 4, 5 };
int[] feld2 = new int[feld1.length];
int pdest = 0, psrc = 0;
// Kopiert feld1.length Elemente des Feldes feld2
// von Position psrc nach feld1 an Position pdest
System.arraycopy(feld1, psrc, feld2, pdest,
   feld1.length);
```

Der Zugriff auf ein einzelnes Element eines Feldes erfolgt über die Notation *feld*`[`*index*`]`. Hierbei ist zu beachten, dass das erste Element den Index `0` besitzt. Die Länge eines Feldes kann über die Eigenschaft *feld*`.length` bestimmt werden, so dass der gültige Bereich eines Index des Feldes `0...length-1` beträgt. Zugriffsversuche außerhalb dieses Bereiches werden vom Java-Interpreter erkannt und als Fehler signalisiert.

Zeichenketten

Erzeugung von Strings

Bei der Vorstellung des Zeichen-Datentyps haben wir bereits erwähnt, dass Zeichenketten in Java nicht durch einen eigenen Datentyp, sondern in Form der Klasse `java.lang.String` unterstützt werden. Strings sind damit Objekte, die man erzeugen muss und über Methoden manipulieren kann. Genau wie bei Feldern kann die Erzeugung von String-Objekten über den **new**-Operator, durch Initialisierung mit einem Zeichenkettenliteral oder durch Zuweisung eines anderen String-Objektes erfolgen.

```
String s1 = new String("Algorithmen");
String s2 = "Datenstrukturen";
String s3 = s2;
```

String-Methoden

Für die Arbeit mit Strings stehen eine Reihe von Methoden zur Verfügung, so u.a.:

- `int length()` liefert die aktuelle Länge des Strings (in Zeichen).
- `char charAt(int idx)` gibt das Zeichen an der Position `idx` als **char**-Wert zurück.
- `int compareTo(String other)` vergleicht das aktuelle String-Objekt mit dem Objekt `other` und liefert −1, wenn es lexikographisch kleiner ist, entsprechend +1, wenn es größer ist und 0 bei Gleichheit.
- `int indexOf(int ch)` liefert die Position des ersten Auftretens des Zeichens `ch` im String.
- `int lastIndexOf(int ch)` liefert die Position des letzten Auftretens des Zeichens `ch`.
- `int indexOf(String s)` liefert die Position des ersten Auftretens der Zeichenkette `s` im String.
- `String replace(char oldC, char newC)` liefert ein neues String-Objekt, das eine Kopie des ursprünglichen Strings ist, wobei alle Zeichen `oldC` durch `newC` ersetzt sind.
- `String substring(int begin)` liefert ein neues String-Objekt, das aus den Zeichen `begin...length ()-1` besteht.
- `String substring(int begin, int end)` liefert ein neues String-Objekt, das aus den Zeichen `begin...end` besteht.
- `boolean startsWith(String prefix)` prüft, ob der String mit dem Präfix `prefix` beginnt, und liefert in diesem Fall **true**, andernfalls **false**.
- `boolean endsWith(String suffix)` prüft, ob der String mit der Zeichenkette `suffix` endet.

Eine Besonderheit der Klasse `String` ist, dass die Objekte nicht änderbar sind. So liefert beispielsweise die Methode `replace` ein neues Objekt mit der durchgeführten Ersetzung zurück, das ursprüngliche

Objekt bleibt aber unverändert. Allerdings lassen sich mit Hilfe des +-Operators sehr einfach String-Objekte aneinander hängen:

Konkatenation

```
s3 = s1 + " und " + s2;
```

Das Ergebnis dieser Anweisung ist ein Objekt `s3` mit der Zeichenkette »Algorithmen und Datenstrukturen«. Die Anwendung der verschiedenen Methoden demonstriert das folgende Beispiel anhand der Ersetzung von »und« durch »&«:

```
String und = "und";
int pos = s3.indexOf(und);
String s4 = s3.substring(0, pos) + "&" +
  s3.substring(pos + und.length());
System.out.println(s4);
```

Es sei angemerkt, dass es noch eine weitere Klasse `java.lang.StringBuffer` gibt, die ähnlich wie `String` aufgebaut ist, jedoch die Änderung der Zeichenkette (Einfügen, Anhängen von Zeichen etc.) erlaubt und in einfacher Weise von und nach `String` konvertiert werden kann.

2.5.3 Operatoren

Arithmetische Operatoren

Zu den Operatoren zählen die bekannten arithmetischen Operatoren +, −, `*` (Multiplikation), / (Division) und `%` (Rest der ganzzahligen Division), wobei der +-Operator auch auf Zeichenketten angewendet werden kann und dort das Aneinanderhängen der Operanden bewirkt. Weiterhin gibt es natürlich noch die Vergleichsoperatoren <, >, <=, >=, und == für Gleichheit bzw. != für Ungleichheit sowie für logische Vergleiche `&&` als Konjunktion und `||` als Disjunktion. Alle diese Operatoren sind binär und werden in der gebräuchlichen Infixnotation verwendet, d.h., der Operator steht zwischen den Operanden: `a` *op* `b`.

Vergleichsoperatoren

Bitoperator

Weiterhin gibt es Bitoperatoren, die eine bitweise Manipulation von Werten erlauben. Hierzu zählen u.a. das bitweise Verschieben nach links (<<), nach rechts (>>) sowie die bitweise Und-Verknüpfung (`&`) und die Oder-Verknüpfung (`|`). Alle diese Operatoren interpretieren die Werte der Operanden als Bitfolgen und führen dementsprechend die Manipulation durch. So liefert der Ausdruck `3 << 2` den Wert `12`, da `3` binär der Bitfolge `0011` entspricht und diese um 2 Positionen nach links verschoben den Binärwert `1100` (also `12`) liefert. Auf diese Weise lassen sich beispielsweise die Zweierpotenzen sehr effizient bestimmen, weil 2^n durch die Bitoperation `1 <<` n berechnet werden kann. Die bitweise Verknüpfung mit `&` bzw. `|` kann u.a. genutzt werden, um bestimmte Bits zu maskieren. So liefert etwa der Ausdruck `5`

& 3 den Wert 1, da 5 in Binärdarstellung 0101 ist und eine bitweise Und-Verknüpfung zwischen 0101 und 0011 den Wert 0001 liefert.

Unäre Operatoren

Zu den unären Operatoren, die nur einen Operanden erfordern, gehören die logische Negation ! sowie die Inkrement- (++) und Dekrementoperatoren (--). Letztere sind der Programmiersprache C entlehnt und erlauben das Erhöhen bzw. Verringern des Wertes des Operanden um 1. Somit ist der Ausdruck a++ äquivalent zu a = a + 1. Zu beachten ist hier, dass die Stellung der Operatoren zum Operanden eine besondere Bedeutung hat. So wird bei der Präfixnotation ++a erst der Wert von a inkrementiert und dann der neue Wert in den Ausdruck zur weiteren Berechnung eingesetzt, während in der Postfixnotation a++ erst der Wert eingesetzt wird und danach inkrementiert wird. Das folgende Beispiel demonstriert diesen Unterschied. Der Variablen b1 wird der ursprüngliche Wert von a1 (hier: 42) zugewiesen. Erst danach erfolgt die Inkrementierung. Dagegen wird a2 vor der Zuweisung inkrementiert, so dass b2 den neuen Wert 43 erhält.

Präfixnotation

Postfixnotation

```
int a1 = 42, a2 = 42, b1, b2;
b1 = a1++; // b1 = 42, a1 = 43
b2 = ++a2; // b2 = 43, a2 = 43
```

Zuweisungsoperator

Schließlich gibt es noch den Zuweisungsoperator »=« – der nicht mit dem logischen Vergleich verwechselt werden darf – sowie erweiterte Formen davon, die die Kombination mit einem binären Operator in der Notation *op*= erlauben. Hierbei handelt es sich aber nur um eine verkürzte Schreibweise »a *op*= x«, die in der ausführlichen Form als »a = a *op* x« notiert werden kann. So sind die beiden folgenden Anweisungen äquivalent:

```
b += 5;
b = b + 5;
```

Vorrangregeln

Für die Auswertung von Ausdrücken mit diesen Operatoren gelten Vorrangregeln, die den üblichen Rechenregeln (»Punkt- vor Strichrechnung«) folgen und in Tabelle 2.2 noch einmal für die gebräuchlichsten Operatoren zusammengefasst sind. Andere Auswertereihenfolgen lassen sich natürlich durch Klammerung erzwingen.

Die Werte in der Spalte »Vorrang« geben die Reihenfolge an, in der die Operatoren ausgewertet werden. Operatoren mit kleinerem Wert werden dabei zuerst ausgewertet. Demzufolge wird in einem Ausdruck wie »a = 3 * ++b« zuerst die Variable b inkrementiert, dieser Wert dann mit 3 multipliziert und das Ergebnis schließlich der Variablen a

Tabelle 2.2
Wichtige Operatoren in Java

Vorrang	Operator	Assoz.	Bedeutung
1	`++`	R	Prä-/Post-Inkrement
	`--`	R	Prä-/Post-Dekrement
	`+, -`	R	unäres Plus/Minus
	`!`	R	logische Negation
	`(`*`Typ`*`)`	R	explizite Typumwandlung
2	`*, /, %`	L	Multiplikation, Division, Rest
3	`+, -`	L	Addition, Subtraktion
	`+`	L	Konkatenation von Strings
4	«, »	L	Bitweises Verschieben
5	`<, <=,` `>, >=`	L	Vergleiche
6	`==, !=`	L	Gleichheit, Ungleichheit
7	`&`	L	Bitweises UND
8	`|`	L	Bitweises ODER
9	`&&`	L	Konjunktion
10	`||`	L	Disjunktion
11	`?:`	R	Bedingung
12	`=,` *`op`*`=`	R	Zuweisungen

zugewiesen. Die Spalte »Assoz.« bezeichnet die Assoziativität der Operatoren, die angibt, in welcher Richtung Operatoren mit gleichem Vorrang ausgewertet werden. Im Normalfall ist dies von links nach rechts (»L«). Speziell die unären Operatoren und die Zuweisungsoperatoren sind jedoch rechts-assoziativ (»R«). Daher sind auch Ausdrücke wie z.B. »`a = b = c = 0`« möglich.

3 Algorithmenparadigmen

Unter einem Paradigma versteht man unter anderem in der Wissenschaftstheorie ein »Denkmuster, welches das wissenschaftliche Weltbild einer Zeit prägt« – ein *Algorithmenparadigma* sollte daher ein Denkmuster darstellen, das die Formulierung und den Entwurf von Algorithmen und damit letztendlich von Programmiersprachen grundlegend prägt. Es wundert daher nicht, dass es keine einheitliche Auffassung über die Anzahl existierender Algorithmenparadigmen und deren Abgrenzung gibt.

Paradigmen für Algorithmen

3.1 Überblick über Algorithmenparadigmen

Ein Algorithmenparadigma legt die Denkmuster fest, die einer Beschreibung eines Algorithmus zugrunde liegen. Ein Algorithmus ist eine *Beschreibung eines allgemeinen Verfahrens unter Verwendung ausführbarer elementarer (Verarbeitungs-)Schritte* (vergl. Abschnitt 2.1).

Wir werden zwei grundlegende Arten kennen lernen, Schritte von Algorithmen zu notieren:

- *Applikative Algorithmen* sind eine Verallgemeinerung der Funktionsauswertung mathematisch notierter Funktionen. In ihnen spielt Rekursion eine wesentliche Rolle.

  Applikative Algorithmen

- *Imperative Algorithmen* basieren auf einem einfachen Maschinenmodell mit gespeicherten und änderbaren Werten. Hier werden primär Schleifen und Alternativen als Kontrollbausteine eingesetzt.

  Imperative Algorithmen

In der Informatik werden weitere Paradigmen diskutiert: logisch, objektorientiert, agentenorientiert, parallel sind einige der bekannteren Stichwörter in diesem Zusammenhang.

Wir werden das logische Paradigma ebenfalls vorstellen, obwohl es streng genommen kein Algorithmenparadigma gemäß unserer intuitiven Begriffsbildung ist (wohl aber ein Programmierparadigma, doch

Logisches Paradigma

dazu später) – ein logisches Programm ergibt erst zusammen mit einem von mehreren möglichen Interpretationsalgorithmen und einer Anfrage einen ausführbaren Algorithmus im engeren Sinne.

Objektorientiertes Paradigma

Auch das objektorientierte Paradigma ist kein Algorithmenparadigma im engeren Sinne, da es sich um ein Paradigma zur Strukturierung von Algorithmen handelt, das sowohl mit applikativen, imperativen und logischen Konzepten zusammen eingesetzt werden kann. Wir werden es im Zusammenhang mit der Programmiersprache Java intensiver diskutieren.

Paradigmen von Java

Zu den Paradigmen korrespondieren jeweils Programmiersprachen, die diesen Ansatz realisieren. Moderne Programmiersprachen vereinen oft Ansätze mehrerer Paradigmen. Die Sprache Java kann als objektorientiert und imperativ zusammen mit Elementen von applikativen Algorithmen charakterisiert werden.

3.2 Applikative Algorithmen

Die Idee applikativer Algorithmen besteht darin, eine Definition zusammengesetzter Funktionen durch Terme mit Unbestimmten vorzunehmen. Eine einfache Funktionsdefinition in diesem Sinne kann wie folgt mathematisch notiert werden:

$$f(x) = 5x + 1$$

Streng genommen erfüllt die Funktionsdefinition erst zusammen mit dem bereits skizzierten Auswertungsalgorithmus für Terme unsere Anforderungen an eine Algorithmensprache – erst die Termauswertung legt die Reihenfolge der atomar auszuführenden Berechnungsschritte fest.

In diesem Abschnitt beschränken wir uns zur Vereinfachung der Definitionen auf Funktionen über `int` und `bool`, obwohl die Konzepte natürlich für beliebige Datentypen gelten.

Bevor wir eine Sprache zur Formulierung applikativer Algorithmen einführen, müssen einige grundlegende Konzepte definiert werden.

3.2.1 Terme mit Unbestimmten

Unbestimmte

Gegeben sind im Folgenden zwei (unendliche, abzählbare) Mengen von Symbolen (als »Unbestimmte« bezeichnet):

- $x, y, z, \ldots$ vom Typ `int`
- $q, p, r, \ldots$ vom Typ `bool`

Wir müssen nun unsere bisherige Definition von Termen (siehe Definition 2.1 für **`int`**-Terme) auf *Terme mit Unbestimmten* erweitern. Ein Term mit Unbestimmten wird analog zu Termen ohne Unbestimmte gebildet, so sind

Terme mit Unbestimmten

$$x,\ x-2,\ 2x+1,\ (x+1)(y-1)$$

Terme vom Typ **`int`** und

$$p,\ p \wedge \texttt{true},\ (p \vee \texttt{true}) \implies (q \vee \texttt{false})$$

Terme vom Typ **`bool`**.

3.2.2 Funktionsdefinitionen

Basierend auf der erweiterten Termdefinition, können wir nun eine Notation für *Funktionsdefinitionen* festlegen.

Definition 3.1
Funktionsdefinitionen

Sind $v_1, \ldots, v_n$ Unbestimmte vom Typ $\tau_1, \ldots, \tau_n$ (**`bool`** oder **`int`**) und ist $t(v_1, ..., v_n)$ ein Term, so heißt

$$f(v_1, \ldots, v_n) = t(v_1, \ldots, v_n)$$

eine *Funktionsdefinition* der Funktion f vom Typ τ. τ ist dabei der Typ des Terms $t(v_1, \ldots, v_n)$. □

Wir werden die folgende Sprechweise verwenden: f heißt *Funktionsname*, die $v_1, \ldots, v_n$ heißen *formale Parameter* und der Term $t(v_1, \ldots, v_n)$ heißt *Funktionsausdruck*.

Beispiel 3.1
Beispiele für Funktionsdefinitionen

Die folgenden drei Definitionen sind einfache Beispiele für Funktionsdefinitionen:

1. $f(p, q, x, y) =$ **if** $p \vee q$ **then** $2x + 1$ **else** $3y - 1$ **fi**
2. $g(x) =$ **if even**(x) **then** $x \div 2$ **else** $3x - 1$ **fi**
3. $h(p, q) =$ **if** p **then** q **else false fi**

□

Bevor wir zur eigentlichen Definition applikativer Algorithmen kommen, müssen wir unsere Verfahren der Termauswertung auf die Auswertung definierter Funktionen ausweiten.

3.2.3 Auswertung von Funktionen

Definierte Funktionen können mit konkreten Werten *aufgerufen* und ausgewertet werden. Eine Funktionsdefinition gemäß Definition 3.1 definiert eine Funktion der folgenden Signatur:

$$f: \tau_1 \times ... \times \tau_n \to \tau$$

Sind nun $a_1, .., a_n$ Werte vom Typ $\tau_1, .., \tau_n$, so ersetzt man bei der Auswertung von $f(a_1, .., a_n)$ im definierenden Term jedes Vorkommen der Unbestimmten v_i durch den Wert a_i und wertet dann den entstehenden Term $t(a_1, .., a_n)$ aus.

Aufruf und Auswertung von Funktionen

Die konkreten Werte $a_1, ..., a_n$ heißen *aktuelle Parameter*. Den Ausdruck $f(a_1, ..., a_n)$ bezeichnen wir als *Funktionsaufruf*.

Beispiel 3.2 *Funktionsaufrufe*

In Erweiterung des Beispiels 3.1 führen wir einige Aufrufe und die resultierenden Ergebnisse auf:

1. $f(p, q, x, y) = \textbf{if}\ p \vee q\ \textbf{then}\ 2x + 1\ \textbf{else}\ 3y - 1\ \textbf{fi}$
   Die resultierende Funktion hat die folgende Signatur:

   $$f: \textbf{bool} \times \textbf{bool} \times \textbf{int} \times \textbf{int} \to \textbf{int}$$

   Der Aufruf $f(\textbf{true}, \textbf{true}, 3, 4)$ wird zu 7 ausgewertet.
2. $g(x) = \textbf{if}\ \textbf{even}(x)\ \textbf{then}\ x \div 2\ \textbf{else}\ 3x - 1\ \textbf{fi}$
   Die resultierende Funktion hat die folgende Signatur:

   $$g: \textbf{int} \to \textbf{int}$$

   Die Ergebnisse zweier Aufrufe lauten:

   $$g(2) = 1, g(3) = 8$$

   Beim ersten Aufruf $g(2)$ wurde dabei folgender Term ausgewertet:

   $$\textbf{if}\ \textbf{even}(2)\ \textbf{then}\ 2 \div 2\ \textbf{else}\ 3 \cdot 2 - 1\ \textbf{fi}$$

3. $h(p, q) = \textbf{if}\ p\ \textbf{then}\ q\ \textbf{else}\ \textbf{false}\ \textbf{fi}$ definiert eine boolesche Funktion mit zwei Parametern:

   $$h: \textbf{bool} \times \textbf{bool} \to \textbf{bool}$$

   Die Beispielauswertung $h(\textbf{false}, \textbf{false}) = \textbf{false}$ gibt uns einen Hinweis auf die Semantik der neu definierten Funktion: $h(p, q) = p \wedge q$, unser Beispiel realisiert das logische Und nur mit Hilfe der Implikation und der Konstanten **false**.

□

3.2.4 Erweiterung der Funktionsdefinition

Erweiterung der Funktionsdefinition

Als nächsten Schritt führen wir eine Erweiterung der Klassen der Terme und Funktionsdefinitionen durch, indem wir Aufrufe definierter Funktionen als Terme verwenden.

Beispiel 3.3 *Erweiterte Funktionsdefinition*

Als Beispiel für eine derartig erweiterte Funktionsdefinition betrachten wird die folgenden vier Definitionen:

$$\begin{aligned} f(x,y) &= \texttt{\textbf{if}}\ g(x,y)\ \texttt{\textbf{then}}\ h(x+y)\ \texttt{\textbf{else}}\ h(x-y)\ \texttt{\textbf{fi}} \\ g(x,y) &= (x=y) \vee \texttt{\textbf{odd}}(y) \\ h(x) &= j(x+1)\cdot j(x-1) \\ j(x) &= 2x-3 \end{aligned}$$

Die Funktion h ruft die Funktion j zweimal auf. Ein Beispiel für die Auswertung derartiger erweiterter Terme zeigt der Aufruf $f(1,2)$:

$$\begin{aligned} f(1,2) &\mapsto \texttt{\textbf{if}}\ g(1,2)\ \texttt{\textbf{then}}\ h(1+2)\ \texttt{\textbf{else}}\ h(1-2)\ \texttt{\textbf{fi}} \\ &\mapsto \texttt{\textbf{if}}\ 1=2 \vee \texttt{\textbf{odd}}(2)\ \texttt{\textbf{then}}\ h(1+2)\ \texttt{\textbf{else}}\ h(1-2)\ \texttt{\textbf{fi}} \\ &\mapsto \texttt{\textbf{if}}\ 1=2 \vee \texttt{\textbf{false}}\ \texttt{\textbf{then}}\ h(1+2)\ \texttt{\textbf{else}}\ h(1-2)\ \texttt{\textbf{fi}} \\ &\mapsto \texttt{\textbf{if}}\ \texttt{\textbf{false}} \vee \texttt{\textbf{false}}\ \texttt{\textbf{then}}\ h(1+2)\ \texttt{\textbf{else}}\ h(1-2)\ \texttt{\textbf{fi}} \\ &\mapsto \texttt{\textbf{if}}\ \texttt{\textbf{false}}\ \texttt{\textbf{then}}\ h(1+2)\ \texttt{\textbf{else}}\ h(1-2)\ \texttt{\textbf{fi}} \\ &\mapsto h(1-2) \\ &\mapsto h(-1) \\ &\mapsto j(-1+1)\cdot j(-1-1) \\ &\mapsto j(0)\cdot j(-1-1) \\ &\mapsto j(0)\cdot j(-2) \\ &\mapsto (2\cdot 0-3)\cdot j(-2) \\ &\mapsto^* (-3)\cdot(-7) \\ &\mapsto 21 \end{aligned}$$

Die Auswertung erfolgt dadurch, dass jeweils ein Funktionsaufruf durch den ihn definierenden Term ersetzt wird.

Mit der abkürzenden Notation $\mapsto^*$ bezeichnen wir die konsekutive Ausführung mehrerer elementarer Termauswertungsschritte. □

Eine Funktionsdefinition f heißt *rekursiv*, wenn direkt (oder indirekt über andere Funktionen) ein Funktionsaufruf $f(..)$ in ihrer Definition auftritt.

Beispiel 3.4 *Rekursive Funktionsdefinition*

Ein Beispiel für eine Rekursion zeigt folgende Definition:

$$\begin{aligned} f(x,y) &= \textbf{if } x=0 \textbf{ then } y \textbf{ else } (\\ &\quad \textbf{if } x>0 \textbf{ then } f(x-1,y)+1 \textbf{ else } -f(-x,-y) \textbf{ fi}) \textbf{ fi} \end{aligned}$$

Die bisherige Auswertungsstrategie kann auf rekursive Funktionsdefinitionen ebenfalls angewandt werden, so dass wir folgende Auswertungen erhalten:

$$\begin{aligned} f(0,y) &\mapsto y \text{ für alle } y \\ f(1,y) &\mapsto f(0,y)+1 \mapsto y+1 \\ f(2,y) &\mapsto f(1,y)+1 \mapsto (y+1)+1 \mapsto y+2 \\ &\dots \\ f(n,y) &\mapsto y+n \text{ für alle } n \in \textbf{int}, n>0 \\ f(-1,y) &\mapsto -f(1,-y) \mapsto -(1-y) \mapsto y-1 \\ &\dots \\ f(x,y) &\mapsto x+y \text{ für alle } x,y \in \textbf{int} \end{aligned}$$

Unsere rekursive Definition realisiert also die Addition nur mit Hilfe der Successor-Funktion »+1«. □

3.2.5 Applikative Algorithmen

Wir haben nun alle Vorbereitungen zusammen, um die Klasse der *applikativen Algorithmen* definieren zu können.

Definition 3.2 *Applikativer Algorithmus*

Ein *applikativer Algorithmus* ist eine Liste von Funktionsdefinitionen:

$$\begin{aligned} f_1(v_{1,1},...,v_{1,n_1}) &= t_1(v_{1,1},...,v_{1,n_1}), \\ &\vdots \\ f_m(v_{m,1},...,v_{m,n_m}) &= t_m(v_{m,1},...,v_{m,n_m}). \end{aligned}$$

Die erste Funktion f_1 wird wie beschrieben ausgewertet und ist die Bedeutung (Semantik) des Algorithmus. □

Applikative Algorithmen sind die Grundlage einer Reihe von universellen Programmiersprachen, wie APL, Lisp, Scheme etc. Diese Programmiersprachen werden als *funktionale Programmiersprachen* bezeichnet.

Ein applikativer Algorithmus muss nicht für alle Eingabewerte zu einem definierten Ergebnis führen. Das folgende Beispiel verdeutlicht dies.

Beispiel 3.5 *Undefinierte Ergebnisse*

Eine Funktion muss nicht für alle Eingaben definiert sein:

$$f(x) = \textbf{if}\ x = 0\ \textbf{then}\ 0\ \textbf{else}\ f(x-1)\ \textbf{fi}$$

Wir betrachten einige Auswertungen:

$$\begin{array}{rcl} f(0) & \mapsto & 0 \\ f(1) & \mapsto & f(0) \mapsto 0 \\ f(x) & \mapsto & 0 \text{ für alle } x \geq 0 \\ f(-1) & \mapsto & f(-2) \mapsto \ldots \text{ Auswertung terminiert nicht!} \end{array}$$

Eine nicht terminierende Berechnung führt als Vereinbarung zum Ergebnis $\perp$ für undefiniert. Also gilt

$$f(x) = \begin{cases} 0 & \text{falls } x \geq 0 \\ \perp & \text{sonst} \end{cases}$$

Die Funktion f hat somit nur für positive Zahlen ein definiertes Ergebnis. □

Partielle Funktionen

Eine (möglicherweise) für einige Eingabewertekombinationen *undefinierte* Funktion heißt *partielle Funktion.*

Im folgenden Abschnitt werden wir einige Aspekte applikativer Algorithmen anhand einfacher Beispiele erläutern und damit gleichzeitig die bereits vorgestellten Konzepte an konkreten Beispielen verdeutlichen.

3.2.6 Beispiele für applikative Algorithmen

Wir beginnen mit dem »klassischen« Beispiel für rekursive Funktionsdefinitionen: Die Fakultätfunktion $n!$.

Beispiel 3.6 *Fakultätfunktion $n!$*

Die Fakultätfunktion ist mathematisch wie folgt definiert:

$$x! = x(x-1)(x-2)\ldots 2 \cdot 1 \text{ für } x > 0$$

Die bekannte rekursive mathematische Definition lautet $0! = 1$ und $x! = x \cdot (x-1)!$. Das nahe liegende Problem bei dieser Definition ist die Behandlung negativer Eingabewerte.

Unsere erste Lösung überträgt die gegebene mathematische Gleichung direkt in den Formalismus der applikativen Algorithmen:

$$fac(x) \quad = \quad \textbf{if } x = 0 \textbf{ then } 1 \textbf{ else } x \cdot fac(x-1) \textbf{ fi}$$

Die Bedeutung dieser Funktionsdefinition kann wie folgt angegeben werden:

$$fac(x) = \begin{cases} x! & \text{falls } x \geq 0 \\ \bot & \text{sonst} \end{cases}$$

Eine zweite Lösungsvariante versucht die Undefiniertheit im negativen Bereich zu vermeiden:

$$fac(x) \quad = \quad \textbf{if } x \leq 0 \textbf{ then } 1 \textbf{ else } x \cdot fac(x-1) \textbf{ fi}$$

Die Bedeutung ist nun:

$$fac(x) = \begin{cases} x! & \text{falls } x \geq 0 \\ 1 & \text{sonst} \end{cases}$$

Welche Lösung ist nun die bessere? Diese Frage lässt sich nicht einfach beantworten. Die erste Variante ist mathematisch korrekt, führt aber bei einer Eingabe von -1 zu einer nicht abbrechenden rekursiven Berechnung – im praktische Einsatz ein unschönes Verhalten. Die zweite vermeidet diesen Effekt, hält sich aber nicht an die Vorgabe der mathematischen Definition – allerdings ist das Ergebnis immer korrekt, wenn der Definitionsbereich der Fakultätsfunktion eingehalten wird. □

Fibonacci-Zahlen

Ein weiteres bekanntes mathematisches Beispiel für Rekursion sind die *Fibonacci-Zahlen*. Entwickelt wurde diese Zahlenreihe, um zum Beispiel die Progression bei der Vermehrung von Tieren darzustellen. Ein vereinfachtes Modell wäre folgendes:

Fruchtbare Kaninchen

> Am Anfang gibt es ein (Kaninchen-)Paar. Jedes Paar wird erst im zweiten Monat vermehrungsfähig, danach zeugt es jeden Monat ein weiteres Paar.

Dieses Verhalten kann direkt in die Definition der Fibonacci-Zahlen umgesetzt werden:

Beispiel 3.7 *Fibonacci-Zahlen*

Die Fibonacci-Zahlen sind wie folgt definiert:

$$f_0 = f_1 = 1, \;\; f_i = f_{i-1} + f_{i-2} \text{ für } i > 0$$

Man erkennt direkt die Umsetzung der informellen Beschreibung unserer idealisierten Kaninchenwelt: f_{i-1} ist die Anzahl der Kaninchenpaare vor einem Monat (kein Kaninchen stirbt – wie gesagt, eine ideale Kaninchenwelt), und alle Paare, die schon mindestens zwei Monate alt sind, bekommen Nachwuchs, also f_{i-2} neue Paare.

Als applikativer Algorithmus schreibt sich die Definition wie folgt:

$$\begin{aligned} fib(x) \quad = \quad & \textbf{if } (x=0) \vee (x=1) \textbf{ then } 1 \\ & \textbf{else } fib(x-2) + fib(x-1) \textbf{ fi} \end{aligned}$$

Die Bedeutung ist wieder einfach festzulegen:

$$fib(x) = \begin{cases} x\text{-te Fibonacci-Zahl} & \text{falls } x > 1 \\ \perp & \text{falls } x < 0 \\ 1 & \text{sonst} \end{cases}$$

Da die Auswertung der Fibonacci-Zahlen bereits für kleine Zahlen sehr aufwendig wird und die Ergebnisse exponentiell wachsen, wird uns diese Funktion noch öfter als Beispiel für rekursives Verhalten begegnen. □

Die bisherigen Beispiele waren von eher mathematischem Interesse. Das folgende Beispiel ist für die Informatiksichtweise interessant: Nehmen wir an, wir hätten einen Rechner, der nur die Addition beherrscht. Wie können wir trotzdem eine Multiplikation realisieren? Derartige Fragestellungen spielen bei der Umsetzung von Programmen auf einfachere Hardware eine wichtige Rolle.

Beispiel 3.8
Produkt nur unter Verwendung der Addition

Ziel ist die Berechnung des Produkts zweier Zahlen nur unter Verwendung der Addition. Wir können dabei folgende Regeln ausnutzen:

$$\begin{aligned} 0 \cdot y &= 0 \\ x \cdot y &= (x-1) \cdot y + y \text{ für } x > 0 \\ x \cdot y &= -((-x) \cdot y) \text{ für } x < 0 \end{aligned}$$

Diese Regeln lassen sich wieder direkt in einen applikativen Algorithmus umsetzen:

$$\begin{aligned} prod(x,y) = \quad & \textbf{if } x = 0 \quad \textbf{then } 0 \textbf{ else} \\ & \textbf{if } x > 0 \quad \textbf{then } prod(x-1, y) + y \\ & \qquad\qquad\quad \textbf{else } -prod(-x, y) \quad \textbf{fi fi} \end{aligned}$$

Analog ließe sich die Exponentialfunktion auf die Multiplikation zurückführen. □

Das folgende Beispiel ist sozusagen der Prototyp aller mathematischen Algorithmen in der abendländischen Geschichte. Es handelt sich um die exakte Formulierung des euklidischen Algorithmus zur Berechnung des größten gemeinsamen Teilers zweier Zahlen.

Beispiel 3.9 *Größter gemeinsamer Teiler* ggT

Berechnet wird der größte gemeinsamer Teiler ggT zweier natürlicher Zahlen.

Für $x > 0$ und $y > 0$ gelten folgende Zusammenhänge:

$$\begin{aligned} ggT(x,x) &= x \\ ggT(x,y) &= ggT(y,x) \\ ggT(x,y) &= ggT(x,y-x) \text{ für } x < y \end{aligned}$$

Basierend auf diesen Gesetzmäßigkeiten, können wir folgenden applikativen Algorithmus formulieren:

$$\begin{aligned} ggT(x,y) = \quad & \textbf{if } (x \leq 0) \vee (y \leq 0) \quad \textbf{then } ggT(x,y) \textbf{ else} \\ & \textbf{if } x = y \quad \textbf{then } x \textbf{ else} \\ & \textbf{if } x > y \quad \textbf{then } ggT(y,x) \\ & \qquad\qquad \textbf{else } ggT(x,y-x) \quad \textbf{fi fi fi} \end{aligned}$$

Die definierte Funktion ggT ist korrekt für positive Eingaben, bei negativen Eingaben und Null ergeben sich nicht abbrechende Berechnungen (partiell undefinierte Funktion).

Die folgende Beispielauswertung verdeutlicht die Arbeitsweise des applikativen Algorithmus:

$$\begin{aligned} ggT(39,15) &\mapsto ggT(15,39) \mapsto ggT(15,24) \\ &\mapsto ggT(15,9) \mapsto ggT(9,15) \mapsto ggT(9,6) \\ &\mapsto ggT(6,9) \mapsto ggT(6,3) \mapsto ggT(3,6) \\ &\mapsto ggT(3,3) \mapsto 3 \end{aligned}$$

Dieses Berechnungsschema ist eine Formalisierung des Originalverfahrens von Euklid (Euklid: Elemente, 7. Buch, Satz 2; ca. 300 v.Chr.). □

Das folgende Beispiel demonstriert den Einsatz mehrerer Funktionen in einem applikativen Algorithmus:

Beispiel 3.10 *Applikativer Algorithmus mit mehreren Funktionen*

Realisiert werden soll der Test, ob eine Zahl gerade ist: $even(x)$. Wir bedienen uns wieder einiger mathematischer Regeln:

$$\begin{aligned} even(0) &= \textbf{true} \\ odd(0) &= \textbf{false} \\ even(x+1) &= odd(x) \\ odd(x+1) &= even(x) \end{aligned}$$

Diese Regeln lassen sich nun wie folgt direkt in den gewünschten Testalgorithmus umsetzen:

$$\begin{aligned} even(x) = \quad & \textbf{if } x = 0 \quad \textbf{then true else} \\ & \textbf{if } x > 0 \quad \textbf{then } odd(x-1) \\ & \qquad\qquad\quad \textbf{else } odd(x+1) \quad \textbf{fi fi} \end{aligned}$$

$$\begin{aligned} odd(x) = \quad & \textbf{if } x = 0 \quad \textbf{then false else} \\ & \textbf{if } x > 0 \quad \textbf{then } even(x-1) \\ & \qquad\qquad\quad \textbf{else } even(x+1) \quad \textbf{fi fi} \end{aligned}$$

Einen Algorithmus für den Test auf ungerade Zahlen *odd* erhalten wir einfach durch Vertauschen der Reihenfolge der Funktionsdefinitionen. □

Bisher konnten wir jeweils einfache mathematische Regeln direkt in Funktionsterme umsetzen. Dass dieses nicht immer so einfach ist, zeigt das folgende Beispiel: der Primzahltest. Am Beispiel dieses Verfahrens werden wir auch erstmals die Frage des Aufwandes der Berechnung eines applikativen Funktionsaufrufs betrachten und uns Gedanken über die Effizienz eines Verfahrens machen.

Beispiel 3.11
Primzahltest

Der folgende applikative Algorithmus realisiert einen Primzahltest mit Hilfe einer Hilfsfunktion.

$$\begin{aligned} prim(x) = \quad & \textbf{if abs}(x) \leq 1 \quad \textbf{then false else} \\ & \textbf{if } x < 0 \quad \textbf{then } prim(-x) \\ & \qquad\qquad\quad \textbf{else } pr(2,x) \quad \textbf{fi fi} \end{aligned}$$

$$\begin{aligned} pr(x,y) = \quad & \textbf{if } x \geq y \quad \textbf{then true} \\ & \qquad\qquad\quad \textbf{else } (y \textbf{ mod } x) \neq 0 \wedge pr(x+1,y) \quad \textbf{fi} \end{aligned}$$

Die Hilfsfunktion $pr(x, y)$ liefert genau dann den Wert **true** für wahr, wenn die Zahl y durch keine Zahl z, $x \leq z < y$ teilbar ist. Unter dieser Voraussetzung gilt sicher folgender Zusammenhang:

$$prim(x) \Leftrightarrow (x > 1) \wedge pr(2, x)$$

Die applikative Lösung setzt diese Formel nun direkt um in einen Algorithmus. An zwei einfachen Beispielen kann man sich das Prinzip klar machen: Für $prim(5)$ wird zunächst $pr(2, 5)$ aufgerufen. Da $5 \textbf{ mod } 2 = 1$ ist, wird im nächsten Schritt $pr(3, 5)$ aufgerufen, gefolgt von $pr(4, 5)$ und schließlich $pr(5, 5)$. Wegen $5 \geq 5$ ist die Abarbeitung beendet und $pr(2, 5)$ liefert **true**. Betrachtet man dagegen $prim(6)$, so liefert bereits der Aufruf von $pr(2, 6)$ das Ergebnis **false**, da $6 \textbf{ mod } 2 = 0$.

Diese Lösung ist nicht sehr effizient, da unnötig viele Zahlen getestet werden. Bereits durch kleine Modifikationen kann man den Aufwand des Primzahltests deutlich verringern:

Optimierung des Aufwandes des Primzahltests

- Ersetze $x \geq y$ durch $x \cdot x > y$. Der kleinster Teiler einer Nichtprimzahl ist sicher nie größer als deren Quadratwurzel!
- Ersetze $pr(x+1, y)$ durch **if** $x = 2$ **then** $pr(3, y)$ **else** $pr(x+2, y)$ **fi**. Dies funktioniert, da 2 die einzige gerade Zahl sein kann, die kleinster Teiler einer Nichtprimzahl ist. Für das obige Beispiel wird nach $pr(3, 5)$ also direkt $pr(5, 5)$ ausgeführt.

□

Unendliche Berechnungen bei der Termauswertung führen zu undefinierten Werten. Das folgende Beispiel zeigt, dass mit undefinierten Werten vorsichtig umgegangen werden muss, um nicht widersprüchliche Aussagen zu bekommen.

Beispiel 3.12 *Terminierung und undefinierte Funktionen*

Als ein Beispiel für die Problematik der Terminierung und undefinierter Funktionen betrachten wir folgenden Algorithmus:

$$f(x) = \textbf{if } f(x) = 0 \textbf{ then } 1 \textbf{ else } 0 \textbf{ fi}$$

Man sieht sofort, dass eine Auswertung des Tests aufgrund der Rekursion zu einer unendlichen Berechnung führt:

$$f(x) = \bot \quad \text{für alle} \quad x \in \textbf{int}$$

Nun könnte man auf die Idee kommen, folgenden Schluss zu ziehen: Da $f(x) = \bot$, gilt etwa $f(7) \neq 0$, und damit wird der zweite Zweig der Auswahl ausgewählt: $f(7) = 0$. Dies ist nun ein Widerspruch, den man auflösen muss.

Vorsicht beim »Rechnen« mit $\bot$!

Also gilt: Vorsicht beim »Rechnen« mit $\bot$! Sowohl $0 = \bot$ als auch $0 \neq \bot$ werden beide zu $\bot$ ausgewertet. Des Weiteren gilt immer die folgende Auswertung:

$$\textbf{if } \bot \textbf{ then } t \textbf{ else } u \textbf{ fi} = \bot$$

Diese Festlegung passt auch zu der Auffassung von $\bot$ als »unendlich lange Berechnung«. □

Bedeutung von Algorithmen

Wir hatten bisher immer ein Problem vorgegeben und dazu einen Algorithmus ausgeführt, der die Lösung des Problems als Semantik hatte. Wie ist es aber nun umgekehrt – gegeben sei ein Algorithmus, kann man einfach daraus die Bedeutung ablesen? Dieses Problem hat zwei

Aspekte: Kann man die mathematische Funktion bestimmen, die berechnet wird, und kann man diese Funktion dann auch semantisch interpretieren, also mit einer sinnvollen Problemstellung verknüpfen? Wir betrachten wieder einige Beispiele.

Beispiel 3.13 *McCarthys 91-Funktion*

Das erste Beispiel soll zeigen, dass die Bestimmung der Bedeutung keine einfache Aufgabe ist. Wir betrachten folgenden Algorithmus:

$$f(x) = \textbf{if } x > 100 \textbf{ then } x - 10 \textbf{ else } f(f(x+11)) \textbf{ fi}$$

Um einen ersten Eindruck zu bekommen, betrachten wir ein paar Beispielberechnungen:

$$\begin{array}{rcl} f(100) & \mapsto & f(f(111)) \mapsto f(101) \mapsto 91 \\ f(99) & \mapsto & f(f(110)) \mapsto f(100) \mapsto \ldots \mapsto 91 \\ \ldots & \mapsto & \ldots \mapsto 91 \end{array}$$

Tatsächlich gilt die folgende Äquivalenz:

$$f(x) = \textbf{if } x > 100 \textbf{ then } x - 10 \textbf{ else } 91 \textbf{ fi}$$

Aufgrund dieser Äquivalenz und seines »Erfinders« ist dieser Algorithmus auch als *McCarthys 91-Funktion* bekannt. Der Beweis dieser Äquivalenz ist allerdings nicht ganz einfach! In Abschnitt 7.2 werden wir anhand dieser Funktion die Korrektheit applikativer Algorithmen behandeln (Beispiel 7.7 auf Seite 194). □

Dieses Beispiel zeigt ein erstes Problem auf, mit dem wir uns später noch intensiver beschäftigen werden: Wie kann bewiesen werden, dass ein gegebener applikativer Algorithmus eine gegebene mathematische Funktion als Semantik hat, oder auch wie kann man die Äquivalenz zweier applikativer Algorithmen beweisen?

Das folgende Beispiel zeigt, dass bereits bei einfachen Funktionen diese Beweisführung kritisch ist.

Beispiel 3.14 *Algorithmus mit kniffeliger Bedeutung*

Algorithmen können durchaus eine «kniffelige Bedeutung« haben. Wir betrachten die folgenden beiden Funktionsdefinitionen:

$$\begin{array}{rcl} f(x) & = & \textbf{if } x = 1 \textbf{ then } 1 \textbf{ else } f(g(x)) \textbf{ fi} \\ g(x) & = & \textbf{if even}(x) \textbf{ then } x \div 2 \textbf{ else } 3x + 1 \textbf{ fi} \end{array}$$

Da g eine negative Zahl immer auf eine andere negative Zahl abbildet, gilt sicher für alle negativen Zahlen (und für die 0, die wieder auf 0 abgebildet wird):

$$f(x) = \bot \quad \text{für} \quad x \leq 0$$

Betrachten wir also den Bereich der positiven ganzen Zahlen. Wenn die Berechnung überhaupt terminiert, kann als Ergebnis nur der Wert 1 herauskommen. Einige Beispielberechnungen bestätigen dies:

$$\begin{aligned}
f(1) &\mapsto 1 \\
f(2) &\mapsto f(1) \mapsto 1 \\
f(3) &\mapsto f(10) \mapsto f(5) \mapsto f(16) \mapsto f(8) \mapsto f(4) \mapsto f(2) \mapsto 1 \\
f(4) &\mapsto \ldots \mapsto 1 \\
&\ldots
\end{aligned}$$

Allerdings wissen wir nicht, ob die Berechnung von f tatsächlich *für alle positiven Zahlen terminiert!* Es ist bisher unbewiesen, ob die folgende Äquivalenz gilt:

$$f(x) = \textbf{if } x > 0 \textbf{ then } 1 \textbf{ else } \bot \textbf{ fi}$$

Dies zeigt, dass das Problem, ob man entscheiden kann, ob zwei Algorithmen äquivalent sind, d.h. dasselbe berechnen, durch die Existenz von unendlichen Berechnungen einen weiteren Schwierigkeitsgrad erhält – wenn wir im Beispiel die Terminierung gezeigt haben sollten, ist die Gleichheit der Ergebniswerte trivial. □

Neben der Äquivalenz von Algorithmen wird uns später der Aufwand bei deren Berechnung intensiv beschäftigen. Der folgende Algorithmus zeigt, dass der Berechnungsaufwand bei relativ einfachen Algorithmenbeschreibungen förmlich explodieren kann.

Beispiel 3.15 *Ackermannn-Funktion*

Die Ackermann-Funktion[1] ist durch folgenden Algorithmus definiert:

$$\begin{aligned}
f(x,y) = \quad & \textbf{if } x \leq 0 \quad \textbf{then } y+1 \textbf{ else} \\
& \textbf{if } y \leq 0 \quad \textbf{then } f(x-1,1) \\
& \qquad\qquad\quad \textbf{else } f(x-1, f(x, y-1)) \quad \textbf{fi fi}
\end{aligned}$$

Die Werte der Ackermann-Funktion wachsen unglaublich schnell an:

[1] Genau genommen handelt es sich bei der dargestellten Funktion um eine vereinfachte Variante, die auch als Ackermann-Peter-Funktion bezeichnet wird.

$$
\begin{array}{lll}
f(0,0) & \mapsto & 1 \\
f(1,0) & \mapsto & f(0,1) \mapsto 2 \\
f(1,1) & \mapsto & f(0,f(1,0)) \mapsto f(0,f(0,1)) \mapsto f(0,2) \mapsto 3 \\
f(2,2) & \mapsto & f(1,f(2,1)) \mapsto f(1,f(1,f(2,0))) \mapsto f(1,f(1,f(1,1))) \\
 & & \ldots \mapsto f(1,5) \mapsto \ldots f(0,6) \mapsto 7 \\
f(3,3) & \mapsto & 61 \\
f(4,4) & \mapsto & 2^{2^{2^{2^{2^{2^{2}}}}}} - 3 = 2^{2^{2^{65536}}} - 3
\end{array}
$$

Da die Berechnung dieser Werte durch Addieren der Zahl 1 erfolgt, wächst natürlich auch der Berechnungsaufwand extrem an. Die Ackermann-Funktion ist durch ihr ungewöhnlich schnelles Wachstum insbesondere relevant in Komplexitätsbetrachtungen von Algorithmen. □

Mit diesen Beispielen schließen wir vorerst die Behandlung applikativer Algorithmen ab. Wir werden die Grundkonzepte in späteren Kapiteln wiederholt aufgreifen, z.B. bei der Korrektheit von Algorithmen und der Umsetzung von rekursiven Funktionsdefinitionen in Java-Programme.

3.3 Imperative Algorithmen

Imperative Algorithmen

Die imperativen Algorithmen bilden die verbreitetste Art, Algorithmen für Computer zu formulieren, da sie auf einem abstrakten Modell eines üblichen Rechners basieren. Wir hatten trotzdem zuerst applikative Algorithmen betrachtet, da diese mathematisch einfacher zu formalisieren und zu analysieren sind.

Imperative Algorithmen basieren auf den Konzepten *Anweisung* und *Variable*. Das imperative Paradigma ist sehr nah mit dem intuitiven Algorithmenbegriff aus Abschnitt 2.1 verwandt und wird durch viele Programmiersprachen wie C, Pascal, Fortran, COBOL oder auch von Java realisiert. Wir werden hier nur die Darstellung der Grundprinzipien betrachten.

3.3.1 Grundlagen imperativer Algorithmen

Imperative Algorithmen basieren auf einem abstrakten Modell eines Rechners, der Werte speichern und diese dann schrittweise bearbeiten kann. Wir beginnen mit denjenigen Konzepten, die für die Speicherung von Werten notwendig sind.

Definition 3.3 *Variablen*

Variablen bilden die Speicherplätze für Werte:

- Eine *Variable* besteht aus einem Namen (z.B. X) und einem veränderlichen *Wert*. Jeder Variable ist ein Typ zugeordnet.
- Ist t ein Term ohne Unbestimmte und $w(t)$ sein Wert, dann bezeichnet man das Paar $X := t$ als *Wertzuweisung*. Ihre Bedeutung ist festgelegt durch:

  Wertzuweisungen

  Nach Ausführung von $X := t$ gilt: $X = w(t)$.

  Vor der Ausführung der ersten Wertzuweisung gilt: $X = \bot$ (undefiniert).

□

Die folgenden Beispiele zeigen einige Wertzuweisungen:

$$X := 7 \qquad F := true$$
$$X := (3-7)\cdot 9 \qquad Q := \neg(true \vee \neg false) \vee \neg\neg true$$

Basierend auf Variablen, können wir die gespeicherten Werte in unserem abstrakten Rechner als *Zustand* des Rechners zusammenfassen.

Definition 3.4 *Zustände*

Die möglichen Zustände eines Rechners werden wie folgt festgelegt:

- Ist $\underline{X} = \{X_1, X_2, \ldots\}$ eine Menge von Variablen(namen), von denen jede Werte aus der Wertemenge W annehmen kann (alle Variablen vom gleichen Typ), dann ist ein Zustand Z eine partielle Abbildung:

  $Z\colon \underline{X} \to W$ (Zuordnung des momentanen Wertes).

- Ist $Z\colon \underline{X} \to W$ ein Zustand und wählt man eine Variable $X \in \underline{X}$ und einen Wert w vom passenden Typ, so ist der *transformierte Zustand* $Z_{\langle X \leftarrow w\rangle}$ wie folgt definiert:

  Transformierte Zustände

$$Z_{\langle X \leftarrow w\rangle}\colon \underline{X} \to W \quad \text{mit}$$
$$Z_{\langle X \leftarrow w\rangle}(Y) \mapsto \begin{cases} w, & \text{falls } X = Y \\ Z(Y), & \text{sonst} \end{cases}$$

Alter und neuer Zustand

In dieser Definition bezeichnet Z den *alten Zustand* vor der Ausführung der Wertzuweisung; $Z_{\langle X \leftarrow w\rangle}$ ist der *neue Zustand* nach Ausführung der Wertzuweisung.

□

Nach der Definition der Zustände und der Wertzuweisungen müssen wir nun die atomaren und komplexen Anweisungen der Bearbeitung von Zuständen festlegen.

Anweisungen

Mit einer Anweisung α wird ein Zustand Z in einen (anderen) Zustand $[\![\alpha]\!](Z)$ überführt. Bei einer Wertzuweisung $X := t$ ist der neue Zustand:

$$[\![X := t]\!](Z) = Z_{\langle X \leftarrow w(t) \rangle}$$

Die Notation $[\![X := t]\!]$ mit den doppelten Klammern ist die übliche Notation für eine Semantikfestlegung. Die Semantik einer Anweisung ist jeweils eine Funktion, die einen Zustand in einen neuen Zustand überführt.

Ausdrücke mit Variablen

Um Werte, die Variablen als Zwischenergebnisse zugewiesen wurden, später wiederverwenden zu können, muss man Werte aufrufen bzw. auslesen können.

Definition 3.5
Ausdrücke

Ausdrücke entsprechen im Wesentlichen den Termen einer applikativen Sprache, jedoch stehen an der Stelle von Unbekannten Variablen. □

Die Auswertung von Termen mit Variablen ist zustandsabhängig. An der Stelle der Variablen wird ihr Wert im gegebenen Zustand gesetzt.

Beispiel 3.16
Zustand

Für einen gegebenen Term $2X + 1$ ist der Wert im Zustand Z durch $2 \cdot Z(X) + 1$ festgelegt. □

Der so bestimmte Wert eines Ausdrucks $t(X_1, \ldots, X_n)$ wird mit $Z(t(X_1, \ldots, X_n))$ bezeichnet.

Beispiel 3.17
Berechnung eines Wertes

Das folgende Beispiel verdeutlicht die Berechnung des Wertes eines Terms in einem Zustand Z:

$$Z(2 \cdot X + 1) = 2 \cdot Z(X) + 1$$

□

Wertzuweisungen mit Variablen

Durch diese Festlegung kann man nun auch Wertzuweisungen verwenden, auf deren rechter Seite ein Ausdruck mit Variablen steht:

$$X := t(X_1, \ldots, X_n)$$

Der transformierte Zustand ist wie folgt festgelegt:

$$[\![X := t(X_1, \ldots, X_n)]\!](Z) = Z_{\langle X \leftarrow Z(t(X_1, \ldots, X_n)) \rangle}$$

Beispiel 3.18
Transformation von Anweisungen

Zur Verdeutlichung von Anweisungen zeigen wir die Transformationen für zwei elementare Anweisungen α_1 und α_2.

$$\alpha_1 = (X := 2 \cdot Y + 1) \text{ Transformation in } [\![\alpha_1]\!](Z) = Z_{\langle X \leftarrow 2Z(Y)+1 \rangle}$$
$$\alpha_2 = (X := 2 \cdot X + 1) \text{ Transformation in } [\![\alpha_2]\!](Z) = Z_{\langle X \leftarrow 2Z(X)+1 \rangle}$$

Bei der letzten Anweisung handelt es sich *nicht* um eine rekursive Gleichung für X – eine Zuweisung mit der Variablen X auf der rechten und linken Seite definiert keine Rekursion! □

Die eingeführten Wertzuweisungen bilden die *einzigen* elementaren Anweisungen imperativer Algorithmen. Aus ihnen werden komplexe Anweisungen zusammengesetzt, die dann komplette Algorithmen definieren können.

3.3.2 Komplexe Anweisungen

Komplexe Anweisungen

Die komplexen Anweisungen imperativer Algorithmen bilden eine Untermenge der intuitiven Algorithmenbausteine aus dem vorigen Kapitel.

Sequenz

1. Die Folge oder Sequenz bildet den ersten Baustein imperativer Algorithmen: Sind α_1 und α_2 Anweisungen, so ist $\alpha_1; \alpha_2$ auch eine Anweisung.
   Die Bedeutung der Sequenz ist durch die folgende Zustandstransformation festgelegt:

$$[\![\alpha_1; \alpha_2]\!](Z) = [\![\alpha_2]\!]([\![\alpha_1]\!](Z))$$

   Anders formuliert, entspricht eine Sequenz der geschachtelten (Hintereinander-)Ausführung der beiden Funktionen, die die einzelnen Schritte definieren.

Selektion

2. Die Auswahl oder Selektion bildet den zweiten Baustein: Sind α_1 und α_2 Anweisungen und B ein boolescher Ausdruck, so ist

   if B **then** α_1 **else** α_2 **fi**

   eine Anweisung.
   Die Semantik der Selektion ist wiederum durch eine Transformation definiert:

$$[\![\textbf{if } B \textbf{ then } \alpha_1 \textbf{ else } \alpha_2 \textbf{ fi}]\!](Z) = \begin{cases} [\![\alpha_1]\!](Z) & \text{falls } Z(B) = \textbf{true} \\ [\![\alpha_2]\!](Z) & \text{falls } Z(B) = \textbf{false} \end{cases}$$

   In dieser Definition wird vorausgesetzt, dass $Z(B)$ definiert ist. Ansonsten ist die Bedeutung der Auswahlanweisung undefiniert.

3. Die letzte und für imperative Algorithmen charakteristische Kontrollstruktur ist die Wiederholung oder *Iteration*: Ist α eine Anweisung und B ein boolescher Ausdruck, so ist

   while B **do** α **od**

   eine Anweisung. Die Iteration wird wie bei den intuitiven Algorithmen oft als *Schleife* bezeichnet.
   Die Bedeutung ist durch folgende Transformation festgelegt:

$$[\![\texttt{while}\ B\ \texttt{do}\ \alpha\ \texttt{od}]\!]\ (Z) = \begin{cases} Z, \text{ falls } Z(B) = \texttt{false} \\ [\![\texttt{while}\ B\ \texttt{do}\ \alpha\ \texttt{od}]\!]([\![\alpha]\!](Z)), \text{ sonst} \end{cases}$$

   Ist $Z(B)$ undefiniert, so ist die Bedeutung dieser Anweisung ebenfalls undefiniert. Man beachte, dass diese Definition rekursiv ist.

Iteration

Die rekursive Definition der Iterationstransformation ist ein Hinweis darauf, dass die Iteration das Gegenstück zu rekursiven Funktionsaufrufen bei applikativen Algorithmen ist. Tatsächlich werden wir sehen, dass beide Sprachkonstrukte dieselbe Ausdrucksfähigkeit bezüglich formulierbarer Algorithmen aufweisen.

Imperative Algorithmen sind die Grundlage der so genannten imperativen Programmiersprachen. Die Umsetzung in diese Programmiersprachen gibt Anlass zu einigen Bemerkungen:

- In realen imperativen Programmiersprachen gibt es fast immer diese Anweisungen, meistens jedoch viel mehr.
- **while**-Schleifen sind rekursiv definiert, ihre rekursive Auswertung braucht nicht zu terminieren.
- Die Verwendung von **if-fi** ist wegen der klaren Klammerung der Variante ohne abschließendes Schlüsselwort vorzuziehen, da eine Fehlerquelle eliminiert wird.
- Programmiersprachen nur mit diesen Sprachelementen sind bereits *universell* in dem Sinne, dass alle Algorithmen formulierbar sind (siehe weiter unten).

Wir beschränken uns im Folgenden auch bei den imperativen Algorithmen auf die Datentypen **bool** und **int**.

Syntax imperativer Algorithmen

Nach den bisherigen Festlegungen können wir nun die komplette Syntax imperativer Algorithmen festlegen. Imperative Algorithmen haben folgenden Aufbau:

$< \text{Programmname} >:$

var $X, Y, \ldots$: **int**; $P, Q, \ldots$: **bool**	$\Leftarrow$ Variablendeklaration
input $X_1, \ldots, X_n$;	$\Leftarrow$ Eingabevariablen
α;	$\Leftarrow$ Anweisung(en)
output $Y_1, \ldots, Y_m$.	$\Leftarrow$ Ausgabevariablen

Die Festlegung einer formalen Bedeutung für imperative Algorithmen ist komplexer als für applikative Algorithmen. Auch hier soll ein Algorithmentext eine Funktion als Semantik festlegen. Diese Semantikfestlegung basiert auf den bereits eingeführten Transformationsfunktionen der einzelnen Anweisungstypen.

Definition 3.6 *Semantik imperativer Algorithmen*

Die Bedeutung oder *Semantik* eines imperativen Algorithmus ist eine partielle Funktion, die wie folgt definiert ist:

$$\begin{array}{rcl}
[\![\text{PROG}]\!]: & & W_1 \times \ldots \times W_n \mapsto V_1 \times \ldots \times V_m \\
[\![\text{PROG}]\!](w_1, \ldots, w_n) & = & (Z(Y_1), \ldots, Z(Y_m)) \\
\text{wobei } Z & = & [\![\alpha]\!](Z_0), \\
Z_0(X_i) & = & w_i,\ i = 1, \ldots, n, \\
\text{und } Z_0(Y) & = & \perp \text{ für alle Variablen} \\
& & \quad Y \neq X_i,\ i = 1, \ldots, n
\end{array}$$

Hierbei gelten die folgenden Abkürzungen und Konventionen:

PROG	Programmname
$W_1, \ldots, W_n$	Wertebereiche der Typen von $X_1, \ldots, X_n$
$V_1, \ldots, V_m$	Wertebereiche der Typen von $Y_1, \ldots, Y_m$

Der Algorithmentext definiert also eine Transformation auf dem gesamten, durch die Eingaben initialisierten Zustand, aus dem als Bedeutung dann die Werte der Ausgabevariablen ausgelesen werden.

Man beachte, dass die Funktion Z nicht definiert ist, falls die Auswertung von α nicht terminiert. □

Kurz gefasst lassen sich imperative Algorithmen wie folgt charakterisieren:

> Die Algorithmenausführung besteht aus einer Folge von Basisschritten, genauer von Wertzuweisungen. Diese Folge wird mittels Selektion und Iteration basierend auf booleschen Tests über dem Zustand konstruiert. Jeder Basisschritt definiert eine elementare Transformation des Zustands. Die Semantik des Algorithmus ist durch die Kombination all dieser Zustandstransformationen zu einer Gesamttransformation festgelegt.

Diese Konzepte sollen anhand der folgenden Beispiele verdeutlicht werden.

3.3.3 Beispiele für imperative Algorithmen

Wir beginnen die Beispiele für imperative Algorithmen mit demselben Beispiel, das wir bei applikativen Algorithmen genutzt hatten.

Beispiel 3.19
Fakultätfunktion

Die Fakultätfunktion, definiert durch $0! = 1$ und $x! = x \cdot (x-1)!$ für $x > 0$, kann wie folgt realisiert werden:

```
FAC: var X,Y: int;
     input X;
     Y:=1; while X>1 do Y:=Y · X; X:=X-1 od
     output Y
```

In dieser Realisierung gilt:

$$[\![FAC]\!]\ (x) \ = \begin{cases} x! \text{ für } x \geq 0 \\ 1 \text{ sonst} \end{cases}$$

Setzt man als Bedingung für die **while**-Schleife »$X \neq 0$«, so erhält man als Semantik des modifizierten Algorithmus $FAC2$ die folgende Funktion:

$$[\![FAC2]\!]\ (x) \ = \begin{cases} x! \text{ für } x \geq 0 \\ \perp \text{ sonst} \end{cases}$$

Wie auch bei applikativen Algorithmen sind die booleschen Tests wichtig zur Kontrolle des Definitionsbereichs. □

Für Leser mit Programmiererfahrung ist der imperative Algorithmus sicherlich sofort verständlich und auch die Vorgehensweise des Algorithmus sofort klar. Er setzt die Problemstellung in ein Berechnungsverfahren um, indem eine Variable beginnend mit dem Eingabewert in einer Schleife jeweils um 1 erniedrigt wird und die dadurch erhaltenen Folge $n, (n-1), (n-2) \ldots 3, 2, 1$ in einer zweiten Variablen aufmultipliziert wird.

Zustands-transformation

Die formale Semantik in Form der Zustandstransformation ist sicherlich nicht sofort einsichtig. Wir werden daher die Semantik imperativer Algorithmen anhand dieses einfachen Beispiels erläutern.

Die folgenden Ausführungen verdeutlichen anhand des imperativen Algorithmus FAC aus Beispiel 3.19 die Festlegungen der Definition der formalen Semantik. Gesucht ist hierbei das Ergebnis des Aufrufs $FAC(3)$.

Wir verwenden die Abkürzung **while** β für die Zeile

```
while  X>1  do  Y:=Y · X;  X:=X-1 od
```

Signatur

Die Signatur der Semantikfunktion ist wie folgt, da es je eine Eingabe- und Ausgabevariable gibt:

$$[\![FAC]\!]\colon \mathbf{int} \to \mathbf{int}$$

Die Funktion selbst ist durch Lesen des Wertes von Y im Endzustand Z definiert:

$$[\![FAC]\!](w) = Z(Y)$$

Der Endzustand Z ist dabei laut Definition definiert durch folgende Gleichung:

$$Z = [\![\alpha]\!](Z_0)$$

wobei α die Folge aller Anweisungen des Algorithmus ist. Der initiale Zustand Z_0 ist definiert als $Z_0 = (X = w, Y = \bot)$. Zustände werden wir im Folgenden abkürzend ohne Variablennamen notieren, also $Z_0 = (w, \bot)$.

Auswertung von $FAC(3)$

Gesucht sei nun $[\![FAC]\!](3)$. Dazu müssen wir den Endzustand Z bestimmen. Die Bestimmung von Z, die den Definitionen der einzelnen Bausteine imperativer Algorithmen folgt, ist in Abbildung 3.1 ausführlich dargestellt. Die doch etwas umfangreiche Ableitung der *Erläuterungen zur Auswertung von* $FAC(3)$ in Abbildung 3.1 bedarf einiger Bemerkungen:

- Der Übergang von der 3. auf die 4. Zeile folgt der Definition der Sequenz, indem der Sequenzoperator in einen geschachtelten Funktionsaufruf umgesetzt wird.
- Nur in der 5. Zeile wurde eine Wertzuweisung formal umgesetzt, später sind sie einfach verkürzt direkt ausgerechnet.
- In der 7. Zeile haben wir die Originaldefinition der Iteration eingesetzt (nur mit dem Kürzel α' statt α, da α bereits verwendet wurde). Im Beispiel gilt

$$\alpha' = \{Y := Y \cdot X; X : X - 1\}$$

$$
\begin{array}{rcl}
Z & = & [\![\alpha]\!](Z_0) \\
 & = & [\![\alpha]\!](3, \bot) \\
 & = & [\![Y := 1; \texttt{while}\ \beta]\!](3, \bot) \\
 & = & [\![\texttt{while}\ \beta]\!]([\![Y := 1]\!](3, \bot)) \\
 & = & [\![\texttt{while}\ \beta]\!]((3, \bot)_{\langle Y \leftarrow 1 \rangle}) \\
 & = & [\![\texttt{while}\ \beta]\!](3, 1) \\
 & = & \left\{ \begin{array}{l} Z, \text{ falls } Z(B) = \texttt{false} \\ [\![\texttt{while}\ B\ \textbf{do}\ \alpha'\ \textbf{od}]\!]([\![\alpha']\!](Z)), \text{ sonst} \end{array} \right. \\
 & = & \left\{ \begin{array}{l} (3, 1), \text{ falls } Z(X > 1) = (3 > 1) = \texttt{false} \\ [\![\texttt{while}\ \beta]\!]([\![Y := Y \cdot X; X := X - 1]\!](Z)), \text{ sonst} \end{array} \right. \\
 & = & [\![\texttt{while}\ \beta]\!]([\![Y := Y \cdot X; X := X - 1]\!](3, 1)) \\
 & = & [\![\texttt{while}\ \beta]\!]([\![X := X - 1]\!]([\![Y := Y \cdot X]\!](3, 1))) \\
 & = & [\![\texttt{while}\ \beta]\!]([\![X := X - 1]\!](3, 3)) \\
 & = & [\![\texttt{while}\ \beta]\!](2, 3) \\
 & = & \left\{ \begin{array}{l} (2, 3), \text{ falls } Z(X > 1) = (2 > 1) = \texttt{false} \\ [\![\texttt{while}\ \beta]\!]([\![Y := Y \cdot X; X := X - 1]\!](Z)), \text{ sonst} \end{array} \right. \\
 & = & [\![\texttt{while}\ \beta]\!]([\![Y := Y \cdot X; X := X - 1]\!](2, 3)) \\
 & = & [\![\texttt{while}\ \beta]\!]([\![X := X - 1]\!]([\![Y := Y \cdot X]\!](2, 3))) \\
 & = & [\![\texttt{while}\ \beta]\!]([\![X := X - 1]\!](2, 6)) \\
 & = & [\![\texttt{while}\ \beta]\!](1, 6) \\
 & = & \left\{ \begin{array}{l} (1, 6), \text{ falls } Z(X > 1) = (1 > 1) = \texttt{false} \\ [\![\texttt{while}\ \beta]\!]([\![Y := Y \cdot X; X := X - 1]\!](Z)), \text{ sonst} \end{array} \right. \\
 & = & (1, 6)
\end{array}
$$

Abbildung 3.1
Semantik imperativer Algorithmen am Beispiel

- Das Z in der 7. und 8. Zeile steht für den Zustand $(3, 1)$ (in späteren Zeilen analog für den jeweils aktuellen Zustand).
- Bei diesem Beispiel sieht man Folgendes sehr deutlich: *Die Ausführung einer While-Schleife erfolgt analog einer rekursiven Funktionsdefinition!*

Damit gilt:

$$[\![FAC]\!](3) = Y(Z) = Y(X = 1, Y = 6) = 6$$

Die Umsetzung in einen imperativen Algorithmus entspricht in der Regel nicht der direkten applikativen Realisierung, da Zwischenergebnisse in Variablen vorgehalten werden können. Dieses Prinzip lässt sich sehr gut an folgendem Beispiel darstellen.

Beispiel 3.20 *Fibonacci-Zahlen*

Der folgende Algorithmus zeigt eine imperative Umsetzung der Fibonacci-Zahlen.

```
FIB: var  X,A,B,C:  int;
     input  X;
     A:=1,  B:=1;
     while  X>0 do
            C:=A+B;  A:=B;  B:=C;  X:=X-1  od
     output  A
```

Die Bedeutung des Algorithmus, in der auch der Definitionsbereich der partiellen Funktion festgelegt wird, ist wie folgt:

$$[\![FIB]\!]\ (x) = \begin{cases} \text{die x-te Fibonacci-Zahl,} & \text{falls } x > 0 \\ 1 & \text{sonst} \end{cases}$$

Der Vergleich mit der applikativen Realisierung in Beispiel 3.7 auf Seite 60 zeigt die unterschiedliche Vorgehensweise: Zwei Variablen werden genutzt, um jeweils die zwei letzten berechneten Fibonacci-Zahlen zwischenzuspeichern. Diese Verfahren ist effizienter als der doppelte rekursive Aufruf des applikativen Algorithmus. □

Die Frage der Effizienz von imperativen Algorithmen spielt auch im nächsten Beispiel eine Rolle, in dem ein weiterer »Klassiker« der Algorithmenbeispiele realisiert wird.

Beispiel 3.21 *Größter gemeinsamer Teiler (euklidischer Algorithmus)*

Ziel ist die Berechnung des größten gemeinsamen Teilers ggT. Die erste Version formulieren wir wie folgt:

```
GGT1: var  X,Y: int;
      input  X,Y;
      while  X ≠ Y do
         while  X>Y  do  X:=X-Y  od;
         while  X<Y  do  Y:=Y-X  od  od;
      output  X
```

Die Vorgehensweise verdeutlicht eine Beispielauswertung von $ggT(19, 5)$, bei der wir für jeden Schleifendurchlauf die Werte der Variablen notieren:

X	Y
19	5
14	5
9	5
4	5
4	1
3	1
2	1
$\boxed{1}$	1

Die Berechnung erfolgt im Wesentlichen durch die Subtraktion des jeweils kleineren Parameters. □

Die Berechnung allein durch Subtraktion ist nicht sehr effizient, wenn man etwa an das Beispiel $ggT(2, 1000)$ denkt. Wir entwickeln daher eine zweite Variante, die mittels der Division vorgeht.

Beispiel 3.22
ggT mittels Division

Die Berechnung des größten gemeinsamen Teilers in der zweiten Version mittels Division nutzt die ganzzahlige Division und die Modulofunktion zur Bestimmung des Restes bei der Division.

```
GGT2: var  X,Y,R: int;
      input  X,Y;
      R:=1;
      while  R ≠ 0  do
         R:=X  mod  Y;  X:=Y;  Y:=R  od;
      output  X
```

Auch hier betrachten wir einige Berechnungen, um die Vorgehensweise zu verdeutlichen:

X	Y	R
19	5	1
5	4	4
4	1	1
$\boxed{1}$	0	0

X	Y	R	
2	1000	1	ist $X < Y$, so wird erst
1000	2	1	vertauscht: $X \leftrightarrow Y$
$\boxed{2}$	0	0	

Abschließend betrachten wir das Verhalten für negative X oder Y.

$$[\![GGT2]\!](x,y) = \begin{cases} ggT(x,y), & \text{falls } x,y>0 \\ y, & \text{falls } x=y\neq 0 \text{ oder } x=0, y\neq 0 \\ \bot & \text{falls } y=0 \\ ggT(|x|,|y|), & \text{falls } x<0 \text{ und } y>0 \\ -ggT(|x|,|y|), & \text{falls } y<0 \end{cases}$$

Intuitiv ist $GGT2$ effizienter als die erste Version – doch wie zeigt man eine derartige Eigenschaft? □

Das Beispiel des ggT bereitet die spätere detaillierte Betrachtung von Effizienzeigenschaften vor. Der folgende Algorithmus spielt eine ähnliche Rolle bei Überlegungen zur Korrektheit.

Beispiel 3.23 *Bestimmung der Semantik eines imperativen Algorithmus*

Ein Beispiel soll verdeutlichen, dass die Bestimmung der Semantik eines imperativen Algorithmus nicht immer einfach ist. Beantwortet werden soll die Frage: *Was berechnet der folgende Algorithmus?*

```
XYZ:  var  W,X,Y,Z:  int;
      input  X;
      Z:=0;  W:=1;  Y:=1;
      while  W ≤ X  do
         Z:=Z+1;  W:=W+Y+2;  Y:=Y+2  od;
      output  Z
```

Einige Berechnungen für `XYZ` helfen hier vielleicht weiter:

W	X	Y	Z
1	0	1	0
1	1	1	0
4		3	1
1	2	1	0
4		3	1
1	3	1	0
4		3	1

Aber auch die folgende Berechnung, die übrigens den Wert 2 ergibt, hilft uns hier nicht viel weiter, da man nicht direkt ein mathematisches Prinzip aus dem Algorithmus ablesen kann. □

Der Algorithmus `XYZ` wird uns in Abschnitt 7.2 wieder begegnen. Dort wird auch die Bedeutung des Algorithmus verraten, die übrigens eine sehr einfache mathematische Eigenschaft ausdrückt.

3.4 Das logische Paradigma

Logisches Paradigma und deduktive Algorithmen

Das so genannte logische Paradigma führt uns zu den deduktiven Algorithmen. Deduktive Algorithmen basieren auf logischen Aussagen und sind die Grundlage von Programmiersprachen wie PROLOG (für PROgramming in LOGic).

Logische Algorithmen bestehen aus einer Reihe von logischen Aussagen und einem Auswertungsalgorithmus für Anfragen. Daher sind sie nicht in dem Sinne Algorithmen, wie wir sie bisher betrachtet haben – erst die Kombination der drei Bestandteile, logisches Programm, Auswertungsalgorithmus und konkrete Anfrage, legen eine Berechnungsfolge fest. Während die meisten sonstigen Programmiersprachen applikative und imperative Elemente mischen, werden aufgrund dieser Unterschiede deduktive Elemente nur in speziellen logischen Programmiersprachen eingesetzt.

Für Leser, die nur an der Programmierung etwa in Java interessiert sind, erscheinen logische Algorithmen daher vielleicht als überflüssiger Ballast – allerdings werden wir sehen, dass die Realisierung des notwendigen Auswertungsalgorithmus eine anspruchsvolle Aufgabe für den Entwerfer von Algorithmen und Datenstrukturen ist.

3.4.1 Logik der Fakten und Regeln

Aussagen und Aussageformen

Wir beginnen die Diskussion deduktiver Algorithmen mit der Definition logischer Aussagen und Aussageformen. Ein Beispiel für eine natürlichsprachige Aussage ist der Satz *Susanne ist Tochter von Petra*. Eine Aussageform ist ein Aussage mit Unbestimmten: *X ist Tochter von Y*. Durch eine *Belegung der Unbestimmten* kann eine Aussageform in eine Aussage transformiert werden:

```
X ↦ Susanne; Y ↦ Petra
```

Atomare Formeln

Statt natürlichsprachiger Aussagen und Aussageformen verwenden deduktive Algorithmen *atomare Formeln*:

```
Tochter(X,Y)
```

In unserer bisherigen Terminologie entsprechen atomare Formeln (ungeschachtelten) booleschen Funktionstermen mit Variablen.

Logik der Fakten und Regeln

Basierend auf diesen Konzepten, können wir nun die Logik der Fakten und Regeln definieren. Wir beginnen mit der Festlegung des Alphabets der verwendeten Symbole:

- ❑ Unbestimmte $X, Y, Z, \ldots$
- ❑ Konstanten $a, b, c, \ldots$

- Prädikatensymbole $P, Q, R, \ldots$ mit Stelligkeit (analog der Signatur von Datentypen)
- logische Konnektive $\wedge$ und $\Longrightarrow$

Das Alphabet bildet also eine Untermenge der Symbole des bekannten Datentyps **`bool`**.

Fakten und Regeln

Atomare Formeln haben nun die Form $P(t_1, \ldots, t_n)$. Unter *Fakten* verstehen wir atomare Formeln ohne Unbestimmte. *Regeln* sind nun wie folgt definiert (α_i ist atomare Formel):

$$\alpha_1 \wedge \alpha_2 \wedge \cdots \wedge \alpha_m \Longrightarrow \alpha_0$$

Der Teil vor dem $\Longrightarrow$ wird dabei als Prämisse bezeichnet, der andere Teil als Konklusion. Auch leere Prämissen sind dabei möglich (diese entsprechen der Prämisse **`true`**).

Das folgende Beispiel verdeutlicht diese Festlegungen. Wir haben zwei Fakten wie folgt notiert:

```
(1) Tochter(Susanne,Petra)
(2) Tochter(Petra,Rita)
```

Passend zu den beiden Fakten können wir eine Regel mit Unbestimmten definieren:

```
(3) Tochter(X,Y) ∧ Tochter(Y,Z) ⟹ Enkelin(X,Z)
```

Ableitung neuer Fakten

Basierend auf der Bedeutung der Implikation können wir nun die *Ableitung neuer Fakten* betrachten. Nach folgendem Prinzip können wir dabei vorgehen:

- Finde eine Belegung der Unbestimmten einer Regel, so dass auf der linken Seite (Prämisse) bekannte Fakten stehen.
- Die rechte Seite ergibt dann einen neuen Fakt.

Diese Vorgehensweise setzt die bekannte logische Regel des *modus ponens* um. Anhand unserer Beispielfakten und -regeln können wir das Verfahren erläutern. Die Belegung

```
X ↦ Susanne, Y ↦ Petra, Z ↦ Rita
```

ersetzt jede Unbestimmte in der Regel (3) durch eine Konstante. Die rechte Seite der Regel ergibt nun den neuen Fakt

```
Enkelin(Susanne,Rita).
```

Nach diesen Festlegungen sind wir nun bereit, deduktive Algorithmen zu definieren.

3.4.2 Deduktive Algorithmen

Deduktive Algorithmen sind nun wie folgt definiert:

Definition 3.7 *Deduktiver Algorithmus*

Ein *deduktiver Algorithmus* D ist eine Menge von Fakten und Regeln. □

Aus einem deduktiven Algorithmus sind neue Fakten ableitbar. Die Menge der Fakten $F(D)$ enthält alle direkt oder indirekt aus D ableitbaren Fakten.

Ein deduktiver Algorithmus definiert keine direkte Ausgabefunktion wie applikative und imperative Algorithmen – es sei denn, wir betrachten die Faktenmenge F als Ausgabe. Ein konkretes Ergebnis analog zu einer Ausgabe liefert uns erst die Beantwortung von Anfragen.

Anfragen

Eine *Anfrage* γ ist eine Konjunktion von atomaren Formeln mit Unbestimmten.

$$\gamma = \alpha_1 \wedge \ldots \wedge \alpha_m$$

Antwort auf Anfrage

Eine Antwort auf eine Anfrage ist eine Belegung der Unbestimmten in γ, bei der aus allen α_i Fakten aus $F(D)$ werden. Enthält γ keine Unbestimmten, sind die beiden möglichen Antworten **`true`** und **`false`**.

Wir werden diese Konzepte nicht weiter formal vertiefen, da deduktive Algorithmen nicht im Fokus dieses Buches liegen. Stattdessen verdeutlichen wir sie an dem Beispiel der Addition zweier Zahlen, die durch die Nachfolgefunktion ausgedrückt werden soll (vergleiche auch Beispiel 3.4 auf Seite 58). Der deduktive Algorithmus lautet:

Addition als deduktiver Algorithmus

Fakten:

suc($n, n+1$) für alle $n \in \mathbb{N}$

Regeln:

```
(1)  ⟹  add(X,0,X)
(2) add(X,Y,Z) ∧ suc(Y,V) ∧ suc(Z,W)
     ⟹  add(X,V,W)
```

Ausgehend von der Aussage $n + 0 = n$ (erste Regel) werden mit der zweiten Regel schrittweise die Fakten mit dem zweiten Summanden 1, 2, 3 usw. abgeleitet.

Bei dieser Realisierung der Addition können wir beispielsweise die folgenden Anfragen stellen:

- Die Anfrage `add(3,2,5)?` liefert als Ergebnis **`true`**.
  Die Ableitung kann in drei Schritten nachvollzogen werden: zuerst Regel (1) mit der Belegung X=3; dann Regel (2) mit der Belegung 3,0,3,1,4; abschließend Regel (2) mit 3,1,4,2,5.
- `add(3,2,X)?` liefert $X \mapsto 5$.

- `add(3,X,5)?` liefert $X \mapsto 2$.
- `add(X,Y,5)?` ergibt eine Menge von Ergebnissen:

$$(X,Y) \in \{(0,5),(1,4),(2,3),(3,2),(1,4),(5,0)\}$$

- `add(X,Y,Z)?` liefert ein unendliches Ergebnis.
- Weitere mögliche Anfragen sind etwa `add(X,X,4)?`, `add(X,X,X)?` und `add(X,X,Z)` $\wedge$ `add(X,Z,90)?`.

Diese Beispiele zeigen, dass wir mit einem deduktiven Algorithmus eine wesentlich flexiblere Beschreibung einer Berechnungsvorschrift zur Verfügung haben als bei den beiden anderen Berechnungsparadigmen. Die bisherige Beschreibung gibt uns allerdings kein effizientes Verfahren, eine Anfrage zielgerichtet zu beantworten – wir müssten zuerst alle abgeleiteten Fakten bestimmen, egal welche Anfrage gestellt wurde.

Die Beschreibung eines vollständigen Algorithmus zur effizienten Anfragebearbeitung würde den Rahmen dieses Buches sprengen. Wir werden stattdessen kurz die Idee skizzieren und an Beispielen verdeutlichen, da diese Idee uns später bei der Behandlung von Algorithmenmustern wieder begegnen wird.

Algorithmus zur Beantwortung von Anfragen

Ein informaler, nichtdeterministischer Algorithmus zur Beantwortung einer Anfrage kann wie folgt ablaufen:

1. Starte mit γ als betrachtete Anfrage.
2. Suche Belegungen, die entweder
   - einen Teil von γ mit Fakten gleichsetzen bzw.
   - einen Fakt aus γ mit einer rechten Seite einer Regel gleichsetzen.

   Setze diese Belegung ein.
3. Wende passende Regeln »rückwärts« an, also ersetze in γ die Konklusion durch die Prämisse.
4. Entferne gefundene Fakten aus der Menge γ.
5. Wiederhole die letzten Schritte so lange, bis γ leer ist.

Die Abbildung 3.2 zeigt den Ablauf anhand der Anfrage `add(3,2,5)`. Die Auswertung erfolgt in den folgenden Schritten:

1. Im ersten Schritt wenden wir die Regel (2) rückwärts an. Hierbei müssen wir zwei neue Unbestimmte einführen. Derartige Unbestimmte notieren wir im Beispiel mit Kleinbuchstaben, um sie von Unbestimmten der Anfrage abzuheben. Die bearbeitete Anfrage wird somit vorerst größer.

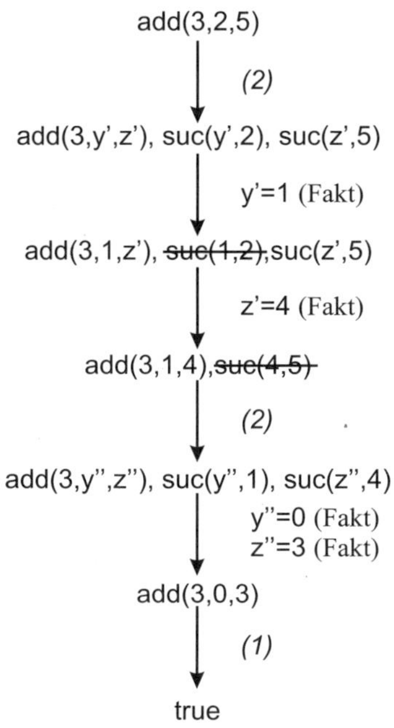

Abbildung 3.2 *Auswertung der Anfrage* `add(3,2,5)`

2. In den folgenden Schritten können wir Belegungen finden, die die `suc`-Teile der Anfrage zu bekannten Fakten ändern, die wir anschließend aus γ entfernen.
3. Nun können wir ein zweites Mal die Regel (2) anwenden und wieder suc-Formeln eliminieren (nicht ausführlich dargestellt).
4. Abschließend können wir Regel (1) anwenden und erhalten ein leeres γ.

Als zweites Beispiel betrachten wir die Anfrage `add(3,2,X)`.

Abbildung 3.3 zeigt die Auswertung dieser Anfrage. Im Gegensatz zur Auswertung von `add(3,2,5)` können wir nicht sofort alle `suc`-Formeln eliminieren, da wir keine sinnvolle Belegung für `suc(z',X)` angeben können. Als Ergebnis bauen wir eine Kette von `suc`-Formeln auf, die erst am Ende aufgelöst werden kann.

Hier zeigt sich ein Problem unseres Algorithmus: Wir hätten ja auch $z' = 10$ und $X = 11$ setzen können und den gefundenen Fakt aus γ entfernen können. Man kann sich leicht klar machen, dass wir dann in eine Sackgasse geraten wären: Der entstandene Term `add(3,1,10)` ist nicht korrekt auflösbar (wir könnten zwar weiter Regel (2) anwenden, würden aber nie Regel (1) anwenden können).

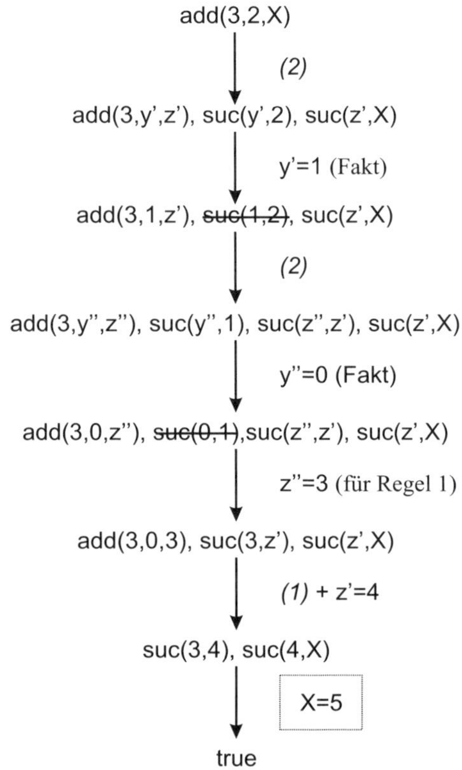

Abbildung 3.3
Auswertung der Anfrage `add(3,2,X)`

Nicht-deterministisches Verfahren

Unser Verfahren ist somit nichtdeterministisch im folgenden Sinne: Wenn der Algorithmus erfolgreich hält, haben wir eine Lösung gefunden. Hält er aber nicht oder mit einem nichtleeren γ, so kann das an einer falschen Entscheidung bei der Abarbeitung liegen.

Abbildung 3.4 zeigt, dass das Verfahren bei mehreren möglichen Lösungen unterschiedliche Lösungspfade wählen kann und somit auch die gefundene Lösung nichtdeterministisch bestimmt wird. In Abbildung 3.4 werden die beiden erfolgreichen Berechnungen für die Anfrage `add(X,Y,1)` gezeigt.

Backtracking

Wie kann man aber nun die vollständige Antwort einer Anfrage bestimmen? Hierzu müssen *alle möglichen* Berechnungspfade systematisch ausprobiert werden. Ein derartiges Verfahren wird als *Backtracking* bezeichnet. In Abschnitt 8.4 werden wir derartige Verfahren intensiv untersuchen, die insbesondere bei Planungs- und Suchaufgaben sinnvoll zum Einsatz kommen können.

Abschließend möchten wir noch einmal betonen, dass wir nur einen sehr vereinfachten Formalismus eingeführt haben. So haben wir keine Negation zugelassen, die einer besonderen Behandlung bedürfte. Auch

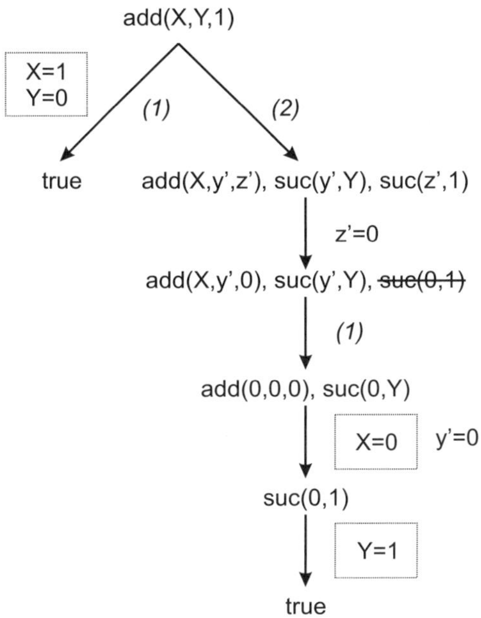

Abbildung 3.4 *Auswertungszweige der Anfrage* `add(X,Y,1)`

haben wir die Probleme des Erkennens von Endlosrekursionen und unendlichen Belegungsmengen nicht betrachtet. Die vereinfachte Darstellung sollte jedoch einen Einblick in die Basisideen deduktiver Ansätze geben, die in speziellen Büchern oder Vorlesungen ausführlicher behandelt werden.

3.5 Weitere Paradigmen

Bisher hatten wir Algorithmenparadigmen kennen gelernt, die dem klassischen Algorithmenbegriff entsprechen. Die Berechnung wird hierbei in Form von elementaren Berechnungsschritten ausgedrückt, die zu Berechnungen zusammengesetzt werden. Schon das logische Paradigma passte nicht mehr ganz zu dieser Charakterisierung von Algorithmen, da die Berechnungsfolge vom Interpreter und nicht mehr vom Algorithmenentwerfer festgelegt wird und auch von der konkret zu lösenden Aufgabe abhängt.

Alternative Programmierparadigmen

Einige neuere Ansätze des Problemlösens passen noch weniger zum klassischen Algorithmenbegriff, werden aber trotzdem oft als Algorithmenparadigmen bezeichnet. Eine passendere Bezeichnung wäre hier Programmierparadigmen, da Programme erzeugt werden, ohne dass direkt ein Lösungsalgorithmus angegeben wird. Zu nennen sind hier unter anderem genetische Algorithmen, neuronale Netze, Quanten-

Computing und DNA-Computing. Wir werden die ersten beiden genannten Ansätze kurz vorstellen, aber nicht ins Detail gehen.

3.5.1 Genetische Algorithmen

Genetische Algorithmen

Genetische Algorithmen sind, wie auch einige andere der genannten Ansätze, durch Prinzipien der Informationsverarbeitung in der Natur inspiriert. Die DNS der Tier- und Pflanzenwelt kann als Analogon zu einem Programm aufgefasst werden, indem Gene als ein in einem 4-Buchstaben-Alphabet kodiertes Programm interpretiert werden, das den Bauplan etwa eines Tieres (inklusive einiger Aspekte des Verhaltens!) festgelegt. In der Natur gibt es keine Programmierer, die Fortpflanzung mit der Kombination aus männlichem und weiblichem Erbgut zusammen mit Mutationen verändert das Erbgut; die natürliche Auslese führt zur Ausprägung von Eigenschaften und letztendlich zu neuen Arten. Durch Auslese driftet der Gen-Pool langfristig in eine Richtung, die besser an die auslesenden Umweltbedingungen angepasst ist.

Mutation und natürliche Auslese als Vorbild

Umgesetzt in die Denkweise der Informatik, arbeitet ein genetischer Algorithmus wie folgt:

Phänotypen

- Ein Pool von Phänotypen repräsentiert Individuen, die eine bestimmte Problemklasse (näherungsweise) zu lösen vermögen.
- Die Lösungsstrategie jedes Phänotyps ist in seinem Erbgut kodiert (entsprechend den Chromosomen in der Natur). Die Strategie kann beispielsweise als Bitfolge fester Länge dargestellt sein.
- Eine Generation von Individuen wird auf Probleme der Problemklasse angesetzt. Einzelne Phänotypen werden betreffend der Qualität der Lösungen (oft Fitness genannt) bewertet.

Fitness

- Erreicht die Fitness eines Phänotyps einen vorgegebenen Schwellwert, kann dieses Programm als Löser für Probleme der Problemklasse eingesetzt werden.
- Entspricht noch kein Phänotyp den Anforderungen, so wird eine neue Generation von Phänotypen aus den bisherigen Phänotypen berechnet. Die Fitness der bisherigen Phänotypen bestimmt dabei, inwieweit diese als Elternteil einbezogen werden. Das Erbgut eines Kindes kann durch Kombination des Erbguts zweier Eltern und / oder durch Mutation berechnet werden.

Abfolge von Generationen

Genetische Algorithmen sind typischerweise einsetzbar für Optimierungsfragen, in denen eine sehr gute Näherungslösung, aber nicht notwendigerweise die optimale Lösung gesucht wird (wir werden später sehen, dass Problem existieren, für die die optimale Lösung nicht mit vertretbarem Aufwand berechenbar ist).

Beispiel n-Damen-Problem

Um das Prinzip zu verdeutlichen, skizzieren wir als Beispiel eine Lösung des n-Damen-Problems mittels genetischer Algorithmen. Das n-Damen-Problem ist eine Verallgemeinerung des Acht-Damen-Problems auf beliebige Zahlen n: Gesucht sind beim Acht-Damen-Problem alle Konfigurationen von 8 Damen auf einem 8x8-Schachbrett, so dass keine Dame eine andere bedroht. Eine Dame bedroht dabei bekanntlich alle Felder derjenigen Spalte und Zeile, auf der sie steht, sowie zusätzlich alle Felder der durch sie gehenden Diagonalen. Abbildung 3.5 zeigt zwei Lösungen dieses Problems.

	1	2	3	4	5	6	7	8
1			D					
2						D		
3								D
4	D							
5				D				
6							D	
7					D			
8		D						

	1	2	3	4	5	6	7	8
1				D				
2						D		
3								D
4		D						
5							D	
6	D							
7			D					
8					D			

Abbildung 3.5
Zwei Lösungen des Acht-Damen-Problems

Eine direkte algorithmische Lösung dieses Problems behandeln wir später in Abschnitt 8.4.2.

Kodierung der Phänotypen

Um das n-Damen-Problem mit Hilfe eines genetischen Algorithmus zu lösen, müssen wir zunächst eine Kodierung der Lösungskandidaten (Phänotypen) festlegen. Es bietet sich an, hierzu einen Vektor (Chromosom) mit n Elementen (Genen) zu verwenden, der die Positionen der n zu platzierenden Damen angibt. Wir nutzen außerdem aus, dass in jeder Zeile des Schachbretts offenbar genau eine Dame stehen muss, und ordnen daher jedes Element des Vektors einer Zeile des Schachbretts zu. Jedes Vektorelement (Gen) muss dann nur noch die Spaltenposition der Dame in der zugehörigen Zeile angeben. Folglich hat jedes dieser n Gene einen Wert aus der Menge von n möglichen Werten, nämlich den Spaltennummern 1 bis n. Die Vektoren

$$v_1 = [3, 6, 8, 1, 4, 7, 5, 2]$$

und

$$v_2 = [4, 6, 8, 2, 7, 1, 3, 5]$$

sind Kodierungen der beiden Lösungen aus Abbildung 3.5.

Eine Anfangspopulation von Kandidatenlösungen wird erzeugt, indem man zufällige Vektoren der Länge n mit Werten aus 1 bis n erzeugt. Zur Bewertung einer Kandidatenlösung zählen wir einfach, wie

Bestimmung der Fitness

viele Paare von Damen es gibt, die in dieser Kandidatenlösung in der gleichen Spalte oder Diagonale stehen. Da die Fitness gewöhnlich ein zu maximierender Wert ist, definieren wir die Fitness als die Negation dieser Anzahl. Wir haben mit dieser Bewertung außerdem ein Abbruchkriterium, denn wenn eine Kandidatenlösung eine Bewertung von 0 erhält (keine Paare von Damen in der gleichen Spalte oder Diagonale), so ist das n-Damen-Problem gelöst. Die beiden Lösungen v_1 und v_2 aus Abbildung 3.5 haben die Fitness 0, die Vektoren

$$v_3 = [1, 2, 3, 4, 5, 6, 7, 8]$$

und

$$v_4 = [1, 1, 1, 1, 1, 1, 1, 1]$$

jeweils die sehr schlechte Bewertung von -28.

Aus einer Generation werden nun Kandidaten als Eltern für die Folgegeneration derart ausgewählt, dass Kandidaten mit hoher Fitness größere Chancen für das Weiterkommen haben, aber der Gen-Pool nicht zu stark verarmt. Zur Auswahl der Kandidatenlösungen als Eltern für die nächste Generation kann man beispielsweise die Turnierauswahl verwenden. D.h., es werden aus der aktuellen Population jeweils (zufällig) k Chromosomen ausgewählt (der Parameter k gibt die Turniergröße an). Das beste dieser Chromosomen (das Chromosom mit der höchsten Fitness) gewinnt das Turnier und gelangt so in die nächste Generation. Die Anzahl Turniere bestimmt die Größe der nächsten Generation.

Mutationen und Kreuzungen

Nun müssen auf den Elternkandidaten Mutationen und Kreuzungen (Crossover) durchgeführt werden, wobei die Operationen zufallsgesteuert mit einer vorgegebenen Wahrscheinlichkeit auftreten — der Gen-Pool sollte langsam »in die richtige Richtung« driften, aber sich nicht durch zu viele Mutationen chaotisch entwickeln. Zur Veränderung der Kandidatenlösungen benutzen wir einfache Mutations- und Crossover-Operatoren. Die Mutation besteht in der zufälligen Änderung eines Vektoreintrags, was dem Versetzen einer Dame in eine andere Spalte entspricht. Beim Crossover schneiden wir die beiden Elternchromosomen an einer zufällig gewählten Stelle durch und vertauschen die Chromosomenteile auf einer Seite des Schnittpunktes (so genanntes 1-Punkt-Crossover). Dadurch werden durch die Elternchromosomen dargestellte Teillösungen neu zusammengesetzt.

Abfolge der Generationen

Der genetische Algorithmus läuft nun wie beschrieben in einer Schleife als Generationenfolge ab. Nach dem Erzeugen der zufälligen Anfangspopulation werden die Chromosomen bewertet. Hat ein Chromosom die Fitness 0, so wird die durch dieses Chromosom beschriebene Lösung ausgegeben und der Algorithmus abgebrochen. Anderenfalls werden die Chromosomen für die nächste Generation ausgewählt, mit den genetischen Operatoren verändert und erneut bewertet.

Der Pseudocode zu Algorithmus 3.1 fasst den erläuterten Ablauf noch einmal kompakt zusammen.

Algorithmus 3.1
Grundprinzip genetischer Algorithmen

```
Initialisiere erste Generation G;
do
  BesteFitness = max { Fitness(x) | x in G };
  if BesteFitness = 0 then break;
  Bestimme G' aus G als Eltern der neuen Generation G;
    // etwa durch n Turniere aus je k zufällig aus G gewählten x
  G = {};
  for each x in G' do
    with probability 0.7 do x = mutate(x) od;
    with probability 0.2
      do wähle y aus G' aus;
          x = crossover(x,y);
      od;
    G = G union { x };
  od;
od;
return Kandidaten x aus G mit Fitness(x) = BesteFitness;
```

Die einzelnen Schritte müssen jetzt noch verfeinert werden. Näherungslösungen kann man dadurch erhalten, indem die `BesteFitness` nicht auf Gleichheit mit 0, sondern auf das Überschreiten einer Schwelle getestet wird. Das Sprachkonstrukt **`with probability`** soll einen mit einer vorgegebenen Wahrscheinlichkeit zu betretenden Programmzweig kennzeichnen und kann durch einen Vergleich mit einer generierten Zufallszahl ausprogrammiert werden.

Für Einzelheiten zu genetischen Algorithmen verweisen wir auf weiterführende Lehrbücher, etwa [Goo98, Mic98].

3.5.2 Neuronale Netze

Während sich genetische Algorithmen an den Prinzipien der Vererbung orientieren, bilden neuronale Netze (kurz NN) das Analogon zur Informationsverarbeitung in Nervenzellen und damit insbesondere in Gehirnen. Neuronen eines neuronalen Netzes entsprechen dabei den Nervenzellen.

Neuron

Ein neuronales Netz ist aus vielen Neuronen zusammengesetzt, die miteinander (durch Nervenbahnen) verbunden sind:

- Ein Neuron besitzt Eingänge, an denen Signale anliegen können, sowie einen Ausgang (oder auch mehrere).

- Der interne Zustand eines Neurons bestimmt die Reaktion auf Eingangssignale. Schwellwerte bewirken dabei Änderungen des Aktivierungszustands, Propagierungsregeln leiten Signale weiter und Output-Funktionen berechnen Ausgangssignale.
- *Topologie* Die Topologie des Netzes legt die Verbindungen fest und verknüpft externe Signaleingänge und Ausgaben von anderen Neuronen mit den Eingaben von Neuronen. Dabei sind Rückkopplungen (ein Ausgangssignal eines Neurons wird direkt oder indirekt wieder Eingangssignal) möglich.
- Verbindungen sind mit Gewichten verbunden, die bei der Aktivierung von Neuronen einfließen.

Anwendungen

Ein NN ist ein massiv paralleles System aus sehr einfachen Prozessoren, das Eingangssignale in Ausgangssignale (eventuell nach einer Einschwingphase bei Rückkopplungen) umsetzt. Typische Anwendungen von NN sind daher die Signalverarbeitung bei Sensordaten oder allgemeine Mustererkennungsprobleme.

Lernen

Das Besondere an NN ist die Möglichkeit, Muster in den Eingangssignalen zu lernen. Hierzu wird etwa beim überwachten Lernen ein Trainingsdatensatz mit den gewünschten Ausgangsdaten erweitert. Beim Lernen können die Gewichte angepasst werden, Schwellwerte und Output-Funktionen geändert oder sogar die Topologie verändert werden. Die Auswahl (und Größe) des Trainingsdatensatzes hat neben der Topologie großen Einfluss auf das gelernte Verhalten. So kann es zum so genannten Overfitting kommen, indem ein Netz genau den Trainingsdatensatz lernt und nicht das durch diesen repräsentierte abstrakte Muster.

Perzeptron

Das einfachste neuronale Netz besteht nur aus einem Neuron. Als Beispiel wollen wir an dieser Stelle das *Perzeptron* betrachten, das ein einfaches lineares Neuronenmodell, ergänzt um eine Schwellwertfunktion, darstellt. Ein solches Perzeptron summiert die Eingabewerte an den Eingängen $x_1, \ldots, x_n$ auf und entscheidet anhand des Vergleichs dieser Summe mit einem Schwellwert, ob es »feuert«, d.h. den Wert 1 ausgibt, oder nicht und somit den Wert 0 liefert. Die Eingabewerte werden außerdem noch mit Gewichten $w_1, \ldots, w_n$ versehen. Aufgrund der Verwendung eines Schwellwertes θ werden Perzeptronen auch als *Schwellwertneuronen* bezeichnet (Abb. 3.6).

Die Ausgabe y dieses Perzeptrons berechnet sich nach folgender Vorschrift

$$y = \begin{cases} 1 & \text{falls } \sum_{i=1}^{n} x_i w_i \geq \theta \\ 0 & \text{sonst} \end{cases}$$

Mit einem derartigen einfachen Perzeptron kann man beispielsweise die booleschen Operatoren UND und ODER berechnen, wobei die Wahr-

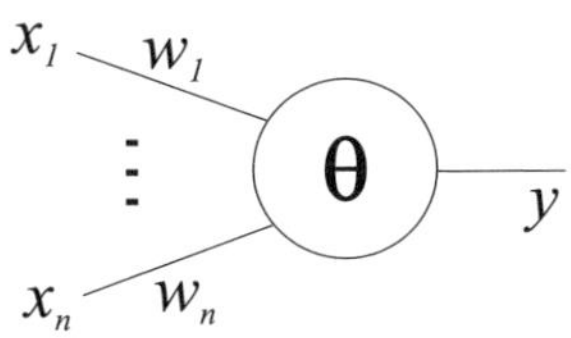

Abbildung 3.6 Grundmodell des Perzeptrons

heitswerte an die Eingänge x_1 und x_2 gelegt werden und y entsprechend 0 für »falsch« bzw. 1 für »wahr« liefert. Für UND können dazu die Gewichte wie folgt belegt werden: $w_1 = 2$, $w_2 = 2$ sowie $\theta = 3$. Bei einer Eingabe $x_1 = 1, x_2 = 1$ ergibt sich nach der obigen Vorschrift $\sum_{i=1}^{n} = 1 \cdot 2 + 1 \cdot 2 = 4 > 3$, was für y den Wert 1 und somit »wahr« liefert. Eine Kombination von 0 und 1 als Eingabewerte würde entsprechend $2 < 3$ und damit »falsch« liefern. Ein Perzeptron für die Berechnung von ODER funktioniert in der gleichen Weise, allerdings müssen hier Gewichte und Schwellwert beispielsweise wie folgt gesetzt werden: $w_1 = 2, w_2 = 2$ sowie $\theta = 1$. Für die Eingabe $x_1 = 1, x_2 = 0$ ergibt sich hierbei $\sum_{i=1}^{n} = 1 \cdot 2 + 0 \cdot 2 = 2 > 1$ (»wahr«); bei $x_1 = 0, x_2 = 0$ ist das Ergebnis wegen $0 < 1$ wie erwartet »falsch«.

Trainieren

Das Lernen (oder besser Trainieren) erfolgt für ein solches einfaches Perzeptron durch Anpassung der Gewichte. Dazu werden zunächst die Gewichte w_i mit Zufallswerten initialisiert und anschließend Trainingsdatensätze (Eingabedaten mit bekannten Ausgabewerten) an die Eingänge $x_1, \ldots, x_n$ gelegt. Durch Vergleich des vom Netz berechneten Wertes y mit dem korrekten (erwarteten) Wert t aus der Trainingsmenge kann die Änderung der Gewichte Δw_i ermittelt werden:

$$\Delta w_i = \eta(t - y)x_i$$

Der Parameter η wird als Lernrate bezeichnet und muss hinreichend klein gewählt werden (z.B. 0.1), um im Fehlergebirge ein Minimum zu finden. Mit diesem Δw_i lassen sich schließlich die Gewichte durch

$$w_i := w_i + \Delta w_i$$

anpassen, bis die Trainingsbeispiele korrekt klassifiziert werden.

XOR-Problem

Wie leicht einzusehen ist, genügt für komplexere Aufgabenstellungen ein einzelnes Neuron natürlich nicht mehr. Selbst bei vermeintlich einfachen Problemen wie der Berechnung der booleschen Operation XOR (exklusives ODER: das Ergebnis wird »wahr«, wenn nur eine der beiden Eingaben »wahr« ist) versagt es. Der Grund liegt darin, dass die Perzeptron-Funktion (die Kombination aus Aktivierungs- und Ausgabefunktion) eine einfache Funktion ist, durch welche die n-dimensionale Eingabemenge lediglich in zwei Teile zerlegt wird: Das

Abbildung 3.7
XOR-Problem

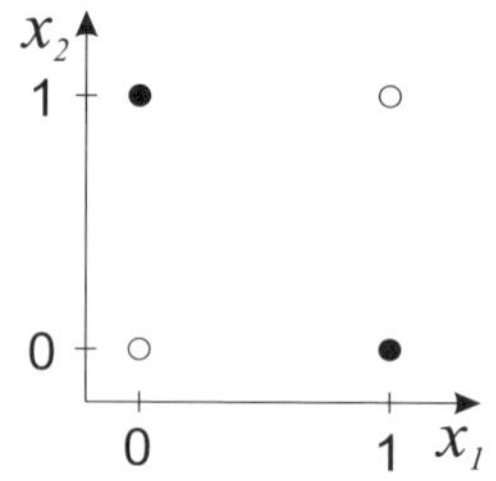

Perzeptron feuert nur für Werte aus dem einen Teil. Eine Menge, die durch die Funktion (genauer die $(n-1)$-dimensionale Hyperebene $\sum x_i w_i = 0$) derart zerlegt werden kann, wird als *linear separabel* bezeichnet. Für die XOR-Operation existiert eine solche Hyperebene bzw. im zweidimensionalen Fall eine solche Gerade nicht (Abb. 3.7). Lösen kann man dieses Problem durch das Einfügen zusätzlicher Schichten von Neuronen, wodurch nun tatsächlich neuronale Netze aus mehreren Neuronen entstehen. Ein derartiges Netz, das die XOR-Operation berechnet, ist in Abbildung 3.8 mit seinen Gewichten und Schwellwerten angegeben. Für solche Netze sind jedoch auch komplexere Lernverfahren notwendig, die die Fehlersignale von der Ausgabe in geeigneter Weise in die inneren Schichten weiterleiten.

Abbildung 3.8
Neuronales Netz für XOR

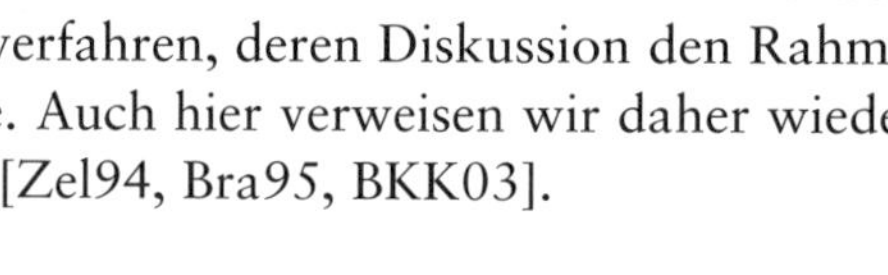

Es gibt viele Varianten neuronaler Netze und der mit ihnen verbundenen Lernverfahren, deren Diskussion den Rahmen dieses Buches sprengen würde. Auch hier verweisen wir daher wieder auf weiterführende Literatur [Zel94, Bra95, BKK03].

3.6 Umsetzung in Java

In den vorangegangenen Kapiteln haben wir im Wesentlichen abstrakte Konzepte zur Beschreibung von Algorithmen verwendet. Nun wollen wir kennen lernen, wie Algorithmen mit Hilfe der Programmiersprache Java implementiert werden können. Hierzu werden wir imperative Sprachkonstrukte sowie die Definition und den Aufruf von Methoden (Funktionen) vorstellen.

3.6.1 Ausdrücke und Anweisungen

Bereits bei der informalen Einführung des Algorithmenbegriffs haben wir *Anweisungen* als die elementaren Arbeitsschritte eines Algorithmus kennen gelernt. Neben Operationen auf Datentypen zählen hierzu insbesondere auch Kontrollstrukturen wie Schleifen oder Verzweigungen. Die Existenz solcher imperativen Sprachkonstrukte ist daher auch charakteristisch für die große Klasse von imperativen Programmiersprachen, zu denen auch Java gehört.

Anweisungen

Java bietet eine ganze Reihe von verschiedenen Anweisungsformen. Hierzu gehören u.a.:

- die leere Anweisung,
- Ausdrücke,
- Kontrollstrukturen,
- weitere, auf die wir erst später eingehen werden, etwa zur Ausnahmebehandlung oder zum synchronisierten Zugriff auf gemeinsame Variablen.

Anweisungen werden in Java grundsätzlich durch ein »;«-Zeichen abgeschlossen. Die einfachste Form einer Anweisung – die leere Anweisung – besteht daher nur aus einem Semikolon.

Abschließen von Anweisungen

Ausdrücke

Eine weitere Form von Anweisungen wird unter Verwendung von Ausdrücken gebildet. Ausdrücke oder Terme sind dabei:

- primäre Ausdrücke wie Bezeichner und Konstanten, Feldzugriffe, Methodenaufrufe und Allokationen, d.h. das Erzeugen von Objekten mittels **new**,
- zusammengesetzte Ausdrücke, die durch Verwendung von Operatoren gebildet werden (siehe Abschnitt 2.5.3) und
- Wertzuweisungen.

Durch das Anhängen eines »;«-Zeichens wird aus einem Ausdruck eine Anweisung formuliert, wie dies in den folgenden Beispielen illustriert ist:

```
a = 42;
b += 5 - (a * 16);
a--;
```

Blöcke

Block Eine Folge von Anweisungen kann zu einem *Block* zusammengefasst werden, indem sie durch geschweifte Klammern eingeschlossen wird:

```
{ anw1 anw2 anwn }
```

Blöcke sind insbesondere dort wichtig, wo aus syntaktischen Gründen nur eine einzelne Anweisung stehen darf, etwa im Zusammenhang mit Kontrollstrukturen. Da ein Block wie eine einzelne Anweisung behandelt wird, lassen sich auf diese Weise auch mehrere Anweisungen einsetzen.

Sichtbarkeit von Variablen Ein Block schränkt auch die Sichtbarkeit von Variablen ein. Eine Variable ist nur innerhalb des Blockes sichtbar – d.h., auf sie kann zugegriffen werden –, in dem sie deklariert wurde.

```
{
  int a;
  // a ist sichtbar
  {
    int b;
    // a und b sind sichtbar
  }
  // nur a ist sichtbar
}
// a ist nicht mehr sichtbar
```

Kontrollstrukturen Die für die Formulierung von imperativen Algorithmen notwendigen Kontrollstrukturen wurden bereits in Abschnitt 2.1.3 eingeführt, so dass wir uns im Folgenden auf die Darstellung der syntaktischen Besonderheiten in Java beschränken können. Grundsätzlich lassen sich folgende Kontrollstrukturen unterscheiden:

- Bedingungs- und Auswahlanweisungen,
- Schleifenanweisungen,
- Sprunganweisungen.

Bedingte Anweisungen

Bedingungen Bedingungen werden mit Hilfe der **if**-Anweisung formuliert, die folgende Syntax aufweist:

```
if (bedingung) anweisung1
```

Die Anweisung *anweisung*$_1$, die eine einzelne Anweisung oder ein Block sein kann, wird nur dann ausgeführt, wenn die Bedingung

bedingung erfüllt ist, d.h. der Ausdruck den Wert **true** besitzt. Optional kann noch ein **else**-Zweig hinzugefügt werden, der nur dann zur Ausführung kommt, wenn die Bedingung nicht erfüllt ist:

```
if (bedingung) anweisung1 else anweisung2
```

Bedingungsausdruck

Wichtig ist, dass der Bedingungsausdruck in Klammern angegeben wird und einen Wert vom Typ **boolean** liefert, wie die beiden folgenden Beispiele verdeutlichen:

```
if (x == 0) y = 3; else y = -3;
if (x > y) {
  m = x;
  n = 2 * y;
}
```

?:-Operator

In diesem Zusammenhang sei auch auf den ?:-Operator von Java hingewiesen, mit dem ebenfalls bedingte Ausdrücke formuliert werden können. Allerdings handelt es sich nicht um eine Anweisung, sondern um einen Operator:

```
bedingung ? ausdruck1 : ausdruck2
```

Der Wert dieses Ausdrucks nimmt den Wert von *ausdruck*$_1$ an, wenn *bedingung* wahr ist, anderenfalls den Wert von *ausdruck*$_2$. Auf diese Weise lässt sich eine Anweisung wie

```
if (x == 0) y = 3; else y = -3;
```

auch als

```
y = (x == 0 ? 3 : -3);
```

schreiben.

Folgen von **if...else**

Soll nicht nur in Abhängigkeit von einer Ja-Nein-Entscheidung verzweigt werden, so muss dies über eine Folge von **if-else**-Anweisungen implementiert werden. Wenn etwa im folgenden Beispiel die Variable i die ganzzahligen Werte 0 bis 3 annehmen kann und zu jedem Wert eine entsprechende Textausgabe erfolgen soll, lässt sich dies wie folgt formulieren:

```
if (i == 0)
  System.out.println("Null");
else if (i == 1)
  System.out.println("Eins");
else if (i == 2)
  System.out.println("Zwei");
else
  System.out.println("Mehr als Zwei");
```

Eine Alternative bietet die Auswahl- oder **switch**-Anweisung, die folgende Syntax besitzt:

```
switch (ausdruck) {
case auswahlwert1:
  // Anweisungen für Fall #1
  [ break; ]
case auswahlwert2:
  // Anweisungen für Fall #2
  [ break; ]
...
case auswahlwertn:
  // Anweisungen für Fall #n
  [ break; ]
default:
  // Anweisungen für alle anderen Fälle
  [ break; ]
}
```

Auswahlanweisung

Java SE 7.0

default-*Zweig*

Bei der Auswahlanweisung handelt es sich um eine verallgemeinerte Form der Fallunterscheidung. Für jeden Wert des Ausdrucks *ausdruck* kann eine eigene Anweisungsfolge angegeben werden. Der Ausdruck selbst muss einen ganzzahligen Wert vom Typ **char**, **byte**, **short** oder **int** liefern, die Auswahlwerte müssen Literale (Konstanten) sein. In der kommenden Version Java SE 7.0 sollen aber auch Zeichenkettenliterale zugelassen werden. Zu dem berechneten Wert des Ausdrucks wird – sofern vorhanden – die Anweisungsfolge des korrespondierenden **case**-Zweigs ausgeführt. Existiert kein entsprechender Zweig, so wird zum optionalen **default**-Abschnitt verzweigt. Zu beachten ist jedoch, dass nach der Ausführung der letzten Anweisung eines **case**-Zweigs nicht etwa zum Ende der **switch**-Anweisung gesprungen wird, sondern die *nächstfolgende* Anweisung ausgeführt wird, auch wenn diese zum nächsten **case**-Zweig gehört. Dieser Kontrollfluss kann jedoch durch die optionale **break**-Anweisung unterbrochen werden, so dass die Ausführung nach der **switch**-Anweisung fortgesetzt wird. Auch wenn diese Regelung auf den ersten Blick umständlich erscheint, ist dies doch durchaus sinnvoll. Es lassen sich auf diese Weise mehrere Auswahlwerte kombinieren, wie das folgende Beispiel demonstriert:

```
int i = ...;
switch (i) {
case 0:
  System.out.println("Null");
  break;
case 1:
```

```
case 2:
  System.out.println("Eins oder Zwei");
  break;
default:
  System.out.println("Mehr als Zwei");
  break;
}
```

Schleifen

Schleifen als eine weitere wichtige Kontrollstruktur sind in drei Ausprägungen vorhanden: *Schleifen*

- die **while**-Schleife als bedingte Schleife mit der Bedingungsprüfung am Anfang eines Durchlaufs,
- die **do-while**-Schleife als bedingte Schleife mit der Prüfung am Ende eines Durchlaufs und
- die **for**-Schleife als Zählschleife.

Die Syntax der **while**-Schleife ist wie folgt: **while**-*Schleife*

```
while (bedingung) anweisung
```

Solange der Ausdruck *bedingung* den Wert **true** liefert, wird die Anweisung bzw. der Block *anweisung* ausgeführt. Dies bedeutet, dass die Bedingung *vor* jedem Durchlauf der Schleife überprüft wird, was wiederum zur Folge haben kann, dass die Anweisung im Schleifenrumpf nicht ausgeführt wird, wenn die Bedingung schon vor dem ersten Durchlauf nicht erfüllt ist. Ein einfaches Beispiel für die Anwendung der **while**-Schleife ist eine Zählschleife, die die Werte von 5 bis 1 ausgibt: *Zählschleife*

```
int i = 5;
while (i > 0) {
  System.out.println(i);
  i--;
}
```

In der Bedingung wird überprüft, ob der Wert von i noch größer 0 ist. In diesem Fall wird der Wert ausgegeben und anschließend um eins verringert.

Auch Endlosschleifen lassen sich auf einfache Weise formulieren:

```
while (true)
  System.out.println("Endlos...");
```

Allerdings sollte hier innerhalb der Schleife eine geeignete Abbruchbedingung eingeführt werden. Das Verlassen der Schleife ist dann über die noch vorzustellenden Sprunganweisungen möglich.

do-while-*Schleife* Die Notation der **do-while**-Schleife spiegelt den Unterschied zur **while**-Schleife wider:

```
do anweisung while ( bedingung );
```

Die Anweisung bzw. der Block *anweisung* werden ausgeführt, solange der Ausdruck *bedingung* den Wert **true** liefert. Die Überprüfung der Bedingung erfolgt hier *nach* jedem Durchlauf, d.h., der Schleifenrumpf wird mindestens einmal ausgeführt. Das obige Beispiel der Zählschleife kann mittels der **do-while**-Schleife in folgender Weise formuliert werden:

```
int i = 5;
do {
  System.out.println (i);
  i--;
} while (i > 0);
```

for-*Schleife* Zusätzlich zu den bedingten Schleifen gibt es mit der **for**-Schleife noch eine Variante, die explizit mit Zählvariablen arbeitet. Die Syntax lautet hier:

```
for ( init_ausdr; bed_ausdr; mod_ausdr ) anweisung;
```

Der Schleifenrumpf besteht wiederum aus einer Anweisung bzw. einem Block. Der »Schleifenkopf« umfasst drei Ausdrücke mit folgender Bedeutung:

- einen Initialisierungsausdruck *init_ausdr*, der die Zählvariable auf einen Startwert setzt und eventuell auch deklariert,
- einen Bedingungsausdruck *bed_ausdr* mit der Bedingung für die Fortsetzung, d.h. die Ausführung des Schleifenrumpfes,
- einen Modifikationsausdruck *mod_ausdr* zum Verändern der Zählvariablen.

Eine **for**-Schleife wird nun nach folgendem Schema abgearbeitet:

1. Die Zählvariable wird gegebenenfalls deklariert und durch Auswertung des Inititialisierungsausdrucks initialisiert.
2. Solange der Bedingungsausdruck **true** liefert, wird
   (a) die Anweisung *anweisung* ausgeführt,
   (b) der Modifikationsausdruck berechnet und damit die Zählvariable verändert.

An diesem Schema sollte deutlich werden, dass es sich bei der **for**-Schleife eigentlich nur um eine syntaktische Variante der **while**-Schleife handelt, da auch hier die Bedingung vor jedem Durchlauf geprüft wird. Allerdings ist mit der **for**-Schleife eine kompaktere Schreibweise möglich. So kann die obige Zählschleife wie folgt formuliert werden:

```
for (int i = 5; i > 0; i--)
  System.out.println(i);
```

Die Ausdrücke im Schleifenkopf können auch ganz oder teilweise weggelassen werden, wobei beim Fehlen des Bedingungsausdrucks der Wert **true** eingesetzt wird. Die folgende Schleife ist daher eine Endlosschleife:

```
for (;;)
  System.out.println("Endlos ...");
```

Mit Version J2SE 5.0 wurde in Java noch eine weitere Variante der **for**-Schleife eingeführt, die speziell zum Durchlaufen von Kollektionen (siehe auch Kapitel 13) und Feldern gedacht ist. Die Syntax lautet:

```
for (parameter : ausdruck) anweisung
```

wobei *ausdruck* hier ein Feld oder ein Objekt mit einer speziellen Schnittstelle sein muss. Die einzelnen Elemente dieses Feldes werden nacheinander der in *parameter* angegebenen Variablen zugewiesen. So kann z.B. in folgender Weise über alle Elemente eines Feldes iteriert werden:

```
int feld[] = { 1, 2, 3, 4, 5 };
int summe = 0;
for (int i : feld) {
  summe += i;
}
```

Die dritte Form von Kontrollstrukturen, die wir in diesem Abschnitt vorstellen wollen, sind die Sprunganweisungen. Diese Anweisungen ermöglichen die Unterbrechung des Kontrollflusses eines Programms und die Fortsetzung an einer anderen, definierten Stelle.

Sprunganweisungen

Die **break**-Anweisung haben wir bereits im Zusammenhang mit der **switch**-Anweisung kennen gelernt. Mit dieser Anweisung wird die Ausführung des aktuellen **for**-, **while**-, **do**- bzw. **switch**-Blockes abgebrochen und nach diesem Block fortgesetzt, wie das folgende Beispiel verdeutlichen soll:

break-*Anweisung*

```
int i = 0;
```

```
while (true) {
  if (i == 10)
    break;
  //...
  i++;
}
...
```

Diese Schleife wird verlassen, sobald die Variable `i` den Wert `10` hat.

continue-*Anweisung*

Auch die **continue**-Anweisung unterbricht den Kontrollfluss der aktuellen Schleife. Im Gegensatz zu **break** wird jedoch die Schleife mit der nächsten Iteration fortgesetzt, d.h., es wird zurück zum Anfang der Blockes gesprungen und – bei bedingten Schleifen – zuvor die Bedingung überprüft. So werden im folgenden Beispiel nur die ungeraden Werte der Zählvariablen ausgegeben, da für gerade Werte der aktuelle Durchlauf abgebrochen wird.

```
for (int i = 0; i < 10; i++) {
  if (i % 2 == 0)
    continue;
  System.out.println(i);
}
```

return-*Anweisung*

Schließlich erlaubt die **return**-Anweisung das Beenden der Ausführung einer Methode und den Rücksprung zur Aufrufstelle. Optional kann hier noch ein Wert zurückgegeben werden, der das Ergebnis einer Berechnung darstellt. Die **return**-Anweisung ist somit insbesondere für Methoden von Bedeutung, die einen Wert berechnen (Funktionen). Die Syntax dieser Anweisung ist wie folgt:

```
return [ ausdruck ];
```

Der optionale Ausdruck *ausdruck* wird ausgewertet und der Ergebniswert an den Aufrufer zurückgegeben. Ein Beispiel ist die Methode `plus`, die die Summe zweier Zahlen berechnet.

```
int plus (int a, int b) {
  return a + b;
}
```

Weitere Beispiele zur Anwendung der **return**-Anweisung werden wir in den folgenden Abschnitten vorstellen.

3.6.2 Methoden

Methode

Funktionen und Prozeduren werden in Java in Form von Methoden implementiert. Den Begriff der Methode haben wir in Abschnitt 1.4

bereits als eine logische Einheit einer oder mehrerer Anweisungen eingeführt. Methoden bilden somit ein wesentliches Strukturierungsmittel für Programme. Da Java eine streng objektorientierte Sprache ist, müssen Methoden immer im Kontext einer Klasse definiert werden. Sie können mit Parametern aufgerufen werden und Ergebnisse zurückliefern. Typ und Reihenfolge der Parameter sowie der Ergebnistyp müssen im Rahmen der Methodendefinition festgelegt werden. Die Notation einer solchen Definition für eine Methode `name` ist im Wesentlichen wie folgt:

Methodendefinition

```
sichtbarkeit [ static ] datentyp name (
    [ parameterliste ] ) {
  anweisungen
}
```

Die *Sichtbarkeit* legt fest, ob die Methode außerhalb der Klasse aufgerufen werden kann. Hierfür stehen die folgenden Schlüsselwörter, die in gleicher Weise für Attribute anwendbar sind:

Sichtbarkeit
Sichtbarkeitsmodifikator

- **public**: Die Methode bzw. das Attribut ist außerhalb der Klasse sichtbar, das heißt beispielsweise, dass diese Methode aus der Methode einer anderen Klasse aufgerufen werden kann.
- **private**: Eine solche Methode ist nur innerhalb der Klasse selbst, d.h. für Methoden dieser Klasse sichtbar. Angewendet auf Attribute sorgt diese Form der Sichtbarkeit für die Umsetzung des Prinzips der Kapselung.
- **protected**: Methoden mit dieser Eigenschaft sind nur für die Klasse und davon abgeleitete Unterklassen sowie innerhalb des gleichen Paketes sichtbar.
- Ohne Angabe eines Sichtbarkeitsmodifikators ist die Methode nur innerhalb der Klasse sowie im gleichen Paket sichtbar.

Wir werden später noch auf die Konsequenzen der Sichtbarkeit im Zusammenhang mit Vererbung zurückkommen. Zunächst genügt es, dass wir zwischen öffentlichen Methoden, d.h. Methoden, die allgemein nutzbar sind, und privaten Methoden, die nur innerhalb der Klasse als Hilfsmethoden genutzt werden sollen, unterscheiden.

Das Schlüsselwort **static** gibt an, dass es sich bei der Methode um eine Klassenmethode handelt, die ohne ein existierendes Objekt aufgerufen werden kann. Für die nächsten Beispiele, in denen wir die objektorientierten Eigenschaften von Java noch nicht nutzen, werden wir also im Wesentlichen mit Klassenmethoden arbeiten.

static

Die Angabe `datentyp` definiert den Ergebnistyp der Methode. Hier kann jeder Java-Datentyp (primitiver oder Referenzdatentyp) eingesetzt werden. Wird durch die Methode kein Ergebnis zurückgegeben,

Ergebnistyp

void so ist der Pseudotyp **void** zu verwenden, der für »keine Rückgabe« steht.

Parameterliste Die Parameterliste besteht aus einer Folge von Parameterdeklarationen, die durch Komma getrennt sind und jeweils Datentyp und Bezeichner umfassen. Der Bezeichner ist dabei nur innerhalb der Methode gültig und hat keinen Bezug zum Aufrufer. Die Zuordnung der Parameter beim Aufruf erfolgt ausschließlich über die Reihenfolge.

Ein erstes Beispiel für die Definition einer Methode haben wir bereits in Programm 1.1 angegeben. Die dort definierte Methode `main` ist eine Klassenmethode, die ein Feld von Strings als Parameter erwartet und kein Ergebnis liefert.

Ein weiteres Beispiel ist eine Methode zur Berechnung der Fakultät einer Zahl. Der imperative Algorithmus wurde bereits in Beispiel 3.19 vorgestellt, die Java-Implementierung ist in Programm 3.1 angegeben.

Programm 3.1 *Imperative Berechnung der Fakultät*

```
import algoj.IOUtils;

public class FacImperative {
  public static int factorial(int x) {
    int y = 1;

    while (x > 1) {
      y = y * x;
      x--;
    }
    return y;
  }

  public static void main(String[] args) {
    int z;

    System.out.print("Zahl: ");
    z = IOUtils.readInt();
    System.out.println("Fakultät(" + z + ") = " +
                       factorial(z));
  }
}
```

Zunächst wird eine Klasse `FacImperative` definiert. Die eigentliche Fakultätsberechnung erfolgt in der Klassenmethode `factorial`. Diese Methode erwartet die Zahl, von der die Fakultät zu berechnen ist, als Parameter und gibt das berechnete Ergebnis zurück. Neben dem Parameter `x` wird eine weitere Variable `y` benötigt, zu der in jedem Schritt der aktuelle Wert von `x` multipliziert wird und deren Wert am Ende als Ergebnis zurückgeliefert wird. Die Methode `factorial` wird daher mit einem Parameter vom Typ **`int`** sowie dem Ergebnistyp **`int`** definiert.

Diese Methode kann nun genutzt werden, um die Fakultät einer Zahl zu ermitteln. Da das Programm interaktiv sein soll, muss im ersten Schritt – nach einer Eingabeaufforderung – die Zahl vom Benutzer eingelesen und in der Variable `z` abgelegt werden. Da dieses Einlesen in Java etwas aufwendiger ist, verwenden wir die Hilfsmethode `readInt` aus der Klasse `IOUtils`, die eine Zahl über die Tastatur einliest und als Ergebnis zurückgibt. Der Quelltext dieser Klasse ist im Anhang A angegeben. Damit diese Klasse auch im Java-Programm verfügbar ist, muss sie zuvor über die Anweisung

Einlesen

```
import algoj.IOUtils;
```

am Anfang der Klassendatei `FacImperative.java` (wie in Programm 3.1 dargestellt) eingebunden werden.

Methodenaufruf

Eine Methode wird in Java einfach durch Angabe ihres Namens und – in Klammern – der Parameterwerte aufgerufen. Sowohl die Parameterangaben als auch der Aufruf selbst sind dabei Ausdrücke. Dies bedeutet, dass die zu übergebenden Werte zuvor berechnet werden können und dass auch ein Methodenaufruf in einem Ausdruck eingesetzt werden kann. So wird beispielsweise in Programm 3.1 die Methode `factorial` als Teilausdruck des Parameters für die Methode `println` aufgerufen. Die Auswertung der Ausdrücke erfolgt dabei von innen nach außen: Nehmen wir z.B. den Wert `z = 3` an, dann wird zuerst der Methodenaufruf `factorial (3)` ausgeführt und das Ergebnis `6` in den Ausdruck `"Fakultät(" + 3 + ") = " + 6` eingesetzt. Da es sich bei dem ersten Term `"Fakultät ("` um eine Zeichenkette handelt, wird der +-Operator als Konkatenation von Zeichenketten interpretiert und die resultierende Zeichenkette an die Methode `println` übergeben.

Auswertung von Ausdrücken

Das obige Beispiel demonstriert eigentlich nur einen Spezialfall des Methodenaufrufs, da hier eine statische Methode aus der gleichen Klasse aufgerufen wird. Wird dagegen eine Methode genutzt, die zu einer anderen Klasse gehört, so muss sie durch Voranstellen des Namens und gegebenenfalls des Paketes – getrennt durch ein ».« – qualifiziert werden. Für die Methode `factorial` bedeutet dies zum Beispiel, dass bei der Verwendung in einer anderen Klasse der Aufruf wie folgt notiert werden muss:

```
int fak = FacImperative.factorial(7);
```

Der Aufruf der Methode `readInt` der Klasse `IOUtils` ist ein weiteres Beispiel. Bei den Ausgabemethoden `print` bzw. `println` handelt es sich dagegen *nicht* um Klassenmethoden, so dass hier der Methodenaufruf durch das Objekt (bzw. genauer die Objektreferenz) qualifiziert wird. In diesem Fall bezeichnet die Variable `out` ein konkretes Objekt, das die Ausgabe repräsentiert. Auf Objekte werden wir aber noch im Kapitel 12 zurückkommen.

Parameterübergabe

Bei der Übergabe von Parametern an Methoden ist die unterschiedliche Behandlung von primitiven Datentypen und Referenzdatentypen zu beachten. Parameter von primitiven Datentypen werden immer kopiert, d.h., es wird in der Methode für den Parameter ein neuer Speicherbereich mit der Kopie des Wertes angelegt. Man bezeichnet dies auch als *call by value*. Im folgenden Beispiel ist die Konsequenz dieses Prinzips demonstriert: Die Methode `inkrement1` soll eigentlich den Wert des Parameters `p` um eins erhöhen. Da aber beim Aufruf von `inkrement1` eine Kopie des Wertes erzeugt wird, wird der Inhalt der Variablen `x` nicht erhöht. Der Wert dieser Variablen ist daher auch nach dem Aufruf von `inkrement1` unverändert:

call by value

```
void inkrement1(int p) {
  p++;
}

...
int x = 4;
inkrement1(x);
```

Parameter von Referenzdatentypen werden dagegen immer als Referenz (*call by reference*) übergeben. Dies bedeutet, dass die Parametervariable in der Methode auf den gleichen Speicherbereich wie die beim Aufruf übergebene Variable verweist. Auf diese Weise kann der Parameter der Methode auch für den Aufrufer sichtbar modifiziert werden, wie dies im nächsten Beispiel gezeigt wird. Hier wird als Referenzdatentyp ein **`int`**-Feld verwendet, dessen erstes Element inkrementiert wird. Nach dem Aufruf von `inkrement2` hat dann auch das Element `x[0]` den Wert 5:

call by reference

```
void inkrement2(int[] p) {
  p[0]++;
}

...
int[] x = { 4 };
inkrement2(x);
```

Seit der Version J2SE 5.0 können Methoden auch variable Parameterlisten besitzen, d.h. dass sowohl die Anzahl der Parameter als auch deren

Typ beim Aufruf einer Methode variieren. Hierzu muss der Basistyp aller Parameter angegeben werden, gefolgt von ... und einem Parameternamen. Innerhalb der Methode kann die Parameterliste dann als Feld verarbeitet werden. Das folgende Beispiel illustriert dies anhand einer einfachen Methode zur Ausgabe:

```
void printVarList(String ... params) {
  for (String s : params)
    System.out.println(s);
}
```

Diese Methode kann nun mit einer unterschiedlichen Anzahl von Parametern (in diesem Fall vom Typ `String`) aufgerufen werden:

```
printVarList("Eins", "Zwei");
printVarList("Eins", "Zwei", "Drei", "Vier");
```

Wird als Parametertyp `java.lang.Object` verwendet, kann im Prinzip jedes Objekt als Parameter übergeben werden. Dies erfordert natürlich innerhalb der Methode eine sorgfältige Typprüfung. Demzufolge sollten variable Parameterlisten nur dort eingesetzt werden, wo die Flexiblität wirklich benötigt wird. Ein Beispiel hierfür ist die Methode `printf` der `PrintStream`-Klasse(n), von denen u.a. `System.out` eine Instanz ist. Mit dieser Methode ist eine formatierte Ausgabe möglich, wobei neben einem Formatstring, der angibt, wie die Ausgabe erfolgen soll, eine variable Liste von auszugebenden Objekten als Parameter verwendet wird:

```
printf(format-string, param1, param2, ...);
```

Der Formatstring ist wie folgt aufgebaut:

```
%[index$][flags][breite][.genauigkeit]formatbez
```

Hierbei bedeuten:

- *index* die Position des Parameters in der Parameterliste (optional),
- *flags* die Angabe zusätzlicher Formatoptionen wie `'+'`, falls immer ein Vorzeichen auszugeben ist, oder `'-'` für eine linksbündige Ausgabe (optional),
- *breite* die minimal auszugebende Anzahl von Zeichen (optional),
- *genauigkeit* in Abhängigkeit vom Formatbezeichner eine Einschränkung der auszugebenden Zeichen, beispielsweise die Anzahl der Nachkommastellen für Gleitkommawerte (optional),
- *formatbez* den Typ des Parameters, wie `d` für ganzzahlige Werte, `f` für Gleitkommawerte, `e` für Gleitkommawerte in Exponentschreibweise oder `s` für die Ausgabe von Strings.

Alle anderen Zeichen im Formatstring, die nicht durch ein vorangestelltes `%` gekennzeichnet sind, werden direkt ausgegeben. Dies schließt auch Tabulatoren (`\t`) und Zeilenumbrüche (`\n`) ein. Da das Prozentzeichen als Kennzeichnung für einen Formatstring verwendet wird, muss es doppelt angegeben werden, um es in die Ausgabe zu übernehmen. Im folgenden Beispiel wird dies angewendet:

```
System.out.println("Ergebnis: %3d/50 (%5.1f%%)\n",
    42, 42 * 100.0 / 50.0);
```

um folgende Ausgabe zu erhalten:

```
Ergebnis: 42/50 ( 84,0%)
```

In diesem Beispiel wurde auf den Positionsparameter verzichtet, da die Parameter in der Reihenfolge ihres Auftretens ausgegeben wurden. Es lässt sich aber auch eine andere Reihenfolge erzwingen:

```
System.out.println("Ergebnis: %2$3d/50 (%1$5.1f%%)\n",
    42 * 100.0 /50.0, 42);
```

Mit diesen Beispielen wollen wir zunächst die Einführung der Java-Sprachkonstrukte abschließen. Es sei noch einmal betont, dass wir bisher im Wesentlichen nur eine imperative bzw. prozedurale Sichtweise verfolgt haben, die aber für das Verständnis der folgenden Kapitel sowie die praktische Umsetzung der darin behandelten Algorithmen ausreichend ist. Auf fortgeschrittene Konzepte der Objektorientierung, mit denen eigentlich erst die Möglichkeiten von Java richtig erschlossen werden können, werden wir im Teil III gemeinsam mit den Datenstrukturen eingehen.

3.6.3 Applikative Algorithmen und Rekursion

Rekursion

Den Begriff der Rekursion haben wir in den Abschnitten 2.1.5 und 3.2 bereits als ein wichtiges Konzept der Informatik hervorgehoben, das als allgemeines Prinzip insbesondere auch für applikative Algorithmen von großer Bedeutung ist. Es erscheint daher sinnvoll, die Implementierung rekursiver Algorithmen in Java noch anhand einiger ausgewählter Programme zu verdeutlichen.

Als erstes Beispiel wollen wir wieder die Berechnung der Fakultät einer Zahl betrachten, allerdings diesmal mit dem rekursiven Algorithmus aus Beispiel 3.6 auf Seite 59. Das Grundgerüst des Programms entspricht dem der Klasse `FacImperative` (Programm 3.1): Wir benötigen eine Methode `factorial`, die als Ergebnis die Fakultät der Zahl liefert, die als Parameter übergeben wurde. Die `main`-Methode bildet wieder den Testrahmen, in dem eine Zahl vom Benutzer abgefragt und das berechnete Ergebnis ausgegeben wird.

Programm 3.2 *Rekursive Berechnung der Fakultät*

```
import algoj.IOUtils;

public class FacRecursive {
  public static int factorial(int x) {
    if (x <= 1)
      return 1;
    else
      return x * factorial(x - 1);
  }

  public static void main(String[] args) {
    int z;

    System.out.print("Zahl: ");
    z = IOUtils.readInt();
    System.out.println("Fakultät(" + z + ") = " +
                       factorial(z));
  }
}
```

Die Methode `factorial` in Programm 3.2 ist eine direkte Umsetzung des rekursiven Algorithmus. Für den Fall, dass $x \leq 1$ gilt, liefert diese Methode einfach den Wert `1`. Damit werden die Fälle $0! = 1$ und $1! = 1$ abgedeckt. In allen anderen Fällen kommt die Vorschrift $fac(x) = x * fac(x-1)$ zur Anwendung, d.h., die Methode `factorial` wird erneut aufgerufen, wobei als Parameter der um eins verringerte Wert eingesetzt wird. Das Ergebnis dieses Aufrufs, der unter Umständen weitere Aufrufe der Methode impliziert, wird dann mit dem aktuellen Wert von `x` multipliziert. Dieses Produkt wird schließlich als Fakultät von `x` zurückgegeben.

Die Arbeitsweise bzw. die Ablaufstruktur dieses Programms lässt sich einfach verfolgen, wenn in die Methode `fakultaet` zu Beginn die Ausgabe des aktuellen Parameterwertes aufgenommen wird:

```
public static int factorial(int x) {
  System.out.println("factorial(" + x + ")");
  ...
}
```

Bei der Abarbeitung wird dann sichtbar, dass sich die Methode `factorial` für jeden Wert zwischen `x` und `1` selbst aufruft.

Selbstähnliche geometrische Objekte

Im zweiten Beispiel wollen wir eine andere Problemklasse betrachten, die aber das Prinzip der Rekursion in grafisch ansprechender Form verdeutlicht: rekursive oder selbstähnliche geometrische Objekte. Hierbei handelt es sich um Gebilde wie z.B. Kurven einer unendlichen Länge oder Mengen von Quadraten, die durch schrittweises Verfeinern nach einem regelmäßigen Muster entstehen. Bekannte Vertreter sind u.a. die Hilbert- und Sierpinski-Kurven, die Schneeflockenkurve sowie der Pythagoras-Baum, der hier behandelt werden soll.

Pythagoras-Baum

Die Grundidee des Pythagoras-Baumes (Abbildung 3.9) besteht darin, dass ein Quadrat, das durch eine Grundlinie festgelegt ist, berechnet und gezeichnet wird. Solange die Kantenlänge nicht zu klein ist, werden rekursiv weiter kleinere Teilbäume (in der Abbildung gestrichelt gezeichnet) an den Schenkeln eines Dreiecks auf dem Quadrat gezeichnet. Der Winkel ϕ ist dabei ein Parameter, der die Gestalt des Baumes beeinflusst. Für verwertbare Grafiken sollte dieser Winkel im Bereich von $20° \ldots 48°$ liegen.

Abbildung 3.9 *Prinzip des Pythagoras-Baumes*

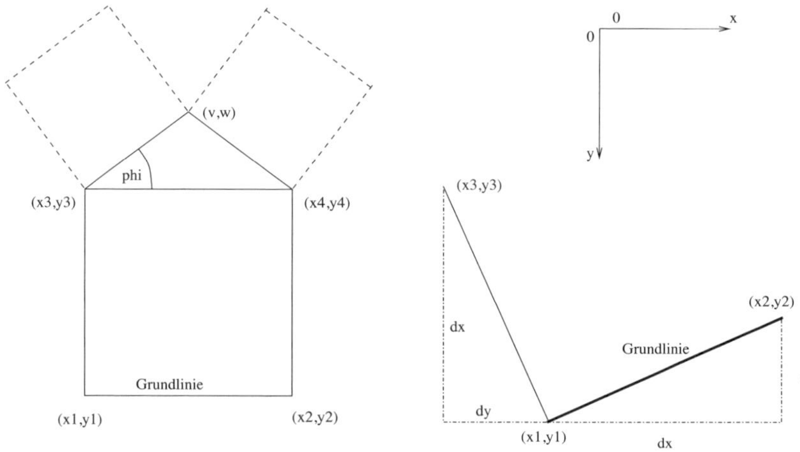

Die Implementierung des Pythagoras-Baumes gibt uns die Gelegenheit, auf einige Aspekte der Programmierung von Applets sowie der Grafikausgabe einzugehen, ohne die Vorstellung der objektorientierten Konzepte vorwegnehmen zu müssen.

Applet

Ein Applet muss immer als Subklasse (siehe Kapitel 12) von `java.applet.Applet` implementiert werden. Diese Klasse definiert einige Methoden, die im Applet *überschrieben*, d.h. neu implementiert werden müssen. Für unseren Zweck ist nur die Methode `paint` von Bedeutung, die aufgerufen wird, wenn das Applet dargestellt werden soll. Der Parameter dieser Methode ist ein Objekt der Klasse java.awt.Graphics, die u.a. Methoden zum Zeichnen von einfachen geometrischen Objekten anbietet.

Mit diesem Wissen kann nun das Applet PythagorasTree in Java implementiert werden. Die Klasse wird als Subklasse von Applet vereinbart, indem nach dem Klassenbezeichner das Schlüsselwort **extends** gefolgt vom Bezeichner der Superklasse angegeben wird. Als Attribut dieser Klasse ist noch tanphi vereinbart, das den Wert $\tan \phi$ aufnimmt, der für die Winkelberechnung benötigt wird. In der paint-Methode wird zunächst die Zeichenfläche durch Aufruf der Methode clearRect gelöscht, wobei als Größe eine Fläche von $500 * 500$ Bildpunkten fest eingestellt ist. Im Anschluss daran wird die Methode paintTree mit den Koordinaten der Grundlinie des ersten Quadrats aufgerufen (Programm 3.3).

Programm 3.3 *Applet zum Darstellen des Pythagoras-Baumes*

```
import java.awt.*;

public class PythagorasTree extends java.applet.Applet {
  // phi ist einer der Winkel der entstehenden Dreiecke,
  // tan (phi) kann etwa zwischen 0.5 und 1.1 variiert
  // werden, um zu verwertbaren Bildern zu gelangen.
  double tanphi = 1.0;

  // Die eigentliche Zeichenroutine
  public void paint(Graphics g) {
    g.clearRect(0, 0, 500, 500);
    paintTree(g, 200, 400, 280, 400);
  }

  // rekursive Pythagoras-Funktion
  void paintTree(Graphics g, double x1, double y1,
                 double x2, double y2 ) {
    // (1) Eckpunkte bestimmen
    double dx = x2 - x1;
    double dy = y1 - y2;
    double x3 = x1 - dy;
    double y3 = y1 - dx;
    double x4 = x2 - dy;
    double y4 = y2 - dx;

    // (2) vollständiges Quadrat zeichnen
    g.drawLine((int)x1, (int)y1, (int)x2, (int)y2);
    g.drawLine((int)x2, (int)y2, (int)x4, (int)y4);
    g.drawLine((int)x4, (int)y4, (int)x3, (int)y3);
    g.drawLine((int)x1, (int)y1, (int)x3, (int)y3);
```

```
      // (3) Koordinaten des neuen Eckpunktes errechnen
      double v = (x3 + x4) / 2 - (dy / 2 * tanphi);
      double w = (y3 + y4) / 2 - (dx / 2 * tanphi);

      if (dx * dx + dy * dy > 2) {
        // (4) kleine Teilbäume zeichnen
        paintTree(g, x3, y3, v, w);
        paintTree(g, v, w, x4, y4);
      }
    }
  }
```

Die eigentliche Methode zum Zeichnen des Baumes ist `paintTree`. Hier werden zunächst aus den beiden Punkten (x_1, y_1) und (x_2, y_2) der Grundlinie die anderen beiden Eckpunkte (x_3, y_3) und (x_4, y_4) des Quadrates abgeleitet (*1*) und durch Aufruf von `drawLine` mit Linien zu einem Quadrat verbunden (*2*).

Im nächsten Schritt werden unter Anwendung der Gleichungen im rechtwinkligen Dreieck über den Tangens von ϕ die Koordinaten (v, w) des neuen Eckpunktes berechnet (*3*). Wenn die Kantenlänge des gezeichneten Quadrates noch groß genug ist (in unserem Beispiel: wenn das Quadrat der Kantenlänge größer 2 ist), dann werden rekursiv der linke und rechte Teilbaum gezeichnet (*4*), indem als Grundlinie der neuen Quadrate $(x_3, y_3), (v, w)$ sowie $(v, w), (x_4, y_4)$ verwendet werden. Das Abbruchkriterium für die Rekursion ist damit das Erreichen einer minimalen Kantenlänge. Die Bezeichnung der verwendeten Variablen stimmt mit den Bezeichnungen in Abbildung 3.9 überein, so dass die Bedeutung der einzelnen Variablen leicht nachvollzogen werden kann.

Abbildung 3.10 *Ausgabe des Applets zum Pythagoras-Baum*

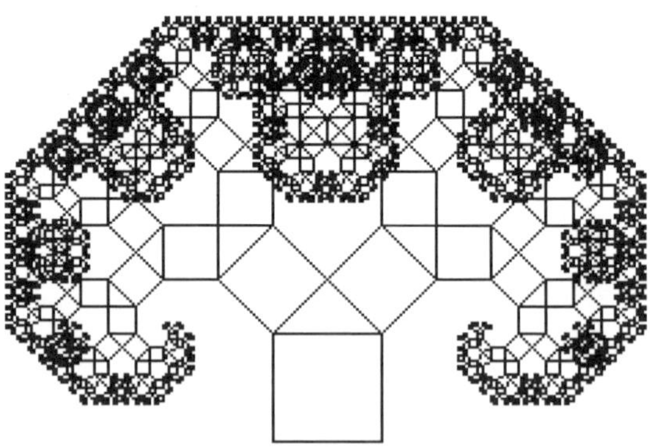

Programm 3.3 umfasst den vollständigen Quelltext des Applets. Die Klasse `PythagorasTree` muss wie üblich kompiliert werden. Zusätzlich wird noch ein HTML-Dokument zur Einbindung des Applets benötigt. Die Einbindung erfolgt über ein spezielles Tag `<APPLET>`, das die Bytecode-Datei sowie die Größe des Applets festlegt:

Einbindung in HTML

```
<HTML><BODY>
  <APPLET CODE="PythagorasTree.class"
    WIDTH=500 HEIGHT=500></APPLET>
</BODY></HTML>
```

Wird dieses HTML-Dokument mit einem Java-fähigen Web-Browser geladen, so ergibt sich die Ausgabe aus Abbildung 3.10 für einen Winkel von 45° ($\tan\phi = 1$). Da dieser Parameter in der obigen Implementierung fest kodiert ist, erfordert eine Änderung natürlich eine Neuübersetzung sowie den Neustart. Hier besteht also Raum für Verbesserungen und Experimente.

Die Umsetzung der weiteren rekursiven Algorithmen, die wir bisher kennen gelernt haben, wie z.B. zur Berechnung des größten gemeinsamen Teilers oder die Lösung zu den Türmen von Hanoi, seien dem Leser als Übungsaufgabe überlassen.

4 Literaturhinweise zum Teil I

Ein ausführlicherer historischer Überblick über die Entwicklung der Informatik kann u.a. in [Rec00] gefunden werden. Die Historie von Programmiersprachen wird in [RP02] beschrieben.

Das zweite Kapitel, das wichtige Grundkonzepte behandelt, kann gut durch die entsprechenden Einträge im Duden Informatik [Lek93] bzw. im Schülerduden [Fac03] ergänzt werden. Auch die Starthilfe Informatik [ABCW02] gibt hier eine gute Einführung. Der intuitive Algorithmenbegriff ist unserer Meinung nach besonders gut im Lehrbuch von Goldschlager und Lister [GL90] behandelt.

Einige der verbreiteten Einführungsbücher, etwa die Einführungsbücher von Broy [Bro09, Bro98] und die von Goos [GZ05, GZ06], behandeln übergreifend dieselben Themengebiete, die auch in den ersten beiden Teilen diese Buches behandelt werden, allerdings oft in einer mehr theoretisch orientierten Sichtweise. Andere hingegen, etwa das »Skriptum Informatik« [AL00], wählen bewusst eine weniger theorielastige Darstellung.

Ein einfaches Modell zum Erlernen von Grundkonzepten der Programmierung wird in [Bol06] vorgestellt. In eher spielerischer Weise werden Java-ähnliche Programme entwickelt, die einen virtuellen Hamster durch virtuelle Landschaften bewegen.

Zur Einführung in Java gibt es inzwischen eine Vielzahl von Literatur, angefangen bei den »offiziellen« Büchern von Sun Microsystems wie das Java-Tutorial [CW01] oder die Sprachbeschreibung [AGH05] über die Nutshell-Bücher wie [Fla03] bis hin zu Lehrbüchern. Bei Letzteren ist u.a. das Buch von Echtle und Goedicke [EG00] zu empfehlen.

Teil II

Algorithmen

5 Ausgewählte Algorithmen

In diesem Kapitel wollen wir einige ausgewählte Algorithmen vorstellen und deren Umsetzung in Java zeigen. Das Ziel ist dabei das Kennenlernen von Basisalgorithmen, die als Grundlage für erste praktische Übungen dienen können. Besonders geeignet für diese Zwecke sind naturgemäß Verfahren zum Suchen und Sortieren, da diese Problemstellungen allen vertraut sind und die klassischen Verfahren auch ohne besondere Grundkenntnisse verständlich sind. Darüber hinaus wollen wir anhand dieser Algorithmen die theoretischen Betrachtungen der nächsten Kapitel vorbereiten, indem wir den Begriff der Komplexität einführen.

In diesem Kapitel (und den folgenden) werden wir eine Mischung aus Pseudocode-Notation und der Notation imperativer Algorithmen zur abstrakten Beschreibung von Algorithmen verwenden. Zusätzlich werden wir immer noch jeweils eine Java-Implementierung angeben, wobei jedoch nicht die Eleganz oder Wiederverwendbarkeit der Lösung im Mittelpunkt steht, sondern eine einfache und leicht verständliche Fassung. Später im Kapitel zu den Datenstrukturen werden wir Implementierungen behandeln, die allgemeiner einsetzbar sind.

5.1 Suchen in sortierten Folgen

Eine der häufigsten Aufgaben in der Informatik ist das Suchen von Daten. Es gibt hierzu eine Vielzahl von Verfahren für die unterschiedlichsten Aufgaben. Wir wollen zunächst nur den einfachsten Fall betrachten: Das Suchen in sortierten Folgen. Natürlich könnten wir auch auf das Suchen in unsortierte Folgen eingehen, allerdings werden wir sofort sehen, dass hier nicht viel zur Verbesserung der Suche getan werden kann.

Suchen in sortierten Folgen

Ein typisches Beispiel für das Problem des Suchens in sortierten Folgen ist das Finden eines Eintrags im Telefonbuch. Ein Telefonbuch enthält eine Folge von Einträgen aus Namen und Telefonnummern, wobei die Einträge nach den Namen geordnet sind.

Zur Vereinfachung gehen wir im Weiteren von einigen Annahmen aus. Eine Folge wird als Feld von numerischen Werten repräsentiert und auf ein einzelnes Element der Folge F kann über den Index i (notiert als $F[i]$ mit $1 \leq i \leq n$) zugegriffen werden. Das erste Element ist demnach $F[1]$, das letzte entsprechend Element $F[n]$. Weiterhin sind für die Feldelemente die bekannten Vergleichsoperatoren $=$, $<$ und $>$ definiert. Wir betrachten also nur den für die Suche relevanten Teil eines Eintrags – den *Suchschlüssel*. Ein derartiger Schlüssel entspricht in unserem Telefonbuchbeispiel dem Namen eines Teilnehmers. Allerdings stellt die Beschränkung auf den Schlüssel kein wirkliches Problem dar, da die zusätzlichen Elemente keinen Einfluss auf die eigentliche Suche haben.

Suchschlüssel

5.1.1 Sequenzielle Suche

Die einfachste Variante des Suchens ist nahe liegend: Wir durchlaufen einfach die Folge sequenziell beginnend mit dem ersten Element. In jedem Schritt vergleichen wir das aktuelle Element mit dem Suchschlüssel. Sobald das gesuchte Element gefunden wurde, können wir die Suche beenden. Andernfalls wird als Ergebnis ein spezielles Element `NO_KEY` zurückgegeben. In Algorithmus 5.1 ist die sequenzielle Suche in Pseudocode-Notation angegeben. Da die einzige Vergleichsoperation der Test auf Gleichheit ist, funktioniert dieses Verfahren auch bei unsortierten Folgen.

Algorithmus 5.1 *Sequenzielles Suchen*

algorithm SeqSearch $(F, k) \rightarrow p$
  Eingabe: Folge F der Länge n, Suchschlüssel k
  Ausgabe: Position p des ersten Elementes aus F,
    das gleich k ist, sonst `NO_KEY`

```
for i := 1 to n do
  if F[i] = k then
    return i
  fi
od;
return NO_KEY
```

Eines der wichtigsten Kriterien für die Beurteilung von Suchverfahren ist der Aufwand. Wir können den Aufwand einfach anhand der Anzahl der notwendigen Schritte mit den Vergleichen bestimmen, die in unserem Fall der Anzahl der Schleifendurchläufe entspricht. Sinnvollerweise betrachten wir diesen Aufwand nicht absolut, sondern in Abhängigkeit von der Länge n der Folge. Im besten Fall – das gesuchte Element ist gleich das erste in der Folge – benötigen wir nur einen Schritt, im schlechtesten Fall – das gesuchte Element ist nicht in der Folge enthalten – natürlich n Schritte. Interessanter ist jedoch der Durchschnittswert. Gehen wir davon aus, dass jedes Element gleich oft gesucht wird,

Aufwand

Durchschnittlicher Aufwand

so sind im Fall einer erfolgreichen Suche $(n+1)/2$ Schritte notwendig, da ja der Suchschlüssel an jeder Position zwischen 1 und n auftreten kann. Bei einer erfolglosen Suche bleibt es natürlich beim schlechtesten Fall (Tabelle 5.1).

Tabelle 5.1
Aufwand der sequenziellen Suche bei einer Folge der Länge n

	Anzahl der Vergleiche
bester Fall	1
schlechtester Fall	n
Durchschnitt (erfolgreiche Suche)	$(n+1)/2$
Durchschnitt (erfolglose Suche)	n

Betrachten wir nun die Implementierung des vorgestellten Suchverfahrens in Java. Wir gehen dabei weiter von der bereits getroffenen Annahme aus, dass wir in Folgen von Zahlen suchen.

Entsprechend den Java-Konventionen ist zunächst eine Klasse – in unserem Fall die Klasse `SeqSearch` – zu definieren. Die Suchverfahren werden jeweils als eine Klassenmethode implementiert. Hinzu kommt noch die Methode `main`, die als »Hauptprogramm« den Testrahmen für unsere Suchmethoden bildet. Als Datenstruktur für die Repräsentation einer Folge verwenden wir der Einfachheit halber ein Feld (Array) von **int**-Werten. Wir werden später in Kapitel 13 noch andere Datenstrukturen kennen lernen, die mit nahezu beliebigen Objekte umgehen können und dadurch flexibler einsetzbar sind.

Repräsentation einer Folge

Eine Besonderheit gegenüber unserer bisher verwendeten Pseudocode-Notation ist, dass die Zählung der Feldelemente in Java bei `0` beginnt (siehe auch Abschnitt 2.5.2). Mit diesem Wissen lässt sich der Suchalgorithmus nun einfach in Java umsetzen (Programm 5.1).

Programm 5.1
Sequenzielle Suche

```
public class SeqSearch {
  public final static int NO_KEY = -1;

  static int search(int[] array, int key) {
    for (int i = 0; i < array.length; i++)
      if (array[i] == key)
        return i;
    return NO_KEY;
  }
```

```
  public static void main(String[] args) {
    if (args.length != 1) {
      System.out.println("usage: SeqSearch <key>");
      return;
    }
    int[] f = { 2, 4, 5, 6, 7, 8, 9, 11 };
    int k = Integer.parseInt(args[0]);
    System.out.println("Sequenziell: " + search(f, k));
  }
}
```

In der Klasse `SeqSearch` ist eine Konstante `NO_KEY` definiert, die als Ergebnis zurückgegeben wird, wenn der gesuchte Wert nicht im Feld gefunden wurde.

Die Methode `search` wird schließlich in der Klassenmethode `main` aufgerufen, um das Feld `f` nach dem Schlüsselwert `k` zu durchsuchen. Dieser Wert ist als Parameter beim Programmaufruf anzugeben. Da die Programmparameter als Feld `args` von Zeichenketten übergeben werden, ist zuvor noch eine Konvertierung in einen **`int`**-Wert mit Hilfe der Methode `parseInt` der Klasse `java.lang.Integer` vorzunehmen. Somit bedeutet der Programmaufruf

```
> java SeqSearch 4
```

die Suche nach dem Wert `4` in der gegebenen Folge.

5.1.2 Binäre Suche

Es ist leicht einzusehen, dass das sequenzielle Durchsuchen nicht die beste Variante ist. Schließlich würde niemand in einem Telefonbuch die Einträge von vorn beginnend systematisch mit dem gesuchten Namen vergleichen. Vielmehr schlägt man das Buch auf, vergleicht, ob sich der gesuchte Eintrag vor oder hinter der aktuellen Stelle befindet, überspringt wieder einige Seiten, vergleicht wieder usw. Der zu durchsuchende Bereich wird auf diese Weise immer halbiert – daher heißt dieses Verfahren auch *binäres Suchen*. Voraussetzung dafür ist aber, dass die Folge sortiert vorliegt! Wir können den Algorithmus somit wie folgt grob beschreiben:

Binäres Suchen

1. Wähle den mittleren Eintrag und prüfe, ob gesuchter Wert in der ersten oder in der zweiten Hälfte der Folge ist.
2. Fahre analog 1. mit der Hälfte fort, in der sich der Eintrag befindet.

Es gibt nun verschiedene Varianten der Realisierung. Wir werden an dieser Stelle nur die *iterative* Variante vorstellen. Algorithmus 5.2 zeigt das Vorgehen. Es werden zwei Variablen u und o benötigt, die die untere und obere Grenze des zu durchsuchenden Bereichs der Folge darstellen. Aus diesem Bereich wird zunächst der Index m des mittleren Elementes bestimmt. Anschließend wird der Wert des mittleren Elementes $F[m]$ mit dem Suchschlüssel verglichen. Ist der Schlüssel kleiner als das mittlere Element, so müssen wir im linken Bereich weitersuchen, d.h., wir setzen die obere Grenze o auf den Index des mittleren Elementes und fahren fort. Andernfalls müssen wir in der rechten Teilfolge weitersuchen, indem wir die untere Grenze u auf m setzen.

Iterative Variante

Mittleres Element

Die Suche ist beendet, wenn entweder der Wert des Elementes $F[m]$ gleich dem Suchschlüssel oder $u \geq o$ ist, d.h., wenn der Suchbereich keine Elemente mehr enthält.

Algorithmus 5.2
Binäres Suchen

```
algorithm BinarySearch (F, k) → p
  Eingabe: Folge F der Länge n, Suchschlüssel k
  Ausgabe: Position p des ersten Elementes aus F,
      das gleich k ist, sonst NO_KEY

  u := 1, o := n;
  while u <= o do
    m := (u + o)/2;
    if F[m] = k then
      return m
    else if k < F[m] then
      o := m − 1
    else
      u := m + 1
    fi
  od;
  return NO_KEY
```

Das Prinzip soll anhand eines Beispiels verdeutlicht werden. Wir gehen von der sortierten Folge in Abbildung 5.1 aus und suchen nach dem Element 8. Die untere Grenze u ist zunächst 1, die obere Grenze o wird auf 10 gesetzt. Daraus ergibt sich für die mittlere Position entsprechend 5. Da der Suchschlüssel größer als das Element an dieser Position ist, müssen wir in der rechten Hälfte weitersuchen. Für den nächsten Schritt wird demnach $u := 6$ und $m := 8$ gesetzt. Da 8 kleiner als das Element $F[8]$ ist, wird der Suchbereich auf den linken Teil ($[6, 7]$) eingeschränkt, wo das gesuchte Element schließlich gefunden wird.

Abbildung 5.1 *Binäres Suchen in einer sortierten Folge*

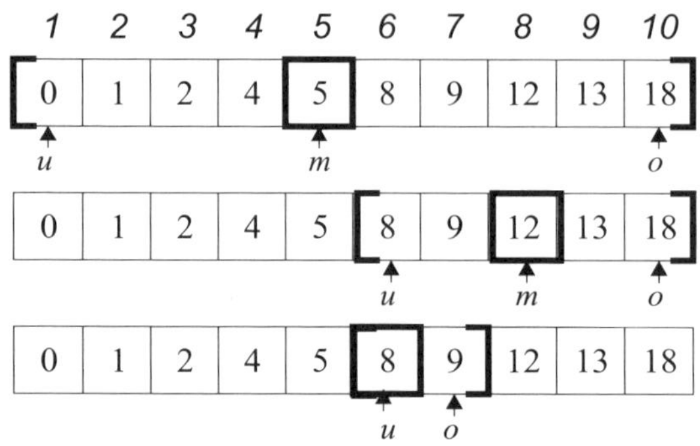

Rekursive Variante

Die *rekursive* Variante des binären Suchens kann leicht abgeleitet werden, indem als Parameter des Algorithmus die unteren und oberen Grenzen des zu durchsuchenden Bereiches übergeben werden und anstelle der Aktualisierung der oberen bzw. unteren Grenze der Algorithmus mit den neuen Bereichsgrenzen ausgeführt wird.

Aufwand

Auch für dieses Verfahren beurteilen wir den Aufwand wieder anhand der Schleifendurchläufe, da in jedem Durchlauf eine konstante Anzahl von Operationen ausgeführt wird. Im günstigsten Fall befindet sich das gesuchte Element in der Mitte der Folge und wird daher nach einem Schritt gefunden. Im schlechtesten Fall müssen wir jedoch nicht die gesamte Folge durchsuchen. Nach dem ersten Teilen der Folge bleiben nur noch $n/2$ Elemente, nach dem zweiten Schritt $n/4$, nach dem dritten $n/8$ usw. Allgemein bedeutet dies, dass im i-ten Durchlauf maximal $n/2^i$ Elemente zu durchsuchen sind. Entsprechend werden $\log_2 n$ Schritte benötigt. Diesen Wert können wir auch als Durchschnittswert sowohl bei erfolgreicher als auch erfolgloser Suche angeben (Tabelle 5.2).

Durchschnittlicher Aufwand

Tabelle 5.2 *Aufwand der binären Suche bei einer Folge der Länge n*

	Anzahl der Schritte
bester Fall	1
schlechtester Fall	$\approx \log_2 n$
Durchschnitt (erfolgreiche Suche)	$\approx \log_2 n$
Durchschnitt (erfolglose Suche)	$\approx \log_2 n$

Auch für dieses Verfahren wollen wir abschließend wieder die Java-Implementierung betrachten (Programm 5.2).

Programm 5.2 *Binäre Suche*

```
public class BinSearch {
  public final static int NO_KEY = -1;
```

```
  static int search(int[] array, int key) {
    int u = 0, o = array.length - 1;
    while (u <= o) {
      int m = (u + o) / 2;
      if (array[m] == key)
        return m;
      else if (array[m] > key)
        o = m - 1;
      else
        u = m + 1;
    }
    return NO_KEY;
  }

  public static void main(String[] args) {
    if (args.length != 1) {
      System.out.println("usage: BinSearch <key>");
      return;
    }
    int[] f = { 2, 4, 5, 6, 7, 8, 9, 11 };
    int k = Integer.parseInt(args[0]);
    System.out.println("Binär: " + search(f, k));
  }
}
```

Die Klasse BinSearch ist eine direkte Umsetzung des Algorithmus. Wie schon bei der sequenziellen Suche ist die eigentliche Suche als Klassenmethode implementiert, die von der main-Methode aufgerufen wird.

Tabelle 5.3 *Vergleich des Aufwandes der Suchverfahren*

Verfahren	10	10^2	10^3	10^4
sequenziell ($n/2$)	≈ 5	≈ 50	≈ 500	≈ 5000
binär ($\log_2 n$)	≈ 3.3	≈ 6.6	≈ 9.9	≈ 13.3

Das Beispiel der binären Suche sollte auch verdeutlichen, dass bereits eine einfache Verbesserung eines Algorithmus zu einem drastischen Effizienzgewinn führen kann. So sind in Tabelle 5.3 die Anzahl der Vergleiche für unterschiedliche Eingabegrößen sowohl für die sequenzielle als auch die binäre Suche dargestellt. Es lohnt sich daher durchaus, auch bei vermeintlich einfachen Problemen nach einer besseren Lösung zu suchen.

5.2 Sortieren

Datensätze

Ordnung der Schlüssel

Duplikate

Ein weiteres grundlegendes Problem in der Informatik neben dem Suchen ist das Sortieren. So entfällt nach [OW02] ca. 1/4 der kommerziell verbrauchten Rechenzeit auf Sortiervorgänge. Die Aufgabe besteht hierbei im Ordnen von Dateien mit *Datensätzen*, die *Schlüssel* enthalten. Die Datensätze sind derart umzuordnen, dass eine klar definierte Ordnung der Schlüssel – entweder numerisch oder auch lexikographisch – entsteht. Das Problem der Sortierung stellt sich in vielen Anwendungen. So haben wir im vorigen Abschnitt gesehen, dass die Suche viel effizienter realisiert werden kann, wenn die zu durchsuchende Folge sortiert vorliegt. Es kann daher durchaus sinnvoll sein, die Datensätze zuvor zu sortieren und danach binär zu durchsuchen. Auch das Erkennen von mehrfach auftretenden Elementen (so genannte Duplikate) ist in sortierten Folgen viel einfacher.

Bei den folgenden Betrachtungen der verschiedenen Verfahren bleiben wir bei unserer Vereinfachung, nur die Schlüssel zu berücksichtigen sowie als Schlüssel `int`-Werte anzunehmen.

5.2.1 Sortieren: Grundbegriffe

Interne Verfahren

Externe Verfahren

Bevor wir auf konkrete Verfahren zum Sortieren eingehen, wollen wir zunächst einige Grundbegriffe klären. Grundsätzlich muss beim Sortieren zwischen zwei Klassen von Verfahren unterschieden werden. *Interne* Verfahren kommen beim Sortieren von Hauptspeicherstrukturen wie Felder oder Listen zum Einsatz. Voraussetzung für den Einsatz dieser Verfahren ist demnach, dass die zu sortierende Folge in den Hauptspeicher passt. Ist dies nicht gewährleistet, so werden *externe* Verfahren angewendet, die Datensätze auf externen Speichermedien wie Festplatte oder Magnetband sortieren. Speziell in Datenbanksystemen, die Datenmengen im Bereich von Giga- oder Terabytes verwalten können, werden solche Verfahren eingesetzt.

Stabilität

Ein weiteres Merkmal von Sortierverfahren ist die *Stabilität*. Ein Verfahren heißt *stabil*, wenn es die relative Reihenfolge gleicher Schlüssel in der Datei beibehält.

Beispiel 5.1
Stabilität von Sortierverfahren

Nehmen wir eine Liste mit Daten zu Personen an, die alphabetisch nach den Namen sortiert ist. Wird diese Liste nun nach dem Alter der Personen sortiert, so werden bei Anwendung eines stabilen Verfahrens Personeneinträge mit dem gleichen Alter auch weiterhin alphabetisch geordnet sein.

Name	Alter
Endig, Martin	30
Geist, Ingolf	28
Höpfner, Hagen	24
Schallehn, Eike	28

Sortieren →

Name	Alter
Höpfner, Hagen	24
Geist, Ingolf	28
Schallehn, Eike	28
Endig, Martin	30

□

5.2.2 Sortieren durch Einfügen

Eine erste Variante – auch bekannt als *InsertionSort* – ergibt sich aus der direkten Umsetzung der typischen menschlichen Vorgehensweise, etwa beim Sortieren eines Stapels von Karten:

1. Starte mit der ersten Karte einen neuen Stapel.
2. Nimm jeweils die nächste Karte des Originalstapels und füge diese an der richtigen Stelle in den neuen Stapel ein.

Sortieren im Stapel

Dieses Prinzip kann natürlich auch an das Sortieren im Stapel angepasst werden, indem beginnend bei der zweiten Position die jeweilige Karte aus dem Stapel entnommen und die neue Einfügeposition gesucht wird. Angewendet auf die Aufgabe, eine Folge von Zahlen der Länge n zu sortieren, bedeutet dies, dass ein Element zu »merken« ist. Dadurch wird eine Position in der Folge frei, die genutzt werden kann, um alle Elemente, die größer als das gemerkte Element sind, eine Position nach rechts zu verschieben. In Algorithmus 5.3 wird eine Variable m zum »Merken« verwendet. Das Verschieben erfolgt ausgehend von der aktuellen Position j rückwärts bis zum ersten Element. Ist das Element $F[j-1]$ kleiner oder gleich dem gemerkten Element, wird die innere Schleife verlassen. Durch das Verschieben »nach rechts« wird die Position j in der Folge frei, an der das gemerkte Element eingefügt werden muss.

Algorithmus 5.3
Sortieren durch Einfügen

algorithm InsertionSort (F)
Eingabe: zu sortierende Folge F der Länge n

```
for i := 2 to n do
  m := F[i]; /* zu merkendes Element */
  j := i;
  while j > 1 do
```

```
        if F[j − 1] ≥ m then
          /* Verschiebe F[j − 1] eine Position nach rechts */
          F[j] := F[j − 1];
          j := j − 1
        else
          Verlasse innere Schleife
        fi
      od;
      F[j] := m   /* j zeigt auf Einfügeposition */
    od
```

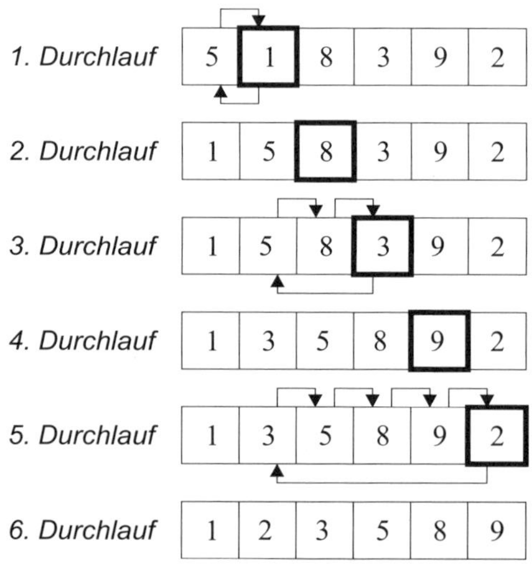

Abbildung 5.2 *InsertionSort am Beispiel*

In Abbildung 5.2 ist das Prinzip dieses Sortierverfahrens anhand der Folge 5, 1, 8, 3, 9, 2 dargestellt. Beginnend mit dem zweiten Element (hier 1) wird jeweils ein Element in der Variablen m zwischengespeichert. Alle Elemente links dieses Elementes, die größer sind (im ersten Schritt 5), werden um eine Position verschoben. Nach dem ersten Schritt ist demnach die erste Position frei, so dass dort das Element 1 abgelegt werden kann. Im zweiten Schritt wird das Element 8 zwischengespeichert. Da jedoch alle Elemente links davon kleiner sind, findet keine Verschiebung statt.

Anhand des Algorithmus 5.3 kann das Verfahren direkt in eine Java-Implementierung überführt werden (Programm 5.3). Wir bleiben dabei zunächst bei der Beschränkung auf das Sortieren von `int`-Feldern.

Programm 5.3
Implementierung des InsertionSort

```
static void insertionSort(int[] array) {
  for (int i = 1; i < array.length; i++) {
    int j = i;
    int m = array[i];
    // für alle Elemente links vom Marker-Feld
    while (j > 0 && array[j - 1] > m) {
      // verschiebe alle größeren Element nach hinten
      array[j] = array[j - 1];
      j--;
    }
    // setze m auf das freie Feld
    array[j] = m;
  }
}
```

5.2.3 Sortieren durch Selektion

Auch das zweite hier zu betrachtende Verfahren kann dem Sortieren beim Kartenspielen entlehnt werden. Die Idee ist hierbei, jeweils das größte Element auszuwählen und an das Ende der Folge zu setzen. Dies wird in jedem Schritt mit einem jeweils um eins verkleinerten Bereich der Folge ausgeführt, so dass sich am Ende der Folge die bereits sortierten Elemente sammeln (Algorithmus 5.4). Das Prinzip des Auswählens oder Selektierens des größten Elementes hat diesem Verfahren auch den Namen *SelectionSort* gegeben.

Auswählen

Algorithmus 5.4
Sortieren durch Selektion

algorithm SelectionSort (F)
  Eingabe: zu sortierende Folge F der Länge n

  $p := n$;
  while $p > 0$ **do**
    $g :=$ Index des größten Elementes aus F im Bereich $1 \ldots p$;
    Vertausche Werte von $F[p]$ und $F[g]$;
    $p := p - 1$
  od

Das Prinzip des SelectionSort soll wieder anhand einer Beispielfolge illustriert werden (Abbildung 5.3). Der betrachtete Bereich der Folge ist dabei jeweils gerahmt dargestellt. So wird im ersten Schritt die gesamte

Folge untersucht. Das größte Element (hier: 9) wird so mit dem Element 2 getauscht. Im nächsten Schritt wird die um eins verkürzte Folge betrachtet und das Element 8 ausgewählt. Dies erfolgt so lange, bis nur noch ein einzelnes Element übrig bleibt.

Abbildung 5.3
SelectionSort am Beispiel

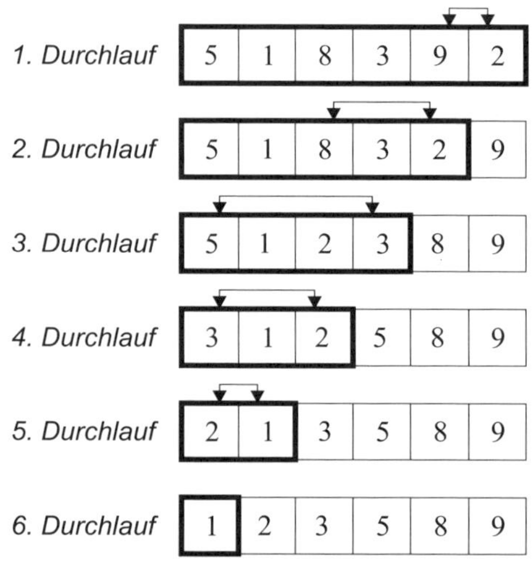

Für die Implementierung des SelectionSort ist es zunächst sinnvoll, eine Hilfsmethode swap zum Vertauschen zweier Feldelemente zu implementieren (Programm 5.4).

Programm 5.4
Implementierung des SelectionSort

```
static void swap(int[] array, int idx1, int idx2) {
  int tmp = array[idx1];
  array[idx1] = array[idx2];
  array[idx2] = tmp;
}

static void selectionSort(int[] array) {
  int marker = array.length - 1;
  while (marker >= 0) {
    // bestimme größtes Element
    int max = 0;
    for (int i = 1; i <= marker; i++)
      if (array[i] > array[max])
        max = i;
    // tausche array[marker] mit diesem Element
    swap(array, marker, max);
    marker--;
  }
}
```

Mit Hilfe dieser Methode kann das eigentliche Suchverfahren einfach implementiert werden. Die Variable *marker* wird dabei wie die Variable p in Algorithmus 5.4 als Marker für die Obergrenze des zu betrachtenden Bereiches verwendet und in jedem Schleifendurchlauf dekrementiert.

5.2.4 Sortieren durch Vertauschen: BubbleSort

Eines der bekanntesten, wenn auch kein besonders effizientes Sortierverfahren ist *BubbleSort*. Der Name ist aus der Vorstellung abgeleitet, dass sich bei einer vertikalen Anordnung der Elemente der Folge verschieden große, aufsteigende Blasen (»Bubbles«) wie in einer Flüssigkeit von allein sortieren, da die größeren Blasen die kleineren »überholen«.

Vertauschen benachbarter Elemente

Das Grundprinzip besteht demzufolge darin, die Folge immer wieder zu durchlaufen und dabei benachbarte Elemente, die nicht der gewünschten Sortierreihenfolge entsprechen, zu vertauschen. Elemente, die größer als ihre Nachfolger sind, überholen diese daher und steigen zum Ende der Folge hin auf.

Algorithmus 5.5 *Sortieren durch Vertauschen*

```
algorithm BubbleSort (F)
  Eingabe: zu sortierende Folge F der Länge n

  do
    for i := 1 to n − 1 do
      if F[i] > F[i + 1] then
        Vertausche Werte von F[i] und F[i + 1]
      fi
    od
  until keine Vertauschung mehr aufgetreten
```

Optimierung

Der Algorithmus 5.5 weist schon eine Verbesserung gegenüber der ursprünglichen Idee auf, indem die Folge nicht $n * n$-mal durchlaufen wird, sondern der Abbruch bereits dann erfolgt, wenn keine Vertauschung mehr stattgefunden hat. Eine weitere Optimierung basiert auf der Beobachtung, dass in jedem Durchlauf das jeweils größte Element an das Ende bewegt wird. Daher genügt es, im zweiten Durchlauf nur den Bereich $1 \ldots n-2$, im dritten Durchlauf den Bereich $1 \ldots n-3$ usw. zu betrachten. Schließlich kann auch noch »Lokalität« von Feldzugriffen speziell bei großen Folgen ausgenutzt werden, indem der Durchlauf abwechselnd auf- bzw. abwärts erfolgt. So kann die Effizienz der Sortierung dadurch verbessert werden, dass Teile der Folge noch im CPU-Cache – einem schnellen Zwischenspeicher des Prozessors – vorhanden sind, wenn ein neuer Durchlauf gestartet wird.

Abbildung 5.4
BubbleSort am Beispiel

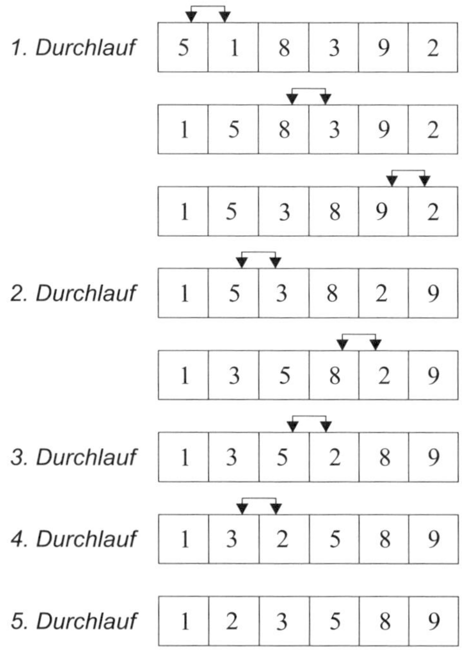

Auch hier wollen wir zunächst ein Beispiel betrachten, bevor wir auf die Umsetzung in Java eingehen. Im ersten Durchlauf müssen die jeweils benachbarten Elemente 5, 1 sowie 8, 3 und 9, 2 vertauscht werden (Abbildung 5.4). Danach ist die Folge jedoch noch nicht vollständig sortiert, so dass im zweiten Durchlauf die Paare 5, 3 und 8, 2 vertauscht werden. Im dritten Schritt wird dann 5, 2 und im letzten Schritt schließlich noch 3, 2 getauscht. An diesem Beispiel wird noch einmal das »Bubble«-Prinzip deutlich: Das Element 2 als eine kleine »Blase« wird von den größeren Elementen allmählich überholt.

Auftreten von Vertauschungen

Bei der Umsetzung des Algorithmus in ein Java-Programm ist als Besonderheit nur zu beachten, dass es in Java keine **do...until**-Anweisung gibt. Stattdessen kann hier die **do...while**-Anweisung verwendet werden. Allerdings ist dabei die Bedingung zu negieren, da dies ja ein »Wiederhole-solange« bedeutet. Zur Verfolgung des Auftretens von Vertauschungen wird in Programm 5.5 weiterhin eine boolesche Variable `swapped` genutzt, die bei jedem Schleifendurchlauf zunächst mit **false** initialisiert wird und erst bei einer Vertauschung auf **true** gesetzt wird. Das eigentliche Vertauschen erfolgt wieder mit Hilfe der bereits eingeführten Methode `swap`.

Programm 5.5
Implementierung des BubbleSort

```
static void bubbleSort(int[] array) {
  boolean swapped;
```

```
  do {
    swapped = false;

    for (int i = 0; i < array.length - 1; i++) {
      if (array[i] > array[i + 1]) {
        // Elemente vertauschen
        swap(array, i, i + 1);
        swapped = true;
      }
    }
    // solange Vertauschung auftritt
  } while (swapped);
}
```

5.2.5 Sortieren durch Mischen: MergeSort

Die bisher vorgestellten Verfahren erfordern einen direkten Zugriff auf einzelne Elemente der Folge und sind daher nur für internes Sortieren geeignet. Sollen dagegen Dateien sortiert werden, die nicht in den Hauptspeicher passen, müssen andere Verfahren zum Einsatz kommen. Eine Möglichkeit ist hier, das Sortieren in zwei Schritten oder Phasen auszuführen:

Sortieren in zwei Schritten

1. Die Folge wird in Teile zerlegt, die jeweils in den Hauptspeicher passen und daher getrennt voneinander mit internen Verfahren sortiert werden können. Diese sortierten Teilfolgen werden wieder in Dateien ausgelagert.
2. Anschließend werden die Teilfolgen parallel eingelesen und gemischt, indem jeweils das kleinste Element aller Teilfolgen gelesen und in die neue Folge (d.h. wieder in eine Datei) geschrieben wird.

Rekursive Anwendung

Dieses *MergeSort*-Verfahren lässt sich aber auch für das interne Sortieren anwenden. Hierbei wird zunächst die zu sortierende Folge in zwei Teilfolgen zerlegt, diese werden durch rekursive Anwendung von MergeSort sortiert und anschließend gemischt. Es stellt sich jedoch die Frage, wie man dabei zu sortierten Teilfolgen kommt. Dies wird dadurch erreicht, dass MergeSort so lange rekursiv angewendet wird, bis die zu sortierenden Teilfolgen nur noch aus einem Element bestehen. In diesem Fall liefert das Mischen ja eine neue, sortierte Folge.

Mischen

Betrachten wir zunächst den Schritt des Mischens (Algorithmus 5.6). Wir nehmen dabei zur Vereinfachung an, dass Folgen ein einfaches Anhängen bzw. Entfernen von Elementen erlauben. Später bei der Implementierung werden wir auch auf die Umsetzung mit Hilfe von Feldern eingehen.

Algorithmus 5.6
Mischen von zwei Folgen

procedure Merge $(F_1, F_2) \rightarrow F$
  Eingabe: zwei zu sortierende Folgen F_1, F_2
  Ausgabe: eine sortierte Folge F

  F := leere Folge;
  while F_1 und F_2 nicht leer **do**
    Entferne das kleinere der Anfangselemente aus F_1 bzw. F_2;
    Füge dieses Element an F an
  od;
  Füge die verbliebene nichtleere Folge F_1 oder F_2 an F an;
  return F

Abbruchkriterium

Mit Hilfe des Algorithmus 5.6 kann nun das eigentliche Sortieren rekursiv realisiert werden. Das Abbruchkriterium in Algorithmus 5.7 ist eine einelementige Folge, die nicht mehr sortiert werden muss und daher unverändert zurückgegeben wird. Andernfalls wird die Folge zunächst in zwei Teile F_1 und F_2 aufgeteilt, die sortiert werden. Die Ergebnisse werden schließlich mittels `Merge` gemischt.

Algorithmus 5.7
Sortieren durch Mischen

algorithm MergeSort $(F) \rightarrow F_S$
  Eingabe: eine zu sortierende Folge F
  Ausgabe: eine sortierte Folge F_S

  if F einelementig **then**
    return F
  else
    Teile F in F_1 und F_2;
    F_1 := MergeSort (F_1);
    F_2 := MergeSort (F_2);
    return Merge (F_1, F_2)
  fi

Der Vorgang des Mischens erfordert in der Regel doppelten Speicherplatz, da ja eine neue Folge aus den beiden sortierten Folgen erzeugt wird. Eine Alternative ist das Mischen in einem Feld, allerdings ist hier ein aufwendigeres Verschieben notwendig.

Abbildung 5.5 demonstriert das Vorgehen beim MergeSort. Zunächst wird die zu sortierende Folge in zwei Teile $(5, 1, 8)$ und $(3, 9, 2)$

zerlegt. Durch die rekursiven Aufrufe werden diese Folgen weiter geteilt, bis nur noch einelementige Folgen vorliegen (Abschnitt »*Split*«).

Split

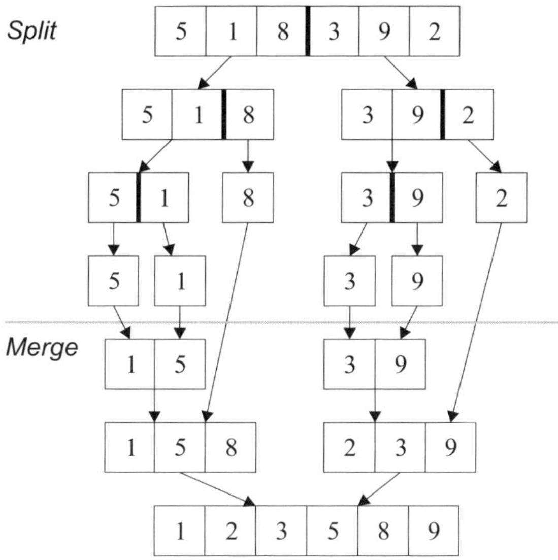

Abbildung 5.5 *MergeSort am Beispiel*

Im zweiten Abschnitt »*Merge*« werden die sortierten Teilfolgen gemischt: Zunächst also 5 und 1 sowie 3 und 9. Diese Folgen werden dann weiter mit 8 bzw. 2 und schließlich miteinander gemischt.

Merge

Es sei noch einmal betont, dass die Aufteilung in die zwei Abschnitte »*Split*« und »*Merge*« nur durch die Rekursion im Algorithmus entsteht, indem zu Beginn jeweils das Zerlegen erfolgt und erst als letzter Schritt das eigentliche Mischen.

Für eine Implementierung des Verfahrens zum Sortieren von Feldern sind die in Algorithmus 5.6 skizzierten Operationen »Entfernen« und »Anfügen« nicht sonderlich gut geeignet. Während das Zerlegen noch auf einfache Weise durch Zeiger auf Anfang und Ende des jeweiligen Teilfeldes realisiert werden kann, erfordert das Mischen ein Hilfsfeld, in das die neu sortierte Folge eingetragen wird.

Mischen mit Hilfsfeld

Die Implementierung aus Programm 5.6 nutzt dieses Prinzip. Da bei jedem Aufruf die Unter- bzw. Obergrenze des aktuellen Feldes übergeben werden müssen, ist die eigentliche Sortierroutine in der Methode `msort` implementiert, die von der Methode `mergeSort` aufgerufen wird. In `msort` werden zunächst die Mitte (`mid`) des Feldes anhand der aktuellen Grenzen `le` und `ri` bestimmt und anschließend die beiden Teilfelder durch den rekursiven Aufruf von `msort` sortiert.

Programm 5.6 *Implementierung des MergeSort*

```
// Hilfsmethode für rekursives Sortieren durch Mischen
static void msort(int[] array, int le, int ri) {
```

```
  int i, j, k;
  int[] b = new int[array.length];

  if (ri > le) {
    // zu sortierendes Feld teilen
    int mid = (ri + le) / 2;

    // Teilfelder sortieren
    msort(array, le, mid);
    msort(array, mid + 1, ri);

    // Hilfsfeld aufbauen
    for (k = le; k <= mid; k++)
      b[k] = array[k];
    for (k = mid; k < ri; k++)
      b[ri + mid - k] = array[k + 1];

    // Ergebnisse mischen über Hilfsfeld b
    i = le; j = ri;
    for (k = le; k <= ri; k++)
      if (b[i] < b[j])
        array[k] = b[i++];
      else
        array[k] = b[j--];
  }
}

static void mergeSort(int[] array) {
  msort(array, 0, array.length - 1);
}
```

Im nächsten Schritt werden die beiden Teilfelder über das zuvor erzeugte Hilfsfeld `b` gemischt. Dieses Feld ist exakt so groß wie das zu sortierende Feld. Die Elemente aus dem linken Teilfeld werden dabei auch in die linke Hälfte des Hilfsfeldes kopiert, entsprechend die Elemente aus dem rechten Teilfeld in die rechte Hälfte – hier jedoch abwärts sortiert. Anschließend werden die beiden Teilfelder aus dem Hilfsfeld gemischt und das Ergebnis in das eigentliche Feld eingetragen. Zum Vergleich der jeweils kleinsten Elemente werden zwei Zeiger `i` und `j` verwendet, wobei `i` beim ersten Element beginnt und aufwärts zählt bzw. `j` vom letzten Element abwärts läuft. Durch diese Vorgehensweise sind die beiden Zeiger nach dem Kopieren in das Hilfsfeld bereits richtig positioniert und wandern so nach innen zur Mitte.

5.2.6 QuickSort

Das wohl am häufigsten angewandte Sortierverfahren ist QuickSort, das wie MergeSort auf dem Prinzip »Teile und herrsche« basiert: Eine Folge wird in zwei Teile zerlegt, die unabhängig voneinander sortiert werden. Im Gegensatz zu MergeSort wird jedoch bei QuickSort der Mischvorgang vermieden. Dadurch benötigt dieses Verfahren weniger Ressourcen.

Pivot-Element

Die Grundidee von QuickSort ist die Zerlegung der Folge in zwei Teile, wobei alle Elemente der einen Teilfolge kleiner als ein Referenzelement (das so genannte *Pivot-Element*) und alle Elemente der anderen Teilfolge größer als das Referenzelement sind. Das Pivot-Element kann beliebig gewählt werden. Typischerweise wird das mittlere Element der Folge verwendet, es kann aber auch das erste oder das letzte Element genutzt werden. Abbildung 5.6 illustriert die Rolle des Pivot-Elementes: Alle Elemente links von 6 sind kleiner oder gleich 6, alle Elemente rechts davon größer.

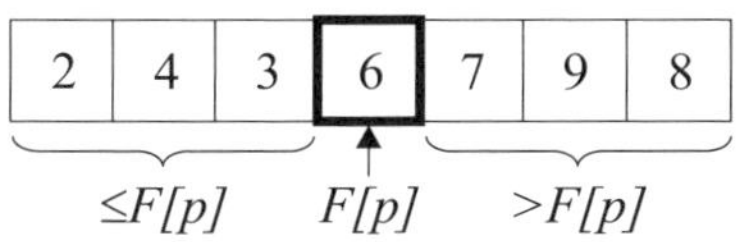

Abbildung 5.6
Pivot-Element beim QuickSort

Die beiden Teilfolgen werden durch den rekursiven Aufruf sortiert. Das Verfahren bricht für eine Teilfolge ab, wenn diese die Länge 0 hat. Da das Pivot-Element gegebenenfalls verschoben werden muss – beispielsweise wenn es das kleinste oder größte Element der Folge darstellt – ist die beim Zerlegen bestimmte und eventuell neue Position pn des Pivot-Elementes zu berücksichtigen (Algorithmus 5.8).

Algorithmus 5.8
QuickSort

---

algorithm QuickSort (F, u, o)
  Eingabe: eine zu sortierende Folge F,
    die untere und obere Grenze u, o

  if $o > u$ **then**
    Bestimme Position p des Pivot-Elementes;
    pn := Zerlege(F, u, o, p);
    QuickSort (F, u, $pn - 1$);
    QuickSort (F, $pn + 1$, o)
  fi

Zerlegen der Folge

Der entscheidende Schritt ist demnach das Zerlegen der Folge. Hierfür wird die folgende Strategie verwendet: Nachdem wie bereits angedeutet die Position p des Pivot-Elementes festgelegt wurde, werden die Elemente so umgeordnet, dass alle Elemente, die kleiner oder gleich dem Pivot-Element sind, links davon stehen. Dazu wird zunächst das Pivot-Element mit dem am rechten Ende der Folge stehenden Element getauscht, um Platz beim Verschieben zu schaffen (Algorithmus 5.9). Anschließend wird die Folge von links durchlaufen. Ist ein Element kleiner oder gleich dem Pivot-Element wird es nach vorn getauscht, wobei die Position durch die Variable pn bestimmt wird, die nach jedem Tausch inkrementiert wird. Am Ende des Durchlaufs zeigt pn damit auch genau auf die neue Position des Pivot-Elementes, das nun an diese Stelle zurückgetauscht werden kann.

Algorithmus 5.9
Zerlegen beim QuickSort

```
algorithm Zerlege (F, u, o, p) → pn
  Eingabe: zu zerlegende Folge F, untere und obere Grenze u, o,
    Position p des Pivot-Elementes
  Ausgabe: neue Position pn des Pivot-Elementes

  pn := u;
  pv := F[p];
  Tausche F[p] und F[o]; // Pivot-Element nach rechts
  for i := u to o − 1 do
    if F[i] ≤ pv then
      Tausche F[pn] und F[i];
      pn := pn + 1;
    fi
  od
  Tausche F[o] und F[pn]; // Pivot-Element zurück
  return pn
```

In Abbildung 5.7 ist das Prinzip noch einmal verdeutlicht. Für die gegebene Folge wird zunächst das mittlere Element (hier 5) als Pivot-Element gewählt und mit dem am Ende stehenden Element getauscht. Danach wird die Folge so umgeordnet, dass sich »links« vom Pivot-Element die Elemente $2, 1, 3$ befinden, wobei die neue (und in diesem Fall gleichzeitig auch die alte) Position des Pivot-Elementes 4 ist. Nach dieser Zerlegung wird das Pivot-Element an diese Stelle zurückgetauscht und es ergibt sich der in Ebene 0 dargestellte Aufbau der Folge $(2, 1, 3, 5, 9, 7, 8)$.

Im nächsten Schritt werden die beiden entstandenen Partitionen weiter sortiert. Im linken Teil wird das Element 1 als Pivot-Element bestimmt, im rechten Teil das Element 7. Daraus resultiert die für Ebe-

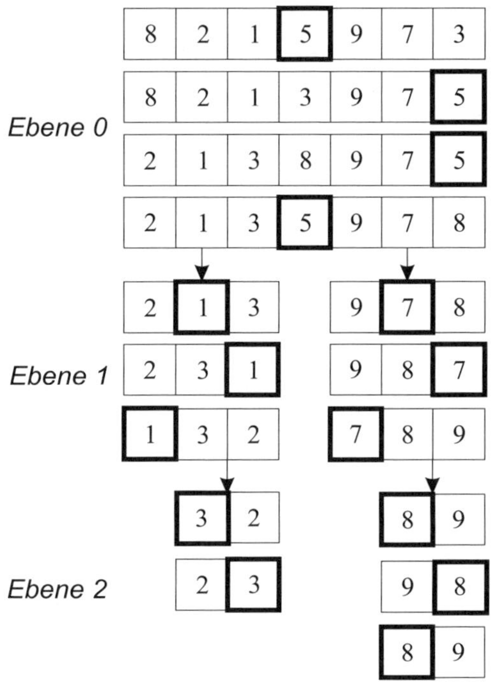

Abbildung 5.7
QuickSort am Beispiel

ne 1 angegebene Zerlegung, wobei die Pivot-Elemente in beiden Fällen verschoben werden.

Anschließend ergibt die Zerlegung der linken Partition, dass nur noch die Folge $(3, 2)$ sortiert werden muss: Hier wird 3 als Pivot-Element bestimmt und nach den Vertauschungen liegt die Reihenfolge $(2, 3)$ vor. Nachdem die letzte Partition (2) nur noch aus einem Element besteht, ist die Sortierung für diesen Zweig beendet. Im rechten Teil wird noch einmal für die Folge $(8, 9)$ das Pivot-Element bestimmt und nach der Zerlegung ist auch dieser Zweig fertig sortiert.

Die tatsächliche Sortierung erfolgt jedoch nicht so symmetrisch, wie die Darstellung in Abbildung 5.7 vermuten lässt. Vielmehr wird aufgrund der Rekursion zuerst der linke Zweig des Baumes bis zur Folge $(2, 3)$ verfolgt und erst danach wird die rechte Partition nach dem gleichen Prinzip verarbeitet.

Für die Implementierung verfahren wir wie beim MergeSort: Die eigentliche Sortierung erfolgt über eine Hilfsmethode (hier `qsort`), die zwei Zeiger `u` und `o` als Parameter für die Unter- bzw. Obergrenze des zu verarbeitenden Bereiches nutzt. In dieser Methode wird zunächst die Position `p` des Pivot-Elementes bestimmt. Anschließend wird die Methode `partition` aufgerufen, die den Algorithmus 5.9 implementiert und die neue Pivot-Position `pn` liefert. Der Tausch der Elemente erfolgt durch Nutzung der bereits bekannten swap-Methode. Sind beide Partitionen entsprechend aufgeteilt, werden sie durch erneuten Aufruf von qsort sortiert. Die Grenzen der Partitionen werden dabei durch u bzw. o und die neue Pivot-Position bestimmt.

Programm 5.7
Implementierung des QuickSort

```
// Hilfsmethode zum Zerlegen der Folge
static int partition(int[] array, int u, int o, int p) {
   int pn = u;
   int pv = array[p];

   // Pivot-Element an das Ende verschieben
   swap(array, p, o);
   for (int i = u; i < o; i++)
      if (array[i] <= pv)
         swap(array, pn++, i);
   // Pivot-Element an die richtige Position kopieren
   swap(array, o, pn);
   // neue Pivot-Position zurückgeben
   return pn;
}

// Hilfsmethode zum rekursiven Sortieren
static void qsort(int[] array, int u, int o) {
   // Pivot-Element bestimmen
   int p = (u + o) / 2;
   if (o > u) {
      // Feld zerlegen
      int pn = partition(array, u, o, p);
      // und Partitionen sortieren
      qsort(array, u, pn-1);
      qsort(array, pn+1, o);
   }
}

static void quickSort(int[] array) {
  qsort(array, 0, array.length - 1);
}
```

Die vorgestellte Implementierung ist nur eine der möglichen Umsetzungen. In der einschlägigen Literatur sind eine Vielzahl von weiteren Varianten beschrieben, so auch andere Strategien zur Bestimmung des Pivot-Elementes, das Verhalten beim Auffinden eines Elementes, das gleich dem Pivot-Element ist, sowie iterative Varianten.

5.2.7 Sortierverfahren im Vergleich

Laufzeitaufwand

Zum Abschluss dieses Kapitels wollen wir die vorgestellten Sortierverfahren bezüglich des Laufzeitaufwandes vergleichen. Dies liefert nicht nur eine wichtige Aussage über die Leistungsfähigkeit der Verfahren, sondern ist gleichzeitig eine gute Übung für die späteren Komplexitätsbetrachtungen.

Der Laufzeitaufwand eines Sortierverfahrens wird im Wesentlichen durch die Anzahl der Vergleiche und die Anzahl der Vertauschungen bestimmt. In Tabelle 5.4 sind die wichtigsten Eigenschaften der bisher eingeführten Verfahren angegeben, in den folgenden Abschnitten werden wir diese näher begründen.

Tabelle 5.4 *Eigenschaften von Sortierverfahren*

Verfahren	Stabilität	Vergleiche (im Mittel)
SelectionSort	instabil	$\approx n^2/2$
InsertionSort	stabil	$\approx n^2/4$
BubbleSort	stabil	$\approx n^2/2$
MergeSort	stabil	$\approx n \log_2 n$
QuickSort	instabil	$\approx 2n \ln n \approx 1.38n \log_2 n$

SelectionSort

Betrachten wir Algorithmus 5.4, so können wir feststellen, dass in jedem Durchlauf das Element von $F[p]$ mit dem größten Element vertauscht wird. Da die Variable p von n bis 1 läuft, ergeben sich daraus n Vertauschungen. Gleichzeitig muss in jedem Durchlauf das größte Element aus dem Bereich $1 \ldots p$ ermittelt werden. Dies erfordert wiederum jeweils $p-1$ Vergleiche. Für n Elemente sind das insgesamt:

$$(n-1)+(n-2)+(n-3)+\cdots+2+1=\frac{n(n-1)}{2}\approx\frac{n^2}{2}$$

Die Anzahl der Vergleiche ist dabei unabhängig von der Art der Eingabefolge: Sowohl im günstigsten Fall (die Folge ist bereits sortiert) als auch im ungünstigsten Fall (die Folge ist absteigend sortiert) bleibt die Anzahl der notwendigen Vergleiche gleich. Einzig die Anzahl der Vertauschungen wird davon beeinflusst. Im ungünstigsten Fall könnten diese ebenfalls mit quadratischem Aufwand verbunden sein, im Durchschnitt sind es aber weniger als n.

Weiterhin ist zu beachten, dass SelectionSort instabil ist und damit die relative Reihenfolge der Elemente nicht beibehält.

InsertionSort

Beim InsertionSort wird zunächst wiederum die gesamte Folge durchlaufen. In jedem Durchlauf wandert das gemerkte Element nach vorn, sofern es kleiner als seine bisheringen Vorgänger ist. Im ungünstigsten Fall sind dies im i-ten Durchgang $i - 1$ Positionen, im günstigsten Fall ist dagegen keine Verschiebung notwendig. Jeder Schritt umfasst dabei eine Vergleichsoperation und eine »halbe« Austauschoperation, da das betroffene Element jeweils auf ein freies Feld bewegt wird und kein echter Austausch durchgeführt wird. Für den durchschnittlichen Fall können wir also davon ausgehen, dass jedes Element nur den halben Weg zurückwandert und damit nur $(i - 1)/2$ Operationen benötigt werden. Dies ist die Hälfte der Anzahl der Vergleiche vom SelectionSort und kann daher mit $\approx n^2/4$ angegeben werden. Aufgrund der »halben« Austauschoperationen beträgt die Anzahl der Vertauschungen für den durchschnittlichen Fall entsprechend $\approx n^2/8$.

InsertionSort erhält die relative Ordnung der Elemente und ist somit stabil.

BubbleSort

Zur Analyse von BubbleSort ist es notwendig, sich das Grundprinzip noch einmal zu verdeutlichen. Bei jedem Durchlauf wird das größte Element gefunden und durch Vertauschen mit seinem rechten Nachbarn an das Ende der Folge bewegt. Im ungünstigsten Fall sind daher n Durchläufe notwendig, wobei im i-ten Durchlauf $n-i$ Vergleiche (unter Ausnutzung der skizzierten Optimierungen) und Austauschoperationen erforderlich sind. Damit kann der Aufwand bezüglich Vergleichen und Vertauschungen wie beim SelectionSort mit $\approx n^2/2$ bestimmt werden. Dies gilt auch für den durchschnittlichen Fall. Im günstigsten Fall – wenn die Folge bereits sortiert vorliegt – ist jedoch nur ein Durchlauf notwendig.

Im Gegensatz zu SelectionSort ist BubbleSort jedoch stabil, da zwei benachbarte Elemente nur dann getauscht werden, wenn das erste Element größer ist.

MergeSort

Die Bestimmung der Anzahl der Vergleiche bei MergeSort ist aufgrund der Rekursion nicht ganz so einfach wie bei den nichtrekursiven Verfahren. Zunächst können wir feststellen, dass für die Anzahl der Vergleiche V_n für eine Folge der Länge n folgender Zusammenhang gilt:

$$V_n = 2V_{n/2} + n \text{ für } n \geq 2 \text{ mit } V_1 = 0$$

Dies ist offensichtlich, da ja beide Teilfolgen zu sortieren sind und dies jeweils $n/2$ Vergleiche erfordert sowie für das abschließende Mischen wiederum n Vergleiche notwendig sind. Bei der weiteren Auflösung der obigen Gleichung hilft uns ein kleiner Trick [Sed02a]: Wir nehmen einfach an, dass $n = 2^N$ gilt, d.h., dass n eine Zweierpotenz ist. Nun kann 2^N in die obige Gleichung eingesetzt werden:

$$\begin{aligned} V_{2^N} &= 2V_{2^{N-1}} + 2^N \\ \frac{V_{2^N}}{2^N} &= \frac{V_{2^{N-1}}}{2^{N-1}} + 1 \end{aligned}$$

Nun wird sukzessive der Term $\frac{V_{2^{N-i}}}{2^{N-i}}$ ersetzt, bis $i = N$ ist:

$$\begin{aligned} \frac{V_{2^N}}{2^N} &= \frac{V_{2^{N-2}}}{2^{N-2}} + 1 + 1 \\ &= \frac{V_{2^0}}{2^0} + \cdots + 1 \\ &= N \end{aligned}$$

Da aus $n = 2^N$ folgt $N = \log_2 n$, ergibt sich schließlich für V_n:

$$\begin{aligned} \frac{V_n}{n} &= \log_2 n \\ V_n &= n \log_2 n \end{aligned}$$

Eine Besonderheit von MergeSort ist der zusätzlich benötigte Speicherplatz. Bei der hier betrachteten Implementierung wurde ein Feld benutzt, dessen Größe proportional zu n ist.

Da das Bewegen von Elementen nur während des eigentlichen Mischens erfolgt, bleibt die relative Ordnung der Elemente erhalten. MergeSort ist somit stabil.

QuickSort

Da es sich bei QuickSort ebenfalls um ein Sortierverfahren nach dem »Teile und herrsche«-Prinzip handelt, gelten bezüglich der Anzahl der Vergleiche prinzipiell ähnliche Aussagen wie für MergeSort. Allerdings ist die Analyse komplexer, so dass wir an dieser Stelle darauf verzichten. Im Vergleich zu MergeSort entfällt jedoch der zusätzliche Speicherplatzbedarf für das Hilfsfeld. Aufgrund der Vertauschungen beim Partitionieren der Folge ist QuickSort instabil.

Ein weiteres Kriterium für die Eignung von Sortierverfahren, das wir bisher nicht betrachtet haben, ist das Verhalten bei bereits sortierten bzw. fast sortierten Folgen. Dies kann in der Praxis durchaus häufig auftreten, wenn beispielsweise einige wenige Elemente an eine bereits sortierte Folge angefügt werden sollen oder einfach nicht bekannt ist, dass die Folge bereits geordnet ist. Für diese Fälle sind beispielsweise InsertionSort und BubbleSort sehr gut geeignet, da ihre Gesamtlaufzeit hier linear ist.

Die getroffenen Aussagen sind natürlich nur Abschätzungen für den durchschnittlichen Fall. Darüber hinaus haben wir nur abstrakte Operationen gezählt und keine Angaben über deren konkreten Aufwand gemacht. Wir werden aber später in Kapitel 7.3 anhand des Begriffs der *Komplexität* zeigen, dass solche Aussagen für die Bewertung und den Vergleich von Algorithmen durchaus geeignet sind.

6 Formale Algorithmenmodelle

In den bisherigen Abschnitten haben wir bereits einige Formalismen für Algorithmen kennen gelernt. Die Ausführung von Algorithmen haben wir bisher auf einer eher abstrakten Ebene betrachtet und deren Ausführung durch mathematische Funktionen erklärt. Unser Ziel ist nun die Entwicklung von einfachen *Modellen für Maschinen*, die Algorithmen ausführen. Ein Computer ist hingegen eine durchaus reale Maschine, die Algorithmen ausführen kann, stellt aber tatsächlich ein sehr komplexes Gerät dar, und ist daher sowohl für das Erlernen der Grundprinzipien als auch für mathematische Betrachtungen zu komplex.

Einfache Modelle für Maschinen

Unser Ziel sind daher *einfache* Modelle,

- die näher an tatsächlichen Computern sind als die abstrakte Ausführung etwa von applikativen Algorithmen oder
- einfacher für mathematische Betrachtungen nutzbar sind als die bisherigen Algorithmenmodelle.

Wir beginnen in Abschnitt 6.1 mit dem Modell der Registermaschinen, die sozusagen eine einfache mathematische Variante realer Computer mit Prozessor und Speicher darstellen. Abschnitt 6.2 behandelt abstrakte Maschinen als vereinheitlichendes Modell, um Aspekte wie Laufzeit und Terminierung einer Algorithmenausführung in einem einheitlichen Rahmen einführen zu können. Abschnitt 6.3 betrachtet ein besonders simples Modell, die Markov-Tafeln, das sich allerdings besonders gut eignet, um sich einen eigenen Algorithmeninterpreter zu programmieren.

Überblick über das Kapitel 6

In Abschnitt 6.4 vergleichen wir die Ausdrucksfähigkeit der verschiedenen Maschinenmodelle, bevor wir abschließend in Abschnitt 6.5 exemplarisch die Realisierung von Algorithmeninterpretern in Java betrachten.

6.1 Registermaschinen

Als erstes formales Modell betrachten wir die so genannten *Registermaschinen*. Registermaschinen befinden sich von der Abstraktion nahe an

Registermaschine als idealisierter Computer

tatsächlichen Computern und bilden daher quasi eine Art »idealisierte« Version eines Prozessors mit Maschinencode-Steuerung.

Eine Registermaschine als Prozessor führt ein Maschinenprogramm aus, das als durchnummerierte Liste von Einzelschritten vorliegt (dies entspricht tatsächlichen Maschinenprogrammen in Rechnern). Die einzige Kontrollstruktur neben der durch die Nummerierung impliziten Sequenz bilden (bedingte) *Sprünge*, die es erlauben, an einer beliebigen Stelle des Programms mit der Ausführung weiterzufahren.

Daten werden in einem direkt adressierbaren Speicher gehalten, der eine Abstraktion des bekannten Hauptspeichers darstellt. Als theoretisches Modell betrachten wir dabei einen beliebig großen, unbeschränkten Speicher. Arithmetische Manipulationen werden ausschließlich im Akkumulatorregister des Prozessors ausgeführt.

Diese (maschinennahe) Präzisierung des Algorithmenbegriffs werden wir nun als *Registermaschinen* exakt definieren. Diese stellen eine relativ simple Abstraktion der programmierbaren Rechner dar, so dass wir in den Bezeichnungen auf vertraute Begriffe der technischen Informatik zurückgreifen.

Definition 6.1
Definition einer Registermaschine

Eine Registermaschine besteht aus den Registern

$$B, \ C_0, C_1, C_2, \ldots, C_n, \ldots$$

und einem Programm.

Arten von Registern

Das Register B heißt Befehlszähler, C_0 heißt Arbeitsregister oder Akkumulator und jedes der Register C_n, $n \geq 1$ heißt Speicherregister.

Jedes Register enthält als Wert eine natürliche Zahl. Enthält das Register B die Zahl b und für $n \geq 0$ das Register C_n die Zahl c_n, so heißt das unendliche Tupel

$$(b, c_0, c_1, \ldots, c_n, \ldots)$$

Konfiguration
Programm

Konfiguration der Registermaschine.

Das *Programm* ist eine endliche Folge von Befehlen. Durch die Anwendung eines Befehls wird die Konfiguration der Registermaschine geändert. □

Befehle und deren Effekt auf Konfigurationen

Die folgende Aufzählung gibt die zugelassenen Befehle und die von ihnen bewirkte Änderung einer Konfiguration

$$(b, c_0, c_1, \ldots c_n, \ldots)$$

in die neue Konfiguration

$$(b', c'_0, c'_1, \ldots, c'_n, \ldots),$$

geschrieben als

$$(b, c_0, c_1, \ldots c_n, \ldots) \vdash (b', c'_0, c'_1, \ldots, c'_n, \ldots),$$

an.

Ein- und Ausgabebefehle

Die Abbildung 6.1 listet die drei Arten der Ein- und Ausgabebefehle von Registermaschinen und deren Bedeutung auf.

`LOAD i`,	$i \in \mathbb{N}_+$	$b' = b + 1$	$c'_0 = c_i$	$c'_j = c_j$ für $j \neq 0$
`CLOAD i`,	$i \in \mathbb{N}$	$b' = b + 1$	$c'_0 = i$	$c'_j = c_j$ für $j \neq 0$
`STORE i`,	$i \in \mathbb{N}_+$	$b' = b + 1$	$c'_i = c_0$	$c'_j = c_j$ für $j \neq i$

Abbildung 6.1 *Ein- und Ausgabebefehle einer Registermaschine*

Bei den Eingabebefehlen `LOAD` i und `CLOAD` i wird der Wert des i-ten Registers bzw. die Zahl i in den Akkumulator geladen; bei `STORE` i wird der Wert des Akkumulators in das i-te Speicherregister eingetragen.

Arithmetische Befehle

Die Manipulation der Werte im Akkumulator wird durch die in Abbildung 6.2 aufgelisteten arithmetischen Befehle durchgeführt.

`ADD i`,	$i \in \mathbb{N}_+$	$b' = b + 1$	$c'_0 = c_0 + c_i$	$c'_j = c_j$ für $j \neq 0$
`CADD i`,	$i \in \mathbb{N}$	$b' = b + 1$	$c'_0 = c_0 + i$	$c'_j = c_j$ für $j \neq 0$
`SUB i`,	$i \in \mathbb{N}_+$	$b' = b + 1$	$c'_0 = \begin{cases} c_0 - c_i & \text{für } c_0 \geq c_i \\ 0 & \text{sonst} \end{cases}$	$c'_j = c_j$ für $j \neq 0$
`CSUB i`,	$i \in \mathbb{N}$	$b' = b + 1$	$c'_0 = \begin{cases} c_0 - i & \text{für } c_0 \geq i \\ 0 & \text{sonst} \end{cases}$	$c'_j = c_j$ für $j \neq 0$
`MULT i`,	$i \in \mathbb{N}_+$	$b' = b + 1$	$c'_0 = c_0 \cdot c_i$	$c'_j = c_j$ für $j \neq 0$
`CMULT i`,	$i \in \mathbb{N}$	$b' = b + 1$	$c'_0 = c_0 \cdot i$	$c'_j = c_j$ für $j \neq 0$
`DIV i`,	$i \in \mathbb{N}_+$	$b' = b + 1$	$c'_0 = \lfloor c_0 / c_i \rfloor$	$c'_j = c_j$ für $j \neq 0$
`CDIV i`,	$i \in \mathbb{N}_+$	$b' = b + 1$	$c'_0 = \lfloor c_0 / i \rfloor$	$c'_j = c_j$ für $j \neq 0$

Abbildung 6.2 *Arithmetische Befehle von Registermaschinen*

Bei den Befehlen `ADD` i, `SUB` i, `MULT` i und `DIV` i erfolgt eine Addition, Subtraktion, Multiplikation und Division des Wertes des Akkumulators mit dem Wert des i-ten Speicherregisters. Da die Operationen nicht aus dem Bereich der natürlichen Zahlen herausführen sollen, wird die Subtraktion nur dann wirklich ausgeführt, wenn der Subtrahend nicht kleiner als der Minuend ist, und sonst 0 ausgegeben; analog erfolgt die Division nur ganzzahlig.

Die Befehle `CADD` i, `CSUB` i, `CMULT` i und `CDIV` i arbeiten analog, nur dass anstelle des Wertes des i-ten Registers die natürliche Zahl i benutzt wird. Dadurch werden auch arithmetische Operationen mit Konstanten möglich.

Sprungbefehle

Die dritte Art von Befehlen bilden die beiden Sprungbefehle, die in Abbildung 6.3 aufgelistet werden.

GOTO i ,	$i \in \mathbb{N}_+$	$b' = i$	$c'_j = c_j$ für $j \geq 0$
IF $c_0 = 0$ GOTO i ,	$i \in \mathbb{N}_+$	$b' = \begin{cases} i & \text{falls } c_0 = 0 \\ b+1 & \text{sonst} \end{cases}$	$c'_j = c_j$ für $j \geq 0$
END		$b' = b$	$c'_j = c_j$ für $j \geq 0$

Abbildung 6.3
Sprung- und Stoppbefehle einer Registermaschine

In allen bisherigen Fällen wird der Wert des Befehlsregisters um 1 erhöht, d.h., der jeweils nächste Befehl des Programms wird abgearbeitet. Dies ist bei den Sprungbefehlen grundsätzlich anders. Bei GOTO i wird als nächster Befehl der i-te Befehl des Programms festgelegt, während bei der IF-Anweisung in Abhängigkeit von dem Erfülltsein der Bedingung $c_0 = 0$ der nächste Befehl der i-te bzw. der $(b+1)$-te Befehl des Programms ist. Man muss beachten, dass $c_0 = 0$ die *einzige* Bedingung ist, die hier angegeben werden kann – sie ist sozusagen Teil der Befehlsbezeichnung.

Stoppbefehl

Der ebenfalls in Abbildung 6.3 aufgelistete Stoppbefehl END bildet den Abschluss der Diskussion von Befehlsarten. Der Befehl END ist kein eigentlicher Stoppbefehl. Er lässt die Konfiguration unverändert, so dass diese nun ad infinitum bestehen bleibt (und daher als das Ende der Berechnung angesehen werden kann).

Abbildung 6.4
Aufbau einer Registermaschine

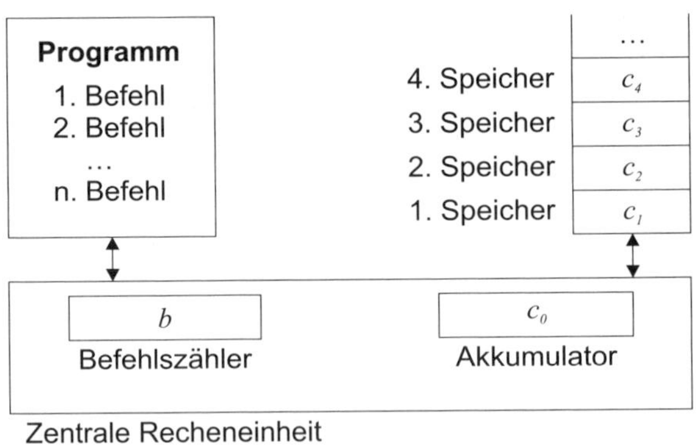

Die Abbildung 6.4 verdeutlicht noch einmal den prinzipiellen Aufbau einer Registermaschine.

Die Arbeitsweise einer Registermaschine lässt sich am besten an einem einfachen Beispiel erläutern.

Beispiel 6.1 Registermaschine M_1

Wir betrachten die Registermaschine M_1 mit dem Programm

```
1 LOAD 1
2 DIV 2
3 MULT 2
4 STORE 3
5 LOAD 1
6 SUB 3
7 STORE 3
8 END
```

und untersuchen die Veränderung der Konfiguration, wobei wir uns auf das Befehlsregister, den Akkumulator und die ersten drei Speicherregister beschränken, da nur diese während der Berechnung verändert werden. Stehen in den Registern zuerst die Zahlen

$$b = 1,\ c_0 = 0,\ c_1 = 32,\ c_2 = 5,\ c_3 = 0,$$

Beispiellauf von M_1

so ergibt sich diese Folge von Konfigurationen

$$\begin{aligned}(1,0,32,5,0,\dots) &\vdash (2,32,32,5,0,\dots) \vdash (3,6,32,5,0,\dots)\\ &\vdash (4,30,32,5,0,\dots) \vdash (5,30,32,5,30,\dots)\\ &\vdash (6,32,32,5,30,\dots) \vdash (7,2,32,5,30,\dots)\\ &\vdash (8,2,32,5,2,\dots),\end{aligned}$$

womit der »stoppende« Befehl erreicht wird. Sind die Inhalte der Register dagegen

$$b = 1,\ c_0 = 0,\ c_1 = 100,\ c_2 = 20,\ c_3 = 0,$$

so ergibt sich folgende Folge von Konfigurationen

$$\begin{aligned}(1,0,100,20,0,\dots) &\vdash (2,100,100,20,0,\dots)\\ &\vdash (3,5,100,20,0,\dots)\\ &\vdash (4,100,100,20,0,\dots)\\ &\vdash (5,100,100,20,100,\dots)\\ &\vdash (6,100,100,20,100,\dots)\\ &\vdash (7,0,100,20,100,\dots)\\ &\vdash (8,0,100,20,0,\dots).\end{aligned}$$

Allgemeiner Lauf von M_1

Allgemeiner lässt sich Folgendes feststellen. Wir betrachten eine Konfiguration, die durch

$$b = 1,\ c_0 = 0,\ c_1 = n,\ c_2 = m,\ c_3 = 0$$

gegeben ist, und nehmen an, dass $n = q \cdot m + r$ mit $0 \leq r < m$ gilt, d.h., $q = \lfloor n/m \rfloor$ ist das ganzzahlige Ergebnis der Division von n durch m und r ist der verbleibende Rest bei dieser Division. Dann ergibt sich immer die Folge

$$\begin{aligned}(1, 0, n, m, 0, \ldots) &\vdash (2, n, n, m, 0, \ldots)\\ &\vdash (3, q, n, m, 0, \ldots)\\ &\vdash (4, q \cdot m, n, m, 0, \ldots)\\ &\vdash (5, q \cdot m, n, m, q \cdot m, \ldots)\\ &\vdash (6, n, n, m, q \cdot m, \ldots)\\ &\vdash (7, r, n, m, q \cdot m, \ldots)\\ &\vdash (8, r, n, m, r, \ldots).\end{aligned}$$

Diese Berechnungsfolge der Registermaschine M_1 berechnet also den ganzzahligen Rest der Division zweier natürlicher Zahlen. □

Dieses Beispiel legt Folgendes nahe: Gehen wir von einer Konfiguration aus, die im Befehlsregister eine 1 enthält, d.h., es wird mit der Abarbeitung des Programms beim ersten Befehl begonnen, und in den beiden ersten Speicherregistern zwei natürliche Zahlen n und m führt, so steht nach Abarbeitung des Programms (genauer: in der sich nicht mehr verändernden Konfiguration, die bei der END-Anweisung erreicht wird) im dritten Speicherregister der Rest der ganzzahligen Division von n durch m.

Von M_1 berechnete Funktion

Daher ist es nahe liegend zu sagen, dass die gegebene Registermaschine M_1 – genauer die durch das Programm gegebene Registermaschine – die Funktion $r = rest(n, m)$ berechnet, die durch

$$r = rest(n, m) \text{ genau dann, wenn } 0 \leq r < n \text{ und } n = qm + r \text{ für ein } q \in \mathbb{N}$$

gegeben ist.

Wir verallgemeinern diese Idee in der folgenden Definition.

Definition 6.2 *Berechnete Funktion einer Registermaschine*

Eine Registermaschine M berechnet die Funktion $f : \mathbb{N}^n \longrightarrow \mathbb{N}^m$ mit $f(x_1, x_2, \ldots, x_n) = (y_1, y_2, \ldots, y_m)$, wenn es Zahlen $i_1, i_2, \ldots, i_m$ so gibt, dass M jede Konfiguration $(1, 0, x_1, x_2, \ldots, x_n, 0, 0, \ldots)$ in eine Konfiguration $(b, c_0, c_1, \ldots)$ überführt, für die b die Nummer einer END-Anweisung ist und $c_{i_j} = y_j$ für $1 \leq j \leq m$ gilt. □

Intuitiv bedeutet dies Folgendes: Die Registermaschine beginnt die Abarbeitung ihres Programms mit dem ersten Befehl, wobei die

Argumente bzw. Eingaben der Funktion in den ersten n Speicherregistern $C_1, C_2, \ldots, C_n$ stehen. Sie beendet ihre Arbeit bei Erreichen eines END-Befehls und die Resultate bzw. Ausgaben stehen in den vorab festgelegten Speicherregistern $C_{i_1}, C_{i_2}, \ldots, C_{i_m}$.

Registermaschinen für arithmetische Grundfunktionen

Die arithmetischen Grundfunktionen lassen sich in diesem Sinn einfach berechnen. Zum Beispiel berechnet die Registermaschine mit dem Programm

```
1  LOAD 1
2  ADD 2
3  STORE 3
4  END
```

aus den Werten x und y in den Registern C_1 und C_2 die Summe $x + y$ und legt diese im Register C_3 ab, realisiert also mit $i_1 = 3$ die Addition. Analog verfährt man bei den anderen Operationen.
Im Allgemeinen ist es natürlich aufwendiger, die berechnete Funktion einer gegebenen Registermaschine zu bestimmen.

Beispiel 6.2
Registermaschine M_2

Wir betrachten die Registermaschine M_2 mit dem Programm

```
1   CLOAD 1
2   STORE 3
3   LOAD 2
4   IF c0 = 0 GOTO 12
5   LOAD 3
6   MULT 1
7   STORE 3
8   LOAD 2
9   CSUB 1
10  STORE 2
11  GOTO 4
12  END
```

und bestimmen die Funktion $f_2 : \mathbb{N}^2 \longrightarrow \mathbb{N}$, die das Ergebnis im dritten Speicherregister enthält.

Konkrete Abarbeitung von M_2

Wir betrachten zuerst die Entwicklung einer konkreten Konfiguration $(1, 0, 5, 3, 0, \ldots)$, wobei wir uns erneut auf das Befehlsregister, den Akkumulator und die ersten drei Speicherregister beschränken, da nur diese vom Programm betroffen sind. Es ergibt sich folgende Abarbeitung des Programms:

$$\begin{array}{ll} & (1,0,5,3,0,\dots) \\ \vdash & (2,1,5,3,0,\dots) \vdash (3,1,5,3,1,\dots) \vdash (4,3,5,3,1,\dots) \\ \vdash & (5,3,5,3,1,\dots) \vdash (6,1,5,3,1,\dots) \vdash (7,5,5,3,1,\dots) \\ \vdash & (8,5,5,3,5,\dots) \vdash (9,3,5,3,5,\dots) \vdash (10,2,5,3,5,\dots) \\ \vdash & (11,2,5,2,5,\dots) \vdash (4,2,5,2,5,\dots) \vdash (5,2,5,2,5,\dots) \\ \vdash & (6,5,5,2,5,\dots) \vdash (7,25,5,2,5,\dots) \vdash (8,25,5,2,25,\dots) \\ \vdash & (9,2,5,2,25,\dots) \vdash (10,1,5,2,25,\dots) \vdash (11,1,5,1,25,\dots) \\ \vdash & (4,1,5,1,25,\dots) \vdash (5,1,5,1,25,\dots) \vdash (6,25,5,1,25,\dots) \\ \vdash & (7,125,5,1,25,\dots) \vdash (8,125,5,1,125,\dots) \vdash (9,1,5,1,125,\dots) \\ \vdash & (10,0,5,1,125,\dots) \vdash (11,0,5,0,125,\dots) \vdash (4,0,5,0,125,\dots) \\ \vdash & (12,0,5,0,125,\dots). \end{array}$$

Dieses konkrete Beispiel ergibt $f_2(5,3) = 125$.

Allgemeine Abarbeitung von M_2

Für den allgemeinen Fall, d.h. die Konfiguration $(1, 0, x, y, 0, \dots)$, gelten folgende Bemerkungen. Nach der Abarbeitung der Befehle 1 – 3 ergibt sich die Konfiguration $(4, y, x, y, 1, \dots)$.

Falls $y = 0$ ist, so wird zur `END`-Anweisung gegangen, und es ergibt sich aus der Konfiguration $(12, y, x, y, 1) = (12, 0, x, 0, 1)$ das Ergebnis 1 aus dem dritten Speicherregister. Falls $y \neq 0$ ist, so werden die Befehle 5 – 11 durchlaufen, wodurch ins dritte Speicherregister der Wert $1 \cdot x$ und ins zweite Speicherregister der Wert $y - 1$ geschrieben wird, d.h., die erreichte Konfiguration ist $(4, y-1, x, y-1, 1 \cdot x, \dots)$.

Ist $y - 1 = 0$, so wird zur Konfiguration $(12, y-1, x, y-1, x, \dots) = (12, 0, x, 0, x, \dots)$ übergegangen und x als Ergebnis ausgegeben. Ist $y - 1 \neq 0$, so werden erneut die Befehle 5 – 11 abgearbeitet und $(4, y-2, x, y-2, x^2, \dots)$ erhalten.

Ist $y-2 = 0$, so wird $(12, y-2, x, y-2, x^2, \dots) = (12, 0, x, 0, x^2, \dots)$ erreicht und das Ergebnis ist x^2; bei $y - 2 \neq 0$ werden erneut die Befehle 5 – 11 abgearbeitet.

Folglich bricht der Prozess mit $(12, y-k, x, y-k, x^k, \dots) = (12, 0, x, 0, x^y, \dots)$ (wegen $y = k$) ab.

Berechnete Funktion von M_2

Somit ist die von M_2 berechnete Funktion

$$f_2(x, y) = x^y.$$

Dieses Beispiel zeigt daher, dass neben den arithmetischen Grundoperationen auch das Potenzieren eine durch Registermaschinen berechenbare Funktion ist. □

Das folgende Beispiel demonstriert, dass die Betrachtungen der vorherigen Kapitel bezüglich Terminierung von Algorithmen auch für Registermaschinen zutreffen.

Beispiel 6.3
Registermaschine M_3

Offensichtlich berechnet die Registermaschine M_3 mit dem Programm

```
1  LOAD 1
2  IF c0 = 0 GOTO 4
3  GOTO 2
4  END
```

die Funktion

$$f_3(x) = \begin{cases} 0 & \text{falls } x = 0 \\ \text{undefiniert} & \text{sonst,} \end{cases}$$

denn nur in dem Fall, dass die Eingabe 0 ist, wird zur END-Anweisung gesprungen, ansonsten werden die Befehle 2 und 3 abwechselnd unendlich lange hintereinander ausgeführt und damit kein Ergebnis produziert. □

Partielle Funktionen

Dieses Beispiel zeigt insbesondere, dass die von Registermaschinen berechneten Funktionen partiell sein können, d.h., ihr Definitionsbereich ist eine echte Teilmenge von $\mathbb{N}^n$.

Beispiel 6.4
Registermaschine M_4

Wir wollen nun eine Registermaschine M_4 konstruieren, die die Funktion

$$f_4(x) = \begin{cases} 0 & \text{falls } x \text{ keine Primzahl ist} \\ 1 & \text{falls } x \text{ eine Primzahl ist} \end{cases}$$

berechnet.

Eine natürliche Zahl x ist bekanntlich genau dann eine Primzahl, wenn $x \geq 2$ ist und nur die Teiler 1 und x besitzt.

Hieraus resultiert folgendes Vorgehen: Wir überprüfen zuerst, ob die Eingabe $x \leq 1$ ist. Sollte dies der Fall sein, so ist x keine Primzahl und wir schreiben in das zweite Speicherregister eine 0 und beenden die Arbeit. Ist dagegen $x \geq 2$, so testen wir der Reihe nach, ob x durch $2, 3, 4, \ldots, x-1$ teilbar ist. Gibt einer dieser Tests ein positives Resultat, so ist x keine Primzahl; fallen dagegen alle diese Tests negativ aus, so ist x prim.

Das Programm in Abbildung 6.5 realisiert diese Idee (zur Illustration geben wir in der rechten Spalte kurze Erläuterungen zu den Befehlen). □

Abbildung 6.5 *Registermaschine zur Berechnung des Primzahltests*

1	`LOAD` 1	Laden von x
2	`CSUB` 1	Berechnen von $x - 1$
3	`IF` $c_0 = 0$ `GOTO` 19	Test, ob $x \leq 1$
4	`CLOAD` 2	Laden des ersten Testteilers t=2
5	`STORE` 2	Speichern des Testteilers t
6	`LOAD` 1	
7	`SUB` 2	Berechnen von $x - t$
8	`IF` $c_0 = 0$ `GOTO` 21	Test, ob $t < x$
9	`LOAD` 1	
10	`DIV` 2	die Befehle 9 – 14 berechnen den Rest
11	`MULT` 2	bei ganzzahliger Teilung von x durch t
12	`STORE` 3	(siehe Beispiel 6.1)
13	`LOAD` 1	
14	`SUB` 3	
15	`IF` $c_0 = 0$ `GOTO` 19	Test, ob t Teiler
16	`LOAD` 2	
17	`CADD` 1	Erhöhung des Testteilers um 1
18	`GOTO` 5	Start des nächsten Teilbarkeitstests
19	`STORE` 2	Speichern des Ergebnisses 0
20	`GOTO` 23	
21	`CLOAD` 1	
22	`STORE` 2	Speichern des Ergebnisses 1
23	`END`	

6.2 Abstrakte Maschinen

Wir haben nun bereits eine Reihe von Algorithmenmodellen kennen gelernt: applikative und imperative Algorithmen sowie Registermaschinen. Welche Eigenschaften haben diese gemeinsam und folgen derartige gemeinsame Eigenschaften sogar aus unserer intuitiven Algorithmencharakterisierung?

Bezugsrahmen für verschiedene Algorithmenmodelle

Gemeinsam ist diesen Modellen die Kombination von Kontrollstrukturen mit elementaren, durch eine Art »Maschine« ausführbaren Einzelschritten. Wir werden nun versuchen, die diversen Modelle in einen einheitlichen Bezugsrahmen zu setzen, um diese besser vergleichen zu können und um wichtige Eigenschaften wie Laufzeit, Terminierung etc. unabhängig von einem konkreten Algorithmenmodell konkretisieren zu können.

Wir bedienen uns dabei des Modells der *abstrakten Maschine* als universelles Rahmenmodell für verschiedene Algorithmen-Notationen, wie es in der theoretischen Informatik seit langem bekannt ist.

Definition 6.3
Abstrakte Maschine

Wir definieren ein recht allgemeines mathematisches Modell für deterministische Algorithmen, »abstrakte Maschine« genannt. Eine *abstrakte Maschine* M ist ein 7-Tupel

$$M = (X, Y, K, \alpha, \omega, \tau, \sigma),$$

wobei gilt:

X ist eine Menge von *Eingabewerten*
Y ist eine Menge von *Ausgabewerten*
K ist eine Menge von *Konfigurationen*
α: $X \to K$ ist die *Eingabefunktion*
ω: $K \to Y$ ist die *Ausgabefunktion*
τ: $K \to K$ ist die *Transitionsfunktion*
σ: $K \to$ **bool** ist die *Stoppfunktion*

Einige dieser Begriffe sind uns bereits aus der Diskussion der Registermaschinen vertraut, sie werden in abstrakten Maschinen in ähnlicher Weise eingesetzt. □

Die Aufgabe der Stoppfunktion ist es, bestimmte Konfigurationen als Endkonfigurationen zu markieren.

Definition 6.4
Endkonfiguration

Die Menge der *Endkonfigurationen* zu M ist

$$E = \{k \in K \mid \sigma(k) = \mathbf{true}\}$$

□

Eine abstrakte Maschine M lässt sich auch durch ein Diagramm darstellen (siehe Abbildung 6.6). Die grafische Darstellung verdeutlicht insbesondere die eingehende Information und die Ergebnisse der Verarbeitung.

Arbeitsweise einer abstrakten Maschine

Eine abstrakte Maschine *arbeitet* nun folgendermaßen:

1. Ein Eingabewert $x \in X$ bestimmt die Anfangskonfiguration $k_0 = \alpha(x) \in K$.
2. Wir überführen mittels τ Konfigurationen in Folgekonfigurationen, also
$$k_1 = \tau(k_0), k_2 = \tau(k_1), \ldots$$

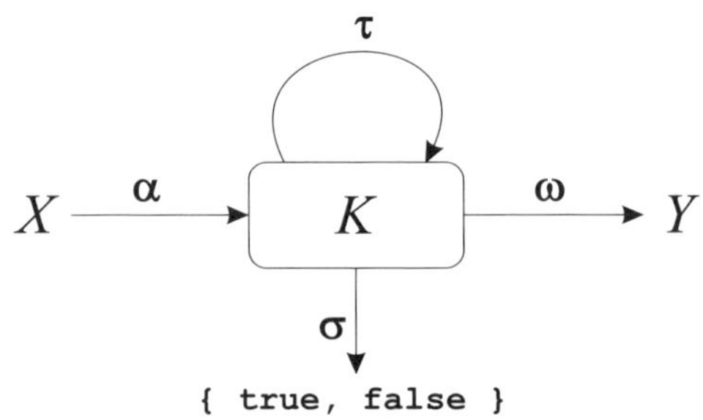

Abbildung 6.6
Abstrakte Maschine

bis zum ersten Mal eine Endkonfiguration $k_i \in E$ erreicht wird. Dies braucht natürlich niemals einzutreten.

3. Wird eine Endkonfiguration $k_i \in E$ erreicht, so wird der Ausgabewert $\omega(k_i) \in Y$ ausgegeben.

Bei Eingabe von $x \in X$ gibt es also zwei Möglichkeiten:

1. Die Maschine hält nie an.
2. Die Maschine hält und gibt einen eindeutig bestimmten Ausgabewert $y \in Y$ aus.

Auf diese Weise berechnet die Maschine M eine partielle Funktion

$$f_M : X \to Y$$

Wir präzisieren diese Verhaltensweise mathematisch.

Definition 6.5 *Laufzeit einer abstrakten Maschine*

Die *Laufzeit* einer abstrakten Maschine M für die Eingabe $x \in X$ ist definiert als

$$t_M(x) \;=\; (\mu n)[\sigma(\tau^n(\alpha(x)))]$$

□

Hierbei ist $(\mu n)[B]$ die kleinste natürliche Zahl $n \in \mathbb{N} \;=\; \{0, 1, 2, \ldots\}$, so dass die Bedingung $B = \mathbf{true}$ wird und B für alle $m \leq n$ definiert ist. Gibt es keine solche Zahl $n \in \mathbb{N}$, so ist $t_M(x) = \perp$ (undefiniert).

Definition 6.6 *Berechnete Funktion einer abstrakten Maschine*

Die von einer abstrakten Maschine M *berechnete Funktion*

$$f_M : X \to Y$$

ist gegeben durch

$$f_M(x) \;=\; \omega(\tau^{t_M(x)}(\alpha(x)))$$

Ist $t_M(x) = \perp$, so ist $f_M(x) \;=\; \perp$. □

Applikative und imperative Algorithmen sind Beispiele dieses allgemeinen Algorithmenmodells, d.h., sie lassen sich als abstrakte Maschinen auffassen. Wir skizzieren den Zusammenhang grob, ohne ins Detail zu gehen.

Beispiel 6.5 *Applikativer Algorithmus als abstrakte Maschine*

Applikative Algorithmen (nur ganzzahlige E/A):
Gegeben seien folgende Funktionsdefinitionen:

$$f_i(u_{i,1}, \ldots, u_{i,n_i}) \;=\; t_i(u_{i,1}, \ldots, u_{i,n_i}), \quad i = 1, \ldots, m.$$

Diese werden als abstrakte Maschine wie folgt realisiert:

- $X \;=\; \mathbb{Z}^{n_1}$
- $Y \;=\; \mathbb{Z}$
- $K \;=$ Terme ohne Unbekannte
- $\alpha(a_1, \ldots, a_{n_1}) \;=$ der Term »$f_1(a_1, \ldots a_{n_1})$«
- $\omega(t) \;=$ der Wert von t
- τ: Termauswertung aufgrund der Funktionsdefinitionen.
  Da diese nichtdeterministisch ist, müssen wir sie durch eine zusätzliche »Berechnungsvorschrift« deterministisch machen, z.B. durch die Forderung, das erste Auftreten von links eines Funktionsaufrufs mit Konstanten, $f_i(b_1, \ldots, b_{n_i})$ mit $b_j \in \mathbb{Z}$, $j = 1, \ldots, n_i$, durch die rechte Seite $t_i(b_1, \ldots, b_{n_i})$ zu ersetzen.
- $\sigma(t) \;=\; \begin{cases} \texttt{true}, \text{ falls } t = b \in \mathbb{Z} \text{ (Konstante) ist} \\ \texttt{false} \text{ sonst} \end{cases}$

□

Beispiel 6.6 *Imperativer Algorithmus als abstrakte Maschine*

Imperative Algorithmen (nur ganzzahlige E/A):
Gegeben sei ein imperativer Algorithmus wie folgt:

```
PROG: var    V, W,  ...: int;
             P,Q,  ...: bool;
      input  X1,...,Xn;
             β;
      output Y1,...,Ym.
```

Ein derartiges Programm wird abgebildet auf:

- $X \;=\; \mathbb{Z}^n$
- $Y \;=\; \mathbb{Z}^m$
- $K \;=\; \{(Z, \beta) \mid Z \text{ Zustand}, \beta \text{ Anweisung}\}$

Z bezeichnet den aktuellen Zustand,
β die noch auszuführende Anweisung

- $\alpha(a_1, \ldots, a_n) = (Z_0, \overline{\beta})$, wobei

$$\begin{aligned} Z_0(X_i) &= a_i, i = 1, \ldots, n, \text{ und} \\ Z_0(Y) &= \bot \text{ für } Y \neq X_i, i = 1, \ldots, n. \end{aligned}$$

- $\omega(Z, \beta) = (Z(Y_1), \ldots, Z(Y_m))$
- $\tau(Z, \beta) = (Z', \beta')$, wobei

$$\begin{aligned} Z' &= \text{Zustand nach Ausführung der nächsten Anweisung} \\ \beta' &= \text{Rest der noch auszuführenden Anweisung} \end{aligned}$$

- $\sigma(t) = \begin{cases} \texttt{true}, \text{ falls } \beta \text{ leer ist (keine Anweisungen mehr)} \\ \texttt{false} \text{ sonst} \end{cases}$

□

Auch Registermaschinen lassen sich direkt als Spezialfall einer abstrakten Maschine beschreiben.

Abstrakte Maschinen sind natürlich zu »abstrakt«, um direkt nutzbar zu sein. Unsere Beschäftigung mit ihnen sollte aber das Gemeinsame hinter den unterschiedlichen Algorithmenmodellen verdeutlicht haben. Des Weiteren haben wir nun eine Definition von Laufzeit und berechneter (partieller) Funktion, die wir unabhängig vom konkret benutzten Algorithmenmodell nutzen können.

6.3 Markov-Algorithmen

Als letztes Beispiel für ein Maschinenmodell betrachten wir die so genannten Markov-Algorithmen als ein einfaches mathematisch orientiertes Modell, das eine Spezialisierung abstrakter Maschinen darstellt.

Der besondere Reiz von Markov-Algorithmen liegt darin, dass diese sich sehr leicht programmtechnisch in einen Interpretierer für so genannte Markov-Tafeln umsetzen lassen. Hiermit ergibt sich sehr schnell die Möglichkeit, die auf den ersten Blick als mathematische Spielereien erscheinenden formalen Algorithmenmodelle auch in einer eigenen Programmierung ausprobieren zu können. Jeder Rechner führt ja Algorithmen, die in einer Algorithmensprache wie Java programmiert wurden, in ähnlicher Weise aus – daher sollte man die Chance eines möglichst einfachen Algorithmenmodells nutzen, um sich mit diesem Konzept vertraut zu machen.

Markov-Algorithmus

Sei $A = (a_1, \ldots, a_n)$ ein Alphabet und sei A^* die Menge der Worte (Texte) über A. Wir definieren die Klasse der *Markov-Algorithmen*, im Namen angelehnt an das ursprüngliche Modell (Markov 1954). Die elementaren Einzelschritte dieser Algorithmen beruhen auf *Regeln* der Form $\varphi \to \psi$, wobei Zeichenketten $\varphi, \psi \in A^*$ sind. Diese Angaben bedeuten, dass das (Teil-)Wort φ durch das Wort ψ ersetzt werden soll. Angewendet auf ein Wort $\xi \in A^*$ entsteht somit auf eindeutige Weise ein neues Wort $g[\varphi \to \psi](\xi)$, das wie folgt definiert ist:

1. Ist φ ein Teilwort von ξ, also $\xi = \mu\varphi\nu$ für $\mu, \nu \in A^*$, und ist φ an dieser Stelle (also nach μ) das erste Auftreten (von links) von φ in ξ, so ist $g[\varphi \to \psi](\xi) = \mu\psi\nu$, d.h., φ wird (nur!) an dieser Stelle durch ψ ersetzt.
2. Ist φ kein Teilwort von ξ, so ist $g[\varphi \to \psi](\xi) = \xi$, d.h., es passiert nichts.

Es wird also das *erste* Auftreten des Teilworts φ durch das Teilwort ψ ersetzt.

Beispiel 6.7 *Anwendung einer Regel*

Sei $A = (0, 1)$. Wir wenden die Regel $01 \to 10$ sukzessive an.

$$
\begin{array}{lcl}
1\,1\,0\,\underline{0\,1}\,0\,1\,0\,1\,1 & \to & 1\,1\,\underline{0\,1}\,0\,0\,1\,0\,1\,1 \\
 & \to & 1\,1\,1\,0\,0\,\underline{0\,1}\,0\,1\,1 \\
 & \to & 1\,1\,1\,0\,\underline{0\,1}\,0\,0\,1\,1 \\
 & \to & 1\,1\,1\,\underline{0\,1}\,0\,0\,0\,1\,1 \\
 & \text{etc.} &
\end{array}
$$

Diese Regel verschiebt also quasi die Nullen nach rechts. □

Markov-Tafeln

Ein Markov-Algorithmus besteht nun aus einer Menge solcher Regeln, zusammen mit einer »Kontrollstruktur«, die eindeutig festlegt, wann welche Regel anzuwenden ist. Diese Information wird übersichtlich in einer Tabelle, der *Markov-Tafel*, zusammengefasst. Diese hat fünf Spalten und beliebig viele (natürlich nur endlich viele) Zeilen. Eine Zeile ist ein 5-Tupel der Form

$$k \quad \varphi \quad \psi \quad i \quad j,$$

wobei $i, j, k \in \mathbb{N}$ sind. k ist die Zeilennummer, φ und ψ stellen die Regel $\varphi \to \psi$ dar, i ist die Nummer der nächsten Zeile, falls das Teilwort φ gefunden (die Regel also angewandt) wurde, und j ist die Nummer der nächsten Zeile, falls φ nicht auftrat.

Die *Ausführung* der Markov-Tafel beginnt in der ersten Zeile (Nummer 0) und stoppt, sobald zu einer nicht vorhandenen Zeilennummer (i oder j) gegangen werden soll. Dazwischen werden die Regeln der angelaufenen Zeilen auf das Eingabewort nacheinander angewandt.

Bevor wir Beispiele betrachten, definieren wir Markov-Algorithmen zunächst als abstrakte Maschinen:

Definition 6.7 *Markov-Algorithmus*

Ein *Markov-Algorithmus* über dem Alphabet A ist gegeben durch

$X \subseteq A^*$	Eingabemenge
$Y \subseteq A^*$	Ausgabemenge
$K \subseteq \{(z,n) \mid z \in A^*, n \in \mathbb{N}\}$	Konfigurationen
$\alpha(x) = (x, 0)$	Eingabefunktion
$\omega(z,n)$	Ausgabefunktion
$\tau : K \to K$	Transitionsfunktion $\tau(z,n) = (g[\varphi \to \psi](z), n')$, wobei $\varphi \to \psi$ die Regel in der Zeile n ist und n' die Folgenummer (siehe oben, i bzw. j)
$\sigma(z,n)$	$\sigma(z,n) = \begin{cases} \text{true}, & \text{falls } n \text{ keine Zeile} \\ \text{false}, & \text{sonst} \end{cases}$

Wie man sieht, ist ein Markov-Algorithmus tatsächlich eine direkte Spezialisierung des Konzepts der abstrakten Maschine. □

Wir betrachten nun einige einfache Markov-Tafeln. Markov-Algorithmen arbeiten dabei auf Zeichenketten und nicht etwa auf natürlichen Zahlen wie die anderen vorgestellten Modelle. Wir werden Zahlen entweder im unären Zahlsystem (nur eine Ziffer) darstellen, die Zahl 5 also als |||||, oder im Binärsystem kodieren.

Beispiel 6.8 *Markov-Tafel für Addition von 1*

»Addiere |«.

$$\begin{aligned} A &= \{|\} \\ X &= A^* \\ Y &= A^+ = A^* - \{\epsilon\} \end{aligned}$$

Die Markov-Tafel lautet:

k	φ	ψ	i	j
0	ϵ	|	1	–

Diese Markov-Tafel berechnet die Funktion $f(|^n) = |^{n+1}$, $n \in \mathbb{N}$, also die Successor-Funktion im unären Zahlsystem. □

Zu diesem Beispiel ist eine Bemerkung notwendig. Das leere Wort ϵ kommt in jedem Wort vor (an jeder Stelle!). Das erste Auftreten ist dabei ganz am Anfang. Der Algorithmus schreibt also ein $|$ *vor* das Eingabewort $|^n = |\,| \ldots |$. Der j-Eintrag der Tabelle kann niemals angelaufen werden und ist daher irrelevant. Dies deuten wir durch das Zeichen – in der Tabelle an.

Beispiel 6.9
Markov-Tafel für Addition im unären System

»Addition« im unären System.

$$\begin{aligned} A_0 &= \{|\} \\ A &= A_0 \cup \{+\} \\ X &= A_0^* + A_0^* = \{\mu + \nu \mid \mu, \nu \in A_0^*\} \\ Y &= A_0^* \end{aligned}$$

Die Markov-Tafel lautet:

k	φ	ψ	i	j
0	$+$	ϵ	1	–

Der Algorithmus löscht das erste + im Eingabewort, also:

$$f(|^n + |^m) = |^{n+m}$$

Die Addition im unären Zahlsystem erfolgt einfach durch Aneinanderhängen der Strichlisten. □

Diese beiden Algorithmen haben natürlich kein besonders aufregendes Verhalten gezeigt. Etwas mehr Aufwand muss man beim nächsten Beispiel treiben, der Verdopplung einer Strichliste (also der Multiplikation mit 2 im unären Zahlsystem).

Beispiel 6.10
Markov-Tafel für Verdopplung einer Strichliste

»Verdopplung« im unären System.

$$\begin{aligned} A_0 &= \{|\} \\ A &= A_0 \cup \{\#\} \\ X &= Y = A_0^* \end{aligned}$$

Das Zeichen # spielt die Rolle einer Markierung, die einmal von links nach rechts durchwandert und dabei die Zeichen | verdoppelt. In den Kommentaren der folgenden Tafel gilt $p = (n - q)$.

k	φ	ψ	i	j	Kommentar
0	$\vert$	$\#\vert$	1	3	$\vert^n \longrightarrow \#\vert^n$
1	$\#\vert$	$\vert\,\vert\#$	1	2	$\vert^{2p}\#\vert^q \longrightarrow \vert^{2(p+1)}\#\vert^{q-1}$ wiederholen bis $q = 1$
2	$\#$	ϵ	3	–	$\vert^{2p}\# \longrightarrow \vert^{2n}$

Eine Berechnung mit dem Eingabewort $|||$ ergibt:

$$||| \underset{0}{\rightarrow} \#||| \underset{1}{\rightarrow} ||\#|| \underset{1}{\rightarrow} ||||\#| \underset{1}{\rightarrow} ||||||\# \underset{2}{\rightarrow} ||||||$$

Allgemein wird die Funktion $f(|^n) = |^{2n}$ berechnet. □

Das folgende Beispiel definiert die Multiplikation zweier als Strichlisten kodierter Zahlen, wobei die bisherigen Beispieltafeln zum Teil als Teil»programme« verwendet werden können.

Beispiel 6.11 *Markov-Tafel zur Multiplikation im unären System*

»Multiplikation« im unären System.

$$\begin{aligned} A_0 &= \{|\} \\ A &= A_0 \cup \{*, \#\} \\ X &= A_0^* * A_0^* \\ Y &= A_0^* \end{aligned}$$

Der folgende Markov-Algorithmus berechnet die Multiplikation, also die Funktion $f(|^n * |^m) = |^{n*m}$:

k	φ	ψ	i	j	Kommentar
0	$*$	$**$	1	–	$\vert^n * \vert^m \longrightarrow \vert^n * * \vert^m$
1	ϵ	$*$	2	–	$\vert^n * * \vert^m \longrightarrow * \vert^n * * \vert^m$
2	$** \vert$	$\# **$	3	6	
3	$\vert\#$	$\#\vert$	4	5	Faktor vorn
4	ϵ	$\vert$	3	–	kopieren
5	$\#$	ϵ	2	–	
6	$*\vert$	$*$	6	7	1. Faktor löschen
7	$***$	ϵ	8	–	Hilfsmarkierungen löschen

Mit der Eingabe $||| * ||$ ergibt sich z.B. folgende Berechnungsfolge:

$$\begin{aligned} |||*|| &\underset{0}{\rightarrow} ||| * * || \underset{1}{\rightarrow} * ||| * * || \\ &\underset{2}{\rightarrow} * |||\# * * | \xrightarrow[3,4]{} | * ||\#| * * | \\ &\xrightarrow[3,4]{} || * |\#| | * * | \xrightarrow[3,4,5]{} ||| * ||| * * | \\ &\underset{2}{\rightarrow} ||| * |||\# * * \xrightarrow[3,4]{} |||| * ||\#| * * \\ &\xrightarrow[3,4]{} ||||| * |\#|| * * \xrightarrow[3,4,5]{} |||||| * ||| * * \\ &\xrightarrow[(2)6]{} |||||| * || * * \underset{6}{\rightarrow} |||||| * | * * \\ &\underset{6}{\rightarrow} |||||| * * * \underset{7}{\rightarrow} |||||| \end{aligned}$$

□

Als letztes Beispiel betrachten wir eine Markov-Tafel für Eingaben in binärer Darstellung.

Beispiel 6.12 *Markov-Tafel für Kopieren einer Zeichenkette*

»Kopieren« im binären System.

$$\begin{aligned} A_0 &= \{0,1\} \\ A &= A_0 \cup \{*, \#\} \\ X &= A_0^* \\ Y &= A_0^* * A_0^* \end{aligned}$$

Der folgende Markov-Algorithmus berechnet die Funktion

$$f(\mu) = \mu * \mu, \ \mu \in A_0^*,$$

also die Verdopplung einer Zeichenkette mit einem Trennsymbol in der Mitte. Die Markov-Tafel lautet:

k	φ	ψ	i	j	Kommentar
0	ϵ	$*\#$	1	–	
1	$\#0$	$0\#$	2	3	kopiere nächstes Zeichen 0 vor $*$
2	$*$	$0*$	1	–	und wiederhole
3	$\#1$	$1\#$	4	5	kopiere nächstes Zeichen 1 vor $*$
4	$*$	$1*$	1	–	und wiederhole
5	$\#$	ϵ	6	–	

Mit der Eingabe 0 1 0 ergibt sich die folgende Berechnung:

$$\begin{aligned} &0\,1\,0 \underset{0}{\rightarrow} *\#0\,1\,0 \underset{1}{\rightarrow} *0\#1\,0 \underset{2}{\rightarrow} 0*0\#1\,0 \\ &\underset{(1)3}{\longrightarrow} 0*0\,1\#0 \underset{4}{\rightarrow} 0\,1*0\,1\#0 \\ &\underset{1}{\rightarrow} 0\,1*0\,1\,0\# \underset{2}{\rightarrow} 0\,1\,0*0\,1\,0\# \\ &\underset{(1,3)5}{\longrightarrow} 0\,1\,0*0\,1\,0 \end{aligned}$$

□

Markov-Tafeln arbeiten auf einem sehr einfachen Niveau, da nur reine Zeichenketten und keine »höheren« Datentypen wie Zahlen unterstützt werden. Dies macht natürlich gerade das Formulieren arithmetischer Funktionen aufwendig, da ja Zahlen als Zeichenketten kodiert werden müssen. Auch werden Markov-Tafeln für größere Alphabete schnell unhandlich, da in jedem logischen Schritt Fallunterscheidungen für alle Symbole notwendig werden können.

Andererseits ist der einzelne Bearbeitungsschritt leicht mit Standardoperationen des Datentyps `string` in gängigen Programmiersprachen umsetzbar: Suchen des ersten Auftretens eines Teil-Strings, Ersetzen eines Teil-Strings sind dort elementare Operationen. Daher lässt sich ein Markov-Interpreter besonders einfach realisieren.

6.4 Church'sche These

Ausdrucksfähigkeit der verschiedenen Algorithmenmodelle

Gerade nach der Diskussion eines doch eher einfachen Modells wie das der Markov-Algorithmen stellt sich die Frage der Ausdrucksfähigkeit der verschiedenen Algorithmenmodelle.

Welche Funktionen können nun durch Markov-Algorithmen berechnet werden? Leisten Markov-Algorithmen mehr oder weniger als applikative bzw. imperative Algorithmen? Wie kann man überhaupt die Leistungen von Algorithmenmodellen miteinander vergleichen?

Einem direkten Leistungsvergleich steht zunächst der Umstand im Wege, dass die unterschiedlichen Arten von Algorithmen auf ganz verschiedenen Argument- und Wertebereichen definiert sind:

applikative Algorithmen:	$f: \mathbb{Z}^n \to \mathbb{Z}$, n variabel
imperative Algorithmen:	$f: \mathbb{Z}^n \to \mathbb{Z}^m$, m,n, variabel
Markov-Algorithmen:	$f: X \to Y, \quad X, Y \subseteq A^*$
Registermaschinen-Algorithmen	$f: \mathbb{Z}^n \to \mathbb{Z}^m$, m,n, variabel

Um vergleichen zu können, muss man zunächst die Argument- und Wertebereiche »vereinheitlichen«, d.h., man muss einen Argument- und Wertebereich finden, mit dem sich alle Ein- und Ausgaben aller Algorithmenmodelle eindeutig und effektiv (i.e. berechenbar) *kodieren* lassen.

Einen solchen für die Zwecke der Berechenbarkeit »universellen« Bereich bilden u.a. Texte A^* über einem festen Alphabet $A = \{a_1, \ldots, a_n\}$: derselbe Wertebereich wie für die Algorithmentexte!

Es gilt das folgende wichtige, grundlegende (und vielleicht überraschende) Ergebnis: Alle bisher behandelten und weitere Algorithmenmodelle leisten prinzipiell gleich viel.

Den Beweis dieses Satzes wollen wir hier nicht durchführen. Er wird konstruktiv geführt, indem man allgemeine »Übersetzer« angibt, die jeden Algorithmus des einen Modells in einen gleichwertigen des anderen Modells überführen, der dieselbe Funktion berechnet. Die Konstruktion solcher Übersetzer ist – auch für einfache mathematische Algorithmenmodelle – sehr aufwendig und langwierig.

Bemerkung: Auch viele andere Algorithmenmodelle führen auf diese gleiche Klasse berechenbarer Funktionen, z.B. rekursive Funktionen, λ-

Kalkül, Turing-Maschinen, Post'sche Normalsysteme, Random-Access-Maschinen, universelle Registermaschinen etc. □

Derartige Ergebnisse haben 1936 den Logiker und Mathematiker A. Church veranlasst, folgende – prinzipiell nicht beweisbare – These aufzustellen:

Church'sche These

Church'sche These: Die Klasse der *intuitiv berechenbaren* Funktionen stimmt mit der Klasse der (Markov-, applikativ, imperativ etc.) berechenbaren Funktionen überein.

Die These ist allein dadurch prinzipiell nicht beweisbar, da der Begriff »intuitiv« sich nicht formal fassen lässt.

Bemerkung: Diese These wurde nahezu gleichzeitig unabhängig von mehreren Personen aufgestellt. Sie ist daher auch als Turing-Church-These bekannt. □

Dass jede in einem der Algorithmenmodelle berechenbare Funktion auch intuitiv berechenbar ist, ist klar. Die wesentliche Aussage der These besagt, dass jede Funktion, die man intuitiv als berechenbar ansehen würde, tatsächlich auch in jedem dieser Algorithmenmodelle berechenbar ist. Das heißt im Grunde, dass der intuitive Begriff der Berechenbarkeit durch die mathematische Präzisierung korrekt und vollständig erfasst ist.

Definition 6.8
Universelles Algorithmenmodell

Ein Algorithmenmodell heißt *universell*, wenn es alle berechenbaren Funktionen zu beschreiben gestattet. □

Nahezu alle Programmiersprachen, höhere sowie niedere, sind in diesem Sinne universell. Allein Sprachen für Spezialaufgaben, so etwa die Sprache SQL für den Datenbankzugriff, sind in ihrer Reinform nicht universell.

Universelle Sprachen zeichnen sich insbesondere durch folgende Eigenschaften aus:

- Der nutzbare Bereich für die Daten / Parameterwerte ist nicht beschränkt (dabei reicht der Datentyp **`integer`** ohne Begrenzung durch ein **`maxint`** für diese Eigenschaft aus!).
- Konzepte wie Rekursion oder Iteration mittels **`while`** bzw. bedingten Sprüngen erlauben eine (bedingte) Wiederholung von Teilaufgaben.

6.5 Interpreter für formale Algorithmenmodelle in Java

Inhalt dieses Kapitels waren unter anderem formale Algorithmenmodelle, die einfache, aber mathematisch rigide Sprachen für Algorithmen definierten. Die »Einfachheit« dieser Modelle ermöglicht es uns, bereits mit geringen Programmierkenntnissen Interpreter für derartige Sprachen bauen zu können, sozusagen unsere eigenen »virtuellen« Maschinen zur Ausführung von Algorithmen.

Wir beginnen mit einer relativ primitiven Realisierung von Markov-Algorithmen in Java. Primitiv soll hier heißen, dass wir keine der »höheren« Sprachkonstrukte von Java nutzen – faktisch benutzen wir noch nicht einmal Objekte und Klassen. Auch verzichten wir auf das Einlesen der Markov-Tafeln von einer Datei und kodieren diese jeweils direkt im Programmtext (eine neue oder geänderte Markov-Tafel erfordert also eine Änderung des Interpreters – softwaretechnisch völlig unbefriedigend, aber leicht darzustellen). Der Vorteil dieser Primitivlösung besteht darin, dass sie sehr einfach in jede Programmiersprache umzusetzen ist, die den Datentyp String sowie einen Feld-Konstruktor besitzt.

6.5.1 Java: Markov-Interpreter

Als ersten Schritt definieren wir eine Datenstruktur, die eine Markov-Tafel abspeichern kann. Wir benötigen dafür die Information über die Anzahl Zeilen. Für die zweiten bis fünften Komponenten einzelner Zeilen definieren wir jeweils ein Feld vom passenden Datentyp – die erste Spalte ergibt sich implizit durch das Durchnummerieren. Der Einfachheit halber definieren wir dies als globale Datenstruktur einer Klasse (Programm 6.1). Diese Datenstruktur muss nun geeignet initialisiert werden. Anstelle des eigentlich sinnvollen Einlesens aus einer Datei oder von der Tastatur erfolgt die Initialisierung durch geeignete Konstantenzuweisung an die Feldvariablen.

Programm 6.1 *Einfacher Markov-Interpreter in Java*

```
import algoj.IOUtils;

public class Markov {
  // Initialisierung: die Markov-Tafel
  int len = 3;
  String[] phi = { "|", "x|", "x" };
  String[] psi = { "x|", "||x", "" };
```

```
  int[] i = { 1, 1, 3 };
  int[] j = { 3, 2, -1 };

  boolean verbose = true;

  public Markov(boolean v) {
    verbose = v;
  }

  // Methode zur Ausführung
  public String run(String word) {
    int line = 0;
    int pos;
    while (line < len) {
      pos = word.indexOf(phi[line]);
      if (verbose)
        System.out.println("Zeile = " + line + ", Wort = " +
                          word + ", Position = " + pos);
      if (pos > -1) {
        // Suchwort enthalten
        word = word.substring(0, pos) + psi[line] +
          word.substring(pos + phi[line].length (),
                         word.length ());
        line = i[line];
      }
      else
        // Suchwort nicht enthalten
        line = j[line];
      if (verbose)
        System.out.println("Ergebnis = " + word +
                          " goto " + line);
    }
    return word;
  }

  public static void main(String[] args) {
    Markov markov = new Markov(true);
    System.out.print("Eingabe: ");
    String word = IOUtils.readString();
    System.out.println("Wort = " + word);
    System.out.println("Ergebnis = " + markov.run(word));
  }
}
```

Bei dem Beispiel handelt es sich um die Verdopplung einer Zeichenkette aus Beispiel 6.10 auf Seite 159. Das dort genutzte Symbol – wurde durch den Wert −1 ersetzt.

Der eigentliche Markov-Interpreter in der Methode `run` realisiert die Ausführungsvorschrift in einer **`while`**-Schleife. Hierzu werden Standardfunktionen von Strings benutzt, um die Position eines Teilwortes zu finden (`indexOf`), Teil-Strings auszuwählen (`substring`) und Strings wieder zusammenzusetzen (+). Im Verbose-Modus, der über einen booleschen Parameter beim »Erzeugen« des Interpreters eingeschaltet werden kann, gibt das Programm dabei alle Zwischenschritte aus. Die `run`-Methode wird schließlich mit dem zu verarbeitenden Wort als Parameter in der `main`-Methode des Programms aufgerufen.

Ein etwas komplexeres Beispiel, die Multiplikation aus Beispiel 6.11 von Seite 160, zeigt das abschließende Programmfragment, das den Initialisierungsteil aus Programm 6.1 ersetzt:

```
int len = 8;
String[] phi = { "*", "", "**|", "|x",
    "", "x", "*|", "***" };
String[] psi = { "**", "*", "x**", "x|",
    "|", "", "*", "" };
int[] i = { 1, 2, 3, 4, 3, 2, 6, 8 };
int[] j = { -1, -1, 6, 5, -1, -1, 7, -1 };
```

Das letzte Beispiel zeigt natürlich, wie umständlich es ist, in dieser primitiven Realisierungsvariante eine neue Markov-Tafel zu programmieren (ganz zu schweigen von den bei jeder Änderung notwendigen Compiler-Läufen etc.). Der Leser dieses Buches kann es als gute Fingerübung in Java betrachten, aus dieser Primitivrealisierung ein anspruchvolles Programm mit Einlesen der Markov-Tafeln aus Dateien und der Testwerte von der Tastatur zu erzeugen.

6.5.2 Registermaschine in Java

Als etwas anspruchvolleres Beispiel für einen Interpreter eines formalen Maschinenmodells betrachten wir abschließend die Registermaschine. Wir werden dabei auf einige Konzepte von Java zurückgreifen, die erst in Kapitel 12 im Detail eingeführt werden, deren Anwendung jedoch bereits in diesem Kontext sinnvoll ist. Im Zweifelsfall sollte also Kapitel 12 konsultiert oder zu einem späteren Zeitpunkt zu diesem Abschnitt zurückgekehrt werden.

Als wesentliche Abstraktionen bzw. Module einer Registermaschine werden die Konfiguration mit den Registerbelegungen und dem Befehlszähler, die Umsetzung der verschiedenen Befehle sowie die eigentliche

Maschine benötigt. Alle diese Abstraktionen werden jeweils als eigenständige Java-Klasse implementiert. Betrachten wir zunächst die Klasse `Configuration` in Programm 6.2. Ein Objekt dieser Klasse repräsentiert eine konkrete Konfiguration der Registermaschine. Die Variable `ic` entspricht dabei dem Befehlszähler, das Feld `registers` nimmt die einzelnen Register auf, wobei `registers[0]` der Akkumulator ist.

Programm 6.2
Klasse für die Konfiguration

```
public class Configuration {
  public final static int NUM_REGISTERS = 10;
  int ic;
  int registers[] = new int[NUM_REGISTERS];

  public Configuration() {
    init();
  }

  // Initialisierung der Register und des Befehlszählers
  public void init() {
    ic = 0;
    for (int i = 0; i < registers.length; i++)
      registers[i] = 0;
  }

  // Lesen und Setzen des Befehlszählers
  public int getICounter() { return ic; }
  public void setICounter(int nic) { ic = nic; }
  // Befehlszähler inkrementieren
  public void incICounter() { ic++; }

  // Register belegen und auslesen
  public void setRegister(int i, int val) {
    registers[i] = val;
  }
  public int getRegister(int i) { return registers[i]; }

  // Aktuelle Konfiguration als String ausgeben
  public String toString() {
    StringBuffer sb = new StringBuffer();
    sb.append("icounter = " + (ic + 1));
    for (int i = 0; i < registers.length; i++)
      sb.append(", c[" + i + "] = " + registers[i]);
    return sb.toString();
  }
}
```

Neben den Variablen umfasst die Klasse noch Methoden zum Rücksetzen der Register (`init`) sowie zum Auslesen bzw. Ändern der Register (`getRegister` und `setRegister`) und des Befehlszählers (`getICounter` und `setICounter`). Die Methode `incICounter` sorgt schließlich für das Weitersetzen des Befehlszählers. Eine Ausgabe der Konfiguration, d.h. der Belegung aller Register, ist über die Methode `toString` möglich, die eine Zeichenkette mit der textuellen Repräsentation liefert.

Die Befehle werden ebenfalls durch einzelne Klassen implementiert. Dies erleichtert nicht nur das Hinzufügen neuer Befehle, sondern erhöht auch die Übersichtlichkeit, da die eigentliche Funktionalität des Befehls durch die Klasse gekapselt ist. Damit alle Befehle einheitlich behandelt werden können, müssen diese eine gemeinsame Schnittstelle unterstützen. Diese Schnittstelle `Instruction` in Programm 6.3 definiert nur eine einzige Methode `eval`, die die Ausführung des jeweiligen Befehls bewirkt. Da ein Befehl immer auf die Konfiguration der Maschine wirkt, muss die Konfiguration als Parameter übergeben werden.

Programm 6.3 *Schnittstelle für Befehle*

```
public interface Instruction {
  // Befehl auf der aktuellen Konfiguration ausführen.
  void eval(Configuration config);
}
```

Die Implementierung der konkreten Befehle wollen wir anhand von `LOAD` und `IF` c_0=0 `GOTO` *i* im Rahmen der Klassen `Load` bzw. `IfGoto` veranschaulichen. Für den Befehl `LOAD` *i* muss zunächst der Parameter gesichert werden, d.h. das Register, dessen Wert in den Akkumulator zu laden ist. Dieser Parameter wird in der Variablen `reg` gespeichert und im Rahmen des Konstruktors initialisiert.

Die Methode `eval` übernimmt die eigentliche Ausführung des Befehls. Für `LOAD` bedeutet dies, zuerst den Inhalt des Registers `registers[reg]` in das Register `registers[0]` zu laden und anschließend den Befehlszähler zu inkrementieren.

Programm 6.4 *Implementierung des Befehls* `LOAD`

```
public class Load implements Instruction {
  private int reg; // Register

  public Load(int i) {
    reg = i;
  }
```

```
  // Befehl LOAD ausführen
  public void eval(Configuration config) {
    // Akkumulator laden
    config.setRegister(0, config.getRegister(reg));
    // Befehlszähler inkrementieren
    config.incICounter();
  }

  // Textuelle Repräsentation des Befehls
  public String toString() {
    return "LOAD " + reg;
  }
}
```

Für den Befehl `IF` c_0`=0 GOTO` *i* wird die Sprungadresse in der Variablen `pos` gespeichert. In der Methode `eval` wird zunächst der Wert des Akkumulators geprüft. Ist dieser gleich 0, so wird der Befehlszähler mit der Sprungadresse belegt, anderenfalls einfach auf den nächsten Befehl gesetzt. Da wir – wie später noch zu sehen ist – ein Programm als ein Feld von »Befehlsobjekten« verwalten, beginnt die Ausführung eines Programms immer mit der Position 0. Dementsprechend muss der Befehlszähler bei einem Sprungbefehl `GOTO` *pos* in unserer Implementierung auf den Wert *pos*-1 gesetzt werden.

Programm 6.5
Implementierung des Befehls `IF-GOTO`

```
public class IfGoto implements Instruction {
  private int pos; // Sprungziel

  public IfGoto(int p) {
    pos = p;
  }

  // Befehl IF c[0]=0 GOTO pos ausführen
  public void eval(Configuration config) {
    // Inhalt des Akkumulators prüfen
    if (config.getRegister(0) == 0)
      // Sprung ausführen
      config.setICounter(pos - 1);
    else
      // sonst zum nächsten Befehl
      config.incICounter();
  }

  // Textuelle Repräsentation des Befehls
  public String toString() {
```

```
    return "IF c[0] = 0 GOTO " + pos;
  }
}
```

Mit Hilfe dieser Klassen kann nun die eigentliche Registermaschine implementiert werden (Programm 6.6). Eine solche Maschine umfasst eine Konfiguration (ein Objekt der Klasse `Configuration`) sowie ein Programm, das als Feld von Objekten, die die `Instruction`-Schnittstelle unterstützen, realisiert ist (Feld `program`). Die wichtigste Methode der Registermaschine ist die Methode `run`. Diese führt den Befehl aus, auf den der Befehlszähler zeigt, indem für diesen Befehl die `eval`-Methode aufgerufen wird. Da in jedem Befehl der Befehlszähler verändert wird, wird durch wiederholtes Ausführen der Anweisung `program[config.getICounter()].eval(config)` das gesamte Programm abgearbeitet. Die Abbruchbedingung ist dabei das Erreichen des `END`-Befehls, der anhand der String-Repräsentation des Befehlsobjektes identifiziert wird.

Die weiteren Methoden der Klasse `Machine` dienen zum Initialisieren der Konfiguration (Konstruktor), zur Ausgabe der aktuellen Registerbelegung (`printConfiguration`), zum Zugriff auf die Konfiguration (`getConfiguration`) sowie zum Initialisieren des Programms (`setProgram`). Letzteres erzeugt zunächst ein Feld, dessen Größe der Programmlänge entspricht, und kopiert anschließend unter Zuhilfenahme der Java-Systemmethode `arraycopy` die Befehlsobjekte in dieses Feld.

Programm 6.6
Implementierung der Registermaschine

```
public class Machine {
  // Konfiguration
  private Configuration config = null;
  // Programm
  private Instruction[] program = null;

  public Machine () {
    // Konfiguration erzeugen
    config = new Configuration ();
  }

  // Programm initialisieren
  public void setProgram (Instruction[] prog) {
    program = new Instruction [prog.length];
    System.arraycopy (prog, 0, program, 0, prog.length);
  }
```

```
  // Ausführung des Programms
  public void run () {
    // solange nicht der END-Befehl erreicht ist...
    while (! program[config.getICounter ()].
          toString ().equals ("END"))
      // aktuellen Befehl ausführen
      program[config.getICounter ()].eval (config);
  }

  // Ausgabe der Konfiguration
  public void printConfiguration () {
    System.out.println (config);
  }

  // Liefert die aktuelle Konfiguration
  public Configuration getConfiguration () {
    return config;
  }
}
```

In Programm 6.7 wird die Ausführung eines Programms der Registermaschine demonstriert. Nachdem eine neue Maschine erzeugt wurde, kann sie mit dem Programm versehen werden. Dieses Programm wird als Feld von Objekten konstruiert, die wiederum durch Aufruf der Konstruktoren der jeweiligen Klasse mit den entsprechenden Parameterwerten erzeugt werden.

Vor der Ausführung werden zunächst die Register in der gewünschten Weise initialisiert. Durch Aufruf der Methode `run` wird danach das Programm ausgeführt und nach dessen Beendigung abschließend die Endkonfiguration ausgegeben.

Programm 6.7
Programmausführung mit der Registermaschine

```
public class Machine {
  // ...

  public static void main(String[] args) {
    Instruction[] prog = { // Programm
      new Load (1), new Div (2), new Mult (2),
      new Store (3), new Load (1), new Sub (3),
      new Store (3), new End ()
    };

    // Machine erzeugen
    Machine machine = new Machine ();
```

```
    // Programm initialisieren
    machine.setProgram (prog);
    // Ausgangskonfiguration herstellen
    machine.getConfiguration ().init ();
    machine.getConfiguration ().setRegister (1, 32);
    machine.getConfiguration ().setRegister (2, 5);


    // Programm ausführen
    machine.run ();
    // Endkonfiguration ausgeben
    machine.printConfiguration ();
  }
}
```

Auch diese Implementierung lässt natürlich noch viel Raum für Verbesserungen. So kann beispielsweise das Programm aus einer Datei eingelesen werden oder eine grafische Benutzerschnittstelle hinzugefügt werden, die neben der Inspektion der Registerinhalte auch einen Einzelschrittmodus unterstützt. Eine vollständige Variante ist u.a. auf der Website zum Buch als Applet zu finden.

7 Eigenschaften von Algorithmen

Bisher wurden sowohl eher informelle als auch formale Beschreibungsmethoden für Algorithmen eingeführt und der Leser hat bereits einige Erfahrungen mit der Programmierung in Java gesammelt. Ziel dieses Kapitels ist es, einige Eigenschaften von Algorithmen und damit auch von Programmen zu betrachten.

Fragestellungen betreffend Eigenschaften von Algorithmen

In Abschnitt 7.1 beschäftigt uns die Frage, welche Leistungen Algorithmen prinzipiell erbringen können. Gibt es für jedes Problem auch einen Lösungsalgorithmus – muss dieser gegebenenfalls nur noch gefunden werden? Oder gibt es Fragestellungen, die sich der algorithmischen Lösbarkeit prinzipiell entziehen?

Im folgenden Abschnitt 7.2 geht es dann um die Korrektheit von Algorithmen und damit von Programmen. Kann man ein Programm zertifizieren, also gewisse Eigenschaften garantieren? Wie kann man nachweisen, dass ein Programm tatsächlich das tut, was es soll?

Nach der Behandlung der Korrektheit beschäftigt sich Abschnitt 7.3 dann mit einem anderen Aspekt der Güte eines Algorithmus, nämlich mit der Effizienz bzw. Komplexität. Grob gesprochen geht es darum, wie schnell ein Algorithmus ein Problem, beispielsweise das Sortieren einer Liste, in Abhängigkeit von der Eingabegröße lösen kann. Hier geht es dann sowohl um die Unterscheidung »schneller« und »langsamer« Lösungen desselben Problems als auch um prinzipielle Schranken für den Zeitbedarf der Lösung gewisser Probleme.

7.1 Berechenbarkeit und Entscheidbarkeit

Gibt es Problemstellungen, für die es keinen Algorithmus gibt, der sie löst? Eine auf den ersten Blick schwierige Frage – man weiß ja in einem konkreten Fall, in dem man keine Lösung gefunden hat, nicht, ob es nicht doch eine gibt, die man nur noch nicht entdeckt hat. Hier verhält es sich ähnlich wie bei mathematischen Sätzen, die oft Jahrzehnte als Problem formuliert waren, bevor ein erster Beweis geführt werden konnte.

Wir gehen daher das Problem von einer anderen Seite her an, bevor wir uns auf die Suche nach konkreten nichtberechenbaren Fragestellungen machen. Hierzu überlegen wir uns zuerst, wie viele Algorithmen es denn überhaupt geben kann.

7.1.1 Existenz nichtberechenbarer Funktionen

Um über die Berechenbarkeit von Problemstellungen Aussagen treffen zu können, konkretisieren wir die Fragestellung derart, dass wir die Frage betrachten, welche mathematischen Funktionen sich überhaupt durch Algorithmen – seien es applikative, imperative oder andere – berechnen lassen. Gibt es also mathematische Funktionen, die sich nicht durch irgendeinen Algorithmus berechnen lassen?

Wir können aus den geforderten Basiseigenschaften von Algorithmen schließen, dass dies tatsächlich der Fall sein muss. Wir benutzen hierzu nur eine – sicherlich unabdingbare – Eigenschaft eines jeden Algorithmus, nämlich:

> *Jeder Algorithmus lässt sich durch einen endlichen Text über einem festen, endlichen Alphabet beschreiben.*

Endliche Texte über einem Alphabet

Wir beginnen damit, derartige Texte mathematisch exakt zu definieren. Sei $A = \{a_1, \ldots, a_n\}$ ein Alphabet mit der alphabetischen Ordnung $a_1 < a_2 < \ldots < a_n$. Mit A^* bezeichnen wir die Menge der *Texte* (auch Zeichenketten, endliche Folgen, Worte genannt) über A:

$$A^* = \{\epsilon, a_1, \ldots, a_n, a_1a_1, a_1a_2, \ldots, a_5a_3a_3a_1a_5a_2, \ldots\}$$

Hierbei ist ϵ der leere Text der Länge 0.

Wir können die Texte in A^* nun in einer festen Ordnung auflisten, und zwar

1. der Länge nach. Zu jeder Länge l gibt es n^l verschiedene Texte über A, also endlich viele.
2. lexikographisch innerhalb der Texte gleicher Länge:

$$b_1b_2 \ldots b_l \ < \ c_1c_2 \ldots c_l$$

gilt genau dann, wenn

$$\begin{array}{ll} & b_1 < c_1 \\ \vee & (b_1 = c_1 \ \wedge \ b_2 < c_2) \\ \vee & (b_1 = c_1 \ \wedge \ b_2 = c_2 \ \wedge \ b_3 < c_3) \\ \ldots & \\ \vee & (b_1 = c_1 \ \wedge \ \ldots \ \wedge \ b_{l-1} = c_{l-1} \ \wedge \ b_l < c_l) \end{array}$$

gilt.

Hierdurch ist eine Ordnung auf A^* eindeutig bestimmt, so dass wir von dem ersten, zweiten, dritten etc. Text über A^* (gemäß dieser Ordnung) reden können. Die derart definierte Ordnung der Texte fester Länge kann auch auf Texte unterschiedliche Länge erweitert werden und ist uns als *lexikographische Ordnung* etwa aus der Sortierung von Namen etwa in Telefonbüchern vertraut.

Ordnung auf A^*

Aus der Existenz dieser lexikographischen Ordnung folgt eine mathematische Charakterisierung der Anzahl der Texte:

Satz 7.1
Abzählbarkeit von A^*

Die Menge A^* aller Texte ist abzählbar. □

Die Anzahl der Texte über einem festen Alphabet entspricht somit der Anzahl der natürlichen Zahlen. Abzählbarkeit bedeutet, dass man die Menge A^* der Reihe nach durchnummerieren kann, sie also wie in einem Kinderreim »abzählen« kann. Mathematisch entspricht eine derartige Abzählung einer bijektiven Funktion von A^* auf die natürlichen Zahlen.

Da es nicht mehr berechenbare Funktionen als sie berechnende Algorithmen und nicht mehr Algorithmen als sie beschreibende Texte geben kann, gilt offenbar auch folgende Aussage:

Satz 7.2
Abzählbarkeit der berechenbaren Funktionen

Die Menge der durch Algorithmen definierten berechenbaren Funktionen ist abzählbar. □

Nicht jeder Text in A^* definiert einen Algorithmus, der eine Funktion berechnet – aber es kann auch nicht mehr berechnende Algorithmen als Texte geben.

Betrachten wir nun speziell einstellige Funktionen auf $\mathbb{Z}$, $f : \mathbb{Z} \to \mathbb{Z}$. Wie bewiesen, gibt es nur abzählbar viele solcher berechenbaren Funktionen. Funktionen insgesamt gibt es jedoch weit mehr, wie der folgende Satz zeigt:

Satz 7.3
Überabzählbarkeit der einstelligen Funktionen

Die Menge $F = \{f \mid f : \mathbb{Z} \to \mathbb{Z}\}$ der einstelligen Funktionen auf $\mathbb{Z}$ ist überabzählbar.

Beweis: Wir nehmen an, F sei abzählbar, so dass wir nun alle $f \in F$ auflisten können, $F = \{f_0, f_1, \ldots\}$, d.h., jedes f hat eine Nummer i in dieser Folge. Sei nun $g : \mathbb{Z} \to \mathbb{Z}$ definiert durch

$$g(x) \quad = \quad f_{abs(x)}(x) + 1$$

Dann ist für $i = 1, 2, \ldots, g(i) \neq f_i(i)$, also ist für alle $i = 1, 2, \ldots$ immer $g \neq f_i$. Die Funktion g kommt demnach in der obigen Folge nicht vor. Offensichtlich ist g aber eine einstellige Funktion auf $\mathbb{Z}$ und müsste somit in der obigen Folge *aller* dieser Funktionen vorkommen. Der Widerspruch lässt sich nur lösen, wenn wir die Annahme fallen lassen, F sei abzählbar. □

Berechenbare Funktionen sind also unter allen Funktionen genauso »seltene« Ausnahmen wie ganze (oder natürliche oder rationale) Zahlen unter den reellen.

Cantor'sches Diagonalverfahren

Die obige Beweismethode ist unter dem Namen »Cantor'sches Diagonalverfahren« bekannt. Der Begriff Diagonalverfahren kommt von der grafischen Darstellung der $f_i(j)$ in einer (i, j)-Matrix – der Beweis konstruiert jeweils Unterschiede entlang der Diagonalen (also für $i = j$). Auf ähnliche Weise hat Cantor erstmals bewiesen, dass die reellen Zahlen überabzählbar sind.

Nachdem wir wissen, dass berechenbare Funktionen eher seltene Ausnahmen sind, ist die Frage nahe liegend, ob sich nichtberechenbare Funktionen *konkret angeben* lassen. Um zu beweisen, dass eine gegebene Funktion berechenbar ist, braucht man nur einen Algorithmus anzugeben, der sie berechnet. So schwierig dies im Einzelfall sein mag, so ist es doch prinzipiell schwieriger zu beweisen, dass eine gegebene Funktion *nicht* berechenbar ist. Dieses erfordert nämlich eine Beweisführung über *alle denkbaren und möglichen Algorithmen!*

Derartige Ergebnisse über Algorithmen lassen sich nur gewinnen, wenn man den Begriff des Algorithmus mit hinreichender mathematischer Genauigkeit definiert, wie dies im vorigen Kapitel geschah.

7.1.2 Konkrete nichtberechenbare Funktionen

Nun kehren wir zu dem Problem zurück, eine nichtberechenbare Funktion konkret anzugeben. Wir benutzen dazu ein beliebiges Algorithmenmodell, welches folgenden Kriterien genügt:

1. Berechnet werden partielle Funktionen $f : A^* \to A^*$ über einem festen Alphabet A.
2. Auch die Algorithmen selbst lassen sich als Text über A darstellen.

Durch diese Festlegungen können Algorithmentexte wiederum als Eingaben für Algorithmen genommen werden. Diese Eigenschaft ist wichtig für die folgenden Betrachtungen.
Als Beispiel lassen sich Markov-Algorithmen leicht als Text über einem geeigneten Alphabet A kodieren, in dem auch die Eingabe- und Ausgabewerte kodiert werden können.

Alternativ kann man statt Algorithmen auf A^* auch Algorithmen über den natürlichen Zahlen betrachten. Hierbei müssen dann allerdings auch die Algorithmentexte als Zahlen verschlüsselt werden. Kodierungen von Algorithmen durch natürliche Zahlen gehen auf K. Gödel (1931) zurück. Man spricht daher bei dieser Variante auch von »Gödelisierung«.

Gödelisierung

Vor der eigentlichen Konstruktion einer konkreten nichtberechenbaren Funktion legen wir einige formale Konzepte im Zusammenhang mit den betrachteten Algorithmen fest.

Definition 7.1
Von x berechnete Funktion

Sei $x \in A^*$ ein beliebiger Text. Dann bezeichnet φ_x die *vom Algorithmus mit Text x berechnete Funktion*. Ist x kein sinnvoller Algorithmentext, so sei φ_x überall undefiniert. □

Natürlich sind die meisten Texte in A^* keine sinnvollen Algorithmentexte – dies ist aber für die folgenden Betrachtungen nicht relevant.

Definition 7.2
Urbildbereich einer Funktion

Sei $f: A^* \to A^*$ eine partielle Funktion. Dann ist

$$dom\ f := \{x \in A^* \mid f(x) \text{ ist definiert } \}$$

der *Urbildbereich* von f (*dom* für »domain«). □

Der Urbildbereich einer Funktion gibt uns also genau diejenigen Eingabewerte, bei der die Funktion einen Wert berechnet. Anders formuliert: Für alle Werte außerhalb des Urbildbereichs hält der Algorithmus nicht.

Nun sind wir endlich in der Lage, eine nichtberechenbare Funktion konkret anzugeben. Dazu sei $a \in A$ ein fest gewählter Buchstabe.

Satz 7.4
Halteproblem

Die (totale) Funktion $h: A^* \to A^*$,

$$h(x) = \begin{cases} \epsilon, & \text{falls } x \in dom\ \varphi_x \\ a & \text{sonst} \end{cases}$$

ist nicht berechenbar. □

Die Werte ϵ, also das leere Wort, und a sind dabei willkürlich gewählt – wichtig ist, dass es sich um zwei unterschiedliche Werte aus $A*$ handelt, die die Rolle von **`true`** und **`false`** übernehmen können.

Spezielles Halteproblem

Die obige Funktion h ist mathematischer Ausdruck des Spezialfalls eines recht anschaulichen Problems, des so genannten *Halteproblems*. Die Funktion h entscheidet durch die Ausgaben ϵ oder a, ob $x \in dom\ \varphi_x$ ist oder nicht. Nun bedeutet $y \in dom\ \varphi_x$, dass $\varphi_x(y)$ definiert ist, und dies wiederum heißt, dass der Algorithmus mit Text x bei Eingabe von y irgendwann anhält. Betrachtet wird nun der Fall $x = y$, also die Anwendung eines Algorithmus auf die *eigene* Beschreibung. Die Funktion h drückt also die Frage aus:

> *»Hält ein Algorithmus irgendwann an, wenn man ihm seinen eigenen Text eingibt?«*

Diese Frage ist auch als *spezielles Halteproblem* bekannt. Da die Funktion h *total* ist, ist sie für alle Texte von Algorithmen definiert und ihre Berechnung würde daher in allen Fällen terminieren. Diese Fragestellung sieht auf den ersten Blick etwas esoterisch aus. Ein Compiler für Java kann aber durchaus in Java programmiert sein – ein Programm, das seinen eigenen Text als Eingabe verarbeitet, ist also durchaus nicht ungewöhnlich.

7.1.3 Das Halteproblem

Probleme, deren Entscheidungsfunktion nicht berechenbar ist, nennt man *nichtentscheidbar*. Es gibt eine große Fülle nichtentscheidbarer Probleme, von denen wir einige genauer betrachten werden. Das Problem $x \in dom\ \varphi_x$ ist ein spezielles Entscheidungsproblem, auch *Selbstanwendungsproblem* oder *spezielles Halteproblem* genannt. Das Selbstanwendungsproblem ist nun gerade eines dieser nichtentscheidbaren Probleme.

Allgemeines Halteproblem

Um die Nichtentscheidbarkeit des speziellen Halteproblems zu zeigen, betrachten wir zuerst das allgemeine Halteproblem. Das *allgemeine Halteproblem* ist $y \in dom\ \varphi_x$, also:

»Hält Algorithmus x bei der Eingabe von y?«

Beweisen wollen wir nun die folgende Aussage:

Satz 7.5
Allgemeines Halteproblem

Das allgemeine Halteproblem ist nichtentscheidbar. □

Beweis: Gäbe es einen Entscheidungsalgorithmus für $y \in dom\ \varphi_x$, so könnte man damit auch speziell $x \in dom\ \varphi_x$ entscheiden. □

Bemerkung: So einfach dieser Beweis erscheint, er zeigt ein typisches Grundmuster, nämlich »Reduktion auf ein als nichtentscheidbar bewiesenes Problem«.

Fast alle Nichtentscheidbarkeitsbeweise sind so konstruiert: »Wäre das (neue) Problem Y entscheidbar, so auch das (alte) Problem X«. Das Halteproblem spielt hierbei die Rolle einer Wurzel, auf die letzten Endes alle Nichtentscheidbarkeitsprobleme reduziert werden. □

Wir haben uns bisher um einen wirklichen Beweis gedrückt – Satz 7.4 wurde ja noch gar nicht bewiesen und damit hängt der Beweis von Satz 7.5 noch genauso in der Luft. Diesen Beweis müssen wir jetzt natürlich nachholen.

Wegen der grundlegenden Bedeutung des Halteproblems für die Theorie der Entscheidbarkeit wollen wir zunächst einen »anschaulichen« Beweis für seine Nichtentscheidbarkeit liefern.

Angenommen, wir hätten eine Maschine (Algorithmus) `STOP` mit zwei Eingaben, nämlich einem Algorithmentext `x` und einer Eingabe `y` für `x`, sowie zwei Ausgaben:

`JA`: `x` stoppt bei Eingabe von `y`
`NEIN`: `x` stoppt nicht bei Eingabe von `y`

In Abbildung 7.1 wird diese Maschine grafisch dargestellt.

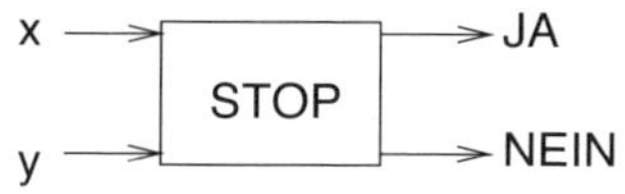

Abbildung 7.1
Die Maschine `STOP`

Mit dieser Maschine `STOP` könnten wir dann eine neue Maschine `SELTSAM` konstruieren, die in Abbildung 7.2 dargestellt ist.

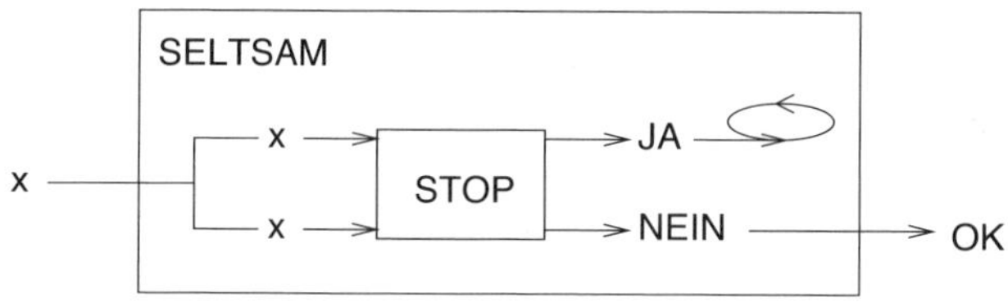

Abbildung 7.2
Die Maschine
`SELTSAM`

Bei Eingabe von `x` wird getestet, ob `x` bei Eingabe von `x` stoppt. Im `JA`-Fall wird in eine Endlosschleife gegangen. Im `NEIN`-Fall hält `SELTSAM` an mit der Anzeige `OK`. Eine derartige Konstruktion ist in jedem der bisher betrachteten Algorithmenmodelle leicht durchführbar.

Nun geben wir den Algorithmentext von `SELTSAM` als Eingabe für sich selbst ein und fragen:

Hält `SELTSAM` *bei der Eingabe von* `SELTSAM`*?*

Bei genauerer Betrachtung kommen wir zu folgenden Antworten:

1. Wenn die Frage mit ja beantwortet wird, so wird der `JA`-Ausgang von `STOP` angelaufen und `SELTSAM` gerät in die Endlosschleife, hält also nicht. Dies ist ein Widerspruch!
2. Wenn nein, so wird der `NEIN`-Ausgang von `STOP` angelaufen und `SELTSAM` stoppt mit `OK`. Dies ist ebenfalls ein Widerspruch (Beantwortung der Frage mit nein, die Maschine hält also nicht)!

Diese Widersprüche folgen allein aus der Annahme, dass eine `STOP`-Maschine existiert, was daher verneint werden muss.

Auch wenn diese Beweisführung für das intuitive Verständnis ausreicht, wollen wir nun doch der Vollständigkeit halber einen mathematischen Beweis »nachschieben«.

Beweis der Nichtberechenbarkeit des speziellen Halteproblems

Beweis: (formaler Beweis von Satz 7.4): Wir nehmen an, die Funktion $h: A^* \to A^*$ mit

$$h(x) = \begin{cases} \epsilon, & \text{falls } x \in dom\ \varphi_x \\ a & \text{sonst} \end{cases}$$

sei berechenbar. Dann ist aufgrund der Church'schen These auch die Funktion $g: A^* \to A^*$

$$g(x) = \begin{cases} \varphi_x(x)a, & \text{falls } h(x) = \epsilon \\ \epsilon & \text{sonst} \end{cases}$$

berechenbar, da eine derartige Fallunterscheidung in den uns bekannten Algorithmenmodellen leicht berechnet werden kann.

Nun ist sicherlich aufgrund der Definition $g(x) \neq \varphi_x(x)$ für alle $x \in A^*$. Da g berechenbar ist, gibt es einen Algorithmus mit einem Text $y \in A^*$, der g berechnet, d.h., es gibt ein y mit $g = \varphi_y$. Damit folgt nun:

$$\varphi_y(y) = g(y) \neq \varphi_y(y)$$

Dies ist offenbar ein Widerspruch, der sich nur dadurch lösen lässt, dass wir die Annahme aufgeben, h sei berechenbar. □

Dies ist übrigens wiederum ein Diagonalbeweis.

7.1.4 Nichtentscheidbare Probleme

Das Halteproblem ist ein Beispiel für ein *semantisches* Problem von Algorithmen, nämlich ein Problem der Art:

> *Kann man anhand eines Programmtextes (Syntax) entscheiden, ob die berechnete Funktion (Semantik) eine bestimmte Eigenschaft hat?*

Beim Halteproblem ist dies die Eigenschaft, ob die berechnete Funktion an einer bestimmten Stelle definiert ist. Wie steht es nun mit anderen semantischen Eigenschaften von Algorithmen?

Aus einem grundlegenden Satz der Algorithmentheorie (Satz von Rice) folgt die folgende bemerkenswerte Aussage:

> *Jede nichttriviale semantische Eigenschaft von Algorithmen ist nichtentscheidbar.*

Dabei ist eine Eigenschaft genau dann trivial, wenn entweder jede oder keine berechnete Funktion sie hat. Nichttriviale semantische Eigenschaften sind demnach solche, die manche berechnete Funktionen haben und manche nicht.

Nicht entscheidbar sind also u.a. die folgenden Probleme:

Nichtentscheidbare semantische Eigenschaften von Algorithmen

1. Ist die berechnete Funktion total? Überall undefiniert? Injektiv? Surjektiv? Bijektiv? etc. etc.
2. Berechnen zwei gegebene Algorithmen dieselbe Funktion?
3. Ist ein gegebener Algorithmus korrekt, d.h., berechnet er die gegebene (gewünschte) Funktion?

Diese Ergebnisse bedeuten nicht, dass man solche Fragen nicht *im Einzelfall* entscheiden könnte! Dies ist durchaus möglich. So behandeln wir z.B. im folgenden Abschnitt 7.2 das Problem, die Korrektheit von Algorithmen nachzuweisen. Es ist jedoch prinzipiell unmöglich, eine allgemeine Methode hierfür zu finden, also z.B. *einen* Algorithmus, der die Korrektheit *aller* Algorithmen nachweist (und damit auch seine eigene!).

Man könnte nun den Eindruck gewinnen, dass die Nichtentscheidbarkeit nur semantische, eher »esoterische« Probleme betrifft. Im folgenden Abschnitt werden wir sehen, dass auch sehr konkrete und einfach klingende Probleme nichtentscheidbar sein können.

7.1.5 Post'sches Korrespondenzproblem

Post'sches Korrespondenzproblem

Ein besonders einfaches und verblüffendes nichtentscheidbares Problem ist das so genannte *Post'sche Korrespondenzproblem* (E. Post): Gegeben seien ein Alphabet A und zwei gleich lange Listen von Worten über A:

$$\begin{aligned}\alpha &= (\alpha_1, \alpha_2, \ldots, \alpha_n)\\ \beta &= (\beta_1, \beta_2, \ldots, \beta_n)\end{aligned}$$

wobei $\alpha_i, \beta_i \in A^+ = A^* - \{\epsilon\}$ und $n \geq 1$. Das Problem besteht nun darin, eine »Korrespondenz« zu finden, d.h. eine endliche Folge $(i_1, i_2 \ldots, i_k)$, $i_j \in \{1, \ldots, n\}$ für $j = 1, 2, \ldots, k$, so dass gilt:

$$\alpha_{i_1}\alpha_{i_2}\ldots\alpha_{i_k} = \beta_{i_1}\beta_{i_2}\ldots\beta_{i_k}$$

Die folgenden zwei Beispiele erläutern dies näher.

Beispiel 7.1 *Post'sches Korrespondenzproblem*

Wir betrachten ein Post'sches Korrespondenzproblem über einem zweielementigen Alphabet mit Wortlisten der Länge 3.

$$A = \{0,1\} \quad \alpha = (1\ ,\ 1\,0\,1\,1\,1\ ,1\,0)$$
$$\beta = (1\,1\,1\ ,\ 1\,0\ ,\ 0)$$

Lösung

Dieses Post'sche Korrespondenzproblem besitzt eine Lösung, nämlich die Korrespondenz (2,1,1,3):

$$1\,0\,1\,1\,1\,.\,1\,.\,1\,.\,1\,0 = 1\,0\,.\,1\,1\,1\,.\,1\,1\,1\,.\,0$$

Mit dem Finden einer Lösung hat man natürlich immer gleich unendlich viele Lösungen gefunden, indem man die Lösung iteriert. □

Der positive Schluss kann einfach durch Angabe einer Lösung erfolgen. Der Nachweis des Fehlens einer Lösung muss mittels eines Beweises über alle möglichen Korrespondenzlisten erbracht werden.

Beispiel 7.2 *Post'sches Korrespondenzproblem ohne Lösung*

Wir betrachten wieder ein Post'sches Korrespondenzproblem über einem zweielementigen Alphabet mit Wortlisten der Länge 3.

$$A = \{0,1\} \quad \alpha = (1\,0\ ,\ 0\,1\,1\ ,\ 1\,0\,1)$$
$$\beta = (1\,0\,1\ ,\ 1\,1\ ,\ 0\,1\,1)$$

Dieses Post'sche Korrespondenzproblem besitzt keine Lösung. Gäbe es nämlich eine, so müsste sie mit dem Index 1 anfangen:

$$1\,0\,\ldots \stackrel{?}{=} 1\,0\,1\,\ldots$$

Als zweites müsste nun ein Index i mit $\alpha_i = 1\ldots$ gewählt werden, also 1 oder 3. Aber $(1,\ 1,\ \ldots)$ ergibt

$$1\,0\,1\,0\,\ldots \neq 1\,0\,1\,1\,0\,1\ldots$$

und $(1,\ 3,\ldots)$ ergibt

$$1\,0\,1\,0\,1\,\ldots \stackrel{?}{=} 1\,0\,1\,0\,1\,1\,\ldots$$

Die gleiche Überlegung wie oben führt nun dazu, dass wieder der Index 3 gewählt werden muss. $(1,\ 3,\ 3,\ldots)$ ergibt

$$1\,0\,1\,0\,1\,1\,0\,1\,\ldots \stackrel{?}{=} 1\,0\,1\,0\,1\,1\,0\,1\,1\,\ldots$$

Wieder müsste 3 gewählt werden usw. Es ist nun zu sehen, dass niemals eine Lösung entstehen kann, da die rechte Seite der linken immer um eine Stelle voraus ist. □

Während wir in diesen Beispielen die Lösbarkeit entscheiden können, ist das allgemeine Problem, nämlich zu entscheiden, ob eine Lösung für ein gegebenes Post'sches Korrespondenzproblem über einem Alphabet mit mindestens zwei Buchstaben existiert, nicht entscheidbar. Auch der Beweis dieser Aussage wird auf eine Kodierung eines speziellen Halteproblems als Post'sches Korrespondenzproblem zurückgeführt.

Wir überlassen Einzelheiten und den Beweis dieser Aussage Lehrbüchern der theoretischen Informatik – hier war es nur unser Ziel, zu zeigen, wie verblüffend einfach nichtentscheidbare Fragestellungen sein können.

7.2 Korrektheit von Algorithmen

Es ist ganz wesentlich, dass Algorithmen, die wir für eine bestimmte Aufgabe entworfen haben, *korrekt* sind, d.h., dass sie sich genauso verhalten, wie wir es beabsichtigt hatten. Bei einigen hochsensiblen und kritischen Anwendungen (z.B. in der medizinischen Informatik, bei der Steuerung von Robotern und Fahrzeugen, aber auch in der Baustatik) können durch nicht korrekte Algorithmen hervorgerufene Fehlfunktionen schwere Schäden anrichten oder gar Katastrophen auslösen.

Korrektheit von Algorithmen

Nun haben wir im vorherigen Abschnitt gesehen, dass die Korrektheit von Programmen im Allgemeinen nicht entscheidbar ist. In vielen Anwendungsfällen wird man mit pragmatischem Austesten eine hinreichende Sicherheit erreichen können. Will man jedoch die Korrektheit eines Algorithmus mit mathematischer Exaktheit und Strenge nachweisen, so ist man auf eine Beweisführung im Einzelfall angewiesen. Dies ist nicht nur bei sicherheitskritischen Anwendungen angezeigt, sondern z.B. auch bei Standardalgorithmen, die hardwaremäßig, etwa als VLSI-Chip, realisiert und in großer Serie produziert werden sollen. Ein Beispiel hierfür sind Kommunikationsprotokolle. Ein großer Aufwand bei dem Nachweis der Korrektheit lohnt sich hier, da Fehler große wirtschaftliche Verluste bewirken.

In diesem Abschnitt wollen wir einige grundlegende Konzepte und Vorgehensweisen für Korrektheitsbeweise für Algorithmen erörtern. Die Problematik kann hier nicht tief und ausführlich abgehandelt werden. Wir beschränken uns darauf, Problematik und Vorgehensweise anhand einfacher Beispiele zu demonstrieren.

7.2.1 Relative Korrektheit

Der Nachweis der *Korrektheit* eines Algorithmus bezieht sich immer auf eine *Spezifikation* dessen, was er tun *soll*. Insofern handelt es sich immer um eine *relative* Korrektheit. Ein Algorithmus kann also nicht als korrekt an sich bewiesen werden, sondern nur in Bezug auf eine Spezifikation des beabsichtigten Verhaltens.

Relative Korrektheit

Verifikation

Der Nachweis der Korrektheit kann auf verschiedene Arten erfolgen. Unter der *Verifikation* verstehen wir einen formalen, mathematisch rigiden Beweis, dass ein Algorithmus korrekt bezüglich einer Spezifikation ist. Verifikation erfordert eine Formalisierung der Algorithmensprache sowie eine Spezifikation in einem mathematisch exakten Formalismus. Unter *Validation* verstehen wir einen nichtformalen und in der Regel nicht hundertprozentig sicheren Nachweis der Korrektheit, wie er etwa durch systematisches Testen erfolgen kann.

Die für die Korrektheit eines Algorithmus wichtigen Begriffe können wir also wie folgt zusammenfassen:

- *Spezifikation*: eindeutige Festlegung der berechneten Funktion bzw. des Terminierungsverhaltens einer Softwarekomponente
- *Verifikation*: formaler Beweis der Korrektheit bezüglich einer formalen Spezifikation
- *Validation*: (nichtformaler) Nachweis der Korrektheit bezüglich einer informellen oder formalen Spezifikation (etwa systematisches Testen)

Große Teilgebiete der Softwaretechnik beschäftigen sich mit Spezifikationssprachen, semiautomatischer und automatischer Verifikation und mit Testverfahren. Wir können hier nur exemplarisch einige Grundprinzipien anhand von Beispielen erläutern.

7.2.2 Korrektheit von imperativen Algorithmen

Wir behandeln zunächst die imperativen Algorithmen, die ja vielen kommerziellen Programmiersprachen zugrunde liegen. Eine verbreitete Methode, die gewünschten Eigenschaften von Algorithmen zu spezifizieren und die gerade für imperative Algorithmen gut eingesetzt werden kann, ist die Angabe von *Vor- und Nachbedingungen*:

Vor- und Nachbedingungen

```
{ VOR }   ANW   { NACH }
```

`VOR` und `NACH` sind dabei Aussagen über den Zustand vor bzw. nach Ausführung der Anweisung `ANW`. Der Bezug auf den Zustand verdeutlicht, dass diese Spezifikationsform gerade für imperative Algorithmen geeignet ist, deren Semantik von uns ja als Zustandstransformation definiert wurde. Genauer bedeutet diese Aussage:

Semantik von Vor- und Nachbedingungen

Gilt die Bedingung `VOR` unmittelbar vor Ausführung von `ANW` und terminiert `ANW`, so gilt die Bedingung `NACH` unmittelbar nach Ausführung von `ANW`.

Terminiert die Anweisungsfolge `ANW` nicht, so ist eine derartige Bedingung also trivialerweise wahr, wie auch immer `VOR` und `NACH` aussehen. Entsprechend ist die Bedingung auch trivialerweise wahr, wenn die Vorbedingung `VOR` nicht gilt, gleichgültig, ob `ANW` terminiert oder nicht und ob `NACH` gilt oder nicht.

Vor- und Nachbedingungen und imperative Algorithmen

Vor- und Nachbedingungen basieren auf dem Konzept eines Zustands, der durch eine Anweisung verändert wird. Der *Zustand* ist bei imperativen Algorithmen über die Werte der Variablen bestimmt. Vor- und Nachbedingungen können somit als logische Formeln der Prädikatenlogik unter Verwendung dieser Variablen notiert werden. Man muss dabei beachten, dass diese Variablen in der Vorbedingung einen anderen Wert annehmen können als in der Nachbedingung, da ihr Wert durch eine Wertzuweisung modifiziert worden sein kann. Wir werden dieses Konzept nun an einigen Beispielen erläutern.

Beispiel 7.3
Anweisungen über Variablen

Wir betrachten Anweisungen über Variablen, die Werte aus dem Bereich der ganzen Zahlen $\mathbb{Z}$ annehmen.

1. Die Bedingung

$$\{X = 0\} \quad X := X + 1 \quad \{X = 1\}$$

ist wahr. Diese Spezifikation entspricht genau der Bedeutung der Wertzuweisung in imperativen Algorithmen.

2. Die Bedingung

$$\{\texttt{true}\} \quad X := Y \quad \{X = Y\}$$

ist ebenfalls wahr.

3. Die Bedingung

$$\{Y = a\} \quad X := Y \quad \{X = a \land Y = a\}$$

ist wahr für alle $a \in \mathbb{Z}$.

4. Die Bedingung

$$\{X = a \land Y = b \land a \neq b\} \quad X := Y;\ Y := X \quad \{X = b \land Y = a\}$$

ist *falsch* für alle $a, b \in \mathbb{Z}$, da nach dem ersten Schritt beide Variablen den Wert b angenommen haben (ein typischer Anfängerprogrammierfehler beim Wertetausch).

5. Die Bedingung

$$\{X = a \land Y = b\} \quad Z := X;\ X := Y; Y := Z \quad \{X = b \land Y = a\}$$

ist wahr für alle $a, b \in \mathbb{Z}$ – dies ist die korrekte Realisierung des Wertetauschs.

6. Die Bedingung
$$\{\textbf{false}\}\quad \texttt{ANW}\quad \{\texttt{NACH}\}$$
ist wahr für alle ANW und NACH, da eine falsche Vorbedingung die Implikation immer erfüllt.
7. Die Bedingung
$$\{\textbf{true}\}\quad \texttt{ANW}\quad \{\textbf{false}\}$$
ist aufgrund unserer Definition genau dann wahr, wenn ANW nicht terminiert.
8. Die Bedingung
$$\{X = a\}\quad \textbf{while}\quad X \neq 0\ \textbf{do}\ X := X - 1\quad \textbf{od}\quad \{X = 0\}$$
ist wahr für alle $a \in \mathbb{Z}$ – insbesondere auch für $a < 0$, da dann die **while**-Schleife nicht terminiert.

□

Bei der Korrektheit *imperativer* Algorithmen bzgl. gegebener Vor- und Nachbedingungen unterscheidet man zwischen *partieller* und *totaler* Korrektheit. Zur Definition dieser Begriffe sei ein Algorithmus PROG gegeben:

```
PROG: var    X,Y, ...: int;
              P,Q ...: bool;
      input  X1,...,Xn;
                 α;
      output  Y1,...,Ym.
```

Ferner seien eine Vorbedingung VOR und eine Nachbedingung NACH für die Anweisung α von PROG gegeben. Die Vorbedingung spiegelt dabei die Belegung der Variablen mit Werten wider, während die Nachbedingung die zu beweisende Berechnung ausdrückt.

Definition 7.3 *Partielle Korrektheit*

Ein Programm PROG heißt *partiell korrekt* bzgl. VOR und NACH gdw.
$$\{\texttt{VOR}\}\ \alpha\ \{\texttt{NACH}\}$$
wahr ist (siehe informelle Definition der Bedeutung von Vor- und Nachbedingungen).

Totale Korrektheit

PROG heißt *total korrekt* bzgl. VOR und NACH gdw. PROG partiell korrekt ist bzgl. VOR und NACH, und wenn α darüber hinaus immer dann terminiert, wenn vorher VOR gilt. □

Im Rahmen dieses Buches wird darauf verzichtet, ein Regelwerk zum Beweisen von Vor- und Nachbedingungen anzugeben. Es sei stattdessen auf spätere Vorlesungen und weiterführende Literatur vertröstet. Hier sei nur bemerkt, dass das Finden von geeigneten Vor- und Nachbedingungen nicht einfach ist. Für jedes Konstrukt imperativer Algorithmen muss eine Beweisvorgehensweise entwickelt werden. Wir werden dies nur für den Fall der Schleifen etwas ausführlicher demonstrieren.

7.2.3 Korrektheitsbeweise für Anweisungstypen

Imperative Algorithmen haben vier grundlegende Anweisungstypen: Wertzuweisungen als atomare Anweisungen, Sequenz, Selektion und Iteration. Wir werden für diese vier Anweisungsmuster kurz erläutern, wie bei einem Beweis vorgegangen werden muss – auf eine intensive Diskussion werden wir wie bereits erwähnt verzichten und stattdessen anschließend zwei Beispiele vorstellen.

Atomare Anweisungen

Für eine atomare Anweisung $X := t$ kann man eine Vorbedingung in eine Nachbedingung transformieren, indem jedes Auftreten des Terms t in der Vorbedingung VOR durch X ersetzt wird. So kann man etwa die folgende Bedingungen zeigen:

Transformation bei Wertzuweisung

$$\{3 > 0\}\ X := 3\ \{X > 0\}$$

Beachten muss man dabei, dass die Variablen der Vorbedingung den alten Zustand betreffen, die der Nachbedingung den neuen. Daher kann man dieses Prinzip auch auf folgendes Beispiel übertragen, bei dem die Variable X in beiden Bedingungen auftaucht:

$$\{X + 1 > 0\}\ X := X + 1\ \{X > 0\}$$

Man kann sich die Korrektheit des Beispiels dadurch verdeutlichen, dass man die »neuen« Werte von X als X' markiert:

$$\{X + 1 > 0\}\ X' := X + 1\ \{X' > 0\}$$

Die Ersetzung ist natürlich oft nicht direkt möglich, da der Term t in der Vorbedingung auftauchen muss, um eine geeignete Nachbedingung zu erzeugen. Dies kann man allerdings mittels logischer Tautologien und Umformungen erreichen. Als Beispiel tauchen in der Formel

$$\{X > 0\}\ X := X - 1\ \{X \geq 0\}$$

keine geigneten Terme auf, aber nach Äquivalenzumformungen können wir trotzdem den Beweis führen:

$$\{(X-1)+1>0\}\ X := X-1\ \{X+1>0\}$$

Hier haben wir die Äquivalenzen $(X > 0) \equiv ((X-1)+1>0)$ und $(X \geq 0) \equiv (X+1>0)$ ausgenutzt.

Sequenzen von Anweisungen

Korrektheit einer Sequenz

Besteht die Anweisung aus der Sequenz zweier Schritte, so muss man den Beweisschritt in zwei Schritte aufteilen. Um also

$$\{\texttt{VOR}\}\ \alpha;\ \beta\ \{\texttt{NACH}\}$$

zu zeigen, müssen wir eine Zwischenbedingung `MITTE` finden, so dass

$$\{\texttt{VOR}\}\ \alpha\ \{\texttt{MITTE}\}$$

und

$$\{\texttt{MITTE}\}\ \beta\ \{\texttt{NACH}\}$$

gezeigt werden kann.

Selektion

Korrektheit einer Selektion

Bei der Beweisführung im Fall der Selektion ist eine Fallunterscheidung notwendig. Um die Formel

$$\{\texttt{VOR}\}\ \textbf{if}\ B\ \textbf{then}\ \alpha\ \textbf{else}\ \beta\ \textbf{fi}\ \{\texttt{NACH}\}$$

beweisen zu können, muss

$$\{\texttt{VOR} \wedge B\}\ \alpha\ \{\texttt{NACH}\}$$

und

$$\{\texttt{VOR} \wedge \neg B\}\ \beta\ \{\texttt{NACH}\}$$

gezeigt werden. Wichtig ist also, dass die Nachbedingung gilt, egal welcher Zweig selektiert wurde.

Iteration und Schleifeninvarianten

Korrektheit einer Iteration

Erwartungsgemäß ist die Beweisführung für den Fall der Iteration aufwendiger. Um eine Bedingung über eine Schleife der Form

```
{ VOR }
   while B do β od
{ NACH }
```

zu überprüfen, müssen wir eine so genannte *Schleifeninvariante* P finden, die auch bei mehrfachen Schleifendurchläufen jeweils ihre Gültigkeit bewahrt. Im Einzelnen müssen wir dabei Folgendes prüfen:

Schleifeninvariante

1. Als erster Schritt ist zu prüfen, ob

   $$\texttt{VOR} \implies P$$

   gilt. Die Vorbedingung garantiert also die Gültigkeit von P beim ersten Eintritt in die Schleife.
2. Für den Schleifenrumpf ist Folgendes zu überprüfen:

   $$\{P \land B\}\ \beta\ \{P\}$$

   Der Schleifenrumpf bewahrt die Schleifeninvariante in den Fällen, in denen der Rumpf tatsächlich durchlaufen wird. Da uns nur dieser Fall interessiert, können wir für die Beweisführung annehmen, dass vor dem Eintritt in die Schleife sowohl die Schleifeninvariante als auch die Bedingung B gilt.
3. Die Nachbedingung muss nach Verlassen der Schleife gelten, also in dem Fall, dass B den Wert **`false`** annimmt:

   $$\{P \land \neg B\} \implies \texttt{NACH}$$

Übertragbarkeit auf imperative Programmiersprachen

Die vorgestellten Beweismuster können direkt auf die entsprechenden Grundmuster in imperativen Programmiersprachen übertragen werden. Einige weitere verbreitete Konstrukte wie die **`case`**-, **`for`**- und **`until`**-Konstrukte können auf die vorgestellten vier Basismuster zurückgeführt werden.

Mehr Aufwand bedarf es, den Aufruf von Prozeduren oder **`exit`**- oder gar **`goto`**-Anweisungen in den Formalismus zu integrieren. Hier muss unter anderem der doch einfache Zustandsbegriff deutlich erweitert werden.

7.2.4 Korrektheit imperativer Algorithmen an Beispielen

Um die Grundprinzipien der Verifikation von Vor- und Nachbedingungen zu zeigen, führen wir Beweise für zwei einfache Algorithmen. Der erste Beweis zeigt den Einsatz von Schleifeninvarianten an einem einfachen Beispiel.

Beispiel 7.4
Korrektheit von `MULT`

Wir betrachten als Beispiel den Algorithmus `MULT`, der die Multiplikation nur mittels Addition und Subtraktion realisiert.

```
MULT: var  W,X,Y,Z : int;
      input  X, Y
      Z:=0;
      W:=Y;
      while  W ≠ 0  do  Z:=Z+X;  W:=W-1 od;
      output  Z
```

Der Schleifenrumpf sei wieder mit β bezeichnet. Die Spezifikation lautet wie folgt:

- Vorbedingung: $\{Y \geq 0\}$
- Nachbedingung: $\{Z = X \cdot Y\}$

Um diese Spezifikationen beweisen zu können, benötigen wir eine *Schleifeninvariante* P. P muss durch den Schleifenrumpf erhalten bleiben, und bei Verlassen der Schleife (also im Fall $W = 0$) die Nachbedingung implizieren. Durch Nachdenken kommen wir auf die folgende Bedingung (leider gibt es kein automatisches Verfahren zur Bestimmung einer geeigneten Nachbedingung für alle Situationen):

$$P = (X \cdot Y = Z + W \cdot X)$$

Wir müssen nun die drei Aussagen beweisen, die die Bedeutung einer Schleifeninvariante ausmachen:

1. Die Schleifeninvariante muss beim Eintritt in die Schleife gelten. Hierzu notieren wir uns die Nachbedingungen mit den neuen Werten der Variablen (also X' als neuer Wert von X) und formulieren dies als Nachbedingung der beiden Anweisungen vor der Schleife:

$$\{Y \geq 0\} Z := 0; W := Y \{X' \cdot Y' = Z' + W' \cdot X'\}$$

Nun ersetzen wir die neuen Werte durch die alten Werte gemäß der Zuweisungen (X und Y wurden nicht verändert):

$$\{X \cdot Y = X' \cdot Y' = Z' + W' \cdot X' = 0 + Y \cdot X\}$$

Dies ist sicherlich eine korrekte Aussage. P gilt also vor dem ersten Schleifendurchlauf.

2. Nun müssen wir zeigen, dass wenn $P \wedge B$ vor dem Schleifenrumpf gilt, P auch nach dem Ausführen des Schleifenrumpfs gilt, und notieren das Ganze mit als neu markierten Variablen:

$$\{X \cdot Y = Z + W \cdot X \wedge W \neq 0\}$$
$$Z := Z + X;\ W := W - 1$$
$$\{X' \cdot Y' = Z' + W' \cdot X'\}$$

Wir ersetzen wieder in der Nachbedingung die als neu markierten Variablen durch ihre Werte basierend auf den Zuweisungen im Schleifenrumpf:

$$\begin{aligned} X \cdot Y = X' \cdot Y' &= Z' + W' \cdot X' \\ &= (Z + X) + (W - 1) \cdot X \\ &= Z + X + W \cdot X - X \\ &= Z + W \cdot X \end{aligned}$$

Der Rumpf erhält also die Schleifeninvariante P.

3. Es bleibt als dritter Schritt nur noch die Aufgabe, zu zeigen, dass $(P \wedge \neg B)$ die ursprüngliche Nachbedingung $Z = X \cdot Y$ impliziert:

$$(P \wedge \neg B) \equiv (X \cdot Y = Z + W \cdot X \wedge W = 0) \equiv (X \cdot Y = Z)$$

Dies beweist natürlich nur die partielle Korrektheit. Einen Beweis einer totalen Korrektheit zeigt das nächste Beispiel. □

Als zweites Beispiel wird die Korrektheit des Algorithmus XYZ aus dem Beispiel 3.23 (Abschnitt 3.3, Seite 78) betrachtet. Um die Korrektheit von XYZ zu beweisen, müssen wir dessen Spezifikation kennen, die wir bisher verschwiegen haben. Tatsächlich berechnet XYZ den ganzzahligen Anteil der Quadratwurzel des Eingabewertes – eine Spezifikation, auf die man nur durch Anschauen des Algorithmentextes wahrscheinlich nicht so schnell gekommen wäre. Dies verdeutlicht erneut eine grundlegende Eigenschaft von Korrektheitsbeweisen: Es ist immer nur möglich, die *relative* Korrektheit betreffend einer gegebenen Spezifikation zu prüfen!

Beispiel 7.5
Korrektheit von XYZ

Der zu prüfende Algorithmus XYZ (vergleiche Beispiel 3.23 von Seite 78) ist wie folgt formuliert:

```
XYZ:  var W,X,Y,Z : int;
      input X
      Z:=0; W:=1; Y:=1;
      while W ≤ X
         do Z:=Z+1; W:=W+Y+2; Y:=Y+2 od;
      output Z.
```

Zu prüfen ist die Korrektheit bezüglich Vor- und Nachbedingungen, die die Eigenschaft ausdrücken, dass XYZ den ganzzahligen Anteil der Quadratwurzel von X berechnet. Seien also die Vorbedingung

$$\text{VOR} \equiv (X \geq 0)$$

und die Nachbedingung

$$\texttt{NACH} \equiv (Z^2 \leq X < (Z+1)^2) \equiv (Z = \lfloor\sqrt{X}\rfloor)$$

gegeben. Wir wollen insgesamt beweisen, dass `XYZ` total korrekt ist bzgl. `VOR` und `NACH`. Hierzu beweisen wir in diesem Beispiel vorerst nur die partielle Korrektheit, der Beweis der Terminierung folgt in Beispiel 7.6.

Wir benutzen die folgenden Abkürzungen für Teile des Algorithmentextes:

$$\begin{aligned} \alpha &= (Z := 0;\ W := 1;\ Y := 1) \\ \beta &= (Z := Z+1;\ W := W+Y+2;\ Y := Y+2) \end{aligned}$$

Wir benötigen wieder eine Schleifeninvariante P als »Zwischenbedingung«, von der wir zeigen, dass sie am Anfang jeden Durchlaufs durch die **`while`**-Schleife gilt und dass sie nach Ablauf der **`while`**-Schleife die Nachbedingung `NACH` impliziert.

$$P \equiv (Z^2 \leq X \ \wedge\ (Z+1)^2 = W \ \wedge\ 2Z+1 = Y \ \wedge Y > 0)$$

Für die Schleifeninvariante müssen wir die folgenden drei Eigenschaften zeigen:

1. $\{\texttt{VOR}\}\ \alpha\ \{P\}$
2. $\{P \wedge W \leq X\}\ \beta\ \{P\}$
3. $P \wedge W > X \ \Rightarrow\ \texttt{NACH}$

Haben wir diese drei Formeln bewiesen, so folgt daraus, dass `XYZ` partiell korrekt ist bzgl. `VOR` und `NACH`.

Im Einzelnen läuft der Beweis wie folgt ab:

1. Mit den Werten $Z = 0$ und $W = Y = 1$ nach α gilt P, da

   $$(0^2 \leq X \ \wedge\ (0+1)^2 = 1 \ \wedge\ 2\cdot 0+1 = 1 \ \wedge 1 > 0)$$

2. Die Schleifeninvariante P besteht aus vier konjunktiv verbundenen Teilen. Wir zerlegen unseren Beweis in vier Teilbeweise und nutzen dabei jeweils nur Teile der Vorbedingung:

   (a) Der erste Teil gilt, da Z im Schleifenrumpf um 1 erhöht wird:

   $$\{(Z+1)^2 = W \ \wedge\ W \leq X\}\ \beta\ \{Z^2 \leq X\}$$

   (b) Zu zeigen ist für das zweite Konjunkt Folgendes:

   $$\{(Z+1)^2 = W \ \wedge\ 2Z+1 = Y\}\ \beta\ \{W = (Z+1)^2\}$$

Dass dies gilt, kann man sich an folgender Rechnung verdeutlichen, die Zuweisungen an Z und W im Schleifenrumpf berücksichtigt:

$$W = Z^2 + 2\,(Z-1) + 1 + 2 \;=\; Z^2 + 2Z + 1 \;=\; (Z+1)^2$$

(c) Analog betrachtet man das dritte Konjunkt:

$$\{2Z + 1 = Y\}\;\beta\;\{Y = 2(Z-1) + 1 + 2 \;=\; 2Z + 1\}$$

(d) Der letzte Formelteil gilt trivialerweise, da Y in jedem Durchlauf um 2 erhöht wird:

$$\{Y > 0\}\;\beta\;\{Y > 0\}$$

Aus den vier Teilbeweisen folgt insgesamt $\{P \wedge W \leq X\}\;\beta\;\{P\}$.

3. Es bleibt nur noch der dritte Bestandteil der Prüfung einer Schleifeninvariante übrig:

$$P \wedge W > X \;\Rightarrow\; Z^2 \leq X \wedge X < (Z+1)^2 \;\Rightarrow\; \texttt{NACH}$$

Damit ist die partielle Korrektheit bewiesen. Man beachte, dass hierfür die Bedingung $Y > 0$ nicht benötigt wurde. Sie ist erst zum *Beweis der Terminierung* erforderlich. □

Beweis der Terminierung von imperativen Algorithmen

Terminierung von imperativen Algorithmen

Die Terminierung einer Schleife kann man zum Beispiel dadurch zeigen, dass man eine Folge von Werten $u_0 u_1 u_2 u_3 u_4 \cdots$ derart konstruiert, dass Folgendes gilt:

- Der Schleifenrumpf berechnet u_{i+1} aus u_i.
- Beim ersten Eintritt in die Schleife hat u_0 einen definierten positiven Wert.
- Es gilt $u_{i+1} < u_i$ für alle i.
- Alle u_i sind größer 0. Ein $u_{i+1} \leq 0$ bedeutet somit Verlassen der Schleife.
- Die Differenz $u_i - u_{i+1}$ ist immer größer als ein vorgegebener Wert $\delta > 0$. Dies ist nur bei nicht ganzzahligen u_i zu zeigen.

Diese Bedingungen zusammen konstruieren eine garantiert terminierende Folge, da die Werte gegen 0 streben und bis ins Infinitesimale schrumpfende Differenzen ausgeschlossen sind. Im folgenden Beispiel zeigen wir nur den interessanten Teil der Beweisführung. Formal müssten wir die Folge der Werte von $u+1$ betrachten, um unserer Bedingung gerecht zu werden.

Beispiel 7.6 *Terminierung von* `XYZ`

Um die Terminierung des Algorithmus `XYZ` aus Beispiel 7.5 zu beweisen, zeigen wir, dass für den Wert von $u = X - W$ gilt:

1. Es gilt $W \leq X \Rightarrow u \geq 0$, d.h., u bleibt bei allen Schleifendurchläufen nichtnegativ.
2. u wird bei jedem Schleifendurchlauf echt kleiner.

Haben wir dies bewiesen, so folgt daraus, dass es nur endlich viele Schleifendurchläufe geben kann, dass `XYZ` also (bzgl. `VOR`) terminiert. Die beiden Bedingungen werden wie folgt bewiesen:

1. Dies ist offensichtlich.
2. Sei u der Wert unmittelbar vor Ablauf von β und sei u' der Wert unmittelbar danach. Dann gilt (für die Werte von W und Y *vor* Durchlauf der Schleife):

$$\begin{aligned} u &= X - W \\ u' &= X - (W + Y + 2) = X - W - Y - 2 \end{aligned}$$

   Da $Y > 0$ ist (!), ist $u' < u$.

Dies vervollständigt der Beweis der totalen Korrektheit von `XYZ` bzgl. `VOR` und `NACH`. □

7.2.5 Korrektheit applikativer Algorithmen

Korrektheit applikativer Algorithmen

Für den Nachweis von Eigenschaften – wie z.B. der Korrektheit – *applikativer* Algorithmen verwendet man typischerweise *Induktionsbeweise*, die der Struktur der rekursiven Funktionsdefinition folgen. Dies geschieht analog zu klassischen mathematischen Beweisen mit vollständiger Induktion und wird daher hier nicht vertieft. Stattdessen betrachten wir ein einfaches Beispiel für einen derartigen Beweis.

Beispiel 7.7 *Beispiel für Induktionsbeweis*

Wir betrachten die aus Beispiel 3.13 von Seite 65 bekannte McCarthys 91-Funktion:

$$f(x) = \textbf{if } x > 100 \textbf{ then } x - 10 \textbf{ else } f(f(x+11)) \textbf{ fi}$$

Unser Ziel ist es nun, zu beweisen, dass die Funktion f äquivalent zur folgenden Funktion g ist:

$$g(x) = \texttt{if}\ x > 100\ \texttt{then}\ x - 10\ \texttt{else}\ 91\ \texttt{fi}$$

Es muss also gezeigt werden, dass $f(x) = g(x)$ für alle $x \in \mathbb{Z}$. Der Beweis folgt dem klassischen Muster der Beweise mit vollständiger Induktion:

Als Induktionsanfang betrachten wir die Werte über 100: Für $x > 100$ ist $f(x) = x - 10 = g(x)$.

Die Induktion selbst verläuft nun »rückwärts«, d.h., wir zeigen:

Gilt $f(y) = g(y)$ für alle $y \geq x$, so gilt auch $f(x-1) = g(x-1)$.

Die Induktionsannahme lautet somit wie folgt:

Es gelte $f(y) = g(y)$ für alle $y \geq x$.

Für den eigentlichen Induktionsschritt unterscheiden wir zwei Fälle:

1. Fall: Sei $101 > x \geq 91$. Dann gilt:

$$\begin{aligned} f(x-1) &= f(f(x-1+11)) \\ &= f(f(x+10)) \\ &= f(x+10-10) \\ &= f(x) = g(x) = 91 = g(x-1) \end{aligned}$$

2. Fall: Sei $90 \geq x$. Dann gilt: $f(x-1) = f(f(x+10))$. Aufgrund der Induktionsannahme ist $f(x+10) = g(x+10) = 91$, also folgt:

$$f(x-1) = f(91) = g(91) = 91 = g(x-1)$$

Dies beweist $f(x) = g(x)$ für alle $x \in \mathbb{Z}$. □

Dieses Kapitel kann nur einen sehr oberflächlichen Eindruck von den Methoden vermitteln, die zur Verifikation von Algorithmen und damit von Programmen eingesetzt werden können. Allerdings sollte deutlich geworden sein, dass ein formaler Beweis der Korrektheit eines Programms *möglich* ist trotz der eher negativen Aussagen über die Entscheidbarkeit derartiger Fragestellungen im letzten Kapitel. Solche Beweise lassen sich aufgrund der Entscheidbarkeitsfrage nicht vollständig automatisieren, aber der Aufwand lohnt sich insbesondere bei sicherheitskritischen Anwendungen (bei der Software einer Sonde auf dem Weg zum Jupiter können wir Fehlersituationen, wie sie in verbreiteten PC-Betriebssystemen immer noch regelmäßig auftreten, sicher nicht tolerieren).

7.3 Komplexität

Für die algorithmische Lösung eines gegebenen Problems ist es *unerlässlich*, dass der gefundene Algorithmus das Problem *korrekt* löst. Darüber hinaus ist es natürlich *wünschenswert*, dass er dies mit möglichst geringem *Aufwand* tut. Manchmal ist dies auch unerlässlich – etwa beim automatischen Abschalten eines Kernkraftwerkes im Falle einer Havarie. Die Theorie der Komplexität von Algorithmen beschäftigt sich damit, gegebene Algorithmen hinsichtlich ihres Aufwandes abzuschätzen und – darüber hinaus – für gegebene Problemklassen zu bestimmen, mit welchem Mindestaufwand Probleme dieser Klasse gelöst werden können.

Komplexität

7.3.1 Motivierendes Beispiel

Aufwand der sequenziellen Suche

Die Bestimmung des Aufwandes wollen wir zunächst an einem einfachen Beispiel verdeutlichen: der sequenziellen Suche in Folgen. Gegeben seien hierzu

- eine Zahl $n \geq 0$,
- n Zahlen $a_1, \ldots, a_n$, die alle verschieden sind,
- eine Zahl b.

Gesucht wird der Index $i = 1, 2, \ldots, n$, so dass $b = a_i$ ist, sofern ein solcher Index existiert. Sonst soll $i = n + 1$ ausgegeben werden.
Eine sehr einfache Lösung dieses Suchproblems ist die folgende (wobei standardmäßig $a_{n+1} = 0$ gesetzt sei):

$$i := 1;\ \mathbf{while}\ i \leq n \ \wedge\ b \neq a_i\ \mathbf{do}\ i := i + 1\ \mathbf{od}$$

Am Ende hat i den gesuchten Ausgabewert.

Der Aufwand der Suche, d.h. die Anzahl der Schritte, hängt von der Eingabe ab, d.h. von $n, a_1, \ldots, a_n$ und b. Es gilt:

Erfolgreiche Suche

1. Bei *erfolgreicher* Suche, wenn $b = a_i$ ist, werden $S = i$ Schritte benötigt.

Erfolglose Suche

2. Bei *erfolgloser* Suche werden $S = n + 1$ Schritte benötigt.

Die erste Aussage hängt noch von zu vielen Parametern ab, um aufschlussreich zu sein. Man ist bemüht, globalere Aussagen zu finden, die nur von *einer* einfachen Größe abhängen. Hier bietet sich die Länge n der Eingabeliste an und man beschränkt sich auf Fragen der Art:

A: Wie groß ist S für ein gegebenes n *im schlechtesten Fall?*
B: Wie groß ist S für ein gegebenes n *im Mittel?*

Wir analysieren nun den Fall der erfolgreichen Suche:

zu A: Im schlechtesten Fall wird b erst im letzten Schritt gefunden, d.h. $b = a_n$. Also gilt:

$$S = n \textit{ im schlechtesten Fall.}$$

zu B: Um eine *mittlere* Anzahl von Schritten zu berechnen, muss man Annahmen über die Häufigkeit machen, mit der – bei wiederholter Verwendung des Algorithmus mit verschiedenen Eingaben – b an erster, zweiter, ... , letzter Stelle gefunden wird. Wird b häufiger am Anfang der Liste gefunden, so ist die mittlere Anzahl von Suchschritten sicherlich kleiner, als wenn b häufiger am Ende der Liste gefunden wird. Als einfaches Beispiel nehmen wir die Gleichverteilung an. Läuft der Algorithmus N-mal, $N >> 1$, so wird b gleich häufig an erster, zweiter, ..., letzter Stelle gefunden, also jeweils $\frac{N}{n}$-mal.
Dann werden für alle N Suchvorgänge insgesamt

$$M = \frac{N}{n} \cdot 1 + \frac{N}{n} \cdot 2 + \ldots + \frac{N}{n} \cdot n$$

Schritte benötigt. Die Auswertung ergibt:

$$M = \frac{N}{n}(1+2+\ldots+n) = \frac{N}{n} \cdot \frac{n(n+1)}{2} = N \cdot \frac{n+1}{2}$$

Für *eine* Suche werden im Mittel demnach $S = \frac{M}{N}$ Schritte benötigt, also:

$$S = \frac{n+1}{2} \quad \text{im Mittel (bei Gleichverteilung)}$$

Unser Algorithmus ist für das gestellte Problem keineswegs der schnellste, sondern eher einer der langsameren. Es gibt Algorithmen, die die Suche in Listen (oder Tabellen) mit n Einträgen unter speziellen Voraussetzungen i.W. mit einer konstanten, nicht von n abhängigen Anzahl von Schritten lösen! Die besten Suchverfahren für direkten Zugriff, die auch sequenzielle Verarbeitung in der Ordnung der Schlüssel zulassen, benötigen eine logarithmische Anzahl von Schritten, d.h. $S = a \cdot \log_2(b \cdot n) + c$, wobei $a, b, c \in \mathbb{R}$ Konstanten sind. Konkrete Verfahren hierzu werden wir u.a. im Kapitel 14 kennen lernen.

7.3.2 Asymptotische Analyse

Meist geht es bei der Analyse der Komplexität von Algorithmen bzw. Problemklassen darum, als Maß für den Aufwand eine Funktion

$$f : \mathbb{N} \to \mathbb{N}$$

anzugeben, wobei $f(n) = a$ bedeutet: »Bei einem Problem der Größe n ist der Aufwand a«. Die »*Problemgröße*« n bezeichnet dabei in der Regel ein Maß für den Umfang einer Eingabe, z.B. die Anzahl der Elemente in einer Eingabeliste oder die Größe eines bestimmten Eingabewertes. Der »*Aufwand*« a ist in der Regel ein grobes Maß für die *Rechenzeit*, jedoch ist auch der benötigte *Speicherplatz* zuweilen Gegenstand der Analyse. Die Rechenzeit wird meist dadurch abgeschätzt, dass man zählt, wie häufig eine bestimmte Art von Operation ausgeführt wird, z.B. Speicherzugriffe, Multiplikationen, Additionen, Vergleiche etc. Auf diese Weise erhält man ein maschinenunabhängiges Maß für die Rechenzeit, wie wir es beispielsweise im Zusammenhang mit der Laufzeit einer abstrakten Maschine (siehe auch Definition 6.5 auf Seite 154) bereits vorgestellt haben.

Problemgröße

Aufwand

Zur Illustration betrachten wir einige Beispiele. Wir benutzen dabei eine einfache **for**-Schleife, die folgendermaßen definiert ist:

$$\texttt{for}\ i := 1\ \textbf{to}\ u\ \textbf{do}\ \alpha\ \textbf{od} \quad \equiv$$
$$i := 1;\ \texttt{while}\ i \leq u\ \textbf{do}\ \alpha;\ i := i + 1\ \textbf{od}$$

Beispiel 7.8
Aufwand für Schleifen

Wie oft wird die Wertzuweisung »$x := x + 1$« in folgenden Anweisungen ausgeführt?

1. $x := x + 1$ — 1mal
2. **for** $i := 1$ **to** n **do** $x := x + 1$ **od** — n-mal
3. **for** $i := 1$ **to** n **do**
   for $j := 1$ **to** n **do** $x := x + 1$ **od od** — n^2-mal

□

Aufwandsfunktion

Die Aufwandsfunktion $f : \mathbb{N} \rightarrow \mathbb{N}$ lässt sich in den wenigsten Fällen exakt bestimmen. Vorherrschende Analysemethoden sind

- Abschätzungen des *Aufwandes im schlechtesten Fall*
- Abschätzungen des *Aufwandes im Mittel*

Selbst hierfür lassen sich im Allgemeinen keine exakten Angaben machen. Man beschränkt sich dann auf »ungefähres Rechnen in Größenordnungen«. Das folgende Beispiel illustriert die Schwierigkeit von exakten Analysen, insbesondere bei Abschätzungen im Mittel, bereits in recht einfachen Fällen.

Beispiel 7.9
Rechnen in Größenordnungen I

Gegeben: $n \geq 0,\ a_1, \ldots, a_n \in \mathbb{Z}$

Gesucht: Der Index i der (ersten) größten Zahl unter $a_1,\ i = 1, \ldots, n$.

Lösung

$max := 1;$
for $i := 2$ **to** n **do**
  if $a_{max} < a_i$ **then** $max := i$ **fi**
od

Am Ende enthält max den gesuchten Index (bzw. die Zahl 1, falls n=0 ist).

- *Analyse:* Wie oft wird die Anweisung »$max := i$« im Mittel ausgeführt, abhängig von n?
  Diese gesuchte mittlere Anzahl sei T_n. Offenbar gilt: $1 \leq T_n \leq n$.
- *Beobachtung:* »$max := i$« wird genau dann ausgeführt, wenn a_i das größte der Elemente $a_1, \ldots, a_i$ ist.
- *Annahme* (Gleichverteilung): Für jedes $i = 1, \ldots, n$ hat jedes der Elemente $a_1, \ldots, a_n$ die gleiche Chance, das größte zu sein.
  Das heißt, dass bei N Durchläufen durch den Algorithmus, $N >> 1$, insgesamt $\frac{N}{n}$-mal die Anweisung »$max := i$« ausgeführt wird für $i = 1, \ldots, n$. Das heißt:
  $max := 1$ wird N-mal, d.h. immer, ausgeführt
  $max := 2$ wird $\frac{N}{2}$-mal ausgeführt
  etc.
  Daraus folgt für die gesamte Anzahl $N \cdot T_n$ von Ausführungen von »$max := i$« (für irgendein i) bei N Durchläufen:

$$\begin{aligned} N \cdot T_N &= N + \frac{N}{2} + \frac{N}{3} + \ldots + \frac{N}{n} \\ &= N \cdot (1 + \frac{1}{2} + \frac{1}{3} + \ldots + \frac{1}{n}) \end{aligned}$$

  Damit erhalten wir $T_N = 1 + \frac{1}{2} + \frac{1}{3} + \ldots + \frac{1}{n}$,
  und dies ist H_n, die n-te harmonische Zahl. Für H_n ist keine exakte geschlossene Formel bekannt, jedoch eine ungefähre Abschätzung:

$$T_n = H_n \approx \ln n + \gamma,$$

  wobei $\gamma = 0.57721566\ldots$ die Euler'sche Konstante ist.

Da der Aufwand schon vom Ansatz her ohnehin nur grob abgeschätzt werden kann, macht eine Feinheit wie »$+\gamma$« im obigen Beispiel nicht viel Sinn. Interessant ist lediglich, dass T_n logarithmisch von n abhängt, nicht so sehr, wie dieser Zusammenhang im Detail aussieht. Man schreibt dafür:

$$T_n = O(\log n),$$

und dies bedeutet, dass T_n »von der Ordnung $\log n$« ist, wobei multiplikative und additive Konstanten sowie die Basis des Logarithmus unspezifiziert bleiben. □

Die O-Notation lässt sich mathematisch exakt definieren. Seien $f, g : \mathbb{N} \rightarrow \mathbb{N}$ gegeben.

Definition 7.4
O-Notation

$$f(n) = O(g(n)) \Leftrightarrow \exists c, n_0 \; \forall n \geq n_0 : \; f(n) \leq c \cdot g(n)$$

□

Das heißt, dass $\frac{f(n)}{g(n)}$ für genügend große n durch eine Konstante c beschränkt ist. Anschaulich bedeutet dies, dass f »nicht stärker wächst« als g (Abbildung 7.3). Diese Begriffsbildung wendet man bei der Analyse von Algorithmen an, um Aufwandsfunktionen $f : \mathbb{N} \rightarrow \mathbb{N}$ durch Angabe einer *einfachen Vergleichsfunktion* $g : \mathbb{N} \rightarrow \mathbb{N}$ abzuschätzen, so dass $f(n) = O(g(n))$ gilt, also das Wachstum von f durch das von g beschränkt ist.

Abbildung 7.3
Asymptotische obere Schranke: O-Notation

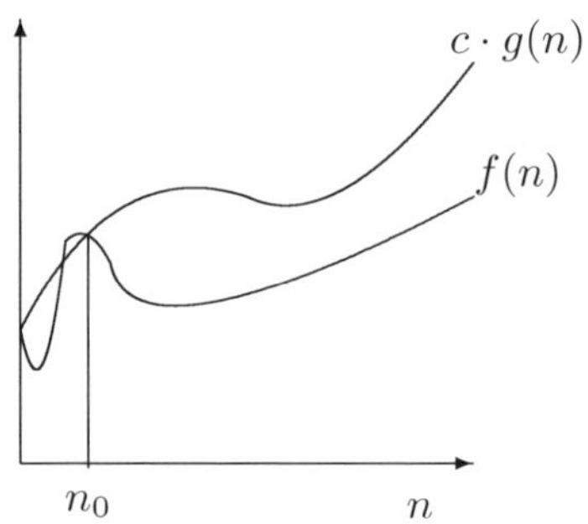

Asympotische Analyse

Man bezeichnet $O(n)$ auch als asymptotische obere Schranke für f und die Beschreibung der Komplexität durch Angabe der Wachstumsgeschwindigkeit bzw. der Größenordnung mit Hilfe der O-Notation als asymptotische Analyse. Eine Asymptote ist eine Gerade, der sich eine Kurve bei deren immer größer werdender Entfernung vom Koordinatenursprung unbegrenzt nähert. Die Funktion f wächst damit *asymptotisch* nicht schneller als g.

Eigentlich ist die Angabe $f = O(g)$ im mathematischen Sinn nicht exakt. Vielmehr müsste man $f \in O(g)$ schreiben, um auszudrücken, dass f zur Klasse der Funktionen gehört, deren Wachstum asymptotisch durch das Wachstum von g beschränkt ist. Die Schreibweise mit dem »=« hat sich allerdings allgemein eingebürgert, so dass wir sie auch verwenden.

Da die $O(g)$-Notation eine obere Grenze für eine Klasse von Funktionen definiert, kann die Funktion g jeweils vereinfacht werden, indem konstante Faktoren weggelassen werden sowie nur der höchste Exponent berücksichtigt wird.

Beispiel 7.10
Rechnen in Größenordnungen II

Für das Beipiel 7.9 gilt genauer

$$\begin{aligned} T_n &= H_n = \ln n + \gamma \\ T_n &= O(\log n) \end{aligned}$$

Die Basis des Logarithmus ist unerheblich, da ein Basiswechsel gleichbedeutend ist mit der Multiplikation mit einer Konstanten: $\log_b n = \log_a n \cdot \log_b a$. □

Das folgende Beispiel verdeutlicht die Beschränkung auf den höchsten Exponenten einer Funktion, da immer ein c gefunden wird, so dass ab einem n_0 die Funktion $g(n)$ obere Schranke ist.

Beispiel 7.11
Rechnen in Größenordnungen III

Es sei zu zeigen, dass

$$n^2 + 3n - 3 = O(n^2)$$

Demnach muss gelten, dass

$$n^2 + 3n - 3 \leq c \cdot n^2$$

Durch Umformen ergibt sich daraus

$$1 + \frac{3}{n} - \frac{3}{n^2} \leq c$$

Diese Ungleichung wird für $n \geq n_0$ erfüllt, wenn man beispielsweise $c = 2$ und $n_0 = 1$ einsetzt. □

7.3.3 Komplexitätsklassen

Einige Vergleichsfunktionen treten bei der Analyse von Algorithmen und Datenstrukturen recht häufig auf. Man spricht daher auch von

Tabelle 7.1
Typische Komplexitätsklassen

$O(1)$	konstanter Aufwand
$O(\log n)$	logarithmischer Aufwand
$O(n)$	linearer Aufwand
$O(n \cdot \log n)$	
$O(n^2)$	quadratischer Aufwand
$O(n^k)$ für ein $k \geq 0$	polynomialer Aufwand
$O(2^n)$	exponentieller Aufwand

Komplexitätsklassen. Die wichtigsten dieser Klassen sind in Tabelle 7.1 angegeben.

Zur Veranschaulichung des mit diesen Funktionen verbundenen Wachstums wollen wir in Tabelle 7.2 einige Werte für ein gegebenes n betrachten, wobei ($\text{ld} = \log_2$) sei. Die eingerahmten Werte liegen dabei jenseits der Grenze der »praktischen Berechenbarkeit«.

Tabelle 7.2
Wachstum für ausgewählte Komplexitätsklassen

$f(n)$	$n = 2$	$2^4 = 16$	$2^8 = 256$	$2^{10} = 1024$	$2^{20} = 1048576$
$\text{ld}n$	1	4	8	10	20
n	2	16	256	1024	1048576
$n \cdot \text{ld}n$	2	64	2048	10240	20971520
n^2	4	256	65536	1048576	$\approx 10^{12}$
n^3	8	4096	16777200	$\approx 10^9$	$\approx 10^{18}$
2^n	4	65536	$\approx 10^{77}$	$\approx 10^{308}$	$\approx 10^{315653}$

Recht illustrativ ist es auch, sich vor Augen zu führen, welche Größenordnung ein Problem haben kann, wenn man die Zeit durch eine maximale Dauer T begrenzt (Tabelle 7.3). Wir nehmen dazu an, dass ein »Schritt« des Aufwandes genau eine Mikrosekunde (1 μs) dauert. G sei dabei das größte lösbare Problem in der Zeit T. Den Aufwand $g(n) = \log n$ lassen wir weg, da man hier praktisch unbegrenzt große Probleme in vernünftiger Zeit bearbeiten kann.

Abschließend sind in Tabelle 7.4 zu den einzelnen Komplexitätsklassen noch einige typische Klassen von Problemen genannt, die sich mit diesem Aufwand, jedoch nicht mit geringerem, lösen lassen.

Die Werte aus Tabelle 7.2 und 7.3 deuten schon einen Grenzbereich zwischen effizient (polynomialer Aufwand) und nicht effizient (expo-

G	T = 1 Min.	1 Std.	1 Tag	1 Woche	1 Jahr
n	$6 \cdot 10^7$	$3,6 \cdot 10^9$	$8,6 \cdot 10^{10}$	$6 \cdot 10^{11}$	$3 \cdot 10^{13}$
n^2	7750	$6 \cdot 10^4$	$2.9 \cdot 10^5$	$7.8 \cdot 10^5$	$5,6 \cdot 10^6$
n^3	391	1530	4420	8450	31600
2^n	25	31	36	39	44

Tabelle 7.3
Zeitaufwand für einige Problemgrößen

Aufwand	Problemklasse
$O(1)$	einige Suchverfahren für Tabellen (Hashing)
$O(\log n)$	allgemeine Suchverfahren für Tabellen (Baum-Suchverfahren)
$O(n)$	sequenzielle Suche, Suche in Texten, syntaktische Analyse von Programmen (bei »guter« Grammatik)
$O(n \cdot \log n)$	Sortieren
$O(n^2)$	einige dynamische Optimierungsverfahren (z.B. optimale Suchbäume), Multiplikation Matrix-Vektor (einfach)
$O(n^3)$	Matrizen-Multiplikation (einfach)
$O(2^n)$	viele Optimierungsprobleme (z.B. optimale Schaltwerke), automatisches Beweisen (im Prädikatenkalkül 1. Stufe)

Tabelle 7.4
Typische Problemklassen

nentieller Aufwand) lösbaren Problemen an. Die Menge aller Probleme, die mit Hilfe deterministischer Algorithmen in polynomialer Zeit – und damit effizient – gelöst werden können, gehören zur Klasse P (für polynomial). Diese Definition schließt die meisten der bisher betrachteten Algorithmen ein. Die Klasse von Problemen, die nur mit Hilfe nichtdeterministischer Algorithmen in polynomialer Zeit gelöst werden können, bezeichnet man mit NP (für nichtdeterministisch polynomial). Nichtdeterminismus bezieht sich dabei auf die Fähigkeit, bei der Entscheidung zwischen mehreren Varianten die richtige zu »erraten«. Eine Umsetzung mit deterministischen Algorithmen würde dagegen exponentiellen Aufwand erfordern.

P

NP

Eine bekannte Problemstellung ist das Erfüllbarkeitsproblem. Gegeben ist eine aussagenlogische Formel aus Variablen a, b, c etc. und

Erfüllbarkeitsproblem

logischen Operatoren $\wedge$, $\vee$, $\neg$ sowie Klammern. Es ist ein Algorithmus gesucht, der prüft, ob die Formel erfüllbar ist, d.h., ob es eine Belegung der Variablen mit booleschen Werten **true** und **false** gibt, für die die Formel den Wert **true** liefert. Eine »einfache«, aber sicher nicht effiziente Lösung ist das Testen aller möglichen Belegungen.

Offensichtlich gehört jedes Problem aus P auch NP an, d.h., es gilt P $\subseteq$ NP. Es gibt eine Reihe von Problemen, von denen man weiß, dass sie NP angehören, aber nicht, ob sie auch P angehören. Das bedeutet, dass sie mit Hilfe eines nichtdeterministischen Algorithmus gelöst werden können, aber es noch nicht gelungen ist, einen effizienten deterministischen Algorithmus zu finden.

Es ist – streng genommen – ein offenes Problem, ob sich die exponentiellen Probleme nicht doch mit polynomialem Aufwand lösen lassen, d.h., ob P=NP gilt. Es wäre jedoch eine große Überraschung, wenn sich dies herausstellen sollte. Man kann allerdings beweisen, dass es eine Klasse von verwandten Problemen aus NP gibt, die folgende Eigenschaft aufweisen: Falls *eines* dieser Probleme in polynomialer Zeit mit einem deterministischen Algorithmus gelöst werden könnte, so ist dies für *alle* Probleme aus NP möglich (demzufolge wäre P=NP). Man bezeichnet Probleme mit dieser Eigenschaft als *NP-vollständig*. Ein bekanntes Problem aus dieser Klasse ist das Problem des Handlungsreisenden (siehe auch Abschnitt 16.5).

NP-vollständig

7.3.4 Analyse von Algorithmen

Wie kann nun die Laufzeitkomplexität eines Algorithmus bestimmt werden? Die Probleme einer exakten Analyse haben wir bereits in Abschnitt 7.3.2 diskutiert. Die Bestimmung der Größenordnung ist dagegen wesentlich einfacher, da sich hierfür einige einfache Regeln angeben lassen:

(1) for-Schleifen

Der Laufzeitaufwand einer Schleife ergibt sich aus:

Laufzeit :=*max. Laufzeit der inneren Anweisung* ·
Anzahl der Iterationen

So kann der Aufwand der inneren Anweisung im folgenden Beispiel als konstant ($O(1)$) angesehen werden:

```
for i := 1 to n do
  a[i] := 0;
od
```

Da die Anzahl der Iterationen n beträgt, ergibt sich der Gesamtaufwand für die obige Schleife aus $n \cdot O(1) = O(n)$.

(2) Geschachtelte for-Schleifen

Bei geschachtelten Schleifen wird für jede Iteration der äußeren Schleife ein kompletter Durchlauf der inneren Schleife durchgeführt. Demnach ergibt sich die Gesamtlaufzeit wie folgt:

Laufzeit :=*Laufzeit der inneren Anweisung* ·
Produkt der Größen aller Schleifen

Da im folgenden Beispiel für die innere Anweisung der Aufwand wieder $O(1)$ beträgt, lässt sich der Gesamtaufwand aus $n \cdot n \cdot O(1) = O(n^2)$ bestimmen.

```
for i := 1 to n do
  for j := 1 to n do
    k := k + 1;
  od
od
```

(3) Nacheinanderausführung

Bei einer Sequenz von Anweisungen werden die Laufzeiten zunächst addiert. Da konstante Faktoren weggelassen werden können und nur die jeweils höchsten Exponenten berücksichtigt werden, wird für die Gesamtlaufzeit nur die maximale Laufzeitkomponente verwendet. Im folgenden Beispiel lässt sich die Laufzeit für die erste Schleife unter Anwendung von Regel (1) mit $O(n)$ angeben und für die zweite Schleife nach Regel (2) mit $O(n^2)$:

```
for i := 1 to n do
  a[i] := 0;
od;

for i := 1 to n do
  for j := 1 to n do
    a[i] := a[i] + a[j] + i + j;
  od
od
```

Die maximale Komponente des Ausdrucks $n^2 + n$ bestimmt den Gesamtaufwand, der danach $O(n^2)$ beträgt.

(4) if-else-Bedingungen

Der Laufzeitaufwand einer solchen Verzweigung ergibt sich aus der Summe des Aufwandes für den Test *bedingung* und dem Maximum der Aufwände beider Alternativen A_1 und A_2:

$$\begin{aligned} \mathit{Laufzeit} := &\mathit{Aufwand\ f\ddot{u}r\ Test} + \\ &\max\left(\mathit{Aufwand\ f\ddot{u}r}\ A_1, \mathit{Aufwand\ f\ddot{u}r}\ A_2\right) \end{aligned}$$

Im folgenden Beispiel ist der Aufwand für den Test sowie die erste Anweisung konstant ($O(1)$). Die zweite Anweisung ist mit einem Aufwand von $O(n)$ verbunden, da hier eine Schleife durchlaufen wird, deren innere Anweisung wiederum einen konstanten Aufwand aufweist.

```
 if x > 100 then
   y := x;
 else
   for i := 1 to n do
     if a[i] > y then y := a[i] fi
   od
fi
```

Daraus ergibt sich für den Aufwand für die gesamte Anweisung entsprechend $O(n)$.

Diese Regeln sind im Wesentlichen natürlich nur für die Aufwandsschätzung konkreter Programme gedacht. Die Abschätzung des Aufwandes für Problem*klassen* erfordert Techniken wie mathematische Beweise etc.

8 Entwurf von Algorithmen

Der Entwurf von Algorithmen und damit von Programmen ist eine konstruktive und kreative Tätigkeit, die den Entwerfer immer wieder vor neue Herausforderungen stellt – neben der reinen Funktionalität sind ja auch Fragen der Laufzeitkomplexität und andere, nichtfunktionale Anforderungen zu berücksichtigen. Wir hatten ja bereits gesehen, dass die automatische Ableitung eines optimalen Algorithmus aus einer Beschreibung der Anforderungen prinzipiell nicht automatisierbar ist.

Inhalt dieses Abschnitts kann es daher nur sein, anhand von Beispielen Prinzipien des Entwurfs und einige typische Muster für Algorithmen vorzustellen. Derartige »best practice«-Beispiele helfen dem Entwerfer, brauchbare Erfahrungen für das Angehen neuer Probleme zu sammeln. Nach einer allgemeinen Diskussion von Entwurfsprinzipien werden wir vier typische Algorithmenmuster vorstellen: Greedy-Algorithmen, Divide-and-Conquer, Backtracking und dynamische Programmierung.

8.1 Entwurfsprinzipien

In den vorherigen Kapiteln haben wir quasi nebenbei schon einige Techniken angewendet, die beim praktischen Entwurf von Programmen hilfreich sind. Drei der wichtigsten dieser Techniken werden wir noch einmal kurz rekapitulieren: die schrittweise Verfeinerung, den Einsatz von Algorithmenmustern und die Problemreduzierung durch Rekursion.

8.1.1 Schrittweise Verfeinerung

Schrittweise Verfeinerung

Die Vorgehensweise der *schrittweisen Verfeinerung* hatten wir bereits bei der ersten Diskussion des intuitiven Algorithmenbegriffs anhand von Pseudocode-Algorithmen kennen gelernt. Diese Verfeinerung basiert auf folgendem Ablauf:

1. Beginne mit einer kurzen Folge abstrakter Lösungsschritte (d.h. etwa Anweisungen in Pseudocode)

2. Verfeinere die Anweisungen Schritt für Schritt in detailliertere Anweisungen, zunächst in verfeinerten Pseudocode und letztendlich in konkrete Algorithmenschritte
3. Fertig, wenn alle Anweisungen in der Zielsprache (z.B. Java) formuliert sind

In der Terminologie der Programmierung entspricht der Verfeinerungsschritt der Formulierung von Algorithmen auf einer abstrakten Stufe, bei der statt ausführbarer Einzelschritte *Prozeduraufrufe* eingesetzt werden, deren Bedeutung dann durch die Ausprogrammierung der Prozedur konkretisiert wird. Betrachten wir hierzu ein einfaches Beispiel.

Beispiel 8.1
Durch schrittweise Verfeinerung zur Berechnung des Medians

Es soll der Median – der mittlere Wert einer geordneten Folge von Elementen $(x_1, x_2, \ldots, x_n)$ – ermittelt werden. Der Median $\tilde{x}$ ist definiert als:

$$\tilde{x} = \begin{cases} x_{\frac{n+1}{2}} & n \text{ ist ungerade} \\ x_{\frac{n}{2}} & n \text{ ist gerade} \end{cases}$$

Für die Folge

$$1\ 2\ \boxed{6}\ 8\ 9$$

ist offensichtlich 6 der Median. Zur Umsetzung in ein Programm durch Verfeinerung gehen wir schrittweise vor:

1. Schritt: Wir bleiben zunächst bei einer Pseudocode-Notation:

```
Bestimme Median einer gegebenen Zahlenfolge;
```

2. Schritt: Nun verfeinern wir diese recht abstrakte Anweisung zu vier Anweisungen:

```
Eingabe der Zahlenfolge Z;
Sortiere Z;
Bestimme Median m von Z;
Gib m aus;
```

3. Schritt: Jede dieser Anweisungen muss jetzt weiter verfeinert werden und könnte beispielsweise zunächst durch einen Prozeduraufruf ersetzt werden. Wir konzentrieren uns im Moment jedoch vor allem auf die dritte Anweisung:

```
// Eingabe der Zahlenfolge Z
Z = InputSequence();
// Sortiere Z
Sort(Z);
// Bestimme Median m von Z
```

```
Länge l von Z;
m = Z[l/2];
// Gib m aus
Output(m);
```

4. Schritt: Nun können wir beginnen, den Pseudocode durch Java-Code zu ersetzen. Für erste Tests verzichten wir auf die Eingabe der Folge und geben stattdessen ein festes Feld vor. Für die Sortierung des Feldes können wir auf unsere QuickSort-Implementierung aus Abschnitt 5.2.6 zurückgreifen.

```
// Eingabe der Zahlenfolge Z
int[] Z = { 6, 1, 8, 2, 9 };
// Sortiere Z
quickSort(Z);
// Bestimme Median m von Z
int l = Z.length;
int m = Z[l / 2];
// Gib m aus
System.out.println("Median ist = " + m);
```

5. Schritt: Schließlich kann noch eine Eingabe implementiert werden:

```
// Eingabe der Zahlenfolge Z
int[] Z = new int[5]; // Platz für 5 Elemente
int i = 0;
while (i < 5) {
  Z[i] = IOUtils.readInt(); // i-tes Element einlesen
    i = i + 1;
} // Sortiere Z
...
```

□

Dieses einfache Beispiel illustriert bereits einige Aspekte der schrittweisen Verfeinerung: die Frage der Notation (wie lange Pseudocode verwenden), aber auch die Notwendigkeit von Entwurfsentscheidungen (Verwendung von Prozeduren, welche Algorithmen). Zwar lassen sich hierfür keine festen Regeln angeben, aber einige Tipps sind eventuell hilfreich:

- Es sollte so lange wie möglich während der Verfeinerung eine geeignete *Notation* (Pseudocode, natürliche Sprache) genutzt werden (so abstrakt wie möglich, so detailliert wie nötig).
- Jeder Verfeinerungsschritt ist mit einer *Entwurfsentscheidung* verbunden, die spätere Eigenschaften des Programms wie Geschwindigkeit oder Speicherplatzbedarf beeinflusst. Das bedeutet, dass

unter Umständen derartige Entscheidungen später revidiert werden müssen. Im obigen Beispiel ist dies etwa die Wahl des Sortierverfahrens oder auch die Entscheidung, dass die Eingabe für das Programm eine bereits sortierte Folge sein muss.
- Neben dem Ablauf müssen auch die zu verarbeitenden *Daten* schrittweise verfeinert werden, etwa Kaffee zu Kaffeepulver + Wasser oder der abstrakte Begriff der Folge zu einem Feld von `int`-Werten.

8.1.2 Einsatz von Algorithmenmustern

Musterlösungen für Problemklassen

Die Idee des Einsatzes von Algorithmenmustern besteht darin, generische algorithmische Muster für bestimmte Problemklassen zu entwickeln und diese dann jeweils an eine konkrete Aufgabe anzupassen. Man versucht also für eine allgemeine Problemklasse, zum Beispiel das Finden einer kostenoptimalen Lösung in einem großen Lösungsraum (etwa das Finden kürzester Wege), eine Muster-Implementierung zu finden und diese dann an das konkrete Problem anzupassen. Diese Grundidee kann man auf verschiedene Weise konkretisieren:

- Das Lösungsverfahren wird an einem möglichst einfachen Vertreter der Problemklasse vorgeführt und dokumentiert. Der Entwerfer versteht die Problemlösungsstrategie und überträgt diese auf sein Programm.
- Eine Bibliothek von Mustern (»Design Pattern«, »best practice«-Strategien) wird genutzt, um einen abstrakten Programmrahmen zu generieren. Die freien Stellen dieses Programmrahmens werden dann problemspezifisch ausgefüllt.
- Moderne Programmiersprachen benutzen parametrisierte Algorithmen und Vererbung mit Überschreiben, um Algorithmenmuster als lauffähige Programme zur Verfügung zu stellen und diese dann an ein konkretes Problem anzupassen.

Im Verlauf dieses Kapitels werden wir einige derartige Muster kennen lernen und ebenfalls deren Übertragbarkeit auf verwandte Probleme behandeln.

8.1.3 Problemreduzierung durch Rekursion

Rekursive Algorithmen sind ein für die Informatik spezifischer Lösungsansatz, der in den klassischen Ingenieurwissenschaften nicht entwickelt werden konnte – ein mechanisches Bauteil kann physikalisch nicht sich selbst als Bauteil enthalten, während ein Programm sich durchaus selbst aufrufen kann. Rekursive Programmierung ist daher in der Regel nicht aus dem Alltagswissen ableitbar, sondern muss als Technik erlernt und geübt werden.

Prinzipiell haben wir in den Kapiteln über theoretische Grundlagen gesehen, dass auch formale Algorithmenmodelle ohne rekursive Aufrufe bereits berechnungsuniversell sind. Man könnte daher meinen, Rekursion als solche ist eigentlich nicht notwendig. Tatsächlich formen Compiler rekursive Programme in nichtrekursiven Maschinencode um.

Allerdings ist das rekursive Anwenden einer Problemlösungsstrategie auf Teilprobleme ein Algorithmenmuster, mit dem man bestimmte Problemklassen einfach realisieren kann.

Rekursives Anwenden einer Problemlösungsstrategie

Dieses Prinzip der rekursiven Vereinfachung des Problems hatten wir bereits in Abschnitt 2.1 anhand der Türme von Hanoi kennen gelernt. Dies heißt nicht, dass rekursive Algorithmen immer die besten Lösungen sind. Tatsächlich löst folgender nichtrekursiver Algorithmus das »Türme von Hanoi«-Problem offensichtlich viel einfacher:

```
do
  Bewege kleinste Scheibe einen Platz
    nach links (zyklisch);
  Führe die einzig mögliche Bewegung
    einer nicht kleinsten Scheibe aus;
until Turm ist vollständig bewegt.
```

Allerdings versuche man besser nicht formal zu beweisen, dass diese Variante tatsächlich korrekt ist.

Als Fazit werden wir anhand einiger Algorithmenmuster sehen, wie Rekursion beim Entwurf von Algorithmen sinnvoll eingesetzt werden kann. Allerdings sollte uns dies nicht den Blick auf einfache, nichtrekursive Verfahren verbauen.

8.2 Algorithmenmuster: Greedy

Das erste von uns betrachtete Algorithmenmuster sind die *Greedy-Algorithmen*. Greedy steht hier für *gierig*. Das Prinzip gieriger Algorithmen ist es, in jedem Teilschritt so viel wie möglich zu erreichen. Wir werden das Prinzip an einem kleinen Beispiel verdeutlichen und danach ein realistisches Problem und dessen »gierige« Lösung behandeln.

8.2.1 Greedy-Algorithmen am Beispiel

Als Beispiel für einen Greedy-Algorithmus betrachten wir die Herausgabe von Wechselgeld mit möglichst wenig Münzen. Es soll auf Geldbeträge (unter 1 Euro) Wechselgeld herausgegeben werden. Zur Verfügung stehen ausreichend Münzen mit den Werten 50, 10, 5, 2 und 1 Cent. Das Wechselgeld soll aus so wenig Münzen wie möglich bestehen. Als Beispiel sollen bei einem Wechselgeld von 78 Cent insgesamt 6 Münzen herausgegeben werden, da $78 = 50 + 2 \cdot 10 + 5 + 2 + 1$.

Wie kann ein Greedy-Algorithmus dieses Problem lösen? Er nimmt jeweils die größte mögliche Münze, um schnell (gierig) zum Ziel zu kommen:

Greedy-Algorithmus zur optimalen Geldrückgabe

> `Greedy`: Nehme jeweils immer die größte Münze unter dem Zielwert und ziehe sie von diesem ab. Verfahre derart bis Zielwert gleich null.

Wie man sich leicht an mehreren Beispielen klar machen kann, berechnet `Greedy` tatsächlich jeweils die optimale Geldrückgabe.

Greedy-Algorithmen berechnen lokales Optimum

Im allgemeinen Fall muss das allerdings nicht gelten: Greedy-Algorithmen berechnen jeweils ein lokales Optimum in jedem Schritt und können daher eventuell ein globales Optimum verpassen!

Zur Verdeutlichung modifizieren wir unser Geldrückgabebeispiel, indem wir nun Münzen mit den Werten 11, 5, und 1 annehmen. Unser Zielwert sei 15. `Greedy` würde als Ergebnis fünf Münzen herausgeben (für $15 = 11 + 1 + 1 + 1 + 1$), die tatsächliche optimale Münzenanzahl wäre aber drei für $15 = 5 + 5 + 5$.

Allerdings entsprechen in vielen Fällen derartige lokale Optima den globalen bzw. reicht ein lokales Optimum aus. Vor dem Einsatz von Greedy-Algorithmen ist also jeweils zu prüfen, ob die gierige Vorgehensweise tatsächlich das Optimum berechnet bzw. ob das Problem auch mit suboptimalen Lösungen adäquat bearbeitet werden kann. Für suboptimale Lösungen spricht oft die gute Laufzeitkomplexität von Greedy-Verfahren im Vergleich zu anderen Optimierungsverfahren, die in der Regel exponentiellen Aufwand aufweisen.

Durch Greedy-Verfahren lösbare Probleme

Bevor wir Greedy-Algorithmen an einem weiteren Beispiel vorführen, skizzieren wir kurz die Problemklasse, für die sie angewendet werden können:

1. Gegeben ist eine feste Menge von Eingabewerten.
2. Es gibt eine Menge von Lösungen, die aus Eingabewerten aufgebaut sind.
3. Alle Lösungen lassen sich schrittweise aus partiellen Lösungen, beginnend bei der leeren Lösung, durch Hinzunahme von Eingabewerten aufbauen.
4. Es existiert eine Bewertungsfunktion für partielle und vollständige Lösungen.

5. Gesucht wird die bzw. eine *optimale* Lösung bezüglich der Bewertungsfunktion.

Es sei noch einmal daran erinnert, dass Greedy-Algorithmen nicht für alle derartigen Probleme tatsächlich die optimale Lösung berechnen.

8.2.2 Greedy: Optimales Kommunikationsnetz

Als Problemstellung ist die Aufgabe gegeben, eine möglichst billige Vernetzung von vorgegebenen Stationen mit einem Kommunikationsnetz zu erreichen. Prinzipiell kann jede Station mit jeder anderen direkt verbunden werden, aber zu unterschiedlichen Kosten. Genauer können wir das Problem wie folgt konkretisieren: Zwischen n Knotenpunkten $P_1, \ldots, P_n$ soll ein *möglichst billiges Kommunikationsnetz* geschaltet werden, so dass jeder Knotenpunkt mit jedem anderen verbunden ist, ggf. auf einem Umweg über andere Knotenpunkte.

Bekannt sind alle Kosten $d_{i,j}$ für die direkte Verbindung zwischen P_i und P_j, $1 \leq i, j \leq n$ und $i \neq j$. Alle Kosten $d_{i,j}$ seien verschieden und größer als null. Diese Verschiedenheit der Kosten sorgt für eine eindeutige Lösung, kann aber auch aufgegeben werden, wenn ein nichtdeterministisches Ergebnis akzeptiert wird. Die Forderung nach der Vollständigkeit des Verbindungsnetzes kann man dadurch aufweichen, dass man eventuelle nichtexistierende Verbindungen als »virtuelle« Verbindungen mit sehr hohen Kosten hinzufügt. Es gilt natürlich $d_{i,j} = d_{j,i}$. Als Beispiel für eine Eingabe für ein zu konstruierendes Kommunikationsnetz betrachten wir die Verbindungen in Abbildung 8.1.

Vorgabe für Kommunikationsnetz

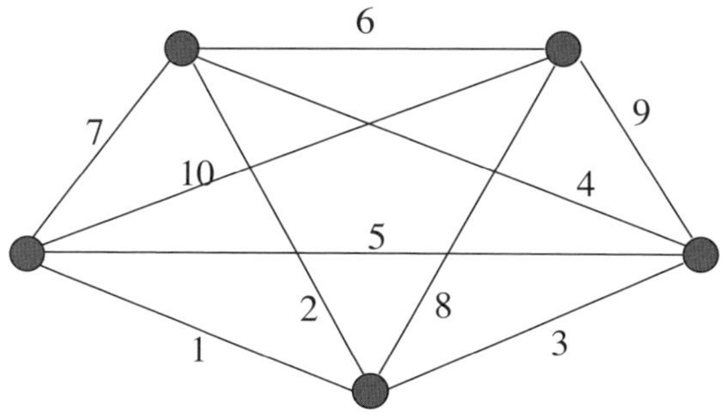

Abbildung 8.1 *Eingabe für Kommunikationsnetz*

Man kann sich leicht überlegen, dass ein minimales Kommunikationsnetz einen aufspannenden Baum darstellen muss, also eine Menge von Verbindungen, die alle Knoten verbindet und keinen Zyklus enthält – gäbe es nämlich einen derartigen geschlossenen Kreis, könnte man ein billigeres Kommunikationsnetz durch Entfernen einer Kante aus diesem Zyklus berechnen. Gesucht ist somit der billigste aufspannende Baum, wobei die Gesamtkosten als die Summe der Kantenkosten definiert sind.

Greedy-Algorithmus zur Berechnung des minimalen Kommunikationsnetzes

Basierend auf diesen Vorüberlegungen kann man eine erste Greedy-Variante zur Berechnung eines minimalen Kommunikationsnetzes wie folgt angeben:

[Teilbaum R besteht anfangs aus einem beliebigen Knoten]
while [R noch nicht K_n aufspannt] **do**
  [Suche billigste von R ausgehende Kante] ;
  [Füge diese zu R hinzu]
od

Mit K_n wird hierbei der vollständige Graph mit n Knoten bezeichnet – die **while**-Bedingung ist also ein Test, ob alle Knoten erfasst sind. Da wir die Anzahl Kanten im aufspannenden Baum als $n - 1$ bestimmen können (jeder größere Teilgraph muss einen Zyklus enthalten, jeder kleinere kann nicht n Knoten verbinden), kann die **while**-Schleife auch durch ein **for**-Konstrukt ersetzt werden.

Man beachte, dass natürlich noch eine Verfeinerung der Suche nach der billigsten Kante notwendig ist. Darauf werden wir im nächsten Teilabschnitt zurückkommen. Das Ergebnis dieses Algorithmus ist das Kommunikationsnetz, das in Abbildung 8.2 dargestellt ist.

Abbildung 8.2 *Errechnetes Kommunikationsnetz*

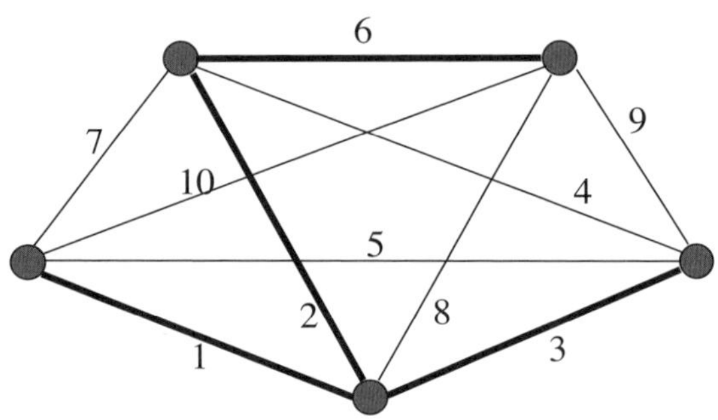

8.2.3 Verfeinerung der Suche nach billigster Kante

Das vorgestellte Greedy-Muster reicht aus, um das Greedy-Prinzip bei der Berechnung eines minimalen Kommunikationsnetzes zu erläutern. Wir nutzen nun die Verfeinerung des Teilschrittes

[Suche billigste von R ausgehende Kante];

um erstens nochmals auf das Entwurfsprinzip der schrittweisen Verfeinerung einzugehen. Zweitens wollen wir gleichzeitig verdeutlichen, wie wichtig Komplexitätsüberlegungen beim Entwurf von Algorithmen sein können. Nehmen wir an, unser Algorithmus hat als Zwischenstand einen Graphen R mit k Knoten berechnet. Die intuitive Vorgehensweise bei der Suche nach der billigsten Kante erfordert jeweils $k(n-k)$ Vergleiche, da jeder Knoten aus R mit jedem noch nicht verbundenen Knoten verglichen werden muss. Insgesamt ergibt sich damit also eine Gesamtlaufzeit mit kubischem Aufwand $O(n^3)$ (man setze $k = \frac{n}{2}$, um sich dies zu verdeutlichen).

Zur Optimierung der Laufzeitkomplexität wäre es hilfreich, eine Beschränkung der Suche auf eine Teilmenge V der Kanten derart zu erreichen, dass Folgendes gilt:

1. V enthält immer die billigste aus R ausgehende Kante.
2. V enthält wesentlich weniger Kanten als $k(n-k)$.
3. V ist einfach anpassbar im Verlaufe des Algorithmus.

Hierfür kommen mehrere Möglichkeiten der Wahl von V in Frage:

A. V enthält für jeden Knoten P in R die billigste von P aus R herausführende Kante.
B. V enthält für jeden Knoten P außerhalb R die billigste von P in R hineinführende Kante.

Bei Betrachtung der Alternative A stellt man fest, dass mehrere Kanten zum gleichen Knoten herausführen können – dies ist sicher änderungsaufwendig, da im Extremfall alle Kanten in V in einem Schritt durch neue ersetzt werden müssen. Daher entscheiden wir uns für die Wahl von Alternative B.

Als erste Verfeinerung erhalten wir nun den folgenden Algorithmus:

```
[ R := ein beliebiger Knoten P ]
[ V := alle n − 1 nach P führenden Kanten ]
for i := 1 to n − 1 do
   [ Suche billigste Kante b in V ];
   [ Füge b zu R hinzu ];
   [ Ändere V ]
od
```

Der Teilschritt »Ändere V« muss nun geeignet verfeinert werden. Zuerst muss die Kante b aus V entfernt werden. Die korrekte Anzahl der Verbindungen in V ist damit bereits erreicht, da jetzt genau ein Knoten weniger außerhalb von R liegt.

Für den neu verbundenen Knoten P können wir Folgendes feststellen:

> Jeder noch nicht verbundene Knoten Q hat die billigste Verbindung entweder wie zuvor oder aber mit P!

Daher können wir nun direkt eine zweite Verfeinerung unseres Verfahrens angeben:

```
[ R := ein beliebiger Knoten P ]
[ V := alle n − 1 nach P führenden Kanten ]
for i := 1 to n − 1 do
  [ Suche billigste Kante b in V (Endknoten sei P) ];
  [ Füge b zu R hinzu ];
  [ Entferne b aus V ];
  for [ alle Kanten c in V mit Endknoten Q ] do
    if [ Kosten von Q-P ] < [ Kosten von c ]
    then [ Ersetze c durch Q-P ]
    fi
  od
od
```

Wir beschließen diesen Abschnitt mit einigen Bemerkungen zum Beispiel. Für die Realisierung benötigen wir einen »abstrakten« Datentyp *Graph* mit Knoten, Kanten, Operationen etc. Derartige Datentypen bilden den Inhalt des dritten Teils dieses Buches, Graphen und ihre effiziente Darstellung werden speziell in Kapitel 16 ausführlich behandelt.

Graph

Bei einer geeigneten Realisierung der Datenstruktur für die zugrunde liegenden Graphen ist das verfeinerte Verfahren quadratisch im Aufwand ($O(n^2)$), also besser als die intuitive Variante. Der vorgestellte Algorithmus stammt ursprünglich von R. C. Prim (1957) und ist daher auch als *Algorithmus von Prim* bekannt.

8.3 Rekursion: Divide-and-conquer

Das bereits mehrfach behandelte Prinzip der *Rekursion* wendet bei der Lösung eines Problems die Gesamtlösungsstrategie innerhalb der algorithmischen Lösung rekursiv auf ein geändertes Problem an. Typischerweise erfolgt diese erneute Anwendung des Gesamtverfahrens auf ein vereinfachtes Problem, um eine Terminierung zu garantieren. Das Prinzip *»Divide-and-conquer«*, deutsch »Teile und herrsche«, basiert nun darauf, in einem Schritt eine große Aufgabe in mehrere kleinere Aufgaben zu teilen und diese rekursiv zu bearbeiten – also ein klassischer Einsatz des Rekursionsprinzips.

Teile und herrsche

8.3.1 Das Prinzip »Teile und herrsche«

Wir haben bereits mit den Sortierverfahren QuickSort und MergeSort in Kapitel 5 typische Vertreter von Divide-and-conquer-Algorithmen kennen gelernt. Beide Verfahren teilen eine zu sortierende Eingabemenge in zwei ungefähr gleich große Teile, die dann wiederum sortiert und zum Gesamtergebnis verknüpft werden. Unser Ziel ist es nun, ein Muster für derartige Verfahren zu entwickeln, das leicht an andere Aufgabenstellungen angepasst werden kann (neben dem deutschen »Teile und herrsche« wird übrigen auch das lateinische »divide et impera« als Bezeichnung dieser Algorithmenklasse benutzt).

Das Prinzip »Teile und herrsche« kann knapp wie folgt skizziert werden:

Prinzip: »Teile und herrsche«

> *Divide-and-conquer*: rekursive Rückführung eines zu lösenden Problems auf ein identisches Problem mit kleinerer Eingabemenge.

Dieses Prinzip kann nun in ein Muster für konkrete *Divide-and-conquer-Algorithmen* überführt werden. Die Grundprinzipien sind dabei die Folgenden:

1. *Zerlege* das gegebene Problem in mehrere getrennte Teilprobleme,
   (a) *löse* diese *einzeln*
   (b) und *setze* die Lösungen des ursprünglichen Problems aus den Teillösungen zusammen.
2. Wende dieselbe Technik auf jedes der Teilprobleme an, dann auf deren Teilprobleme usw., bis die Teilprobleme klein genug sind, dass man eine Lösung explizit angeben kann.
3. Strebe an, dass jedes Teilproblem *von derselben Art* ist wie das ursprüngliche Problem, so dass es mit demselben Algorithmus gelöst werden kann.

Das Divide-and-conquer-Muster kann in Pseudocode-Notation nun wie folgt beschrieben werden:

Divide-and-conquer-Muster

```
procedure DIVANDCONQ (P: problem)
begin
  ...
  if [ P klein ]
  then [ explizite Lösung ]
  else [ Teile P auf in P_1, ..., P_k ];
       DIVANDCONQ ( P_1 );
       ...;
       DIVANDCONQ ( P_k );
```

```
        [ Setze Lösung für P aus Lösungen
          für P1,..., Pk zusammen ]
  fi
end
```

Dieses Muster muss natürlich noch um die Repräsentation und Übergabe der Teillösungen verfeinert werden.

Zur Verdeutlichung dieses Musters sei auf das MergeSort-Verfahren (Algorithmus 5.7 auf Seite 132) verwiesen.

8.3.2 Beispiel: Spielpläne für Turniere

Als weiteres Beispiel für die Divide-and-conquer-Technik betrachten wir eine Fragestellung, die auf den ersten Blick ganz anders geartet ist als die bisherigen Divide-and-conquer-Verfahren, die wir etwa als Sortierverfahren kennen gelernt haben. Aufgabe ist es, Turnierspielpläne für eine gegebene Anzahl von Spielern zu konstruieren – es gibt also keine Eingabemenge, die in der Mitte geteilt werden könnte.

Wir gehen von einer Zweierpotenz $n = 2^k$ als Anzahl der Spieler aus. Wir benötigen mindestens $n - 1$ Turniertage, da ja jeder Spieler gegen jeden anderen spielt und jeder einzelne Spieler nur einmal am Tag spielen soll.

Unser Verfahren basiert wieder auf einer Zerlegung des Problems. Nehmen wir an, dass ein Turnierplan T_k bekannt ist (T_k ist ein Spielplan für 2^k Spieler). Gelingt es uns nun, einen Turnierplan T_{k+1} für $m = 2n = 2^{k+1}$ Spieler zu konstruieren, können wir das Rekursionsprinzip anwenden.

Wir notieren dafür einen Spielplan als Matrix s, wobei der Eintrag $s_{i,j}$ den Gegner des Spielers i am Tage j bestimmt. Einen derartigen Spielplan für $k = 2$ zeigt Abbildung 8.3. Da kein Spieler in einer Spalte oder einer Zeile zweimal vorkommt, handelt es sich um einen korrekten Spielplan.

Abbildung 8.3
Spielplan T_2

	Tag 1	Tag 2	Tag 3
Spieler 1	2	3	4
Spieler 2	1	4	3
Spieler 3	4	1	2
Spieler 4	3	2	1

Der Algorithmus basiert nun darauf, dass es möglich ist, T_{k+1} aus T_k nach dem in Abbildung 8.4 skizzierten Muster zu konstruieren.

	$1 \cdots n-1$	$n \cdots m-1$
1 $\vdots$ $n = 2^k$	T_k	S_k
$n+1$ $\vdots$ $m = 2^{k+1}$	$T_k^{[+n]}$	Z_k

Abbildung 8.4
Konstruktion des Spielplans T_{k+1}

Dieses Schema kann leicht in einen Divide-and-conquer-Algorithmus überführt werden, der rekursiv T_{k+1} auf T_k zurückführt. Die einzelnen Einträge in Abbildung 8.4 bedeuten hierbei das Folgende:

- $T_k^{[+n]}$ ist die ursprüngliche Matrix T_k mit jeweils um den Wert n erhöhten Elementen.
- Z_k ist eine $(n \times n)$-Matrix, die durch zyklisches Verschieben der Zeile $(1, 2, \ldots, n)$ erzeugt wird.
- S_k ist eine $(n \times n)$-Matrix, konstruiert durch zyklisches Verschieben der Spalte $(n+1, \ldots, m)$ für $n = 2^k$ und $m = 2^{k+1}$.

Für den Fall $k = 2$ erhalten wir also beispielsweise:

$$Z_2 = \begin{pmatrix} 1 & 2 & 3 & 4 \\ 2 & 3 & 4 & 1 \\ 3 & 4 & 1 & 2 \\ 4 & 1 & 2 & 3 \end{pmatrix} \qquad S_2 = \begin{pmatrix} 5 & 8 & 7 & 6 \\ 6 & 5 & 8 & 7 \\ 7 & 6 & 5 & 8 \\ 8 & 7 & 6 & 5 \end{pmatrix}$$

Divide-and-conquer basiert darauf, dass man für kleine Problemgrößen die Lösung direkt angeben kann. Für den Spielplan T_1 kann man dies wie folgt:

	Tag 1
Spieler 1	2
Spieler 2	1

In Abbildung 8.5 ist der Spielplan T_3 angegeben, wie er bei Anwendung des vorgestellten Prinzips errechnet wird.

Abbildung 8.5
Spielplan T_3

	Tag 1	Tag 2	Tag 3	Tag 4	Tag 5	Tag 6	Tag 7
Spieler 1	2	3	4	5	8	7	6
Spieler 2	1	4	3	6	5	8	7
Spieler 3	4	1	2	7	6	5	8
Spieler 4	3	2	1	8	7	6	5
Spieler 5	6	7	8	1	2	3	4
Spieler 6	5	8	7	2	3	4	1
Spieler 7	8	5	6	3	4	1	2
Spieler 8	7	6	5	4	1	2	3

8.4 Rekursion: Backtracking

Backtracking

Das *Backtracking* ist ein weiteres wichtiges Algorithmenmuster für Such- und Optimierungsprobleme. Das Backtracking realisiert eine allgemeine systematische Suchtechnik, die einen vorgegebenen Lösungsraum komplett bearbeitet.

Am einfachsten kann man sich das Prinzip des Backtracking an einer Labyrinth-Suche verdeutlichen, wie sie in Abbildung 8.6 skizziert ist. Die Problemstellung lautet *»Wie kommt die Maus zum Käse?«* In Abbildung 8.6 ist links ein Labyrinth mit dem Startpunkt M der Maus und dem Käse K abgebildet; rechts sind alle möglichen (nichtzyklischen) Wege vom Startpunkt aus in Form eines Baumes mit der Wurzel $(1, 1)$ für den Startpunkt notiert.

Abbildung 8.6
Labyrinth-Suche und Backtracking

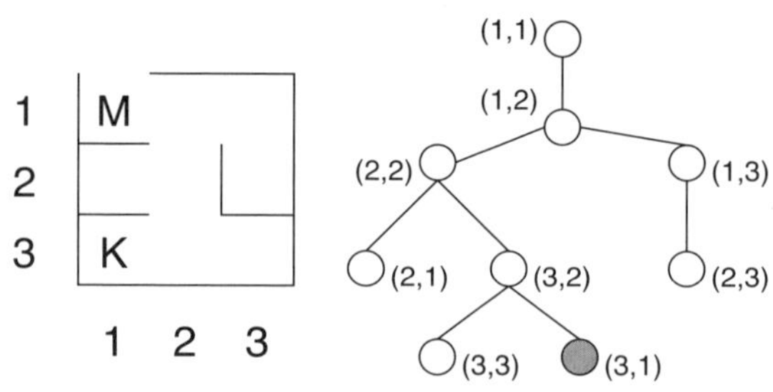

Der Begriff Backtracking kommt daher, dass man bei der Suche in *Sackgassen* gerät und dann wieder zur nächsten noch nicht bearbeiteten Abzweigung *zurück*geht, bis man alle Verzweigungen abgearbeitet hat. So führt ein gewählter Weg $(1, 1), (1, 2), (1, 3), (2, 3)$ in eine Sackgasse, so dass man zur Position $(1,2)$ zurückgehen muss, um die Verzweigung nach $(2,2)$ als Alternative zu wählen.

Die Abbildung 8.6 zeigt die durchlaufenen Konfigurationen (entsprechend den Positionen im Labyrinth) bei vollständigem Durchlauf durch das Labyrinth. Eine Konfiguration entspricht dabei einem bereits beschrittenen Weg. Dieser Ansatz zum vollständigen Durchlauf wird nun für das Backtracking verallgemeinert.

8.4.1 Prinzip des Backtracking

Backtracking basiert auf dem vollständigen Durchlauf eines Lösungsraums, so dass die gesuchte Lösung tatsächlich erreicht wird. Wie am Labyrinth-Beispiel bereits verdeutlicht, müssen wir dabei *Konfigurationen* betrachten, die jeweils in einem Schritt zu einer neuen Konfiguration erweitert werden können. Auch muss entscheidbar sein, ob wir eine Lösung (quasi den Käse) auch tatsächlich gefunden haben.

Konfigurationen und Erweiterungen

Formal bedeutet es, dass für unsere Problemstellung die folgenden Voraussetzungen gelten müssen:

- KF ist die Menge von Konfigurationen K.
- K_0 ist die Anfangskonfiguration.
- Für jede Konfiguration K_i kann die Menge der *direkten Erweiterungen* $K_{i,1}, K_{i,n_i}$ bestimmt werden.
- Für jede Konfiguration ist entscheidbar, ob sie eine Lösung ist.

Backtracking ist ein rekursives Verfahren, das mit dem Aufruf BACKTRACK(K_0), also mit der Anfangskonfiguration, gestartet wird. Das *Backtracking-Muster* kann nun in Pseudocode-Notation wie folgt angegeben werden:

Backtracking-Muster

```
procedure BACKTRACK (K: Konfiguration)
begin
  ...
  if [ K ist Lösung ]
  then [ gib K aus ]
  else
    for each [ direkte Erweiterung K' von K ] do
      BACKTRACK (K')
    od
  fi
end
```

Bevor wir das Backtracking anhand einer konkreten Aufgabenstellung verdeutlichen, soll noch auf einige zu beachtende Eigenschaften des

Terminierung des Backtracking

Backtracking hingewiesen werden. Eine garantierte *Terminierung* ist nur gegeben, wenn der zu durchsuchende Lösungsraum endlich ist und wenn wiederholtes Betreten einer bereits getesteten Konfiguration auf einem Weg ausgeschlossen werden kann. Letzteres kann man oft durch geeignete Kodierung des bisher zurückgelegten Weges in der Konfigurationsdarstellung erreichen.

Aufwand des Backtracking

Kritisch kann der Aufwand des Backtracking sein. Da der Aufwand von der Größe des komplett zu durchlaufenden Lösungsraums abhängt, entsteht oft ein exponentieller Aufwand, wenn etwa alle Permutationen einer Eingabeliste als Lösungskonfigurationen in Frage kommen.

Varianten des Backtracking

Aufgrund dieses Problems werden oft abgewandelte Varianten des Backtracking realisiert:

- Der Algorithmus kann bewertete Lösungen berechnen, aus denen nach Lauf des Algorithmus die beste ausgewählt wird. Dies ist eine typische Variante für Optimierungsfragen (»Finde den größten Käse«).
- Das vorgegebene Muster findet alle Lösungen. In einigen Anwendungen ist ein Abbruch nach der ersten gefundenen Lösung sinnvoll.
- Die Variante »Branch-and-Bound« besteht darin, nur Zweige zu verfolgen, die eine Lösung prinzipiell zulassen. Es wird also versucht, Wege in Sackgassen ohne Lösung bereits im Voraus zu erkennen und gar nicht erst zu betreten.
- Oft ist es aus Komplexitätsgründen sinnvoll, eine maximale Rekursionstiefe vorzugeben, um unter Zeitbeschränkungen zumindest einen Teil des Lösungsraums abzuarbeiten. Man denke hierbei etwa an Schachprogramme.

Typische Einsatzfelder des Backtracking

Die beschriebenen Eigenschaften machen das Backtracking-Prinzip für einige Anwendungsgebiete besonders geeignet.

- In Spielprogrammen (Schach, Dame, ...) entsprechen Konfigurationen den Stellungen der Spielfiguren, die Erweiterungen den Spielzügen.
- Die Erfüllbarkeitstests von logischen Aussagen und die Auswertung von Programmen in logischen Programmiersprachen (vergleiche Abschnitt 3.4) können ebenfalls Backtracking-Strategien einsetzen.
- Planungsprobleme, Konfigurierungen und Optimierungsprobleme sind ebenfalls klassische Anwendungsgebiete.

8.4.2 Beispiel: Das Acht-Damen-Problem

Als Beispiel für einen konkreten Algorithmus, der Backtracking einsetzt, betrachten wir das *Acht-Damen-Problem*. In Abschnitt 3.5.1 hatten wir dieses Problem bereits mittels genetischer Algorithmen gelöst, also mit einem sukzessiven Näherungsverfahren, bei dem die Annäherung an eine Lösung in zufälligen Schritten mit anschließender Auslese erfolgt. Hier sollen nun konstruktiv alle Lösungen berechnet werden.

Gesucht sind alle Konfigurationen von 8 Damen auf einem 8x8-Schachbrett, so dass keine Dame eine andere bedroht. Eine Dame bedroht dabei bekanntlich alle Felder derjenigen Spalte und Zeile, auf der sie steht, sowie zusätzlich alle Felder der durch sie gehenden Diagonalen. Abbildung 8.7 zeigt zwei (nicht isomorphe!) Lösungen dieses Problems.

	1	2	3	4	5	6	7	8
1			D					
2						D		
3								D
4	D							
5				D				
6							D	
7					D			
8		D						

	1	2	3	4	5	6	7	8
1				D				
2						D		
3								D
4		D						
5							D	
6	D							
7			D					
8					D			

Abbildung 8.7 *Acht-Damen-Problem*

Um für das Acht-Damen-Problem Backtracking einsetzen zu können, müssen wir uns für eine Menge der Konfigurationen KF entscheiden. Ein geeignetes KF muss folgende Bedingungen besitzen:

1. Eine eindeutige Anfangskonfiguration K_0, etwa das leere Schachbrett, muss in ihr enthalten sein.
2. $L \subseteq KF$ muss für die Lösungskonfigurationen L gelten.
3. Für jedes $k \in KF$ ist leicht entscheidbar, ob $k \in L$ gilt.
4. Die Konfigurationen lassen sich schrittweise erweitern und bilden dabei eine hierarchische Struktur.
5. Die Menge KF sollte nicht zu groß sein, um effizient durchsucht werden zu können.

Für die Menge der Lösungskonfigurationen L gelten dabei die folgenden beiden Bedingungen:

L1: Es sind 8 Damen auf dem Brett.
L2: Keine zwei Damen bedrohen sich.

Nach einigem Nachdenken kommt man zu folgender Wahl von KF:

> Konfigurationen in KF haben je eine Dame in den ersten n, $0 \leq n \leq 8$, Zeilen, so dass diese sich nicht bedrohen.

Man kann sich leicht vergewissern, dass dieses KF die oben genannten Bedingungen erfüllt (die Bedingung des effizienten Tests $k \in L$? kann dabei durch eine geschickte Speicherung der Konfigurationen erreicht werden, auf die wir hier nicht eingehen werden).

Nicht alle Konfigurationen lassen sich allerdings tatsächlich zu einer Lösung erweitern. Die Abbildung 8.8 zeigt eine derartige nicht erweiterbare Konfiguration, da jedes Feld in Zeile 7 bereits bedroht ist.

Abbildung 8.8 *Nicht alle Konfigurationen lassen sich zu einer Lösung erweitern*

	1	2	3	4	5	6	7	8
1				D				
2	D							
3			D					
4					D			
5								
6								
7								
8								

Algorithmus für Acht-Damen-Problem

Nach diesen Vorbemerkungen können wir nun einen Backtracking-Algorithmus zur Lösung des Acht-Damen-Problems angeben. Aufgerufen wird er mit der Platzierung der ersten Dame.

```
procedure PLATZIERE (i : [ 1..8 ] );
begin
  var h : [ 1..8 ];
  for h := 1 to 8 do
    if [ Feld in Zeile i, Spalte h nicht bedroht ]
    then
      [ Setze Dame auf diese Feld (i, h) ];
      if [ Brett voll ] /* i = 8 */
      then [ Gib Konfiguration aus ]
      else PLATZIERE (i + 1)
      fi;
      [ Nimm Dame von Feld (i, h) zurück ]
    fi
  od
end
```

Dieser Algorithmus kann natürlich leicht auf ein n-Damen-Problem verallgemeinert werden. Da der Suchraum für acht Damen bereits sehr groß ist, zeigen wir den bearbeiteten Konfigurationsraum für vier Damen – vier Damen sind die kleinste Anzahl, für die eine nichttriviale Lösung (für $n = 1$ gibt es natürlich genau eine triviale Lösung) existiert.

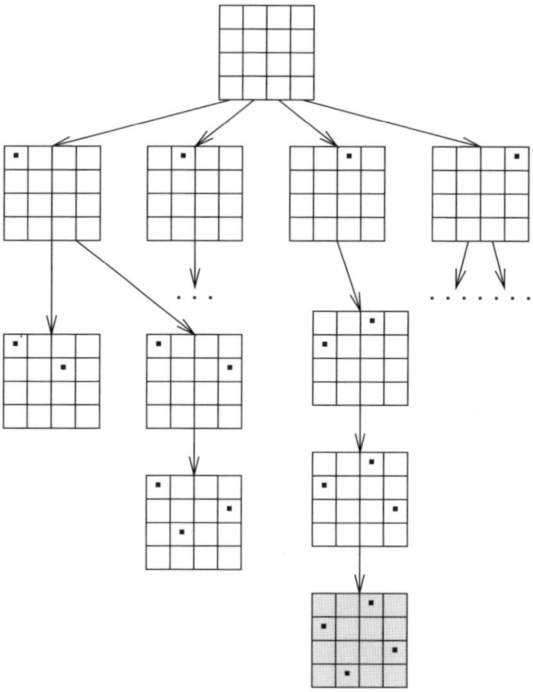

Abbildung 8.9 *Konfigurationsraum beim Vier-Damen-Problem*

Der Ablauf des Algorithmus beim Vier-Damen-Problem wird in Abbildung 8.9 skizziert. Die zweite und die vierte Konfiguration der ersten Stufe werden hier nicht weiter verfeinert, da sie sich symmetrisch zu den beiden vollständig gezeigten Teilbäumen entwickeln.

8.5 Dynamische Programmierung

Dynamische Programmierung vereint Aspekte der drei bisher vorgestellten Algorithmenmuster. Vom Ansatz der Greedy-Algorithmen wird die Wahl optimaler Teillösungen übernommen, von Divide-and-conquer und Backtracking die rekursive Herangehensweise basierend auf einem Konfigurationsbaum. Während Divide-and-conquer-Verfahren unabhängige Teilprobleme durch rekursive Aufrufe lösen, werden bei der dynamischen Programmierung *abhängige* Teilprobleme optimiert gelöst, indem mehrfach auftretende Teilprobleme nur einmal gelöst werden.

Der Anwendungsbereich der dynamischen Programmierung sind Optimierungsprobleme analog zu Greedy-Algorithmen – mit dynamischer Programmierung werden aber insbesondere Probleme bearbeitet, bei denen die Greedy-Vorgehensweise nicht zu optimalen Lösungen führt.

8.5.1 Das Rucksackproblem

Rucksackproblem

Das Rucksackproblem (engl. *knapsack problem*) ähnelt auf den ersten Blick dem Geldwechselproblem. Gegeben sei ein Rucksack mit gegebener Kapazität C. Des Weiteren liegen n Gegenstände vor, die jeweils ein Gewicht g_i und einen Wert w_i haben. Sowohl Werte als auch Gewichte sind positive Zahlen. Aufgabe ist es nun, den Rucksack derart zu füllen, dass das Gesamtgewicht der eingefüllten Gegenstände die Füllkapazität nicht überschreitet und der Wert der eingefüllten Gegenstände maximal ist. Mathematisch entspricht dies der Bestimmung einer Indexmenge $I \subseteq \{1, \ldots, n\}$, so dass

$$\sum_{i \in I} g_i \leq C$$

und

$$\sum_{i \in I} w_i \text{ ist maximal}$$

gelten. Als Datenstruktur bietet es sich an, derartige Indexmengen als boolesche Felder der Grenzen $[1 \ldots n]$ zu kodieren. Es gibt nun 2^n verschiedene Indexmengen, die zum Beispiel mittels Backtracking durchsucht werden könnten. Eine Backtracking-Lösung ist daher natürlich für große Eingabemengen vom Aufwand her nicht akzeptabel.

Betrachten wir ein konkretes Beispiel. Gegeben seien vier Gegenstände mit den Gewichten $g_1 = 2$, $g_2 = 2$, $g_3 = 6$, $g_4 = 5$ und den Werten $w_1 = 6$, $w_2 = 3$, $w_3 = 5$, $w_4 = 4$. Unser Rucksack hat eine Kapazität von $C = 10$.

Abbildung 8.10 zeigt den Lösungsraum in Form eines Konfigurationsbaumes. Die Knoten sind mit der verbleibenden Kapazität beschriftet, die Wurzel somit mit $C = 10$. Jede Ebene basiert auf einer Entscheidung, ob ein Gegenstand in den Rucksack aufgenommen wird oder nicht: Die Ebene i verzweigt sich in zwei Varianten, eine, in der der Gegenstand i im Rucksack aufgenommen wurde, und eine, in der dies nicht geschieht. Der am weitesten links stehende Pfad entspricht dabei einer Folge von ausschließlich »nein«-Entscheidungen: der leere Ruck-

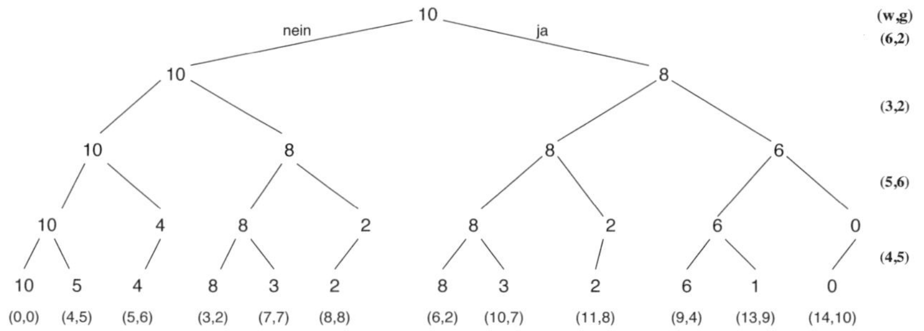

Abbildung 8.10
Lösungsraum beim Rucksackproblem

sack. Entscheidungen, die die Kapazität des Rucksacks überschreiten würden, werden nicht weiter verfolgt.

Bei Betrachtung des Baumes stellt man fest, dass einige Teilbäume *mehrfach* berechnet werden, beispielsweise die beiden Teilbäume mit der Restkapazität 8 in der dritten Ebene. Hier setzt die dynamische Programmierung mit einer Optimierung an.

Dynamische Programmierung versucht die Abarbeitung mit folgender Idee zu optimieren: Jede Lösung wird durch einen Lösungsweg bestimmt. Eine optimale Lösung enthält dabei nur optimale Teillösungen: Wäre dies nicht der Fall, könnte man die Teillösung ja durch den besseren Teilweg ersetzen und würde eine noch bessere Gesamtlösung erhalten.

8.5.2 Rekursive Lösung des Rucksackproblems

Rekursive Lösung des Rucksackproblems

Wir können das Rucksackproblem rekursiv mit einer Variante des Backtracking lösen, indem wir den Konfigurationsbaum beginnend mit der Entscheidung, ob der erste Gegenstand gewählt wird, schrittweise durchlaufen. Hierzu wird eine rekursive Prozedur `rucksack` genutzt, die als ersten Parameter den Index des aktuell bearbeiteten Gegenstandes und als zweiten Parameter die Restkapazität des Rucksacks besitzt.

```
procedure rucksack (i, Restkapazität: int): int
if i = AnzahlObjekte
then if Restkapazität < g_i
     then return 0
     else return w_i
     fi
else if Restkapazität < g_i
     then return rucksack( i + 1, Restkapazität)
```

```
        else return max (
                rucksack( i + 1, Restkapazität),
                rucksack( i + 1, Restkapazität - g_i) + w_i)
        fi
fi
```

Die Berechnung wird mit dem Aufruf `rucksack(1,C)` gestartet. Zweige, die die Kapazität frühzeitig ausschöpfen, werden nicht verfolgt. Als Optimierungspotenzial bleibt aber die mehrfache Auswertung gleicher Funktionsaufrufe (in unserem Beispiel würde wie in Abbildung 8.10 dargestellt der Aufruf `rucksack(3,8)` zweimal erfolgen).

8.5.3 Prinzip der dynamischen Programmierung

Die Idee der dynamischen Programmierung ist es nun, in einer Iteration *rückwärts* die Resultate der Aufrufe `rucksack(i,C)` zu berechnen. Dazu wird ein zweidimensionales Feld f angelegt, das die Werte speichert.

Wir betrachten in Erweiterung des bisherigen Beispiels fünf Gegenstände mit den Gewichten $g_1 = 2$, $g_2 = 2$, $g_3 = 6$, $g_4 = 5$, $g_5 = 4$ und den Werten $w_1 = 6$, $w_2 = 3$, $w_3 = 5$, $w_4 = 4$, $w_5 = 6$. Der Konfigurationsbaum würde somit um eine weitere Ebene vergrößert werden. Unser Rucksack hat eine Kapazität von $C = 10$. Das Feld f ist in Abbildung 8.11 dargestellt. Zum Beispiel bedeutet der Eintrag an der Stelle $i = 4$

Abbildung 8.11
Feld der Funktionswerte des Rucksackproblems

	rc										
i	0	1	2	3	4	5	6	7	8	9	10
5	0	0	0	0	6	6	6	6	6	6	6
4	0	0	0	0	6	6	6	6	6	10	10
3	0	0	0	0	6	6	6	6	6	10	11
2	0	0	3	3	6	6	9	9	9	10	11

und $rc = 9$, dass ein Aufruf `rucksack(4,9)` das Ergebnis 10 ergeben würde – bei einer Restkapazität von 9 können beide verbleibenden Gegenstände (Nummer 4 und 5) mit dem gemeinsamen Gewicht von $4 + 5 = 9$ in den Rucksack gepackt werden, so dass sich ein Wert von $4 + 6 = 10$ ergibt. Das Ergebnis der Berechnung $f(1, 10)$ wäre an der Position $i = 1$ und $rc = 10$ zu finden – da die anderen Einträge der Zeile $i = 1$ nicht relevant sind, wird hier nur dieser eine Wert berechnet. Er errechnet sich wie in der rekursiven Variante als

$$\mathbf{max}(f(2, 10), f(2, 8) + 6) = \mathbf{max}(11, 9 + 6) = \mathbf{max}(11, 15) = 15.$$

Es ist nun einfach möglich, den rekursiven Algorithmus derart umzuschreiben, dass ein globales Feld genutzt wird, um Berechnungen nach erfolgtem Aufruf abzuspeichern und damit Mehrfachberechnungen zu vermeiden. Dies hat den Vorteil, dass nur Feldeinträge berechnet werden, die tatsächlich benötigt werden. Wir betrachten stattdessen eine iterative Variante, die das gesamte Feld f berechnet. Der iterative Algorithmus kann nun wie folgt skizziert werden:

Iterative Lösung des Rucksackproblems

```
algorithm rucksack (n, C: int)
f: Array [2..n] [0..C] int;
/* Initialisiere für i = n */
for rc = 0 to C do
  if rc < g_i
  then f(n, rc) := 0
  else f(n, rc) := w_i
  fi
od;
/* Berechne Rest von f */
for i = n − 1 downto 2 do
  for rc = 0 to C do
    if rc < g_i
    then f(i, rc) := f(i + 1, rc)
    else f(i, rc) :=
      max(f(i + 1, rc), f(i + 1, rc − g_i) + w_i)
    fi
  od
od;
/* Berechne f(1, C) */
if C < g_1
  then return f(2, C)
  else return max(f(2, C), f(2, C − g_1) + w_1)
fi
```

Natürlich funktioniert eine derartige Lösung nur für Integerwerte der Gewichte (oder bei festen Schritten der Gewichtswerte, die auf eine Integerskala abgebildet werden können). Auch kann das Feld f bei großem Kapazitätswert sehr umfangreich werden. Eine mögliche Lösung für beide Probleme besteht darin, in einer geeigneten Datenstruktur nicht die gesamten Zeilen abzuspeichern, sondern nur die Stellen, an denen der Wert innerhalb einer Zeile wechselt.

Eine ausführliche Behandlung der dynamischen Programmierung mit einer Reihe weiterer Beispiele kann im Buch von Sahni gefunden werden [Sah00, Kapitel 20].

9 Verteilte Berechnungen

Bisher haben wir uns ausschließlich für Algorithmenmodelle interessiert, die (zumindest logisch) auf einen einzelnen Ausführungsprozessor zugeschnitten sind. Unsere abstrakten Maschinen stellen ja genau so einen Prozessor dar.

Von einzelnen Prozessoren zu Mehrprozessorsystemen

In der Realität sind aber *Mehrprozessorsysteme* bereits jetzt eine verbreitete Rechnerarchitektur und ihre Bedeutung wird sicherlich weiter zunehmen. Der Übergang von klassischen Algorithmen zu auf mehreren Prozessoren ablaufenden Prozessen ist durchaus anspruchsvoll und würde den Rahmen dieses Buches sprengen. Wir müssen das Thema als Ganzes also weiterführenden Büchern überlassen. Dennoch werden wir versuchen, an dieser Stelle einige Grundprinzipien zu vermitteln, da verteilte Berechnungen in vielen Anwendungsgebieten den Alltag der Programmierung bestimmen.

In einem ersten Abschnitt werden wir prinzipiell auf kommunizierende Prozesse als Ausführungsmodell für verteilte Berechnungen eingehen. Einzelne Prozesse können dabei als eine Menge von klassischen Einprozessorprogrammen aufgefasst werden, die durch Kommunikation synchronisiert werden. Trotz dieser Verwandschaft zu klassischen Algorithmen werden wir im folgenden Abschnitt mit den *Petri-Netzen* einen Beschreibungsformalismus kennen lernen, der verteilte Abläufe als Ganzes zu beschreiben erlaubt.

Abschließend werden wir an einem Beispiel Programmierkonzepte erläutern, die die Programmierung verteilter Abläufe in einer üblichen Programmiersprache ermöglichen.

9.1 Kommunizierende Prozesse

Kommunizierende Prozesse

Bisher haben wir mit den Algorithmenmodellen immer *eine* Sequenz von Ausführungsschritten als Berechnung betrachtet. Das Konzept der kommunizierenden Prozesse geht über diese Betrachtungsweise hinaus. Hierbei entspricht *jeder* einzelne Prozess einer Ausführungssequenz, wobei die Schritte mehrerer Prozesse prinzipiell unabhängig sind. Insbesondere ist die zeitliche Reihenfolge von Schritten aus verschiedenen

Prozessen oft nicht bestimmt. Daher wird eine *Synchronisation* durch Kommunikation notwendig.

Beispiele für kommunizierende Prozesse begegnen uns quasi überall: Kommunizierende Rechner bilden die Grundlage der Kommunikation von Web-Server und Browser sowie von Client/Server-Anwendungen. Sie spielen des Weiteren eine wichtige Rolle bei der Modellierung von Produzenten-Verbraucher-Systemen (Logistik-Anlagen), bei der Programmierung von Agentensystemen (Internet, Simulationen, Spiele) und intern bei der Realisierung von Betriebssystemen und Benutzeroberflächen.

9.2 Modell der Petri-Netze

Bevor wir uns der Programmierung verteilter Systeme zuwenden, betrachten wir ein abstraktes Modell zur Beschreibung nebenläufiger Abläufe, das bereits 1962 von C. A. Petri vorgeschlagen wurde und als Modell der *Petri-Netze* bekannt ist. Petri-Netze bilden ein Modell zur Beschreibung von Abläufen mit *nebenläufigen* und *nichtdeterministischen Vorgängen*. Vorgänge sind dabei echt nebenläufig, wenn ihre zeitliche Anordnung nicht bestimmbar ist.

Petri-Netz

Petri-Netze werden für die ersten Entwurfsphasen allgemeiner verteilter Systeme eingesetzt. Neben der Entwicklung von Software werden sie unter anderem auch für die Beschreibung von Workflows (Arbeitsabläufen), logistischen Systemen und hardwarenaher Abläufe eingesetzt.

9.2.1 Definition von Petri-Netzen

Ein *Petri-Netz* ist ein gerichteter Graph, aufgebaut aus folgenden Bestandteilen:

Stellen

- *Stellen* entsprechen Zwischenlagern von Daten und werden grafisch als Kreise dargestellt.

Transitionen

- *Transitionen* sind die elementare Verarbeitung von Daten und werden als Balken notiert. Transitionen sind nebenläufig.

Ein- und Ausgabekanten

- Der Graph wird durch (gerichtete) *Ein- und Ausgabekanten* von Transitionen aufgebaut. Sie werden durch Pfeile dargestellt. Kanten verbinden immer Transitionen mit Stellen – ein Petri-Netz ist mathematisch also ein bipartiter gerichteter Graph.

Markierungen

- *Markierungen* der Stellen beschreiben mögliche Zustände des verteilten Systems.

Für die Darstellung von Petri-Netzen ist die bereits erläuterte grafische Notation verbreitet, auch wenn die Darstellung in einer speziellen textuellen Spezifikationssprache für Netze natürlich auch möglich wäre. Abbildung 9.1 zeigt ein Beispielnetz ohne Markierungen, das ein Produzenten-Verbraucher-System mit einem Puffer der Größe 1 modelliert.

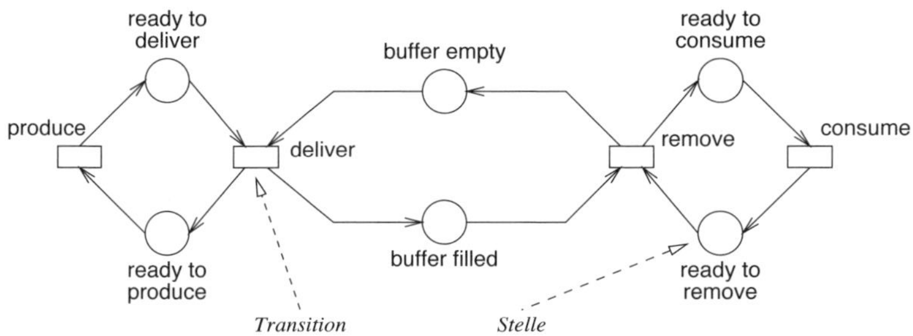

Abbildung 9.1 *Petri-Netz für Produzenten-Verbraucher-System*

Das Petri-Netz in Abbildung 9.1 beschreibt mit den Transitionen `produce` und `deliver` einen Produzenten, der Teile produziert und ausliefert. Die Transitionen `remove` und `consume` sind die Gegenstücke eines Verbrauchers. Die Stellen `buffer empty` und `buffer filled` modellieren den Puffer des Systems. Die anderen vier Stellen modellieren die internen Zustände von Produzent und Verbraucher.

Abbildung 9.2 zeigt nun einen initialen Zustand des Systems, definiert durch eine Markierung.

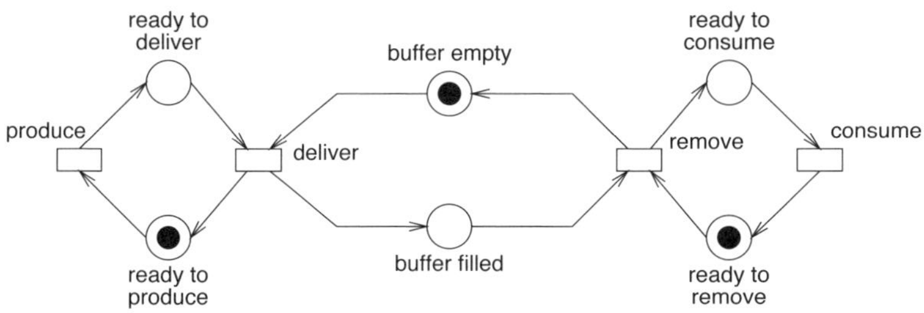

Abbildung 9.2 *Petri-Netz mit Marken*

Jeweils ein Marke in Abbildung 9.2 definiert den internen Zustand von Produzent und Verbraucher – ein Produzent kann als Nächstes entweder produzieren oder ausliefern. Die dritte Marke gibt den Zustand des Puffers (voll oder leer) an.

Schalten einer Transition

In Abbildung 9.3 wird nun das Ergebnis des *Schaltens einer Transition* gezeigt. Das Schalten wird auch bildlich als »Feuern« bezeichnet.

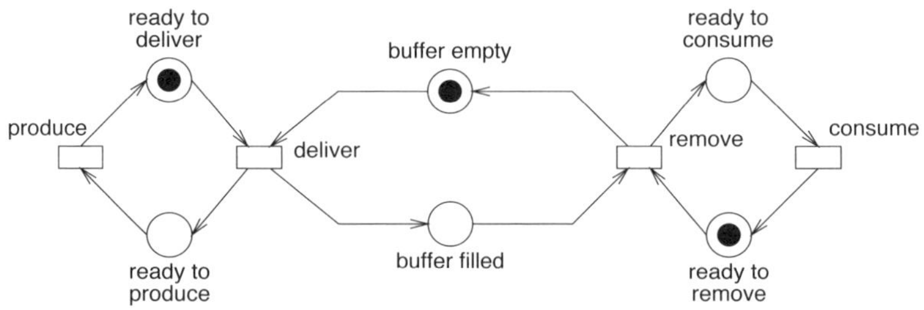

Abbildung 9.3 Petri-Netz nach Feuern von `produce`

Das Feuern der Transition `produce` entfernt eine Marke in der Stelle `ready to produce` und legt dafür eine Marke an der Stelle `ready to deliver` ab.

Abbildung 9.4 zeigt nun mit dem Feuern von `deliver` eine Transition, die zwei Marken entfernt und auch zwei Marken ablegt.

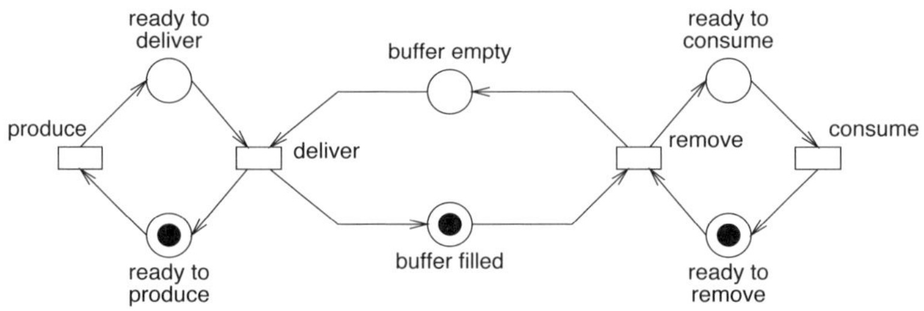

Abbildung 9.4 Petri-Netz nach Feuern von `deliver`

Das Feuern von Transitionen mit dem Entfernen und Setzen von Marken, die auch *Token* genannt werden, wird oft als *Token-Game* bezeichnet, da es ähnlich dem Setzen von Spielfiguren abläuft.

Wir haben die Bestandteile eines Petri-Netzes noch nicht genauer formalisiert. Ein Grund dafür ist, dass es mehrere Arten von Petri-Netzen gibt, die sich in den Einzelheiten unterscheiden:

Bedingungs-Ereignis-Netz

- In einem *Bedingungs-Ereignis-Netz* entsprechen die Stellen booleschen Variablen, wie sie im bisherigen Beispiel auftraten – Stellen sind also entweder markiert oder frei und regeln derart den Kontrollfluss.

Stellen-Transitions-Netz

- *Stellen-Transitions-Netze* zeichnen sich dadurch aus, dass Stellen positive Integerwerte annehmen können. Stellen haben dabei eventuell »Kapazitäten«, die beschreiben, wie viel Stellen sie maximal aufnehmen können.

- In höheren Petri-Netzen sind Stellen Container für (strukturierte) Werte – Marken können also unterschieden werden (»gefärbte Marken«) oder auch mit Daten versehen werden.

Der Übergang von Bedingungs-Ereignis-Netzen zu Stellen-Transitions-Netzen soll nun an einem Beispiel verdeutlicht werden.

Abbildung 9.5 zeigt ein Produzenten-Verbraucher-System mit der Puffergröße 2, modelliert als Bedingungs-Ereignis-Netz. Der Puffer wird durch zwei Teilpuffer der Größe 1 gebildet. Man kann sich leicht verdeutlichen, dass bei wachsender Puffergröße das Netz unhandlich wird.

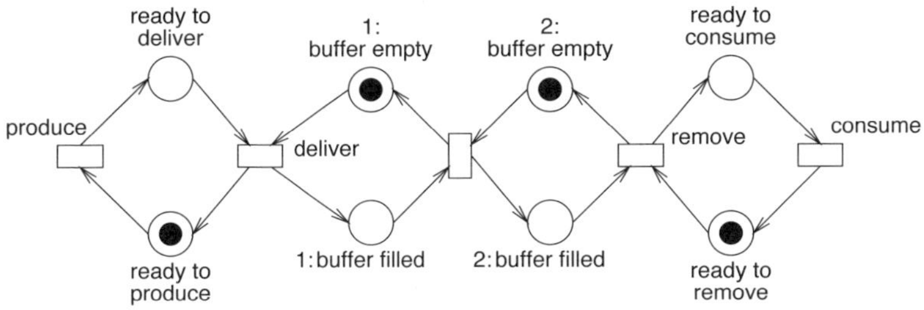

Abbildung 9.5
Produzenten-Verbraucher-System mit Puffergröße 2 als Bedingungs-Ereignis-Netz

Abbildung 9.6 zeigt dasselbe System als Stellen-Transitions-Netz. Die Puffergröße wird durch die Anfangsmarkierung mit zwei Marken modelliert.

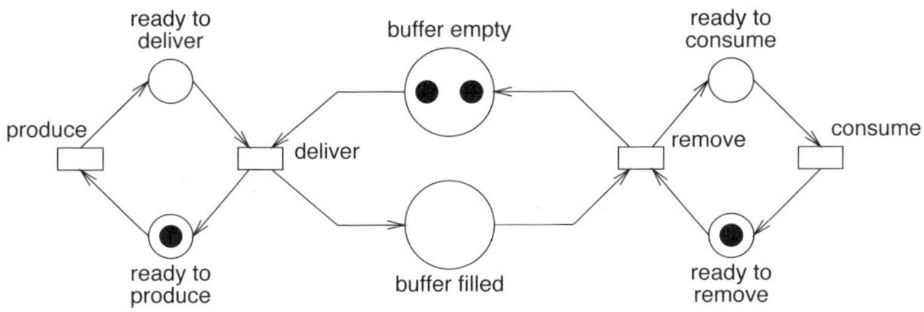

Abbildung 9.6
Stellen-Transitions-Netz für Puffergröße 2

Noch einfacher wird das Netz, wenn wie in Abbildung 9.7 *Kapazitäten* genutzt werden.

Kapazitäten

Wir werden im Folgenden Stellen-Transitions-Netze meinen, wenn wir den Begriff Petri-Netz verwenden, sofern wir nicht explizit eine andere Variante nennen.

Nach der Einführung von Stellen-Transitions-Netzen können wir nun die *Schaltregel*, die das »Token-Game« beschreibt, genauer festlegen:

Schaltregel

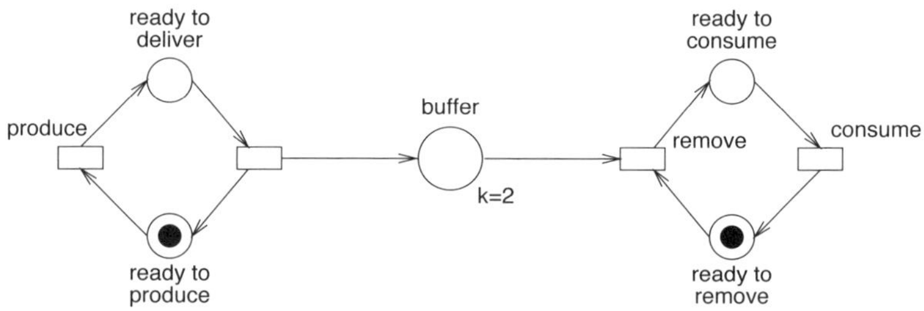

Abbildung 9.7
Stellen-Transitions-Netz mit Kapazität

1. Eine Transition t kann schalten / feuern, wenn jede Eingabestelle von t mindestens eine Marke enthält.
2. Schaltet eine Transition, dann wird aus jeder Eingabestelle eine Marke entfernt und zu jeder Ausgabestelle eine Marke hinzugefügt.

Bei Stellen mit Kapazitäten darf das Hinzufügen von Marken nicht die Kapazitätsbegrenzung verletzen. Zur Vereinfachung kann man auch in nahe liegender Weise eine Erweiterung um gewichtete Kanten vornehmen, bei der eine Kante in einem Schritt mehrere Marken entnehmen oder hinterlegen kann.

9.2.2 Formalisierung von Petri-Netzen

Ein Petri-Netz (genauer ein Stellen-Transitions-Netz) kann als Fünf-Tupel

$$P = (S, T, A, E, M)$$

Formalisierung von Petri-Netzen

formalisiert werden, wobei die einzelnen Bestandteile die folgende Bedeutung haben:

- S ist eine nichtleere Menge von Stellen.
- T ist eine nichtleere Menge von Transitionen mit $S \cap T = \emptyset$.
- $A \subset S \times T$ legt die Ausgangskanten von Stellen fest; dies sind die Eingangskanten von Transitionen.
- $E \subset T \times S$ ist die Menge der Eingangskanten von Stellen, also der Ausgangskanten von Transitionen.
- Mit $M : S \to \mathbb{N}_0$ bezeichnen wir die Startmarkierung.

Flussrelation

Es sei darauf hingewiesen, dass in einigen Lehrbüchern eine Flussrelation $F = A \cup E$ statt der separaten A und E eingeführt wird. Dies ist mathematisch natürlich äquivalent.

Diese eher trockene Formalisierung können wir gut an einem Beispiel erläutern. Die eingeführten Mengen werden wie folgt festgelegt:

$$\begin{aligned}
&P = (S, T, A, E, M)\\
&S = \{s_1, s_2, s_3, s_4, s_5\}\\
&T = \{t_1, t_2, t_3, t_4\}\\
&A = \{(s_1, t_1), (s_2, t_2), (s_3, t_1), (s_3, t_3), (s_4, t_4), (s_5, t_3)\}\\
&E = \{(t_1, s_2), (t_2, s_1), (t_2, s_3), (t_3, s_4), (t_4, s_3), (t_4, s_5)\}\\
&M(s_1) = M(s_3) = 1, \quad M(s_5) = 2, \quad M(s_2) = M(s_4) = 0
\end{aligned}$$

Gegenseitiger Ausschluss zweier Prozesse

Das Beispiel modelliert den *gegenseitigen Ausschluss zweier Prozesse*: Die beiden Stellen s_2 und s_4 können nie gleichzeitig belegt sein. Die zweite Marke in s_5 ist dabei nur aus Demonstrationszwecken eingeführt worden. Das modellierte Petri-Netz ist grafisch in Abbildung 9.8 dargestellt.

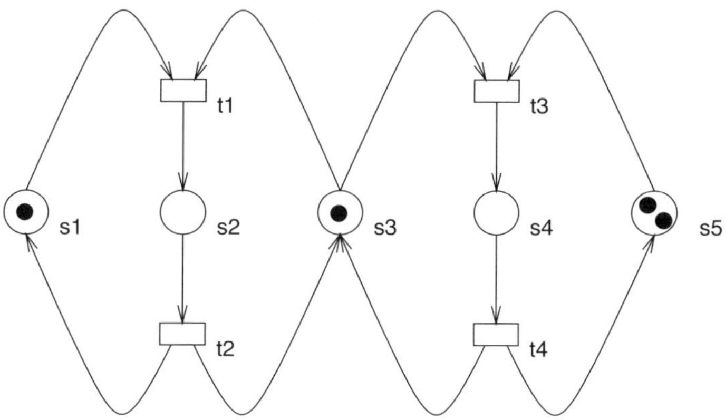

Abbildung 9.8 *Grafische Darstellung des formal beschriebenen Petri-Netzes P*

Formalisierung der Schaltregel

Basierend auf der Formalisierung des Netzes können wir nun auch die Schaltregel exakt festlegen. Dazu definieren wir mit

$$\bullet t = \{s \in S | (s, t) \in A\}$$

den Vorbereich einer Transition und mit

$$t\bullet = \{s \in S | (t, s) \in E\}$$

den Nachbereich einer Transition.

Die formalisierte *Schaltregel* lautet nun formal beschrieben für zwei aufeinander folgende Markierungen $M(s)$ und $M'(s)$ und eine feuernde Transition t wie folgt:

$$M'(s) = \begin{cases} M(s) + 1 & \text{falls } s \in t\bullet\text{, aber } s \notin \bullet t \\ M(s) - 1 & \text{falls } s \in \bullet t\text{, aber } s \notin t\bullet \\ M(s) & \text{sonst} \end{cases}$$

Abschließend zeigen wir in Abbildung 9.9 den Bezug von Petri-Netz-Konstrukten zu typischen Kontrollstrukturen und beschreiben dabei gleichzeitig einige typische Entwurfsmuster bei der Modellierung mit Petri-Netzen.

Abbildung 9.9 *Modellierungsprimitive für Petri-Netze*

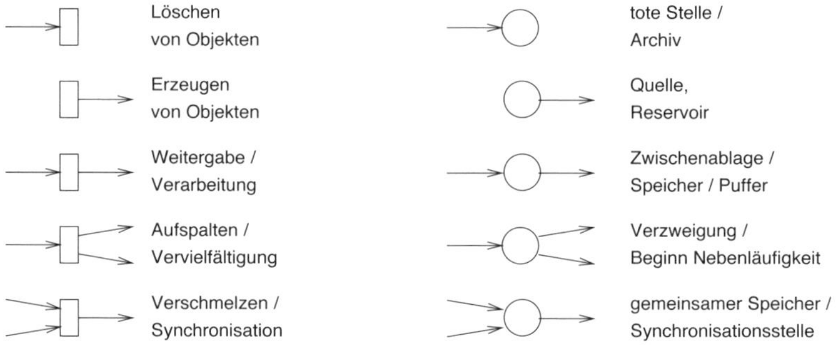

9.2.3 Das Beispiel der fünf Philosophen

Die fünf dinierenden Philosophen ist ein bekanntes Beispiel, um synchronisierte Prozesse und deren mögliche Blockierung durch gemeinsam benutzte Ressourcen zu modellieren. Wir werden dieses Beispiel zuerst mit Petri-Netzen modellieren und später auch dessen programmtechnische Umsetzung vorstellen.

Fünf dinierende Philosophen

Im Beispiel sitzen fünf Philosophen an einem runden Tisch. In der Mitte befindet sich eine Schüssel Spaghetti (oder ein anderes nicht so einfach zu portionierendes Gericht). Auf dem Tisch liegen fünf Gabeln, je eine zwischen zwei Philosophen. Ein Philosoph kann nur mit zwei Gabeln essen und er kann nur die ihm benachbarten Gabeln aufnehmen.

Jeder Philosoph durchläuft einen Zyklus von Zuständen: denken → hungrig → essen → denken etc. Dieses Beispiel ist für einen einzelnen Philosophen in Abbildung 9.10 als Petri-Netz modelliert.

Die drei aufeinander folgenden Zustände des Philosophen sind als Zyklus von drei Stellen modelliert. Ein Philosoph kann nur in den Zustand `essen` wechseln, wenn er bei der Transition `start` gleichzeitig beide Gabeln aufnimmt. Er legt diese Gabeln nach dem `essen` wieder zurück.

Abbildung 9.11 skizziert das Gesamtnetz, in dem jeweils zwei Philosophen sich eine Gabel-Stelle teilen. Somit kann ein Philosoph nur mit `essen` beginnen, wenn nicht gerade beide Nachbarn am Essen sind.

Die bisherige Modellierung stellt eine eher abstrakte Modellierung des Problems dar, insbesondere da beide Gabeln gleichzeitig aufgenom-

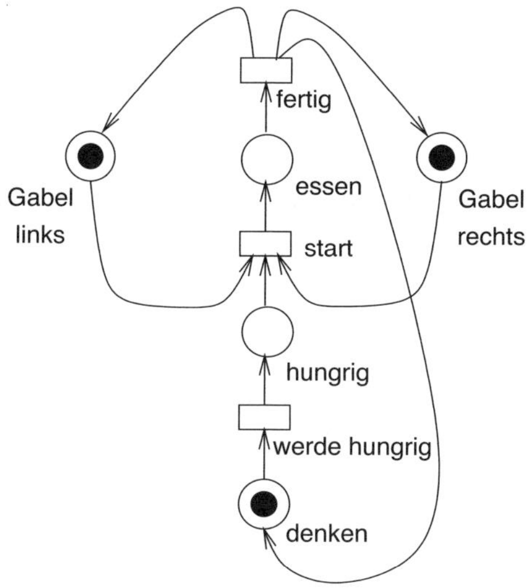

Abbildung 9.10 *Philosophenproblem als Petri-Netz: Ein Philosoph*

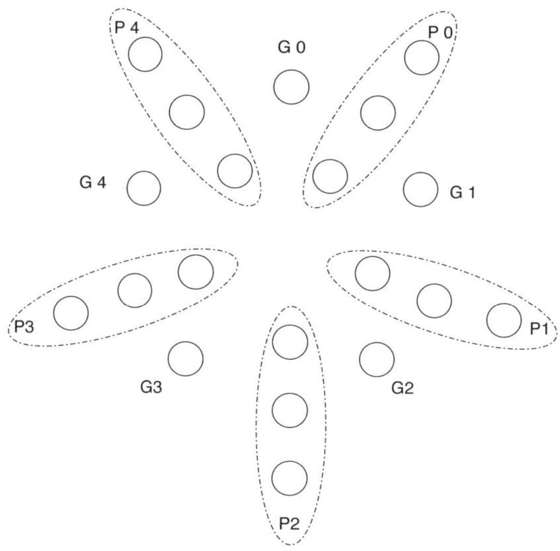

Abbildung 9.11 *Stellen aller 5 Philosophen*

men werden. In einem verteilten System ist die Realisierung einer absoluten Gleichzeitigkeit für den Zugriff auf unterschiedliche Ressourcen nicht möglich, so dass an dieser Stelle die Modellierung verfeinert werden muss.

Als Lösung müssen die Gabeln nacheinander aufgenommen werden, wie es in Abbildung 9.12 modelliert ist.

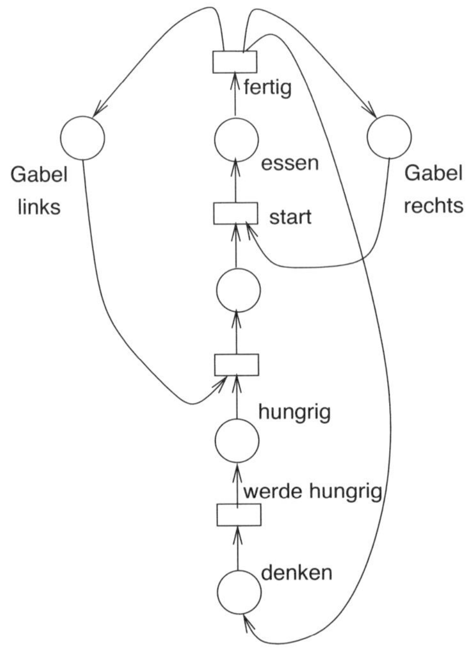

Abbildung 9.12
Fünf Philosophen mit Verklemmungsmöglichkeit

Möglichkeit der Verklemmung

Die neue Modellierung weist aber nun ein Problem auf, das für verteilte Systeme typisch ist – es besteht die Möglichkeit einer *Verklemmung*, englisch als *Deadlock* bezeichnet. Eine Verklemmung tritt in unserem Beispiel dann auf, wenn alle Philosophen die linke Gabel aufgenommen haben. Jeder Philosoph wartet nun darauf, auch seine rechte Gabel aufnehmen zu können, die sich allerdings in der Hand des jeweiligen rechten Nachbarn befindet (als dessen linke Gabel). Gabeln können erst wieder nach dem Essen zurückgelegt werden – das System steht, da keine Transition mehr möglich ist (und die Philosophen jämmerlich verhungern).

Die Entdeckung von Verklemmungsmöglichkeiten und die Vorkehrungen, um diese zu vermeiden oder aufzulösen, sind ein wichtiger Bestandteil des Entwurfs von verteilten Systemen. Wir werden in den folgenden Abschnitten darauf erneut eingehen.

9.3 Programmieren nebenläufiger Abläufe

Im letzten Abschnitt haben wir mit den Petri-Netzen einen Formalismus zur Modellierung von verteilten Abläufen kennen gelernt. Dieser Abschnitt beschäftigt sich nun mit den Konzepten der Programmierung derartiger Systeme, bevor wir im letzten Abschnitt auf die Realisierung in Java eingehen.

9.3.1 Koordinierte Prozesse

Ein System aus nebenläufigen Prozessen besteht im Prinzip aus mehreren *kommunizierenden* Automaten, die z.B über Betriebssystemfunktionen *koordiniert* werden. Wichtige Programmierkonzepte für kommunizierende Programme wurden ursprünglich nicht für echt verteilte Systeme entwickelt, sondern für *Mehrprozess-Systeme*, in denen mehrere Prozesse quasi gleichzeitig ablaufen, indem sie zyklisch eine »Zeitscheibe« von einem Prozessverwalter zugeteilt bekommen und in dieser Zeitscheibe wie ein normales Programm arbeiten. Ein derartiges Modell kann nicht durch direkte Kommunikation synchronisiert werden (es ist ja immer nur ein einziger Prozess zu jedem Zeitpunkt tatsächlich aktiv). Stattdessen erfolgt die Kommunikation durch den Zugriff auf gemeinsame (»shared«) Ressourcen.

Mehrprozess-Systeme

In einem solchen System durchlaufen Prozesse bestimmte Zustände, die in Abbildung 9.13 dargestellt sind.

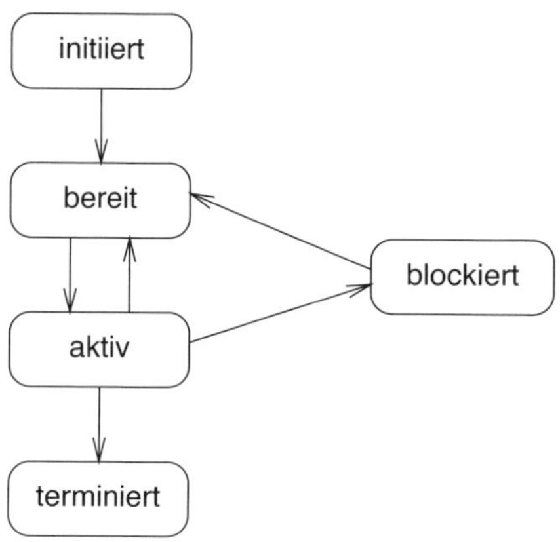

Abbildung 9.13
Zustände von Prozessen

Ein Prozess wird zuerst `initiiert` und wechselt dann in den Zustand `bereit`. Durch den Prozessverwalter wird er `akti`viert und nach Ablauf der Zeitscheibe wieder in den wartenden Zustand `bereit` versetzt. Während des aktiven Arbeitens kann es passieren, dass der Prozess auf eine gemeinsame Ressource zugreifen möchte, die von einem anderen Prozess bereits gesperrt wurde (man erinnere sich an den Philosophen, der auf die frei werdende Gabel wartet). In diesem Fall wird der Prozess `blockiert`, bis der Prozessverwalter das Freiwerden der Ressource registriert und den Prozess wieder in den Zustand

Zustandsänderungen von Prozessen

bereit versetzt (er kann nicht einfach aktiviert werden, da mehrere Prozesse auf dieselbe Ressource warten können). Wie ein übliches Programm kann ein Prozess schlussendlich terminieren.

Wir werden nun mit dem Konzept der *Semaphoren* ein Programmkonstrukt kennen lernen, das die Programmierung kommunizierender Prozesse ermöglicht.

9.3.2 Programmieren mit Semaphoren

Konzept der Semaphore

Ein *Semaphor* ist ein spezielles Konstrukt zur Kontrolle des Zugriffes auf gemeinsame Ressourcen. Es wurde ursprünglich von *Dijkstra* vorgeschlagen und basiert auf einer ganzzahligen Variablen und einer *Warteschlange* von Prozessen.

Warteschlange von Prozessen

Eine Warteschlange ist ein Datentyp, den wir später in diesem Buch noch ausführlich diskutieren werden. An dieser Stelle sei nur erwähnt, dass eine Warteschlange wie eine Schlange an einer Supermarktkasse funktioniert: Neu angekommene Prozesse stellen sich »hinten an«, es wird jeweils der ganz vorne in der Schlange stehende Prozess bearbeitet (und nach Bearbeitung aus der Schlange entfernt).

Operationen auf Semaphoren

Neben der Initialisierung kennt ein Semaphor zwei Operationen. Diese Operationen sind atomar, d.h. unteilbar:

- Die Operation **down** realisiert das Betreten eines kritischen Bereichs. Intern wird die Variable heruntergezählt, daher der Name »down«. Oft wird sie auch als **P** für holländisch »Passeer« notiert als Reminiszenz an ihren holländischen Inventor Dijkstra.
  In der Programmierung wird sie als *Warteoperation* am Beginn eines kritischen Abschnitts eingesetzt.
- Das Gegenstück **up** entspricht dem Verlassen des geschützten Bereichs (auch **V** für holländisch Verlaat).
  Programmtechnisch ist **up** eine *Signaloperation*, die das Verlassen eines kritischen Abschnitts an andere Prozesse signalisiert.

Realisierung des Datentyps Semaphor

Wir geben nun die Realisierung eines Datentyps Semaphor in einer programmiersprachennahen Pseudocode-Notation an:

```
type semaphor = 0..maxint;
procedure down (var s: semaphor);
begin
  if s ≥ 1
  then s := s − 1
  else
    Blockiere den ausführenden Prozess;
    Trage den Prozess in die Warteschlange W(s) ein
```

```
  fi
end

procedure up (var s: semaphor);
begin
  s := s + 1;
  if Warteschlange W(s) nicht leer
  then
    Wähle Prozess Q aus W(s) aus;
    Versetze Q in den Zustand »bereit«
  fi
end
```

Den Einsatz von Semaphoren in der Programmierung werden wir nun an einem Erzeuger-Verbraucher-System mit begrenztem Puffer demonstrieren, das mittels Semaphore programmiert werden soll.

Wir beginnen mit der Festlegung der Variablen: drei Semaphore. Interessant ist an diesem Beispiel, dass neben der Sicherung der kritischen Bereiche auch die Größenbegrenzung des Puffers mittels Semaphore realisiert wird.

Semaphore für Erzeuger-Verbraucher-System

```
var nichtvoll, /* Puffer ist nicht voll */
  nichtleer, /* Puffer ist nicht leer */
  gesperrt /* Puffer ist gesperrt */
      : semaphor;
  nichtvoll := n; /* Puffer mit n Plätzen */
  nichtleer := 0;
  gesperrt := 1
```

Um das Arbeiten des Systems und insbesondere die Rolle der beiden Variablen `nichtvoll` und `nichtleer` zu verdeutlichen, ist in Abbildung 9.14 das Erzeuger-Verbraucher-System als Petri-Netz modelliert.

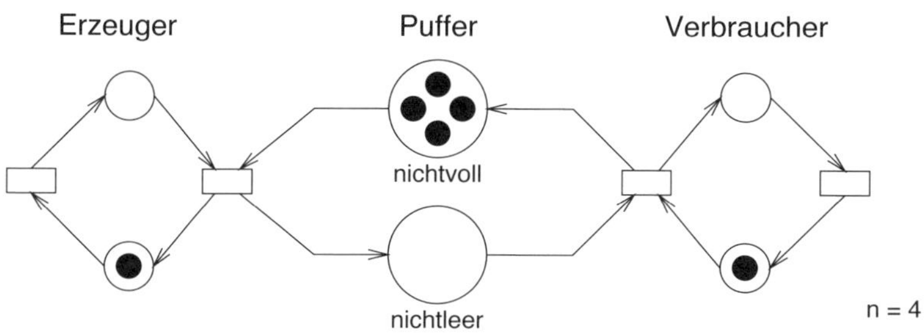

Abbildung 9.14 *Erzeuger-Verbraucher-System als Petri-Netz*

Die Variable `nichtvoll` begrenzt die leeren Pufferplätze auf den initial vorgegebenen Wert n, während `nichtleer` die jeweils aktuell gelagerten Marken repräsentiert.

Realisierung des Erzeugers

Der `Erzeuger`-Prozess versucht in einer Endlosschleife Marken in den Puffer zu bewegen:

```
repeat
  Erzeuge Marke;
  down (nichtvoll);
  down (gesperrt);
  Transportiere Marke in Puffer;
  up (gesperrt);
  up (nichtleer);
until false
```

Der Markentransport ist dabei durch zwei Mechanismen geschützt: Der Test, bei dem die Variable `nichtvoll` überprüft, ob der Puffer nicht voll ist. Der Prozess kann erst wieder durch die **up**-Operation des Verbrauchers aktiviert werden. Der innere Semaphorenzugriff übernimmt die eigentliche *Synchronisation* des Zugriffs auf die gemeinsame Ressource und verhindert damit, dass Erzeuger und Verbraucher gleichzeitig auf den Puffer zugreifen.

Synchronisation des Ressourcenzugriffs

Realisierung des Verbrauchers

Der `Verbraucher`-Prozess ist analog aufgebaut, nur dass der Test mit dem äußeren Semaphorenzugriff jetzt prüft, ob sich eine Marke im Puffer befindet.

```
repeat
  down (nichtleer);
  down (gesperrt);
  Entnehme Marke dem Puffer;
  up (gesperrt);
  up (nichtvoll);
  Verbrauche Marke;
until false
```

Man beachte, dass mit **up** `(nichtvoll)` ein eventuell wartender Erzeuger geweckt wird, der aufgrund eines vollen Puffers blockiert wurde.

9.3.3 Philosophenproblem mit Semaphoren

Varianten einer Realisierung mit Semaphoren

Als etwas größeres Beispiel betrachten wir wieder das Problem der fünf dinierenden Philosophen, das mit Semaphoren zu realisieren ist. Dabei sind mehrere Varianten vorstellbar:

1. Die Gabeln werden als Semaphore realisiert und mit 1 initialisiert. Dies ist sicher die nahe liegendste Variante und wir werden diese auch als erste vorstellen. Da wir aber nicht zwei Semaphore (linke und rechte Gabel) gleichzeitig aufnehmen können, liegt eine Verklemmungsmöglichkeit vor, falls alle Philosophen demselben (deterministischen) Programm folgen.
2. Möglich wäre auch ein Semaphor für den Spaghettitopf – allerdings schließt dies völlig die Nebenläufigkeit beim Essen aus und ist insbesondere ungünstig, wenn lange gegessen wird.
3. Eine raffinierte Variante nutzt einen (globalen) Semaphor für die Überprüfung, ob beide Nachbargabeln frei sind, schützt dabei auch die Aufnahme der Gabeln, blockiert aber *nicht* die gesamte Essphase.
   Diese Variante, die wir als zweite Realisierung vorstellen werden, erlaubt mehr Nebenläufigkeit als die zweite Variante, ohne dass es zu Verklemmungen kommen kann.

Philosoph in Pseudocode-Notation

Wir beginnen mit einer kurzen Diskussion der Variante 1. Der Philosoph i kann in Pseudocode-Notation ohne Einsatz von Semaphoren wie folgt beschrieben werden:

repeat
  denken;
  hungrig werden;
  nimm Gabel i;
  nimm Gabel $(i+1) \mod 5$;
  essen;
  lege Gabel i zurück;
lege Gabel $(i+1) \mod 5$ zurück
until false

Philosoph mit Semaphoren

Eine Umsetzung des Philosophen i mit Semaphoren kann nun nahe liegend wie folgt realisiert werden:

repeat
  denken;
  hungrig werden;
  down (g_i);
  down $(g_{(i+1)\%5})$;
  essen;
  up (g_i);
  up $(g_{(i+1)\%5})$
until false

Wie erwähnt sind in dieser Variante Verklemmungen möglich.

9.3.4 Verklemmungsfreie Philosophen

Die Realisierung einer verklemmungsfreien Variante des Philosophenproblems mit maximaler Nebenläufigkeit ist bereits eine etwas anspruchsvollere Aufgabe. Gegeben sind N Philosophenprozesse sowie ein Semaphor `ausschluss` zum Synchronisieren der Gabelaufnahme.

Wir verwenden eine Prozedur `prüfe`, die testet, ob mindestens einer der beiden Nachbarn isst; falls nicht, aktiviert sie den Philosoph für die Essensphase. Wir benötigen zusätzlich je Philosoph einen Semaphor `phil`, um die Blockade und das Aktivieren von Philosophen zu realisieren. Ein Philosoph aktiviert dabei (wenn möglich) beide Nachbarn, sobald er fertig gegessen hat.

Variablen der Realisierung

Zusammengefasst benötigen wir die folgenden Variablen für die Realisierung:

```
var zustand : array [0..N-1] int;
        /* denkend, hungrig, essend */
    ausschluss : semaphor;
        /* Synchronisation aller Philosophen */
    phil : Array [0..N-1] semaphor;
        /* Blockade eines Philosophen */
```

Der Semaphor `ausschluss` wird mit dem Wert 1 belegt, die Semaphore `phil[i]` ($i = 0 \ldots N-1$) erhalten den initialen Wert 0.

Realisierung der Philosophen-prozesse

Die Realisierung erfolgt wieder durch eine Endlosschleife:

```
procedure philosoph (var i : int);
begin
  while true do
    denke ();
    nimmGabeln (i);
    esse ();
    legeGabeln (i);
  od
end
```

Realisierung der Gabelaufnahme

Das Aufnehmen der Gabeln benutzt den Semaphor `ausschluss`, um den Zugriff zu realisieren.

```
procedure nimmGabeln (var i : int);
begin
  down ( ausschluss );
  zustand[i] = hungrig;
  prüfe (i);
  up ( ausschluss );
  down ( phil[i] );
```

```
  /* Blockiere falls Gabeln nicht frei */
end
```

Im Schutz der Semaphore wird die Prüfung mittels der Prozedur `prüfe` durchgeführt:

```
procedure prüfe (var i : int);
begin
  if zustand[i] = hungrig and
     zustand[(i − 1) mod 5] ≠ essend and
     zustand[(i + 1) mod 5] ≠ essend then
       zustand[i] = essend;
       up ( phil[i] );
  fi
  /* aktiviert bei Blockade! */
end
```

Beim Ablauf von `prüfe` innerhalb von `nimmGabeln` gibt es zwei Varianten:

1. Der Philosoph kann sofort essen, der Semaphor wird in der Prozedur `prüfe` hochgesetzt und am Ende von `nimmGabeln` wieder heruntergesetzt.
2. In `prüfe` passiert nichts, da die Randbedingungen für das Essen nicht gegeben sind. Insbesondere wird der Semaphor *nicht* hochgesetzt – der Philosoph wird ohne zu essen blockiert.

Realisierung des Gabelzurücklegens

Die Prozedur `legeGabeln` legt die Gabeln – wieder im Schutz des Semaphors `ausschluss` – nieder und testet dabei die beiden Nachbarn, ob sie aktiviert werden können. Auch dieser Test kann mit der Prozedur `prüfe` erfolgen.

```
procedure legeGabeln (var i : int);
begin
  down ( ausschluss );
  zustand[i] = denkend;
  prüfe ( (i − 1) mod N ); /* aktiviere ggf. Nachbarn */
  prüfe ( (i + 1) mod N ); /* aktiviere ggf. Nachbarn */
  up ( ausschluss );
end
```

Diese Realisierung ist bereits etwas trickreich (durch die doppelte Verwendung der Prozedur `prüfe` sowie die explizite Aktivierung der Nachbarn).

9.4 Beispielrealisierung in Java

Bei der Umsetzung des Philosophenproblems in ein Java-Programm ergeben sich einige Besonderheiten, für die wir bisher noch keine Sprachmittel kennen gelernt haben. Da die Philosophen ja gleichzeitig existieren, d.h. denken und essen, können wir diese Situation nicht einfach mit einem sequenziellen Programm abbilden. Vielmehr müssen wir fünf Ausführungseinheiten parallel ablaufen lassen. Dies könnte in einer Multitasking-Umgebung wie UNIX oder Windows NT erreicht werden, indem ein Philosophenprogramm fünfmal gestartet wird. Allerdings gestaltet sich dann die Kommunikation schwierig, da hierfür dann spezifische Betriebssystemfunktionen genutzt werden müssen. Glücklicherweise bietet Java von Haus aus eine geeignete Unterstützung für solche Problemstellungen. So ist es möglich, in einem Programm mehrere *Threads* parallel auszuführen. Ein Thread (deutsch: »Faden«) ist eine leichtgewichtige Ausführungseinheit oder Kontrollfluss (d.h. eine Folge von Anweisungen) innerhalb eines sich in Ausführung befindlichen Java-Programms. Threads werden in Java durch eine spezielle Klasse `java.lang.Thread` repräsentiert, die im Wesentlichen folgende Methoden definiert:

- **void** `start()` initiiert die Ausführung des Threads, indem die Methode `run` aufgerufen wird.
- **void** `run()` ist die eigentliche »Arbeitsmethode« und muss in einer abgeleiteten Klasse überschrieben werden.
- **static void** `sleep(`**int** `millis)` hält den aktuellen Thread für die Dauer von `millis` Millisekunden an, andere Threads sind davon jedoch nicht betroffen!
- **void** `stop()` beendet die Ausführung des aktuellen Threads. Die Verwendung dieser Methode wird in der aktuellen Java-Version nicht mehr empfohlen, da sie unter Umständen zu Verklemmungen führen kann.

Auf Basis der `Thread`-Klasse kann nun ein Philosoph als Java-Klasse implementiert werden. Die Grundidee ist in dem noch nicht vollständigen Programm 9.1 dargestellt. Die Klasse `Philosopher` wird von `java.lang.Thread` abgeleitet. Als Attribute der Klasse werden `leftFork` und `rightFork` eingeführt, die die nutzbaren Gabeln auf dem Tisch bezeichnen. Im Konstruktor wird nach der Belegung dieser Attribute das Leben des Philosophen durch Aufruf der Methode `start` initiiert. Dieses »Leben« spielt sich ausschließlich in der Methode `run` ab – daher besteht diese auch aus einer Endlosschleife. Innerhalb der Schleife versucht der Philosoph zunächst die Gabeln aufzunehmen, d.h., die Ausführung blockiert so lange, bis die beiden Gabeln verfügbar sind. Anschließend kann gegessen werden, was durch den Aufruf von `sleep` mit einer zufälligen Zeitdauer simuliert wird. Da der Thread während der Ausführung von `sleep` durch einen anderen Thread unterbrochen werden kann, muss dies durch Abfangen der `InterruptedException`-Ausnahme behandelt werden. Danach werden die Gabeln niedergelegt und das Denken kann wieder durch ein `sleep` simuliert werden.

Programm 9.1
Grobstruktur eines Philosophen

```
class Philosopher extends Thread {
  int leftFork, rightFork; // die linke und rechte Gabel

  // Konstruktor: initialisiert alle
  // Attribute und startet den Thread
  public Philosopher(int left, int right) {
    leftFork = left;
    rightFork = right;
    start();
  }

  // Lebenslauf eines Philosophen
  public void run() {
    // Anfangszustand: "Denkend"
    while (true) {
      // Warten, bis beide Gabeln verfügbar sind
      // und schließlich aufnehmen
      . . .

      // jetzt können wir eine Weile essen
      try {
        sleep((int) (Math.random () * 3000.0));
      } catch (InterruptedException exc) { }

      // Gabeln niederlegen
      . . .

      // wieder eine Weile nachdenken ...
      try {
        sleep((int) (Math.random () * 5000.0));
      } catch (InterruptedException exc) { }
    }
  }
}
```

Bisher haben wir noch offen gelassen, wie die Gabeln und insbesondere der koordinierte, verklemmungsfreie Zugriff darauf realisiert werden kann. Eine Gabel lässt sich am einfachsten als eine boolesche Variable darstellen: Ist der Wert **true**, so ist die Gabel frei, d.h., sie liegt auf dem Tisch, ist der Wert dagegen **false**, so ist sie belegt. Da fünf Gabeln vorhanden sind, verwalten wir diese als Feldattribut in einer Klasse `Forks`, die gleichzeitig Methoden zum Aufnehmen (`take`), Ablegen (`put`) und Testen auf Verfügbarkeit (`isAvailable`) anbietet. Alle diese Methoden erwarten als Parameter die Nummer der entsprechenden Gabel (im Bereich `0...4`).

Programm 9.2
Implementierung der Gabeln

```
class Forks {
  // 5 Gabeln: true -> frei, false -> belegt
  // Beginn: alle Gabeln sind verfügbar
  private boolean forks[] = {
    true, true, true, true, true
  };

  // Testet, ob Gabel verfügbar ist
  public boolean isAvailable(int f) {
    return forks[f];
  }

  // Aufnehmen der Gabel
  void take(int f) {
    forks[f] = false;
  }

  // Ablegen der Gabel
  void put(int f) {
    forks[f] = true;
  }
}
```

Semaphor
Kritischer Abschnitt

Da die Gabeln von allen Philosophen gemeinsam genutzt werden, ist die Synchronisation des Zugriffs darauf notwendig. Das im vorigen Abschnitt vorgestellte Konzept der Semaphoren existiert in dieser Form nicht in Java, allerdings gibt es die Möglichkeit, kritische Programmabschnitte vor dem simultanen Zugriff mehrerer Threads zu schützen. Hierzu wird die **synchronized**-Anweisung mit folgender Notation verwendet:

synchronized (*ausdruck*) *anweisung*

Der Ausdruck *ausdruck* muss dabei ein Objekt liefern. Für dieses Objekt wird eine Sperre gesetzt, die den exklusiven Zugriff sichert. Anschließend wird die Anweisung bzw. der Anweisungsblock *anweisung* ausgeführt und nach der Abarbeitung die Sperre wieder freigegeben. Da zu jeder Zeit nur ein Thread eine Sperre auf einem Objekt halten kann, wird *anweisung* als kritischer Abschnitt geschützt.

Sperre

Für unser Philosophenproblem kann somit der Zugriff auf die Gabeln, d.h. auf ein Objekt der Klasse `Forks`, synchronisiert werden. Allerdings kann es immer noch passieren, dass zwar der Zugriff auf die Gabeln möglich ist, aber dennoch eine oder sogar beide Gabeln gerade von den Nachbarn benutzt werden. In diesem Fall muss der betroffene Philosophen-Thread warten, bis die Gabeln frei werden. Java bietet zu diesem Zweck im Rahmen der Klasse `java.lang.Object` die Methoden `wait` und `notify` sowie `notifyAll`, die im Prinzip auch auf Warteschlangen von Threads basieren. Mit `wait` wird der aktive Thread so lange angehalten, bis er von einem anderen Thread mittels `notify` bzw. `notifyAll` aufgeweckt wird. Während des Wartens wird die Sperre des Threads aufgehoben. Erst mit dem Aufwecken wird wieder versucht, die Sperre zu erlangen. Zu beachten ist, dass diese Methoden immer nur in einem kritischen Abschnitt aufgerufen werden können.

Mit diesem Wissen kann nun die Philosophen-Klasse vervollständigt werden (Programm 9.3). Zunächst wird das `Forks`-Objekt in jedem Thread bekannt gemacht, indem ein entsprechendes Attribut `forks` hinzugefügt und im Konstruktor initialisiert wird. Zum Aufnehmen der Gabeln wird der betreffende Programmabschnitt durch den exklusiven Zugriff auf das Attribut `forks` gekapselt. Dort wird zuerst gewartet, bis beide Gabeln verfügbar sind. Hierzu wird in der inneren `while`-Schleife geprüft, ob eine der beiden Gabeln belegt ist. In diesem Fall wird durch den Aufruf von `wait` auf das Niederlegen einer Gabel gewartet. Sind schließlich beide Gabeln frei, können sie aufgenommen werden.

Programm 9.3
Vollständige Implementierung eines Philosophen

```
class Philosopher extends Thread {
  private Forks forks; // Gabeln
  int leftFork, rightFork; // die linke und rechte Gabel

  // Konstruktor: initialisiert alle
  // Attribute und startet den Thread
  public Philosopher(Forks f, int left, int right) {
    leftFork = left;
    rightFork = right;
```

```
    forks = f;
    start();
  }

  // Lebenslauf eines Philosophen
  public void run() {
    // Anfangszustand: "Denkend"
    while (true) {
      // die Gabeln sind geschützt
      synchronized(forks) {
        // Warten, bis beide Gabeln verfügbar sind
        while (!forks.isAvailable(leftFork) ||
               !forks.isAvailable(rightFork)) {
          // Gabeln sind belegt: Zustand ist
          // "Hungrig" -> wir müssen warten
          try {
            forks.wait();
          } catch (InterruptedException exc) { }
        }
        // beide Gabeln aufnehmen
        forks.take(leftFork);
        forks.take(rightFork);
      }

      // jetzt können wir eine Weile essen
      try {
        sleep((int) (Math.random () * 3000.0));
      } catch (InterruptedException exc) { }

      // Gabeln sind wieder geschützt
      synchronized(forks) {
        // Gabeln niederlegen
        forks.put(leftFork);
        forks.put(rightFork);
        // alle wartenden Philosophen aufwecken
        forks.notifyAll();
      }

      // wieder eine Weile nachdenken ...
      try {
        sleep((int) (Math.random() * 5000.0));
      } catch (InterruptedException exc) { }
    }
  }
}
```

Das Ablegen der Gabeln ist wiederum als kritischer Abschnitt zu kennzeichnen. Zunächst werden beide Gabeln abgelegt. Anschließend werden dann alle wartenden Philosophen durch den Aufruf von `notifyAll` geweckt. Die betroffenen Philosophen werden nun versuchen, wieder eine Sperre auf dem `forks`-Objekt zu setzen. Der erste erfolgreiche Thread prüft dann, ob die Gabeln frei sind und muss gegebenenfalls wieder warten.

Für die Abarbeitung des Philosophenproblems sind nur noch das `Forks`-Objekt sowie die fünf `Philosopher`-Threads zu erzeugen (Programm 9.4). Mit dem Aufruf des Konstruktors beginnt gleichzeitig auch das »Leben« der Philosophen.

Programm 9.4 *Initialisierung der fünf Philosophen*

```
// Gabeln erzeugen
Forks forks = new Forks();

// 5 Philosophen erzeugen und ihnen ihre
// Gabeln zuweisen
Philospher[] philosophers = new Philosopher[5];
for (int i = 0; i < 5; i++)
  philosophers[i] =
    new Philosopher(forks, i, (i+1) % 5);
```

Das Schlüsselwort **`synchronized`** kann in Java auch als Modifikator im Rahmen einer Methodendefinition eingesetzt werden. Dadurch wird die gesamte Methode zum kritischen Abschnitt: Beim Aufruf der Methode wird für das Objekt eine Sperre gesetzt und beim Verlassen wieder freigegeben, so dass jeweils nur ein Thread zu jeder Zeit diese Methode ausführen kann. Auf dieser Basis kann leicht das Konzept des Semaphors in Form einer Java-Klasse implementiert werden (Programm 9.5).

Programm 9.5 *Semaphor als Java-Klasse*

```
public class Semaphore {
  private int s;

  public Semaphore() { s = 1; }

  public synchronized void down() {
    while (s == 0) {
      try {
        wait();
      } catch (InterruptedException e) {}
    }
```

```
    s = 0;
  }

  public synchronized void up() {
    s = 1;
    notify();
  }
}
```

Die Implementierung umfasst im Wesentlichen eine Variable `s` sowie die Methoden `down` zum »Herunterzählen« und `up` zum »Hochzählen« der Variablen, wobei der Semaphor hier nur die Werte `1` für »frei« und `0` für »gesperrt« annehmen kann. Da beide Methoden mit **`synchronized`** definiert sind, bilden sie jeweils als Ganzes einen kritischen Abschnitt. Die Verwaltung der Warteschlangen erfolgt durch das Java-Laufzeitsystem: Lediglich das Blockieren (durch `wait`) und Wiederaufwecken (mittels `notify`) der Threads muss noch implementiert werden.

Mit Hilfe der Klasse `Semaphore` kann das Philosophenproblem in Java nun auch direkt unter Verwendung von Semaphoren implementiert werden. Die Umsetzung der in Abschnitt 9.3.4 beschriebenen Methoden und deren Einbindung in Programm 9.3 sei jedoch dem Leser wieder als Übung überlassen.

10 Literaturhinweise zum Teil II

Der zweite Teil des Buches beschäftigt sich mit den Grundlagen der Algorithmenerstellung, die Teil jeder Grundausbildung aller Informatikstudiengänge ist. Als ergänzende Literatur sind daher insbesondere Einführungsbücher für Vorlesungen »Informatik I«, »Grundlagen der Informatik« oder »Einführung in Algorithmen und Datenstrukturen« geeignet, die bereits in Kapitel 4 auf Seite 113 genannt wurden.

Das Standardwerk zu Algorithmen ist die dreibändige Ausgabe von Knuth [Knu98]. Der dritte Band ist dabei speziell den Verfahren zum Suchen und Sortieren gewidmet. Im Buch von Mehlhorn [Meh84a] werden diese Algorithmen ebenfalls ausführlich behandelt. Auf Implementierungsaspekte wird insbesondere in den Büchern von Wirth [Wir00] (unter Verwendung von Pascal bzw. auch Modula-2) und Sedgewick [Sed02a] (für Pascal, C, C++) sowie für Java in den Büchern von Sedgewick [Sed02b], Goodrich/Tamassia [GT10] und Weiss [Wei98] eingegangen.

Formale Algorithmenmodelle und die Eigenschaften von Algorithmen sind ein Teilgebiet der theoretischen Informatik und werden in den entsprechenden Einführungsveranstaltungen intensiver als in diesem Buch behandelt. Bücher zu Veranstaltungen »Theorie der Informatik I« sind daher eine gute Ergänzung des präsentierten Stoffes. Speziell die Behandlung der Registermaschinen wurde für dieses Buch aus einem Skript von Dassow entnommen [Das97].

Der Entwurf von Algorithmen wird außer in Einführungsbüchern auch in Büchern zum Software Engineering intensiv behandelt. Auch Bücher zu »Algorithmen und Datenstrukturen«, etwa das Buch von Aho und Ullman [AU96], beschäftigen sich mit diesen Aspekten.

Verteilte Berechnungen werden in älteren Einführungsbüchern oft noch etwas stiefmütterlich behandelt. Hier lohnt es sich, spezielle Bücher zur Vertiefung zu konsultieren. Zum Thema Petri-Netze gibt es eine Reihe von Einführungen, etwa die Bücher von Reisig [Rei85] und Baumgarten [Bau96]. Die Programmierung verteilter Prozesse und die ausführliche Diskussion der zugrunde liegenden Konzepte wie z.B. Semaphore sind Gegenstand von Betriebssystem-Lehrbüchern. Als ein Standardwerk zu diesem Gebiet kann das Buch von Tanenbaum

[Tan09] empfohlen werden. Der Einsatz von Java in verteilten Algorithmen wird u.a. in [Lea99, KY02, Bog99] behandelt.

Teil III

Datenstrukturen

11 Abstrakte Datentypen

Abstrakte Datentypen wurden bereits im Abschnitt 2.3 kurz eingeführt. Ein abstrakter Datentyp fasst die wesentlichen Eigenschaften und Operationen einer Datenstruktur zusammen, ohne auf deren tatsächliche Realisierung im Rechner einzugehen. Hier soll dieser Stoff nun rekapituliert und vertieft werden.

Um Programme möglichst wiederverwendbar zu gestalten und von unnötigen Details zu abstrahieren, sollte man Datenstrukturen unabhängig von ihrer späteren Implementierung in einer konkreten Programmiersprache spezifizieren. Diese Beschreibung ist so zu gestalten, dass Programmierer sich dieser Datenstrukturen bedienen können, um Probleme zu lösen, dass aber die Implementierung jederzeit geändert werden kann, ohne dass die Anwender der Datenstruktur etwas davon merken. Diese Eigenschaft wird auch als Geheimnisprinzip oder *programming by contract* bezeichnet.

Geheimnisprinzip oder programming by contract

Die Motivation hinter der Spezifikation abstrakter Datentypen lässt sich somit kurz gefasst wie folgt formulieren:

> *Beschreibung von Datenstrukturen unabhängig von ihrer späteren Implementierung in einer konkreten Programmiersprache*

Im Folgenden werden wir das Kürzel *ADT* für derartig spezifizierte abstrakte Datentypen benutzen.

Ein ADT kann das Verständnis eines in einer Programmiersprache fest integrierten Datentyps verdeutlichen, indem die wesentlichen Eigenschaften knapp und eindeutig festgelegt werden. Interessant ist der Einsatz von ADTs für neu entwickelte Datentypen, die zum Beispiel Teil einer neu realisierten Bibliothek von Funktionen werden. Bei neu entwickelten Datentypen muss man daher jeweils die folgenden beiden Aspekte unterscheiden:

Konkrete vs. abstrakte Datentypen

- *Konkrete Datentypen* werden aus Basisdatentypen bzw. Java-Klassen konstruiert und sind somit direkt in einer Implementierung einsetzbar.

- *Abstrakte Datentypen* bilden nur eine Spezifikation der Schnittstelle nach außen, indem sie Operationen und ihre Funktionalität festlegen. Sie sind nicht direkt in ein Programm einbindbar.

Es kann mehrere konkrete Datentypen zu ein und demselben abstrakten Datentyp geben.

In der Softwaretechnik entsprechen Realisierungen von ADTs Softwaremodulen. Derartige Softwaremodule beachten die folgenden Prinzipien:

Kapselung

Geheimnisprinzip

- **Kapselung:** Ein ADT-Modul darf nur über seine Schnittstelle benutzt werden.
- **Geheimnisprinzip:** Die interne Realisierung eines ADT-Moduls ist verborgen.

Solche Softwaremodule haben Eigenschaften analog zu Klassen in objektorientierten Programmiersprachen, und somit sind ADTs gewissermaßen Grundlage des Prinzips der objektorientierten Programmierung. Allerdings werden wir sehen, dass ADTs eine einfachere Modellbildung als objektorientierte Programmiersprachen haben und die beiden Konzepte nicht einfach gleichgesetzt werden sollten.

Wir gehen in diesem Kapitel wie folgt vor: Wir beginnen mit der Konkretisierung des Begriffs der Schnittstelle eines ADT und des Modellbegriffs für ADTs, indem das Modell eines ADT eine Algebra bildet. Als Beispiel für die *Spezifikation* von ADTs betrachten wir die algebraische Spezifikation mittels Gleichungen. In dem darauf folgenden Abschnitt werden wir einige nichttriviale Beispiele für (parametrisierte) ADTs betrachten, um ein Gefühl für das Arbeiten mit der algebraischen Spezifikation zu bekommen. Der letzte Abschnitt ist dann der Umsetzung von ADTs in Programmiersprachen, insbesondere natürlich in Java, gewidmet.

11.1 Signaturen und Algebren

Ziel dieses Abschnittes ist es, einige bereits in Abschnitt 2.3 eingeführte Begriffe mathematisch exakt zu konkretisieren, um die Grundlage einer formalen Semantik geben zu können. Eine *Signatur* ist dabei die formale Schnittstelle eines ADT. Das mathematische Konzept der (mehrsortigen) Algebra dient als Modellbildung für die durch Signaturen charakterisierten ADTs. Für eine gegebene Signatur gibt es natürlich viele Algebren als mögliche Modelle, so dass die Spezifikation der Operationen dort eine Einschränkung vornehmen muss.

Die Spezifikation erfolgt durch logische *Axiome*, also Formeln, die bestimmte Modelle ausschließen. Ein derart *deklarativer* Zugang erzwingt bei der Spezifikation die Unabhängigkeit von einer operationalen Implementierung.

Eine ADT-Spezifikation besteht nun aus einer Signatur und Axiomen. Auch hier gilt Folgendes: *Für eine gegebene Spezifikation gibt es in der Regel ebenfalls mehrere (noch zu viele) Algebren als mögliche Modelle!* Daher ist die Auswahl einer Algebra als *Standardmodell* notwendig. Im Folgenden wird dies anhand der Gleichungsspezifikation (Spezialfall der algebraischen Spezifikation) kurz erläutert. Der theoretische methodische Rahmen der algebraischen Spezifikation ist allerdings derart anspruchsvoll, dass wir die Themen hier nur anreißen können und auf vertiefende Literatur und weiter gehende Vorlesungen verweisen müssen.

Definition 11.1
Signatur

Eine Signatur Σ ist definiert als

$$\Sigma = (S, \Omega)$$

wobei Folgendes gilt:

- S ist eine Menge von Sorten.
- $\Omega = \{f_{S^*,S}\}$ definiert die Funktionssymbole für Funktionen $f\colon s_1 \times \cdots \times s_n \to s$ mit Parametersorten $s_1, ..., s_n$ und Ergebnissorte s.
  Funktionen ohne Parameter heißen *Konstanten*.

In ADT-Spezifikationen ist in der Regel eine Sorte als neu zu definierende Sorte ausgezeichnet, während die anderen *importiert* werden. □

Basierend auf der Definition einer Signatur sind wir nun in der Lage, auch das Konzept der Algebra zu definieren.

Definition 11.2
Algebra zu einer Signatur

Eine Algebra A_Σ zu einer Signatur Σ ist definiert als

$$A_\Sigma = (A_S, A_\Omega)$$

wobei Folgendes gilt:

- A_S sind die Trägermengen der Sorten in S.
- $A_\Omega = \{A_f\colon A_{s_1} \times \cdots \times A_{s_n} \to A_s\}$ sind Funktionen auf diesen Trägermengen.

Eine Algebra heißt partiell definiert, wenn mindestens eine der Funktionen eine partielle Funktion ist. □

Parametrisierte Signaturen

Für die Spezifikation von Container-Typen wie »Liste« oder »Menge« benötigen wir *parametrisierte Signaturen*, bei denen eine oder mehrere der Sorten durch eine Sortenvariable ersetzt sind. Da die Übertragung von Sortenparametern auf Algebren als Modelle nicht trivial ist, gehen wir davon aus, dass Algebren in diesen Fällen nur definiert sind, wenn der formale Sortenparameter durch eine konkrete Sorte ersetzt wurde (etwa »Liste von ganzen Zahlen«).

11.2 Algebraische Spezifikation

Gleichungsspezifikation

Als Beispiel für einen Formalismus für die Spezifikation von ADTs betrachten wir in diesem Abschnitt die *Gleichungsspezifikation*, bei der als Axiome ausschließlich Gleichungen zwischen über der Signatur gebildeten Termen auftreten.

Eine Spezifikation eines ADT besteht hierbei aus den folgenden Bestandteilen:

- Die Angabe der *Signatur* legt die Namen der Typen sowie die Funktionssignaturen fest.
- Gleichungen dienen als Axiome zur Einschränkung möglicher Algebren als Modelle.
- Zusätzlich erfolgt evtl. ein Import anderer Spezifikationen.

Algebraische Spezifikation der natürlichen Zahlen

Ein typisches Beispiel für eine derartige Spezifikation zeigt die folgende Spezifikation der natürlichen Zahlen:

```
type Nat
operators
    0: → Nat
    suc: Nat → Nat
    add: Nat × Nat → Nat
axioms ∀i,j : Nat
    add (i, 0) = i
    add (i, suc (j)) = suc (add (i, j))
```

Konstruktor

Es gibt eine Sorte `Nat` für die natürlichen Zahlen. Die Konstante `0` ergibt einen Wert des ADT; die beiden Funktionen `suc` für Successor (die Nachfolgerfunktion »+1«) und `add` für die Addition erzeugen die weiteren Werte. Die Successorfunktion spielt hierbei die Rolle eines *Konstruktors*: Alle Werte $1, 2, 3, 4, \ldots$ werden durch Anwendung von `suc` aus der 0 konstruiert. Die Addition wird mit Gleichungen (die uns aus der Definition funktionaler Algorithmen vertraut sein sollten) auf diese konstruierten Werte zurückgeführt.

Der Leser hat sicher eine genaue Vorstellung davon, wie eine Algebra aussehen könnte, die zu dieser Spezifikation passt – eben die Algebra der natürlichen Zahlen $\mathbb{N}$ mit Operatoren »+1« und »+«. Ist dies aber die einzige Algebra, für die diese Spezifikation in Frage kommt? Wir werden im folgenden Abschnitt sehen, dass dies leider nicht der Fall ist und wir somit uns einen Mechanismus für die Festlegung einer »Standardalgebra« für eine gegebene ADT-Spezifikation überlegen müssen.

11.2.1 Spezifikationen und Modelle

Sei nun eine Spezifikation gegeben – wie sieht dann die Klasse der Modelle aus, die zu dieser Spezifikation passt? Wir beginnen mit der Diskussion einer möglichst einfachen Algebra, nämlich der Algebra der Wahrheitswerte:

Algebra der Wahrheitswerte

```
type Bool
operators
   true: → Bool
   false: → Bool
```

Der Einfachheit halber haben wir keinerlei Operatoren angegeben, nur die Signatur (das ist ein Spezialfall, den wir natürlich immer berücksichtigen müssen). Wie könnten nun Modelle für diese Spezifikation aussehen? Wir betrachten einige Varianten:

1. Die »gewünschte« Algebra ist natürlich tatsächlich die zweielementige Algebra der Wahrheitswerte:

   $$A_{\texttt{Bool}} = \{T, F\}; A_{\texttt{true}} := T; A_{\texttt{false}} := F$$

2. In einigen Programmiersprachen werden Wahrheitswerte über den ganzen oder natürlichen Zahlen realisiert, so dass zum Beispiel die folgende Algebra zugrunde liegen könnte:

   $$A_{\texttt{Bool}} = \mathbb{N}; A_{\texttt{true}} := 1; A_{\texttt{false}} := 0$$

   Diese Realisierung ist eventuell akzeptabel, aber die Trägermenge ist eigentlich zu groß – sie enthält Elemente, die weder benötigt werden noch das Ergebnis irgendeines Terms über der Signatur sein können.
3. Zu der Signatur würde auch die folgende Algebra passen, die nur ein einzelnes Element besitzt:

   $$A_{\texttt{Bool}} = \{1\}; A_{\texttt{true}} := 1; A_{\texttt{false}} := 1$$

   Diese Algebra ist sicherlich als Modell nicht erwünscht!

> Allerdings erfüllen Algebren, die für jede Trägermenge genau einen Wert besitzen, automatisch alle rein mit Gleichungen aufgebauten Spezifikationen – die Gleichungen sind quasi automatisch erfüllt. Ein Rahmen zur Gleichungsspezifikation muss also einen Weg finden, solche Algebren auszuschließen.

Eine Algebra kann also »zu viele« Werte enthalten, also Werte, die überhaupt nicht durch Berechnungen mittels der Operationen konstruierbar sind, beziehungsweise »zu wenige« Werte unterscheiden, also bei einer Spezifikation der natürlichen Zahlen etwa die Zahlen 3 und 4 gleichsetzen. Andererseits sollen die Axiome natürlich gewisse Werte gleichsetzen – beispielsweise die berechneten Werte $3 + 4$ und $4 + 3$!

Standardalgebra für Axiomenmenge

Für uns ergibt sich somit die folgende Fragestellung: *Wie komme ich zu einem »kanonischen« Standardmodell (also genau einer Algebra, die die Axiome respektiert) für eine gegebene Spezifikation?* Diese Algebra sollte dabei weder zu wenige noch zu viele Elemente in ihren Trägermengen enthalten. Im Englischen wird dieses Ziel übrigens knapp mit »*no confusion, no junk*« charakterisiert.

Wir gehen dazu in zwei Schritten vor: In einem ersten Schritt konstruieren wir eine Algebra, die keine unnützen, also keine nicht durch Funktionsberechnung konstruierbaren Werte enthält. Im zweiten Schritt setzen wir dann die Werte gleich, die mittels der Gleichungen als gleich charakterisiert werden (und nicht mehr!).

11.2.2 Termalgebra und Quotiententermalgebra

Unser Ziel ist nun die Konstruktion *genau einer* ausgewählten Algebra für eine Spezifikation. Hierzu betrachten wir erneut unsere `Nat`-Algebra, um mögliche Modelle zu charakterisieren.

```
type Nat
operators
    0: → Nat
    suc: Nat → Nat
    add: Nat × Nat → Nat
axioms ∀i,j : Nat
    add (i, 0) = i
    add (i, suc (j)) = suc (add (i, j))
```

Eine (etwas ungewöhnliche) Algebra, die zu dieser Spezifikation passt, ist die *Termalgebra*.

Definition 11.3 *Termalgebra*

Die *Termalgebra* zu einer gegebenen Spezifikation ist definiert durch

- die Trägermenge, bestehend aus allen *korrekt gebildeten Termen* der Signatur,
- und der Funktionsanwendung als *Konstruktion des zugehörigen Terms.*

□

Die Hauptidee ist somit, dass *Terme nicht interpretiert*, also nicht ausgerechnet werden. Werte der Trägermenge sind quasi die Zeichenketten, die diesen Term beschreiben. In der Termalgebra ist kraft Definition kein »junk« enthalten, also kein Wert, der nicht mit einer Berechnung konstruierbar ist – unser erstes Ziel haben wir also bereits erreicht.

Die Termalgebra setzt keinerlei Terme gleich, ignoriert also die Gleichungen völlig. Die Gleichungen werden mit einem zweiten Schritt berücksichtigt, nämlich mit der Konstruktion der so genannten *Quotiententermalgebra*, kurz QTA.

Definition 11.4 *Quotiententermalgebra*

Die *Quotiententermalgebra* QTA ist wie folgt definiert:

- Die Trägermenge besteht aus den Äquivalenzklassen auf den Termen gemäß der durch die Axiome induzierten Gleichheit »=«.
- Die Operationen auf den Äquivalenzklassen nehmen jeweils Repräsentanten der Äquivalenzklassen und haben als Ergebnis die Äquivalenzklasse des Ergebnisterms über den Repräsentanten.

□

Diese Definition ist zugegebenermaßen nicht vollständig, weil einige der verwendeten Begriffe (»durch »=« induzierte Äquivalenzklasse«) nicht genauer ausgeführt wurden. Die folgenden Betrachtungen sollen dieses etwas verdeutlichen.

Die Konstruktion der QTA startet mit der bereits bekannten Termalgebra. Können nun zwei Terme durch die Datentyp-Gleichungen gleichgesetzt werden, kommen diese in dieselbe Äquivalenzklasse. Praktisch startet man also mit einer Äquivalenzklasse pro Term und verschmilzt zwei Klassen sobald sie zwei gleichgesetzte Terme enthalten. Dieser Prozess wird so lange durchgeführt, bis keine Klassen mehr verschmolzen werden können. Natürlich ist das nur ein Gedankenmodell, da jede nichttriviale Signatur eine Termalgebra mit einer unendlichen Trägermenge konstruiert – aber für das Verständnis des Prozesses ist dieses Gedankenmodell trotzdem hilfreich.

Die derartig konstruierten Äquivalenzklassen bilden die Werte der Trägermengen der Sorten des ADT. Da Äquivalenzklassen als Wertebereiche etwas unhandlich sind, werden methodisch oft *Konstruktorfunktionen* eingesetzt, die jeweils genau einen Repräsentanten pro Äquivalenzklasse konstruieren. Am Beispiel `Nat` erhalten wir dabei mit den Konstruktorfunktionen `0` und `suc` die folgende Situation:

Konstruktorfunktionen

```
0 repräsentiert { 0, add(0,0),
   add(add(0,0),0), ... }
suc(0) repräsentiert { suc(0),
   add(0,suc(0)),
   add(add(0,suc(0)),0), ... }
suc(suc(0)) ...
```

Der Einsatz von Konstruktorfunktionen erzwingt eine gewisse Sorgfalt bei der Spezifikation: Verschieden konstruierte Werte sollten nicht gleichgesetzt werden und andere Operationen müssen mittels Gleichungen immer auf konstruierte Repräsentanten zurückführbar sein.

An dieser Stelle ist ein kurzer Exkurs in die theoretischen Grundlagen angebracht, der allerdings die Probleme nur anreißen kann. In der Theorie ist man nicht an der konkret konstruierten Algebra interessiert, sondern betrachtet *äquivalente Algebren*. Algebren sind dann äquivalent, wenn eine Bijektivität betreffend einer strukturerhaltenden Abbildung, eines so genannten *Morphismus*, zwischen ihnen existiert. Bijektivität erzwingt im Wesentlichen, dass man die Algebren durch eine eindeutige Umbenennung der Elemente der Trägermengen ineinander überführen kann und die Operationen auf beiden (nach Umbenennung der Werte) den gleichen Effekt haben. In diesem Sinne ist die Quotiententermalgebra zu `Nat` äquivalent zu den natürlichen Zahlen $\mathbb{N}$ mit den Operationen 0, $+1$ und $+$.

Äquivalente Algebren

Die QTA erfüllt das Prinzip der maximalen Ungleichheit – zwei Elemente sind ungleich, sofern nicht ihre Gleichheit mittels der Axiome bewiesen werden kann. Dieses Prinzip nennt man auch *Initialität*, da die QTA folgendes Prinzip erfüllt: Jede die Gleichungen erfüllbare Algebra ist Abbild einer totalen Abbildung der QTA (genauer eines Morphismus, d.h., die Gültigkeit der Funktionsanwendungen bleibt erhalten). Die *initiale Semantik* einer Spezifikation definiert die Klasse aller initialen Algebren (diese sind im obigen Sinne zueinander äquivalent) als Bedeutung einer Spezifikation. Diese Art der Semantikfestlegung ist nicht ganz unproblematisch, wie wir noch sehen werden.

Initiale Semantik

Terminalität

Als Bemerkung erwähnen wir, dass die *Terminalität* als duales Prinzip auch zur Semantikfestlegung genutzt wird. Terminalität fordert die maximale Gleichheit: Zwei Elemente sind genau dann ungleich, wenn ihre Ungleichheit bewiesen werden kann. Man sieht sofort, dass allein mit Gleichungen Terminalität kein sinnvolles Prinzip ist, da man mit Gleichungen alleine keine Ungleichheit beweisen kann – entweder muss man explizite Ungleichungen zusätzlich benutzen oder man fordert die Bewahrung der Ungleichheit der aus anderen Datentypen übernommenen Werte (wird oft für Spezifikation mit `true` $\neq$ `false` eingesetzt).

11.2.3 Probleme mit initialer Semantik

Initiale Semantik nicht immer angemessen

Die initiale Semantik ist eine elegante und einfache Semantik und führt beim Beispiel der natürlichen Zahlen direkt zum gewünschten Ergebnis. Allerdings ist sie nicht immer angemessen, wie das Mengen-Beispiel zeigt. Spezifiziert wird eine Menge von Elementen, wobei `Item` ein Sortenparameter ist.

```
type Set[Item]
operators
   create: → Set
   is_empty: Set → Bool
   insert: Set × Item → Set
   is_in: Set × Item → Bool
axioms ∀s : Set, ∀i : Item
   is_empty (create) = true
   is_empty (insert (s, i)) = false
   is_in (create, i) = false
   is_in (insert (s, i), j) =
      if i=j then true else is_in (s, j)
```

Diese Spezifikation beschreibt tatsächlich das aus der Mathematik bekannte Konzept der endlichen, duplikatfreien Menge. Folgendes gilt aufgrund der bekannten Mengensemantik:

```
insert(insert(s,i),j) = insert(insert(s,j),i)
insert(insert(s,i),i) = insert(s,i)
```

Man kann sich leicht klar machen, dass dies auch in der Beispielspezifikation gilt, auch wenn diese Gleichungen nicht explizit angegeben sind. Eine Menge kann man nur mit `is_empty` und `is_in` »beobachten«, und deren Gleichungen respektieren diese Regeln, wie man leicht erkennen kann.

Diese Regeln können aber nicht mit den Gleichungen bewiesen werden – daher sind zum Beispiel `insert(insert(s,i),i)` und `insert(s,i)` unterschiedliche Elemente in der QTA! Die initiale Semantik definiert also unnötig viele verschiedene Elemente.

Dieses Problem kann zum Beispiel mit dem Einsatz der terminalen Semantik behoben werden (Maximierung der Gleichheit), erfordert aber zumindest die Ungleichheit `true` $\neq$ `false`, da sonst eine entartete Algebra mit nur einem einzigen Wert resultiert.

11.3 Beispiele für abstrakte Datentypen

Nach der Diskussion der theoretischen Grundlagen ist es nun Zeit, die Konzepte von abstrakten Datentypen anhand einiger Beispiele zu vertiefen. Wir werden diese Vertiefung dazu nutzen, gleichzeitig auch eine mögliche Operationalisierung von ADT-Spezifikationen zu diskutieren. Ein weiterer Schwerpunkt ist die modulare Konstruktion von ADTs auf der Basis einfacherer Datenstrukturen.

Spezifikation von Listen

Wir beginnen mit der Spezifikation von Listen von Elementen aus einem nicht näher spezifizierten Datentyp `T`. `T` übernimmt hierbei also die Rolle eines *Sortenparameters*.

```
type List(T)
import Nat
operators
   [] : → List
   _ : _ : T × List → List
   head : List → T
   tail : List → List
   length : List → Nat
axioms ∀l : List, ∀x : T
   head (x : l) = x
   tail (x : l) = l
   length ([]) = 0
   length (x : l) = succ (length (l))
```

Eine nichtleere Liste besteht aus dem ersten Element (`head`) und dem jeweiligen Rest der Liste (`tail`). Die leere Liste wird als `[]` notiert. Die Notation `_ : _` ist eine spezielle Schreibweise für die Definition von Infix-Operatoren (wie + in arithmetischen Ausdrücken), hier wird damit der Konstruktor für Listen definiert. Zusätzlich haben wir eine Funktion `length` zur Bestimmung der Länge einer Liste; für diese Operation müssen wir den Datentyp `Nat` importieren. Mittels des Schlüsselworts **`import`** werden bereits definierte Datentypen importiert.

Mögliche Werte für Listen über Zahlen sind nun:

```
[]
1 : []
```

```
5 : ( 6 : ( 7 : [] ) )
1 : ( 1 : [] )
```

Hierbei wurden die runden Klammern zur Verdeutlichung gesetzt. Die vier Listen haben der Reihe nach die Längen 0, 1, 3 und 2; `head` der dritten Liste ist `5`.

Nach dieser Einführung werden wir mit dem Kellerspeicher und der Warteschlange zwei typische (parametrisierte) Datentypen spezifizieren und deren Realisierung über Listen diskutieren.

11.3.1 Der Kellerspeicher (Stack)

Eine der einfachsten Datenstrukturen mit einem beschränkten Zugriff auf gespeicherte Elemente ist der Kellerspeicher oder englisch *Stack*. Ein Stack verwirklicht das so genannte LIFO-Prinzip (LIFO für Last-In-First-Out-Speicher): Beim Auslesen eines Elementes wird das jeweils zuletzt gespeicherte Element zuerst ausgelesen, danach das vorletzte etc. Der Kellerspeicher wird daher auch als Stapel bezeichnet: Elemente werden sozusagen übereinander gestapelt und dann wieder in umgekehrter Reihenfolge vom Stapel genommen.

LIFO-Prinzip

Eine ADT-Spezifikation eines Stacks könnte nun wie folgt lauten:

ADT Stack

```
type Stack(T)
import Bool
operators
   empty : → Stack
   push : Stack × T → Stack
   pop : Stack → Stack
   top : Stack → T
   is_empty : Stack → Bool
axioms ∀s : Stack, ∀x : T
   pop (push (s, x)) = s
   top (push (s, x)) = x
   is_empty (empty) = true
   is_empty (push (s, x)) = false
```

Die Operation `push` packt ein Element des Parametertyps `T` auf den Stapel, `pop` entfernt das oberste Element. Mittels `top` kann man sich das oberste Element anschauen (ohne es zu entfernen). All diese Operationen sind als Funktionen mit einem (ersten) Parameter vom Typ Stack (genauer natürlich `Stack(T)`!) als Eingabe definiert. `empty` erzeugt einen leeren neuen Stapel, `is_empty` testet auf leeren Stack.

Die beiden ersten Gleichungen definieren nun die Stapeleigenschaft. `push` und `empty` sind die Konstruktorfunktionen von Stack – die anderen drei Operatoren werden auf diese durch die vier Gleichungen zurückgeführt. Wir können daher bei der Definition von `pop` und `top` davon ausgehen, dass der Parameterwert vom Typ `stack` entweder `empty` ist oder die Form `push(s,x)` hat. In der Form `push(s,x)` ist `x` der zuletzt gespeicherte Wert – dieser wird bei `top(push(s,x))` als Ergebnis zurückgeliefert und damit die LIFO-Eigenschaft erreicht.

Abbildung 11.1
Verdeutlichung des Stack-Prinzips

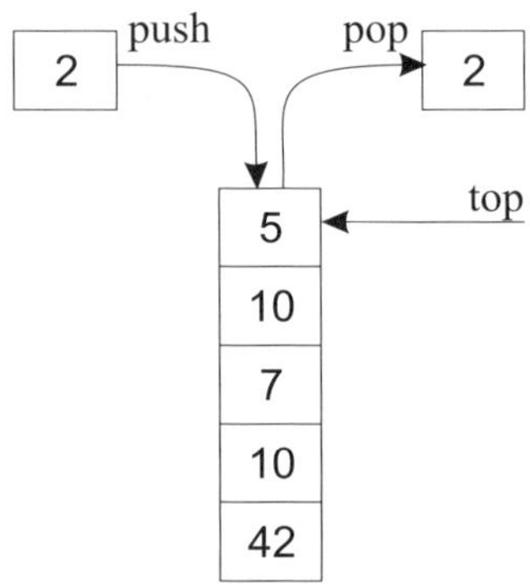

Abbildung 11.1 verdeutlicht das Prinzip eines Kellerspeichers. Mit `push` werden Werte auf den Keller gelegt, mittels `pop` heruntergenommen und nur `top` erlaubt den lesenden Zugriff (auf das jeweils oberste Element).

Anhand des Stack-Beispiels wollen wir nun einige Aspekte von ADTs diskutieren, die uns später bei der Nutzung von Datenstrukturen intensiver begegnen werden. Es ist üblich, eine neue Datenstruktur nicht von Grund auf neu zu programmieren, sondern existierende, oft einfachere Datenstrukturen zu nutzen. Ein neuer Datentyp wird dabei *über einem anderen Datentyp implementiert*, so dass sich Implementierungshierarchien aufeinander aufbauender Datentypen entwickeln. Wir werden dies in diesem Abschnitt abstrakt anhand des Keller-Beispiels vorstellen, später werden wir weitere Beispiele mit realen Programmen kennen lernen.

Keller implementiert über Liste

Abstrakt können wir den Stack über der bereits realisierten Liste durch folgende Gleichsetzungen implementieren:

```
empty = []
push(l,x) = x:l
pop(x:l) = l
top(x:l) = x
is_empty([]) = true
is_empty(x:l) = false
```

Die letzten beiden Gleichsetzungen ließen sich mit den aus den applikativen Algorithmen bekannten bedingten Termen zu einer Zeile zusammenfassen.

Fehlersituationen

In der vorliegenden Spezifikation haben wir das Eintreten von Fehlersituationen bisher nicht betrachtet. Die Anwendung von `pop(empty)` oder `top(empty)` führt zu einem Fehler, da der Effekt nicht auf die Konstruktoren bzw. auf einen gültigen Wert zurückführbar ist. Die Operationen `top` und `pop` sind also *partielle* Funktionen. In unserer vereinfachten Darstellung lassen wir die Behandlung dieser Effekte weg; ein tatsächlich eingesetzter Formalismus für die Beschreibung von ADTs muss natürlich auch Sprachmittel zur Behandlung von derartigen Fehlersituationen und resultierenden partiellen Funktionen bereitstellen. In Java werden wir als Lösungsvorschlag bei der Realisierung von Datentypen hierfür das Konzept der Ausnahmebehandlung nutzen.

11.3.2 Beispiel für Kellernutzung

Bereits auf der Ebene abstrakter Spezifikationen kann man die spezifizierten Datentypen anwenden. Wir präsentieren ein einfaches Beispiel für den Einsatz von Kellerspeichern: die Analyse und Auswertung von arithmetischen Ausdrücken. Ähnliche Techniken werden tatsächlich in Taschenrechnern und Programmiersprachen-Interpretern eingesetzt, so dass es sich hierbei um ein tatsächlich relevantes Problem und nicht um eine künstliche Spielzeugproblemstellung handelt.

Für die Auswertung einfacher, vollständig geklammerter arithmetischer Ausdrücke müssen wir die analysierte Sprache in BNF festlegen:

```
A ::= B =
B ::= Int | (B+B) | (B*B)
```

Der nicht weiter verfeinerte Bereich `Int` definiert eingegebene ganze Zahlen. Die Terminalsymbole sind nicht hervorgehoben und umfassen neben den Zahlen die drei Symbole =+* sowie die Klammern. Ein Beispiel für einen korrekten Ausdruck könnte nun wie folgt lauten:

```
((3+(4*5))*(6+7))=
```

Ziel ist es nun, derartig geklammerte und damit beliebig tief geschachtelte arithmetische Ausdrücke auszuwerten. Aufgrund der Schachtelung werden dabei noch nicht auswertbare Teilausdrücke im Keller zwischengespeichert.

Als vereinfachte Notation kürzen wir mit $z_1..z_nS = push(...(push(S, z_n), ...z_1)$ einen Keller mit auf ihm gespeicherten

Elementen ab, das zuletzt gespeicherte Element steht also jeweils vorne. Mit $[\![x + y]\!]$ wird der Wert der Addition berechnet, Analoges gilt für die anderen Operationen. Diese Notation wird auch genutzt, um aus einer eingelesenen Zahl x den intern verarbeitbaren Wert $[\![\mathrm{x}]\!]$ zu berechnen.

Auswertung von Termen mittels Stack

Die Arbeitsweise unseres Interpreters wird durch die folgenden *Bearbeitungsregeln* festgelegt, die die Auswertung einer Funktion *value* angewendet auf einen Term *t* definieren:

$$\begin{aligned}
value(t) &= eval\langle t, empty\rangle && (11.1)\\
eval\langle\, (t, S\rangle &= eval\langle t,\ (S\rangle && (11.2)\\
eval\langle \star t, S\rangle &= eval\langle t, \star S\rangle && (11.3)\\
eval\langle +t, S\rangle &= eval\langle t, +S\rangle && (11.4)\\
eval\langle\,)\, t, y{\star}xS\rangle &= eval\langle\,)\, t, [\![x * y]\!]S\rangle && (11.5)\\
eval\langle\,)\, t, y{+}xS\rangle &= eval\langle\,)\, t, [\![x + y]\!]S\rangle && (11.6)\\
eval\langle\,)\, t, x\ (S\rangle &= eval\langle t, xS\rangle && (11.7)\\
eval\langle =, x\ empty\rangle &= x && (11.8)\\
eval\langle \mathrm{x}t, S\rangle &= eval\langle t, [\![\mathrm{x}]\!]S\rangle && (11.9)
\end{aligned}$$

In der Zeile (11.9) wurde ein anderer Zeichensatz für x genutzt, um zu verdeutlichen, dass es sich um eine zu interpretierende Eingabe handelt, die von gespeicherten Werten (»x«) zu unterscheiden ist.

Die eigentliche Auswertung erfolgt durch die Funktion *eval* für »Evaluieren«, die einen Stack als Zwischenspeicher benutzt. Initial wird diese Funktion mit dem Eingabeterm und dem leeren Stack aufgerufen. Die angegebenen Regeln sind formal nicht ganz korrekt: Eigentlich darf jeweils nur genau ein Element pro Schritt vom Keller mit `pop` genommen bzw. mit `top` gelesen werden. Allerdings ist eine Umformung in die korrekte Form natürlich möglich, würde das Beispiel aber unnötig aufblähen. Als Konvention werden die Regeln jeweils von oben nach unten durchsucht, bis eine passende linke Seite gefunden wird, und diese Regel dann ausgeführt. Das Regelwerk arbeitet insofern also ähnlich einem Markov-Algorithmus.

Zur Verdeutlichung des Prinzips zeigt Abbildung 11.2 die Auswertung für den Eingabeterm »`((3+(4*5))*(6+7))=`«. Für den leeren Stack und gleichzeitig für den »Boden« des Stapels verwenden wir das Symbol].

Die in Abbildung 11.2 gezeigte Abarbeitungsfolge wird mittels der ersten Regel 11.1 gestartet. Nach Abarbeitung dieser »Zwischenzustände« (genauer eigentlich Parameter in einer rekursiven Aufrufkette) wird mit Regel 11.8 der Wert 299 als Ergebnis ausgegeben.

bearbeiteter Term t	Stack	Regel
'((3+(4*5))*(6+7))='	]	(11.2)
'(3+(4*5))*(6+7))='	( ]	(11.2)
'3+(4*5))*(6+7))='	(( ]	(11.9)
'+(4*5))*(6+7))='	3 (( ]	(11.4)
'(4*5))*(6+7))='	+ 3 (( ]	(11.2)
'4*5))*(6+7))='	(+ 3 (( ]	(11.9)
'*5))*(6+7))='	4 (+ 3 (( ]	(11.3)
'5))*(6+7))='	* 4 (+ 3 (( ]	(11.9)
'))*(6+7))='	5 * 4 (+ 3 (( ]	(11.5)
'))*(6+7))='	20 (+ 3 (( ]	(11.7)
')*(6+7))='	20 + 3 (( ]	(11.6)
')*(6+7))='	23 (( ]	(11.7)
'*(6+7))='	23 ( ]	(11.3)
'(6+7))='	* 23 ( ]	(11.2)
'6+7))='	(* 23 ( ]	(11.9)
'+7))='	6 (* 23 ( ]	(11.4)
'7))='	+ 6 (* 23 ( ]	(11.9)
'))='	7 + 6 (* 23 ( ]	(11.6)
'))='	13 (* 23 ( ]	(11.7)
')='	13 * 23 ( ]	(11.5)
')='	299 ( ]	(11.7)
'='	299]	(11.8)

Abbildung 11.2 *Auswertung eines arithmetischen Terms mit einem Stack*

Keller: Komplexeres Beispiel

Das bisherige Beispiel zeigt schon einige wesentliche Aspekte der Nutzung von Kellerspeichern zur Auswertung von geschachtelten Termen. Derartige Verfahren werden in der Analyse von Programmiersprachen oder auch direkt in Taschenrechnern verwendet. Hier werden allerdings verfeinerte Verfahren genutzt, die es etwa vermeiden, auf den Keller sowohl Zahlenwerte als auch Symbole abzulegen, um den Keller mit üblichen Datentypen einfach realisieren zu können.

Ein derartig erweiterter Terminterpreter könnte etwa die folgende Sprache verarbeiten:

```
A ::= B =
B ::= Int | B+B | B*B | (B)
```

Es handelt sich somit nun um arithmetische Ausdrücke ohne vollständige Klammerung, so dass der Interpreter die unterschiedlichen Prioritäten der Operatoren berücksichtigen muss. Als Lösungsansatz benutzen wir zwei Stacks, einen für die Operatoren, den zweiten für die Operanden.

Wir geben wieder Auswertungsregeln an, die nunmehr zwei Stacks als Parameter nutzen, um den Term rekursiv mittels der Funktion *eval* auszuwerten. Die Regeln lauten wie folgt:

$$
\begin{aligned}
value(t) &= eval\langle t, empty, empty\rangle && (11.10)\\
eval\langle\,(t, S_1, S_2\rangle &= eval\langle t,\ (S_1, S_2\rangle && (11.11)\\
eval\langle\star t, S_1, S_2\rangle &= eval\langle t, \star S_1, S_2\rangle && (11.12)\\
eval\langle +t, \star S_1, yxS_2\rangle &= eval\langle +t, S_1, [\![x * y]\!]S_2\rangle && (11.13)\\
eval\langle +t, S_1, S_2\rangle &= eval\langle t, +S_1, S_2\rangle && (11.14)\\
eval\langle\,)\,t, +S_1, yxS_2\rangle &= eval\langle\,)\,t, S_1, [\![x + y]\!]S_2\rangle && (11.15)\\
eval\langle\,)\,t, \star S_1, yxS_2\rangle &= eval\langle\,)\,t, S_1, [\![x * y]\!]S_2\rangle && (11.16)\\
eval\langle\,)\,t,\ (S_1, S_2\rangle &= eval\langle t, S_1, S_2\rangle && (11.17)\\
eval\langle =, +S_1, yxS_2\rangle &= eval\langle =, S_1, [\![x + y]\!]S_2\rangle && (11.18)\\
eval\langle =, \star S_1, yxS_2\rangle &= eval\langle =, S_1, [\![x * y]\!]S_2\rangle && (11.19)\\
eval\langle =, empty, x\ \ empty\rangle &= x && (11.20)\\
eval\langle \mathrm{x}t, S_1, S_2\rangle &= eval\langle t, S_1, [\![x]\!]S_2\rangle && (11.21)
\end{aligned}
$$

Die Regeln werden wie im vorigen Beispiel jeweils von oben nach unten auf Anwendbarkeit überprüft. Dies ist notwendig, da etwa Regel 11.13 und 11.14 sonst im Konflikt stehen könnten. Die Priorität der Operatoren wird dadurch gewährleistet, dass für + und ⋆ nun unterschiedliche Regeln angegeben wurden – Regel 11.13 sorgt dafür, dass beim Lesen eines Pluszeichens erst einmal alle aktuell offenen Multiplikationen ausgerechnet werden. Als Beispiel für eine Auswertung betrachten wir den Term »`(3+4⋆5)⋆(6+7)=`«. Die Auswertung dieses Terms ist in Abbildung 11.3 skizziert.

In den folgenden Abschnitten werden wir weitere Einsatzmöglichkeiten für das Kellerprinzip kennen lernen. Allgemein lässt sich sagen, dass Kellerstrukturen für die Verarbeitung geschachtelter Strukturen benötigt werden, um die korrekte Klammerung analysieren zu können. Kellerspeicher werden ebenfalls intern in ausführbaren Programmen eingesetzt, um rekursive Funktionen verarbeiten zu können – dazu werden wir aber später noch kommen, wenn es im Kapitel 13 um Implementierungsvarianten und weitere Nutzung von Stacks gehen wird.

bearbeiteter Term t	Stack S_1	Stack S_2	Regel
'(3+4*5)*(6+7)='	]	]	(11.11)
'3+4*5)*(6+7)='	( ]	]	(11.21)
'+4*5)*(6+7)='	( ]	3]	(11.14)
'4*5)*(6+7)='	+ ( ]	3]	(11.21)
'*5)*(6+7)='	+ ( ]	4 3]	(11.12)
'5)*(6+7)='	* + ( ]	4 3]	(11.21)
')*(6+7)='	* + ( ]	5 4 3]	(11.16)
')*(6+7)='	+ ( ]	20 3]	(11.15)
')*(6+7)='	( ]	23]	(11.17)
'*(6+7)='	]	23]	(11.12)
'(6+7)='	*]	23]	(11.11)
'6+7)='	(*]	23]	(11.21)
'+7)='	(*]	6 23]	(11.15)
'7)='	+ (*]	6 23]	(11.21)
')='	+ (*]	7 6 23]	(11.15)
')='	(*]	13 23]	(11.17)
'='	*]	13 23]	(11.19)
'='	]	299]	(11.20)

Abbildung 11.3 *Auswertung eines arithmetischen Terms mit zwei Kellern*

11.3.3 Die Warteschlange (Queue)

Um die Prinzipien der Spezifikation von parametrisierten Datenstrukturen zu vertiefen, betrachten wir kurz eine weitere Datenstruktur, nämlich die Warteschlange oder englisch *Queue*. Eine Queue realisiert das so genannte FIFO-Prinzip, also einen *First-In-First-Out-Speicher*. Das FIFO-Prinzip modelliert eine Warteschlange, bei der man sich hinten anstellt: »*Wer zuerst kommt, mahlt zuerst*«.

FIFO-Prinzip

Die Spezifikation einer Queue sieht auf den ersten Blick sehr ähnlich zu der eines Stacks aus, obwohl das Verarbeitungsprinzip komplett entgegengesetzt ist:

Spezifikation einer Queue

```
type Queue(T)
import Bool
operators
    empty : → Queue
    enter : Queue × T → Queue
    leave : Queue → Queue
    front : Queue → T
```

```
   is_empty : Queue → Bool
axioms ∀q : Queue, ∀x, y : T
   leave (enter (empty, x)) = empty
   leave (enter (enter(q, x), y)) =
      enter (leave (enter(q, x)), y)
   front (enter (empty, x)) = x
   front (enter (enter(q, x), y)) =
      front (enter (q, x))
   is_empty (empty) = true
   is_empty (enter(q, x)) = false
```

Im Unterschied zum Stack kann jetzt bei `leave` und bei `front` nicht der jeweilig letzte gespeicherte Parameter bearbeitet werden. Stattdessen ist es nötig, durch rekursiv aufgebaute Gleichungen sich bis zum jeweils »innersten« Wert des Queue-Terms vorzuarbeiten.

Abbildung 11.4 verdeutlicht das Prinzip einer Queue. Mit `enter` werden Werte der Warteschlange hinzugefügt, mittels `leave` wird das am längsten gespeicherte Element herausgenommen und nur `front` erlaubt den lesenden Zugriff (auf das jeweils am längsten gespeicherte Element).

Abbildung 11.4 *Verdeutlichung des Queue-Prinzips*

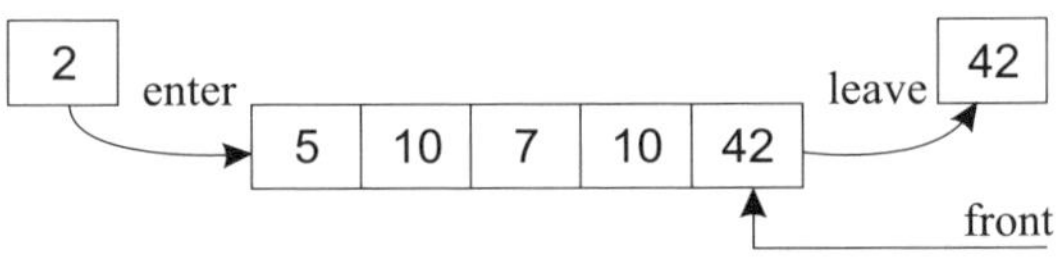

Auch Warteschlangen lassen sich auf dem vorgestellten Datentyp der Listen implementieren. Da wir uns in Kapitel 13 noch ausführlicher mit der Realisierung von Warteschlangen befassen werden, verzichten wir hier auf die Angabe einer geeigneten Umsetzung.

Einsatz von Warteschlangen

Warteschlangen werden ebenfalls in vielfältiger Weise in Softwaresystemen eingesetzt, da sie das Abarbeiten von Aufträgen in Eingangsreihenfolge realisieren können: so etwa zur Prozessverwaltung in Betriebssystemen, zur Speicherverwaltung, für Warteschlangen bei Druckaufträgen, für Nachrichtenpuffer in der Kommunikationssoftware etc.

11.4 Entwurf von Datentypen

Wir haben bisher in diesem Kapitel einige einfache Beispiele für abstrakte Datentypen kennen gelernt und deren Spezifikationen mit Gleichungen angegeben. Wenn man selbst nun einen derartigen ADT spezifizieren möchte, wird man dann allerdings mit einigen Fragen konfrontiert:

- Wie komme ich zu den Gleichungen?
- Wann habe ich genug Gleichungen?
- Wann fehlt mir ein Axiom?

Leider sind hier, wie auch beim Algorithmenentwurf, keine einfachen Antworten zu erwarten. Ganze Bücher widmen sich diesen Fragestellungen, ohne dass am Ende ein einfaches »Kochrezept« zum Finden der optimalen Axiomenmenge steht.

Systematischer Entwurf von ADTs

Statt einer tieferen Diskussion des Entwurfs geben wir einige Hinweise auf eine systematische Vorgehensweise, mit der man gerade einfache Datentypen gut spezifizieren kann. Hier empfiehlt sich folgende Vorgehensweise, die wir anhand des Stack- und des Set-Beispiels erläutern:

Konstruktoren

1. Die Festlegung der Konstruktorfunktionen legt den Bereich der Basisterme fest, die den später implementierten Werten entsprechen, und sollte daher mit besonderer Sorgfalt erfolgen.
   Im Stack-Beispiel benötigt man einen Konstruktor für den leeren Stack und die `push`-Operation, um alle zu realisierenden Stack-Werte zu definieren.
2. Eventuell ist es nötig, auch Axiome zur Gleichsetzung von Konstruktortermen einzuführen. Der `Set`-Datentyp ist ein gutes Beispiel hierfür.
3. Die Definition geeigneter Selektorfunktionen erlaubt den lesenden Zugriff auf die konstruierten Werte, ohne einen neuen Wert zu konstruieren. Typischerweise ist das Ergebnis einer Selektion daher ein Wert eines importierten Datentyps. *(Selektoren)*
   Vertreter dieser Operationenklasse sind allgemeine Funktionen wie `is_empty`, `count` oder spezifische Funktionen wie `top`.
   Die Auswertung der Selektoren kann auf ausschließlich mittels Konstruktoren gebildete Terme zurückgeführt werden.
4. Dann müssen die weiteren Operationen festgelegt werden, sozusagen die Manipulatoren der Datenwerte. Manipulatorfunktionen haben als Ergebnistyp den neu spezifizierten Datentyp. *(Manipulatoren)*
   Im Stack-Beispiel ist `pop` der einzige Manipulator. Bei der Definition der Manipulatoren muss auf eine vollständige Fallunterscheidung geachtet werden.
5. Der letzte Schritt besteht darin, Fehlersituationen abzufangen.

Axiome für Manipulatoren

Der schwierigste Teil ist hierbei oft die Festlegung weiterer Operationen zur Manipulation. Wenn möglich, sollten diese Funktionen direkt auf Konstruktoren und Selektoren zurückgeführt werden. Allgemein ist es sinnvoll, die Regeln von links nach rechts als Ersetzungsregeln aufzubauen und nicht beliebige Gleichungen zu formulieren. Hierzu sollte man Folgendes beachten:

- Die rechte Seite sollte »einfacher« als die linke Seite sein, also etwa einen Parameterwert »schrumpfen«.
- Bei rekursiv definierten Funktionen sollte man auf Folgendes achten:
    - Die Argumente sollten beim rekursiven Aufruf »einfacher« werden und somit eine echt monoton schrumpfende Folge bilden.
    - Natürlich muss man darauf achten, dass der Abbruch garantiert ist.
- Allgemein empfiehlt sich ein Vorgehen analog zur Definition applikativer Algorithmen. Hier entspricht die linke Seite der Gleichung dann einem Aufruf mit Parametern, während die rechte Seite die Auswertung festlegt. Leider bieten sich nicht immer derartig einfache Gleichungen an.

Insgesamt ist es wichtig, eine vollständige Fallunterscheidung durchzuführen, das heißt, jeder Konstruktor muss bei den Parametern auch berücksichtigt werden.

12 Klassen, Schnittstellen und Objekte in Java

Mit den bisher vorgestellten Programmen haben wir im Wesentlichen eine prozedurale Sichtweise verfolgt: Die Programme bestehen aus Prozeduren bzw. Funktionen, die Daten manipulieren. Ein Beispiel hierfür sind die Sortierroutinen aus Abschnitt 5.2, die Felder von **int**-Werten verarbeiten. Der wesentliche Nachteil eines solchen Ansatzes ist, dass die Struktur der Daten bekannt sein muss und keine logische Verbindung zwischen Daten und den darauf definierten Operationen existiert. Wird beispielsweise eine Sortierroutine für beliebige Felder (etwa mit Zeichenketten oder mit komplexeren Datentypen wie Bücher, Studenten usw.) benötigt, so muss entweder eine neue spezifische Prozedur implementiert oder eine Fallunterscheidung für die verschiedenen Typen vorgesehen werden. Das objektorientierte Paradigma, das in Java konsequent umgesetzt ist, schafft hier Abhilfe.

12.1 Grundzüge der Objektorientierung

Bei der objektorientierten Sichtweise wird die Trennung von Daten und Operationen aufgehoben. Im Mittelpunkt steht nicht das *Wie* – die Ausführung als Folge von Anweisungen –, sondern das *Was*, d.h. die in einer Anwendung existierenden Objekte sowie deren Struktur und Verhalten. *Objekte* sind somit besondere Daten- und Programmstrukturen, die Eigenschaften und darauf definierte Operationen (Methoden) besitzen.

Objekte

Ein weiteres mit dem Objektbegriff verbundenes Konzept ist die *Kapselung*. Dies bezeichnet das Verbergen von internen Eigenschaften von Objekten, indem der Zugriff auf diese Eigenschaften nur über bestimmte eigene Methoden des Objektes zugelassen wird. Die Gesamtheit der Methoden bildet somit die Schnittstelle des Objektes. Auf diese Weise kann die interne Repräsentation der Objekte »geheim gehalten« werden (siehe Geheimnisprinzip von ADTs auf Seite 260), um etwa inkonsistente Änderungen (z.B. die Änderung der Matrikelnummer

Kapselung

Schnittstelle

Wartung von Programmen

bei Studenten) zu verhindern. Dies vereinfacht auch die Wartung von Programmen, da die Abhängigkeiten zwischen Objekten auf die Kenntnis der Schnittstellen beschränkt sind. Wird die interne Struktur eines Objektes geändert, so hat dies keinen Einfluss auf andere Objekte, solange die Schnittstelle unverändert bleibt.

Zwei Beispiele sollen dieses Prinzip verdeutlichen. Betrachten wir ein Zeichenprogramm mit geometrischen Elementen wie Linien, Kreisen oder Rechtecken: Objekte repräsentieren in diesem Kontext die zu zeichnenden Elemente. Jedes Objekt hat dabei gewisse Eigenschaften: ein Kreis z.B. einen Mittelpunkt und einen Radius, eine Linie einen Anfangs- und einen Endpunkt usw. Weiterhin »weiß« jedes Objekt, wie es sich darzustellen bzw. zu zeichnen hat. Eine Zeichnung besteht somit aus einer Menge von Objekten und wird dargestellt, indem die spezifischen Zeichenroutinen der einzelnen Objekte aufgerufen werden.

Ein zweites Beispiel ist die Sortierung von Objekten wie Zeichenketten oder Studenten. Hierfür wird eine Vergleichsmöglichkeit benötigt: Bei Zeichenketten wird dies auf Basis der lexikographischen Ordnung erfolgen, bei Studenten kann z.B. die Matrikelnummer für den Vergleich genutzt werden. Wenn nun jedes Objekt »weiß«, wie es mit anderen Objekten verglichen werden muss, kann die Sortierung unabhängig von der konkreten internen Repräsentation der Objekte implementiert werden.

Der Begriff des Objektes kann insgesamt wie folgt beschrieben werden:

Definition 12.1 *Objekt*

Ein Objekt ist die Repräsentation eines »Dings« der realen oder Vorstellungswelt, das gekennzeichnet ist durch:

Identität
- eine *Identität*, d.h. eine Eigenschaft, durch die sich das Objekt von anderen unterscheidet,

Attribut
- statische Eigenschaften zur Darstellung der Zustandes in Form von *Attributen*,

Methode
- dynamische Eigenschaften in Form von *Methoden*, die das Verhalten beschreiben.

□

Objekt vs. Wert

Durch das Konzept der Identität unterscheiden sich Objekte auch von einfachen Werten, wie z.B. Zahlen. Die Identität eines Objektes ist unabhängig vom aktuellen Wert der Attribute. Eine Änderung des Namens eines Studenten führt so nicht zu einem neuen Studenten, sondern verändert nur eine Eigenschaft des Objektes. Demgegenüber resultiert die Änderung eines Wertes in einem neuen Wert. In Programmiersprachen wie Java wird intern als Identität eines Objektes meist einfach die Adresse des Objektes im Speicher verwendet, so dass die Eindeutigkeit gewährleistet ist.

In Abbildung 12.1 ist ein Beispiel für ein Objekt dargestellt, das eine geometrische Figur »Rechteck« repräsentiert. Eine solche Figur besitzt Eigenschaften wie Farbe, Position und Abmessung sowie Methoden zum Verschieben oder Berechnen der Fläche. Einzelne Objekte entsprechen nun konkreten Rechtecken, die verschiedene Eigenschaftswerte (z.B. verschiedene Positionen) haben können. Die Abbildung soll auch verdeutlichen, dass die Eigenschaften der Objekte gekapselt sind, d.h., der Zugriff darauf kann nur über die öffentlichen Methoden erfolgen.

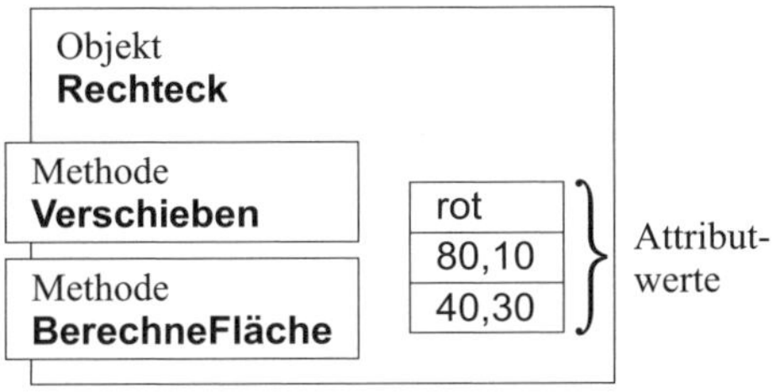

Abbildung 12.1
Objekt am Beispiel

Nachrichtenaustausch

Die Objekte einer Anwendung interagieren idealerweise ausschließlich durch den Austausch von Nachrichten. Ein Beispiel dafür ist eine Nachricht an Rechteck #1 »*Verschieben um 10 mm nach rechts und 20 mm nach oben*«. Eine solche Nachricht ist mit dem Aufruf einer Methode des Empfängerobjektes verbunden – in diesem Beispiel also der Methode »Verschieben« – und kann die Änderung des Zustandes (hier: der Position) bewirken.

In den meisten Fällen macht es relativ wenig Sinn, für jedes Objekt einzeln Struktur und Verhalten zu definieren. Vielmehr werden gleichartige Objekte, wie beispielsweise alle Rechtecke oder alle Studenten, zu so genannten *Klassen* zusammengefasst.

Definition 12.2
Klasse

Eine Klasse ist eine Menge von Objekten mit gleichen Eigenschaften (Attributen) und gleichen Verhalten (Methoden). □

Somit legt eine Klasse auch den Datentyp zur Beschreibung der Eigenschaften der zugehörigen Objekte fest.

Im Beispiel in Abbildung 12.2 sind verschiedene Rechtecke dargestellt, die sich durch ihre Position, Größe und Farbe unterscheiden. Alle diese geometrischen Objekte haben aber einige Gemeinsamkeiten: Sie sind *Rechtecke* mit den Eigenschaften (Attributen) Position (x, y), Ausdehnung (w und h) sowie Farbe. Auch hinsichtlich möglicher Methoden lassen sich Gemeinsamkeiten finden. So berechnet sich der Flächeninhalt immer aus $A = w \cdot h$ und eine Verschiebung des Rechtecks um den Vektor (dx, dy) hat folgende Auswirkungen: $x = x + dx, y = y + dy$.

Instanz

Wir können daher sagen, dass die Rechtecke R_1, R_2 und R_3 *Objekte* oder *Instanzen* der Klasse *Rechteck* sind. An diesem Beispiel wird aber auch ersichtlich, dass alle Objekte einer Klasse bezüglich ihrer Struktur und ihres Verhaltens gleich sind, sich aber in ihrer Ausprägung, d.h. den konkreten Werten der Attribute, unterscheiden können.

Abbildung 12.2
Klassenkonzept

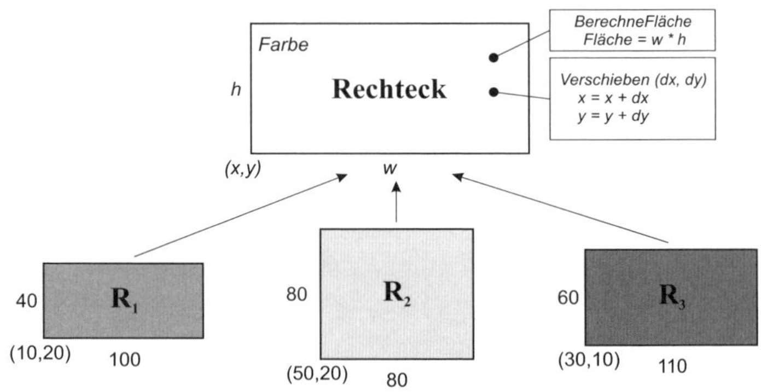

12.2 Klassen und Objekte in Java

Als objektorientierte Programmiersprache unterstützt Java natürlich die im vorigen Abschnitt eingeführten Konzepte. Wie eine Klasse in Java definiert wird, haben wir schon in Abschnitt 1.4 kurz vorgestellt. Programm 12.1 zeigt noch einmal die grundlegende Struktur:

- In der ersten Zeile kann mit Hilfe der **`package`**-Anweisung ein Paket angegeben werden, dem die Klasse zugeordnet wird. Hierbei kann ein Paket durchaus mehrere Klassen und auch Unterpakete umfassen, so dass sich Modulhierarchien ergeben.
- Nach der optionalen Festlegung der Sichtbarkeit der Klasse und dem Schlüsselwort **`class`** wird der Name der Klasse festgelegt. Die eigentliche Klassendefinition ist im Anschluss in geschweiften Klammern anzugeben.

Attribute

- Attribute der Klasse werden als Variablen deklariert. Optional kann die Sichtbarkeit mit den Modifikatoren **`public`**, **`protected`** und **`private`** (siehe auch Abschnitt 3.6.2) festgelegt werden.

Methoden

- Schließlich werden noch die zur Klasse gehörenden Methoden definiert, wobei die Reihenfolge von Attributen und Methoden beliebig gewählt werden kann.

- Eine spezielle Form von Methoden sind die so genannten Konstruktoren. Hierbei handelt es sich um Methoden zur Initialisierung, die implizit beim Erzeugen eines Objektes dieser Klasse aufgerufen werden. So lassen sich etwa Attribute mit vordefinierten Werten belegen oder dynamische Strukturen aufbauen. Konstruktormethoden haben immer den gleichen Namen wie die Klasse und keinen Rückgabetyp. Außerdem können auch mehrere Konstruktoren definiert werden, jedoch mit verschiedenen Parameterlisten. *Konstruktor*

Programm 12.1
Beispiel einer Klassendefinition

```
package geom;

// Definition der Klasse Rechteck
public class Rechteck {
  // Attributdeklarationen
  int x, y, b, h;
  int farbe;

  // Konstruktoren
  public Rechteck() {
    x = y = 0;
    b = h = 10;
  }

  public Rechteck(int xp, int yp, int br, int ho) {
    x = xp; y = yp;
    b = br; h = ho;
  }

  // Methode zum Verschieben
  public void verschieben(int dx, int dy) {
    x += dx; y += dy;
  }

  // Methode zum Berechnen der Fläche
  public int berechneFlaeche() {
    return b * h;
  }
}
```

Klassendefinitionen können auch geschachtelt werden, d.h., eine Klasse kann innerhalb einer anderen Klasse definiert werden. Die Identifizierung solcher *inneren Klassen* erfolgt durch *Innere Klasse*

`ÄußereKlasse.InnereKlasse`. Dies ist insbesondere praktisch für Hilfsklassen, da durch die Schachtelung Namenskonflikte mit anderen Klassen vermieden werden können. Objekte innerer Klassen haben eine implizite Referenz auf das Objekt der äußeren Klasse, durch das sie mit erzeugt wurden. Ähnlich wie statische Klassenmethoden können aber auch innere Klassen ohne diese Referenz definiert werden. Hierzu muss die Klasse als **`static`** deklariert werden.

Erzeugen von Objekten

Objekte müssen in Java mit Hilfe des **`new`**-Operators erzeugt werden, der gleichzeitig den benötigten Speicherplatz allokiert. Dazu ist nach dem Operator der Klassenname gefolgt von Klammern anzugeben. Innerhalb der Klammern können weitere Parameter übergeben werden. Hinter dieser Notation verbirgt sich der Aufruf eines Konstruktors der Klasse. Demzufolge muss zur Parameterfolge des Aufrufs ein kompatibler (bezüglich Anzahl und Typ der Parameter) Konstruktor definiert sein. Das Ergebnis des Aufrufs ist eine Referenz auf das neu erzeugte Objekt, die einer Referenzvariablen vom Typ der Klasse zugewiesen werden kann. Im folgenden Beispiel werden zwei Objekte der Klasse `Rechteck` erzeugt und den Variablen `r1` und `r2` zugewiesen. Im ersten Fall wird der Standardkonstruktor ohne weitere Parameter verwendet, im zweiten Fall der Konstruktor, der Position und Ausdehnung übernimmt.

Konstruktoraufruf

```
Rechteck r1 = new Rechteck();
Rechteck r2 = new Rechteck(10, 10, 100, 20);
```

Zugriff auf Objekteigenschaften

Über die Referenzvariablen kann auf die Eigenschaften der Objekte zugegriffen werden. Die Notation hierfür ist die Punktschreibweise: *`refvar.eigenschaft`*, wobei *`eigenschaft`* sowohl für Methoden als auch Attribute steht. Der Zugriff ist natürlich nur entsprechend der definierten Sichtbarkeit der Eigenschaft möglich. Für die Klasse `Rechteck` kann so beispielsweise die Methode `verschieben` aufgerufen werden:

```
r1.verschieben(50, 30);
```

Es sei angemerkt, dass der Aufruf dieser Methode nur die Position des Objektes verändert, das durch die Variable `r1` referenziert wird. Der Zugriff auf Attribute eines Objektes erfolgt ähnlich wie der Zugriff auf Variablen, allerdings wiederum durch Voranstellen der Objektreferenz. Für den Fall, dass die Attribute der Klasse `Rechteck` als öffentlich (**`public`**) deklariert wären, könnte auf diese auch wie folgt zugegriffen werden:

```
int xpos = r1.x;
r1.y = 30;
```

Dagegen kann innerhalb von Objektmethoden auf Attribute bzw. andere Methoden ohne Referenzvariable zugegriffen werden. Sollten dabei Konflikte zwischen den Attributen und den Parametern der Methode auftreten, kann durch Voranstellen des Schlüsselwortes **this** als Referenz auf das »eigene« Objekt das Attribut explizit gekennzeichnet werden. So könnte die Methode verschieben auch wie folgt implementiert werden:

this

```
public void verschieben(int x, int y) {
  this.x += x; this.y += y;
}
```

Ein explizites Löschen von Objekten ist nicht notwendig, da Java über eine automatische Speicherbereinigung (engl. *Garbage Collection*) verfügt. Hierbei wird ein Objekt automatisch gelöscht, wenn es nicht mehr benötigt wird, d.h., wenn keine Variablen oder ein anderes Objekt darauf verweisen. Dies kann z.B. am Ende eines Blockes auftreten, wenn der Gültigkeitsbereich der dort deklarierten Variablen beendet ist oder wenn eine Referenzvariable explizit auf **null** gesetzt wird. In diesem Fall wird der Verweis auf das eventuell zuvor referenzierte Objekt gelöscht und das Objekt wird somit nicht mehr benutzt. Die Java-VM bzw. der Garbage Collector durchsucht regelmäßig den Speicher nach solchen »unbenutzten« Objekten und entfernt diese.

Speicherbereinigung

Neben den »normalen« Objekteigenschaften, die Zustand und Verhalten einzelner Objekte betreffen, können auch Eigenschaften definiert werden, die global für alle Objekte einer Klasse gelten. Diese Klasseneigenschaften werden in Java durch Voranstellen des Schlüsselwortes **static** definiert. Typische Anwendungsfälle sind die Definition von Konstanten (die zusätzlich noch die Eigenschaft **final** haben, die eine Änderung des Wertes verbietet – siehe auch Abschnitt 12.3) und Hilfsfunktionen sowie von Methoden, die ohne Objekte aufgerufen werden sollen. Letzteres ist z.B. bei der main-Methode der Fall, da beim Programmstart noch kein Objekt vorhanden ist. Klasseneigenschaften müssen außerhalb der eigenen Klasse durch Voranstellen des Klassennamens identifiziert werden. Definiert man etwa für die Klasse Rechteck Standardgrößen:

Klasseneigenschaften

```
public class Rechteck {
  public static final int BREITE = 100;
  public static final int HOEHE = 100;
  ...
}
```

so können diese Klasseneigenschaften wie folgt genutzt werden:

```
Rechteck r3 = new Rechteck(10, 10,
   Rechteck.BREITE, Rechteck.HOEHE);
```

Standardbibliothek

Neben der Möglichkeit, eigene Klassen zu implementieren, bietet die Java-Umgebung bereits eine Vielzahl von vordefinierten und wiederverwendbaren Klassen an, die in der Standardbibliothek zusammengefasst sind. So gibt es u.a.:

- im Paket `java.lang` zentrale Klassen der Sprache, z.B. die Klasse `java.lang.String` für Zeichenketten,
- Klassen mit Datenstrukturen wie Listen, Felder usw. im Paket `java.util`,
- Klassen für die Ein- und Ausgabe, die Arbeit mit Dateien, Verzeichnissen, Netzwerkverbindungen im Paket `java.io` sowie `java.net` und
- Klassen für die Entwicklung grafischer Benutzerschnittstellen, wie Fenster, Schaltflächen (Buttons), Schieberegler u.Ä., in den Paketen `java.awt` und `javax.swing`.

Wrapper-Klassen

Nützlich sind auch die so genannten Wrapper-Klassen `java.lang.Integer`, `java.lang.Double`, `java.lang.Byte` usw., die zur Kapselung der primitiven Datentypen **`int`**, **`double`**, **`byte`** usw. genutzt werden können. Damit lassen sich überall dort, wo eigentlich Objekte erwartet werden, auch Werte primitiver Typen einsetzen. Dies ist beispielsweise im Zusammenhang mit generischen Datenstrukturen wie Listen, Mengen oder Stapel nötig (siehe Kapitel 13). Wir wollen die Nutzung dieser Wrapper-Klassen im Folgenden kurz am Beispiel der Klasse `java.lang.Integer` illustrieren.

Zur Erzeugung von `Integer`-Objekten stehen zwei Konstruktoren zur Verfügung:

- `Integer(`**`int`**` val)` erzeugt ein neues Objekt, das den Wert `val` kapselt,
- `Integer(String str)` erzeugt ein Objekt, das den in der Zeichenkette `str` repräsentierten Wert kapselt. Damit wird die Zeichenkette in einen Integerwert konvertiert.

Weitere Methoden erlauben u.a. den Vergleich mit anderen `Integer`-Objekten (**`int`** `compareTo(Integer i)`) sowie das Auslesen des `int`-Wertes (**`int`** `intValue()`). Im folgenden Beispiel werden diese Methoden genutzt, um zunächst zwei Objekte `i1` und `i2` zu erzeugen, die anschließend verglichen werden. Ein Rückgabewert `0` der Methode `compareTo` bedeutet hierbei Gleichheit der Werte (ein Wert `<0` steht für »kleiner«, `>0` für »größer«). Schließlich wird der durch `i2` repräsentierte **`int`**-Wert ausgelesen und der Variablen `ival` zugewiesen.

```
Integer i1 = new Integer(20);
Integer i2 = new Integer("20");

boolean equal = (i1.compareTo(i2) == 0);
int ival = i2.intValue();
```

Neben den erwähnten Klassen gibt es eine Vielzahl weiterer Bibliotheken, z.B. für die Arbeit mit Datenbanken, zur Erstellung von Web-Anwendungen oder anspruchsvollen 2D- und 3D-Grafiken. Informationen hierzu sind u.a. auf der Java-Website `http://java.sun.com` zu finden.

12.3 Vererbung

Vererbung

Oberklasse

Unterklasse

Ein weiteres mächtiges Konzept der Objektorientierung ist die *Vererbung*, die der Definition von Spezialisierungs- bzw. Generalisierungsbeziehungen zwischen Klassen dient. Vererbung ermöglicht die Erweiterung bestehender Klassen und somit den Aufbau von Klassenhierarchien. Der Zusammenhang dieser Beziehungen ist in Abbildung 12.3 dargestellt. Ausgehend von einer Klasse (der so genannten *Oberklasse* oder auch Super- bzw. Basisklasse) wird eine neue Klasse (die *Unterklasse* oder Subklasse) durch das Hinzufügen neuer Attribute und Methoden abgeleitet. Andere Bezeichnungen hierfür sind »erweitern« oder »spezialisieren«. Gleichzeitig erbt die Unterklasse alle Eigenschaften von der Oberklasse, d.h., alle Attribute und Methoden der Oberklasse sind auch in der Unterklasse verfügbar.

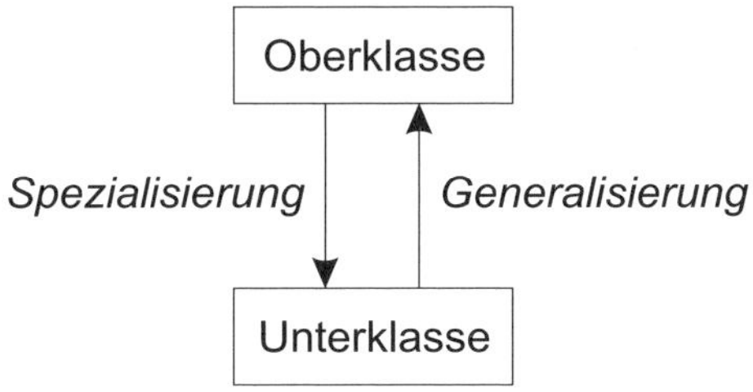

Abbildung 12.3 *Generalisierung vs. Spezialisierung*

Generalisierung

Betrachtet man die Gegenrichtung der Beziehung, so kann die Oberklasse auch als eine Generalisierung der Unterklasse(n) aufgefasst werden. Die Oberklasse definiert dabei die gemeinsamen Attribute und Methoden aller Unterklassen. Im Rahmen unseres Zeichenprogramms besitzen alle Klassen von geometrischen Objekten auch gemeinsame Attribute, wie z.B. die Position oder die Farbe, sowie Methoden wie Verschieben, Vergrößern oder Anzeigen. Für all diese Klassen kann nun eine gemeinsame Oberklasse `GeomObjekt` eingeführt werden, die diese Eigenschaften definiert. Die Klassen `Rechteck`, `Kreis` usw. werden von dieser Klasse abgeleitet und erben damit die Eigenschaften.

Bei der Vererbung lassen sich zwei Formen unterscheiden (Abbildung 12.4):

Einfachvererbung

- Bei der *Einfachvererbung* kann eine Klasse nur von einer direkten Oberklasse abgeleitet werden. Natürlich kann diese Oberklasse trotzdem wieder von einer anderen Klasse abgeleitet sein.

Mehrfachvererbung

- *Mehrfachvererbung* erlaubt das Ableiten von mehreren Oberklassen. Allerdings ist dies in Java zumindest auf Klassenebene aufgrund der sich daraus möglicherweise ergebenden Konflikte durch gleich benannte Eigenschaften in den verschiedenen Oberklassen nicht zulässig.

Abbildung 12.4
Einfach- vs. Mehrfachvererbung

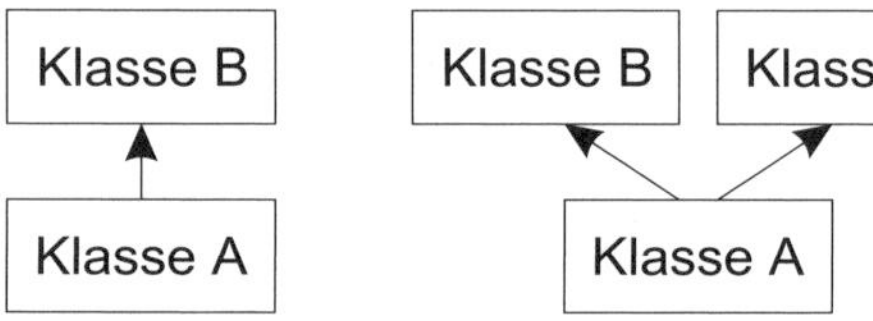

(a) Einfach (b) Mehrfach

In Java wird Vererbung durch die Notation

```
class Unterklasse extends Oberklasse
```

ausgedrückt. Hierbei muss *Oberklasse* eine bereits existierende Klasse sein, deren Code für den Compiler verfügbar ist. In Programm 12.2 ist Vererbung am Beispiel der Klasse `Rechteck` dargestellt. Wie bereits angedeutet, definiert `GeomObjekt` als Oberklasse allgemeine Eigenschaften geometrischer Objekte wie Position und Farbe sowie die Methode »Verschieben«. Da diese Eigenschaften von der Oberklasse vererbt werden, müssen sie in der Unterklasse nicht erneut definiert werden.

Programm 12.2
Vererbung in Java

```
package geom;

// Definition der Klasse Rechteck als
// Unterklasse von GeomObjekt
public class Rechteck extends GeomObjekt {
  // Attributdeklarationen
  int b, h;
```

```
  // Konstruktor
  public Rechteck() {
    b = h = 10;
  }

  // Methode zum Berechnen der Fläche
  public int berechneFlaeche() {
    return b * h;
  }
}
```

Wird keine Oberklasse angegeben, so wird implizit `java.lang.Object` als Oberklasse angenommen. Diese Klasse ist die Wurzelklasse der gesamten Java-Klassenhierarchie und definiert einige wichtige Methoden für alle Klassen:

Wurzelklasse

- **boolean** `equals(Object o)` vergleicht das aktuelle Objekt mit dem Objekt `o`.
- **int** `hashCode()` dient zur Berechnung eines Hashwertes für das Objekt (siehe Abschnitt 15.2.4).
- `String toString()` liefert eine textuelle Repräsentation des Objektes.
- `Object clone()` erstellt eine Kopie des Objektes und gibt diese zurück.
- **void** `finalize()` ist eine Methode, die beim Löschen des Objektes durch den Garbage Collector aufgerufen wird und in der »Aufräumarbeiten« wie das Schließen einer Datei durchgeführt werden können.
- **void** `wait(long timeout)` wartet auf das Freigeben einer Sperre (siehe auch Abschnitt 9.4).
- **void** `notify()` »weckt« Threads auf, die auf die Freigabe einer Sperre warten.

Wird eine Klasse von einer anderen Klasse abgeleitet, so muss sichergestellt werden, dass beim Erzeugen eines Objektes auch der Konstruktor der Oberklasse aufgerufen wird, um die dort notwendigen Intialisierungen vorzunehmen. Dies muss für alle Oberklassen erfolgen, und zwar in der Reihenfolge von der Wurzelklasse `Object` bis hinunter zur Klasse des Objektes. Dieses als Konstruktor-Verkettung (engl. *constructor chaining*) bezeichnete Prinzip wird in Java durch eine einfache Regel verwirklicht: Wenn die erste Anweisung im Konstruktor kein Aufruf eines Konstruktors der Oberklasse ist, so wird dieser implizit von der Java-VM aufgerufen. Für den Aufruf des Konstruktors der jeweiligen Oberklasse wird die spezielle Anweisung **super**`()` verwendet, die in

Konstruktor-Verkettung

super

dieser Form den Standardkonstruktor ohne Parameter aufruft. Soll dagegen ein anderer Konstruktor verwendet werden, so muss die passende Parameterliste mit **super** angegeben werden.

Im folgenden Beispiel ist dies für die Klassen `GeomObjekt` und `Rechteck` verdeutlicht. In `GeomObjekt` sind zwei Konstruktoren definiert: ein Standardkonstruktor, der die Position auf $(0, 0)$ setzt, und ein Konstruktor, der die Position als Parameter erwartet:

```
class GeomObjekt {
  ...
  GeomObjekt() {
    x = y = 0;
  }

  GeomObjekt(int xp, int yp) {
    x = xp; y = yp;
  }
}
```

In der Klasse `Rechteck` sind ebenfalls zwei Konstruktoren definiert. Im ersten Standardkonstruktor ist kein **super**-Aufruf angegeben. Demzufolge wird hier als Erstes der Konstruktor `GeomObjekt()` implizit aufgerufen. Für den zweiten Konstruktor gibt es keine äquivalente Form in der Oberklasse. Deshalb wird hier explizit der Konstruktor `GeomObjekt(xp, yp)` durch den entsprechenden `super`-Aufruf ausgeführt:

```
class Rechteck extends GeomObjekt {
  ...
  Rechteck() {
    b = h = 0;
  }

  Rechteck(int xp, int yp, int bb, int hh) {
    super(xp, yp);
    b = bb; h = hh;
  }
}
```

Bezüglich des Zugriffs auf Methoden und Attribute der Oberklasse(n) gelten die gleichen Regeln wie für eigene Eigenschaften. Einschränkungen sind nur durch Zugriffsmodifikatoren wie **private** für in der Oberklasse definierte Eigenschaften möglich, die wir bereits in Abschnitt 3.6.2 vorgestellt haben.

Ein weiteres wichtiges Konzept der Objektorientierung, das speziell auch im Zusammenhang mit Vererbung zum Einsatz kommt, ist

Polymorphie

Polymorphie. Allgemein bedeutet der Begriff »Polymorphie« so viel wie

»Vielgestaltigkeit«, im Kontext der Objektorientierung meint man damit, dass ein Konzept, wie z.B. eine Methode, unterschiedliche Formen annehmen kann. So ist etwa die Methode »Zeichnen« für verschiedene geometrische Primitive in unterschiedlicher Weise implementiert, denn schließlich wird ein Kreis anders gezeichnet als ein Rechteck. Ein anderes Beispiel für Polymorphie ist die Verwendung des »+«-Operators in Java: Angewendet auf Zahlen verbirgt sich dahinter die Addition, während bei Zeichenketten eine Konkatenation der Operanden stattfindet. Diese beiden Beispiele zeigen bereits, dass Polymorphie in Programmiersprachen in verschiedenen Formen zum Einsatz kommt. Die wichtigsten Formen sind hierbei:

- Überladen (wie die beiden oben erwähnten Beispiele),
- Überschreiben sowie
- Typkonversion einschließlich der Verwendung von Objektreferenzen zur Referenzierung von Instanzen einer Unterklasse.

Überladen

Überladen (engl. overloading) bezeichnet das mehrfache Verwenden eines Methodennamens innerhalb einer Klassendefinition mit unterschiedlichen Parametertypen bzw. -anzahl, wobei jedoch der Ergebnistyp immer gleich sein muss. So lassen sich verschiedene Implementierungen einer Methode für unterschiedliche Parameter(typen) angeben.

Auswahl der Methodenimplementierung

Die Auswahl der tatsächlich aufzurufenden Methode erfolgt zur Laufzeit anhand des Typs der aktuellen Parameter. So sind in der folgenden Klasse verschiedene `print`-Methoden für Integer- und Gleitkommawerte sowie für Zeichenketten definiert:

```
class Printer {
  void print(int i) {
    System.out.println("int = " + i);
  }
  void print(double d) {
    System.out.println("double = " + d);
  }
  void print(String s) {
    System.out.println("String = " + s);
  }
}
```

Werden diese Methoden nun mit verschiedenen Parametern aufgerufen, so wird anhand der Ausgabe deutlich, welche Implementierung jeweils wirklich gewählt wurde:

```
Printer p = new Printer();
...
p.print(12); // Ausgabe: int = 12
```

```
p.print("Hallo"); // Ausgabe: String = Hallo
p.print(42.0); // Ausgabe: double = 42.0
```

Der »+«-Operator ist in Java übrigens der einzige Fall eines überladenen Operators. In Gegensatz zu C++, wo für alle Operatoren einschließlich des **new**-Operators eine neue Implementierung vereinbart werden kann, ist das Überladen von Operatoren (engl. operator overloading) in Java nicht möglich.

Überschreiben

Unter *Überschreiben* (engl. overriding) versteht man, dass eine Methode in einer Unterklasse bezüglich ihres Namens, des Ergebnistyps sowie Typ und Anzahl der Parameter identisch zu einer Methode der Oberklasse ist. Man gibt somit zu einer bereits definierten und vererbten Methode eine neue Implementierung an und »überschreibt« daher die ursprüngliche Methode. So kann beispielsweise in einer Klassenhierarchie für geometrische Primitive in der Wurzelklasse `GeomObjekt` die Methode »Zeichnen« definiert und in jeder Unterklasse in spezifischer Weise neu implementiert werden. Werden nun Objekte dieser Klassen in einem Dokument zusammengefasst, so kann das gesamte Dokument dargestellt werden, indem für alle Objekte die »Zeichnen«-Methode aufgerufen wird. Da jede Klasse eine eigene Implementierung dieser Methode bereitstellt, ist keine Fallunterscheidung bezüglich der verschiedenen Objektarten notwendig. Die »richtige« Implementierung der Methode wird zur Laufzeit anhand des Typs des Objektes ausgewählt.

Das folgende Beispiel soll dieses Prinzip noch einmal illustrieren. Gegeben sei eine Klasse `KlasseA` mit einem Attribut `a` und einer Methode `print` sowie eine Klasse `KlasseB` als Unterklasse von `KlasseA` mit einem zusätzlichen Attribut `b`. In der `print`-Methode der Klasse `KlasseB` soll der Wert des zusätzlichen Attributes mit ausgegeben werden:

```
class KlasseA {
  int a;

  public KlasseA(int v) { a = v; }

  public void print() {
    System.out.println("A[" + a + "]");
  }
}

class KlasseB extends KlasseA {
  int b;
```

```
  public KlasseB(int v1, int v2) {
    super(v1); b = v2;
  }

  public void print() {
    System.out.println("B[" + a + "," + b + "]");
  }
}
```

Werden nun von diesen Klassen Objekte erzeugt, so liefern die Aufrufe der `print`-Methoden die folgenden Ausgaben:

```
KlasseA obj1 = new KlasseA(12);
KlasseB obj2 = new KlasseB(42, 17);

obj1.print(); // Ausgabe: A[12]
obj2.print(); // Ausgabe: B[42, 17]
```

Die Auswahl der auszuführenden Methode hängt dabei nicht vom Typ der Objektreferenz ab, die auf das Objekt verweist, sondern ausschließlich vom Typ des aufgerufenen Objektes, wie das folgende Beispiel zeigt:

```
obj1 = obj2;
obj1.print(); // Ausgabe: B[42, 17]
```

Objektreferenz

Dieses Beispiel demonstriert auch gleichzeitig die dritte Form von Polymorphie: Eine Objektreferenz kann auch auf Objekte von Unterklassen der eigenen Klasse verweisen. Dabei stehen natürlich nur die Eigenschaften zur Verfügung, die in der eigenen Klasse definiert sind. Allerdings kommt beim Methodenaufruf wieder das Prinzip des Überschreibens zur Anwendung.

Zugriff auf überschriebene Methoden

Das Überschreiben von Methoden wirft auch die Frage auf, wie auf überschriebene Methoden der Oberklasse zugegriffen werden kann. Dies kann beispielsweise notwendig werden, wenn die Attribute der Oberklasse als **`private`** deklariert sind und die überschriebene Methode die einzige Möglichkeit zum Zugriff bildet oder wenn die Methodenimplementierung der Oberklasse nicht ersetzt, sondern nur erweitert werden soll. Hier hilft – wie bereits beim Konstruktoraufruf – die Verwendung des Schlüsselworts **`super`**. Mit **`super`**`.`*`Methodenname`*`(`*`Parameter`*`)` kann direkt die Methode *`Methodenname`* der Oberklasse aufgerufen werden, auch wenn diese in der aktuellen Klasse überschrieben wurde. So wird im folgenden Beispiel die `print`-Methode der Klasse `KlasseB` unter Verwendung der

Methode der Oberklasse implementiert (allerdings mit einer etwas modifizierten Ausgabe):

```
class KlasseB extends KlasseA {
  ...

  public void print() {
    System.out.print("B[");
    super.print();
    System.out.println(b + "]");
  }
}
```

Wiederverwendung

Insgesamt sind Vererbung und Polymorphie mächtige objektorientierte Konzepte, die für die Implementierung von Datentypen sehr hilfreich sind und den Erstellungsaufwand durch die Möglichkeit der Wiederverwendung deutlich reduzieren können. Dies ist beispielsweise auch an der Java-Klassenbibliothek zu erkennen, wo diese Konzepte konsequent angewendet werden.

12.4 Abstrakte Klassen und Schnittstellen

Manchmal kann für eine Menge von Klassen eine gemeinsame Methode in einer Oberklasse definiert werden, aber es macht keinen Sinn, diese dort zu implementieren. So werden beispielsweise die Methoden »BerechneFläche« und »Zeichnen« für alle geometrischen Elemente benötigt und daher in der Klasse `GeomObjekt` definiert, aber es kann keine Implementierung angegeben werden, da diese Methoden in den konkreten Unterklassen überschrieben werden. Solche Methoden ohne Implementierung bezeichnet man als *abstrakte Methoden* und Klassen mit abstrakten Methoden demzufolge als *abstrakte Klassen*. In Java wird dies durch Voranstellen des Schlüsselwortes **abstract** vor die Methode bzw. die Klasse notiert:

Abstrakte Methoden

```
abstract class GeomObject {
  ...
  public void verschieben(int dx, int dy) { ... }
  public abstract void zeichnen();
}
```

Abstrakte Klassen können sowohl konkrete (d.h. mit Implementierung) als auch abstrakte Methoden umfassen. Der Anweisungsblock entfällt dabei bei abstrakten Methoden, so dass die Methodendeklaration stattdessen durch ein Semikolon abgeschlossen wird. Eine wesentliche Eigenschaft von abstrakten Klassen ist, dass sie nicht instantiierbar sind, d.h., es können keine Objekte dieser Klassen erzeugt werden!

Anwendung

Eine sinnvolle Anwendung von abstrakten Klassen ergibt sich überall dort, wo eine gemeinsame Oberklasse definiert wird, ohne dass dabei für alle Methoden bereits eine konkrete Implementierung angegeben werden kann, da diese abstrakten Methoden in den Unterklassen spezifisch implementiert werden müssen. Das oben skizzierte Beispiel mit der abstrakten Oberklasse `GeomObjekt` ist somit eine geeignete Anwendung. Hier können – auch aufgrund der Polymorphie – die Instanzen der konkreten Klassen (`Rechteck`, `Kreis`, `Linie` usw.) über Objektreferenzen der Oberklasse manipuliert werden, da alle benötigten Methoden bereits definiert sind. Auf diese Weise kann etwa ein Dokument aus geometrischen Objekten als Feld von Objekten der Klasse `GeomObjekt` behandelt werden. Zu beachten ist jedoch, dass von `GeomObjekt` keine Instanzen erzeugt werden können, sondern hierfür die konkreten Klassen zu verwenden sind:

```
// Objekte erzeugen und in Dokument aufnehmen
GeomObjekt[] dokument = new GeomObjekt [3];
dokument[0] = new Rechteck();
dokument[1] = new Kreis();
dokument[2] = new Linie();

// alle Objekte zeichnen
for (int i = 0; i < dokument.length; i++)
  dokument[i].zeichnen();
```

Mehrfachvererbung

Bereits bei der Einführung des Vererbungsprinzips haben wir darauf hingewiesen, dass Mehrfachvererbung in Java nicht möglich ist. Dies ist zunächst eine durchaus schwerwiegende Einschränkung, wie das folgende Beispiel (Abbildung 12.5) verdeutlicht. Ausgehend von unserer Klassienhierarchie mit geometrischen Objekten soll die Möglichkeit der Speicherung der Objekte vorgesehen werden. Nehmen wir weiter an, dass es hierfür bereits eine geeignete Basisklasse `Speicherbar` gibt, von der alle speicherbaren Klassen abzuleiten sind. Allerdings würde dies bedeuten, dass unsere Klassen sowohl von `GeomObjekt` als auch von `Speicherbar` abgeleitet werden müssten, was aber nicht möglich ist. Auch die Änderung der Hierarchie, so dass `GeomObjekt` eine Unterklasse von `Speicherbar` ist, kann nicht als Ausweg angesehen werden, wenn etwa `GeomObjekt` eine vordefinierte Klasse ist, deren Quelltext nicht verfügbar ist.

Schnittstelle

Allerdings verfügt Java mit dem Konzept der *Schnittstelle* über einen Mechanismus, der das Problem der fehlenden Mehrfachvererbung aufwiegt. Schnittstellen sind ähnlich wie abstrakte Klassen, nur dass sie ausschließlich abstrakte, öffentliche Methoden sowie Konstantendefinitionen umfassen. Schnittstellendefinitionen werden durch das Schlüsselwort **`interface`** eingeleitet:

Abbildung 12.5
Probleme ohne Mehrfachvererbung

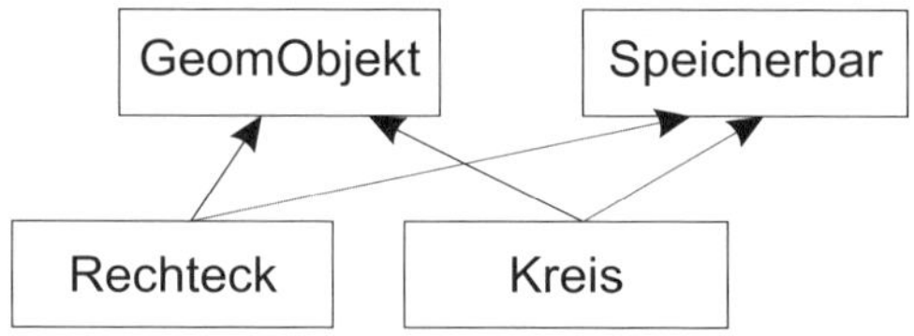


```
interface Name [ extends IName1, IName2 ...] {
  Methodendeklarationen
}
```

Weiterhin können Schnittstellen von anderen Schnittstellen abgeleitet werden (ausgedrückt durch **extends** gefolgt von einer Liste von Schnittstellenbezeichnern `IName`$_1$, `IName`$_2$ usw.). Hierbei ist im Gegensatz zu Klassen auch Mehrfachvererbung möglich. Das bedeutet, dass eine Schnittstelle mehrere direkte Basisschnittstellen haben kann.

Die im obigen Beispiel eingeführte Funktionalität für speicherbare Objekte könnte so durch eine Schnittstelle `Speicherbar` realisiert werden:

```
interface Speicherbar {
  void speichern(OutputStream out);
  void laden(InputStream in);
}
```

Implementierung einer Schnittstelle

Eine Klasse kann nun eine oder mehrere Schnittstellen *implementieren*, d.h., dass diese Klasse für jede Methode der Schnittstelle(n) eine Implementierung bereitstellt. Die Implementierung einer Schnittstelle wird bei der Klassendefinition durch das Schlüsselwort **implements** ausgedrückt:

```
class Klasse implements Schnittstelle1,
    Schnittstelle2 ... {
  ...
}
```

Auf diese Weise können unsere Klassen für die geometrischen Elemente um die Methoden zum Speichern und Laden erweitert werden:

```
class Rechteck extends GeomObjekt
    implements Speicherbar {
  ...
  void zeichnen() { ... }
  void speichern(OutputStream out) { ... }
  void laden(InputStream in) { ... }
}
```

Da Schnittstellen auch einen Typ definieren, können sie auch als Referenzdatentyp zur Deklaration von Referenzvariablen eingesetzt werden. Eine solche Variable eines Schnittstellentyps S kann auf Objekte aller Klassen verweisen, die die Schnittstelle S implementieren. So kann beispielsweise das Laden und Speichern von Objekten völlig unabhängig von den konkreten Klassen erfolgen, indem ausschließlich die Schnittstelle `Speicherbar` verwendet wird:

Schnittstellentyp

```
Rechteck r = new Rechteck();
...
Speicherbar sobj = r;
sobj.speichern(stream);
```

Mit abstrakten Klassen und Schnittstellen stehen uns somit leistungsfähige Konzepte zur Definition von Datentypen zur Verfügung. Ausgehend von der Spezifikation eines ADT kann zunächst eine Schnittstelle in Java definiert werden, die zwar die möglichen Operationen festlegt, aber die konkrete Implementierung noch offen lässt. Zu dieser Schnittstelle lassen sich schließlich spezielle – eventuell auf besondere Anforderungen optimierte – Klassen als konkrete Datentypen implementieren.

ADT als Schnittstelle

12.5 Ausnahmen

Zur Behandlung von Situationen, die Abweichungen vom normalen Programmablauf darstellen, wird in Java der *Exception*-Mechanismus verwendet. Eine Exception oder Ausnahme ist ein Signal, das das Eintreten einer besonderen Bedingung meldet, z.B. einen Fehler beim Öffnen einer Datei oder beim Zugriff auf ein Feld außerhalb der definierten Grenzen. Eine Ausnahme wird mit Hilfe der **`throw`**-Anweisung ausgelöst und zur Behandlung in einem **`catch`**-Block abgefangen. Wird eine Ausnahme nicht direkt behandelt, so wird diese den Aufrufstack entlang (d.h. »aufwärts«) propagiert, bis sie abgefangen wird – im ungünstigsten Fall erst durch den Java-Interpreter selbst, was mit einem Programmabbruch verbunden ist.

Exception

Im Java-API sind für viele mögliche Situationen bereits eine ganze Reihe von Ausnahmen vordefiniert. Alle Ausnahmen sind Objekte einer Subklasse von `java.lang.Throwable` und werden nach folgendem Schema erzeugt, wobei `MeineException` als entsprechende Klasse definiert ist:

Deklaration und Signalisierung

```
void eineMethode() throws MeineException {
  ...
  throw new MeineException();
}
```

Beim Erzeugen der Ausnahme wird gleichzeitig der Konstruktor aufgerufen, wodurch zusätzliche Parameter übergeben werden können, die den Fehler näher beschreiben. Weiterhin muss jede Ausnahme, die im Rahmen einer Methode auftreten kann und nicht von `Error` oder `RuntimeException` abgeleitet ist, in der Signatur der Methode nach dem Schlüsselwort **`throws`** deklariert werden. Konkrete Beispiele für Ausnahmen sind u.a.:

- `java.lang.ArithmeticException` zeigt Fehler bei arithmetischen Berechnungen wie die Division durch null an.
- `java.lang.ArrayIndexOutOfBoundsException` signalisiert einen Zugriff auf Feldelemente außerhalb des gültigen Indexbereiches.
- `java.lang.NullPointerException` zeigt den Zugriff auf Objekteigenschaften über eine **`null`**-Referenz an.
- `java.util.EmptyStackException` wird ausgelöst, wenn versucht wird, ein Element von einem leeren Stack zu lesen.
- `java.io.IOException` tritt bei Fehlern im Rahmen des Dateizugriffs auf.

Behandlung

Die Behandlung einer Ausnahme erfolgt durch einen **`try`/`catch`/`finally`**-Block:

```
try {
  // Aufruf einer Methode, die eine Ausnahme
  // der Klasse MeineException melden kann
}
catch (MeineException exc) {
  // Fehlerbehandlung
}
finally {
  // Aufräumen
}
```

Im **`try`**-Block werden Anweisungen ausgeführt, die möglicherweise zu einer Ausnahme führen können. Tritt eine solche Ausnahme auf, wird der Kontrollfluss an dieser Stelle unterbrochen und der korrespondierende **`catch`**-Block angesprungen. Demzufolge muss zu jeder möglichen Exception-Klasse ein entsprechender Block definiert sein. Allerdings lassen sich auch die Superklassen einer konkreten Ausnahme einsetzen, so dass eine verallgemeinerte Behandlung möglich ist. Im optionalen **`finally`**-Block, der unabhängig davon ausgeführt wird, ob der **`try`**-Block vorzeitig verlassen und welche Ausnahme signalisiert wurde, können Aufräumarbeiten wie das Schließen von Dateien oder das Freigeben von Ressourcen durchgeführt werden.

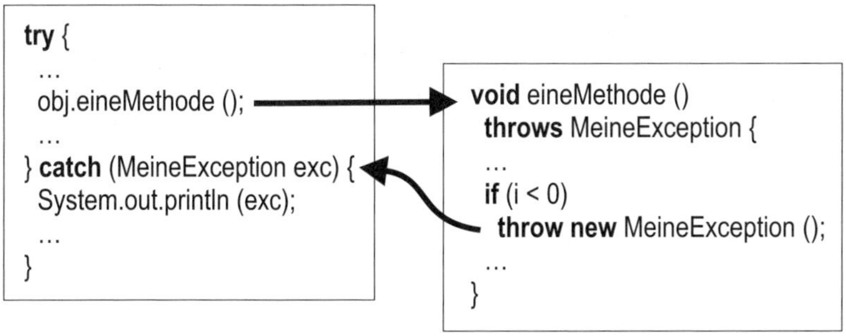

Abbildung 12.6
Kontrollfluss beim Auslösen einer Ausnahme

Der Kontrollfluss beim Auslösen und Abfangen einer Ausnahme ist in Abbildung 12.6 dargestellt. In diesem Beispiel wird in einem **`try`**-Block eine Methode `eineMethode` aufgerufen. Diese Methode signalisiert im Rahmen der Abarbeitung aufgrund eines hier nicht näher betrachteten Fehlers eine Ausnahme. Die Ausnahme führt zum Verlassen des aufrufenden **`try`**-Blockes an der aktuellen Stelle und wird im korrespondierenden **`catch`**-Block »abgefangen«. Nachdem dieser Block vollständig abgearbeitet wurde, wird die Ausführung nach dem letzten, zum auslösenden **`try`**-Block gehörenden **`catch`**- bzw. **`finally`**-Block fortgesetzt.

Werden für spezielle Zwecke eigene Ausnahmen benötigt, so können diese auf einfache Weise als Klasse implementiert werden, die von `java.lang.Exception` bzw. `java.lang.RuntimeException` abgeleitet wird. Programm 12.3 demonstriert dies an einem Beispiel zur Signalisierung von Fehlern im Rahmen in Form von `MeineException`.

Programm 12.3
Definition der `MeineException`

```
public class MeineException extends RuntimeException {
  public MeineException(String msg) { super(msg); }

  public MeineException() {}
}
```

12.6 Umsetzung abstrakter Datentypen

Zum Abschluss dieses Kapitels wollen wir an einem einfachen Beispiel zeigen, wie ein abstrakter Datentyp in Form einer Java-Klasse realisiert werden kann. Objektorientierte Programmiersprachen wie Java bieten hervorragende Möglichkeiten, das Konzept von ADTs umzusetzen: Die Idee der Kapselung ist direkt im Klassenkonzept verwirklicht, und durch Schnittstellen und/oder Vererbung lassen sich unterschiedliche Implementierungen zu einem Datentyp trotzdem in gleicher Weise verwenden. Dies führt einerseits zu einer erhöhten Stabilität der restlichen Programmteile gegenüber Änderungen an der Implementierung eines Datentyps, erlaubt aber auch gleichzeitig die Auswahl einer optimalen Implementierungsvariante.

Implementierung von Datentypen

Zur Umsetzung von ADTs auf Klassen bietet sich weitgehend eine direkte Abbildung der Konzepte an. So entsprechen Typen den Klassen und Schnittstellen in Java, während Funktionen mit Methoden korrespondieren. Auch Konstruktoren lassen sich direkt in Java umsetzen. Nur für Axiome gibt es kein entsprechendes Konzept: Die Einschränkungen müssen operational, d.h. in Form von Java-Code, implementiert werden. Falls mehrere Implementierungsvarianten möglich sind, ist es sinnvoll, den ADT zunächst in Form einer Java-Schnittstelle umzusetzen und darauf aufbauend verschiedene Klassen mit möglichen Implementierungen bereitzustellen.

Betrachten wir zunächst einen einfachen abstrakten Datentyp für rationale Zahlen, wobei die Axiome weggelassen sind:

```
type RatNumber
import Int, Bool
operators
   mk_rat: Int × Int → RatNumber
   nom: RatNumber → Int
   denom: RatNumber → Int
   equal: RatNumber × RatNumber → Bool
   is_zero: RatNumber → Bool
   add: RatNumber × RatNumber → RatNumber
   normalize: RatNumber → RatNumber
```

Funktionen

Als Funktionen definieren wir

- einen Konstruktor `mk_rat`, der aus zwei Integerzahlen als Zähler und Nenner eine rationale Zahl konstruiert,
- Selektoren zum Zugriff auf den Zähler (`nom`) bzw. den Nenner (`denom`),
- Funktionen zum Vergleich zweier rationaler Zahlen (`equal`) sowie zum Test auf 0 (`is_zero`),
- eine Funktion `add` zum Addieren (auf die anderen Operationen verzichten wir aus Platzgründen)
- sowie eine Funktion zum Kürzen (`normalize`).

Da es für die Implementierung dieses Datenyps sicher nicht viele Alternativen gibt, können wir direkt eine Java-Klasse mit Konstruktoren und Selektoren angeben (Programm 12.4).

Programm 12.4
Implementierung des ADT `RatNumber`

```
public class RatNumber {
  private int num = 0;
  private int denom = 1;

  public RatNumber() {}

  public RatNumber(int n, int d)
      throws InvalidDenominatorException {
    num = d > 0 ? n : -n;
    denom = Math.abs(d);
    normalize();
  }

  public int numerator() { return num; }
  public int denominator() { return denom; }

  public boolean isZero() {
    return num == 0;
  }

  public boolean equals(Object o) {
    if (o instanceof RatNumber) {
      RatNumber r = (RatNumber) o;
      return numerator() * r.denominator() ==
        denominator() * r.numerator();
    }
    else
      return false;
  }

  public String toString() {
    return "[" + num + "/" + denom + "]";
  }

  public RatNumber add(RatNumber r)
      throws InvalidDenominatorException {
    int n, d;
    n = numerator() * r.denominator() +
      r.numerator() * denominator();
    d = denominator () * r.denominator ();
    return new RatNumber(n, d);
```

```
  }

  private void normalize()
    throws InvalidDenominatorException {
    if (num == 0)
      return;
    if (denom > 0) {
      int g = ggt(Math.abs(num), denom);
      num = num / g;
      denom = denom / g;
    }
    else
      throw new InvalidDenominatorException();
  }

  private int ggt(int x, int y) {
    while (x != y) {
      if (x > y)
        x -= y;
      else
        y -= x;
    }
    return x;
  }
}
```

Für die Implementierung der Funktion add gibt es dagegen mehrere Möglichkeiten.

- So könnte z.B. eine statische Methode `RatNumber add (RatNumber z1, RatNumber z2)` definiert werden, die die Summe beider Zahlen liefert,
- oder es wird eine Methode der Form `void add(RatNumber z)` implementiert, die die Zahl z zum aktuellen Objekt addiert,
- oder die Methode liefert – wie in Programm 12.4 – ein neues Objekt aus der Summe des aktuellen Objektes und des Parameters.

Die dritte Variante wurde hier gewählt, da sie einerseits eine »natürliche« Objektmethode ist und andererseits auch das Weiterverarbeiten des Ergebnisses durch Aneinanderhängen von Aufrufen ermöglicht, wie dies im folgenden Beispiel verdeutlicht wird:

```
// Erzeugen von rationalen Zahlen
RatNumber r1, r2, r3;
try {
  r1 = new RatNumber(1, 3);
```

```
  r2 = new RatNumber(1, 4);
  r3 = new RatNumber(1, 2);
} catch (InvalidDenominatorException e) {
  // Fehlerbehandlung
}

// Addieren: res = r1 + r2 + r3
RatNumber res = r1.add(r2).add(r3);

// Ausgabe des Ergebnisses
System.out.println("Ergebnis = " + res);
```

Dies ist natürlich nur ein sehr einfaches Beispiel eines Datentyps. Im folgenden Kapitel werden wir komplexere Datenstrukturen wie Keller oder Warteschlange genauer betrachten und zeigen, wie diese in Java implementiert werden können.

13 Grundlegende Datenstrukturen

Nachdem im vorigen Kapitel gezeigt wurde, wie Datenstrukturen unabhängig von ihrer Realisierung beschrieben werden können, wollen wir nun konkrete Implementierungen mit Hilfe der Programmiersprache Java vorstellen. Wir werden zunächst die bereits eingeführten Datentypen Keller (Stack) und Warteschlange (Queue) unter Nutzung von einfachen Feldern umsetzen. Da diese Implementierungen jedoch für den praktischen Einsatz nur bedingt geeignet sind, werden wir mit den verketteten Listen eine grundlegende Datenstruktur kennen lernen, die sehr häufig verwendet wird und auch zur Implementierung von Stacks und Queues genutzt werden kann.

Auch wenn das Verständnis grundlegender Datenstrukturen unabdingbar ist, wird man in der praktischen Arbeit oft einfach nur vorhandene Klassen mit der Implementierung dieser Datenstrukturen wiederverwenden. So zeichnen sich gute Programmierumgebungen oder Klassenbibliotheken gerade dadurch aus, dass sie häufig benötigte Datenstrukturen bereits anbieten. Für die hier betrachteten Container- oder Kollektionsdatentypen werden mit der Java-Klassenbibliothek eine ganze Reihe von Implementierungen bereitgestellt. Auf dieses *Java Collection Framework* werden wir daher zum Abschluss dieses Kapitels noch genauer eingehen.

13.1 Stack und Queue als Datentypen

Stack
LIFO

Die Grundidee der Datenstruktur Stack haben wir bereits in Abschnitt 11.3.1 kennen gelernt. Das LIFO-Prinzip (Last-In-First-Out) wird mittels der Operationen `push` zum Ablegen eines Elementes auf dem Stack und `pop` zum Herunternehmen des obersten Elementes verwirklicht. Für eine Implementierung als Java-Klasse ist zunächst zu entscheiden, welcher Typ von Elementen mit dem Stack verwaltet werden soll, d.h., wie der Sortenparameter zu wählen ist. Bei der Vorstellung der Sortieralgorithmen in Abschnitt 5.2 sind wir aus Gründen der Vereinfachung von Folgen von **`int`**-Werten ausgegangen. Allerdings ist diese Vorgehensweise nicht sehr flexibel: Für **`double`**-Werte oder Zei-

Generische Datenstrukturen

chenketten des Typs `String` müssten jeweils eigene Methoden bzw. – angewendet auf den Stack – eigene Stack-Klassen implementiert werden. Zur Implementierung generischer, d.h. allgemein nutzbarer Datenstrukturen bietet sich in Java daher die Verwendung der Klasse `java.lang.Object` an. Da dies die Basisklasse aller Java-Klassen ist, lassen sich alle Objekte durch Objekte dieser Klasse repräsentieren. Mit diesem Wissen kann der abstrakte Datentyp `Stack` als Java-Schnittstelle (Interface) wie in Programm 13.1 angegeben, definiert werden. Insgesamt umfasst diese Schnittstelle die Methoden:

- **`void`** `push(Object obj)` legt das Objekt *obj* als oberstes Element auf dem Stack ab.
- `Object pop()` nimmt das oberste Element vom Stack und gibt es zurück.
- `Object top()` gibt das oberste Element des Stacks zurück, ohne es zu entfernen.
- **`boolean`** `isEmpty()` liefert **`true`**, wenn keine Elemente auf dem Stack liegen, andernfalls **`false`**.

Programm 13.1
Definition der Stack-Schnittstelle

```
public interface Stack {
  public void push(Object obj)
    throws StackException;
  public Object pop()
    throws StackException;
  public Object top()
    throws StackException;
  public boolean isEmpty();
}
```

Lesen vom leeren Stack

Eine besondere Behandlung erfordert noch der Fall, dass versucht wird, ein Element vom leeren Stack zu lesen. In der obigen Definition wird dies über eine Ausnahme des Typs `StackException` signalisiert, die beim Aufruf der Methoden `pop` und `top` auftreten kann. Diese Ausnahme wird auch ausgelöst, wenn es zu einem Überlauf des Stacks kommt, beispielsweise weil die Implementierung auf einem nicht vergrößerbaren Feld basiert. Diese Klasse `StackException` wird nach dem in Abschnitt 12.5 beschriebenen Schema implementiert (siehe auch Programm 12.3).

Es sei noch einmal angemerkt, dass es sich bisher bei `Stack` nur um einen abstrakten Datentyp in Form einer Schnittstelle handelt, der nicht instantiiert werden kann. Die Definition einer Schnittstelle gestattet es uns, später verschiedene Implementierungen zu nutzen. Zur Nutzung müssen wir noch eine konkrete Klasse bereitstellen, die die Stack-Schnittstelle implementiert. Auf mögliche Implementierungen werden wir in den folgenden Abschnitten noch näher eingehen.

Erzeugen eines Stacks

Nehmen wir zunächst an, dass eine solche Implementierung in Form einer Klasse `ArrayStack` verfügbar ist. In diesem Fall kann der Stack wie in Programm 13.2 genutzt werden. Der erste Schritt ist das Erzeugen eines Stack-Objektes durch Aufruf des Konstruktors der Klasse `ArrayStack`. Im Anschluss daran können Objekte (hier Strings) durch Aufruf der `push`-Methode auf dem Stack abgelegt werden. Schließlich werden die Stack-Elemente in einer Schleife über die Methode `pop` wieder ausgelesen. Dabei ist zu beachten, dass `pop` nur Objekte (oder besser Objektreferenzen) vom Typ `Object` zurückgibt. Soll wie im Beispiel der Ursprungstyp wiederhergestellt werden, ist eine explizite Typkonvertierung (Type Cast) notwendig.

Programm 13.2
Nutzung des Datentyps Stack

```
public class StackExample {
  public static void main(String args[]) {
    Stack stack = new ArrayStack();
    try {
      // Elemente auf Stack ablegen
      stack.push("Eins");
      stack.push("Zwei");
      stack.push("Drei");
      while (! stack.isEmpty()) {
        // Elemente herunternehmen
        String s = (String) stack.pop();
        System.out.println(s);
      }
    } catch(StackException exc) {
      System.out.println(exc);
    }
  }
}
```

Objekte als Stack-Elemente

Da wir als Datentyp für die Stack-Elemente die Klasse `Object` gewählt haben, lässt sich der Stack für Objekte aller Java-Klassen nutzen. Werte von primitiven Datentypen wie **`int`** oder **`float`** können dagegen nicht direkt auf dem Stack verwaltet werden. Stattdessen müssen die objektwertigen Versionen in Form der Klassen `java.lang.Integer`, `java.lang.Float` usw. verwendet werden (siehe auch Abschnitt 12.2), die die primitiven Werte kapseln:

```
Stack stack = new ArrayStack();
stack.push(new Integer(1));
stack.push(new Integer(2));
stack.push(new Integer(3));
while (! stack.isEmpty()) {
  try {
    Integer i = (Integer) stack.pop();
    System.out.println(i.intValue());
  } catch (StackException exc) {
    System.out.println(exc);
  }
}
```

Queue
FIFO

In ähnlicher Weise wie für den Datentyp Stack kann eine Schnittstelle für den Datentyp Warteschlange (Queue) definiert werden. Dieser Datentyp verwirklicht das FIFO-Prinzip (First-In-First-Out): Elemente können nur in der Reihenfolge ihres Eintragens wieder ausgelesen werden. Auch hier bietet sich wieder die Verwendung der Klasse `java.lang.Object` als Elementtyp an. Daraus ergibt sich die in Programm 13.3 dargestellte Schnittstelle mit den folgenden Methoden:

- `void enter(Object obj)` fügt das Objekt *obj* in die Warteschlange ein.
- `Object leave()` nimmt das »älteste« Element aus der Warteschlange heraus und gibt es zurück.
- `boolean isEmpty()` liefert `true`, wenn keine Elemente in der Warteschlange vorhanden sind, andernfalls `false`.
- `Object front()` liefert das »älteste« Element aus der Warteschlange, ohne es zu entfernen.

Programm 13.3
Definition der Queue-Schnittstelle

```
public interface Queue {
  public void enter(Object obj)
    throws QueueException;
  public Object leave()
    throws QueueException;
    public Object front()
      throws QueueException;
  public boolean isEmpty();
}
```

Lesen aus einer leeren Warteschlange

Ausleseversuche aus einer leeren Warteschlange werden wieder über eine entsprechende Ausnahme der Klasse `QueueException` signalisiert.

Auf die Darstellung der Nutzung der Warteschlange verzichten wir an dieser Stelle, da dies ähnlich zu Programm 13.2 ist.

13.1.1 Implementierung des Stacks

Für die Implementierung des Stacks ist eine geeignete Repräsentation der Elemente zu finden. Wir wählen zunächst eine sehr einfache Form auf der Basis eines Feldes. Felder haben wir bereits in Abschnitt 2.5.2 kennen gelernt. Da Objekte – als Instanzen der Klasse `Object` – mit dem Stack verwaltet werden sollen, ist ein Feld vom Typ `Object[]` zu verwenden. Felder haben jedoch einen Nachteil: Sie können nicht in der Größe verändert werden. Dies bedeutet, dass erstens das Feld mit einer festen Größe initialisiert und dass zweitens ein Zeiger auf die »Spitze« des Stacks verwaltet werden muss. In der Implementierung in Programm 13.4 wird dies durch die Variable `num` realisiert, die die Anzahl der Elemente auf dem Stack beinhaltet. Die Position `num` im Feld `elements` ist damit die nächste freie Position, das Element `elements[num-1]` das oberste Element des Stacks.

Feld als Basis

Zeiger auf die »Spitze«

Programm 13.4 *Implementierung des Stacks auf Basis eines Feldes*

```
public class ArrayStack implements Stack {
  private Object elements[] = null; // Elemente
  private int num = 0; // aktuelle Anzahl

  // Stack mit vorgegebener Kapazität erzeugen
  public ArrayStack(int size) {
    elements = new Object[size];
  }

  // Stack mit Standardkapazität erzeugen
  public ArrayStack() {
    elements = new Object[100];
  }

  public void push(Object obj) throws StackException {
    if (num == elements.length)
      // Kapazität erschöpft
      throw new StackException();
    elements[num++] = obj;
  }

  public Object pop() throws StackException {
    if (isEmpty ())
      // Stack ist leer
      throw new StackException();
    Object o = elements[--num];
```

```
    elements[num] = null;
    return o;
  }

  public Object top() throws StackException {
    if (isEmpty())
      throw new StackException();
    return elements[num - 1];
  }

  public boolean isEmpty() {
    return num == 0;
  }
}
```

Konstruktor

Zur Erzeugung von `ArrayStack`-Objekten stehen zwei Konstruktoren zur Verfügung: Der Konstruktor ohne Parameter legt ein Feld mit einer Standardgröße an (hier: 100), der zweite Konstruktor erlaubt die Angabe der gewünschten Feldgröße.

In der Methode `push` wird die übergebene Objektreferenz `obj` auf die erste freie Position des Feldes kopiert und die Variable `num` inkrementiert. Da das Feld in der Größe begrenzt ist, wird vor dem Ablegen des Elementes geprüft, ob das Feldende bereits erreicht ist. In diesem Fall wird eine Ausnahme der Klasse `StackException` signalisiert.

Leerer Stack

Die Methode `pop` überprüft zuerst, ob der Stack leer ist, d.h., ob `num` gleich `0` ist. Auch in diesem Fall wird eine Ausnahme signalisiert. Sind dagegen noch Elemente auf dem Stack, so wird `num` dekrementiert und das sich an dieser Stelle befindliche Element zurückgegeben. Damit zeigt `num` wieder auf die erste freie Position.

Automatisches Löschen

Die nun freie Position im Feld wird wieder mit **`null`** belegt. Dadurch wird das dort zuvor gespeicherte Objekt vom Stack nicht mehr referenziert und kann vom Java-Laufzeitsystem automatisch gelöscht werden, wenn es auch außerhalb des Stacks nicht mehr benötigt wird.

13.1.2 Implementierung der Queue

Eine Queue kann auf Basis eines Feldes im Prinzip ähnlich wie der Stack implementiert werden. Auch hier markiert ein Zeiger u (für »upper«) die erste freie Position im Feld. Da bei einer Queue jedoch die Elemente am anderen Ende des Feldes entfernt werden, müssen wir uns auch den Beginn des Feldes, d.h. die Position des ersten Elementes, merken. Hier gibt es zwei Implementierungsvarianten:

Implementierungsvarianten

- Das erste Element befindet sich immer auf der Position `0`. Dies hat zur Folge, dass nach jedem Herausnehmen eines Elementes alle verbliebenen Elemente nach links verschoben werden müssen, was natürlich eine eher ungeeignete Variante darstellt.

- Ein zweiter Zeiger l (für »lower«) markiert die Position des ersten Elementes. In diesem Fall entfällt das Verschieben der Elemente.

Die Implementierung aus Programm 13.5 realisiert die zweite Variante. Betrachten wir zunächst die Methode `isEmpty` am Ende des Programms. Es ist sofort klar, dass die Queue leer ist, wenn beide Zeiger auf die gleiche Position verweisen. Beim Einfügen eines Elementes in der Methode `enter` müssen der obere Zeiger u, beim Herausnehmen (Methode `leave`) entsprechend der untere Zeiger l inkrementiert werden. Die Verwendung von zwei Zeigern hat noch einen besonderen Effekt: Erreicht der obere Zeiger u die Feldgrenze, bedeutet dies nicht notwendigerweise, dass die Queue damit voll ist. Zeigt der untere Zeiger l auf eine Position >0, so ist noch Platz am unteren Ende. Die beiden Zeiger wandern demnach zirkulär durch das Feld. Dies kann auf einfache Weise dadurch erreicht werden, dass die Zeiger nach dem Inkrementieren modulo der Feldgröße aktualisiert werden.

Zirkuläres Durchwandern

Programm 13.5 *Implementierung der Queue auf Basis eines Feldes*

```
public class ArrayQueue implements Queue {
  private Object[] elements = null; // Elemente
  private int l = 0, u = 0; // unterer und oberer Zeiger

  // Queue mit vorgegebener Kapazität erzeugen
  public ArrayQueue(int size) {
    elements = new Object[size];
  }

  // Queue mit Standardkapazität erzeugen
  public ArrayQueue() {
    elements = new Object[100];
  }

  public void enter(Object obj) throws QueueException {
    if ((elements.length - l + u) % elements.length
        == elements.length - 1)
      // Kapazität ist erschöpft
      throw new QueueException();
    elements[u] = obj;
    // oberen Zeiger aktualisieren
    u = (u + 1) % elements.length;
  }
```

```
  public Object leave() throws QueueException {
    if (isEmpty())
      throw new QueueException();
    Object obj = elements[l];
    elements[l] = null;
    // unteren Zeiger aktualisieren
    l = (l + 1) % elements.length;
    return obj;
  }

  public Object front() throws QueueException {
    if (isEmpty())
      throw new QueueException();
    return elements[l];
  }

  public boolean isEmpty() {
    return l == u;
  }
}
```

Ein Problem ergibt sich dann, wenn die Queue vollständig gefüllt ist. In diesem Fall würde die Bedingung $l = u$ erfüllt sein, d.h., es kann nicht mehr zwischen »leer« und »voll« unterschieden werden. Die in Programm 13.5 verwendete Lösung aus [GT10] vermeidet dies, indem die Queue für ein Feld der Größe N nur mit $N - 1$ Elementen gefüllt wird. Somit bleibt immer eine Position frei und auch für eine vollständig gefüllte Queue gilt: $l \neq u$. Die Einhaltung dieser Forderung wird zu Beginn der Methode `enter` überprüft. Die aktuelle Anzahl der Elemente der Queue ergibt sich aus $(N - l + u) \mod N$. Ist diese Anzahl gleich $N - 1$, so wird eine Ausnahme der Klasse `QueueException` ausgelöst.

Überlauf

13.1.3 Bewertung der Implementierungen

Betrachten wir abschließend noch die Komplexität der Implementierungen auf Basis von Feldern. Bezüglich der Laufzeit ist leicht ersichtlich, dass in allen Methoden eine konstante, d.h. von der Anzahl der Elemente unabhängige Zahl von Zuweisungen, Vergleichen und arithmetischen Operationen durchgeführt wird. Die Zeitkomplexität beträgt daher $O(1)$ für alle Operationen.

Zeitkomplexität

Der Speicherplatzbedarf wird dagegen durch das Anlegen eines Feldes einer vorgegebenen Größe N verursacht und ist somit unabhängig von der tatsächlichen Anzahl der Elemente im Stack bzw. in der Queue.

Für die Speicherplatzkomplexität kann demnach $O(N)$ angegeben werden.

Speicherplatzkomplexität

Ein Problem der hier vorgestellten Implementierungen ist die Größenbeschränkung des Feldes. So werden nur so lange Elemente eingefügt, bis die Kapazität des Feldes erschöpft ist. Ein Ausweg wäre das Erzeugen eines neuen, größeren Feldes und das Umkopieren der Elemente aus dem alten Feld. Dennoch haben Felder durchaus vorteilhafte Eigenschaften, wie etwa den günstigen Platzverbrauch (keine zusätzlichen »Verwaltungsinformationen«) oder die kompakte und dadurch Cache-freundliche Organisation der Daten.

13.2 Verkettete Listen

Dynamische Datenstrukturen

Die Probleme statischer Datenstrukturen lassen sich durch die Verwendung dynamischer Strukturen umgehen. Dynamisch bedeutet dabei, dass sie zur Laufzeit »wachsen« oder »schrumpfen« können und sich dadurch an den tatsächlichen Speicherbedarf anpassen lassen.

Verkettete Liste

Verweis

Anker

Ein typischer Vertreter einer dynamischen Datenstruktur ist die *verkettete Liste*. Eine solche Liste besteht aus einer Menge von Knoten, die untereinander »verzeigert« oder auch »verkettet« sind. Jeder Knoten besteht damit aus einem Verweis (in Java eine Objektreferenz) auf das eigentliche zu speichernde Element sowie einem Verweis auf das nachfolgende Element. Das letzte Element verweist demzufolge auf **`null`**. In der Liste selbst muss nur noch der erste Knoten direkt verankert sein, alle anderen Knoten sind durch das Navigieren über die Zeiger erreichbar. Abbildung 13.1 verdeutlicht dieses Prinzip. Der »Anker« für den Beginn der Liste wird mit `head` bezeichnet. Die einzelnen Knoten sind durch Rechtecke dargestellt, die eigentlichen Elemente (»Siggi«, »Benny« etc.) durch Ovale und die Verweise durch Pfeile. Anhand dieser Struktur wird deutlich, dass nur so viele Knoten benötigt werden, wie tatsächlich Elemente in der Liste vorhanden sind. Daraus ergibt sich eine Speicherplatzkomplexität von $O(n)$ für eine Liste mit n Elementen.

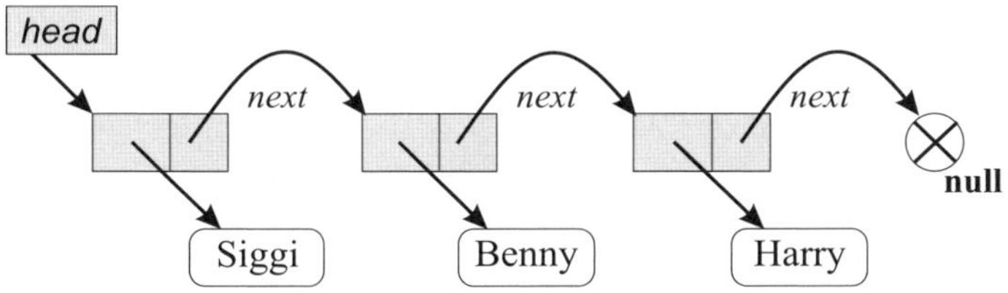

Abbildung 13.1
Prinzip der verketteten Liste

Verkettung

Das Prinzip der Verkettung von Knoten lässt sich nun direkt zur Implementierung von Datentypen wie Stack und Queue verwenden. Wir wollen aber stattdessen zunächst einen eigenen Datentyp List definieren, der dann leicht als Basis für andere Datentypen genutzt werden kann.

Benötigte Operationen

Betrachten wir als Erstes die für die Realisierung von Stack und Queue auf Basis einer verketteten Liste notwendigen Operationen. Für den Stack benötigen wir offensichtlich das Einfügen und Auslesen von Elementen an einem Ende der Liste. Für die Queue muss das Herausnehmen eines Elementes am anderen Ende möglich sein. Wir können demnach folgende Operationen festlegen:

- **void** `addFirst(Object obj)` fügt das Objekt `obj` als erstes Element in die Liste ein.
- `Object getFirst()` liefert das erste Element der Liste.
- `Object removeFirst()` entfernt das erste Element der Liste und gibt es gleichzeitig als Ergebnis zurück.
- **void** `addLast(Object obj)` hängt das Objekt `obj` als letztes Element an die Liste an.
- `Object getLast()` liefert das letzte Element der Liste.
- `Object removeLast()` entfernt das letzte Element der Liste und gibt es gleichzeitig als Ergebnis zurück.

Für die Realisierung von Stack und Queue ist die Operation `addLast` eigentlich nicht notwendig. Im Interesse der Wiederverwendbarkeit der Liste wollen wir diese Operation aber dennoch bereitstellen.

Einfügen

Löschen

Geht man davon aus, dass der Zeiger `head` auf das erste Element der Liste zeigt, können die Operationen `addFirst` und `removeFirst` einfach implementiert werden. Beim Einfügen muss nur ein neuer Knoten erzeugt werden, der das eigentliche Element aufnimmt und auf das ursprüngliche erste Element verweist. Anschließend muss der Zeiger `head` auf den neuen Knoten umgesetzt werden (Abbildung 13.2). Zum Löschen des ersten Elementes wird der Zeiger `head` einfach auf den Knoten gesetzt, auf den der erste Knoten verweist. Das Element des ursprünglichen Knotens wird abschließend zurückgegeben. Die Operation `getFirst` ist trivial, da das erste Element direkt über `head` verfügbar ist. Die drei Operationen weisen damit offensichtlich eine Zeitkomplexität von $O(1)$ auf, da sie unabhängig von der Länge der Liste einen konstanten Aufwand verursachen.

Manipulation des Listenendes

Die Operationen zur Manipulation des Listenendes sind dagegen etwas komplexer. Da nur der Listenanfang bekannt ist, muss für das Anhängen eines Elementes zunächst der letzte Knoten (`tail`) durch Verfolgen der `next`-Zeiger ermittelt werden. Dieser ist dadurch gekennzeichnet, dass sein `next`-Zeiger auf **`null`** verweist. Ist der letzte Knoten gefunden, wird dessen `next`-Zeiger auf den neu angelegten Knoten mit dem anzuhängenden Element gesetzt (Abbildung 13.3).

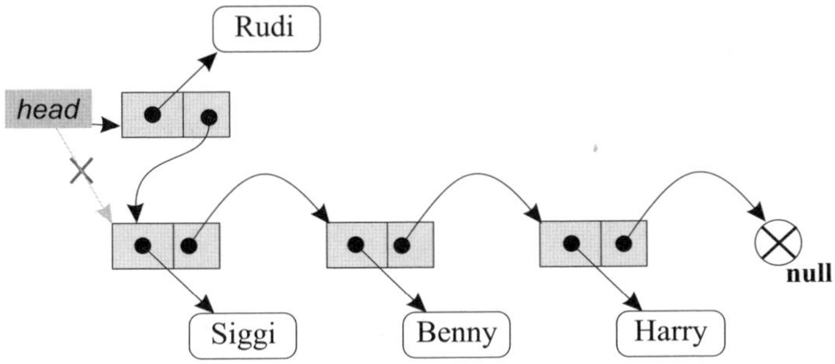

Abbildung 13.2 Einfügen am Beginn in einer verketteten Liste

Zum Löschen des letzten Elementes wird dagegen auch der vorletzte Knoten benötigt, da dessen Verweis auf **null** gesetzt werden muss. Entsprechend muss der Knoten gesucht werden, dessen Nachfolgerknoten auf **null** verweist (Abbildung 13.3). Da in jedem Fall die gesamte Liste durchlaufen werden muss, ist der Aufwand abhängig von der Anzahl n der Elemente in der Liste und beträgt für diese Operationen entsprechend $O(n)$. Der Aufwand aller Listenoperationen ist noch einmal in Tabelle 13.1 dargestellt.

Tabelle 13.1 Komplexität der Listenoperationen

Operation	Komplexität

`addFirst`
`getFirst`
`removeFirst`
	$O(1)$

`addLast`
`getLast`
`removeLast`
	$O(n)$

Repräsentation eines Knotens

Mit dem Verständnis zu den Listenoperationen kann nun eine Klasse `List` implementiert werden. Hierfür benötigen wir eine Hilfsklasse `Node` zur Repräsentation der Knoten mit den Verweisen auf das eigentliche Element (`element`) und den Nachfolger (`next`). Als Datentyp für die Elementreferenz wählen wir zweckmäßigerweise wieder die Klasse `java.lang.Object`. Die Definition der Klasse `Node` ist in Programm 13.6 angegeben. Zusätzlich zu den beiden Verweisen sind nur noch Methoden für deren Manipulation vereinbart. Da diese Klasse außerhalb einer Liste nicht benötigt wird und auch nicht sichtbar sein soll, ist sie als interne Klasse von `List` definiert.

Programm 13.6 *Definition der Knotenklasse der Liste*

```
class List {
```

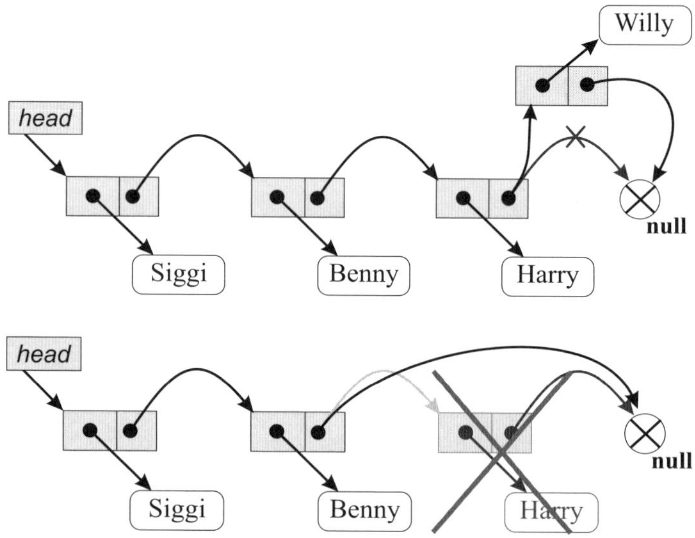

Abbildung 13.3 *Einfügen und Löschen am Ende einer verketteten Liste*

```
static class Node {
  Object element; // Element
  Node next; // Verweis auf Nachfolger

  // Konstruktoren
  public Node(Object o, Node n) {
    element = o; next = n;
  }

  public Node() {
    element = null; next = null;
  }

 // Element neu belegen
  public void setElement(Object o) {
    element = o;
  }

  // Zugriff auf Element
  public Object getElement() {
    return element;
  }

  // Nachfolger setzen
  public void setNext(Node n) {
    next = n;
  }
```

```
    // Zugriff auf Nachfolger
    public Node getNext() {
      return next;
    }
  }
  . . .
}
```

In der Klasse `List` selbst wird der Listenkopf `head` als Attribut vom Typ `Node` repräsentiert. Ausgehend von dieser Referenz sind alle Knoten der Liste erreichbar. Ein kleiner Trick hilft dabei, die Behandlung der leeren Liste zu vereinfachen. Zeigt `head` nämlich auf das tatsächliche erste Element, so bedeutet dies für den Fall der leeren Liste, dass `head == null` ist. Da in diesem Fall aber beispielsweise die Methode `getNext` nicht aufgerufen werden kann, müsste die Bedingung immer gesondert geprüft werden. Dies kann vermieden werden, wenn ein echter `head`-Knoten verwendet wird, der als Element **`null`** enthält und auf das eigentliche erste Element bzw. für den Fall der leeren Liste auf **`null`** verweist. Dieser `head`-Knoten wird beim Erzeugen der Liste im Rahmen des Konstruktors angelegt (Programm 13.7).

Behandlung der leeren Liste

Programm 13.7 *Definition der Klasse List*

```
public class List {
  // ...
  private Node head = null; // Listenkopf

  public List() {
    head = new Node();
  }

  public void addFirst(Object o) {
    // neuen Knoten hinter head einfügen
    Node n = new Node(o, head.getNext());
    head.setNext(n);
  }

  public void addLast(Object o) {
    Node l = head;
    // letzten Knoten ermitteln
    while (l.getNext() != null)
      l = l.getNext();
    Node n = new Node(o, null);
    // neuen Knoten anfügen
    l.setNext(n);
```

```
  }

  public Object getFirst() throws ListEmptyException {
    if (isEmpty())
      throw new ListEmptyException();
    // erstes Element ist Nachfolger von head
    return head.getNext().getElement();
  }

  public Object getLast() throws ListEmptyException {
    if (isEmpty ())
      throw new ListEmptyException ();
    Node l = head;
    // letzten Knoten ermitteln
    while (l.getNext() != null)
      l = l.getNext();
    return l.getElement();
  }

  public Object removeFirst() throws ListEmptyException {
    if (isEmpty())
      throw new ListEmptyException();
    Object o = head.getNext().getElement();
    // Verweis von head aktualisieren
    head.setNext(head.getNext().getNext());
    return o;
  }

  public Object removeLast() throws ListEmptyException {
    if (isEmpty())
      throw new ListEmptyException();
    Node l = head;
    // vorletzten Knoten ermitteln
    while (l.getNext().getNext() != null)
      l = l.getNext();
    Object o = l.getNext().getElement();
    // Verweis auf Nachfolger löschen
    l.setNext(null);
    return o;
  }

  public int size() {
    int s = 0;
    Node n = head;
    // Knoten zählen
    while (n.getNext() != null) {
```

```
      s++;
      n = n.getNext();
    }
    return s;
  }

  public boolean isEmpty() {
    return head.getNext() == null;
  }
}
```

Die weiteren Methoden aus Programm 13.7 implementieren die bereits beschriebenen Listenoperationen. Der Test mittels `isEmpty` weist Versuche ab, eine leere Liste auszulesen, und löst im Fehlerfall eine Ausnahme der Klasse `ListEmptyException` aus. Weiterhin ist zu beachten, dass bei `removeFirst` und `removeLast` eine Referenz auf das Element, auf das der zu löschende Knoten verweist, vor dem Umsetzen der Zeigers gesichert wird (in beiden Methoden in der Variablen `o`), da das Element sonst nicht mehr erreichbar ist. Ein echtes »Löschen« der Knoten ist dagegen aufgrund der automatischen Speicherbereinigung von Java nicht notwendig.

Löschen der Knoten

Für die Klasse sind noch zwei weitere Methoden implementiert: `size` liefert die Anzahl der Elemente in der Liste und `isEmpty` testet, ob die Liste leer ist. In der Methode `size` werden dazu ausgehend von `head` alle Knoten durchlaufen und der Zähler `s` jeweils um 1 inkrementiert. Eine andere Implementierungsmöglichkeit wäre das Mitführen eines Attributes `size`, das beim Einfügen bzw. Löschen jeweils inkrementiert bzw. dekrementiert wird. Die Methode `isEmpty` prüft einfach, ob der `next`-Verweis des Kopfknotens **`null`** ist. In diesem Fall ist die Liste leer.

Implementierung des Stacks

Mit Hilfe dieser Klasse lässt sich der Stack aus Abschnitt 13.1 nun sehr einfach implementieren. Anstelle des bei `ArrayStack` verwendeten Feldes wird ein `List`-Objekt zur Speicherung der Stack-Elemente genutzt. Hierbei ist zu entscheiden, welches Ende der Liste die Spitze des Stacks repräsentiert. Da nach Tabelle 13.1 die Operationen am Listenanfang nur einen konstanten Aufwand erfordern, sollten die Elemente entsprechend am Listenanfang eingefügt bzw. von dort entfernt werden, so dass sich die Implementierung aus Programm 13.8 ergibt.

Programm 13.8 *Implementierung des Stacks auf Basis von* `List`

```
public class ListStack implements Stack {
  private List list; // Liste zur Verwaltung der Elemente

  public ListStack() {
```

```
    list = new List();
  }

  public void push(Object obj) {
    // Element vorn anfügen
    list.addFirst(obj);
  }

  public Object pop() throws StackException {
    if (isEmpty())
      throw new StackException();
    // Element von vorn entfernen
    return list.removeFirst();
  }

  public Object top() throws StackException {
    if (isEmpty())
      throw new StackException();
    return list.getFirst();
  }

  public boolean isEmpty() {
    return list.isEmpty();
  }
}
```

Die Queue kann man in ähnlicher Weise auf Basis der Klasse `List` implementieren. Dies sei dem Leser jedoch als Übung überlassen.

13.3 Doppelt verkettete Listen

Zugriff auf das letzte Element

Ein Problem der Implementierung der verketteten Liste ist der mit dem Zugriff auf das letzte Element verbundene Aufwand. Da jeder Knoten nur mit seinem Nachfolger verkettet ist, muss das letzte Element immer erst durch Navigieren vom Listenkopf ausgehend über alle Knoten ermittelt werden. Zwar könnte man die Liste um einen `tail`-Zeiger auf das letzte Element ergänzen und so das Einfügen von Elementen am Ende der Liste vereinfachen. Dies würde beispielsweise die Implementierung der Klasse `Queue` vereinfachen. Trotzdem ist beim Löschen des letzten Elementes immer noch das Durchlaufen aller Knoten zum Auffinden des vorletzten Knotens notwendig.

Doppelt verkettete Liste

Eine Verbesserung bietet daher die *doppelt verkettete Liste*, bei der jeder Knoten nicht nur seinen Nachfolger, sondern auch seinen Vorgänger kennt (Abbildung 13.4).

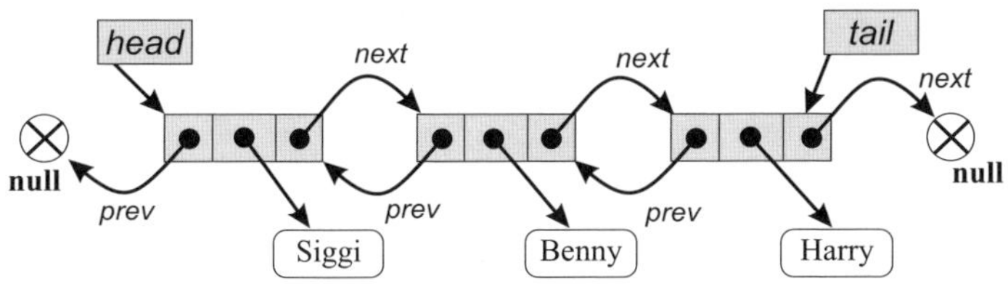

Abbildung 13.4 *Doppelt verkettete Liste*

Listenanfang und -ende

Für eine doppelt verkettete Liste werden zwei spezielle Knoten, `head` für den Listenanfang und `tail` für das Listenende, verwaltet. Durch die Verfügbarkeit des Listenendes und der rückwärts gerichteten Verweise vereinfachen sich die Operationen am Listenende. So kann das letzte Element für die Operation `getLast` direkt über `tail` mit konstantem Aufwand $O(1)$ ermittelt werden. Auch beim Anhängen eines Elementes mit `addLast` kann über `tail` sofort der bisher letzte Knoten bestimmt werden, dessen `next`-Zeiger nun auf den neuen Knoten zeigt. Zusätzlich muss noch der `prev`-Zeiger des neuen Knotens auf den bisherigen letzten Knoten verweisen (Abbildung 13.5).

Anhängen eines Elementes

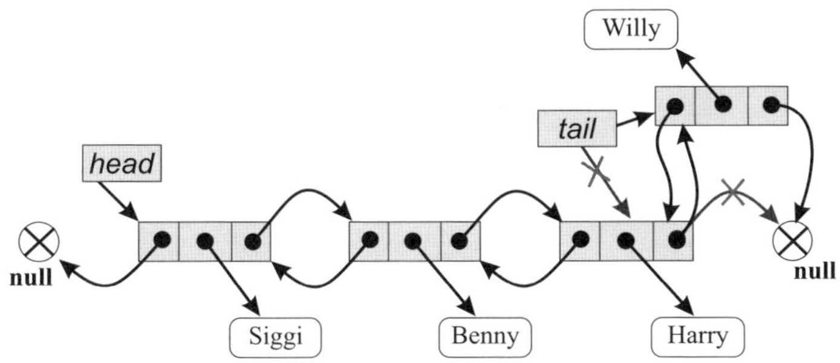

Abbildung 13.5 *Anhängen am Ende einer doppelt verketteten Liste*

Beim Löschen (`removeLast`) wird zunächst über den `prev`-Zeiger des letzten Knotens der vorletzte Knoten bestimmt, dessen `next`-Zeiger dann auf `null` gesetzt wird. Auch für die Operationen `addLast` und `removeLast` beträgt der Aufwand daher $O(1)$ (Tabelle 13.2). Ebenso einfach ist das Einfügen und Löschen von Elementen in der Mitte der Liste. Allerdings muss hierzu zunächst die entsprechende Position in der Liste gefunden werden, indem beispielsweise vom Anfang der Liste ausgehend dasjenige Element gesucht wird, vor oder nach dem das neue Element eingefügt werden soll.

In Programm 13.9 sind die für eine doppelte Verkettung notwendigen Änderungen an der Klasse `Node` dargestellt. Es werden nur eine zusätzliche Objektreferenz auf den Vorgänger `prev` sowie die für den

Tabelle 13.2 Komplexität der Operationen für eine doppelt verkettete Liste

Operation	Komplexität
`addFirst`	
`getFirst`	
`removeFirst`	$O(1)$
`addLast`	
`getLast`	
`removeLast`	

Zugriff benötigten Methoden `getPrevious` und `setPrevious` hinzugefügt.

Programm 13.9 Klasse Node für eine doppelt verkettete Liste

```
public class DList {
  static class Node {
    Object obj; // Element
    Node prev, next; // Zeiger auf Vorgänger und Nachfolger

    public Node(Object o, Node p, Node n) {
      obj = o;
      prev = p; next = n;
    }

    public Node() {
      obj = null;
      prev = next = null;
    }

    ...

    // Vorgänger neu belegen
    public void setPrevious(Node p) {
      prev = p;
    }

    // Zugriff auf Vorgänger
    public Node getPrevious() {
      return prev;
    }
  }
}
```

Die Klasse `DList` aus Programm 13.10 implementiert unter Nutzung der obigen `Node`-Klasse die doppelt verkettete Liste. Die beiden Zeiger auf den Listenanfang (`head`) bzw. das Listenende (`tail`) werden wieder wie in Abschnitt 13.2 über spezielle Knoten realisiert, um die Behandlung einer leeren Liste zu vereinfachen. Im Konstruktor der Klasse werden beide Knoten initialisiert und wechselseitig verknüpft. Der Test auf die leere Liste im Rahmen der Methode `isEmpty` liefert daher genau dann **`true`**, wenn gilt: `head.getNext() == tail`. Das Einfügen eines Elementes am Anfang reduziert sich damit auf das Einfügen des neuen Knotens zwischen den `head`-Knoten und dessen Nachfolger, entsprechend ist das Anhängen eines Elementes durch das Einfügen zwischen dem `tail`-Knoten und dessen Vorgänger realisiert.

Konstruktor

Einfügen am Anfang

Programm 13.10
Implementierung der doppelt verketteten Liste

```
public class DList {
  // ...
  private Node head = null; // Listenanfang
  private Node tail = null; // Listenende

  public DList() {
    head = new Node();
    tail = new Node();
    // Anfang und Ende "verknüpfen"
    head.setNext(tail);
    tail.setPrevious(head); tail.setNext(tail);
  }

  public void addFirst(Object o) {
    // Knoten zwischen head und dessen Nachfolger einfügen
    Node n = new Node(o, head, head.getNext());
    head.getNext().setPrevious(n);
    head.setNext(n);
  }

  public void addLast(Object o) {
    // Knoten zwischen tail und dessen Vorgänger einfügen
    Node l = tail.getPrevious();
    Node n = new Node(o, l, tail);
    l.setNext(n);
    tail.setPrevious(n);
  }

  public Object getFirst() throws ListEmptyException {
    if (isEmpty())
      throw new ListEmptyException();
```

```
  // Zugriff über Listenanfang
  return head.getNext().getElement();
}

public Object getLast() throws ListEmptyException {
  if (isEmpty())
    throw new ListEmptyException();
  // Zugriff über Listenende
  return tail.getPrevious().getElement();
}

public Object removeFirst() throws ListEmptyException {
  if (isEmpty())
    throw new ListEmptyException();
  // Zugriff über Listenanfang
  Object o = head.getNext().getElement ();
  // Knoten zwischen head und Nachfolger entfernen
  head.setNext(head.getNext().getNext());
  head.getNext().setPrevious(head);
  return o;
}

public Object removeLast() throws ListEmptyException {
  if (isEmpty())
    throw new ListEmptyException();
  // Zugriff über Listenende
  Node n = tail.getPrevious();
  // Knoten zwischen tail und Vorgänger entfernen
  n.getPrevious().setNext(tail);
  tail.setPrevious(n.getPrevious());
  return n.getElement();
}

public int size() {
  int s = 0;
  Node n = head;
  // Knoten zählen
  while (n.getNext() != null) {
    s++;
    n = n.getNext();
  }
  return s;
}

public boolean isEmpty() {
  // keine Knoten zwischen head und tail
```

```
    return head.getNext() == tail;
  }
}
```

Da für die Klasse `DList` die gleichen Methoden wie für die Klasse `List` aus Abschnitt 13.2 definiert sind, lassen sich die Datenstrukturen Stack und Queue in gleicher Weise unter Benutzung der doppelt verketteten Liste implementieren. Für die Queue ergibt sich daraus der Vorteil, dass auch das Herausnehmen eines Elementes vom Ende der Liste mit konstantem Aufwand möglich ist.

Die Datenstruktur der doppelt verketteten Liste wird manchmal auch als *Deque* für »double-ended queue« bezeichnet. Hierbei handelt es sich um eine Warteschlange, die das Einfügen und Herausnehmen von Elementen an beiden Enden erlaubt.

Deque

13.4 Das Iterator-Konzept

Die Implementierungen der Listen aus den vorigen Abschnitten weist noch ein Manko auf, welches die praktische Verwendbarkeit einschränkt. So ist es oft notwendig, eine Kollektion zu »durchwandern«, d.h. über alle Elemente zu navigieren. Dieses Navigieren ist zunächst abhängig von der Implementierung: Während beispielsweise ein Feld mittels einer Indexvariablen durchlaufen wird, ist für verkettete Listen das Verfolgen der `next`-Zeiger der einzelnen Knoten notwendig. Auch im Hinblick auf die Erhaltung des Prinzips der Kapselung ist daher ein Konzept wünschenswert, das eine einheitliche Behandlung des Navigierens unabhängig von der internen Realisierung unterstützt. In Java wird dieses Konzept durch *Iteratoren* verwirklicht. Hierbei handelt es sich um Objekte zum Iterieren über Kollektionen, deren Klasse die vordefinierte Schnittstelle `java.util.Iterator` implementiert. Ein Iterator verwaltet einen internen Zeiger auf die aktuelle Position in der zugrunde liegenden Datenstruktur. Auf diese Weise ist es möglich, dass mehrere Iteratoren gleichzeitig auf einer Kollektion arbeiten (Abbildung 13.6).

Durchwandern einer Kollektion

Iterator

Die Schnittstelle `java.util.Iterator` definiert die folgenden Methoden:

- **`boolean`** `hasNext()` prüft, ob noch weitere Elemente in der Kollektion verfügbar sind. In diesem Fall wird `true` geliefert. Ist dagegen das Ende erreicht, wird `false` zurückgegeben.
- `Object next()` liefert das aktuelle Element zurück und setzt den internen Zeiger des Iterators auf das nächste Element.

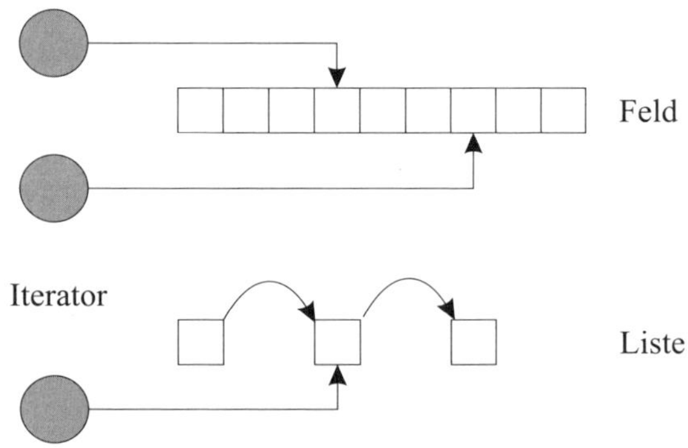

Abbildung 13.6
Iterator-Konzept

- **void** `remove()` erlaubt es, das zuletzt von `next()` gelieferte Element zu löschen, wobei pro `next`-Aufruf nur einmal `remove` aufgerufen werden darf.

Erzeugen eines Iterators

Diese Methoden lassen sich wie im folgenden Beispiel zum Durchlaufen einer Kollektion, wie z.B. einer Liste, anwenden. Zunächst muss der Iterator über eine entsprechende Methode der Kollektion (hier: `iterator()`) erzeugt werden. Anschließend kann in einer Schleife so lange die Iterator-Methode `next` aufgerufen werden, bis der Aufruf von `hasNext` den Wert `false` liefert. Da `next` eine Instanz vom Typ `java.lang.Object` liefert, ist gegebenenfalls wieder eine explizite Typkonvertierung notwendig.

```
java.util.Iterator iter = liste.iterator();
while (iter.hasNext()) {
  Object obj = iter.next();
  // Verarbeite obj ...
}
```

Wie kann nun ein solcher Iterator implementiert werden? Wir wollen dies am Beispiel der Klasse `DList` darstellen. Grundsätzlich muss eine Klasse bereitgestellt werden, die die Schnittstelle `java.util.Iterator` unterstützt. In dieser Klasse `ListIterator` ist ein Zeiger auf den aktuellen Knoten zu verwalten, der zu Beginn mit einem Verweis auf den ersten Knoten initialisiert wird (Programm 13.11).

Programm 13.11
Iterator für die Klasse `DList`

```
public class DList {
  class ListIterator implements java.util.Iterator {
    private Node node = null; // aktueller Knoten

    // Konstruktor
```

```
    public ListIterator() {
      // mit Listenanfang initialisieren
      node = head.getNext();
    }

    public boolean hasNext() {
      return node != tail;
    }

    public void remove() {
      throw new UnsupportedOperationException();
    }

    public Object next() {
      if (! hasNext())
        throw new java.util.NoSuchElementException();
      Object o = node.getElement();
      node = node.getNext();
      return o;
    }
  }

  // ...

  public java.util.Iterator iterator() {
    return new ListIterator();
  }
}
```

Ausgehend vom Anfangsknoten kann in der Methode `getNext` zunächst geprüft werden, ob der letzte Knoten erreicht ist. In diesem Fall wird – wie in der Schnittstelle `Iterator` vorgegeben – eine Ausnahme `NoSuchElementException` erzeugt. Andernfalls wird das Element des aktuellen Knotens ausgelesen und der Zeiger `node` auf den Nachfolgeknoten gesetzt.

Erreichen des Listenendes

In der Methode `hasNext` wird auf Erreichen des Listenendes getestet. Hierzu wird einfach überprüft, ob der Nachfolger des aktuellen Knotens der `tail`-Knoten ist. Die Methode `remove` wird in unserer Implementierung nicht unterstützt und signalisiert dies durch eine entsprechende Ausnahme.

Die letzte Methode in Programm 13.11, die zur Klasse `DList` gehört, erzeugt schließlich einen Iterator der Klasse `ListIterator` und initialisiert diesen mit dem ersten Knoten der Liste. Dieser Iterator kann danach wie im obigen Beispiel genutzt werden.

13.5 Java Collection Framework

Datenstrukturen wie die bisher vorgestellten Kollektionen Liste, Stack oder Warteschlange werden im Programmieralltag häufig benötigt. Es ist daher nur verständlich, dass diese Datenstrukturen nicht jedes Mal neu implementiert werden, sondern dass sie in der Programmierumgebung für die allgemeine Verwendung bereitgestellt werden. In der Java-Umgebung sind entsprechende Klassen im Rahmen des *Java Collection Framework (JCF)* verfügbar, für andere Sprachen gibt es jedoch ähnliche Bibliotheken, so z.B. die STL für C++.

Java Collection Framework

Eine Besonderheit des Java Collection Framework ist die Trennung in Schnittstellen und Implementierungen. So werden zunächst eine Reihe von Schnittstellen als abstrakte Datentypen definiert (Abbildung 13.7). Die Schnittstelle `java.util.Collection` bildet den Basisdatentyp für die spezielleren Kollektionen `List`, `Set` und `SortedSet`. Zusätzlich gibt es noch den Datentyp `Map`, der – ähnlich einem Wörterbuch – die effiziente Verwaltung von Schlüssel-Wert-Paaren ermöglicht, d.h. den Zugriff auf ein Objekt bzw. Wert über einen Schlüssel erlaubt. Dieser Datentyp wird daher auch oft als *Dictionary* bezeichnet. Im Folgenden wollen wir uns allerdings auf die `List`- und `Set`-Typen beschränken.

Basisdatentyp

Dictionary

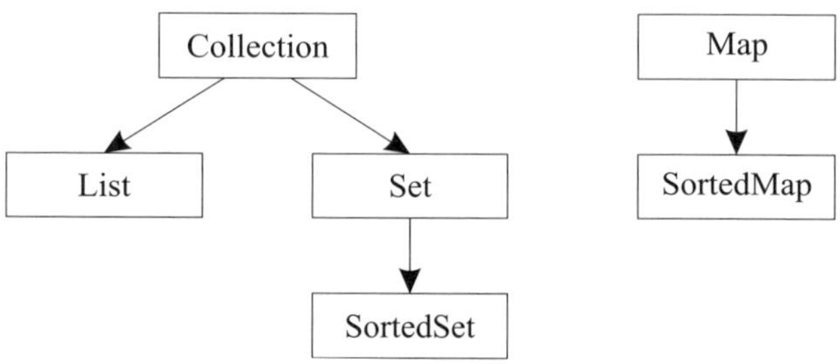

Abbildung 13.7
Struktur des Java Collection Framework

Zu diesen Schnittstellen sind jeweils verschiedene Implementierungen verfügbar, so dass der Programmierer die für seine Anforderungen am besten geeignete Klasse auswählen kann. Aus Tabelle 13.3 wird deutlich, dass beispielsweise für die Schnittstelle `java.util.List` eine Array-basierte Implementierung (`java.util.ArrayList`) und eine Implementierung in Form einer verketteten Liste (`java.util.LinkedList`) angeboten werden. Für die anderen beiden Schnittstellen exisitiert jeweils eine Implementierung auf Basis einer Hashtabelle und eines Baumes. Beide Datenstrukturen werden wir später noch genauer vorstellen.

Tabelle 13.3 Implementierungen für die Schnittstellen des Java Collection Framework

Implementierung	Schnittstelle		
	`Set`	`List`	`Map`
Hashtabelle	`HashSet`		`HashMap`
Feld		`ArrayList`	
Baum	`TreeSet`		`TreeMap`
Liste		`LinkedList`	

Die `Collection`-Schnittstelle als Basistyp für die anderen Kollektionen (mit Ausnahme von `Map`) definiert eine Reihe von grundlegenden Methoden. Hierzu gehören u.a.:

- **`boolean`** `add(Object o)` fügt das Objekt `o` in die Kollektion ein und liefert im Erfolgsfall **`true`** zurück.
- **`boolean`** `addAll(Collection c)` fügt die Objekte aus der Kollektion `c` in die Kollektion ein und liefert im Erfolgsfall **`true`** zurück.
- **`boolean`** `remove(Object o)` entfernt das Objekt `o` aus der Kollektion und liefert im Erfolgsfall **`true`** zurück. Ist das Objekt mehrfach vorhanden, wird nur das erste Auftreten gelöscht.
- **`boolean`** `removeAll(Collection c)` entfernt alle Objekte der Kollektion `c` aus der Kollektion.
- **`boolean`** `contains(Object o)` prüft, ob das Objekt `o` in der Kollektion vorhanden ist.
- **`int`** `size()` liefert die Anzahl der Elemente.
- **`boolean`** `isEmpty()` liefert **`true`**, wenn die Kollektion leer ist.
- `Iterator iterator()` liefert einen Iterator wie in Abschnitt 13.4 beschrieben zum Navigieren über die Elemente der Kollektion.

Sequenz

Zu `Collection` gibt es keine konkrete Implementierung. Stattdessen sind davon weitere Schnittstellen für Kollektionen mit speziellen Eigenschaften abgeleitet. So definiert `List` die Schnittstelle für geordnete Kollektionen (auch *Sequenzen* genannt). Dies bedeutet, dass die Einfügereihenfolge erhalten bleibt und dass außerdem ein positioniertes Auslesen bzw. Einfügen von Elementen möglich ist. Zusätzlich zu den Methoden von `Collection` sind in der `java.util.List`-Schnittstelle u.a. folgende Methoden verfügbar:

- **`void`** `add(`**`int`** `idx, Object o)` fügt das Objekt `o` an der Position `idx` ein, wobei die erste Position 0 ist.

- `Object get(int idx)` liefert das Element an der Position `idx`.
- `int indexOf(Object o)` ermittelt die erste Position des Objektes `o`.
- `Object remove(int idx)` entfernt das Element an der Position `idx` aus der Liste und gibt es zurück.
- `Object set(int idx, Object o)` ersetzt das Element an Position `idx` durch `o` und gibt es zurück.

Iterator

Darüber hinaus unterstützt `List` noch einen speziellen Iterator vom Typ `ListIterator`, der auch eine rückwärts gerichtete Navigation über die Liste erlaubt.

Wie bereits in Abbildung 13.3 dargestellt, stehen als konkrete Implementierungen die Klassen `ArrayList` und `LinkedList` zur Verfügung. Erstere ist insbesondere dann sinnvoll, wenn ein direkter Zugriff über die Position notwendig ist und die Elemente im Wesentlichen am Ende der Liste eingefügt werden. Dagegen ist die Klasse `LinkedList` beim Einfügen von Elementen an einer beliebigen Position effizienter. Dies wird jedoch mit dem Nachteil des höheren Aufwandes beim positionierten Zugriff erkauft, da hierfür jeweils die Liste von Beginn an durchlaufen werden muss. Hinsichtlich der Nutzung unterscheiden sich beide Klassen nicht von den in den Abschnitten 13.2 und 13.4 vorgestellten Implementierungen.

Mengensemantik

Die Schnittstelle `java.util.Set` ist für Kollektionen mit einer Mengensemantik vorgesehen. Dies bedeutet, dass keine Duplikate zugelassen sind: Jedes Objekt wird nur maximal einmal in die Kollektion aufgenommen. Gegenüber der `Collection`-Schnittstelle werden keine weiteren Methoden eingeführt. Für `Set` stehen zwei Implementierungen zur Verfügung: `java.util.HashSet` und `java.util.TreeSet`. Diese Implementierungen unterscheiden sich nicht nur in der Art der internen Organisation der Elemente, sondern auch in der Art und Weise, wie Duplikate erkannt werden. So sollte eine Klasse, deren Objekte in `HashSet` eingefügt werden sollen, die Methode `hashCode` aus der Klasse `java.lang.Object` überschreiben, da dieser Hashwert für die Bestimmung der Speicherposition (d.h. die Position in der zugrunde liegenden Hashtabelle) genutzt wird (Näheres zum Hashen in Kapitel 15). Dagegen werden in einem `TreeSet` die Elemente unter Verwendung der `java.lang.Comparable`-Schnittstelle verglichen. Diese Schnittstelle gestattet es, eine Ordnung auf den Elementen zu definieren. Objekte, die in ein `TreeSet` eingefügt werden, müssen daher diese Schnittstelle unterstützen. Daraus ergibt sich auch, dass die Elemente eines `TreeSet` geordnet vorliegen und über einen Iterator entsprechend ihrer Reihen-

Ordnung auf den Elementen

folge ausgelesen werden können. Im folgenden Beispiel wird die Anwendung von `TreeSet` demonstriert:

```
Set set = new TreeSet();
set.add("Eins");
set.add("Zwei");
set.add("Drei");

Iterator iter = set.iterator();
while (iter.hasNext())
  System.out.println(iter.next());
```

Die `java.lang.Comparable`-Schnittstelle, die speziell von den Wrapper-Klassen `java.lang.Double`, `java.lang.Float`, `java.lang.Integer` usw. sowie von `java.lang.String` implementiert wird, definiert nur eine Methode:

- `int compareTo(Object o)` liefert einen Wert < 0, wenn das aktuelle Objekt kleiner als `o` ist, den Wert 0, wenn beide Objekte gleich sind, bzw. einen Wert > 0, wenn das aktuelle Objekt größer als `o` ist.

Unterstützt eine Klasse diese Schnittstelle, so können deren Objekte nicht nur in den `Tree`-basierten Kollektionen verwendet werden. Darüber hinaus eröffnet dies noch die Möglichkeit, die vordefinierten Algorithmen der Klasse `java.util.Collections` beispielsweise zum Suchen und zum Sortieren anzuwenden. Diese Klasse stellt eine Reihe von Klassenmethoden bereit, so z.B.:

Vordefinierte Algorithmen für Suchen und Sortieren

- `int binarySearch(List list, Object key)` sucht binär in der Liste `list` nach dem Objekt `key` und gibt dessen Index zurück, wobei die Liste sortiert vorliegen muss und die natürliche Ordnung der Elemente (auf Basis der `Comparable`-Schnittstelle) ausgenutzt wird.
- `Object min(Collection col)` sucht das kleinste Element der Kollektion `col` entsprechend der natürlichen Ordnung.
- `Object max(Collection col)` sucht das größte Element der Kollektion `col` entsprechend der natürlichen Ordnung.
- `void sort(List list)` sortiert die Liste `list`.

Das nächste Beispiel demonstriert die Anwendung von `sort` und `binarySearch`:

```
java.util.List list = new java.util.LinkedList();
list.add("Eins");
list.add("Zwei");
```

```
list.add("Drei");
java.util.Collections.sort(list);
System.out.println("position = " +
  java.util.Collections.binarySearch(list, "Eins"));
```

Mit diesen kurzen Beispielen wollen wir den Ausflug in die Java-Klassenbibliothek abschließen. Für weiter gehende Informationen sei auf die Dokumentation speziell zum Java Collection Framework [CWH98] verwiesen.

13.6 J2SE 5.0 und Generics

Bei der bisher beschriebenen Implementierungsform von Kollektionen auf Basis der Wurzelklasse `java.lang.Object` besteht jedoch grundsätzlich der Nachteil der Typunsicherheit, d.h., es lassen sich beispielsweise `String`-Objekte ebenso einfügen wie `Integer`-Objekte oder Instanzen beliebiger anderer Klassen. So muss gegebenenfalls beim Auslesen geprüft werden, ob die einzelnen Objekte tatsächlich der erwarteten Klasse angehören. Anderenfalls kann es zu Laufzeitfehlern (Ausnahmen vom Typ `ClassCastException`) kommen, wie dies im folgenden Beispiel illustriert wird:

```
List list = new LinkedList();
list.add("Eins");
list.add("Zwei");
list.add(new Integer(3));

Iterator i = list.iterator();
while (i.hasNext()) {
  String s = (String) i.next();
  System.out.println("--> " + s);
}
```

Erreicht der Iterator hier das dritte Element, so führt die explizite Typkonvertierung nach `String` zu einer `ClassCastException`.

Dies gilt für die von uns eingangs dieses Kapitels vorgestellten Varianten von `Stack` und `Queue` genauso wie für die JCF-Klassen. Mit der Version J2SE 5.0 wurde daher das Konzept der so genannten *Generics* eingeführt. Hierbei handelt es sich um parametrisierbare Datentypen: Der Typ der Elemente einer Kollektion kann hierbei festgelegt werden, so dass bereits zum Übersetzungszeitpunkt die Überprüfung der Typkompatibilität möglich ist.

Generics

In J2SE 5.0 sind die Kollektionen bereits als Generics implementiert. So kann das obige Beispiel wie folgt notiert werden, wobei der

Elementtyp (in Form einer Klasse oder Schnittstelle) bei der Deklaration und Instanziierung der Kollektion sowie des zugehörigen Iterators in spitzen Klammern (<*typ*>) angegeben werden muss:

```
List<String> list = new LinkedList<String>();
list.add("Eins");
list.add("Zwei");

Iterator<String> i = list.iterator();
while (i.hasNext()) {
  String s = i.next();
  System.out.println("--> " + s);
}
```

Ein Einfügen eines `Integer`-Objektes würde hier bereits beim Übersetzen abgewiesen werden.

Da die Angabe des Elementtyps sowohl bei der Variablendeklaration als auch der Instanziierung etwas umständlich ist, soll in der kommenden Java-Version Java SE 7.0 eine kompaktere Schreibweise möglich sein. Der Typ wird bei der Instanziierung dann dynamisch bestimmt:

Java SE 7.0

```
List<String> list = new LinkedList<>();
```

In Abschnitt 3.6.1 haben wir bereits die neue Variante der **`for`**-Schleife vorgestellt. In Verbindung mit Generics lässt sich diese Form nun besonders einfach anwenden:

`for`-Schleife

```
for (String s : list) {
  System.out.println("--> " + s);
}
```

Einzige Bedingung für die Anwendung ist, dass die zu durchlaufende Kollektion die Schnittstelle `java.lang.Iterable` implementiert, was aber für alle JCF-Klassen zutrifft.

Schließlich sei an dieser Stelle auch noch auf eine weitere Neuerung von J2SE 5.0 hingewiesen, die ebenfalls im Zusammenhang mit Kollektionen zum Tragen kommt: das *Autoboxing*. Wie bereits beschrieben, müssen Werte primitiver Datentypen unter Verwendung von Wrapper-Klassen gekapselt werden, um sie als Elemente in Kollektionen einfügen zu können. Dies erfodert jedoch wiederum entsprechende Typkonvertierungen, die die Lesbarkeit beeinträchtigen:

Autoboxing

```
List list = new LinkedList();
list.add(new Integer(42));

int elem = ((Integer) list.get(0)).intValue();
```

Autoboxing macht diese Typkonvertierungen überflüssig, indem dies implizit (d.h. durch den Compiler) erfolgt. Das obige Beispiel kann deshalb wie folgt formuliert werden:

```
List<Integer> list = new LinkedList<Integer>();
list.add(42);

int elem = list.get(0);
```

Es ist dabei aber zu beachten, dass als Elementtyp der Kollektion immer die entsprechende Wrapper-Klasse (hier `Integer`) einzusetzen ist.

Abschließend sei noch einmal betont, dass diese Erweiterungen zwingend Compiler und Laufzeitumgebung einer Version ≥ 5.0 erfordern und somit nicht abwärtskompatibel sind.

14 Bäume

Die bisher betrachteten Datenstrukturen waren im Wesentlichen *eindimensional* oder *linear*: sie weisen mit der Vorgänger-Nachfolger-Relation nur eine Form von Beziehungen zwischen den einzelnen Elementen auf. In diesem Kapitel wollen wir mit den Bäumen eine Klasse von Datenstrukturen kennen lernen, die eine zweite Dimension einbeziehen und dadurch auch die Darstellung von hierarchischen Strukturen ermöglichen.

Hierarchische Strukturen

Baumstrukturen sind nicht nur in der Informatik von fundamentaler Bedeutung, etwa zur Organisation von Daten, sondern sind auch im Alltag in vielfältiger Form wiederzufinden. Ausgehend von solchen Beispielen wird im Folgenden zunächst die Terminologie eingeführt. Im Anschluss daran stellen wir einen Datentyp für Bäume vor und lernen die Basisalgorithmen für das Durchwandern von Bäumen kennen. Eine der wohl wichtigsten Anwendungen von Bäumen in der Informatik ist das Suchen. Auf die hierfür benötigten Strukturen und Algorithmen sowie spezielle Formen von Bäumen werden wir daher im Detail eingehen.

14.1 Bäume: Begriffe und Konzepte

Bäume als hierarchisches Strukturierungshilfsmittel oder Organisationsprinzip sind sicher jedem aus dem täglichen Umfeld vertraut. Ein typisches Beispiel ist etwa der Stammbaum einer Familie, der die Vererbungsbeziehungen darstellt, oder die Systematik in der Biologie (Abbildung 14.1).

Baum

Wurzel

Kind

Blatt

Allgemein können wir unter einem *Baum* eine Menge von Knoten und Kanten verstehen, die besondere Eigenschaften aufweisen. So besitzt jeder Baum genau einen ausgezeichneten Knoten, der als *Wurzel* bezeichnet wird. Weiterhin ist jeder Knoten außer der Wurzel durch genau eine *Kante* mit seinem Vaterknoten (manchmal auch Elternknoten oder Vorgänger) verbunden. Er wird dann auch *Kind* (Sohn, Nachfolger) dieses Knotens genannt. Ein Knoten ohne Kinder heißt *Blatt*, alle anderen Knoten bezeichnet man als *innere* Knoten (Abbildung 14.2).

Abbildung 14.1
Beispiele für Baumstrukturen

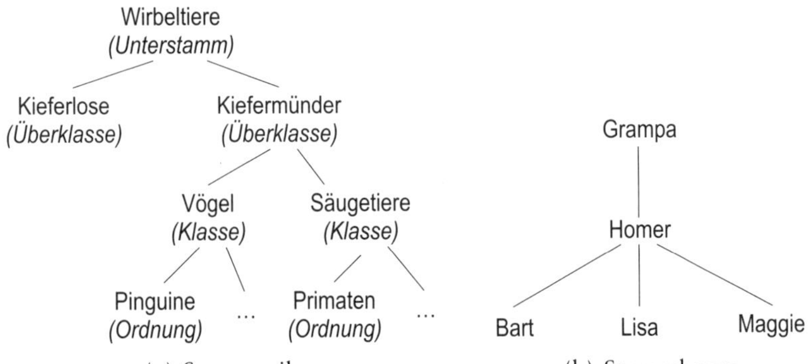

(a) Systematik (b) Stammbaum

Abbildung 14.2
Begriffe in einem Baum

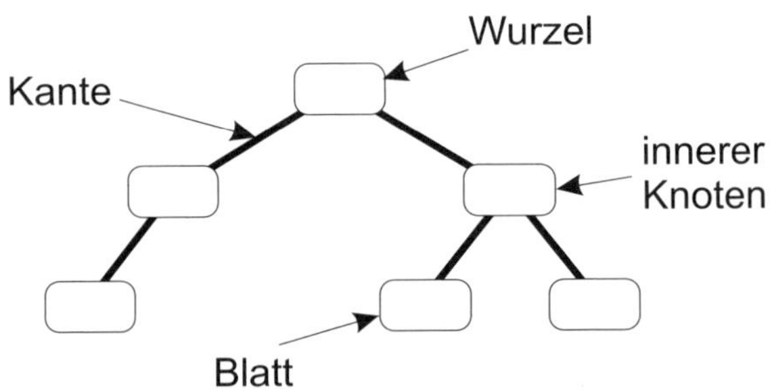

Pfad

Ein *Pfad* in einem Baum ist eine Folge von unterschiedlichen Knoten, in der die aufeinander folgenden Knoten durch Kanten miteinander verbunden sind. Mit Hilfe des Pfades lässt sich auch die grundlegende Eigenschaft eines Baumes definieren: Zwischen jedem Knoten und der Wurzel gibt es genau einen Pfad. Dies bedeutet, dass:

- ein Baum zusammenhängend ist und
- es keine Zyklen gibt.

Niveau
Höhe

Weitere wichtige Begriffe im Zusammenhang mit Bäumen sind Niveau und Höhe. Unter dem *Niveau* eines Knotens versteht man die Länge des Pfades von der Wurzel zu diesem Knoten. Die *Höhe* eines Baumes entspricht dem größtem Niveau eines Blattes plus 1 (Abbildung 14.3).

N-ärer Baum
Binärer Baum

Einzelne Arten von Bäumen können dadurch unterschieden werden, ob jeder Knoten eine bestimmte Anzahl von direkten Kindern haben muss und wie die Kinder angeordnet sind. Ist die Anzahl von Kindern vorgegeben, so spricht man von einem *n-ären Baum*. Sind die Kinder jedes Knotens in einer bestimmten Reihenfolge geordnet, wird ein solcher Baum als *geordneter Baum* bezeichnet. Dies führt uns zu einer sehr wichtigen Form von Bäumen: dem *binären Baum*. Hierbei handelt es sich um einen geordneten Baum, bei dem jeder Knoten maximal zwei Kinder hat. Da binäre Bäume insbesondere für Suchanwendungen von

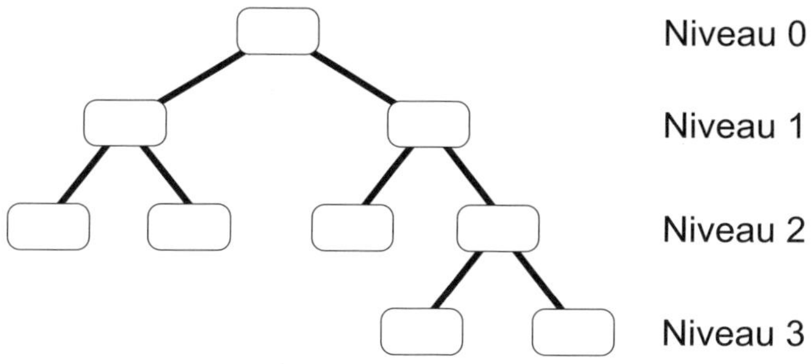

Abbildung 14.3
Baum mit Niveau der Höhe 4

großer Bedeutung sind, werden wir in den folgenden Abschnitten noch genauer auf diese Form eingehen.

Abschließend wollen wir noch zwei weitere Beispiele für die Anwendung von Bäumen betrachten. So lassen sich arithmetische Ausdrücke wie

$$(3 + 4) * 5 + 2 * 3$$

als Baum repräsentieren (Abbildung 14.4). Der Ausdruck kann nun ausgewertet werden, indem die Operation eines Knotens auf die Werte der beiden linken und rechten Teilbäume angewendet wird. Für die Wurzel liefert dies somit den Gesamtwert des Ausdrucks.

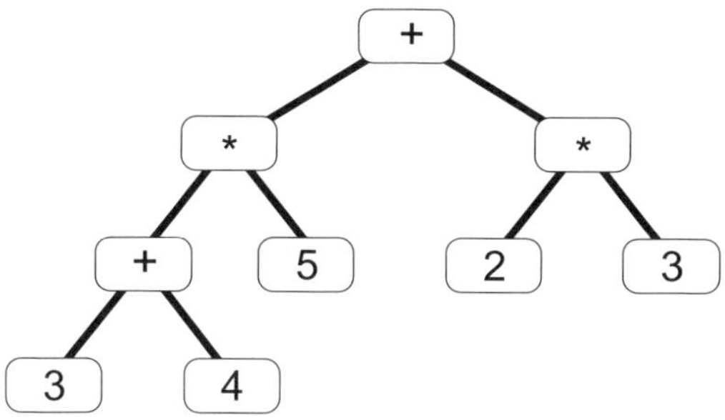

Abbildung 14.4
Arithmetischer Ausdruck als Baum

Ein zweites Beispiel ist die Anordnung von Dateien im Dateisystem eines Computers. Wohl jedes moderne Betriebssystem unterstützt ein hierarchisches Dateisystem, das Dateien in Verzeichnissen oder Ordnern organisiert. Da jedes Verzeichnis wiederum selbst Verzeichnisse enthalten kann und ein Wurzelverzeichnis existiert (unter UNIX mit »/« und unter Windows mit »\« bezeichnet), ergibt sich daraus eine Baumstruktur (Abbildung 14.5).

Es lassen sich sicher noch eine Vielzahl von Beispielen für Bäume in der Informatik finden. Im Weiteren wollen wir uns aber – nach einem kurzen Exkurs zur Auswertung von arithmetischen Ausdrücken – im Wesentlichen auf die Anwendung als Suchbäume konzentrieren.

Abbildung 14.5 Baumstruktur in einem Dateisystem

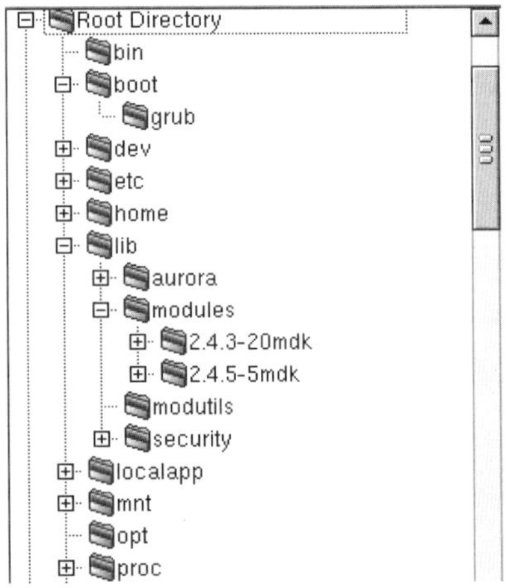

14.2 Binärer Baum: Datentyp und Basisalgorithmen

Nach der informalen Einführung von Bäumen wollen wir in diesem Abschnitt speziell die Eigenschaften von binären Bäumen mittels eines abstrakten Datentyps unter Verwendung der in Kapitel 11 eingeführten Notation spezifizieren und die Implementierung eines konkreten Datentyps in Java skizzieren.

14.2.1 Der Datentyp »Binärer Baum«

Parametrisierbarer Datentyp

Konstruktion eines binären Baumes

Da der ADT `Tree` parametrisierbar bezüglich des Typs der Elemente sein soll, wird in der folgenden Spezifikation wieder ein Sortenparameter `T` verwendet. Die entscheidende Funktion ist `bin`, die einen binären Baum aus einem linken und einem rechten Teilbaum sowie einem Element des Datentyps `T` konstruiert. Für einen gegebenen Baum liefern daher `left` und `right` den linken bzw. rechten Teilbaum, während `value` das Wurzelelement dieses Baumes ermittelt. Dies kann unter Verwendung der Funktion `bin` in Form von Axiomen ausgedrückt werden:

```
type Tree(T)
import Bool
operators
    empty : → Tree
    bin : Tree × T × Tree → Tree
    left : Tree → Tree
    right : Tree → Tree
    value : Tree → T
```

```
    is_empty : Tree → Bool
 axioms ∀x,y: Tree, ∀b: T
    left (bin (x, b, y)) = x
    right (bin (x, b, y)) = y
    value (bin (x, b, y)) = b
    is_empty (empty) = true
    is_empty (bin (x, b, y)) = false
```

Für einen aus den Teilbäumen x und y sowie dem Element b konstruierten Baum bin(x,b,y) liefert left demnach den Teilbaum x, right den Teilbaum y und value das Element b. Die beiden weiteren Funktionen empty und is_empty werden zur Konstruktion eines leeren Baumes bzw. zum Test auf einen leeren Baum benötigt.

Rekursive Struktur

Spätestens bei der Spezifikation des ADT sollte die rekursive Struktur eines Baumes deutlich werden: Jeder Knoten ist wiederum Wurzel eines Teilbaumes, der aus dem Knoten selbst und den direkten und indirekten Nachfolgern besteht. Bei der Umsetzung in einen konkreten Datentyp muss diese Rekursivität nun dadurch berücksichtigt werden, dass jeder Knoten Verweise auf seine Kinder besitzt. Für den Baum selbst muss dadurch nur noch der Wurzelknoten verwaltet werden, alle anderen Knoten sind durch das Verfolgen der Referenzen (d.h. der Kanten) erreichbar. Sowohl die Knoten als auch der Baum werden in Java als Klassen implementiert. Für einen binären Baum ist dies in Programm 14.1 dargestellt.

Programm 14.1
Knotenklasse für BinaryTree

```
public class BinaryTree {
  static class TreeNode {
    TreeNode left = null, right = null;
    Object key;

    public TreeNode(Object o) { key = o; }
    public Object getKey() { return key; }
    public TreeNode getLeft() { return left; }
    public TreeNode getRight() { return right; }
    public void setLeft(TreeNode n) { left = n; }
    public void setRight(TreeNode n) { right = n; }
    public String toString() { return key.toString (); }
  }
  private TreeNode head, nullNode;

  public BinaryTree() {
    head = new TreeNode(null);
    nullNode = new TreeNode(null);
    head.setRight(nullNode);
```

```
        nullNode.setLeft(nullNode);
        nullNode.setRight(nullNode);
      }
    ...
    }
```

Referenzen auf die Kinder

Die Klasse `TreeNode` umfasst neben den Attributen `left` und `right` mit den Referenzen auf die beiden Kinder noch ein Attribut `key`, welches das eigentliche Datenelement aufnimmt – in der Spezifikation des ADT ist dies ein Element des nicht näher spezifizierten Typs `T`. Die einzelnen Methoden der Klasse `TreeNode` dienen im Wesentlichen dem Zugriff auf diese Attribute. Soll anstelle eines binären Baumes ein n-ärer Baum mit $n > 2$ Kindern pro Knoten implementiert werden, so kann auch ein Feld oder eine Liste von Referenzen für die Kindknoten verwaltet werden.

Pseudoknoten

In der Klasse `BinaryTree` wird die `TreeNode`-Klasse zur Repräsentation der Knoten verwendet, wobei ähnlich wie bei der Implementierung der Liste aus Abschnitt 13.2 Pseudoknoten eingeführt werden, die die (»leeren«) Verweise der Wurzel (`head`) und der Blätter des Baumes (`nullNode`) kennzeichnen (Abb. 14.6). Diese Pseudoknoten vereinfachen die Implementierung deutlich, da einige Sonderfälle wie der Test auf einen leeren Baum oder auf **`null`**-Verweise entfallen können. Der Default-Konstruktor der Klasse `BinaryTree` führt dabei die notwendigen Initialisierungen durch, d.h., der rechte Nachfolger des `head`-Knotens verweist auf den eigentlichen Baum – im Fall des leeren Baumes auf den `nullNode`-Knoten. »Echte« Knoten (in der Abbildung als weiße Knoten dargestellt) werden somit immer als innere Knoten in den rechten Teilbaum von `head` eingefügt. Die eigentliche Wurzel des Baumes ist demzufolge über `head.getRight()` erreichbar.

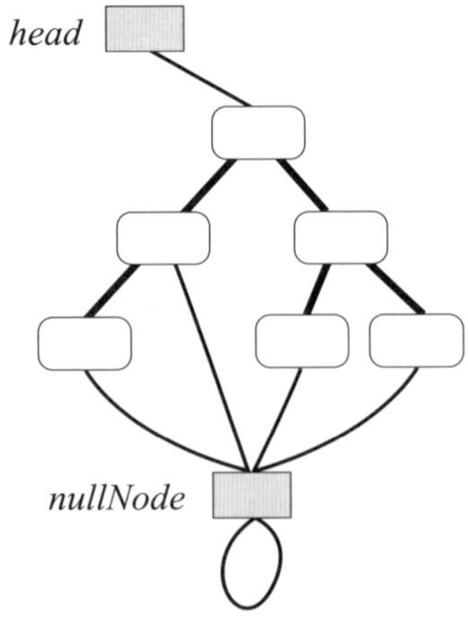

Abbildung 14.6 *Pseudoknoten für die Realisierung eines Binärbaumes*

Beispiel für Binärbaum

Als eine Anwendung eines Binärbaumes wollen wir auf das Beispiel des Terminterpreters aus Abschnitt 11.3.2 zur Verwendung eines Kellerspeichers für die Verarbeitung von arithmetischen Ausdrücken zurückgreifen. Wir modifizieren dabei das dort eingeführte Prinzip in der Weise, dass der zweite Stack keine Operanden, sondern Bäume enthält.

Verarbeitung von arithmetischen Ausdrücken

Betrachten wir zunächst das Einlesen eines Terms und die darauf basierende Konstruktion eines Binärbaumes. Anstelle der eigentlichen Termauswertung benötigen wir also Regeln zum Aufbau eines Baumes, wobei die Baumkonstruktion bin jetzt die Termauswertung $[\![\ldots]\!]$ ersetzt, d.h., $[\![x]\!]$ wird ersetzt durch $bin(empty, x, empty)$, $[\![x * y]\!]$ durch $bin(x, *, y)$ und $[\![x + y]\!]$ durch $bin(x, +, y)$. Hierbei ist `bin` der Operator aus dem ADT `Tree`. Die eigentlichen Regeln lassen sich nun unter Verwendung der Funktion $eval$ mit zwei Stacks als Parameter wie folgt angeben:

$$\begin{aligned}
value(t) &= eval\langle t, empty, empty\rangle \\
eval\langle (t, S_1, S_2\rangle &= eval\langle t, (S_1, S_2\rangle \\
eval\langle *t, S_1, S_2\rangle &= eval\langle t, *S_1, S_2\rangle \\
eval\langle +t, *S_1, yxS_2\rangle &= eval\langle +t, S_1, bin(x,*,y)S_2\rangle \\
eval\langle +t, S_1, S_2\rangle &= eval\langle t, +S_1, S_2\rangle \\
eval\langle)t, +S_1, yxS_2\rangle &= eval\langle)t, S_1, bin(x,+,y)S_2\rangle \\
eval\langle)t, *S_1, yxS_2\rangle &= eval\langle)t, S_1, bin(x,*,y)S_2\rangle \\
eval\langle)t, (S_1, S_2\rangle &= eval\langle t, S_1, S_2\rangle \\
eval\langle = t, +S_1, yxS_2\rangle &= eval\langle =, S_1, bin(x,+,y)S_2\rangle \\
eval\langle = t, *S_1, yxS_2\rangle &= eval\langle =, S_1, bin(x,*,y)S_2\rangle \\
eval\langle =, empty, x\ \ empty\rangle &= x \\
eval\langle \mathrm{x}t, S_1, S_2\rangle &= eval\langle t, S_1, bin(empty, x, empty)S_2\rangle
\end{aligned}$$

Die Anwendung dieser Regeln liefert beispielsweise für den Term

$$(3 + 4) * 5 + 2 * 3$$

einen Baum, wie er in Abbildung 14.4 auf Seite 337 dargestellt ist. Hierbei werden rekursiv der Reihe nach die Teilbäume für »3«, »4«, »3 + 4« usw. berechnet und auf dem Stack abgelegt.

Durch Auslesen eines solchen Baumes kann nicht nur der Wert des repräsentierten Ausdrucks bestimmt werden, sondern es lassen sich auch textuelle Repräsentationen des Ausdrucks in unterschiedlichen Notationen ableiten. Nehmen wir eine Funktion `term` an, die zu ei-

Textuelle Repräsentation eines Ausdrucks

nem Knoten im Baum die Textrepräsentation liefert, und einen Operator »+« zur Konkatenation von Zeichenketten, so kann das Auslesen zur Erzeugung der bekannten Infixnotation durch folgende Regeln der rekursiven Anwendung von `term` erfolgen:

Infixnotation

$$
\begin{aligned}
\texttt{term}(empty) &= \texttt{' '} \\
\texttt{term}(bin(x,*,y)) &= \texttt{'('} + \texttt{term}(x) + \texttt{'*'} + \\
&\quad \texttt{term}(y) + \texttt{')'} \\
\texttt{term}(bin(x,+,y)) &= \texttt{'('} + \texttt{term}(x) + \texttt{'+'} + \\
&\quad \texttt{term}(y) + \texttt{')'} \\
\texttt{term}(bin(empty,x,empty)) &= x
\end{aligned}
$$

Das Prinzip des Auslesens besteht dabei darin, rekursiv von der Wurzel zunächst den linken Teilbaum auszulesen (d.h., den dort repräsentierten Ausdruck auszugeben), anschließend den Operanden bzw. Operator des aktuellen Knotens auszugeben (»∗« bzw. »+« in der zweiten und dritten Regel) und schließlich noch den Ausdruck für den rechten Teilbaum zu konstruieren. Dieses Verfahren terminiert für einen leeren Baum sowie einen Knoten mit einem Terminalsymbol. Für den Baum aus Abbildung 14.4 ist die Ausgabe folgende Textrepräsentation:

$$(((3+4)*5)+(2*3))$$

Präfixschreibweise

Diese Ausleseregeln lassen sich nun leicht modifizieren, um eine andere Notation zu erzeugen. In der Präfixschreibweise steht beispielsweise der Operator vor den beiden Operanden. Dies wird erreicht, indem in der zweiten und dritten Regel zuerst der Operator ausgegeben wird und anschließend erst die Ausdrücke des linken und rechten Teilbaumes:

$$
\begin{aligned}
\texttt{term}(empty) &= \texttt{' '} \\
\texttt{term}(bin(x,*,y)) &= \texttt{'*'} + \texttt{term}(x) + \texttt{term}(y) \\
\texttt{term}(bin(x,+,y)) &= \texttt{'+'} + \texttt{term}(x) + \texttt{term}(y) \\
\texttt{term}(bin(empty,x,empty)) &= x
\end{aligned}
$$

Das Ergebnis dieser Variante des Auslesens ist folgender Ausdruck:

$$+ \; * \; + 3 \; 4 \; 5 \; * \; 2 \; 3$$

Postfixnotation

Auf vergleichbare Weise wird der Ausdruck in Postfixnotation (beide Operanden vor dem Operator) konstruiert, indem erst die beiden Teilausdrücke und danach das Operator-Zeichen ausgegeben werden:

$$
\begin{aligned}
\texttt{term}(empty) &= \texttt{' '} \\
\texttt{term}(bin(x,*,y)) &= \texttt{term}(x) + \texttt{term}(y) + \texttt{'*'} \\
\texttt{term}(bin(x,+,y)) &= \texttt{term}(x) + \texttt{term}(y) + \texttt{'+'} \\
\texttt{term}(bin(empty,x,empty)) &= x
\end{aligned}
$$

Dies ergibt die folgende Notation:

$$3\;4 + 5 * 2\;3 * +$$

14.2.2 Algorithmen zur Traversierung

Verallgemeinert man die verschiedenen Varianten des Auslesens eines Baumes aus Abschnitt 14.2.1, so gelangt man zum systematischen Abarbeiten aller Knoten. Dieses »Durchlaufen« des Baumes wird auch als Traversierung (engl. *traversal*) bezeichnet. Hierfür lassen sich mehrere Strategien finden, die wichtigsten davon wollen wir im Folgenden vorstellen.

Traversierung

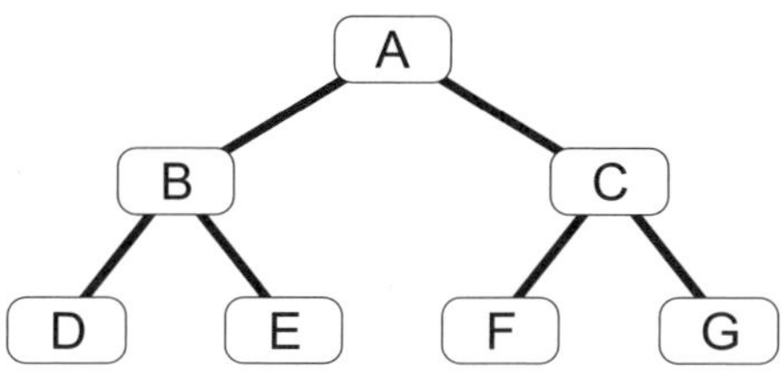

Abbildung 14.7 *Beispiel eines binären Baumes*

Inorder-Durchlauf

Hier wird zuerst rekursiv der linke Teilbaum besucht, dann der Knoten selbst und anschließend der rechte Teilbaum. Für den binären Baum aus Abbildung 14.7 entspricht das der Reihenfolge:

$$D \rightarrow B \rightarrow E \rightarrow A \rightarrow F \rightarrow C \rightarrow G$$

Ein Beispiel für die Anwendung dieser Strategie ist das Auslesen eines Baumes für einen arithmetischen Ausdruck in Infixschreibweise.

Der Algorithmus für einen Inorder-Durchlauf lässt sich am einfachsten rekursiv formulieren (Algorithmus 14.1). Der gesamte Baum wird nach der Inorder-Strategie durchlaufen, wenn der Algorithmus mit der Wurzel des Baumes als Parameter aufgerufen wird.

Algorithmus 14.1
Inorder-Durchlauf

algorithm Inorder (k)
Eingabe: Knoten k eines binären Baumes mit Verweis auf linken ($k.left$) und rechten ($k.right$) Teilbaum sowie dem Element $k.elem$

Inorder ($k.left$); /* besuche linken Teilbaum */
Verarbeite $k.elem$;
Inorder ($k.right$) /* besuche rechten Teilbaum */

Preorder-Durchlauf

Bei dieser Strategie wird zuerst der Knoten selbst besucht und erst danach erfolgt das Traversieren des linken bzw. rechten Teilbaumes. Für den Beispielbaum liefert das die Reihenfolge:

$$A \to B \to D \to E \to C \to F \to G$$

Neben der Ausgabe eines arithmetischen Ausdrucks in Präfixschreibweise ist die Erzeugung einer eingerückten Baumdarstellung für ein Dateisystem wie etwa in Abbildung 14.5 ein typisches Anwendungsbeispiel. Hier wird zuerst der Name des Verzeichnisses ausgegeben und darunter eingerückt eine Liste der darin enthaltenen Dateien und Verzeichnisse.

Der Algorithmus für den Preorder-Durchlauf kann wiederum rekursiv formuliert werden (Algorithmus 14.2).

Algorithmus 14.2
Preorder-Durchlauf

algorithm Preorder (k)
Eingabe: Knoten k eines binären Baumes

Verarbeite $k.elem$;
Preorder ($k.left$); /* besuche linken Teilbaum */
Preorder ($k.right$) /* besuche rechten Teilbaum */

Postorder-Durchlauf

Beim Postorder-Durchlauf werden erst beide Teilbäume durchlaufen, bevor der Knoten selbst besucht wird. Dies führt in unserem Beispiel zur Reihenfolge

$$D \to E \to B \to F \to G \to C \to A$$

Ein Beispiel für die Anwendung dieser Strategie ist die Erstellung einer Stückliste mit Aufsummierung, etwa beim UNIX-Kommando du (*disk usage*), das den Platzbedarf eines Verzeichnisses und aller Unterverzeichnisse im Dateisystem ermittelt. Hierbei werden zuerst die Größen der Einträge in den Blättern (d.h. der Dateien) bestimmt und für den direkten Vaterknoten (d.h. das enthaltende Verzeichnis) addiert. Der Platzbedarf dieser Verzeichnisse wird wiederum zum Platzbedarf des übergeordneten Verzeichnisses zusammengefasst usw., bis die Gesamtgröße der Wurzel bestimmt werden kann.

Wie bereits bei den anderen beiden Strategien wird der Algorithmus zum Postorder-Durchlauf am einfachsten rekursiv formuliert (Algorithmus 14.3).

Algorithmus 14.3
Postorder-Durchlauf

algorithm Postorder (k)
Eingabe: Knoten k eines binären Baumes

Postorder (k.*left*); /* *besuche linken Teilbaum* */
Postorder (k.*right*); /* *besuche rechten Teilbaum* */
Verarbeite k.*elem*

Levelorder-Durchlauf

Während bei den ersten drei Strategien der Baum zuerst in der Tiefe durchwandert wird, entspricht der Levelorder-Durchlauf einer Breitensuche, d.h., auf jedem Niveau des Baumes werden erst alle Knoten besucht, bevor auf das nächste Niveau gewechselt wird. Danach ergibt sich die Reihenfolge:

$$A \to B \to C \to D \to E \to F \to G$$

Der Algorithmus zum Levelorder-Durchlauf ist im Gegensatz zu den bisher betrachteten Strategien nicht rekursiv. Stattdessen wird eine Warteschlange verwendet, in der die noch zu verarbeitenden Knoten abgelegt werden. Der Baum wird durchlaufen, indem der nächste zu besuchende Knoten aus der Warteschlange entnommen wird. Nach dem Besuch dieses Knotens werden die Kinder am Ende der Warteschlange eingetragen, bevor mit dem nächsten Knoten fortgefahren wird.

Algorithmus 14.4
Levelorder-Durchlauf

algorithm Levelorder (k)
Eingabe: Knoten k eines binären Baumes

```
q := leere Warteschlange;
enter (q, k); /* Wurzel in die Warteschlange aufnehmen */
while ¬ is_empty (q) do
  Knoten n := leave (q);
  Verarbeite n.elem;
  enter (q, n.left); /* linken Knoten eintragen */
  enter (q, n.right) /* rechten Knoten eintragen */
od
```

Die Umsetzung der Traversierungsalgorithmen in Java erfolgt am besten in Form von Methoden wahlweise der Klasse `TreeNode` oder – wie in unserem Fall – `BinaryTree`. Dabei gehen wir im Folgenden davon aus, dass die »Verarbeitung« eines besuchten Knotens in der Ausgabe des gespeicherten Elementes besteht.

Programm 14.2
Traversierungsmethoden I

```
private void printInorder(TreeNode n) {
  if (n != nullNode) {
    printInorder(n.getLeft());
    System.out.println(n.toString());
    printInorder(n.getRight());
  }
}

private void printPreorder(TreeNode n) {
  if (n != nullNode) {
    System.out.println(n.toString());
    printPreorder(n.getLeft());
    printPreorder(n.getRight());
  }
}

private void printPostorder(TreeNode n) {
  if (n != nullNode) {
    printPostorder(n.getLeft());
    printPostorder(n.getRight());
    System.out.println(n.toString());
  }
}
```

Abbruchkriterium

Die In-, Pre- und Postorder-Strategien sind analog den vorgestellten Algorithmen in Form der Methoden `printInorder`, `printPreorder` und `printPostorder` rekursiv implementiert. Als Abbruchkriterium für die Rekursion wird der Aufruf mit einer **null**-Referenz als Parameter verwendet. Eine iterative Realisierung ist unter Verwendung eines Stacks jedoch auch möglich. Die Traversierungsmethoden werden aus der Methode `traverse` mit der Wurzel des Baumes als Parameter aufgerufen. Da sie nur intern benutzt werden, sind sie als **private** vereinbart.

Traversierungsmethoden

Zur Initiierung der Traversierung eines binären Baumes führen wir die Methode `traverse` ein, wobei die Strategie über den Parameter der Methode ausgewählt wird. Zu diesem Zweck ist in der Klasse `BinaryTree` zu jeder Strategie eine Konstante definiert, die als Parameter verwendet werden kann (Programm 14.3).

Programm 14.3
Traversierung im binären Baum

```
class BinaryTree {
  public static final int INORDER = 1;
  public static final int PREORDER = 2;
  public static final int POSTORDER = 3;
  public static final int LEVELORDER = 4;
  ...
  public void traverse(int strategy) {
    switch (strategy) {
    case INORDER:
      printInorder(head.getRight());
      break;
    case PREORDER:
      printPreorder(head.getRight());
      break;
    case POSTORDER:
      printPostorder(head.getRight());
      break;
    case LEVELORDER:
      Queue queue = new ArrayQueue();
      queue.enter(head.getRight());
      printLevelorder(queue);
      break;
    default:
    }
  }
}
```

Die Levelorder-Strategie ist wie Algorithmus 14.4 iterativ implementiert. Der Aufruf erfolgt wiederum aus der Methode `traverse` heraus mit einer Warteschlange – einem Objekt mit der Schnittstelle `Queue` (siehe auch Abschnitt 13.1) – als Parameter, die nur den Wurzelknoten enthält. Sofern der aktuell besuchte Knoten Kinder besitzt, werden diese nach der Verarbeitung in die Warteschlange eingereiht. Das Ab-

Warteschlange

bruchkriterium ist hier die leere Warteschlange, d.h., alle Knoten wurden besucht.

Programm 14.4
Traversierungsmethoden II

```
private void printLevelorder(Queue q) {
  while (! q.isEmpty()) {
    TreeNode n = (TreeNode) q.leave();
    if (n.getLeft() != nullNode)
      q.enter(n.getLeft());
    if (n.getRight() != nullNode)
      q.enter(n.getRight());
    System.out.println(n.toString());
  }
}
```

Die Traversierung eines Baumes, die durch die Ausgabe der Knotenelemente in der entsprechenden Reihenfolge verdeutlicht wird, kann auf einfache Weise durch Aufruf der Methode `traverse` gestartet werden:

```
BinaryTree tree = ...;
tree.traverse(BinaryTree.INORDER);
```

14.3 Suchbäume

In Abschnitt 14.2 dienten uns Baumstrukturen im Wesentlichen zur hierarchischen Repräsentation und Organisation von Daten. Eine der wichtigsten Einsatzgebiete von Bäumen ist jedoch die Unterstützung einer effizienten Suche. Hierfür werden in den einzelnen Knoten eines Baumes neben den eigentlichen Nutzdaten (bzw. einen Verweis darauf) zusätzlich noch *Schlüsselwerte* gespeichert, über die die Suche erfolgt. Man bezeichnet solche Datenstrukturen als *Dictionaries* oder Wörterbücher. Typische Beispiele sind etwa Telefonbücher mit den Namen oder der Telefonnummer als Schlüssel oder ein Verzeichnis aller Studenten einer Universität mit der Matrikelnummer als Schlüssel.

Schlüsselwerte

Ein wichtiger Spezialfall von Suchbäumen sind wiederum *binäre Suchbäume*, auf die wir uns im Folgenden konzentrieren werden. Binäre Suchbäume weisen für jeden inneren Knoten *k* folgende Eigenschaften auf:

Binäre Suchbäume

- Der Knoten *k* enthält einen Schlüsselwert *k.key*.
- Alle Schlüsselwerte im linken Teilbaum *k.left* sind kleiner als *k.key*.
- Alle Schlüsselwerte im rechten Teilbaum *k.right* sind größer als *k.key*.

Ordnung der Elemente

Die Konsequenz dieser Eigenschaften ist, dass die Elemente in einem Baum nach ihrem Schlüsselwert geordnet sind. Demzufolge muss auf den Schlüsseln der Elemente eine totale Ordnung definiert sein. Weiterhin wird eine Vergleichsoperation (in Java z.B. durch Implementierung der Schnittstelle `java.lang.Comparable`) für die Schlüssel benötigt.

Für unsere oben skizzierte Implementierung in der Klasse `BinaryTree` bedeutet dies, dass der Pseudoknoten `head` eigentlich das kleinste mögliche Element aufnehmen muss. Dies kann erreicht werden, indem dieser Knoten einen **`null`**-Wert als Schlüssel erhält und dieser Umstand in der Vergleichsmethode `compareKeyTo` entsprechend berücksichtigt wird (Programm 14.5).

Programm 14.5 *Vergleichsmethode für die Klasse* `TreeNode`

```
static class TreeNode {
  ...
  public int compareKeyTo(Comparable c) {
    return (key == null ? -1 :
      ((Comparable) key).compareTo(c));
  }
}
```

14.3.1 Suchen in Suchbäumen

Aus den oben definierten Eigenschaften binärer Suchbäume lässt sich das Suchprinzip einfach ableiten: Der gesuchte Wert wird mit dem Schlüssel des Wurzelknotens verglichen. Ist der Suchwert kleiner, so kann sich das gesuchte Element nur im linken Teilbaum befinden, ist der Wert größer, entsprechend nur im rechten Teilbaum. Andernfalls enthält der Knoten bereits das gesuchte Element. Dieses Prinzip wird nun rekursiv auf den jeweils ausgewählten Teilbaum angewendet, bis das gesuchte Element gefunden wurde oder ein Blatt erreicht ist. In letzterem Fall ist der gesuchte Wert nicht im Baum vorhanden. Abbildung 14.8 verdeutlicht das Vorgehen für die Suche nach dem Element mit dem Schlüssel »5«. Durch den Vergleich mit dem Wurzelknoten (»6«) wird in den linken Teilbaum verzweigt; anschließend ergibt der Vergleich mit dem Schlüssel »3«, dass im rechten Teilbaum dieses Knotens weitergesucht werden muss. Dort liefert dann der letzte Vergleich das gefundene Element.

Rekursion

Der Algorithmus zur Suche kann sowohl rekursiv als auch iterativ formuliert werden. Bei der rekursiven Variante (Algorithmus 14.5) wird der aktuell zu untersuchende Knoten als Parameter mit übergeben. In Abhängigkeit vom Ergebnis des Vergleichs mit dem Schlüsselwert

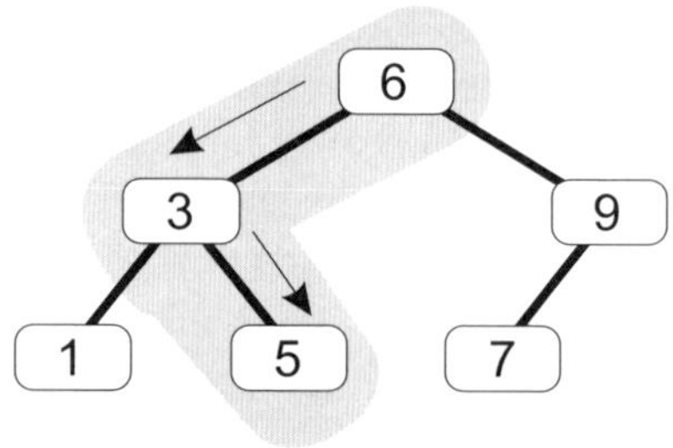

Abbildung 14.8 Suche im binären Suchbaum

stoppt die Suche oder wird mit dem linken bzw. rechten Kindknoten fortgesetzt.

Algorithmus 14.5 Suche im binären Suchbaum (rekursiv)

algorithm BinTreeSearchRecursive (k, x)
Eingabe: Wurzel k des zu durchsuchenden Teilbaumes
Schlüssel x des gesuchten Elementes
Ausgabe: Element mit dem gesuchten Wert bzw. **null**,
wenn x nicht gefunden wurde

```
if k = null then
  return null
else if x = k.key then
  return k
else if x < k.key then
  return BinTreeSearchRecursive (k.left, x)
else
  return BinTreeSearchRecursive (k.right, x)
fi fi fi
```

Cursor

In der iterativen Variante der Suche (Algorithmus 14.6) muss ein Verweis (»Cursor«) auf den aktuell besuchten Knoten verwaltet werden. Mit jeder Verzweigung ist dieser Cursor entsprechend auf den linken oder rechten Nachfolgerknoten zu setzen. Abbruchkriterium ist das Finden eines Knotens mit dem gesuchten Schlüssel bzw. das Erreichen eines Blattes, ohne dass der Schlüssel gefunden wurde. Dies kann als Bedingung einer **while**-Schleife formuliert werden.

Algorithmus 14.6 Suche im binären Suchbaum (iterativ)

algorithm BinTreeSearchIterative (k, x)
Eingabe: Wurzel k des zu durchsuchenden Baumes
Schlüssel x des gesuchten Elementes
Ausgabe: Element mit dem gesuchten Wert bzw. **null**,
wenn x nicht gefunden wurde

while $k \neq$ **null** $\wedge k.key \neq x$ **do**
  if $x < k.key$ **then**
    $k := k.left$
  else
    $k := k.right$
  fi
od
return k

Die sortierte Organisation der Elemente im Baum ermöglicht auch die Bestimmung des minimalen bzw. maximalen Elementes in einfacher Weise. Da die kleineren Elemente immer links von einem gegebenen Knoten angeordnet sind, muss sich das minimale Element »ganz links« im Baum befinden. Durch Verfolgen der Verweise auf den jeweiligen linken Nachfolgerknoten, ausgehend von der Wurzel, kann dieses Element ermittelt werden (Algorithmus 14.7).

Bestimmung des minimalen bzw. maximalen Elementes

Algorithmus 14.7
Minimales Element im Suchbaum

algorithm MinElement (k)
  Eingabe: Wurzel k des zu durchsuchenden Baumes
  Ausgabe: Knoten k mit dem minimalen Element

while $k.left \neq$ **null** **do**
  $k := k.left$
od
return k

Die Bestimmung des maximalen Elementes erfolgt analog, wobei natürlich der rechte Zweig zu verfolgen ist, da sich die größeren Elemente immer rechts von einem Knoten befinden müssen.

Implementierung der Suche

Die Suche im binären Suchbaum kann in Java als zusätzliche Methode der Klasse `BinaryTree` aus Programm 14.6 implementiert werden. Dabei ist sicherzustellen, dass die Knoten im Baum entsprechend ihrer Schlüssel angeordnet werden. Die hierfür notwendige Einfügeoperation werden wir im nächsten Abschnitt vorstellen.

In Programm 14.6 ist die Methode `findNode` iterativ implementiert. Der Vergleich der Schlüsselwerte der Knoten erfolgt dabei durch Verwendung der Methode `compareKeyTo` der Klasse `TreeNode`, die wiederum die Schnittstelle `java.lang.Comparable` nutzt. Dies bedeutet, dass als Elemente nur Objekte von Klassen, die diese Schnittstelle unterstützen, in den Knoten gespeichert werden können. Die Methode `findNode` liefert den gefundenen Knoten bzw. **`null`** im Fehlerfall zurück.

Programm 14.6 Suchoperationen für die Klasse `BinaryTree`

```
protected TreeNode findNode(Comparable c) {
  TreeNode n = head.getRight();
  while (n != nullNode) {
    int cmp = n.compareKeyTo(c);
    if (cmp == 0)
      return n;
    else
      n = (cmp > 0 ? n.getLeft() : n.getRight());
  }
  return null;
}

public boolean find(Comparable c) {
  return (findNode(c) != null);
}
```

Auf Basis dieser Methode kann auch die Methode `find` implementiert werden, die den Wert **`true`** liefert, wenn ein Element mit dem gegebenen Wert gefunden werden konnte.

14.3.2 Einfügen und Löschen

Bei der Manipulation eines binären Suchbaumes, d.h. beim Einfügen oder Löschen von Knoten, müssen die auf Seite 348 formulierten Eigenschaften des Baumes erhalten bleiben, da sonst die Suche nicht mehr funktioniert.

Finden der Einfügeposition

Für die Operation »Einfügen« bedeutet dies zunächst die korrekte Einfügeposition zu finden, so dass die Ordnung der Elemente nicht verletzt wird. Diese Position muss ein Knoten sein, dessen Schlüsselwert größer als der des einzufügenden Elementes ist und der noch keinen linken Nachfolger hat oder einen Knoten mit einem kleineren Schlüsselwert und einen freien Platz für den rechten Nachfolger. Dabei sind im Prinzip zwei Fälle zu unterscheiden:

- Der Baum ist leer, d.h., der einzufügende Knoten wird die neue Wurzel.
- Es gibt bereits Knoten im Baum. In diesem Fall ist der Knoten zu identifizieren, der Elternknoten des neuen Elementes werden soll.

Werden jedoch wie in unserer Implementierung Pseudoknoten verwendet, so kann der erste Fall ignoriert werden, da nun alle Knoten innere Knoten sind.

In Programm 14.7 ist die Java-Methode `insert` zum Einfügen eines Elementes für die Klasse `BinaryTree` dargestellt. Ausgehend von der Wurzel des Baumes wird mit Hilfe von Algorithmus 14.6 die »Einfügeposition« gesucht. Die Variable `child` verweist jeweils auf den aktuellen Knoten. Da wir für das Einfügen aber den Elternknoten benötigen, wird in der Variablen `parent` der jeweilige Vorgänger gespeichert. Ist das »Ende« des Baumes erreicht – `child` verweist auf den Pseudoknoten `nullNode` –, so kann das neue Element als Kind von `parent` eingefügt werden. Ergibt dagegen der Vergleich mit dem aktuellen Knoten, dass das einzufügende Element schon existiert, wird die Methode verlassen und als Ergebnis der Wert **`false`** zurückgegeben. Das Einfügen erfolgt einfach, indem der entsprechende Verweis von `parent` auf den neu erzeugten Knoten `node` gesetzt wird, wobei durch Vergleich des Elementes mit dem Schlüsselwert von `parent` geprüft werden muss, ob der neue Knoten als linkes oder rechtes Kind einzufügen ist. Außerdem wird als rechter bzw. linker Kindknoten von `node` wieder der Pseudoknoten `nullNode` gesetzt.

Programm 14.7
Einfügen für die Klasse `BinaryTree`

```
public boolean insert(Comparable c) {
  Node parent = head, child = head.getRight();
  while (child != nullNode) {
    parent = child;
    int cmp = child.compareKeyTo(c);
    if (cmp == 0)
      return false;
    else
      child = (cmp > 0 ? child.getLeft() :
        child.getRight());
  }
  Node node = new Node(c);
  if (parent.compareKeyTo(c) > 0)
    parent.setLeft (node);
  else
    parent.setRight (node);
  node.setLeft(nullNode); node.setRight(nullNode);
  return true;
}
```

Abbildung 14.9 verdeutlicht dieses Vorgehen für das Einfügen des Elementes »4« in den Suchbaum. Zu Beginn wird `child` auf das Element »6« gesetzt, `parent` ist dagegen `head`. Nach dem Durchlaufen der Schleife verweist `parent` auf das Element »5«. Da das neue Element kleiner ist, muss es als linker Nachfolger eingefügt werden.

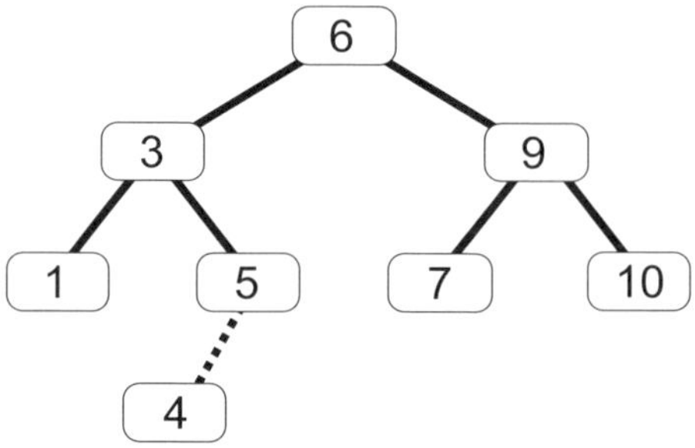

Abbildung 14.9
Einfügen im binären Suchbaum

Die komplizierteste Operation im binären Suchbaum ist das Löschen. Dies liegt daran, dass beim Entfernen eines inneren Knotens einer der beiden Teilbäume des Knotens »hochgezogen« und gegebenenfalls umgeordnet werden muss.

Hochziehen eines Teilbaumes

Grundsätzlich müssen beim Löschen eines Knotens k drei Fälle berücksichtigt werden:

1. Der Knoten k ist ein *Blatt*. Dieser Fall ist der einfachste, da hier nur der Elternknoten zu bestimmen ist und dessen Verweis auf Knoten k entfernt werden muss.
2. Der Knoten k besitzt nur *ein Kindknoten*. In diesem Fall ist der Verweis vom Elternknoten auf den Kindknoten von k umzulenken.
3. Der Knoten k ist ein innerer Knoten mit *zwei Kindknoten*. Hierbei muss der Knoten durch den am *weitesten links* stehenden Knoten des *rechten* Teilbaumes ersetzt werden, da dieser in der Sortierreihenfolge der nächste Knoten ist. Alternativ kann auch der am weitestens rechts stehende Knoten des linken Teilbaumes verwendet werden.

Ersetzen eines Knotens

Für das Ersetzen eines Knotens gibt es wiederum zwei Varianten: Entweder werden die Daten der Knoten ausgetauscht oder es werden nur die Verweise auf die Knoten aktualisiert. Die erste Variante ist einfacher zu implementieren, die zweite Methode vermeidet ein unter Umständen aufwendiges Kopieren.

Algorithmus 14.8 zeigt den Vorgang des Löschens in Pseudocode-Notation unter Verwendung der Suchmethode und der Bestimmung des minimalen Elementes.

Algorithmus 14.8
Löschen im binären Suchbaum

algorithm RemoveNode (T, x)
Eingabe: Suchbaum T, Schlüssel x des zu löschenden Elementes

k := BinTreeSearchRecursive ($T.root$, x);

```
if k = null then return fi;
p := parent (k);
/* 1. Fall */
if k ist Blattknoten then
  if k ist linkes Kind then p.left := null
                        else p.right := null fi
/* 2. Fall */
else if k.left = null then
  if k ist linkes Kind then p.left := k.right
                        else p.right := k.right fi
else if k.right = null then
  if k ist linkes Kind then p.left := k.left
                        else p.right := k.left fi
else /* 3. Fall */
  child := MinElement (k.right);
  Ersetze k durch child
fi
```

Der Ausschnitt in Programm 14.8 zeigt mit der Methode `remove` eine mögliche Implementierung des Löschens. Im ersten Schritt wird in der schon bekannten Weise der Knoten mit dem gesuchten Element im Baum lokalisiert und in der Variablen `node` gesichert. Hierbei ist auch wieder ein Zeiger `parent` auf den Elternknoten zu verwalten. Konnte kein Knoten mit dem gegebenen Element gefunden werden, so wird die Methode an dieser Stelle verlassen.

Programm 14.8 *Löschen für die Klasse* `BinaryTree`

```
public boolean remove(Comparable c) {
  TreeNode parent = head, node = head.getRight(),
           child = null, tmp = null;

  // zu löschenden Knoten suchen
  while (node != nullNode) {
    int cmp = node.compareKeyTo(c);
    if (cmp == 0)
      break;
    else {
      parent = node;
      node = (cmp > 0 ? node.getLeft() : node.getRight());
    }
  }
  if (node == nullNode)
    // Kein Knoten gefunden
    return false;
```

```
  // Fall 1
  if (node.getLeft() == nullNode &&
      node.getRight() == nullNode)
    child = nullNode;
  // Fall 2
  else if (node.getLeft() == nullNode)
    child = node.getRight();
  else if (node.getRight() == nullNode)
    child = node.getLeft();
  else { // Fall 3
      // minimales Element suchen
    child = node.getRight(); tmp = node;
    while (child.getLeft() != nullNode) {
      tmp = child;
      child = child.getLeft();
    }
    child.setLeft(node.getLeft());
    if (tmp != node) {
      tmp.setLeft(child.getRight());
      child.setRight(node.getRight());
    }
  }
  if (parent.getLeft() == node)
    parent.setLeft(child);
  else
    parent.setRight(child);
  return true;
}
```

Im zweiten Schritt erfolgt der eigentliche Löschvorgang mit der Behandlung der drei oben aufgeführten Fälle, indem der am weitesten links stehende Knoten des rechten Teilbaumes des `node`-Knotens ermittelt und durch den Zeiger `child` referenziert wird. Dieser Knoten wird dann der Ersatzknoten für den zu löschenden Knoten. Der Elternknoten von `child` wird ebenfalls benötigt und deshalb in der Variablen `tmp` referenziert. In Abbildung 14.10 ist dies anhand des Löschens des Knotens »3« verdeutlicht. Die Zeiger `node` und `parent` verweisen auf den zu löschenden Knoten und dessen Elternknoten. Als »Ersatzknoten« (bezeichnet mit `child`) wird der Knoten »4« ausgewählt, entsprechend verweist `tmp` auf dessen Vorgänger »5«. Die Kinder von `node` müssen nun so umgehängt werden, dass der Knoten »1« linkes Kind und der Knoten »5« rechtes Kind des `child`-Knotens werden, der an die Stelle von `node` gesetzt wird.

Allgemein muss der rechte Teilbaum des `child`-Knotens als linker Teilbaum von `tmp` umgehängt und der rechte Nachfolger auf den rechten Nachfolger des gelöschten Knotens gesetzt werden. Die beiden letzteren Aktionen dürfen jedoch nur dann durchgeführt werden, wenn der `child`-Knoten kein direkter Nachfolger des gelöschen Knotens ist, d.h., es muss `tmp != node` gelten.

Nach diesen Aktionen ist der `node`-Knoten isoliert und damit aus dem Baum entfernt. Im letzten Schritt wird schließlich noch die Verbindung vom `parent`-Knoten zum `child`-Knoten hergestellt.

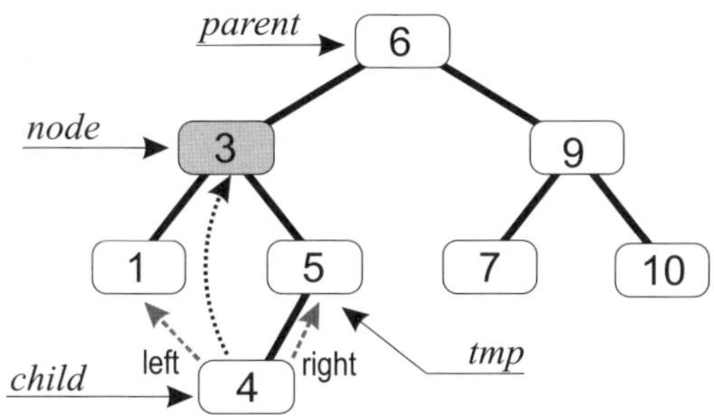

Abbildung 14.10 *Löschen im binären Suchbaum*

Eine Sonderbehandlung des Wurzelknotens ist hier nicht nötig, da dieser aufgrund des Pseudoknotens `head` im Prinzip auch ein innerer Knoten ist.

14.3.3 Komplexität der Operationen

Analysiert man die Operationen für binäre Suchbäume, so wird deutlich, dass jeweils nur ein Pfad von der Wurzel bis zum entsprechenden Knoten bearbeitet wird. Der Aufwand wird daher ausschließlich durch die *Höhe* des Baumes bestimmt, so dass wir als Komplexität $O(h)$ für einen Baum der maximalen Höhe h angeben können.

Höhe

Problematisch ist dabei jedoch, dass bei einfachen Suchbäumen in der hier betrachteten Form für eine gegebene Menge von Elementen verschiedene Bäume durch eine unterschiedliche Einfügereihenfolge entstehen können. So ergibt beispielsweise die Folge

$$6, 3, 9, 1, 5, 7, 10$$

den Suchbaum in Abbildung 14.11(a), der mit einer Höhe von 3 *ausgeglichen* ist, während die Folge

Ausgeglichener Baum

$$1, 3, 5, 6, 7, 9, 10$$

zu einem entarteten Baum (Abbildung 14.11(b)) mit der Höhe 7 führt.

Abbildung 14.11 »Gute« und »schlechte« Suchbäume

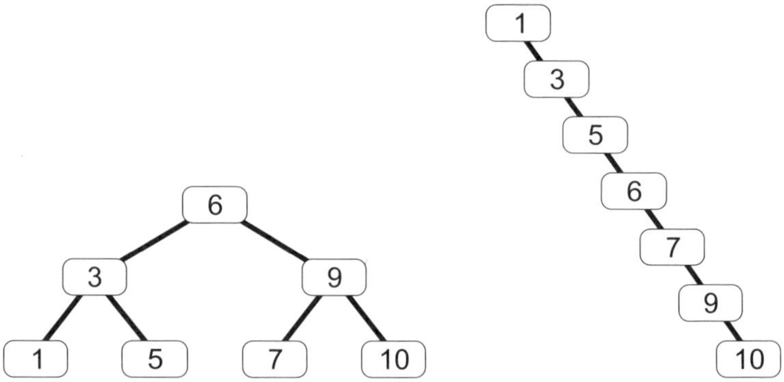

(a) ausgeglichen (b) entartet

Entarteter Baum

Welche Höhe kann nun ein Baum mit n Knoten erreichen? Für den schlechtesten Fall entartet der Baum zu einer Liste und hat damit die Höhe n. Hat dagegen jeder innere Knoten zwei Nachfolger, so gibt es 1 Knoten auf Niveau 0, 2 Knoten auf Niveau 1, 4 Knoten auf Niveau 2 usw. bis 2^k Knoten auf Niveau k. Insgesamt kann ein Baum der Höhe $k + 1$ damit $2^k + 2^{k-1} + \cdots 4 + 2 + 1 = 2^{k+1} - 1$ Suchwerte fassen! Demzufolge hat ein solcher Baum bei n Knoten eine Höhe von $\log_2 n$. Suchbäume mit einer logarithmischen Höhe nennt man auch *ausgeglichene* oder *balancierte* Bäume. Sie zeichnen sich dadurch aus, dass für eine vorgegebene Zahl n von Elementen die Höhe h möglichst klein ist. Wie diese Eigenschaft erreicht werden kann, werden wir im folgenden Abschnitt näher betrachten.

Logarithmische Höhe

14.4 Ausgeglichene Bäume

Wie kann nun verhindert werden, dass ein Suchbaum bei einer »ungünstigen« Einfügereihenfolge entartet? Grundsätzlich kann man versuchen, den Baum nach jeder Einfüge- und Löschoperation auszugleichen. Dies kann jedoch zur Folge haben, dass unter Umständen jeder Knoten bewegt werden muss, wie dies in Abbildung 14.12 für das Einfügen des Elementes »1« dargestellt ist.

Abbildung 14.12 Vollständiges Ausgleichen eines Baumes

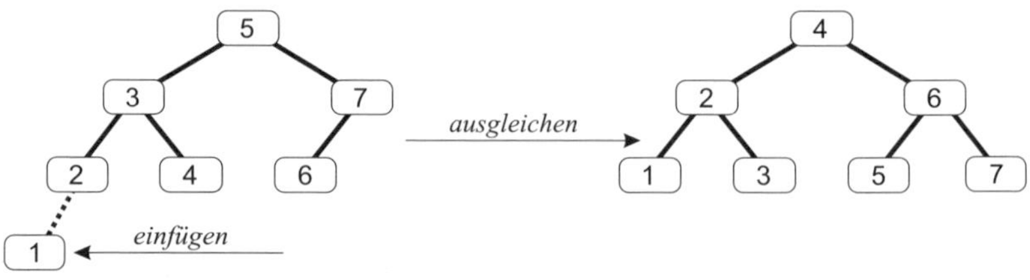

Wir werden im Folgenden drei Lösungsideen vorstellen, die dieses Problem vermeiden:

- *Rot-Schwarz-Bäume* umgehen aufwendige Strukturänderungen zur Wiederherstellung der Ausgeglichenheit, indem sie mehr Flexibilität beim Einfügen durch Knoten mit mehr als einem Schlüssel zulassen. *Rot-Schwarz-Bäume*
- *AVL-Bäume* basieren auf einem abgeschwächten Kriterium für eine ausgeglichene Höhe. *AVL-Bäume*
- *B-Bäume* besitzen eine ausgeglichene Höhe, lassen aber einen unausgeglichenen Verzweigungsgrad zu. *B-Bäume*

Rot-Schwarz- und AVL-Bäume werden in vielen Lehrbüchern zu Datenstrukturen behandelt und sind daher die wohl bekanntesten Beispiele für ausgeglichene Bäume. Sie garantieren insbesondere die oben bereits erwähnte Höhenbeschränkung auf $O(\log n)$ bei n Knoten. B-Bäume kommen (in teilweise modifizierter Form) speziell in Datenbanksystemen als Indexstrukturen zum Einsatz.

14.4.1 Rot-Schwarz-Bäume

Flexibilität bei der Schlüsselanzahl

Ein Ansatz zur Vermeidung der Entartung von Suchbäumen beim Einfügen ist eine größere Flexibilität bezüglich der Anzahl der Schlüssel pro Knoten: Erlaubt man mehr als einen Schlüssel (und damit mehr als zwei Nachfolger), lassen sich Strukturänderungen auf einen engen Bereich des Baumes beschränken, was wiederum den Aufwand für das Ausgleichen reduziert.

2-3-4-Bäume

Knotenarten

Dies führt zunächst zur Idee des 2-3-4-Baumes, der neben den einfachen Knoten des Binärbaumes (so genannte 2-Knoten) auch 3-Knoten (mit drei Nachfolgern bzw. zwei Schlüsseln) und 4-Knoten (mit vier Nachfolgern bzw. drei Schlüsseln) erlaubt. Für die 3- und 4-Knoten gilt, dass die Schlüssel jeweils geordnet sind, so dass die Kante zwischen zwei Schlüsseln auf einen Teilbaum mit Werten verweist, die zwischen den beiden Schlüsseln liegen. Abbildung 14.13 zeigt ein Beispiel eines solchen Baumes, wobei die leeren Verweise zur Verdeutlichung der Anzahl der Nachfolger als kleine Quadrate dargestellt sind.

Suchen

Die Suche in einem 2-3-4-Baum erfolgt im Prinzip wie in einem Binärbaum, wobei der gesuchte Schlüssel natürlich bei 3- und 4-Knoten mit allen Schlüsselwerten des Knotens verglichen und die Suche gegebenenfalls im entsprechenden Teilbaum fortgesetzt werden muss. Interessanter ist das Einfügen: Zunächst muss wieder durch eine (erfolglose)

Abbildung 14.13
2-3-4-Baum

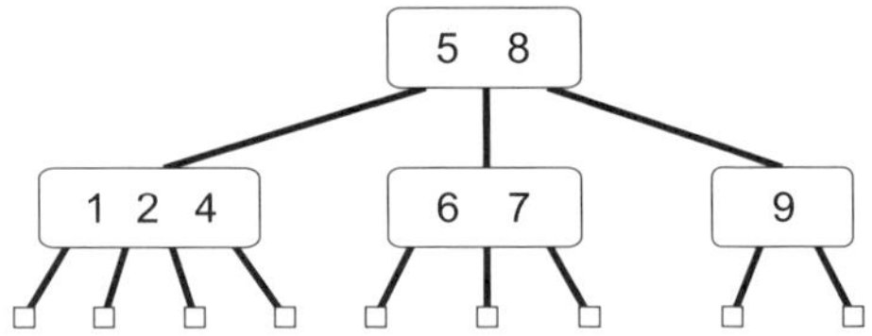

Suche die Einfügeposition im Baum ermittelt werden. Handelt es sich dabei um einen 2- oder einen 3-Blattknoten, so kann dieser einfach um das neue Element erweitert werden. Ein 4-Knoten kann dagegen keine weiteren Elemente aufnehmen und muss daher geteilt werden. Dies erfolgt, indem aus dem 4-Knoten zwei 2-Knoten gebildet werden und das mittlere Schlüsselelement zum Vaterknoten verschoben wird. Sofern der Vaterknoten wiederum ein 4-Knoten ist, muss auch dieser geteilt werden usw. Günstiger als ein solcher Bottom-up-Ansatz ist hier ein Top-down-Vorgehen: Bei einer Einfügeoperation werden auf dem Weg von der Wurzel bis zur Einfügeposition einfach alle besuchten 4-Knoten vorsorglich in 2-Knoten aufgeteilt. Somit erfolgt das Ausgleichen automatisch, d.h., außer dem Aufsplitten der 4-Knoten sind beim Einfügen keine weiteren Vorkehrungen zu treffen! Darüber hinaus weisen 2-3-4-Bäume noch eine weitere positive Eigenschaft auf: Sofern alle Blattknoten auf derselben Stufe (Niveau) liegen, müssen beim Suchen in einem Baum mit n Knoten maximal $\log_2(n+1)$ Knoten besucht werden.

Teilen von Knoten

Bottom up vs. top down

Struktur von Rot-Schwarz-Bäumen

Abbildung 14.14
Repräsentation von 3- und 4-Knoten im Rot-Schwarz-Baum

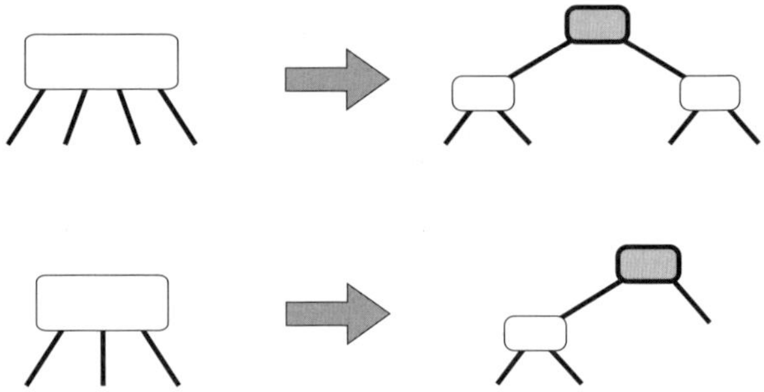

Obwohl das »automatische« Ausgleichen beim 2-3-4-Baum sehr angenehm ist, erweist sich die Verwaltung von Knoten mit unterschiedlicher Schlüsselanzahl doch als recht umständlich. Man kann aber 2-3-4-Bäume auch als gewöhnliche Binärbäume (d.h. nur mit 2-Knoten) darstellen. Dazu werden die 3- und 4-Knoten einfach durch kleine Binärbäume repräsentiert, deren verbindende Kanten rot markiert werden, während die Kanten des ursprünglichen 2-3-4-Baumes schwarz sind.

Binäre Repräsentation von 2-3-4-Bäumen

Ein solcher Baum wird als *Rot-Schwarz-Baum* bezeichnet. Die Repräsentation von 3- bzw. 4-Knoten in einem solchen Baum ist in Abbildung 14.14 illustriert.

Da die »Farbe« einer Kante im Knoten gespeichert werden muss (z.B. als Bitwert) und damit ein Knoten die Farbe der Kante zu seinem Elternknoten annimmt, kann man auch von roten und schwarzen Knoten sprechen. Daher sind in Abbildung 14.14 sowie in den folgenden Beispielen die Knoten auch entsprechend markiert: Schwarze Knoten sind grau hinterlegt, rote Knoten sind weiß. Ein Rot-Schwarz-Baum ist somit wie folgt definiert:

Definition 14.1
Rot-Schwarz-Baum

Ein Rot-Schwarz-Baum ist ein binärer Suchbaum, der folgende Kriterien – die so genannten Rot-Schwarz-Eigenschaften – erfüllt:

1. Jeder Knoten ist entweder rot oder schwarz.
2. Jeder Blattknoten (Null-Knoten) ist per Definition schwarz.
3. Die Kinder jedes roten Knotens sind schwarz.
4. Für jeden Knoten k gilt: Jeder Pfad von k zu einem Blatt enthält die gleiche Anzahl schwarze Knoten.

□

Da es sich somit um einen binären Baum handelt, lassen sich einige der Grundoperationen aus Abschnitt 14.3 direkt übernehmen. Insbesondere die Such- und Traversierungsmethoden sind ohne Änderung anwendbar – der Farbwert der Knoten wird einfach ignoriert.

Einfügen

Dagegen ist das Einfügen in einen Rot-Schwarz-Baum etwas komplizierter, weil die Einhaltung der Rot-Schwarz-Eigenschaften gewährleistet werden muss. Dies wird wie im 2-3-4-Baum durch Splitten der – hier virtuellen – 4-Knoten erreicht. Wie oben bereits angesprochen kann dies bottom-up (durch »normales« Einfügen wie im binären Suchbaum und anschließendes Splitten der 4-Knoten aufwärts) oder top-down (Splitten aller besuchten 4-Knoten auf dem Weg von der Wurzel bis zur Einfügeposition) erfolgen. Im Folgenden beschränken wir uns wieder auf die nichtrekursive Top-down-Variante.

Beim Durchwandern des Baumes von der Wurzel bis zur Einfügeposition müssen also alle 4-Knoten, d.h. Knoten, deren beide Kinder rot sind, gesplittet werden. Hierbei sind zwei Hauptfälle zu unterscheiden:

1. der 4-Knoten hängt an einem 2-Knoten,
2. der 4-Knoten hängt an einem 3-Knoten.

Fall 1 ist in Abbildung 14.15 sowohl in der 2-3-4-Baum-Variante als auch in Rot-Schwarz-Notation dargestellt. Wie aus der 2-3-4-Baum-Notation ersichtlich, erfolgt das Auflösen durch Umwandlung des Elternknotens in einen 3-Knoten. Im Rot-Schwarz-Baum entspricht dies einem einfachen Umfärben der Knoten. Der dazu symmetrische Fall (der 4-Knoten ist rechtes Kind) kann auf gleiche Weise behandelt werden. Die relevanten Knoten sind mit »n« (für den aktuell betrachteten Knoten), »p« (für dessen Elternknoten – *parent*) und »g« (für den Elternknoten von p – *grandparent*) bezeichnet, die anderen beteiligten Knoten sind mit v, w, x, y benannt.

Umfärben

Abbildung 14.15
Fall 1 des Splittens im Rot-Schwarz-Baum

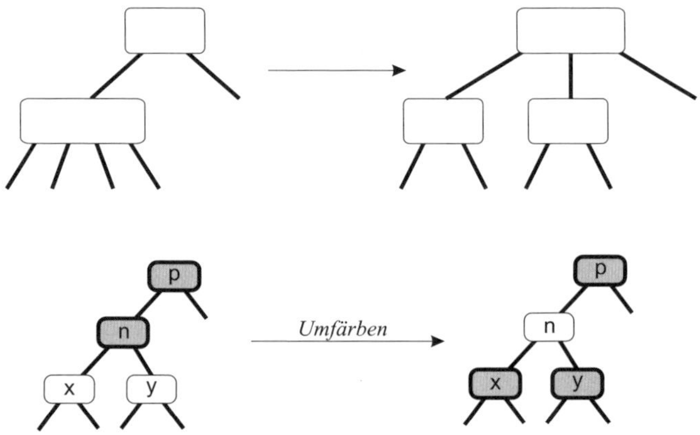

Fall 2 kann entsprechend der Kantenanzahl des Elternknotens in drei Varianten auftreten, wobei jedoch zwei davon symmetrisch zueinander sind. Die erste Variante (mit Fall 2A bezeichnet) ist in Abbildung 14.16 dargestellt: Der 4-Knoten ist an einer der äußeren Kanten des Elternknotens angehängt. Das Ausgleichen erfolgt hier in zwei Schritten. Zunächst wird wieder das Umfärben der Knoten durchgeführt. Da danach zwei rote Knoten aufeinander folgen, muss anschließend durch eine *Rotation* wieder die Rot-Schwarz-Eigenschaft hergestellt werden. Eine Rotation ist dabei eine Strukturtransformation des Baumes (d.h. eine Vertauschung von Knoten), die jedoch die Sortierung der Knoten beibehält. Der Effekt dieser Operation ist in Abbildung 14.16 illustriert.

Rotation

In der zweiten Variante von Fall 2 (Fall 2B) ist der 4-Knoten das mittlere Kind seines Elternknotens. Die Behandlung dieses Falls erfordert eine Doppelrotation. Ein Beispiel für diese Situation ist in Abbildung 14.17 angegeben. Dabei sollte der Unterschied zu Fall 2A deutlich werden: Während dort der 4-Knoten und sein Elternknoten Kinder gleichen Typs waren (also entweder linke oder rechte Kinder im Rot-

Doppelrotation

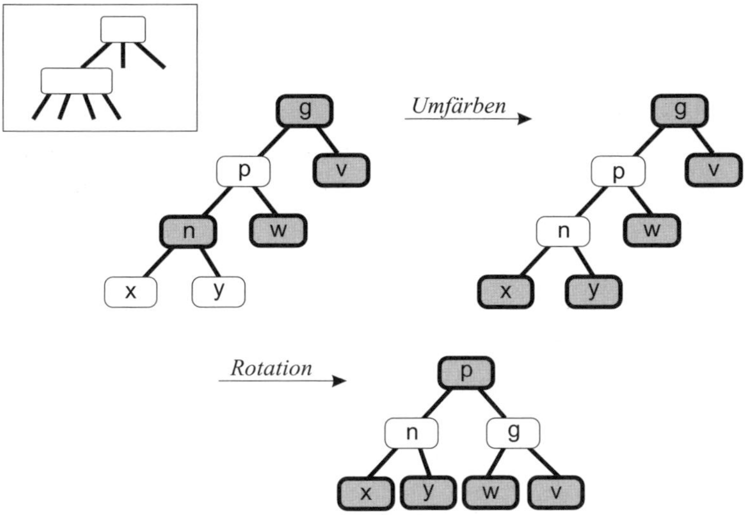

Abbildung 14.16
Fall 2A des Splittens

Schwarz-Baum), weisen sie im Fall 2B verschiedene Typen auf. Die erste Rotation überführt den Teilbaum somit zunächst in die Form von Fall 2A und behandelt diesen dann wie oben beschrieben durch eine weitere Rotation.

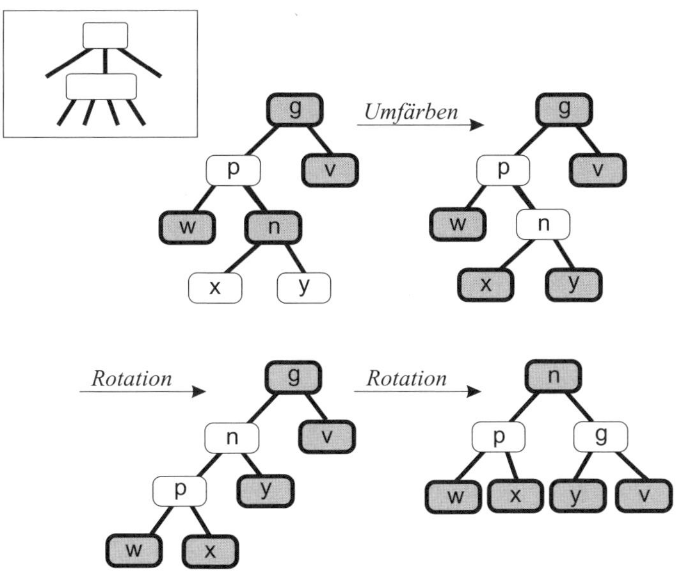

Abbildung 14.17
Fall 2B des Splittens

Für eine Implementierung des Rot-Schwarz-Baumes muss zunächst wieder eine eigene Knotenklasse `RBNode` definiert werden. Dies könnte durch Spezialisierung der Klasse `TreeNode` aus Programm 14.1 erfolgen, indem ein Attribut `red` hinzugefügt wird. Die vererbten Zugriffsmethoden getLeft bzw. getRight liefern jedoch weiterhin jeweils Objekte der Klasse TreeNode, so dass diese in den Rot-Schwarz-Baum-spezifischen Methoden in Instanzen von RBTree konvertiert werden müssten. Da dies die Lesbarkeit erschwert, definieren wir im Folgenden eine eigene Klasse. Die nicht dargestellten Methoden zur Initialisierung (d.h. der Konstruktor) sowie die Suchmethode entsprechen den Methoden der Klasse BinaryTree.

Programm 14.9
Knotenklasse für RedBlackTree

```
public class RedBlackTree {
  static class RBNode {
    RBNode left = null, right = null;
    Object key;
    boolean red = false;

    public RBNode(Object o) { key = o; }
    public Object getKey() { return key; }
    public RBNode getLeft() { return left; }
    public RBNode getRight() { return right; }
    public boolean isRed() { return red; }
    public void setLeft(RBNode n) { left = n; }
    public void setRight(RBNode n) { right = n; }
    public void setRed(boolean b) { red = b; }
    ...
  }

  private TreeNode head, nullNode;
}
```

In Programm 14.10 ist die Implementierung der neuen insert-Methode dargestellt, die an die in [Sed02a] vorgeschlagene Variante angelehnt ist. Zunächst wird durch die Binärbaum-Suche die Einfügeposition ermittelt. Dabei werden auch jeweils der Elternknoten (parent), der Großvater (grand für »grandparent«) und auch dessen Vorfahren (great für »great-grandparent«) in den entsprechenden Variablen vermerkt. Für jeden besuchten Knoten node wird außerdem geprüft, ob seine Kindknoten rot sind, d.h., ob es sich um einen 4-Knoten handelt. In diesem Fall wird der Knoten durch Aufruf der Methode split geteilt. Ist die Einfügeposition erreicht (der aktuelle Knoten ist ein Null-Knoten), so wird ein neuer Knoten erzeugt und in Abhängigkeit vom einzufügenden Wert als linkes oder rechtes Kind an den parent-Knoten (den untersten Nicht-Null-Knoten) angehängt. Eingefügte Knoten werden immer als Teil eines 4-Knotens angenommen, so dass für diese ebenfalls ein Split durchzuführen ist.

Programm 14.10
Einfügen im Rot-Schwarz-Baum

```
public boolean insert(Comparable c) {
  RBNode node, great, grand, parent;
  int cmp = 0;

  node = parent = grand = great = head;
  while (node != nullNode) {
    great = grand; grand = parent; parent = node;
    cmp = node.compareKeyTo(c);
    if (cmp == 0)
      return false;
    else
      node = (cmp > 0 ? node.getLeft() :
        node.getRight();
    if (node.getLeft().isRed() &&
      node.getRight().isRed())
      split(c, node, parent, grand, great);
  }
  node = new RBNode(c);
  node.setLeft(nullNode);
  node.setRight(nullNode);
  if (parent.compareKeyTo(c) > 0)
    parent.setLeft(node);
  else
    parent.setRight(node);
  split(c, node, parent, grand, great);
  return true;
}
```

Split-Operation

Die Split-Operation wird ebenfalls durch eine eigene Methode `split` realisiert, die als Parameter das einzufügende Element sowie den zu teilenden Knoten und dessen Vorfahren benötigt (Programm 14.11). In dieser Methode wird im ersten Schritt das Umfärben durchgeführt (Fall 1). Danach wird geprüft, ob der Elternknoten ein 3-Knoten ist, d.h., ob der `parent`-Knoten rot ist. Wenn dies zutrifft (Fall 2), so wird zunächst untersucht, ob der aktuelle Knoten `node` und dessen Elternknoten gleich orientiert sind, also beide entweder linke oder rechte Kinder sind. Dies kann einfach durch Vergleich der jeweiligen Vorfahren mit dem Einfügewert realisiert werden: Sind beide entweder kleiner oder größer (die `compareKeyTo`-Methodenaufrufe liefern den gleichen Wert), dann sind beide Knoten gleich orientiert. Anderenfalls ist Fall 2B eingetreten, der durch eine zusätzliche Rotation in Fall 2A überführt werden muss. Anschließend wird durch eine weitere Rotation Fall 2A behandelt. Der letzte Schritt ist das »Schwärzen« des geteilten Knotens sowie des Wurzelknotens für den Fall, dass dieser zuvor als 4-Knoten behandelt und deshalb rot gefärbt wurde. Da dies eigentlich nicht notwendig ist, wird die Farbe ohne Test auf Schwarz gesetzt.

Programm 14.11
Splitten von 4-Knoten im Rot-Schwarz-Baum

```
private void split(Comparable c, RBNode node,
    RBNode parent, RBNode grand, RBNode great) {
  node.setRed(true);
  node.getLeft().setRed(false);
  node.getRight().setRed(false);
  if (parent.isRed()) {
    grand.setRed(true);
    if (grand.compareKeyTo(c) !=
      parent.compareKeyTo(c))
      parent = rotate(c, grand);
    node = rotate(c,great);
    node.setRed(false);
  }
  head.getRight().setRed(false);
}
```

Als letzte Methode wird noch die `rotate`-Operation benötigt. Grundsätzlich könnten dabei die einzelnen Varianten der Rotation nach links bzw. rechts bzw. mit gleicher oder verschiedener Orientierung durch eine Fallunterscheidung behandelt werden. Eleganter ist jedoch die Lösung aus [Sed02a], wobei die für die Rotation benötigten Nachfolgerknoten anhand des Suchschlüssels wiedergefunden werden (Programm 14.12).

Programm 14.12
Rotation im Rot-Schwarz-Baum

```
private RBNode rotate(Comparable c, RBNode node) {
  RBNode child, gchild;

  child = (node.compareKeyTo(c) > 0 ? node.getLeft() :
      node.getRight();
  if (child.compareKeyTo(c) > 0) {
    gchild = child.getLeft();
    child.setLeft(gchild.getRight());
    gchild.setRight(child);
  }
  else {
    gchild = child.getRight();
    child.setRight(gchild.getLeft());
    gchild.setLeft(child);
  }
  if (node.compareKeyTo(c) > 0)
```

```
    node.setLeft(gchild);
  else
    node.setRight(gchild);
  return gchild;
}
```

Betrachten wir die Wirkungsweise der vorgestellten Methoden anhand eines Beispiels. Gegeben sei der Rot-Schwarz-Baum aus Abbildung 14.18, in den der Wert »13« eingefügt werden soll, wobei die (schwarzen) Null-Knoten (Blätter) aus Gründen der Übersichtlichkeit nicht mehr dargestellt sind.

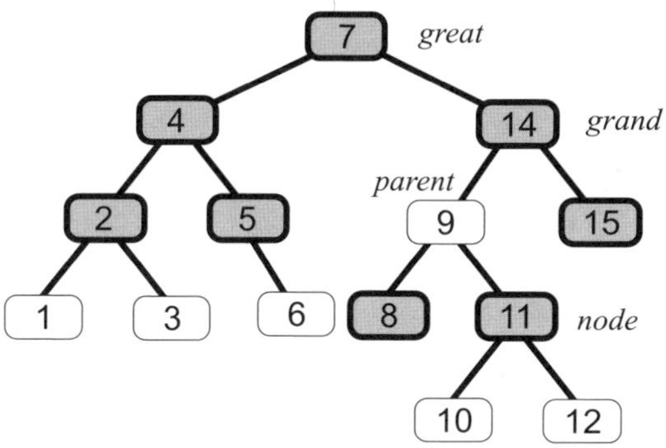

Abbildung 14.18 *Einfügen im Rot-Schwarz-Baum: Beispiel*

Bei der Suche nach der Einfügeposition wird der Baum zunächst bis zum Knoten »11« durchlaufen, der aufgrund seiner roten Kinder als 4-Knoten identifiziert wird. Daher wird die `split`-Methode für diesen Knoten aufgerufen, wobei die Parameter wie in Abbildung 14.18 dargestellt belegt sind. Der erste Schritt ist das Umfärben des `node`-Knotens sowie seiner Kinder. Da die Kanten zu `parent` bzw. zu `grand` unterschiedlich orientiert sind, muss eine Doppelrotation durchgeführt werden. Hier wird zunächst der Knoten »11« über den Knoten »9« nach oben gezogen und im zweiten Schritt schließlich noch über den Knoten »14«. Danach kann der neue Knoten »13« eingefügt werden. Nach dem abschließenden Schwärzen ergibt sich die Situation in Abbildung 14.19, wobei nur der relevante Teil des Baumes dargestellt ist.

Die Löschoperation im Rot-Schwarz-Baum kann im Prinzip auf ähnliche Weise wie das Einfügen realisiert werden. Auch hier bieten sich wieder sowohl die Bottom-up- als auch die Top-down-Variante an, wobei beim Top-down-Ansatz der Baum so umstrukturiert wird, dass der zu löschende Knoten rot wird, da der Knoten dann einfach entfernt werden kann [Wei98].

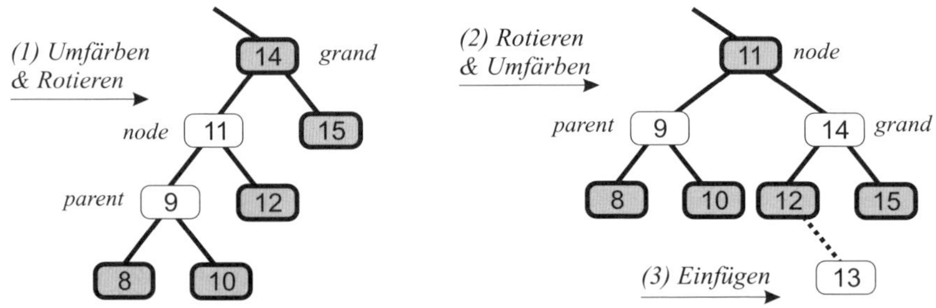

Abbildung 14.19 Rotationen beim Einfügen von »13«

Rot-Schwarz-Bäume stellen eine interessante Variante von ausgeglichenen Bäumen dar. Eine wesentliche Eigenschaft ist dabei das Verhalten im ungünstigsten Fall, der eintritt, wenn auf dem Pfad von der Wurzel zu einem Blatt abwechselnd rote und schwarze Knoten liegen. In diesem Fall sind maximal $2\log_2(n+1)$ Vergleiche notwendig gegenüber dem günstigsten Fall von $\log_2(n+1)$ bei ausschließlich schwarzen Knoten. Interessant ist dabei insbesondere, dass dieses Verhalten mit geringem Aufwand (einige wenige lokale Rotationen) erreicht wird.

14.4.2 AVL-Bäume

AVL-Bäume sind eine weitere Form von binären Suchbäumen, die das Entarten vermeiden und dabei den Aufwand beim Ausgleichen begrenzt halten. Die Bezeichnung *AVL* hat ihren Ursprung in den Namen der »Erfinder« dieser Datenstruktur, den russischen Mathematikern G. M. Adelson-Velskii und E. M. Landis. Ein binärer Suchbaum ist ein AVL-Baum, wenn das AVL-Kriterium erfüllt ist:

Definition 14.2 *AVL-Kriterium*

Für jeden (inneren) Knoten ist der absolute Betrag der Differenz der Höhen des linken und rechten Teilbaumes maximal 1. □

Es sei angemerkt, dass es nicht genügt, dieses Kriterium nur für die Wurzel zu fordern, da beide Teilbäume der Wurzel entartet sein können. In Abbildung 14.20 ist die AVL-Eigenschaft verdeutlicht. Im linken Beispiel ist die Eigenschaft für jeden Teilbaum erfüllt, dagegen verletzen im rechten Beispiel die beiden Teilbäume der Wurzel die Forderung nach einer maximalen Höhendifferenz von 1.

Während die Suchoperation für den AVL-Baum unverändert vom binären Suchbaum übernommen werden kann, erfordern die Manipulationsoperationen »Einfügen« und »Löschen« spezielle Vorkehrungen zur Erhaltung der AVL-Eigenschaft. Diese Operationen werden daher nachfolgend eingehender betrachtet.

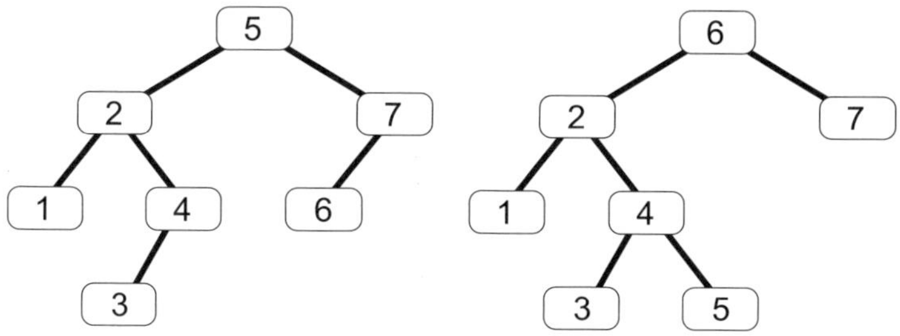

(a) AVL (b) nicht AVL

Abbildung 14.20
AVL-Eigenschaft am Beispiel

Einfügen in AVL-Bäumen

Das grundsätzliche Vorgehen beim Einfügen eines Elementes entspricht dem Algorithmus vom binären Suchbaum: Die Position im Baum wird durch Vergleiche der Schlüssel ermittelt und der neue Knoten wird als Blatt angefügt. Als Folge dieser Operation kann jedoch die AVL-Eigenschaft verletzt sein. Bezeichnet man die Differenz der Höhen der Teilbäume *left* und *right* eines Knotens k als Balance $b(k)$ mit

Balance

$$b(k) = \textit{height}\ (\textit{left}) \ - \ \textit{height}\ (\textit{right})$$

so gilt für die AVL-Eigenschaft:

$$b(k) \in \{-1, 0, +1\}$$

Nach dem Einfügen eines neuen Knotens kann die Balance auch die Werte -2 und $+2$ annehmen:

$$b(k) \in \{-2, -1, 0, +1, +2\}$$

Diese Verletzung der AVL-Eigenschaft muss nun durch Ausgleichen behoben werden. Da hierbei Knoten vertauscht werden müssen, ist eine Rotation notwendig.

Es lassen sich folgende Fälle identifizieren, die zu einer Verletzung der AVL-Eigenschaft führen können:

1. Einfügen in linken Teilbaum des linken Kindes
2. Einfügen in rechten Teilbaum des linken Kindes
3. Einfügen in rechten Teilbaum des rechten Kindes
4. Einfügen in linken Teilbaum des rechten Kindes

Hierbei sind die Fälle (1) und (3) sowie (2) und (4) symmetrisch und können daher in der gleichen Weise behandelt werden.

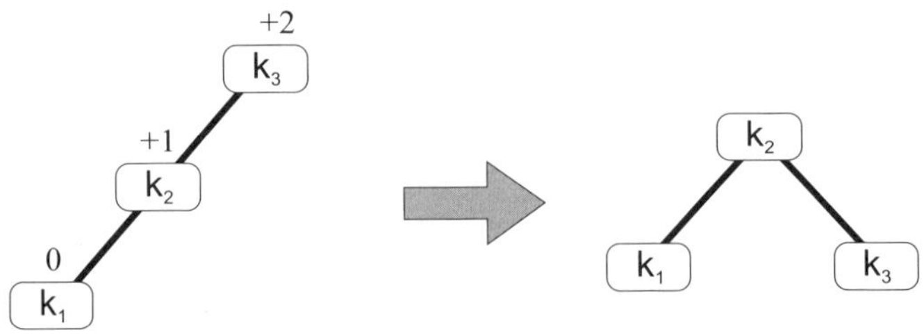

Abbildung 14.21
Einfache Rotation

Für das Ausgleichen wird ausgehend vom eingefügten Knoten k_0 ein Knoten k_1 auf dem Pfad zur Wurzel gesucht, dessen Großvater k_3 als erster unbalanciert ist, d.h. $b(k_3) \in \{-2, +2\}$. Dabei kann durchaus $k_1 = k_0$ sein. Der Vaterknoten von k_1 wird entsprechend als k_2 bezeichnet. In Abbildung 14.21 ist dies für Fall (1) dargestellt: Die Balance für Knoten k_3 verletzt hier mit dem Wert $+2$ die AVL-Eigenschaft. Der Teilbaum mit der Wurzel k_3 kann nun durch einfache Rotation von Knoten k_2 über k_3 ausgeglichen werden, so dass sich die neue Struktur mit k_2 als Wurzel und k_1 als linkes bzw. k_3 als rechtes Kind ergibt. Für Fall (3) erfolgt dies in analoger (spiegelbildlicher) Weise, d.h., hierbei werden k_3 linkes Kind und k_1 rechtes Kind von k_2.

Doppelrotation

Der Fall (2) erfordert dagegen eine *Doppelrotation* (Abbildung 14.22), da hier im rechten Teilbaum des linken Kindes bzw. im linken Teilbaum des rechten Kindes eingefügt wurde. Hier muss der Knoten k_1 Wurzel des ausgeglichenen Teilbaumes werden, da dessen Schlüssel zwischen k_2 und k_3 liegt. Die Bezeichnung »Doppelrotation« lässt sich durch das Rotieren von k_1 über k_2 und k_3 erklären. Für den Fall (4) erfolgt diese Operation wieder in spiegelbildlicher Weise.

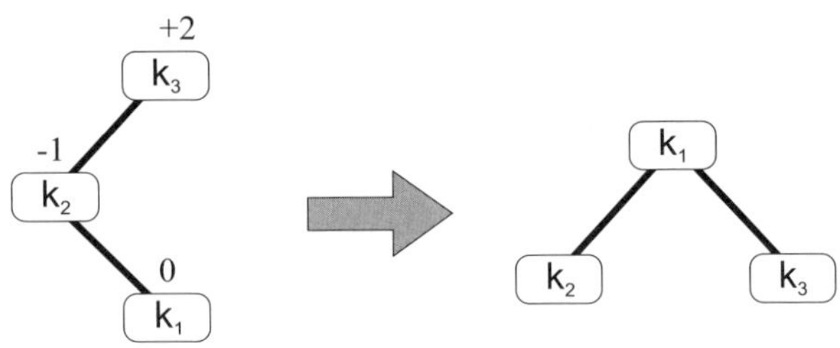

Abbildung 14.22
Doppelrotation

Zusammenfassend können wir für das Ausgleichen nach dem Einfügen folgende Regeln formulieren:

- Einfügen in linken Teilbaum des linken Kindes → Rotation mit linkem Kind
- Einfügen in rechten Teilbaum des linken Kindes → Doppelrotation mit linkem Kind

- ❑ Einfügen in rechten Teilbaum des rechten Kindes → Rotation mit rechtem Kind
- ❑ Einfügen in linken Teilbaum des rechten Kindes → Doppelrotation mit rechtem Kind

Beispiel 14.1 *Rotationen im AVL-Baum*

Ausgehend von einem leeren Baum sollen folgende Elemente in der angegebenen Reihenfolge eingefügt werden. Die dabei notwendigen Schritte und Rotationen sind jeweils beschrieben und in Abbildung 14.23 dargestellt:

1. Einfügen von 3, 2, 1
   Mit dem Einfügen des dritten Elementes wird die AVL-Eigenschaft der Wurzel verletzt. Eine einfache Rotation (in der Abbildung mit »*R*« gekennzeichnet) nach rechts von 2 über 3 – im Weiteren notiert als (2, 3) – stellt die Ausgeglichenheit wieder her.
2. Einfügen von 4, 5
   Danach ist eine einfache Links-Rotation (4,3) notwendig.
3. Einfügen von 6
   Durch eine einfache Rotation nach links (4,2) wird der Baum wieder ausgeglichen.
4. Einfügen von 7
   Dies erfordert eine einfache Rotation nach links (6,5).
5. Einfügen von 16, 15
   An dieser Stelle ist eine Doppelrotation nach links (7,15,16) auszuführen (in der Abbildung mit »*DR*« gekennzeichnet).

□

Implementierung in Java

Zur Implementierung des AVL-Baumes in Java ist es zunächst sinnvoll, wieder eine eigene Knotenklasse `AVLNode` zu definieren, um so den Grad der Ausgeglichenheit (Balance) vermerken zu können. Dies erfolgt, wie bereits auf Seite 364 im Rahmen des Rot-Schwarz-Baumes diskutiert, durch eine neue Klasse und die einfache Übernahme der Methode aus `TreeNode`. Entsprechend wird für die Klasse `AVLNode` zusätzlich ein Attribut `balance` eingeführt, das die Werte 0, 1 und -1 annehmen kann.

Programm 14.13 *Knotenklasse für den AVL-Baum*

```
public class AVLTree {
 static class AVLNode {
  AVLNode left = null, right = null;
  Object key;
```

```
    private int balance; // -1, 0 oder 1

    public AVLNode(Object o) { key = o; balance = 0; }
    public Object getKey() { return key; }
    public AVLNode getLeft() { return left; }
    public AVLNode getRight() { return right; }
    ...
    public int getBalance() { return balance; }
    public void setBalance(int b) { balance = b; }
  }
  private AVLNode head, nullNode;
  ...
```

Einfügen

Das Einfügen eines neuen Elementes erfolgt über die Methode `insertNode` (Programm 14.14), die im Gegensatz zu der Einfügeoperation des einfachen Suchbaumes rekursiv implementiert ist. Die rekursive Variante vereinfacht in diesem Fall das Ausgleichen des Baumes nach dem Einfügen, da die eventuell notwendigen Rotationen entlang des Pfades zur Wurzel ausgeführt werden müssen und der Pfad durch die rekursiven Aufrufe implizit verfügbar ist. In der Methode `insertNode` wird zunächst die richtige Position im Baum durch Ver-

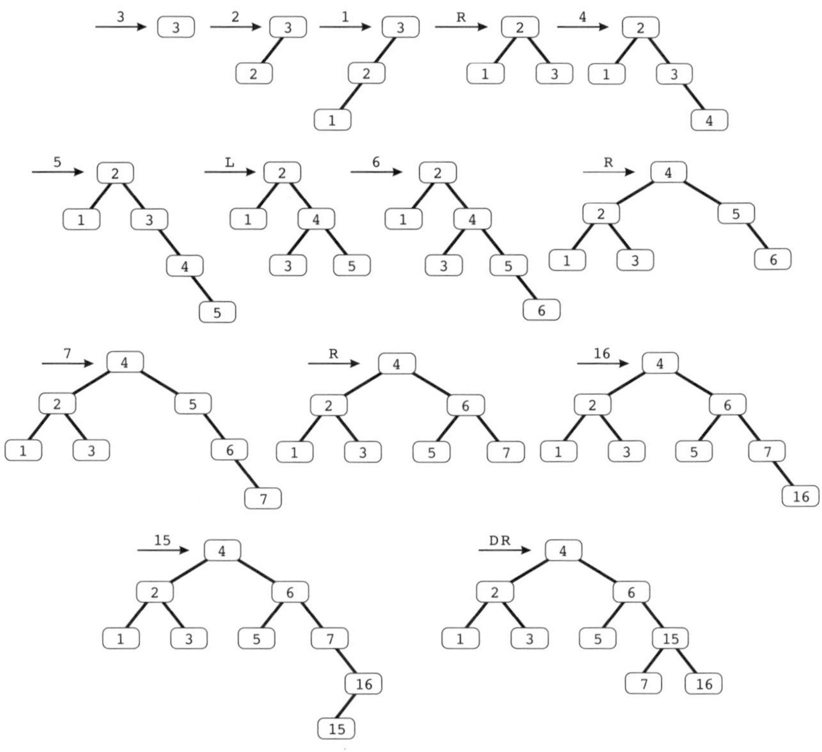

Abbildung 14.23 *Ergebnis der Rotationen aus Beispiel 14.1*

gleich mit dem aktuellen Knoten gesucht (1), wobei der aktuelle Knoten jeweils als Parameter n und das einzufügende Element als Parameter k übergeben werden. Wurde diese Position gefunden – im Fall des Einfügens im rechten Teilbaum ist dies daran erkennbar, dass der aktuelle Knoten n kein rechtes Kind besitzt –, wird ein neuer Knoten angelegt (5). Für den Knoten n wird außerdem die Balance aktualisiert: Wenn das neue Element als rechtes Kind eingefügt wurde, entspricht dies der Addition von 1, andernfalls muss der Wert 1 subtrahiert werden. Ist nun der Wert der Balance > 1 oder < -1, so ist ein Ausgleichen notwendig, was über die globale Variable rebalance vermerkt wird. Abschließend liefert die Methode eine Referenz auf den aktuellen Knoten zurück.

Aktualisierung der Balance

Ausgleichen

Nach dem Einfügen in einen Teilbaum ist anhand der Variablen rebalance erkennbar, ob ein Ausgleichen notwendig ist (2). Allerdings ist der Pseudoknoten head dabei ausgenommen, da dieser ja immer auf die eigentliche Wurzel zeigen soll und somit nicht rotiert werden darf. Der Wert der Balance des aktuellen Knotens bestimmt die Art der Ausgleichsoperation. Für die Balance »1« muss die Balance des rechten Kindes konsultiert werden. Ist diese ebenfalls »1« so bedeutet dies, dass im rechten Teilbaum des rechten Kindes eingefügt wurde und somit eine einfache Rotation nach links durchgeführt werden muss. Andernfalls ist eine Doppelrotation notwendig, die in unserer Implementierung durch eine Rechts-Links-Rotation realisiert ist. Da beide Rotationen zu einer neuen Wurzel des Teilbaumes führen, wird diese in der Variablen tmp verwaltet und als Ergebnis der Methode zurückgegeben. Zuvor muss jedoch noch die Balance der neuen Wurzel auf »0« gesetzt werden. Da beim rekursiven Aufruf von insertNode das Ergebnis als rechtes bzw. linkes Kind des aktuellen Knotens eingetragen wird, kann die Änderung der Knotenreihenfolge auf diese Weise erfolgen. Die Fälle mit den Werten »0« und »-1« für die Balance des aktuellen Knotens erfordern keine Umordnung, da durch Einfügen eines Knotens im rechten Teilbaum dieser Wert im Bereich $[-1 \ldots 1]$ bleibt. Allerdings muss die Balance entsprechend aktualisiert werden, d.h., der Wert ist zu inkrementieren.

Doppelrotation

Programm 14.14
Einfügen im AVL-Baum

```
AVLNode insertNode(AVLNode n, Comparable k) {
  AVLNode tmp;
  if (n.compareKeyTo(k) == 0) {
    rebalance = false;
    return n;
  }
```

```
else if (n.compareKeyTo(k) < 0) {
  // (1) weiter nach rechts gehen
  if (n.getRight() != nullNode) {
    // rechts einfügen
    n.setRight(insertNode(n.getRight(), k));
    if (n != head && rebalance)
      // (2) Ausgleichen notwendig
      switch (n.getBalance()) {
      case 1:
        if (n.getRight().getBalance() == 1) {
          // (3) Rotation nach links
          tmp = rotateLeft(n);
          tmp.getLeft().setBalance(0);
        }
        else {
          // (4) doppelte Rotation rechts-links
          int b = n.getRight().getLeft().getBalance();
          n.setRight(rotateRight(n.getRight()));
          tmp = rotateLeft(n);
          tmp.getRight().setBalance((b == -1) ? 1 : 0);
          tmp.getLeft().setBalance((b == 1) ? -1 : 0);
        }
        tmp.setBalance(0);
        rebalance = false;
        return tmp;
      case 0:
        n.setBalance(1);
        return n;
      case -1:
        n.setBalance(0);
        rebalance = false;
        return n;
    }
    else
      return n;
  }
  else {
    // (5) neuen Knoten anlegen
    AVLNode newNode = new AVLNode(k);
    newNode.setLeft(nullNode);
    newNode.setRight(nullNode);
    n.setRight(newNode);
    n.setBalance(n.getBalance() + 1);
    rebalance = (n.getBalance() >= 1);
    return n;
  }
```

```
  }
  else { // links einfügen (symmetrisch)
    ...
  }
  return null;
}

public void insert(Comparable k) {
  insertNode(head, k);
}
```

Im Programm 14.14 ist die Behandlung des »linken« Falls nicht dargestellt. Diese ist aber symmetrisch zum betrachteten Fall und kann leicht ergänzt werden.

Implementierung der Rotationen

Die Operationen zur Rotation sind ebenfalls als eigenständige Methoden implementiert (Programm 14.15), wobei nur die einfache Links- und die Rechts-Rotation benötigt werden, da die Doppelrotation durch Kombination dieser beiden Operationen realisiert werden kann. Die Rotationen selbst erfolgen durch »Umhängen« der Verweise auf die Kindknoten.

Programm 14.15
Rotationen im AVL-Baum

```
private AVLNode rotateLeft(AVLNode n) {
  AVLNode tmp = n.getRight();
  n.setRight(n.getRight().getLeft());
  tmp.setLeft(n);
  return tmp;
}

private AVLNode rotateRight(AVLNode n) {
  AVLNode tmp = n.getLeft();
  n.setLeft(n.getLeft().getRight());
  tmp.setRight(n);
  return tmp;
}
```

Löschen im AVL-Baum

Das Löschen im AVL-Baum erfordert im Prinzip das gleiche Vorgehen wie das Einfügen: Zunächst ist der entsprechende Knoten zu suchen, zu entfernen und schließlich die Balance des jeweiligen Teilbaumes durch Rotationen wiederherzustellen. Allerdings kann dieses Rotieren wiederum die Ausgeglichenheit des Elternknotens verletzen, so dass beim Löschen der gesamte Pfad aufwärts bis zur Wurzel verfolgt und für jeden Knoten gegebenenfalls die Balance wiederhergestellt werden muss. Dies kann wiederum rekursiv unter Verwendung der Rotationsmethoden aus Programm 14.15 implementiert werden, so dass wir an dieser Stelle auf die Darstellung der Java-Implementierung verzichten.

14.4.3 B-Bäume

B-Baum

Eine weitere Variante einer ausgeglichenen Baumstruktur ist der von R. Bayer und E. McCreight entwickelte B-Baum. Hierbei steht der Name »B« für balanciert, breit, buschig oder auch Bayer, *nicht* jedoch für binär. Die Grundidee des B-Baumes ist es gerade, dass der Verzweigungsgrad variiert, während die Baumhöhe vollständig ausgeglichen ist.

Den Ausgangspunkt bildet somit auch wieder ein ausgeglichener Suchbaum, bei dem alle Pfade von der Wurzel zu den Blättern gleich lang sind. Eine Variation des Verzweigungsgrades bedeutet nun, dass ein Knoten mehrere Elemente enthalten kann – wir sprechen daher von *Mehrwegebäumen*.

Mehrwegebäume

Prinzip des B-Baumes

Wendet man das Kriterium der Ausgeglichenheit auf einen Mehrwegebaum an, so müssten folgende Forderungen für einen vollständig ausgeglichenen Baum erfüllt sein:

1. Alle Wege von der Wurzel bis zu den Blättern sind gleich lang.
2. Jeder Knoten besitzt gleich viele Einträge.

B-Baum-Kriterium

Das vollständige Ausgleichen in einem solchen Baum wäre jedoch zu aufwendig. Daher wird das *B-Baum-Kriterium* eingeführt:

> *Jeder Knoten außer der Wurzel enthält zwischen m und $2m$ Schlüsselwerte.*

Seiten

Im Kontext von B-Bäumen spricht man auch von *Seiten* anstelle von Knoten. Seiten entsprechen dabei Speichereinheiten, die auf einem externen Medium verwaltet werden und mit einer Operation ein- bzw. ausgelagert werden können. Daher sind B-Bäume besonders gut für Datenstrukturen geeignet, die aufgrund ihrer Größe nicht mehr im Hauptspeicher, sondern extern, d.h. beispielsweise auf der Festplatte oder einer CD-ROM, gespeichert werden. Da eine Seite (bzw. ein Knoten) mehrere Elemente umfassen kann, lassen sich mit einem Seitenzugriff mehrere Elemente vom externen Medium in den Hauptspeicher bewegen. So wird die Anzahl der Zugriffe auf den externen Speicher deutlich reduziert. Das wohl wichtigste Einsatzgebiet von B-Bäumen sind Datenbanksysteme. Hier werden B-Bäume als Indexstrukturen verwendet, die einen schnellen Zugriff auf die eigentlichen Datensätze über

Einsatzgebiet

den Wert eines Elementes des Datensatzes (den so genannten Schlüssel) ermöglichen.

Der Aufbau einer Seite im B-Baum ist in Abbildung 14.24 dargestellt. Jede Seite enthält i geordnete Elemente oder Schlüsselwerte, wobei es einen Wert m gibt, so dass $m \leq i \leq 2m$ gilt. Dieses m wird auch als *Ordnung* des B-Baumes bezeichnet. Zusätzlich zu den Schlüsselwerten enthält jede Seite noch Verweise auf die Kindknoten mit den Unterbäumen, wobei für einen inneren Knoten jeweils $i+1$ solcher Verweise vorhanden sind.

Ordnung des B-Baumes

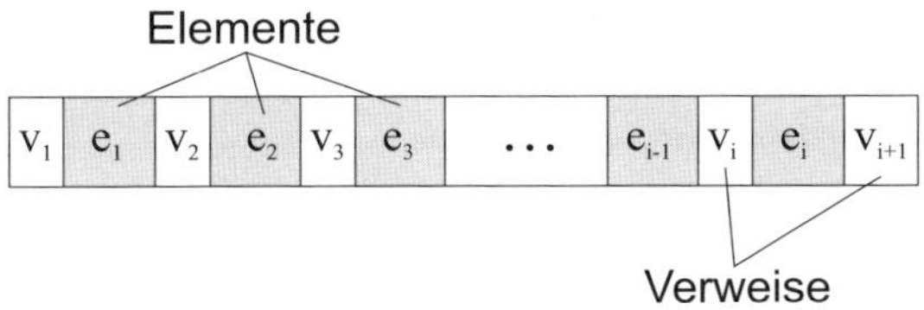

Abbildung 14.24 *Struktur einer Seite im B-Baum*

Die Höhe eines B-Baumes ergibt sich danach bei minimaler Füllung aus $\log_m n$. Gleichzeitig lassen sich somit n Datensätze mit $\log_m n$ Seitenzugriffen von der Wurzel zum Blatt lesen.

Höhe

Es sei noch angemerkt, dass in einigen Büchern als Ordnung auch der maximale Verzweigungsgrad bezeichnet wird. Dies entspricht hier also $2m + 1$.

Verzweigungsgrad

Mit diesen Begriffen können die Eigenschaften eines B-Baumes wie folgt definiert werden:

Definition 14.3 *B-Baum*

Für einen B-Baum der Ordnung m gilt:

1. Jede Seite enthält höchstens $2m$ Elemente.
2. Jede Seite außer der Wurzelseite enthält mindestens m Elemente.
3. Jede Seite ist entweder eine Blattseite ohne Nachfolger oder hat $i + 1$ Nachfolger, falls i die Anzahl ihrer Elemente ist.
4. Alle Blattseiten liegen auf der gleichen Stufe.

□

In Programm 14.16 ist eine mögliche Java-Definition der B-Baum-Knotenklasse `Node` sowie des B-Baumes selbst angegeben. Pro Knoten werden die Schlüssel (`keys`), die Verweise auf die Kindknoten (`pointers`), ein Verweis auf den Elternknoten (`parent`) sowie der Typ `ntype` des Knotens (Blatt = `LEAF_PAGE` bzw. innerer Knoten = `NODE_PAGE`) gespeichert. Der eigentliche Baum (Klasse `BTree`) benötigt dann nur noch den Wurzelknoten und die Ordnung (`degree`). Es ist zu beachten, dass die Knoten eines B-Baumes eigentlich auf den Externspeicher in Form von Seiten abgelegt bzw. von dort gelesen werden. Dieser Schritt ist in den folgenden Programmbeispielen zur Vereinfachung der Darstellung weggelassen. Ebenfalls nicht dargestellt sind einfache Zugriffsmethoden zum Auslesen der Felder (`getKey(int idx)` für die Schlüssel, `getPointer(int idx)` für die Verweise, `getParent()` für den Elternknoten sowie `getNumKeys()` für die Anzahl der Schlüssel).

Programm 14.16 *Knotenklasse für* `BTree`

```
public class BTree {
   class Node {
      /* Knotentypen */
      public static final int LEAF_PAGE = 0;
      public static final int NODE_PAGE = 1;

      /* Suchergebnisse */
      public static final int KEY_FOUND = -1;
      public static final int KEY_NOT_FOUND = -2;

      Node parent = null; // Elternknoten
      Vector<Comparable> keys; // Feld für Schlüssel
      Vector<Node> pointers; // Feld für Verweise
      int ntype; // Knotentyp

      public Node(int nt) {
         ntype = nt;
         keys = new Vector<Comparable>();
         // pointers nur für innere Knoten
         pointers = (ntype == NODE_PAGE ?
                  new Vector<Node>() : null);
      }

      public void setNodeType(int nt) {
         ntype = nt;
         if (pointers == null && ntype == NODE_PAGE)
            pointers = new Vector<Node>();
      }

      // ...
   }

   private Node root = null; // Wurzel
   private int degree; // Ordnung

   public BTree(int d) {
```

```
        degree = d;
        root = new Node(Node.LEAF_PAGE);
    }
}
```

In den folgenden Abschnitten werden wir die Operationen Suchen, Einfügen und Löschen im B-Baum vorstellen. Eine sinnvolle Implementierung dieser Operationen müsste die Verwaltung von Seiten auf dem externen Speicher berücksichtigen, beispielsweise in Dateien. Da dies jedoch über den Rahmen dieses Buches hinausgehen würde, verzichten wir auf die Angabe einer entsprechenden Implementierung.

Suchen in B-Bäumen

Aufgrund der Struktur eines B-Baumes basiert das Suchen auf einer Kombination des Verfolgens von Verweisen wie im binären Suchbaum und der Suche in einer sortierten Folge. Beginnend auf der Wurzelseite wird der Eintrag ermittelt, der den gesuchten Schlüsselwert w überdeckt. Da die Elemente auf einer Seite sortiert abgespeichert sind, bedeutet dies, das erste Element zu finden, das größer oder gleich w ist. Im Fall der Gleichheit wurde das Element gefunden, andernfalls muss der Verweis vor diesem Element zur nächsten Seite verfolgt werden. Konnte kein Element kleiner w gefunden werden, so wird entsprechend der letzte Verweis der Seite verwendet. Erreicht man dagegen bei der Suche eine Blattseite, die den gesuchten Wert nicht enthält, dann existiert der entsprechende Eintrag nicht im Baum.

Sortierte Folge

In Abbildung 14.25 ist dies am Beispiel der Suche nach dem Schlüsselwert 38 in einem B-Baum der Ordnung 2 dargestellt. Auf der Wurzelseite 0 wird durch Vergleich mit dem einzigen Element der Verweis auf Seite 2 ermittelt und verfolgt. Dort wird festgestellt, dass sich der gesuchte Schlüssel im Teilbaum zwischen den Elementen 31 und 40 befinden muss. Durch Verfolgen des entsprechenden Verweises zu Seite 7 und der Suche in der dortigen Folge der Schlüsselwerte kann das gesuchte Element schließlich gefunden werden.

Dieses Beispiel verdeutlicht auch, dass nur auf die drei Seiten 0, 2 und 7 zugegriffen werden muss, wobei dort jedoch jeweils eine lineare oder gegebenenfalls binäre Suche erfolgen muss. Da jedoch der Aufwand für das Laden einer Seite vom externen Speicher ungleich höher als der Vergleich von Schlüsselwerten im Hauptspeicher ist, bedeutet dies keinen Nachteil.

Betrachten wir hierzu die Implementierung in Programm 14.17 zur Knotenklasse aus Programm 14.16. Wir zerlegen das Problem der Suche in zwei Teilaufgaben: die Suche im Knoten (Metho-

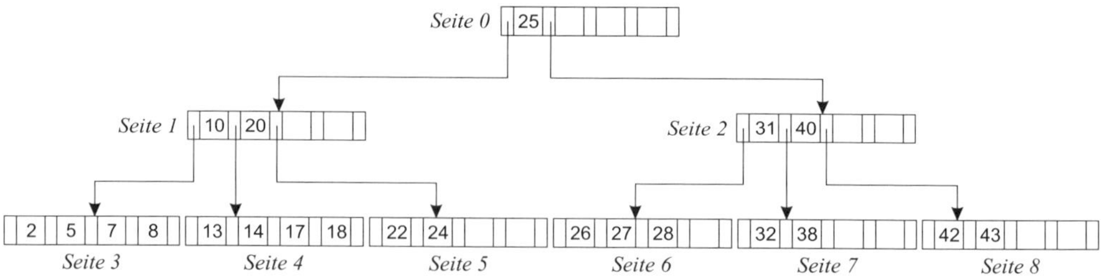

Abbildung 14.25
Suchen im B-Baum

de `findKeyInNode` der Klasse `BTree.Node`) und darauf aufbauend die Suche im Baum (Methode `find`). Zum Schlüsselvergleich im Knoten wird die Methode `compareTo` aus der Schnittstelle `java.lang.Comparable` verwendet, wobei mehrere Fälle zu unterscheiden sind. Im Erfolgsfall (Schlüssel gefunden) wird der entsprechende Eintrag zurückgeliefert. Ist der Schlüssel im Knoten dagegen größer (`res > 0`), muss der Knotentyp berücksichtigt werden. Befinden wir uns auf einem Blattknoten, dann war die Suche erfolglos, im Fall eines inneren Knotens wird dagegen der Verweis auf den entsprechenden Kindknoten zurückgegeben. Die letzte Programmzeile behandelt dann nur noch den Fall, dass der gesuchte Schlüssel größer als der größte Schlüssel im Knoten ist. Somit liefert `findKeyInNode` folgende Ergebnisse:

- `KEY_FOUND`, wenn der Schlüssel im Knoten gefunden wurde; in diesem Fall wird der gefundene Schlüssel im Parameter `keys` geliefert,
- `KEY_NOT_FOUND`, wenn ein Blattknoten erreicht und der Schlüssel nicht gefunden wurde,
- einen Wert 0... `keys.size()-1` im Fall eines inneren Knotens, wobei der Rückgabewert den Index des zu verfolgenden Verweises zum Kindknoten im Feld `pointers` repräsentiert.

Unter Verwendung dieser Methode kann die Suche im Baum implementiert werden. In Programm 14.16 wurde hierzu eine iterative Variante gewählt, alternativ könnte auch eine rekursive Lösung zum Einsatz kommen. Ausgehend vom Wurzelknoten wird der Schlüssel jeweils im aktuellen Knoten gesucht. Wird er gefunden oder nicht gefunden (es wurde ein Blatt erreicht), ist die Suche beendet. Anderenfalls wird der Verweis verfolgt und die Suche im nächsten Kindknoten fortgesetzt.

Programm 14.17
Suchen im `BTree`

```
/* BTree.Node */
public int findKeyInNode(Comparable c, Comparable[] key) {
    for (int i = 0; i < keys.size(); i++) {
        int res = keys.get(i).compareTo(c);
        if (res == 0) {
            // Schlüssel gefunden
            key[0] = keys.get(i);
            return KEY_FOUND;
        }
        else if (res > 0)
            return ntype == NODE_PAGE ? i : KEY_NOT_FOUND;
    }
    // Wenn es ein innerer Knoten ist, geben wir den letzten Verweis
    // zurück, im Fall eines Blattes KEY_NOT_FOUND.
    return (ntype == NODE_PAGE ? keys.size() : KEY_NOT_FOUND);
}

/* BTree */
public Comparable find(Comparable k) {
    Node node = root; // Startknoten
    boolean finished = false;
    Comparable[] res = { null };

    do {
        // Suche Schlüssel im aktuellen Knoten
        int idx = node.findKeyInNode(k, res);
        if (idx == Node.KEY_FOUND || idx == Node.KEY_NOT_FOUND)
            // Schlüssel gefunden oder auf einem
            // Blattknoten nicht gefunden -> fertig
            finished = true;
        else
            // anderenfalls Verweis verfolgen
            node = node.getPointer(idx);
    } while (! finished);
    return res[0];
}
```

Einfügen und Löschen

Bei den Einfüge- und Löschoperationen muss die Forderung nach mindestens m und maximal $2m$ Elementen pro Seite eingehalten werden. Für das Einfügen bedeutet dies konkret: Im ersten Schritt wird die Blattseite gesucht, der das einzufügende Element w zuzuordnen ist. Diese Seite hat entweder

Suchen der Blattseite

- zwei Elemente v und x mit $v \leq w \leq x$,
- ein Element x als kleinstes Element der Seite mit $w \leq x$ und ist dabei die am weitesten links stehende Seite im Baum oder
- ein Element v als größtes Element der Seite mit $v \leq w$ und ist dabei die am weitesten rechts stehende Seite im Baum.

Einfügen in die Seite

Im zweiten Schritt wird das neue Element in die Seite eingefügt. Hierbei sind zwei Fälle zu unterscheiden:

- Die betroffene Seite hat $n < 2m$ Elemente. In diesem Fall kann das Element w an der entsprechenden Stelle einsortiert werden.
- Die betroffene Seite hat bereits $n = 2m$ Elemente. Daher muss in diesem Fall die Seitenstruktur des Baumes angepasst werden, indem eine neue Seite nach folgendem Schema erzeugt wird:
  1. Die ersten m Werte verbleiben auf der Originalseite.
  2. Die letzten m Werte werden auf die neue Seite verschoben.
  3. Das mittlere Element wandert in den Vaterknoten nach oben.

Hochwandern

Dieser Prozess muss eventuell rekursiv bis zur Wurzel wiederholt werden, falls durch das »Hochwandern« des mittleren Elementes in den Vaterknoten dort mehr als $2m$ Elemente vorhanden sind. Eine Besonderheit von B-Bäumen im Vergleich zu den bisher betrachteten Baumstrukturen ist daher auch, dass B-Bäume in Richtung der Wurzel wachsen.

Betrachten wir als ein Beispiel das Einfügen des Elementes 16 in den B-Baum aus Abbildung 14.25. Als passende Seite wird im ersten Schritt Seite 4 gefunden. Da diese Seite bereits vier Elemente enthält, müssen eine neue Seite erzeugt und die Elemente entsprechend aufgeteilt werden. Durch das Weiterreichen des mittleren Elementes (hier: 16) auf die Vaterseite ergibt sich die in Abbildung 14.26 dargestellte Struktur.

Der Aufbau eines B-Baumes unter Verwendung der Einfügeoperation ist in Abbildung 14.27 an einem einfachen Beispiel verdeutlicht. Der B-Baum hat die Ordnung $m = 1$. Dies bedeutet, dass mindestens ein und höchstens zwei Elemente in den Seiten enthalten sein können.

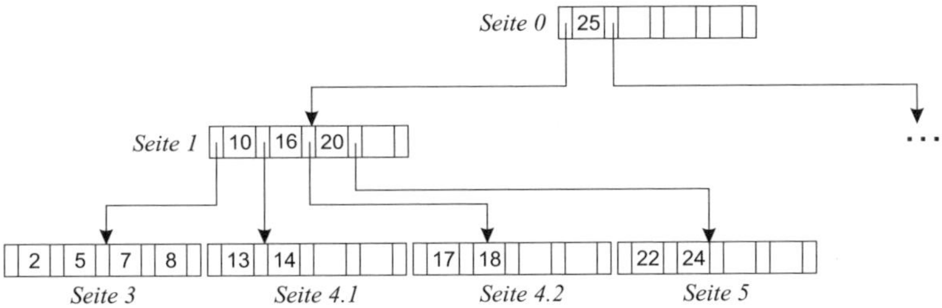

Abbildung 14.26
Einfügen im B-Baum

Das Einfügen der Elemente 1 und 5 ist ohne Schwierigkeit möglich, da auf der Wurzelseite genug Platz ist. Mit dem Einfügen von 2 muss ein Überlauf behandelt werden: Die Seite wird geteilt (»Split«) und das mittlere Element 2 wird in die neue Wurzel verschoben. Während das nächste Element 6 auf einer existierenden Seite Platz findet, ist beim Einfügen von 7 wieder eine Überlaufbehandlung notwendig.

Nachdem die Elemente 4 und 8 ebenfalls auf noch freien Seiten eingefügt werden können, erfordert das Einfügen von 3 zunächst eine Teilung der Seite auf dem Niveau 1. Da dadurch aber die Wurzelseite »überläuft«, muss diese im nächsten Schritt ebenfalls geteilt werden, so dass sich schließlich der in der Abbildung 14.27 dargestellte B-Baum ergibt.

Die Implementierung dieser Operationen ist in Programm 14.18 dargestellt. Beginnen wir diesmal mit der `insert`-Methode der `BTree`-Klasse. Zunächst muss der passende Blattknoten für das Einfügen des Schlüssels gesucht werden (Methode `findLeafNode`). In diesen Knoten `node` wird nun mit der Methode `insertIntoNode` der neue Schlüssel eingefügt, wobei als Parameter noch eventuell vorhandene Kindknoten (`lsibling` und `rsibling`) mit übergeben werden. Im ersten Schritt sind diese aber leer und damit **`null`**. `insertIntoNode` liefert **`true`**, wenn das Einfügen einen Überlauf verursacht hat. In diesem Fall muss der mittlere Schlüssel des Knotens ermittelt und in der Variablen `k` gespeichert werden. Weiterhin wird der Elternknoten benötigt, da ja der Schlüssel `k` dort eingefügt werden muss. Betrifft der Split den Wurzelknoten, muss ein neuer Elternknoten und damit eine neue Wurzel angelegt werden. Schließlich wird der eigentliche Split durchgeführt und die Schleife durch das Einfügen des Schlüssels `k` und der beiden durch den Split entstandenen neuen Knoten in den Elternknoten fortgesetzt, bis kein weiterer Split notwendig ist.

Programm 14.18
Einfügen im `BTree`

```
/* BTree */
public void insert(Comparable k) {
   Node lsibling = null, rsibling = null;
```

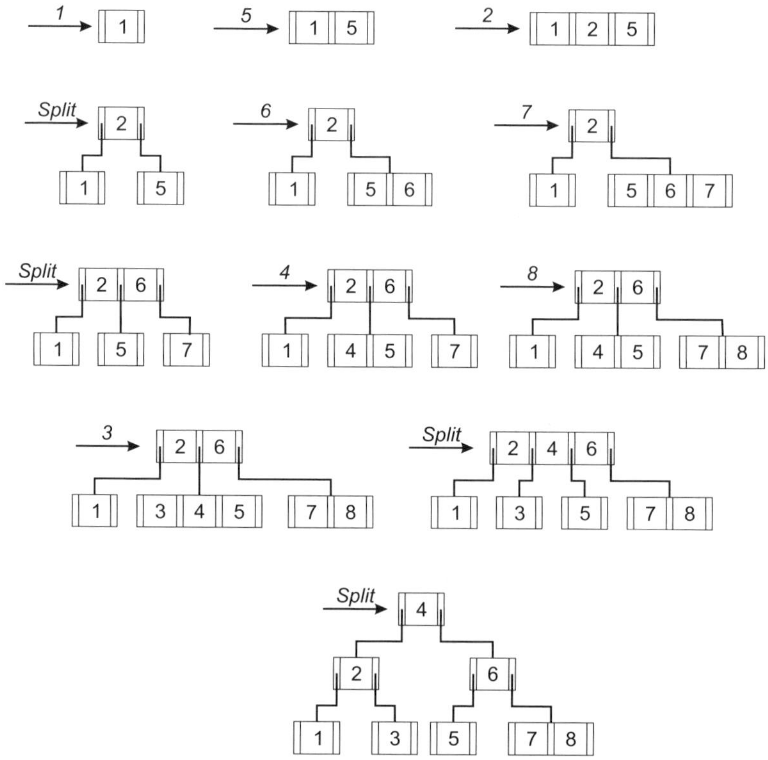

Abbildung 14.27 Aufbau eines B-Baumes

```
// Suche Blattknoten, der den Schlüssel aufnimmt
Node node = findLeafNode(k);

// Schlüssel einfügen
while (node.insertIntoNode(k, lsibling, rsibling)) {
   // Split erforderlich
   int pos = node.getNumKeys() / 2;
   k = node.getKey(pos);
   Node parent = node.getParent();
   if (parent == null)
      // ein neuer Elternknoten muss angelegt werden
      parent = new Node(Node.NODE_PAGE);
   // Split durchführen
   lsibling = node;
   rsibling = node.split();

   // Wurzel anpassen
   if (root == node) root = parent;
   // der aktuelle Knoten ist jetzt der Elternknoten
   node = parent;
   // und der muss ein innerer Knoten sein
```

```
        node.setNodeType(Node.NODE_PAGE);
    }
}

private Node findLeafNode(Comparable c) {
    Node node = root;
    Comparable[] key = { null }; // wird eigentlich nicht benötigt

    // den Baum von der Wurzel aus nach unten durchlaufen,
    // bis ein Blattknoten gefunden wurde
    while (node.ntype != Node.LEAF_PAGE) {
        // Verweis verfolgen
        node = node.getPointer(node.findKeyInNode(c, key));
    }
    return node;
}
```

Die Methode `findLeafNode` ist ein einfaches Durchlaufen des B-Baumes von der Wurzel bis zu einem Blattknoten unter Verwendung der Suche im Knoten.

Auf Knotenebene werden noch eine Methode zum Einfügen (`insertIntoNode`) und eine Methode zum Split (`split`) benötigt (Programm 14.19). Beim Einfügen wird zunächst durch Schlüsselvergleich die Einfügeposition ermittelt. Existiert der Schlüssel bereits, wird die Operation abgebrochen – der neue Schlüssel wird einfach ignoriert. An der gefundenen Position `i` werden dann der Schlüssel `obj` und der rechte Kindknoten `rnode` – dieser jedoch an Position `i+1` »rechts« vom Schlüssel – eingefügt. Wird der einzufügende Schlüssel das größte Element dieses Knotens, so wird er einfach angehängt. Dieser Fall tritt auch auf, wenn der Knoten bisher leer war. Dann müssen sowohl der linke Kindknoten `lnode` *als auch* der rechte Kindknoten `rnode` eingefügt werden. Wird durch das Einfügen des Schlüssels ein Überlauf verursacht, d.h., ist die Anzahl der Schlüssel größer als die Ordnung multipliziert mit 2, wird der Wert **`true`** zurückgegeben.

Beim Split wird zunächst ein neuer Geschwisterknoten erzeugt. Dann werden die obere Hälfte der Schlüssel und Verweise zum neuen Knoten kopiert und anschließend im alten Knoten gelöscht.

Programm 14.19
Einfügen und Split im `BTree`-Knoten

```
/* BTree.Node */
public boolean insertIntoNode(Comparable obj,
                              Node lnode, Node rnode) {
    boolean done = false;
    // Position für Schlüssel suchen
```

```
        for (int i = 0; i < keys.size(); i++) {
            int res = keys.get(i).compareTo(obj);
            if (res == 0) {
                // Schlüssel existiert schon -> ignorieren
                done = true;
                break;
            }
            else if (res > 0) {
                // Stelle gefunden -> einfügen
                keys.insertElementAt(obj, i);
                if (rnode != null) {
                    pointers.insertElementAt(rnode, i+1);
                    rnode.parent = this;
                }
                done = true;
                break;
            }
        }
        if (!done) {
            // Schlüssel muss am Ende eingefügt werden
            keys.add(obj);
            if (lnode != null && pointers.isEmpty()) {
                pointers.add(lnode);
                lnode.parent = this;
            }
            if (rnode != null) {
                pointers.add(rnode);
                rnode.parent = this;
            }
        }
        // Knoten zu groß
        return keys.size() > degree * 2;
    }

    public Node split() {
        int pos = getNumKeys() / 2;
        // Geschwisterknoten erzeugen
        Node sibling = new Node(ntype);
        for (int i = pos+1; i < getNumKeys(); i++) {
            // die obere Hälfte der Schlüssel und Verweise kopieren
            sibling.keys.add(this.getKey(i));
            if (ntype == Node.NODE_PAGE)
                sibling.pointers.add(this.getPointer(i));
        }
        // es gibt einen Verweis mehr als Schlüssel
        if (ntype == Node.NODE_PAGE)
```

```
        sibling.pointers.add(this.getPointer(getNumKeys()));

    // und anschließend im Originalknoten löschen
    for (int i = getNumKeys()-1; i >= pos; i--) {
        keys.remove(pos);
        if (ntype == Node.NODE_PAGE)
            pointers.remove(pos+1);
    }
    return sibling;
}
```

Das Löschen im B-Baum erfolgt im Prinzip auf ähnliche Weise. Allerdings ist hier ein möglicher Unterlauf von Seiten zu berücksichtigen, der eintritt, wenn durch das Löschen des Elementes weniger als m Elemente auf der Seite verbleiben. Im Detail sind folgende Schritte auszuführen: Zunächst muss die Seite mit dem zu löschenden Element w gefunden werden. Im zweiten Schritt wird dann das Element entfernt, wobei zwei Fälle zu unterscheiden sind:

Unterlauf

- Falls w auf einer Blattseite gespeichert ist, kann das Element gelöscht werden. Verbleiben danach weniger als m Elemente auf der Seite, ist ein Unterlauf zu behandeln.
- Wenn dagegen w auf einer inneren Seite gespeichert ist, so wird das Element gelöscht und durch das nächstkleinere Element von einer Blattseite ersetzt. Ergibt sich danach für diese Blattseite ein Unterlauf, so muss dieser wiederum behandelt werden.

Behandlung des Unterlaufs

In beiden Fällen kann die Behandlung des Unterlaufs entweder durch Ausgleichen oder durch das Vereinigen von zwei Seiten zu einer erfolgen. Das Ausgleichen kann angewendet werden, wenn die Nachbarseite n Elemente mit $n > m$ besitzt. Dabei werden die Elemente der beiden beteiligten Seiten sowie das »eingeschlossene« Element der Vaterseite neu verteilt, so dass auf beiden Seiten n Elemente mit $n \geq m$ vorhanden sind. Entsprechend muss auch das mittlere Element neu gewählt werden.

Für den Baum in Abbildung 14.25 ergibt sich diese Situation z.B. beim Löschen des Elementes 22. Bei einer Ordnung 2 zieht das Entfernen dieses Elementes einen Unterlauf auf der Blattseite nach sich. Da die linke Nachbarseite voll besetzt ist, können die Elemente 13, 14, 17, 18, 20 und 24 neu verteilt werden, so dass 13, 14 und 17 auf der linken Seite verbleiben, die betroffene Seite die Elemente 20 und 24 enthält und das Element 18 in den Vaterknoten eingetragen wird. In

Abbildung 14.28 ist das Ergebnis dieser Operation im linken Teilbaum dargestellt.

Abbildung 14.28
Löschen im B-Baum I

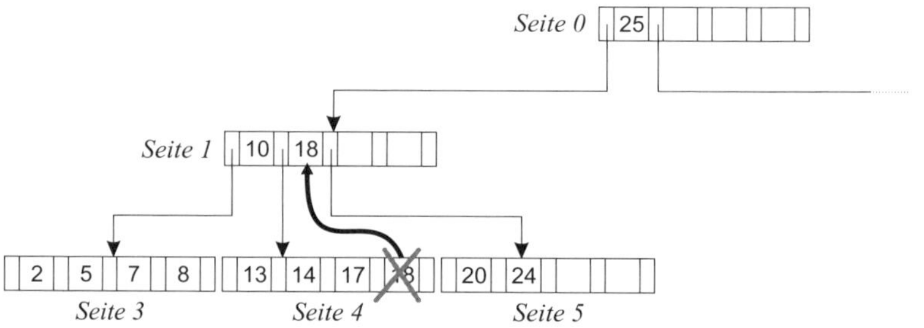

Zusammenlegen von Seiten

Falls die Nachbarseite jedoch nur $n = m$ Elemente besitzt, werden Unterlaufseite und Nachbarseite zusammengelegt. Zusätzlich muss noch das von beiden Seiten »eingeschlossene« Element der Vaterseite heruntergezogen werden, da durch das Zusammenlegen einer der beiden Verweise überflüssig geworden ist. Die neue Blattseite hat demzufolge $2m$ Elemente: $m - 1$ Elemente der Unterlaufseite, m Elemente der Nachbarseite und ein Element der Vaterseite. Da die Vaterseite nun ein Element weniger enthält, muss eventuell wieder ein Unterlauf dieser Seite behandelt werden.

Abbildung 14.29
Löschen im B-Baum II

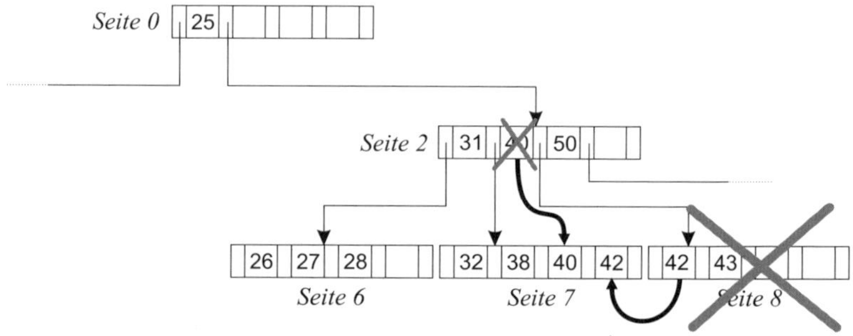

Das Zusammenlegen von Seiten ist beispielsweise in einer geringfügig modifizierten Variante des B-Baumes aus Abbildung 14.25 beim Löschen des Elementes 43 notwendig. Da die linke Nachbarseite der betroffenen Seite nur zwei Elemente besitzt, können beide Seiten vereinigt werden. Die Elemente dieser neuen Seite sind demnach 32, 38 und 42. Außerdem verliert die darüber liegende Seite das Element 40, welches ebenfalls in die neue Seite aufgenommen wird. Das Ergebnis ist in Abbildung 14.29 sichtbar. Ohne das dritte Element 50 in Seite 2 wäre hier die Unterlaufbehandlung auch für diese Seite notwendig.

Durch das »Herausziehen« des mittleren Elementes der Vaterseite schrumpfen B-Bäume somit auch an der Wurzel.

Die Implementierung dieser Operationen unter Nutzung der `BTree`-Klasse sei an dieser Stelle dem Leser überlassen.

Komplexität der Operationen

Der Aufwand der Operationen Einfügen, Suchen und Löschen in einem B-Baum der Ordnung m beträgt immer $O(\log_m n)$. Da dies genau der »Höhe« des Baumes entspricht, sind B-Bäume insbesondere für sehr große Datenmengen und mit einer großen Anzahl von Elementen pro Seite praktikabel. So beträgt beispielsweise in Datenbanksystemen als ein typisches Anwendungsgebiet für B-Bäume die Größe einer Seite ca. 4 KByte. Nimmt man weiterhin als Größe für ein Element 32 Byte und für einen Verweis auf den Nachfolgeknoten 8 Byte an, so lassen sich zwischen 50 und 100 Einträge auf einer Seite unterbringen. Ein solcher Baum hat damit die Ordnung 50. Selbst bei einer Menge von 1.000.000 Datensätzen sind im schlechtesten Fall nur $\log_{50} 1.000.000 = 4$ Seitenzugriffe notwendig. Daran wird deutlich, dass mit dem B-Baum die Anzahl der Blöcke oder Seiten, die von der Festplatte in den Hauptspeicher transferiert werden müssen, optimiert wird.

Größe einer Seite

Seitenzugriffe

14.5 Digitale Bäume

Bei den Suchbäumen in den bisher betrachteten Formen werden die Schlüssel in den Knoten selbst gespeichert. So können die Bäume z.B. durch Ausgleichen oder Anpassen des Verzweigungsgrades an die tatsächlichen Daten angepasst werden. Bei langen Schlüsselwerten wie beispielsweise Zeichenketten erfordert diese Art der Speicherung aber erstens viel Platz und zweitens muss bei jeder Vergleichsoperation ein vollständiger Schlüsselvergleich durchgeführt werden. Als eine Alternative wurden daher *digitale Bäume* als eine spezielle Form von Mehrwege-Suchbäumen entwickelt, die auf einer festen Verzweigung unabhängig von den gespeicherten Schlüsselwerten basieren. Die Bezeichnung »digital« leitet sich aus der Behandlung der Schlüssel ab: Diese werden als Ziffernfolgen eines Zahlensystems zur Basis M betrachtet. Digitale Bäume lassen sich so nur für Datentypen anwenden, bei denen eine derartige feste Verzweigung sinnvoll ist, d.h. im Wesentlichen für Zeichenketten über einem festen Alphabet. Hier kann das Verzweigen nach jeweils einem Buchstaben des Schlüssels erfolgen, wobei der Verzweigungsgrad gleich der Anzahl der möglichen Zeichen des Alphabets ist.

Digitale Bäume

Zur Klasse der digitalen Bäume zählen eine Reihe von Verfahren, von denen wir im Folgenden Tries und Patricia-Bäume kurz vorstellen werden.

14.5.1 Tries

Retrieval

Ein *Trie* (gesprochen wie das englische Wort »try«) ist eine Baumstruktur zur Speicherung von Zeichenketten, die das Suchen von Texten unterstützt. Die Hauptanwendung ist das Text Retrieval (daher auch der Name: Re*trie*val), wo große Bestände von Textdokumenten auf das Enthaltensein von bestimmten Zeichenketten durchsucht werden sollen. Zu diesen Dokumenten wird ein so genannter Index auf Basis eines Tries aufgebaut, der alle enthaltenen Wörter umfasst. In der Praxis werden natürlich zuvor die für die Suche nutzlosen Füllworter »und«, »oder« etc. sowie Artikel u.Ä. entfernt. Werden zu jeder Zeichenkette im Trie noch die sie enthaltenden Dokumente gespeichert, so kann die Suche ausschließlich auf dem Trie erfolgen und somit deutlich effizienter durchgeführt werden.

Struktur eines Tries

Die Struktur eines Tries ist in Abbildung 14.30 dargestellt. Jeder Knoten entspricht einem Feld, dessen Größe gleich der Kardinalität des verwendeten Alphabets ist. Jedes Feldelement enthält einen Verweis auf einen anderen Knoten oder auf einen Datensatz. Für ein Alphabet, bestehend aus den Großbuchstaben ohne Umlaute, muss jeder Knoten demzufolge ein Feld mit 26 Verweisen besitzen. Da die Buchstaben und ihre Reihenfolge für jeden Knoten identisch sind, müssen sie selbst nicht mit in den Knoten abgespeichert werden.

Abbildung 14.30 *Struktur eines Knotens im Trie*

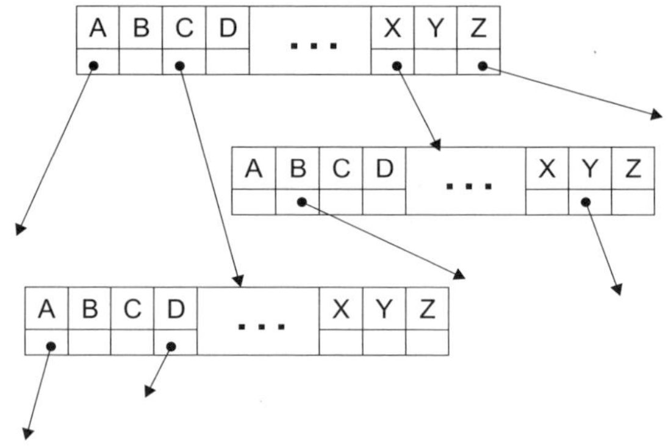

Ein Beispiel für einen Trie auf diesem Alphabet ist in Abbildung 14.31 in Ausschnitten angegeben. Hier wird auch das Prinzip der Suche im Trie deutlich: Für jedes Zeichen des Suchschlüssels wird ausgehend von der Wurzel der jeweilige Verweis des aktuellen Knotens verfolgt, bis der Datensatz gefunden wird oder erfolglos abgebrochen werden muss.

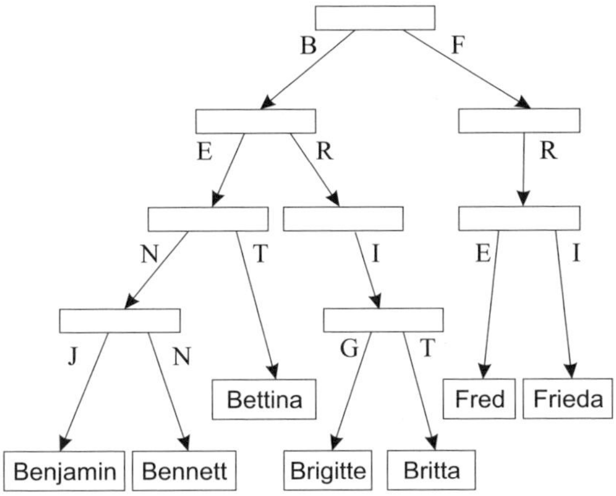

Abbildung 14.31
Beispiel eines Tries

Problem von Tries

Ein Problem von Tries wird bei einer ungleichmäßigen Verteilung der Daten deutlich. Gerade nichtvorhandene Buchstaben oder Buchstabenkombinationen in den Daten führen bei inneren Knoten zu leeren Verweisen. So gibt es beispielsweise nur wenige Namen, die mit X oder Y beginnen, und auch Kombinationen wie XX, XY, YYY u.Ä. kommen eher selten vor. Darüber hinaus sind aber durchaus längere Folgen von Zeichen mit jeweils nur einem Nachfolger möglich, die damit zur Liste entarten. Dadurch müssen unter Umständen unnötigerweise lange Folgen ohne Verzweigungen verfolgt werden.

Binäre Tries

Binärkodierung

Eine spezielle Form von Tries sind binäre Tries, die auf einem binären Alphabet aus den Zeichen $\{0, 1\}$ basieren. Die Daten werden somit als Bitfolgen interpretiert, d.h., die Verzweigung im Baum erfolgt in Abhängigkeit vom Wert der betrachteten Bitposition. Eine mögliche Implementierung eines solchen Tries wollen wir im Folgenden betrachten. Zur Vereinfachung nehmen wir an, dass nur Zeichen im Bereich '`a`' ...'`z`' als Schlüssel verwendet werden und jeder Schlüssel auch nur einmal vorkommt. Die 26 möglichen Schlüsselwerte lassen sich somit als Bitfolgen aus nur 5 Bits kodieren, etwa auf Basis der Reihenfolge im Alphabet, d.h. '`a`' mit dem Binärwert `00001`, '`b`' mit dem Wert `00010`, '`c`' mit dem Wert `00011` usw.

Zur Realisierung eines Tries müssen wir zwei Arten von Knoten unterscheiden: Innere Knoten verfügen entsprechend der möglichen Werte `0` und `1` über maximal zwei Nachfolger, äußere Knoten (Blätter) speichern den jeweiligen Schlüsselwert (hier ein **`char`**-Wert) mit. Diese verschiedenen Knoten sind in der Implementierung in Programm 14.20 durch jeweils eigene Klassen realisiert. Zur Unterscheidung der Knotentypen wird dabei eine Methode `isLeaf()` eingeführt; der Zugriff auf die Kindknoten bzw. den Schlüsselwert ist über entsprechende Methoden (`setChild` und `getChild` bzw. `getKey`) möglich.

Programm 14.20 *Knotenklassen für einen binären Trie*

```
public class Trie {
  static class Node {
    protected Node[] children = null;

    public Node() {}
    public boolean isLeaf() { return false; }
    public Node getChild(boolean b) {
      return children == null ? null :
        children[b ? 1 : 0];
    }

    public void setChild(boolean b, Node n) {
      if (children == null)
        children = new Node[2];
      children[b ? 1 : 0] = n;
    }
  }

  static class Leaf extends Node {
    private char key;

    public Leaf(char k) { key = k; }
    public boolean isLeaf() { return true; }
    public char getKey() { return key; }
  }
  private Node root = null;

  public Trie() {}

  ...
}
```

Betrachten wir zunächst das Einfügen in einen Trie mit Hilfe der Methode `insertKey` (Programm 14.21) am Beispiel der Schlüssel 'a', 'l', 'g' und 'o' (Abb. 14.32). In dieser Methode wird zuerst der Schlüsselwert in die korrespondierende Bitfolge übersetzt (Methode `keyToBitSet`). Zur Repräsentation der Bitfolgen wird die Java-Klasse

BitSet

`java.util.BitSet` verwendet, die Methoden zum Setzen (`set`) und Lesen (`get`) einzelner Bits anbietet. Das Einfügen in einen leeren Baum (`root == null`) wird als Sonderfall behandelt, indem einfach ein neuer innerer Knoten als Wurzel erzeugt und der Blattknoten mit dem einzufügenden Schlüssel als Kind in den entsprechenden Zweig eingehängt wird (Abb. 14.32; Schritt 1).

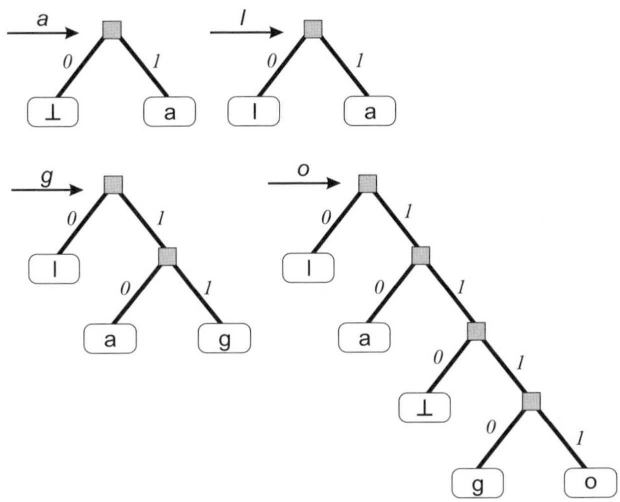

Abbildung 14.32
Einfügen in einen binären Trie

In allen anderen Fällen wird entsprechend der Werte der Bitfolge (beginnend bei Position 0) der Trie von der Wurzel her durchlaufen. Wird dabei ein leerer Blattknoten erreicht (d.h. ein Verweis auf **`null`** bzw. in Abb. 14.32 durch ⊥ gekennzeichnet), so kann der neue Blattknoten an dieser Stelle direkt eingefügt werden (Abb. 14.32; Schritt 2). Im Programm wird hierfür beim Durchlaufen des Tries der jeweilige Elternknoten in der Variablen `parent` mitgeführt. Gelangt man dagegen auf ein Blatt, das bereits einen Schlüssel enthält, muss dieses durch einen inneren Knoten ersetzt werden, wobei der alte Blattknoten und der neue Blattknoten mit dem einzufügenden Schlüssel als Kinder angehängt werden. Hierbei ist jedoch zu berücksichtigen, dass sich die beiden Schlüsselwerte nicht notwendigerweise an der aktuellen Bitposition unterscheiden, selbst wenn wir annehmen, dass es keine doppelt vorkommenden Schlüsselwerte gibt. In Abbildung 14.32 tritt dieser Fall beim Einfügen von o auf. Daher müssen so lange innere Knoten eingefügt werden, bis die erste abweichende Bitposition gefunden ist. In der `insertKey`-Methode erfolgt dies mit Hilfe der Methode `compareBitSets`. Zum Abschluss werden schließlich der alte und der neue Blattknoten an den »untersten« inneren Knoten angehängt.

Programm 14.21
Einfügemethoden für den binären Trie

```
int compareBitSets(BitSet b1, BitSet b2) {
  int len = Math.min(b1.size(), b2.size());
  for (int i = 0; i < len; i++)
    if (b1.get(i) != b2.get(i))
```

```
      return i;
    return len;
  }

  static BitSet keyToBitSet(char c) {
    BitSet bits = new BitSet(5);
    int v = c - 'a' + 1;
    for (int i = 0; i < 5; i++) {
      int b = (1 << i);
      bits.set(i, (v & b) > 0);
    }
    return bits;
  }

  public void insertKey(char c) {
    BitSet bits = keyToBitSet(c);
    Leaf leaf = new Leaf(c);
    int pos = 0;

    if (root == null) {
      // Spezialfall: leerer Trie
      root = new Node();
      root.setChild(bits.get(0), leaf);
    }
    else {
      Node node = root;
      while (node != null) {
        Node parent = node;
        node = node.getChild(bits.get(pos));
        if (node == null) {
          // leerer Blattknoten: direkt einfügen
          parent.setChild(bits.get(pos), leaf);
          break;
        }
        else if (node.isLeaf()) {
          // erste abweichende Bitposition suchen
          Leaf oldLeaf = (Leaf) node;
          BitSet otherBits = keyToBitSet(oldLeaf.getKey());
          int eqBits = compareBitSets(bits, otherBits) - pos;
          for (int i = 0; i < eqBits; i++) {
            // bis dahin neue Knoten einfügen
            Node newNode = new Node();
            parent.setChild(bits.get(pos + i), newNode);
            parent = newNode;
          }
          // neuen Knoten einfügen
```

```
          parent.setChild(bits.get(pos + eqBits), leaf);
          parent.setChild(! bits.get(pos + eqBits), oldLeaf);
          break;
        }
        pos++;
      }
    }
  }
```

Die Suche im Trie gestaltet sich dagegen deutlich einfacher. In der Methode `lookupKey` (Programm 14.22) wird zunächst wieder der Schlüsselwert in eine Bitfolge konvertiert. Danach wird ausgehend von der Wurzel der durch die Bitfolge bestimmte Pfad bis zu einem Blattknoten (bzw. einem »leeren« Blatt) verfolgt. Wie bereits beim Einfügen wird die jeweilige Bitposition durch die Variable `pos` adressiert, die in jedem Schleifendurchlauf inkrementiert wird. Ist schließlich der erreichte Blattknoten **`null`**, konnte der Schlüssel nicht gefunden werden. Wird dagegen ein Blattknoten mit Schlüsselwert erreicht, muss noch der verbleibende Schlüsselteil verglichen werden. Die Notwendigkeit für diesen Schritt wird deutlich, wenn man im Trie aus Abb. 14.32 nach dem Wert '`d`' (binär `00101`) sucht. Im Trie gelangt man damit zum Blatt mit dem Wert '`a`', der bezüglich der beiden relevanten Bits die gleiche Folge repräsentiert. In unserer Implementierung wird dieses Problem einfach durch Vergleich mit dem im Blatt gespeicherten Schlüsselwert gelöst.

Programm 14.22
Suchen im binären Trie

```
public boolean lookupKey(char c) {
  BitSet bits = keyToBitSet(c);
  Node node = root;
  int pos = 0;

  while (node != null) {
    node = node.getChild(bits.get(pos++));
    if (node == null)
      break;
    if (node.isLeaf()) {
      Leaf leaf = (Leaf) node;
      return leaf.getKey() == c;
    }
  }
  return false;
}
```

Eine Anwendung derartiger binärer Tries ist das dynamische Hashen, das in Abschnitt 15.3 vorgestellt wird.

14.5.2 Patricia-Bäume

Patricia-Baum

Ein Ansatz, um das Verfolgen von zu Listen entarteten Teilbäumen zu vermeiden, ist der *Patricia-Baum*. Der Name steht dabei für *Practical Algorithm To Retrieve Information Coded in Alphanumeric*. Die Grundidee ist, dass Teile der Zeichenketten, die für den Vergleich bzw. das Verzweigen irrelevant sind, übersprungen werden. Dies wird erreicht, indem jeder Knoten die Anzahl der zu überspringenden Bits bzw. Zeichen enthält. So lässt sich die Position in der Zeichenkette bestimmen, die für die Entscheidung über den weiter zu verfolgenden Pfad zu testen ist. Im ursprünglichen Vorschlag zu diesem Verfahren wurde ein binärer Baum mit Bitfolgen verwendet, es lässt sich jedoch auch ein Alphabet, wie im vorigen Abschnitt beschrieben, nutzen. So zeigt Abbildung 14.33 einen Patricia-Baum zur Speicherung der Zeichenketten »Oberkante«, »Objektiv«, »Objektmenge« und »Objektmethode«. Die Zahlen in den Knoten geben die Anzahl der zu überspringenden Zeichen an, die Buchstaben an den Kanten bezeichnen die jeweiligen Verweise.

Anzahl der zu überspringenden Bits

Abbildung 14.33
Patricia-Baum

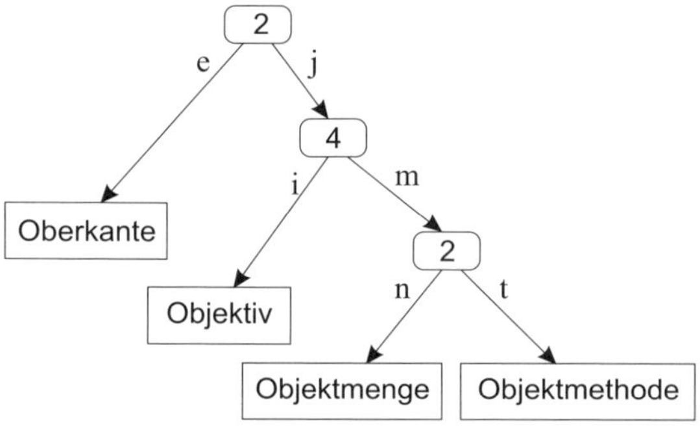

Auswertung der Indexinformation

Bei der Suche nach einer Zeichenkette müssen die Indexinformationen der Knoten mit ausgewertet werden. Ist der Suchbegriff zum Beispiel »Objektmenge«, so besagt der Wert 2 im Wurzelknoten, dass das 3. Zeichen zu testen ist. Entsprechend muss der Pfad mit »j« verfolgt werden. Beim nächsten Knoten ist die Position 7 auszuwerten usw. bis schließlich ein Blatt und damit der Datensatz erreicht ist.

Komprimierte Darstellung

Aufgrund der Struktur des Patricia-Baumes ergibt sich gegenüber dem einfachen Trie eine deutlich komprimierte Darstellung. Auch der Suchaufwand kann speziell bei sehr langen und weniger häufigen Wörtern reduziert werden.

Eine Variante des Patricia-Baumes sind die so genannten Präfixbäume, bei denen nicht nur der Index des zu testenden Zeichens, sondern auch der Wert des übersprungenen Teilwortes im Knoten abgespeichert werden.

14.6 Praktische Nutzung von Bäumen

In diesem Abschnitt wollen wir einige ausgewählte Aspekte des praktischen Einsatzes von Baumstrukturen betrachten. Zunächst werden wir das Problem des Sortierens wieder aufgreifen und ein Verfahren vorstellen, das durch Verwendung eines speziellen Baumes effizient realisiert werden kann. Weiterhin werden wir den Ensatz von Suchbäumen zur Implementierung des Datentyps `Set` beschreiben.

Sortieren

14.6.1 Sortieren mit Bäumen: HeapSort

Die Idee des binären Baumes findet sich auch in einer anderen Datenstruktur wieder, die als *Heap* oder Halde bezeichnet wird und die Basis für einen effizienten und eleganten Sortieralgorithmus bildet. Da für das Verständnis dieses Verfahrens Kenntnisse über binäre Bäume notwendig sind, behandeln wir es erst an dieser Stelle und nicht im Zusammenhang mit den anderen Sortierverfahren in Abschnitt 5.2.

Heap

Die Datenstruktur Heap bezeichnet einen binären Baum, der folgende Eigenschaften erfüllt:

Heap-Eigenschaften

- Der Baum ist vollständig, d.h., die Blattebene ist von links nach rechts gefüllt.
- Der Schlüssel eines jeden Knotens ist kleiner (oder gleich) als die Schlüssel seiner Kinder. Diese partielle Ordnung wird auch als Heap-Eigenschaft bezeichnet.

Heap-Strukturen sind damit insbesondere dann geeignet, wenn nicht unbedingt eine vollständig sortierte Reihenfolge der Elemente festgelegt, sondern nur jeweils das größte bzw. das kleinste Element ausgewählt werden soll, da sich dieses Element immer in der Wurzel befindet. Ein solcher Anwendungsfall ist eine Prioritätswarteschlange, wo z.B. immer das Element mit der höchsten Priorität entnommen wird, während neue Elemente eingefügt werden können.

Prioritätswarteschlange

In Abbildung 14.34 ist ein Heap in Form eines binären Baumes dargestellt. Es wird einerseits die Heap-Eigenschaft deutlich, andererseits ist aber auch zu sehen, dass es sich nicht um einen Suchbaum handelt, da das jeweils linke Element nicht kleiner als das rechte sein muss.

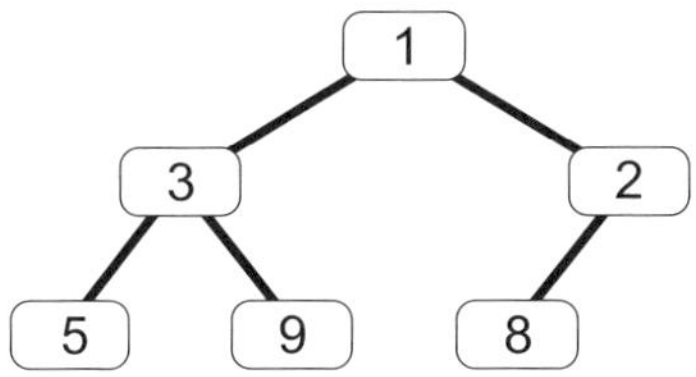

Abbildung 14.34
Heap-Struktur

Heap als Feld

Man kann einen Heap aber auch einfach über ein Feld darstellen. Dabei wird die Wurzel an der Position 1 abgelegt, deren Kinder an den Positionen 2 und 3, die Knoten der nächsten Ebene auf die Positionen 4, 5, 6 und 7 usw. Nummeriert man die Knoten des Heaps in Levelorder, so werden die Kinder des i-ten Knotens auf den Positionen $2i$ (für das linke Kind) und $2i + 1$ (für das rechte Kind) abgespeichert. Entsprechend ist der Elternknoten eines Knotens j an der Position $\lfloor j/2 \rfloor$ zu finden. Da es sich beim Heap um einen vollständigen Baum handelt, ergeben sich auch keine Lücken im Feld. In Abbildung 14.35 wird dieses Prinzip an einem Beispiel gezeigt. Die Darstellung des Heaps als Feld ist insofern praktisch, da auf diese Weise Folgen von Elementen sortiert werden können, ohne dass zusätzliche Datenstrukturen aufgebaut werden müssen. Die Verarbeitung kann somit an Ort und Stelle erfolgen.

Abbildung 14.35 *Darstellung eines Heaps als Feld*

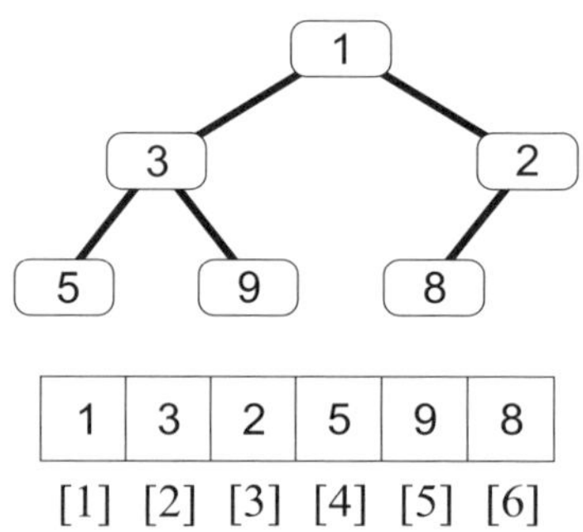

Wurzel

Ein Merkmal des Heaps ist es, dass die Wurzel immer das kleinste Element enthält. Man könnte nun die Elemente in einer sortierten Reihenfolge auslesen, wenn jeweils das Wurzelelement aus dem Baum entnommen wird. Allerdings weist der Baum danach ein »Loch« auf, so dass die Heap-Eigenschaft verletzt ist und wieder hergestellt werden muss. Dies lässt sich erreichen, indem das letzte Element, d.h. das sich im Baum am weitesten rechts befindende Element, entfernt wird und ausgehend von der Wurzel im Baum »durchsickert«. Das Durchsickern bedeutet dabei, das Element so lange im Baum nach unten zu bewegen, bis die Heap-Eigenschaft wieder erfüllt ist.

Durchsickern

Dieses Prinzip wird in Abbildung 14.36 verdeutlicht. Nach dem Entfernen des Elementes 1 befindet sich an dieser Stelle ein Loch. Das letzte Element im Baum (hier: 11) wird nun zunächst an diese Stelle bewegt. Nun wird es mit den Elementen der Nachfolger verglichen und – falls eines oder beide kleiner sind – in Richtung des kleineren Elementes nach unten bewegt, d.h. mit diesem Element vertauscht. Im Beispiel werden demzufolge die Elemente 2 und 11 getauscht, so dass die Wurzel das Element 2 enthält. Da Element 11 immer noch die Heap-

Eigenschaft verletzt, ist eine weitere Vertauschung mit dem Element 8 notwendig.

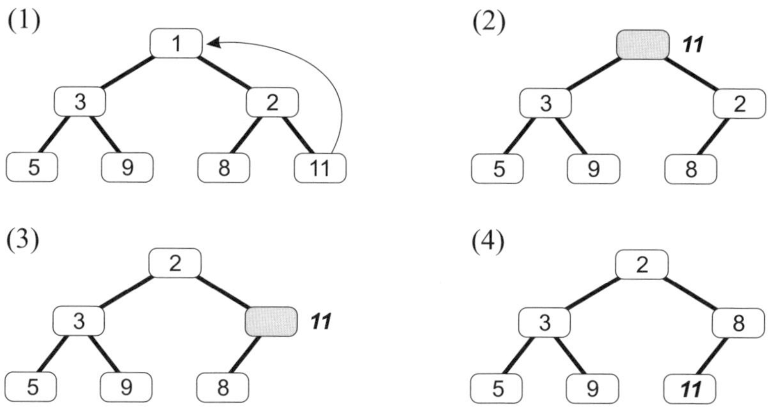

Abbildung 14.36 *Entfernen der Wurzel im Heap*

Für die Verwendung im Rahmen eines Sortieralgorithmus sollte dieses Prinzip möglichst ohne zusätzlichen Speicherplatzbedarf realisierbar sein. Nutzt man zur Darstellung des Heaps ein Feld, so lässt sich die Tatsache ausnutzen, dass beim Entfernen der Wurzel das jeweils letzte Element des Baumes an deren Stelle bewegt wird. In einem Feld kann dies über eine einfache Austauschoperation implementiert werden. Wird dies schrittweise für alle Elemente durchgeführt, so entstehen im Feld zwei Partitionen: der linke unsortierte Teil mit dem Heap und der rechte Teil mit den sortierten Elementen. Mit jedem Schritt vergrößert sich dabei der sortierte Teil bis schließlich das gesamte Feld sortiert vorliegt.

Für den vollständigen HeapSort-Algorithmus muss nur noch sichergestellt werden, dass das zu sortierende Feld vor dem Entnehmen des ersten Elementes einen Heap repräsentiert (Algorithmus 14.9).

Algorithmus 14.9 *HeapSort*

algorithm HeapSort (F)
  Eingabe: zu sortierende Folge F der Länge n

  Überführe F in einen Heap;
  $l := n$; */* Position des letzten Elementes */*
  while $l > 1$ **do**
    Vertausche $F[1]$ und $F[l]$;
    Versenke $F[1]$ im Heap $F[1 \ldots l-1]$;
    $l := l - 1$
  od

Der erste Schritt dieses Algorithmus überführt das Feld in einen Heap, wobei wiederum das Prinzip des »Durchsickerns« angewendet wird. Beginnend beim letzten Element wird das gesamte Feld durchwandert und für jedes Element wird ausgehend von der ersten Position versucht, dieses weiter im Baum nach unten zu bewegen. Dabei lässt sich zur Reduzierung des Aufwandes noch ausnutzen, dass die Blätter des Baumes keine Kinder haben können, die eventuell kleinere Elemente besitzen und deshalb nicht betrachtet werden müssen. Bezogen auf ein Feld mit n Elementen bedeutet dies, dass nur die ersten $n/2$ Elemente untersucht werden müssen.

Aufbau eines Heaps

In Abbildung 14.37 ist der Aufbau eines Heaps aus einem Feld sowohl in Baum- als auch in Felddarstellung verdeutlicht. Bei der Feldlänge 6 ist das erste zu behandelnde Element auf Position 2 (hier: Element 8) zu finden und muss – da die Heap-Eigenschaft verletzt ist – mit seinem Nachfolger getauscht werden. Das nächste Element 1 erfordert keine Aktionen. Im letzten Schritt wird schließlich noch Element 5 betrachtet, das zunächst mit dem Element 1 und dann noch mit Element 3 vertauscht wird.

Abbildung 14.37
Aufbau eines Heaps

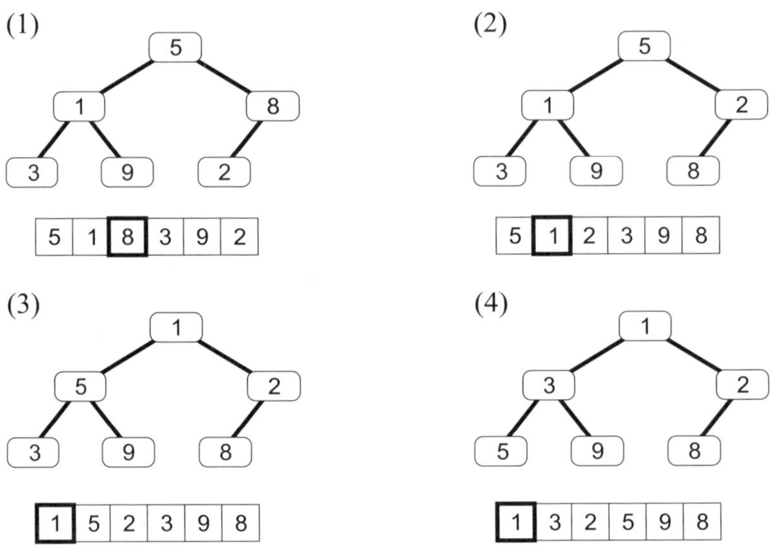

Wiederherstellung der Heap-Eigenschaft

Nachdem das Feld einen Heap repräsentiert, kann durch das schrittweise Entfernen der Wurzel und die Wiederherstellung der Heap-Eigenschaft die eigentliche Sortierung durchgeführt werden. Ausgehend vom Heap aus Abbildung 14.37 ist in Abbildung 14.38 diese Sortierung dargestellt, wobei das Wurzelelement 1 aus Schritt (4) in Abbildung 14.37 bereits entfernt und durch das letzte Element (hier: 8) ersetzt wurde. Dabei ist im Feld der sortierte Bereich hervorgehoben. Die absteigende Sortierung entsteht dadurch, dass es sich bei dem verwendeten Heap um einen MinHeap handelt, bei dem sich das kleinste Element in der Wurzel befindet. Bei einem MaxHeap mit dem größten Element in der Wurzel und der Eigenschaft, dass die Nachfolger immer kleiner sind, ergibt sich eine aufsteigende Sortierreihenfolge.

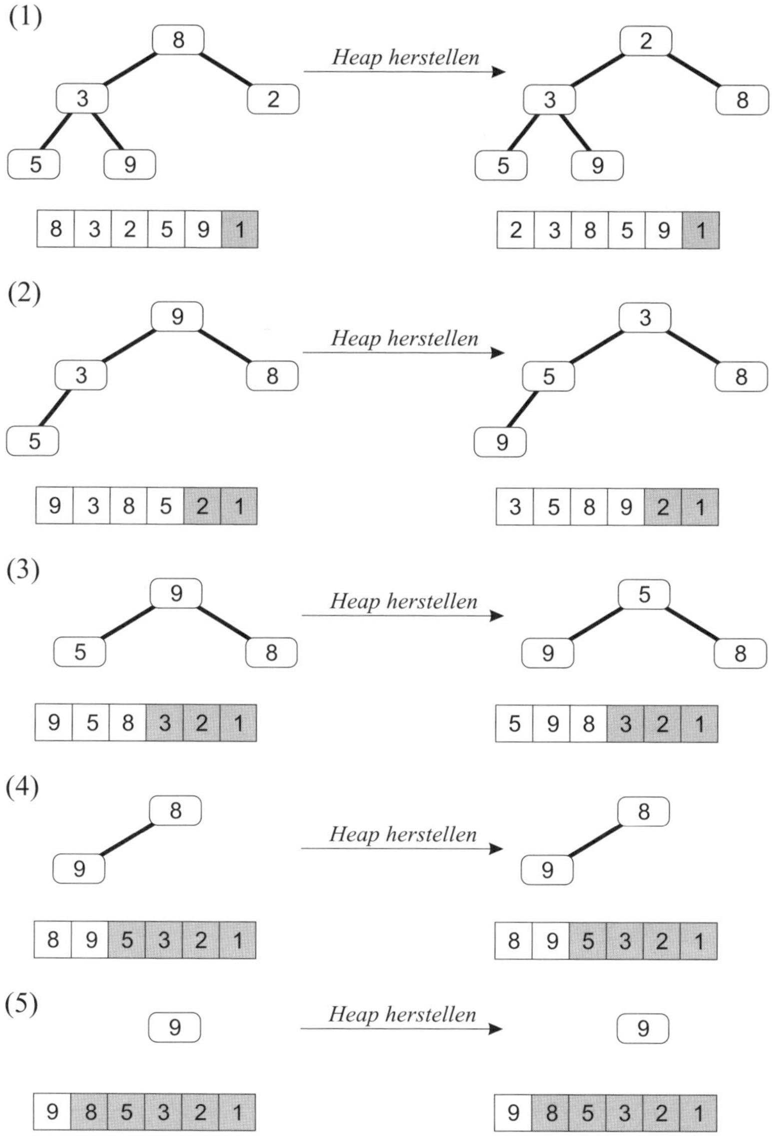

Abbildung 14.38 *Sortierung des Heaps*

Implementierung

Zur Implementierung des Algorithmus in Java benötigen wir zwei Hilfsmethoden: die bereits bekannte Methode `swap` zum Vertauschen zweier Elemente eines Feldes und eine Methode `percolate`, die das »Durchsickern« eines Elementes in einem durch ein Feld repräsentierten Heap vornimmt. Die eigentliche Sortiermethode `heapSort` in Programm 14.23 ist dann nur noch eine direkte Umsetzung von Algorithmus 14.9. Wir lassen dabei als Feldelemente Objekte zu, die die Schnittstelle `Comparable` unterstützen, so dass die Vergleichsoperationen durch Aufruf der `compareTo` realisiert werden müssen.

Die Methode `percolate` wird mit drei Parametern aufgerufen, die das Feld, die Position `idx` des aktuellen Elementes und die Position `last` des letzten zu betrachtenden Elementes bezeichnen. Die Heap-Eigenschaft wird somit für den Bereich `idx`... `last` hergestellt. Weiterhin ist noch die Besonderheit der Feldindizierung von Java zu berücksichtigen: Da hier das erste Element auf der Position 0 abgelegt wird, funktioniert die Bestimmung der Nachfolgerknoten für dieses Element nicht, da sich hierfür die Positionen $2 \cdot 0 = 0$ und $2 \cdot 0 + 1 = 1$ ergeben. Demzufolge muss zunächst mit einem Index von $idx + 1$ gearbeitet werden, der beim eigentlichen Zugriff auf das Feld wieder korrigiert wird.

Programm 14.23
Implementierung von HeapSort

```
public class HeapSort {
  private static void percolate(Comparable[] f,
                                int idx, int last) {
    int i = idx + 1, j;
    while (2 * i <= last) { // f[i] hat linken Sohn
      j = 2 * i; // f[j] ist linker Sohn von f[i]
      if (j < last) // f[i] hat auch rechten Sohn
        if (f[j-1].compareTo(f[j]) > 0)
          j++;    // f[j] ist jetzt kleiner
      if (f[i-1].compareTo(f[j-1]) > 0) {
        swap(f,i-1,j-1);
        i = j;    // versickere weiter
      }
      else
        // halte an, heap-Bedingung erfüllt
        break;
    }
  }

  private static void swap(Comparable[] f,
                           int i1, int i2) {
    Comparable tmp = f[i1];
    f[i1] = f[i2];
    f[i2] = tmp;
```

```
  }

  public static void heapSort(Comparable[] f) {
    int i;
    for (i = f.length / 2; i >= 0; i--)
      percolate(f, i, f.length);

    for(i = f.length - 1; i > 0; i--) {
      // tauscht jeweils letztes Element des Heaps mit dem ersten
      swap(f, 0, i);
      // heap wird von Position 0 bis i hergestellt
      percolate(f, 0, i);
    }
  }
}
```

Aufwand

Der Aufwand des Sortierens mit HeapSort setzt sich im Wesentlichen aus zwei Bestandteilen zusammen:

Aufbau des Heaps

- Aufwand für den Aufbau des Heaps
  Dies berechnet sich aus dem Aufwand für das Durchsickern eines Elementes multipliziert mit der Anzahl der Elemente n. Da das Durchsickern entlang eines Pfades im Baum erfolgt, entspricht der Aufwand im ungünstigsten Fall der Höhe des Baumes, d.h. $\log_2 n$. Insgesamt ergibt sich somit für diesen Schritt $n/2 \cdot \log_2 n$.
- Aufwand für das Entfernen der Elemente aus dem Heap zur eigentlichen Sortierung
  Das Entfernen erfolgt für jedes Element des Feldes, wobei der Aufwand für das Wiederherstellen der Heap-Eigenschaft durch das Durchsickern wiederum jeweils $\log_2 n$ beträgt. Demzufolge ist dieser Schritt mit einem Aufwand von $n \log_2 n$ verbunden.

Sortierung

Für den gesamten HeapSort-Algorithmus beträgt der Aufwand somit $3n/2 \log_2 n$ bzw. in der O-Notation unter Weglassen des konstanten Faktors $O(n \log n)$. HeapSort arbeitet damit im durchschnittlichen Fall wie MergeSort und QuickSort, hat aber auch im schlechtesten Fall einen Aufwand von $O(n \log n)$, während beispielsweise QuickSort hier $O(n^2)$ benötigt.

14.6.2 Sets mit binären Suchbäumen

Eine weitere praktische Anwendung von Bäumen ist die Implementierung von anderen Datentypen. Als ein Beispiel wollen wir den Datentyp »Set« aus Abschnitt 11.2.3 betrachten. Dieser Datentyp kann über die folgende Java-Schnittstelle definiert werden:

```
interface Set {
  void add(Comparable c);
  boolean contains(Comparable c);
  Set unite(Set s);
  Set intersect(Set s);
  ...
}
```

Test auf Enthaltensein

In einer Implementierung muss zur Gewährleistung der Mengeneigenschaft im Wesentlichen ein Test auf Enthaltensein durchgeführt werden. So ist etwa beim Hinzufügen eines Elementes in der Methode `add` zu prüfen, ob dieses Element bereits vorhanden ist. Auch bei der Vereinigung (`unite`) bzw. der Bestimmung der Schnittmenge (`intersect`) ist diese Prüfung notwendig. Da der Test auf Enthaltensein somit möglichst effizient implementiert sein sollte, ist die Verwendung eines binären Suchbaumes zur Aufnahme der Elemente eine sinnvolle Variante.

AVL-Baum

In Programm 14.24 ist die Implementierung der Klasse `TreeSet` auf Basis eines AVL-Baumes nach Abschnitt 14.4.2 dargestellt. Diese Klasse implementiert die Methoden der Schnittstelle `Set` unter Nutzung der Baummethoden.

Programm 14.24 *Implementierung von* `Set` *auf Basis eines Baumes*

```
public class TreeSet implements Set {
  private AVLTree tree;

  public TreeSet() {
    tree = new AVLTree();
  }

  public int size() {
    return tree.size();
  }

  public void add(Comparable o) {
    tree.insert(o);
  }

  public boolean contains(Comparable o) {
    return tree.find(o);
  }

  public Set unite(Set s) {
    TreeSet newSet = new TreeSet();
    java.util.Iterator i = this.iterator();
    while (i.hasNext())
```

```
      newSet.add((Comparable) i.next());
    i = s.iterator();
    while (i.hasNext())
      newSet.add((Comparable) i.next());
    return newSet;
  }

  public java.util.Iterator iterator() {
    return new TreeSetIterator(tree);
  }
}
```

Während die Methoden `add` und `contains` direkt die entsprechenden Methoden von `AVLTree` nutzen, weisen die Methoden zur Implementierung der Mengenoperationen einige Besonderheiten auf. So wird in `unite` zunächst ein neues `Set`-Objekt angelegt, dem die Elemente des aktuellen Objektes sowie des als Parameter übergebenen Objektes hinzugefügt werden. Da die `add`-Methode (bzw. die `insert`-Methode von `AVLTree`) bereits das Einfügen von Duplikaten verhindert, wird auf diese Weise die Mengensemantik erfüllt. In ähnlicher Weise können auch die weiteren Mengenoperationen implementiert werden.

Mengenoperationen

Das Navigieren über alle Elemente der Mengen erfordert wieder einen geeigneten Mechanismus, der das Traversieren eines Baumes mit dem Iterator-Konzept aus Abschnitt 13.4 verbindet. Die Schwierigkeit ist dabei die Umsetzung des rekursiven Traversierens in eine iterative Variante in Form einer Klasse mit der Schnittstelle `java.util.Iterator`, die bei jedem Aufruf der Methode `next` den nächsten Knoten liefert. Dies kann realisiert werden, indem die bei der rekursiven Variante des Traversierens implizit vorhandene Aufrufreihenfolge der Knoten explizit verwaltet wird, wie dies für das Levelorder-Auslesen in Algorithmus 14.4 vorgestellt wurde. Soll eine andere Knotenreihenfolge wie z.B. Inorder erzielt werden, so muss anstelle der Warteschlange ein Keller als Datenstruktur verwendet werden. Das sich daraus ergebende Prinzip ist in Abbildung 14.39 verdeutlicht.

Iterator-Konzept

Warteschlange vs. Keller

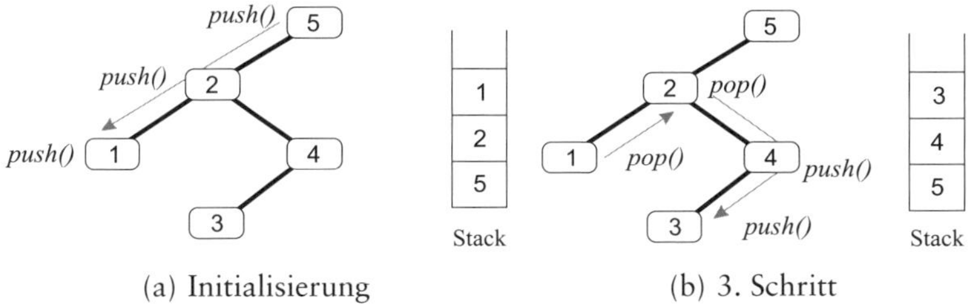

Abbildung 14.39
Prinzip des Iterators für einen Suchbaum (Inorder-Durchlauf)

Zunächst wird der Pfad von der Wurzel zum am weitesten links liegenden Knoten mit dem kleinsten Element verfolgt. Dabei werden alle Knoten auf diesem Pfad auf dem Stack abgelegt (Abbildung 14.39(a)). Bei jedem Iterationsschritt wird nun der jeweils oberste Knoten vom Stack entfernt. Besitzt dieser Knoten einen rechten Nachfolger so wird darüber wieder der Pfad zum am weitesten links liegenden Knoten dieses Teilbaumes mit dem nächstgrößeren Element verfolgt (Abbildung 14.39(b)). Auch hier werden alle Zwischenknoten auf den Stack gespeichert und anschließend wie beschrieben weiterverarbeitet.

Die Umsetzung dieses Prinzips im Rahmen der Klasse `TreeSetIterator` ist in Programm 14.25 dargestellt. Der Iterator benötigt als Attribute eine Referenz auf den Suchbaum sowie ein Stack-Objekt für die Ablage der Knoten. Im Konstruktor wird der Stack soweit initialisiert, dass der kleinste Knoten als oberstes Element abgelegt wird.

Programm 14.25 *Iterator für* `TreeSet`

```
protected class TreeSetIterator
  implements java.util.Iterator {
  private Stack stack;

  public TreeSetIterator(AVLTree tree) {
    stack = new ListStack();
    TreeNode node = tree.root();
    while (node != null) {
      stack.push (node);
      node = node.getLeft();
    }
  }

  public boolean hasNext() {
    return !stack.isEmpty();
  }

  public Object next() {
    TreeNode node = (AVLNode) stack.pop();
    Object o = node.getElement();
    if (node.getRight() != null) {
      node = node.getRight();
      while (node != null) {
        stack.push(node);
        node = node.getLeft();
      }
```

```
    }
    return o;
  }

  public void remove() {
    throw new UnsupportedOperationException();
  }
}
```

Die next-Methode implementiert das oben beschriebene Verfahren des Traversierens. Das »Ende« des Baumes ist erreicht, wenn alle Elemente verarbeitet wurden und somit der Stack leer ist. Dieser Sachverhalt wird in der Methode hasNext getestet.

15 Hashverfahren

Mit den Baumverfahren haben wir effiziente Datenstrukturen zum Finden von Einträgen mittels Suchschlüsseln betrachtet, die uns einen logarithmischen Aufwand beim Suchen garantieren. Hashverfahren gehen einen ganz anderen Weg: Die Datensätze werden einfach in einem normalen Feld mit direktem Zugriff gespeichert und eine spezielle Funktion, die *Hashfunktion*, ermöglicht für jeden gespeicherten Wert den direkten Zugriff auf den Datensatz.

Statt einer ausgereiften Datenstruktur benötigen wir nun also eine ausgefeilte Funktion zur Adressberechnung, die fast »magische« Fähigkeiten besitzen muss – sind doch die konkreten abzuspeichernden Werte vorher nicht bekannt, und das Feld sollte natürlich auch nicht beliebig groß werden. Wir werden allerdings sehen, dass uns eine gute Annäherung an eine derartig magische Funktion schon ausreicht, um mit hoher Wahrscheinlichkeit einen direkten Zugriff auf ein einzelnes Element zu ermöglichen.

15.1 Grundprinzip des Hashens

Grundideen des Hashens

Das Grundprinzip von Hashverfahren lässt sich mit wenigen Aussagen charakterisieren:

- Die Speicherung der Datensätze erfolgt in einem Feld mit Indexwerten von 0 bis $N-1$, wobei die einzelnen Positionen oft als »Buckets« bezeichnet werden.
- Eine Hashfunktion h bestimmt für ein Element e die Position $h(e)$ im Feld.
- Die Funktion h sorgt für eine »gute«, kollisionsfreie bzw. kollisionsarme Verteilung der zu speichernden Elemente.

Da es in der Regel sehr viel mehr möglicherweise zu speichernde Elemente als die N Positionen im Feld gibt und die zu speichernden Elemente vorher unbekannt sind, kann die Funktion nicht allen möglichen Elementen unterschiedliche Positionen zuweisen. Wird zwei Elementen dieselbe Position zugewiesen, spricht man von einer *Kollision*. Neben einer möglichst gut streuenden Hashfunktion ist die Behandlung von Kollisionen ein zentrales Merkmal von Hashverfahren.

Man kann sich leicht klar machen, dass bei einem genügend großen Wertevorrat auch immer N Elemente gefunden werden können, die durch h auf dieselbe Position abgebildet werden – ein Hashverfahren kann *entarten*. Durch eine gute Hashfunktion kann man die Wahrscheinlichkeit einer Entartung verringern, aber nie ganz ausschließen – wohl ein Grund, weshalb viele Programmierer Hashverfahren etwas misstrauisch betrachten und sie trotz ihrer guten Eigenschaften relativ selten einsetzen.

Abbildung 15.1 zeigt ein Beispiel für Hashen. Gespeichert wird in einem Feld von 0 bis 9, die Hashfunktion ist definiert als $h(i) = i \bmod 10$. Die Abbildung zeigt das Feld nach dem Einfügen von 42 und 119.

Abbildung 15.1 *Beispiel für eine Hashtabelle*

Index	Eintrag
0	
1	
2	42
3	
4	
5	
6	
7	
8	
9	119

Anhand dieses Beispiels kann man auch gut die Möglichkeit der *Kollision* erläutern. Die Hashfunktion $h(i)$ würde 69 an dieselbe Stelle wie 119 abspeichern wollen.

15.2 Grundlagen und Verfahren

Im vorigen Abschnitt hatten wir bereits kurz die Grundideen von Hashverfahren betrachtet. Diese Grundkonzepte sollen nun vertieft werden.

15.2.1 Hashfunktionen

Hashfunktionen

Von zentraler Bedeutung für Hashverfahren sind die *Hashfunktionen*. Die Hashfunktionen hängen natürlich vom Datentyp der zu speichernden Elemente und der konkreten Anwendung ab (die Mengen von zu speichernden **string**-Werten können je nach Anwendung sehr unterschiedlich aussehen).

Für Integerwerte als Suchschlüssel wird oft als Hashfunktion direkt die Funktion

$$h(i) = i \bmod N$$

gewählt. Dies funktioniert in der Regel allerdings nur dann gut, wenn N eine (große) Primzahl ist, die nicht nahe an einer großen Zweierpotenz liegt, da sonst unbeabsichtigt besondere algebraische Eigenschaften der eingegebenen Schlüssel eine Gleichverteilung verhindern. Gerade künstlich erzeugte Suchschlüssel haben oft verborgene algebraische Eigenschaften, die nicht auf den ersten Blick zu erkennen sind – man mache sich etwa klar, dass das gerne gewählte $N = 2^i$ etwa die Eigenschaft »ungerade« erhält. Werden beispielweise generierte Artikelnummern durch eine der drei Kontrollziffern 1, 3 oder 7 abgeschlossen, würde ein Hashen mit $N = 2^i$ die Werte nur auf ungerade Adressen abbilden.

Für andere Datentypen kann eine Rückführung auf Integerwerte erfolgen:

- Bei Fließpunktzahlen kann man Mantisse und Exponent addieren.
- Bei Strings könnte man deren ASCII/Unicode-Wert oder den einiger Buchstaben davon, evtl. jeweils mit Faktor gewichtet, addieren. In einer konkreten Variante werden für einen String s der Länge l aus 1-Byte-Zeichen l zufällige Elemente $a_i \in \{0, \ldots, N-1\}$ gewählt und der Hashwert wie folgt berechnet:

$$h(s) = (a_0 \cdot s[0] + a_1 \cdot s[1] + \cdots + a_{l-1} \cdot s[l-1]) \bmod N$$

Güte von Hashfunktionen

Hashfunktionen sollen die Werte natürlich besonders gut »streuen«. Daher ist es oft sinnvoll, eventuell von Besonderheiten der Eingabewerte abhängige Funktionen zu wählen (Buchstaben des Alphabets tauchen in Namen unterschiedlich häufig auf!). Allerdings müssen Hashfunktionen auf jeden Fall effizient berechenbar sein (konstanter Zeitbedarf, *auf keinen Fall* abhängig von der Anzahl der gespeicherten Werte!).

Das Matrikelnummer-Beispiel zeigt, dass eine schlecht gewählte Hashfunktion die Güte des Verfahrens schnell negativ beeinflussen kann. Die Hashtabelle bestehe hierbei aus 100 Buckets, gespeichert werden sollen Studentendatensätze, identifiziert durch die Matrikelnummer `MATRNR`. Die 6-stellige `MATRNR` wird fortlaufend vergeben.

- Werden die ersten beiden Stellen von `MATRNR` als Hashwerte ausgewählt, werden die Datensätze eines Jahrgangs alle auf sehr wenige Positionen abgebildet.
- Die letzten beiden Stellen von `MATRNR` hingegen verteilen die Datensätze gleichmäßig auf alle Positionen.

15.2.2 Behandlung von Kollisionen

Kollisionen

Eine *Kollision* tritt ein, wenn ein Datensatz mittels einer Hashfunktion in einem Bucket abgespeichert werden soll, das bereits durch einen anderen Datensatz belegt ist. Kollisionen sind (wenn man von festen Eingabebereichen mit gleich großer Hashtabelle absieht, etwa für Schlüsselwörter einer Programmiersprache) in Hashverfahren unvermeidbar, da die Menge möglicher Elemente größer ist als die Anzahl verfügbarer Positionen.

Zur Behandlung von Kollisionen gibt es mehrere Strategien, von denen wir im Folgenden einige kurz behandeln werden:

- Bei der *Verkettung der Überläufer* wird bei Kollisionen eine Liste mit den Elementen aufgebaut, die dieselbe Position belegen.
- *Sondieren* bezeichnet das Suchen einer alternativen Position im Fall einer Kollision. Wir werden zwei Verfahren betrachten, das *lineare Sondieren* und das *quadratische Sondieren*. Weitere Sondiermethoden wie doppeltes Hashen oder das Sondieren mit Zufallszahlen bilden Verfeinerungen dieser Basisidee.

Die Wahrscheinlichkeit für Kollisionen nimmt mit dem Füllgrad der Tabelle zu, so dass es in der Regel (in Abhängigkeit von der Kollisionsbehandlungsstrategie) einen Füllgrad gibt, ab dem Hashtabellen ineffizient werden.

Verkettung der Überläufer

Unter einem Überläufer versteht man ein Element, das eine bereits gefüllte Position in einer Hashtabelle zum »Überlaufen« bringt. Bei der Verkettung von Überläufern werden alle (zusätzlichen) Einträge einer Feldposition jeweils in einer verketteten Liste verwaltet.

Verkettung von Überläufern

Die Abbildung 15.2 zeigt das Prinzip der Verkettung von Überläufern anhand einer Tabelle für die Hashfunktion für $N = 10$ und $h(i) = i \bmod 10$.

Die Verkettung von Überläufern kann zu einer Abspeicherung in einer linearen Liste *entarten*, wenn alle (oder die Mehrzahl) der Elemente auf dieselbe Position abgebildet werden. Statt einer Liste könnte man

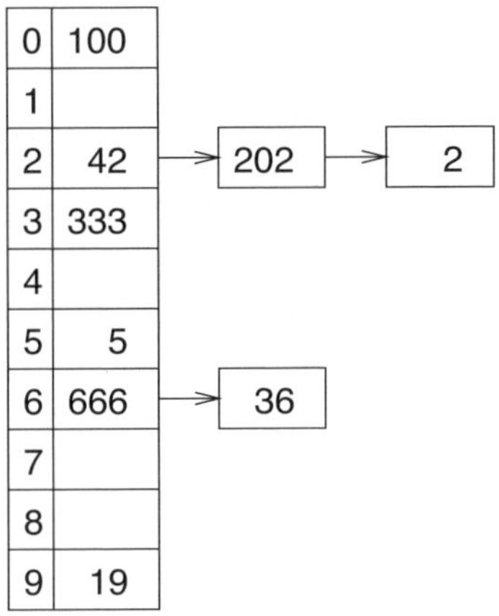

Abbildung 15.2 Hashtabelle mit verketteten Überläufern

daher auch jeweils einen (möglichst ausgeglichenen) Suchbaum aufbauen, um selbst im Falle einer Entartung einen zumindest logarithmischen Aufwand garantieren zu können.

Lineares Sondieren

Sondieren zur Positionierung von Überläufern

Die Verkettung von Überläufern benutzt zusätzlichen Speicher, um Kollisionen zu behandeln. Alternativ kann man zur Abspeicherung von Überläufern *andere*, noch unbesetzte Positionen in der Hashtabelle benutzen. Den Prozess des Suchens einer derartigen Position bezeichnet man als *Sondieren*.

Lineares Sondieren

Das einfachste Sondierverfahren ist das so genannte *lineare Sondieren*. Falls beim linearen Sondieren die Position $h(e)$ in der Hashtabelle T (notiert als $T[h(e)]$) besetzt ist, prüft das Verfahren des linearen Sondierens nun der Reihe nach die Positionen

$$T[h(e)+1], T[h(e)+2], T[h(e)+3], \ldots, T[h(e)+i], \ldots$$

um das Element e abzuspeichern. Natürlich wird genau genommen wieder modulo der Feldgröße gerechnet:

$$T[(h(e)+1) \mod N], T[(h(e)+2) \mod N], \ldots$$

Als Ergebnis kann ein Element e nun an einer anderen Stelle als $h(e)$ abgespeichert sein. Dies muss beim *Suchen* beachtet werden: Ist beim Suchen nach e die Position $h(e)$ durch ein Element e' mit $e \neq e'$ besetzt, muss in der Sondierreihenfolge weitergesucht werden, bis das gesuchte Element oder eine unbesetzte Position gefunden wird.

Die Abbildung 15.3 verdeutlicht den Ablauf beim linearen Sondieren anhand eines einfachen Beispiels, bei dem wieder ein Feld der Größe

10 und die passende Modulofunktion als Hashfunktion genutzt wird. Beim Einfügen des dritten Elementes, der 49, wird eine besetzte Position $T[h(49)] = T[9]$ vorgefunden. Das Sondieren prüft als Nächstes die Position $T[(h(49) + 1 \mod 10] = T[0]$, die sich als frei erweist und daher das Element aufnehmen kann.

Abbildung 15.3
Lineares Sondieren

	leer	insert 89	insert 18	insert 49	insert 58	insert 69
0				49	49	49
1					58	58
2						69
3						
4						
5						
6						
7						
8			18	18	18	18
9		89	89	89	89	89

Würde nach dem Einfügeablauf in Abbildung 15.3 die Zahl 28 eingefügt werden, müsste nun insgesamt 5-mal sondiert werden, bis ein freier Platz gefunden wird. Eine derartige Folge von aufeinander folgenden besetzten Feldern neigt dazu, immer schneller zu wachsen, da die Wahrscheinlichkeit, dass in diesem Bereich ein weiteres Element eingefügt wird, mit der Größe des Bereiches steigt.

Gebräuchliche Varianten des linearen Sondierens sind die folgenden:

- Statt eines Inkrements von 1 wird jeweils um den Wert c weitergesprungen:

  $$T[h(e) + c], T[h(e) + 2c], T[h(e) + 3c], \ldots$$

  Der Wert c muss natürlich in Abhängigkeit von N gewählt werden, damit möglichst alle Positionen auch abgedeckt werden (also möglichst $ggT(c, N) = 1$).
- Die Sondierung erfolgt in beide Richtungen:

  $$T[h(e) + 1], T[h(e) - 1], T[h(e) + 2], T[h(e) - 2], \ldots$$

Allerdings sind Varianten mit einem $c \neq 1, -1$ problematisch, da letztlich die Verteilung für die Länge der Sondierungsfolge gleich zur Verteilung im Fall von $c = 1$ bleibt, jedoch der Vorteil der Lokalität der

Tabellenzugriffe (was wiederum das Caching etwa im CPU-Cache beeinflusst) verloren geht.

Quadratisches Sondieren

Lineares Sondieren neigt zur Bildung von »Klumpen«, in denen alle Positionen bereits besetzt sind und sich daher lange Sondierfolgen aufbauen. Dieses Manko vermeidet das *quadratische Sondieren*, indem die Folge der Quadratzahlen für die Sondierabstände genommen wird (hier erklärt sich nachträglich der Begriff »*lineares* Sondieren«, bei dem ein lineares Polynom statt eines quadratischen genutzt wird).

Quadratisches Sondieren

Falls $T[h(e)]$ also bereits besetzt ist, versucht das quadratische Sondieren der Reihe nach mit

$$T[h(e)+1], T[h(e)+4], T[h(e)+9], \ldots, T[h(e)+i^2], \ldots$$

natürlich wieder modulo der Feldgröße einen freien Platz zu finden.

Die Abbildung 15.4 zeigt – mit derselben Eingabefolge, die in der Abbildung 15.3 für das lineare Sondieren verwendet wurde – die Arbeitsweise des quadratischen Sondierens.

Abbildung 15.4 *Quadratisches Sondieren*

	leer	insert 89	insert 18	insert 49	insert 58	insert 69
0				49	49	49
1						
2					58	58
3						69
4						
5						
6						
7						
8			18	18	18	18
9		89	89	89	89	89

Auch hier ist natürlich die Variante möglich, die in beide Richtungen sondiert:

$$T[h(e)+1], T[h(e)-1], T[h(e)+4], T[h(e)-4], \ldots$$

Im Allgemeinen verhält sich quadratisches Sondieren besser als lineares Sondieren. Allerdings ist es anfällig gegenüber falsch gewähltem N, wie das Beispiel $N = 16$ zeigt ($16 \bmod 16 = 0 = 0^2$, $25 \bmod 16 = 9 = 3^2$, $36 \bmod 16 = 4 = 2^2$, $49 \bmod 16 = 1 = 1^2$, …). Das Sondieren führt hierbei auf bereits benutzte Quadratzahlen zurück! Diesen Effekt kann man durch die Wahl von Primzahlen für N vermeiden. Empfehlenswert ist dabei eine Primzahl N, die modulo 4 den Rest 3 liefert, da die Zahlen der Folge $0, 1, -1, 4, -4, \ldots, ((N-1)/2)^2, -((N-1)/2)^2$ modulo N genau die Menge $\{0, 1, \ldots, N-1\}$ durchlaufen und somit die Sondierungsfolge alle Plätze der Hashtabelle erreicht.

Eine weitere Variante nutzt für ein $N = 2^k$ die Sondierungsfolge

$$T[h(e)+1], T[h(e)+3], T[h(e)+6], T[h(e)+10], \ldots, T[h(e)+k(k+1)/2]$$

die ebenfalls alle Tabellenplätze erreicht und dabei von $h(e)+(k-1)k/2$ zu $h(e)+k(k+1)/2$ durch einfache Addition von $k \bmod N$ kommt.

Abschließend bleibt zu bemerken, dass auch Sondierverfahren zu einer (quasi-)linearen Abspeicherung der Eingabefolge entarten können, ohne dass man hier wie bei verketteten Überläufern etwa auf Baumverfahren ausweichen könnte.

15.2.3 Aufwand beim Hashen

Den Aufwand beim Hashen zu bestimmen erfordert einige Vorüberlegungen. Die Effizienz einer Hashspeicherung basiert stark auf der Güte der Hashfunktion – werden alle zu speichernden Elemente auf dieselbe Position abgebildet, entartet das Ganze zur Speicherung in einer sequenziellen Liste.

Bei einer guten Hashfunktion ist die Wahrscheinlichkeit, dass ein Element e auf die Position j abgebildet wird, für alle $j \in 0 \ldots N-1$ gleich groß und damit $\frac{1}{N}$. Sind in einer Hashtabelle m Elemente abgespeichert, bezeichnet man den *Füllgrad* der Tabelle mit $\alpha = m/N$.

Füllgrad einer Tabelle

Sehen wir uns zuerst den Aufwand bei geringer Kollisionswahrscheinlichkeit an, indem wir die bisher skizzierten Algorithmen für den Fall ohne Kollision betrachten. Das Suchen erfordert das Berechnen von $h(e)$, für das wir konstanten Aufwand gefordert hatten, und das Lesen der Feldposition. Dies entspricht einem konstanten Aufwand $O(1)$. Dieselbe Argumentation ergibt auch beim Einfügen den Aufwand $O(1)$.

Gerade beim Einsatz von Sondierverfahren kann man allerdings auch beim sofortigen Finden des Elementes nur dann den Aufwand $O(1)$ erreichen, wenn zu löschende Einträge lediglich markiert werden, da tatsächliches Entfernen Lücken in der Sondierungsfolge anderer Positionen reißen könnte. Das alternative »Re-Hashen« der gesamten Tabelle erfordert den Aufwand $O(m)$.

Natürlich können Kollisionen nicht vernachlässigt werden. Praktische Erfahrungen zeigen, dass bei Sondierverfahren bei einem Füllgrad von über 80% das Einfüge-/Suchverhalten schnell dramatisch schlechter wird.

Aufwand beim Hashen mit Sondieren

Bei einer Speicherstruktur wie einer Hashtabelle können wir nur mit Wahrscheinlichkeiten argumentieren, da die konkreten Positionen von Elementen ohne Kenntnis der Hashfunktion zufällig und gleichmäßig über das Feld verteilt werden. Wie groß ist nun die Wahrscheinlichkeit einer Kollision?

Diese Wahrscheinlichkeiten basieren natürlich auf dem Füllgrad α – in einer stark gefüllten Tabelle ist die Wahrscheinlichkeit einer Kollision naturgemäß größer als in einer wenig gefüllten, in einer leeren Tabelle ist sie sicher 0 und in einer vollständig gefüllten dann 1.

Nun bestimmt α den Anteil der belegten Buckets an der Gesamtzahl der Buckets, und somit ist die Wahrscheinlichkeit, dass das Bucket $h(e)$ belegt ist, ebenfalls α. Im Fall der Kollision wird mittels Sondierung ein neues Bucket bestimmt, das möglicherweise wiederum belegt ist. Diesen Fall – ein Bucket belegt und das sondierte Bucket auch belegt – können wir mit ungefähr α^2 abschätzen, da das neu sondierte Bucket nach derselben Argumentation mit Wahrscheinlichkeit α belegt ist. Wir sagen bewusst »abschätzen«, da natürlich eigentlich für die zweite Position ein neues $\alpha' = \frac{m-1}{N-1}$ genommen werden müsste, wenn die Sondiervorschrift *garantiert* ein neues Bucket bestimmt.

Mittlerer Aufwand bei erfolgloser Suche

Wie aufwendig ist nun die (erfolglose) Suche? Wir benötigen auf jeden Fall einen Zugriff, mit Wahrscheinlichkeit α einen zweiten, mit Wahrscheinlichkeit α^2 einen dritten etc. Insgesamt ergibt sich die folgende Summenformel:

$$1 + \alpha + \alpha^2 + \alpha^3 + \cdots = \frac{1}{1 - \alpha}$$

Mittlerer Aufwand bei erfolgreicher Suche

Die erfolgreiche Suche ist übrigens besser, da bei einer erfolglosen Suche so lange sondiert werden muss, bis ein freier Platz gefunden wird. Für wenig gefüllte Tabellen liegt der Aufwand in der gleichen Größenordnung. Wenn man über alle in der Tabelle gespeicherten Schlüssel mittelt, dann ergibt sich als erwartete mittlere Anzahl von Sondierungen im Erfolgsfall etwa $\frac{1}{\alpha}\ln(\frac{1}{1-\alpha})$. Hierbei wird von der Zufälligkeit in der Hashfunktion ausgegangen und über die eingefügten Schlüssel gemittelt. Für eine genauere Herleitung dieser Ergebnisse verweisen wir auf die Literatur. Dieser Aufwand ist konstant, wenn α konstant ist.

Wenn man jetzt aber die Werte von α nahe an 1 betrachtet, merkt man, dass der Faktor $\frac{1}{\alpha}$ sich gegen 1 entwickelt und daher keine so große Rolle spielt und es im Wesentlichen auf das $\ln(\frac{1}{1-\alpha})$ ankommt. Das liegt nun gar nicht in der gleichen Größenordnung wie $\frac{1}{1-\alpha}$ bei erfolgloser Suche, sondern wächst viel langsamer (aber auch gegen unendlich). Beispielsweise ergibt $\alpha = 0.99$ für erfolglose Suche 100 Sondierungen, was oft inakzeptabel ist, für erfolgreiche Suche hingegen (im

Mittel) $\ln(100)$, also etwa 5, ein Wert, der für viele Anwendungen akzeptabel ist.

Für den Aufwand beim (erfolglosen) Suchen von

$$\frac{1}{1-\alpha}$$

kann man einige typische Werte betrachten. Bei einer halb gefüllten Tabelle benötigt man im Mittel bereits $\frac{1}{1-0.5} = 2$ Zugriffe – hier kann man sich die Summenentwicklung leicht selbst verdeutlichen: Einen Zugriff benötigt man auf jeden Fall, in der Hälfte der Fälle ist der Platz belegt und man muss sondieren, beim Sondieren (das in der Hälfte der Fälle eintrat) trifft man wieder in der Hälfte der Fälle auf ein gespeichertes Element, so dass man insgesamt in einem Viertel der Fälle zweimal sondieren muss etc. Eine zu 90% gefüllte Tabelle erfordert bereits im Mittel $\frac{1}{1-0.9} = 10$ Zugriffe.

15.2.4 Hashen in Java

Die Umsetzung der Idee von Hashverfahren in konkrete Datenstrukturen umfasst zwei Aufgaben:

Hashfunktion

- Die Implementierung einer Hashfunktion, die die Eigenschaften der jeweiligen Basisdatentypen berücksichtigt.

Datenstruktur

- Die Definition einer Datenstruktur, die nicht nur die Hashfunktion zur Indexberechnung nutzt, sondern insbesondere auch geeignete Maßnahmen zur Kollisionsbehandlung vorsieht.

Die Bereitstellung von Hashfunktionen wird in Java bereits durch die Superklasse `java.lang.Object` unterstützt, die eine Methode **`int`** `hashCode()` definiert. Beim Überschreiben dieser Methode in abgeleiteten Klassen sollten folgende Eigenschaften garantiert werden:

- Für ein und dasselbe Objekt wird bei jedem Aufruf der gleiche Wert geliefert.
- Sind zwei Objekte gleich (d.h. die Methode `equals` liefert **`true`**), so wird für beide Objekte der gleiche Wert zurückgegeben.

In der Klasse `Object` liefert die Methode `hashCode` im Prinzip einen Wert, der von der Speicheradresse des Objektes abgeleitet ist. Allerdings bieten konkrete Klassen wie `java.lang.Integer` oder `java.lang.String` eigene Implementierungen, die die oben angegebenen Eigenschaften erfüllen. So berechnet sich beispielsweise der Hashwert h eines Strings s der Länge n wie folgt:

$$h(s) = s[0] \cdot 31^{(n-1)} + s[1] \cdot 31^{(n-2)} + \cdots + s[n-1]$$

Für anwendungsspezifische Klassen lassen sich ebenfalls noch modifizierte Varianten durch Überschreiben dieser Methode angeben.

Auf der Basis der Methode hashCode kann die Indexberechnung für konkrete Objekte erfolgen. Hierzu ist eine geeignete Datenstruktur zu definieren, die im Wesentlichen ein Feld umfasst, in dem die einzelnen Objekte abgespeichert werden. Eine mögliche Schnittstelle ist in Programm 15.1 dargestellt.

Programm 15.1
Schnittstelle für Hashtabellen

```
interface Hashing {
  void add(Object o)
    throws HashTableOverflowException;
  boolean contains(Object o);
}
```

Test auf Enthaltensein

Es werden zwei Methoden definiert, die das Einfügen eines Objektes (add) sowie den Test auf Enthaltensein (contains) ermöglichen. Für eine weiter gehende Nutzung dieses Datentyps könnte die Methode add noch so modifiziert werden, dass nicht nur das zu »hashende« Objekt gespeichert wird – d.h. der Schlüssel –, sondern auch weitere Nutzdaten. Entsprechend müsste noch eine Methode get hinzugefügt werden, die die Nutzdaten zu einem Suchschlüssel zurückgibt. Auch das Löschen von Einträgen ist hier nicht dargestellt.

Verkettung der Überläufer

Weiterhin sind in der Datenstruktur mögliche Kollisionen zu behandeln. Betrachten wir zunächst den Ansatz der Verkettung der Überläufer. Für diesen Fall besteht das Feld aus Listen, die die eigentlichen Objekte aufnehmen können (Programm 15.2). Im Konstruktor der Klasse LinkedHashTable wird zunächst ein Feld einer vorgegebenen Größe angelegt. Beim Einfügen eines Objektes wird nun der Hashwert durch Aufruf der jeweiligen Methode hashCode bestimmt. Basierend auf diesem Wert kann im nächsten Schritt der Feldindex idx berechnet werden, indem eine Modulorechnung mit der Feldgröße durchgeführt wird. Die Bitoperation »& 0x7fffffff« sorgt nur dafür, dass der Hashwert als positive Zahl interpretiert wird. Schließlich wird geprüft, ob im Feld an der Position idx bereits eine Liste erzeugt wurde. Ist dies nicht der Fall, so wird ein neues Listenobjekt angelegt und im Feld eingetragen. Danach kann das einzufügende Objekt als letztes Element an die aktuelle Liste angehängt werden.

Programm 15.2
Hashtabelle mit Verkettung der Überläufer

```
import java.util.LinkedList;
import java.util.Iterator;

public class LinkedHashTable implements Hashing {
  private LinkedList[] table; // Feld mit Listen
```

```
  public LinkedHashTable(int size) {
    // Feld aufbauen
    table = new LinkedList[size];
  }

  public void add(Object o) {
    // Feldindex über Hashwert bestimmen
    int idx = (o.hashCode() & 0x7fffffff) % table.length;
    if (table[idx] == null)
      // noch keine Liste vorhanden
      table[idx] = new LinkedList();
    // an Liste anhängen
    table[idx].addLast(o);
  }

  public boolean contains(Object o) {
    // Feldindex über Hashwert bestimmen
    int idx = (o.hashCode() & 0x7fffffff) % table.length;
    if (table[idx] != null) {
      // Liste gefunden
      Iterator it = table[idx].iterator();
      while (it.hasNext()) {
        // sequenzielle Suche nach Element
        Object obj = it.next();
        if (obj.equals(o))
          return true;
      }
    }
    return false;
  }
}
```

Suchen eines Objektes

Das Suchen eines Objektes im Rahmen der Methode `contains` beginnt mit dem gleichen Prinzip. Auch hierbei wird zunächst der Feldindex bestimmt. Ist an dieser Position noch keine Liste vorhanden, kann die Suche sofort abgebrochen werden. Andernfalls wird die Liste elementweise durchsucht, indem das Suchobjekt mit dem jeweiligen Element unter Verwendung der Methode `equals` verglichen wird. Hier könnte auch direkt die `contains`-Methode der Klasse `LinkedList` genutzt werden, die bereits eine solche sequenzielle Suche implementiert. Entsprechend wäre der Programmabschnitt zur Suche durch den Aufruf

```
return table[idx].contains(o);
```

zu ersetzen. Bei beiden Varianten wird im Erfolgsfall der Wert **true** zurückgeliefert. Wurde dagegen kein entsprechendes Element gefunden, so ist das Ergebnis **false**.

Lineares Sondieren

Verfolgt man dagegen den Ansatz des linearen Sondierens, so werden die Objekte direkt im Feld gespeichert (Programm 15.3). Allerdings muss hier beim Einfügen geprüft werden, ob eine Kollision besteht, d.h., ob an der berechneten Position bereits ein Objekt gespeichert ist. In diesem Fall wird in der **while**-Schleife die nächste freie Position gesucht. Da bei diesem Ansatz die Anzahl der freien Plätze erschöpft sein kann, muss außerdem getestet werden, ob bei der Suche das Feld einmal vollständig durchlaufen wurde. In der hier betrachteten Implementierung wird dies als Fehler angesehen und über eine Ausnahme `HashTableOverflowException` signalisiert. In einer vollständigen Realisierung sollte aber an dieser Stelle das Feld vergrößert werden. Zu beachten ist aber dabei, dass dann auch für alle Objekte eine Neuberechnung der Indexwerte erfolgen muss!

Überlauf

Programm 15.3
Hashtabelle mit linearem Sondieren

```
public class HashTable implements Hashing {
  private Object[] table;

  public HashTable(int size) {
    table = new Object[size];
  }

  public void add(Object o)
    throws HashTableOverflowException {
    int idx, oidx;

    oidx = idx = (o.hashCode() & 0x7fffffff) % table.length;
    while (table[idx] != null) {
      idx = ++idx % table.length;
      if (idx == oidx)
        throw new HashTableOverflowException();
    }
    table[idx] = o;
  }

  public boolean contains(Object o) {
    int idx, oidx;

    oidx = idx = (o.hashCode() & 0x7fffffff) % table.length;
    while (table[idx] != null) {
      if (o.equals(table[idx]))
        return true;
```

```
      idx = ++idx % table.length;
      if (idx == oidx)
        break;
    }
    return false;
  }
}
```

Das Suchen eines Objektes folgt wiederum demselben Prinzip. Ausgehend von der aus dem Hashwert berechneten Position wird geprüft, ob das dort gespeicherte Objekt das gesuchte ist. Sonst muss linear weitergesucht werden, wobei das Abbruchkriterium hier wieder ein vollständiger Durchlauf ist.

In der Java-Klassenbibliothek sind im Paket `java.util` mehrere weitere Hash-basierte Datenstrukturen vorhanden, so u.a. eine Klasse `Hashtable`, eine Implementierung für `Set` sowie für `Map` (siehe auch Abschnitt 13.5).

15.3 Dynamische Hashverfahren

Hashverfahren werfen im praktischen Gebrauch trotz der guten Zeitkomplexität einige Probleme auf. Eines der schwerwiegendsten Probleme ist die mangelnde Dynamik: Der Bildbereich $0 \dots N-1$ ist konstant und ab einem gewissen Füllgrad wird das Antwortverhalten schnell schlechter. Eine Vergrößerung des Bildbereichs erfordert ein komplettes Neu-Hashen in ein neues Feld. So genannte *dynamische Hashverfahren* versuchen diese Probleme zu lösen, indem sie dynamisch wachsende und schrumpfende Bildbereiche unterstützen.

Dynamische Bildbereiche

In den meisten Lehrbüchern werden dynamische Hashverfahren als fortgeschrittene Techniken nur erwähnt und nicht im Detail behandelt. In diesem Lehrbuch wurden sie bewusst aufgenommen, da dynamische Hashverfahren zeigen, wie verschiedene der bisher gezeigten Techniken sinnvoll kombiniert werden können:

- die unschlagbar gute Komplexität vom Hashen beim Suchen,
- das dynamische Wachstum ausgeglichener Baumstrukturen sowie
- die Implementierung von konzeptionellen Strukturen durch ausgefeilte Basisdatenstrukturen.

15.3.1 Grundideen für dynamische Hashverfahren

Dynamische Hashverfahren basieren auf einer Reihe von zu lösenden Problemen, deren Behandlung wir nun der Reihe nach diskutieren werden, bevor wir mit dem erweiterbaren Hashen ein konkretes Verfahren vorstellen werden.

Erste Idee: Hashfunktionen mit dynamisch erweiterbarem Bildbereich

Das erste Problem, das zu lösen ist, ist der Bildbereich der Hashfunktion. Die klassische Hashfunktion ist eine Abbildung auf den Bereich $0 \ldots N-1$ für eine Konstante N. Bei dynamischen Hashverfahren muss der Bildbereich wachsen können.

Hashfunktionen mit erweiterbarem Bildbereich

Einige Verfahren schlagen eine Familie von Hashfunktionen vor, die den Bildbereich jeweils vergrößern – in der Regel wird der Bildbereich verdoppelt. Mathematisch fordert man eine Funktionsfamilie (definiert auf dem Bereich der zu speichernden Elemente E)

$$h_i : E \rightarrow \{0, \ldots, 2^i \cdot N - 1\}$$

als Folge von Hashfunktionen mit $i \in \{0, 1, 2, \ldots\}$ und N als Anfangsgröße des Hashverzeichnisses. Der Wert von i wird dabei als *Level* der Hashfunktion bezeichnet.

Um bei einem Übergang von einem Level zum nächsten die gespeicherten Elemente von Buckets nicht komplett umverteilen zu müssen, fordert man für diese Hashfunktionen die folgenden Bedingungen:

- $h_{i+1}(w) = h_i(w)$ für etwa die Hälfte aller $w \in E$
- $h_{i+1}(w) = h_i(w) + 2^i \cdot N$ für die andere Hälfte

Die Elemente, die einem Bucket j durch h_i zugeordnet werden, lassen sich durch h_{i+1} also auf jeweils eines von zwei Buckets verteilen: j oder $j + (2^i \cdot N)$.

Diese Bedingungen sehen auf den ersten Blick schwer erfüllbar aus, werden aber beispielsweise erfüllt, wenn $h_i(w)$ als $w \bmod (2^i \cdot N)$ gewählt wird.

Für die Implementierung und weitere Optimierung hat sich eine andere Darstellung dieser Familie von Hashfunktionen bewährt, die mathematisch äquivalent, aber oft leichter im Rechner verarbeitbar ist.

Hier wird statt einer Familie von Hashfunktionen genau eine Hashfunktion gewählt. Der Zielbereich dieser Hashfunktionen ist aber das

Intervall $[0.0 \ldots 1.0)$, also keine ganzen Zahlen, sondern Gleitpunktzahlen. Auch hier wird eine gleichmäßige Verteilung gefordert. Zur Verarbeitung werden die errechneten Hashwerte im binären Zahlsystem notiert, also beispielsweise:

$$\begin{aligned} 0.0 &= b0.000000... \\ 0.5 &= b0.100000... \\ 0.75 &= b0.110000... \\ 0.99999... &= b0.111111... \end{aligned}$$

Die ersten i Bits hinter dem Punkt, als Binärdarstellung ganzer Zahlen interpretiert, adressieren ein Feld der Größe 2^i. Durch Hinzunahme eines Bits verdoppelt man den Bildbereich und realisiert dadurch einen dynamisch erweiterbaren Bildbereich.

Zur konkreten Implementierung erweiterbarer Bildbereiche verwendet man üblicherweise eine abgewandelte Darstellung. Die Hashwerte werden als Bitfolgen (potenziell hinreichend lang) dargestellt und beim Level i werden die ersten i Bits als Zahl interpretiert. Die Bits können dabei als Binärzahl in üblicher Schreibweise oder in umgekehrter Reihenfolge interpretiert werden. Das von uns im folgenden Abschnitt beschriebene erweiterbare Hashen nutzt die erste Variante.

Zweite Idee: Bucket kann mehr als einen Wert aufnehmen

Bisher adressierten Hashwerte genau einen Speicherplatz für ein Element. Kollisionen bei Bitfolgen als Hashwerte können nun oft durch ein Verdoppeln des Bildbereichs aufgelöst werden, da ein weiteres Bit hinzugenommen wird. Eine derartige Auflösung gelingt im Mittel natürlich nur in der Hälfte der Fälle, oft entsprechen Kollisionen sogar weitgehend (d.h. für viele Positionen) identischen Bitfolgen.

Block: Bucket für mehrere Werte

In vielen Fällen kann man Kollisionen einfach dadurch behandeln, dass ein Bucket *mehr als ein Element* aufnehmen kann. Eine Hashfunktion liefert die Adresse eines *Blockes*, der k Elemente abspeichern kann. Die Zahl k wird beispielsweise in Datenbankanwendungen derart gewählt, dass ein Block einer Transporteinheit zwischen Festplatte und Hauptspeicher entspricht, also beispielsweise 1024 Byte umfasst.

Natürlich können auch Blöcke für k Elemente Überlauf nicht verhindern. Ist im Falle eines Überlaufs die Hashtabelle hinreichend gefüllt, so kommt eine Erweiterung des Bildbereichs (»ein Bit mehr«) in Frage (Elemente eines Blockes können auf zwei Blöcke aufgeteilt werden) – andernfalls muss man (ggf. übergangsweise) Überlauflisten verwalten.

Dritte Idee: Erweiterung des Bildbereichs nur dort wo nötig

Eine Erweiterung des Bildbereichs würde in unseren bisherigen Verfahren eine Verdopplung der Blöcke bedeuten – nach einer Verdopplung des Speicherbereichs wäre der Speicherplatz dann auch gleich unter 50% ausgenutzt. Verschärft wird diese Problematik, wenn die Daten ungleich verteilt werden.

Dies können wir dadurch beheben, dass der Bildbereich nur dort erweitert wird, wo dies aufgrund der Speicherdichte notwendig erscheint. Als Beispiel könnten mehr Elemente auf den Bereich zwischen 0.0 und 0.5 als zwischen 0.5 und 1.0 abgebildet werden. Dann kann es sinnvoll sein, für Hashwerte, die (als Binärzahl) mit 0.0 beginnen, mehr Bits zur Adressierung zu nutzen als für diejenigen, die mit 0.1 beginnen.

Allerdings ist Vorsicht geboten: Jetzt kann man nicht mehr direkt ein Feld adressieren, da unterschiedlich lange Bitfolgen zur Adressierung genommen werden (Adressierung über `11` und `011` liefert ansonsten in beiden Fällen den 3. Block!).

Vierte Idee: Binärer Trie zur Verwaltung der Blöcke

Mit unterschiedlich langen Bitfolgen kann man ein Feld nicht mehr direkt adressieren. Allerdings wissen wir bereits, dass unterschiedlich lange Bitsequenzen effizient über einen Trie verwaltet werden können. Für die Effizienz kommt uns dabei zugute, dass bei einer geeigneten Hashfunktion ein derartiger Trie ziemlich ausgeglichen sein dürfte.

Fünfte Idee: Ausgeglichener Trie als Feld gespeichert

Tries als Bäume sind weniger effizient als der Direktzugriff über ein Feld, so dass wir mit der vierten Idee eigentlich einen erheblichen Effizienzverlust erzeugt haben. Allerdings hilft uns, dass der Trie bei einer geeigneten Hashfunktion so gut wie ausgeglichen sein sollte. Einen ausgeglichenen Trie können wir wiederum als ein Feld organisieren, indem die auf einer Stufe stehenden Blätter direkt adressiert werden. Der Trick besteht nun darin, den tatsächlichen Trie auf einen vollständig ausgeglichenen Trie aufzufüllen und diesen effizient mittels eines Feldes zu speichern, dessen Einträge Zeiger auf Blöcke sind.

Binärer Trie als Feld gespeichert

Als Suchstruktur wird also statt eines allgemeinen binären Präfixbaumes ein *ausgeglichener* binärer Präfixbaum genommen, der als Feld mit fester Größe 2^d realisiert wird. Der Wert d wird dabei als *Tiefe* des Baumes bezeichnet. In Teilen des (ja eigentlich nicht ganz ausgeglichenen) tatsächlichen Tries, in dem die Tiefe nicht erreicht wird, zeigen mehrere Blätter des vervollständigten Tries auf denselben Block.

15.3.2 Erweiterbares Hashen

Ein Verfahren, das die genannten Ideen umsetzt, ist das so genannte *erweiterbare Hashen* (engl. extensible hashing). Die Abbildung 15.5 zeigt die Realisierung eines ausgeglichenen Tries mit der Tiefe $d = 2$ und einer Blockgröße von 2.

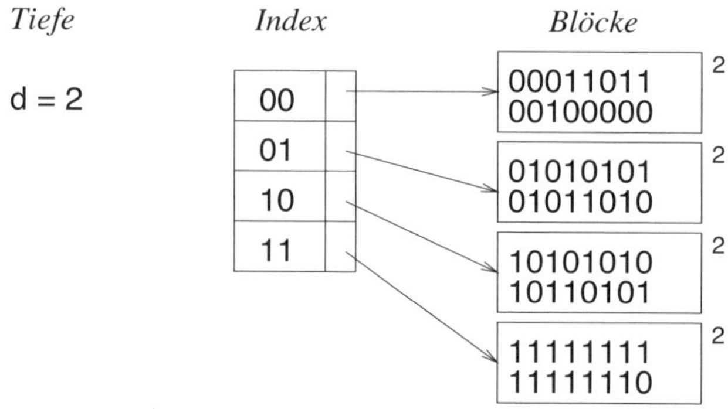

Abbildung 15.5 *Erweiterbares Hashen: Beispiel der Tiefe* $d = 2$

Die Hashtabelle ist im Beispiel zu 100% gefüllt. Ein weiterer Eintrag würde einen Block zum Überlaufen bringen und eine Verdopplung des Indexfeldes erfordern. Würde im Beispiel ein weiterer Wert mit dem Hashwert `00111111` eingefügt werden, müsste der Block mit der Adresse `00` gesplittet werden.

Verdopplung des Indexfeldes

Da der Index ein ausgeglichener Trie ist, muss hierfür die *Tiefe um eins erhöht werden*. Das Indexfeld verdoppelt damit seine Größe.

Um nun zu vermeiden, dass auch die Anzahl der Blöcke verdoppelt wird, können Blätter des Baumes gemeinsam auf denselben Block zeigen. Beim Verdoppeln des Indexfeldes geht man nun zuerst wie folgt vor: Ist einem Blatt x vor dem Verdoppeln das Bucket s zugeordnet, zeigen nach dem Verdoppeln die beiden Söhne von x, also x_0 und x_1, ebenfalls beide auf s.

Die Abbildung 15.6 zeigt das derart verdoppelte Indexfeld. Man beachte, dass die Blöcke an sich nicht verändert wurden; es erfolgte kein *Re-Hashen*.

Nun kann der Block, der vorher nur mit `00` adressiert war, aufgeteilt werden, da er ja nun sowohl mit `000` als auch mit `001` adressiert wird. Die Hashtabelle nach Einfügen von `00111111` zeigt die Abbildung 15.7.

Wir verzichten an dieser Stelle auf eine weiter gehende Diskussion des erweiterbaren Hashens und nennen stattdessen nur einige der Eigenschaften dieses Verfahrens.

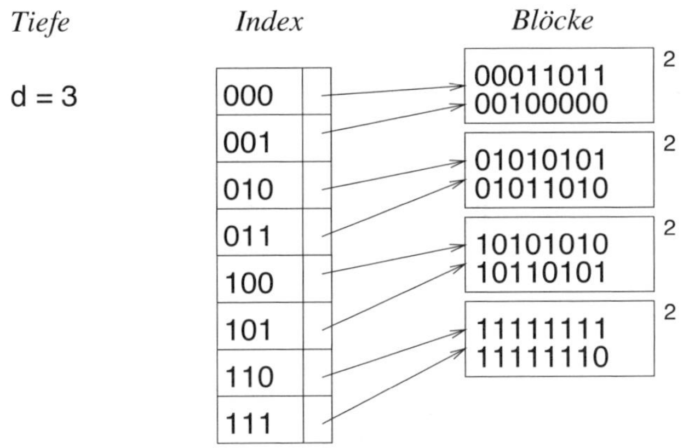

Abbildung 15.6 Erweiterbares Hashen mit verdoppelter Feldgröße

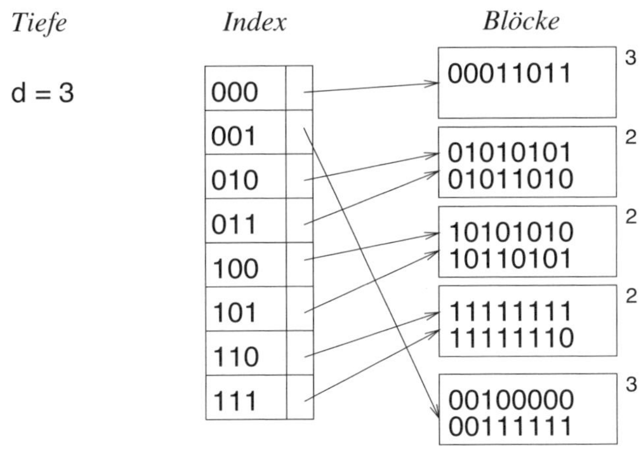

Abbildung 15.7 Aufteilen eines Blockes beim erweiterbaren Hashen

- Bitfolgen als Hashwerte sind im Rechner effizient verarbeitbar, so dass hier kein zusätzlicher Aufwand entsteht.
- Das Suchen wird wie in klassischen Hashverfahren in $O(1)$ realisiert (bei guter Hashfunktion).
- Das Einfügen kann im schlimmsten Fall das Verdoppeln des Indexfeldes bedeuten, aber *nicht* das Umkopieren aller Datenblöcke.
- Bei nicht gleichmäßig verteilten Hashwerten sollte man Überlauflisten bei geringem Füllgrad vorsehen, um das sofortige Verdoppeln des Indexfeldes bei Überlauf zu vermeiden.

Zyklisches Verhalten beim Einfügen

Eine weitere Verbesserung kann das Problem des *zyklischen Verhaltens* beim Einfügen beheben. Kurz vor dem Erhöhen der Tiefe ist bei tatsächlicher Gleichverteilung der Hashwerte die Speicherauslastung am besten, so dass die Wahrscheinlichkeit, dass ein Einfügen die Aufteilung eines Blockes bedeutet, am größten ist. Zu diesem Zeitpunkt ist im Mittel das Einfügen mit größerem Aufwand verbunden – bei gleichmäßigem Wachstum der Speicherstruktur verschlechtert bzw. verbessert sich der Aufwand beim Einfügen also zyklisch.

Das zyklische Verhalten kann durch Umverteilen mittels der neuen Hashfunktion $2^{h(k)} - 1$ gemildert werden. Die Tabelle 15.1 zeigt den Effekt dieser Umverteilung mittels der Exponentialfunktion. verteilt.

Tabelle 15.1 *Umverteilung von Hashwerten mit Exponentialfunktion*

n	$2^n - 1$
0.0	0.0
0.1	0.0717735
0.2	0.1486984
0.3	0.2311444
0.4	0.3195079
0.5	0.4142136
0.6	0.5157166
0.7	0.6245048
0.8	0.7411011
0.9	0.866066
1.0	1.0

15.3.3 Umsetzung des erweiterbaren Hashens

In den folgenden Programmausschnitten soll nun die konkrete Umsetzung der diskutierten Techniken des dynamischen Hashens am Beispiel der vorgestellten Variante des erweiterbaren Hashens gezeigt werden. Die Umsetzung erfolgt direkt in Java, da der Schwerpunkt der Realisierung eher im Bereich der Datenstrukturen und nicht in den Algorithmen liegt.

Die Basisstrukturen für die Realisierung der Klasse `ExtendibleHashing` sind die Blöcke (Klasse `Block`) sowie der Trie, der einfach als Indexfeld `hashIndex` mit Blöcken als Elementen implementiert ist (Programm 15.4). Die Blöcke sind als Objekte modelliert, da mehrere Indexeinträge auf denselben Block zeigen können. Zur Vereinfachung haben wir einen Block als Vektor (Klasse `java.util.ArrayList`) fester Maximallänge realisiert. Einer unserer Blöcke kann also maximal 5 Objekte speichern. Weiterhin wird eine Hashfunktion hashValueToBitSet benötigt, die einen Bitvektor der passenden Tiefe aus dem Hashwert erzeugt. Diese Hashfunktion nutzt einfach die Java-Methode hashCode und baut aus der rückwärts interpretierten Bitrepräsentation des damit berechneten Hashwertes den Bitvektor auf. Dies ist natürlich nur eine primitive Variante, die keine Gleichverteilung garantiert. Für den realen Einsatz sollte hier eine wie in Abschnitt 15.3.2 skizzierte Hashfunktion zum Einsatz kommen.

Die Methode getPosition benötigt man zum Suchen, Einfügen und Löschen von Objekten, indem über den Bitvektor und die aktuelle Tiefe der zum Zugriff auf das Indexfeld erforderliche Wert aus dem Hashwert eines Objektes ermittelt wird. Der richtige Block wird durch die Hashfunktion eindeutig bestimmt, auch wenn der Trie nicht vollständig aufgebaut ist.

Programm 15.4 Klasse für das erweiterbare Hashen

```
public class ExtendibleHashing implements Hashing {
 final static int MAXSIZE = 5;

 static class Block {
  ArrayList elems = new ArrayList();
  int bdepth;

  public Block(int d) { bdepth = d; }
  public ArrayList elements() { return elems; }
  public int getDepth() { return bdepth; }
 }

 private int depth;
 private Block hashIndex[] = null;

 private BitSet hashValueToBitSet(Object o) {
  BitSet bits = new BitSet(32);
  int h = o.hashCode();
  for (int i = 0; i < 32; i++)
   bits.set(i, (h & (1 « i)) != 0);
  return bits;
 }

 private int getPosition(Object o, int d) {
  BitSet bits = hashValueToBitSet(o);
  int pos = 0;
  for (int i = 0; i < d; i++) {
   pos *= 2;
   if (bits.get(i)) pos++;
  }
```

```
    return pos;
  }

  ...
}
```

Die Initialisierung im Rahmen des Konstruktors erzeugt einen Index der Größe 2 mit jeweils einem Block der Tiefe 1, in dem kein Element gespeichert ist (Programm 15.5).

Programm 15.5
Initialisierung beim erweiterbaren Hashen

```
public ExtendibleHashing() {
  depth = 1;
  hashIndex = new Block[2];
  hashIndex[0] = new Block(1);
  hashIndex[1] = new Block(1);
}
```

Die Verdopplung des Indexes erfolgt wie im Schritt von Abbildung 15.6 nach Abbildung 15.7 mit Hilfe der Methode `extendIndex` (Programm 15.6). Nach der Verdopplung zeigen jeweils ein gerader Indexeintrag und der darauf folgende ungerade Eintrag auf denselben Block.

Programm 15.6
Verdopplung der Indexgröße

```
private void extendIndex() {
  int nsize = 1 « depth;
  Block newIndex[] = new Block[nsize * 2];

  for (int i = 0; i < nsize; i++) {
    newIndex[2 * i] = hashIndex[i];
    newIndex[2 * i + 1] = hashIndex[i];
  }
  hashIndex = newIndex;
  depth++;
}
```

Das Einfügen ist eine komplexere Operation, da der durch `getPosition` gefundene Block bereits voll sein kann. Er muss dann gesplittet werden, wobei gegebenenfalls sogar eine Verdopplung der Indexgröße notwendig wird. Das Splitten erfolgt in einer Schleife, da ein Erfolg nicht beim ersten Splitten garantiert werden kann.

Programm 15.7
Einfügen beim erweiterbaren Hashen

```
public void add(Object o) {
  int idx = getPosition(o, depth);
  Block b = hashIndex[idx];

  if (b.elements().contains(o))
    return;
  while (b.elements().size() == MAXSIZE) {
    // solange Block voll ist
    if (b.getDepth() == depth) {
      extendIndex();
      idx = getPosition(o, depth);
    }
    splitBlock(idx);
    b = hashIndex[idx];
  }
  // Element hinzufügen
  b.elements().add(o);
}
```

Dem aufmerksamen Leser dürfte nicht entgangen sein, dass diese Realisierung die Gefahr einer Endlositeration beinhaltet, wenn nämlich mehr als `MAXSIZE` Objekte den identischen Hashwert haben. Auch ohne Endlositeration kann der Index sehr groß werden, wenn zu viele Objekte auf dasselbe Bitpräfix abgebildet werden. Als Lösung bietet es sich an, Überlauflisten bei Blöcken zu verwalten und einen Block-Split nur dann durchzuführen, wenn ein global verwalteter Füllgrad einen bestimmten Schwellwert übersteigt. Wir haben auf diese (notwendige!) Verfeinerung verzichtet, um das Beispiel einfacher zu halten.

Programm 15.8
Split eines Blocks

```
private void splitBlock(int idx) {
  Block b = hashIndex[idx];
  Block b0 = new Block(b.getDepth() + 1);
  Block b1 = new Block(b.getDepth() + 1);
  Iterator it = b.elements().iterator();
  while (! it.hasNext()) {
    // Elemente neu verteilen
    Object elem = it.next();
    BitSet bits = hashValueToBitSet(elem);
    if (! bits.get(b.getDepth()))
      b0.elements().addElement(elem);
    else
      b1.elements().addElement(elem);
    it.remove();
  }
  int diff = depth - b.getDepth();
```

```
  int zdiff = 1 << diff; // 2^diff Einträge
  int start = (idx / zdiff) * zdiff;
  for (int i = start; i < start + zdiff; i++) {
    if (i < start + (1 << (diff - 1)))
      hashIndex[i] = b0;
    else
      hashIndex[i] = b1;
  }
}
```

Das Splitten eines Blockes erfolgt dadurch, dass zwei neue Blöcke erzeugt werden und die Einträge des alten Blockes in Abhängigkeit vom Bit der Split-Ebene auf diese verteilt werden. Etwas komplexer ist die Adjustierung des `hashIndex`-Feldes, da je nach der Differenz zwischen globaler Tiefe und lokaler Tiefe des alten Blockes 2, 4 oder mehr Einträge aktualisiert werden müssen.

Lektionen aus erweiterbarem Hashen

Einer der Gründe der Aufnahme des erweiterbaren Hashens in dieses Buch ist die Erfahrung, dass Eigenschaften von Datenstrukturen nicht als unumstößlich angesehen werden sollten, um zu vermeiden, dass man geschickte Kombinationsmöglichkeiten der klassischen Verfahren aufgrund derartiger Vorbehalte nicht erkennt.

Das erweiterbare Hashen widerlegt quasi die folgenden »Lehrbuchmeinungen«:

- »Hashfunktionen sind immer statisch, da sie ein Feld fester Größe adressieren.«
- »Auch ausgeglichene Suchbäume ermöglichen bestenfalls einen Zugriff der Größenordnung $O(\log n)$.«
- »Digitale Bäume sind nicht ausgeglichen.«

Das erweiterbare Hashen kombiniert die Ideen der drei Ansätze derart, dass die jeweiligen Nachteile wegfallen, aber die Vorteile bewahrt bleiben!

16 Graphen

Graphen als Datenstruktur sind uns in diesem Buch bereits mehrfach begegnet, etwa bei der Diskussion der verschiedenen Algorithmenmuster. Auch die bereits behandelten Bäume sind ein Spezialfall von Graphen. Tatsächlich handelt es sich bei Graphen um eine der wichtigsten Datenstrukturen in der Programmierung, die in vielen Anwendungsgebieten zum Einsatz kommen.

Graphen als Datenstruktur

Ein Graph besteht grob gesprochen aus mit Kanten verbundenen Knoten. Unterschiede gibt es in der Art der Kanten sowie in der Realisierung der Kanten und Knoten in einer Datenstruktur, die sich auf die Effizienz der unterschiedlichen Graphenfunktionen auswirkt.

Wir werden zuerst verschiedene Arten von Graphen betrachten und dann mehrere Implementierungsvarianten für eine Graphendatenstruktur vorstellen und bewerten. Der Hauptteil dieses Kapitels beinhaltet eine Diskussion verschiedener Graphenalgorithmen, um einen Eindruck von der Vielfalt der mit Graphen verbundenen Problemstellungen zu erhalten.

16.1 Arten von Graphen

Graphen werden als eine durch Kanten verbundene Menge von Knoten definiert. Wir werden insbesondere die folgenden drei Klassen von Graphen näher betrachten:

Ungerichtete Graphen

1. Bei *ungerichteten Graphen* wird angegeben, welcher Knoten mit welchem verbunden ist, ohne dass eine Richtung vorgegeben wird. Ist allgemein von Graphen ohne nähere Einschränkung die Rede, sind in der Regel ungerichtete Graphen gemeint.
   Typische Anwendungen von ungerichteten Graphen sind die Modellierung von Straßenverbindungen (ohne Einbahnstraßen!), der Nachbarschaft von Gegenständen oder eines Telefonnetzes.

Gerichtete Graphen

2. *Gerichtete Graphen* unterscheiden sich von den ungerichteten dadurch, dass Kanten eine *Richtung* haben. Auch können zwei Kno-

ten nun durch zwei Kanten (d.h. in jeder Richtung eine) verbunden sein.
Typische Beispiele sind Modelle von Förderanlagen, der Kontrollfluss in Programmen oder auch die bereits vorgestellten Petri-Netze.

DAG: gerichtete azyklische Graphen

3. Ein wichtiger Spezialfall sind *gerichtete azyklische Graphen*, die oft kurz als DAG für englisch *directed acyclic graph* bezeichnet werden. In einem DAG gibt es keinen geschlossenen Rundweg entlang der gerichteten Kanten.
   Beispiele sind die Vorfahrenbeziehung in Stammbäumen und die Vererbung in Programmiersprachen. Ein DAG ist natürlich als Datenstruktur ein normaler gerichteter Graph; relevant ist hier allerdings der möglichst effiziente Test auf Zyklenfreiheit.

Die Bestandteile von Graphen können mit zusätzlichen Attributen versehen werden, etwa der Länge einer Kante bei der Modellierung eines Straßennetzes. Derartige Graphen werden als *gewichtete* Graphen bezeichnet.

16.1.1 Ungerichtete Graphen

Abbildung 16.1 zeigt ein Beispiel eines ungerichteten Graphen mit sechs Knoten. Die geometrische Lage der einzelnen Punkte und die Wegführung der Kanten ist irrelevant – wichtig ist nur die Information, welcher Knoten mit welchem verbunden ist. Ein Graph beschreibt also nur die topologische Information.

Abbildung 16.1
G_u: Beispiel für ungerichteten Graphen

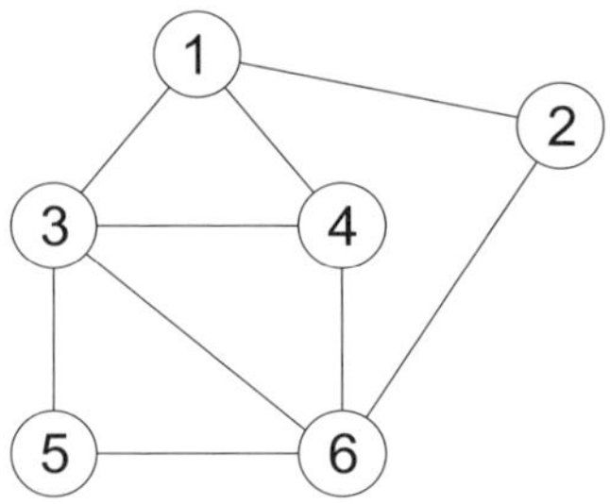

Wir werden den Graphen in Abbildung 16.1 in den folgenden Abschnitten als G_u bezeichnen.

Definition von Graphen

Die Definition von (ungerichteten) Graphen erfolgt in Form eines Zweitupels $G = (V, E)$. Ein Graph besteht aus

- einer endlichen Menge V von Knoten (V für englisch *vertices*) und

- einer Menge E von Kanten (E für englisch *edges*).

Jedes $e \in E$ ist dabei eine zweielementige Teilmenge der Knotenmenge V. Diese Definition lässt also keine *Schleifen*, d.h. Kanten von einem Knoten zu sich selbst, und auch keine mehrfachen Kanten zwischen zwei Knoten (Parallelkanten) zu. Möglich ist auch eine erweiterte Definition, in der jedes $e \in E$ eine *ein- oder zweielementige Teilmenge* darstellt.

Als Beispiel für diese Formalisierung von Graphen betrachten wir den Graph G_u aus Abbildung 16.1:

- $G_u = (V_u, E_u)$
- $V_u = \{1, 2, 3, 4, 5, 6\}$
- $E_u = \{\{1, 2\}, \{1, 3\}, \{1, 4\}, \{2, 6\}, \{4, 6\}, \{3, 6\}, \{5, 6\}, \{3, 4\}, \{3, 5\}\}$

16.1.2 Gerichtete Graphen

Die Abbildung 16.2 zeigt nun ein Beispiel eines gerichteten Graphen, ebenfalls mit sechs Knoten. Die geometrische Lage der einzelnen Punkte und die Wegführung der Kanten ist auch hier irrelevant.

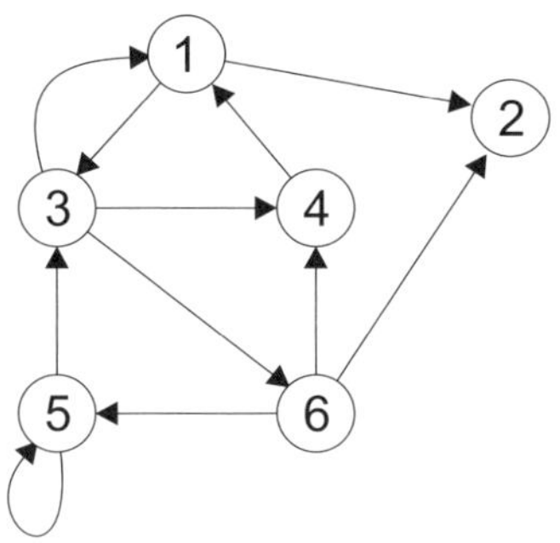

Abbildung 16.2 *G_g: Beispiel für gerichteten Graphen*

Man beachte die Schleife am Knoten 5 und die Existenz zweier Kanten zwischen den Knoten 1 und 3. Wir werden den Graphen in Abbildung 16.2 in den folgenden Abschnitten als G_g bezeichnen.

Definition von gerichteten Graphen

Die Definition von gerichteten Graphen erfolgt analog zu den allgemeinen Graphen durch ein Zweitupel $G = (V, E)$ mit

- V, einer endlichen Menge von Knoten, und
- E, einer Menge von Kanten.

Allerdings ist jedes $e \in E$ nun ein Tupel (a, b) mit $a, b \in V$. Diese Definition lässt Schleifen (a, a) zu.

Als Beispiel für diese Definition gerichteter Graphen betrachten wir den Graph G_g aus Abbildung 16.2:

- $G_g = (V_g, E_g)$
- $V_g = \{1, 2, 3, 4, 5, 6\}$
- $E_g = \{(1,2), (1,3), (3,1), (4,1), (3,4), (3,6), (5,3), (5,5), (6,5), (6,2), (6,4)\}$

16.1.3 Gewichtete Graphen

Gewichtete Graphen

Gewichtete Graphen besitzen zusätzlich zu den bisherigen Graphenbestandteilen noch *Kantengewichte*. Kantengewichte sind den Kanten zugeordnete Gewichtswerte, etwa natürliche Zahlen oder `int`- oder `real`-Werte. Ein gewichteter Graph kann nun für natürliche Zahlen als Kantengewichte durch $G = (V, E, \gamma)$ mit

$$\gamma \colon E \to \mathbb{N}$$

definiert werden. Gewichtete Graphen werfen einige neue Fragestellungen auf, so etwa die Suche nach kürzesten Wegen, dem maximalem Fluss durch einen Graphen oder die Konstruktion minimaler aufspannender Bäume.

Abbildung 16.3 zeigt einen gewichteten, gerichteten Graphen. Natürlich gibt es auch gewichtete, ungerichtete Graphen, etwa um Entfernungen in Verkehrsnetzen zu modellieren.

Abbildung 16.3 *Beispiel für gewichteten Graphen*

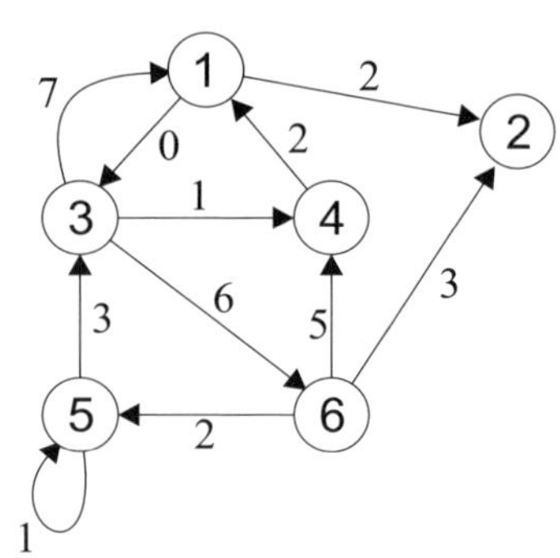

Abbildung 16.3 verdeutlicht die Fragestellung der kürzesten Wege: Werden die Gewichte als Kosten oder Entfernungen interpretiert, ist es billiger von 3 über 4 nach 1 zu gehen, als die direkte Kante $(3, 1)$ zu benutzen.

16.2 Realisierung von Graphen

Eine Datenstruktur für Graphen kann unterschiedlich aufgebaut werden. Die Realisierungen unterscheiden sich dabei im Platzbedarf gespeicherter Graphen sowie in der Komplexität der erwähnten Basisoperationen.

Im Folgenden liegt der Fokus auf gerichteten Graphen, wobei die Realisierung ungerichteter Graphen oft analog durchgeführt werden kann. Wir werden verschiedene Realisierungsvarianten betrachten und mit einem Vergleich der Komplexität der Operationen in den verschiedenen Varianten enden.

16.2.1 Knoten- und Kantenlisten

Eine sehr einfache (und historisch daher als erste verwendete) Speicherung von Graphen erfolgt als eine Liste von Zahlen, etwa in einem Array, einer sequenziellen Datei oder als verkettete Liste.

Kodierung als Zahlenfolge

Diese Liste von Zahlen dient als Kodierung des Graphen, wobei die Knoten von 1 bis $n = |V|$ durchnummeriert werden. Kanten können dann bespielsweise als Paare von Knotenzahlen dargestellt werden. Wir werden zwei Varianten genauer erläutern, die Realisierung durch *Kantenlisten* und die durch *Knotenlisten.*

Realisierung durch Kantenlisten

Die Realisierung durch *Kantenlisten* baut eine Zahlenfolge wie folgt auf: Das erste Element definiert die Knotenanzahl, das zweite die Kantenanzahl und der Rest der Zahlenfolge definiert die Liste der Kanten, die jeweils als zwei Zahlen notiert werden.

Das Beispiel G_g aus Abbildung 16.2 lautet dann wie folgt:

$$6, 11, 1, 2, 1, 3, 3, 1, 4, 1, 3, 4, 3, 6, 5, 3, 5, 5, 6, 5, 6, 2, 6, 4$$

Realisierung durch Knotenlisten

Die Variante der *Knotenlisten* hingegen baut die Liste wie folgt auf: Die ersten beiden Zahlen legen wieder Knotenanzahl und Kantenanzahl fest, gefolgt von einer Liste von Knoteninformationen. Die Knoteninformation besteht dabei jeweils aus dem Ausgangsgrad $ag(i)$ des Knotens i und den Zielknoten der von diesem Knoten ausgehenden Kanten, also $ag(i), v_{i_1}, \ldots, v_{i_{ag(i)}}$.

Das bereits mehrfach genutzte Beispiel des Graphen G_g aus Abbildung 16.2 lautet in dieser Darstellung wie folgt:

$$6, 11, 2, 2, 3, 0, 3, 1, 4, 6, 1, 1, 2, 3, 5, 3, 2, 4, 5$$

Die Teilfolge $2, 2, 3$ beginnend an der dritten Position in dieser Zahlenfolge bedeutet beispielsweise »Knoten 1 hat Ausgangsgrad 2 und herausgehende Kanten zu den Knoten 2 und 3«.

Man sieht bereits an diesem Beispiel, dass für Graphen mit vielen Kanten Knotenlisten weniger Speicherbedarf als Kantenlisten benötigen. Genauer benötigen Kantenlisten $2+2\cdot|E|$ Zahlen und Knotenlisten $2+|V|+|E|$ Zahlen.

16.2.2 Adjazenzmatrix

Realisierung durch Adjazenzmatrix

Insbesondere bei sehr vielen Kanten ist eine Speicherung der Verbindungen als $n \times n$-Matrix sinnvoll. Der Wert n entspricht dabei der Knotenanzahl $|V|$. Eine derartige Matrix wird als *Adjazenzmatrix* bezeichnet.

Adjazenzmatrix für gerichteten Graphen

Die folgende Adjazenzmatrix stellt den gerichteten Graphen G_g aus Abbildung 16.2 dar:

$$G_g = \begin{pmatrix} 0 & 1 & 1 & 0 & 0 & 0 \\ 0 & 0 & 0 & 0 & 0 & 0 \\ 1 & 0 & 0 & 1 & 0 & 1 \\ 1 & 0 & 0 & 0 & 0 & 0 \\ 0 & 0 & 1 & 0 & 1 & 0 \\ 0 & 1 & 0 & 1 & 1 & 0 \end{pmatrix}$$

Adjazenzmatrix für ungerichteten Graphen

Die Idee der Adjazenzmatrix lässt sich direkt auf ungerichtete Graphen übertragen, wobei dann eigentlich nur die eine Hälfte der Matrix gespeichert werden muss, da sich die andere Hälfte durch Spiegelung ergibt. Die folgende Adjazenzmatrix stellt den ungerichteten Graphen G_u aus Abbildung 16.1 dar:

$$G_u = \begin{pmatrix} 0 & 1 & 1 & 1 & 0 & 0 \\ 1 & 0 & 0 & 0 & 0 & 1 \\ 1 & 0 & 0 & 1 & 1 & 1 \\ 1 & 0 & 1 & 0 & 0 & 1 \\ 0 & 0 & 1 & 0 & 0 & 1 \\ 0 & 1 & 1 & 1 & 1 & 0 \end{pmatrix}$$

Beim Vergleich des Speicherbedarfs muss man nun beachten, dass die Matrixelemente boolesche Werte sind, die im Gegensatz zu Zahlwerten nur ein Bit benötigen.

16.2.3 Graphen als dynamische Datenstrukturen

Die bisherigen Graphendarstellungen waren statische Realisierungen, da eigentlich keine dynamischen Erweiterungen im Sinne verketteter Listen vorgesehen waren (obwohl etwa Knotenlisten natürlich auch als verkettete Liste realisiert werden können). Es gibt nun eine Reihe von Möglichkeiten, Graphen als dynamische Datenstrukturen zu realisieren. Eine nahe liegende Variante ist es, wie bei einem Baum die Knoten als Elemente einer dynamischen Struktur aufzufassen und die Kanten als Verzeigerung zu realisieren. Dies bildet direkt die Graphenstruktur ab und resultiert in einer komplex verzeigerten Struktur mit vielen Zyklen (und damit Fehlermöglichkeiten bei der Programmierung).

Graphen als dynamische Datenstrukturen

Wir werden uns eine andere Realisierung anschauen, die auch als *Adjazenzliste* bezeichnet wird. Ein Graph wird dabei durch $|V| + 1$ verkettete Listen realisiert. Die Basisstruktur bildet die Liste aller Knoten. Für jeden Knoten wird eine Liste der Nachfolger entlang gerichteter Kanten abgespeichert, so dass man für $n = |V|$ und $m = |E|$ insgesamt $n + \sum_{i=1}^{n} ag(i) = n + m$ Listenelemente erhält.

Realisierung mit Adjazenzliste

Abbildung 16.4 zeigt die Speicherung unseres Standardbeispiels (Graph G_g aus Abbildung 16.2) als Adjazenzliste. Statt der Knotennummern können in den Knoten der ausgehenden Kanten natürlich auch Verweise auf die Knotenelemente gespeichert werden, um das Navigieren zu erleichtern.

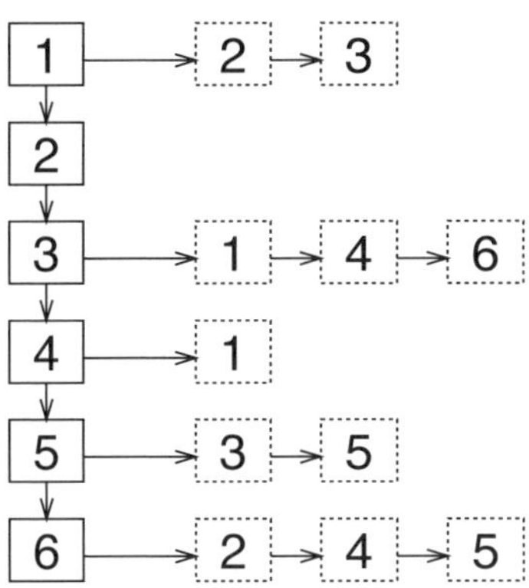

Abbildung 16.4 *Graph als dynamische Datenstruktur*

16.2.4 Transformationen zwischen Darstellungen

Alle vorgestellten Realisierungsvarianten sind äquivalent; jede Darstellung kann also in jede andere ohne Informationsverlust transformiert werden. Im Wesentlichen erfordert dies das Auslesen der einen Darstellung und anschließend das Erzeugen der jeweils anderen Darstellung.

Transformationen zwischen Darstellungen

Der Aufwand dieser Transformationen variiert von $O(n + m)$ bis $O(n^2)$, wobei im schlechtesten Fall $m = n^2$ gilt. Der Fall n^2 tritt immer auf, wenn eine Matrixdarstellung beteiligt ist (da n^2 Elemente berücksichtigt werden müssen).

16.2.5 Vergleich der Komplexität

Tabelle 16.1 gibt einen Überblick über den Aufwand bei der Realisierung der einzelnen Varianten. Hierbei gilt $n = |V|$ und $m = |E|$.

Tabelle 16.1
Vergleich der Komplexität für Graphrepräsentationen

Operation	Kantenliste	Knotenliste	Adjazenzmatrix	Adjazenzliste
Einfügen Kante	$O(1)$	$O(n+m)$	$O(1)$	$O(1)$ / $O(n)$
Löschen Kante	$O(m)$	$O(n+m)$	$O(1)$	$O(n)$
Einfügen Knoten	$O(1)$	$O(1)$	$O(n^2)$	$O(1)$
Löschen Knoten	$O(m)$	$O(n+m)$	$O(n^2)$	$O(n+m)$

Das Löschen eines Knotens löscht auch zugehörige Kanten, so dass hier der Aufwand in allen Varianten unvermutet hoch ist. Zu den einzelnen Varianten sind einige Bemerkungen angebracht:

- Bei *Kantenlisten* ist sowohl das Einfügen von Kanten (Anhängen zweier Zahlen) und von Knoten (Erhöhung der ersten Zahl um 1) besonders günstig, falls das Anhängen von Zahlen nicht zum Umkopieren eines Feldes führt. Das Löschen von Kanten kann das Zusammenschieben in einer Liste bedeuten; das Löschen von Knoten eine erneute Durchnummerierung der Knoten.
- Bei *Knotenlisten* ist insbesondere das Einfügen von Knoten (Erhöhung der ersten Zahl und Anhängen einer 0) günstig.
- In der *Matrixdarstellung* ist insbesondere das Manipulieren von Kanten eine sehr effizient ausführbare Operation. Der Aufwand bei Knoteneinfügung hängt von der Realisierung der Matrix ab, hier wurde von einem Kopieren der Matrix in eine größere Matrix ausgegangen.
- Bei der Realisierung als *Adjazenzliste* ergibt sich unterschiedlicher Aufwand, je nachdem ob die Knotenliste als Feld (mit Direktzugriff) oder als verkettete Liste (mit sequenziellem Durchlauf) realisiert wird.

16.2.6 Eine Java-Klasse für Graphen

Zur Implementierung einer Klasse `Graph` lassen sich grundsätzlich alle der oben vorgestellten Repräsentationen verwenden. Im Interesse einer einfachen Handhabung beim Hinzufügen bzw. Löschen von Knoten und Kanten bietet sich jedoch eine dynamische Datenstruktur wie die Adjazenzliste an. Die Klasse `Graph` aus Programm 16.1 besteht daher im Kern aus einer Hashtabelle `nodeSet` in Form der Klasse `java.util.HashMap`, wobei jedes Element wiederum ein Paar aus einem String (dem Knotenbezeichner) und einem `Node`-Objekt darstellt. Knoten werden im Graphen somit über einen eindeutigen Bezeichner identifiziert, über den sie aus `nodeSet` ausgelesen werden können. Jeder Knoten als Instanz der Klasse `Node` enthält neben dem Bezeichner eine Adjazenzliste `adjList`. Da für gewichtete Graphen nicht nur der Zielknoten, sondern auch noch das Kantengewicht gespeichert werden muss, wird eine Kante durch ein Objekt der Klasse `Edge` repräsentiert. Diese Klasse umfasst im Wesentlichen nur zwei Attribute `dest` mit einer Referenz auf den Zielknoten und `cost` mit dem Gewicht.

Programm 16.1 *Repräsentation eines Graphen*

```
public class Graph {
  // Kante
  static class Edge {
    Node dest; // Zielknoten
    int cost; // Kantengewicht

    public Edge(Node n, int c) { dest = n; cost = c; }
    public Node getDestNode() { return dest; }
    public int getCost() { return cost; }
  }

  // Knoten
  static class Node {
    String label; // Knotenbezeichner
    // Adjazenzliste
    ArrayList<Edge> adjList = new ArrayList<Edge>();

    public Node(String s) { label = s; }
    public String getLabel() { return label; }
    public void addEdge(Edge e) { adjList.add(e); }

    public Iterator<Edge> getEdges() {
      return adjList.iterator();
    }

    public Edge getEdgeTo(Node n) {
      for (Edge e : adjList) {
        if (e.dest.equals(n))
          return e;
      }
      return null;
```

```
    }
  }

  // Verzeichnis aller Knoten des Graphen
  private HashMap<String, Node> nodeSet =
    new HashMap<String, Node>();

  public Graph() { }

  public Node addNode(String label)
      throws NodeAlreadyDefinedException {
    if (nodeSet.containsKey(label))
      throw new NodeAlreadyDefinedException();
    Node n = new Node(label);
    nodeSet.put(label, n);
    return n;
  }

  public Node getNode(String label)
      throws NoSuchElementException {
    Node n = nodeSet.get(label);
    if (n == null)
      throw new NoSuchElementException();
    return n;
  }

  public void addEdge(String src, String dest, int cost) {
    Node srcNode = getNode(src);
    Node destNode = getNode(dest);
    srcNode.addEdge(new Edge(destNode, cost));
  }
}
```

Zur Konstruktion eines neuen (leeren) Graphen wird der Konstruktor der Klasse `Graph` verwendet, der eine leere Hashtabelle erzeugt. Der Graph kann nun schrittweise durch Hinzufügen von Knoten und Kanten aufgebaut werden. In der Methode `addNode` wird zunächst geprüft, ob bereits ein Knoten mit dem angegebenen Namen existiert. Danach wird der Knoten erzeugt und in die Hashtabelle eingetragen.

Eine Kante wird eingefügt, indem die Methode `addEdge` mit den Namen des Ausgangs- und des Zielknotens sowie dem Kantengewicht aufgerufen wird. Aus den Knotennamen müssen dabei zuerst über die Hashtabelle die eigentlichen Knoten ermittelt werden, wozu die Hilfsmethode `getNode` genutzt wird. Anschließend kann ein neues Kantenobjekt erzeugt und in die Adjazenzliste des Ausgangsknotens eingetragen werden.

In der Klasse `Node` in Programm 16.1 sind noch zwei weitere Methoden zum Zugriff auf die ausgehenden Kanten eines Knotens angegeben. Die Implementierung des Löschens von Knoten und Kanten sei dem Leser als Übung überlassen.

16.3 Ausgewählte Graphenalgorithmen

Graphen sind eine vielfältig eingesetzte Datenstruktur und dementsprechend vielfältig sind die für Graphen entwickelten Algorithmen. Wir werden mit dem Breitendurchlauf und dem Tiefendurchlauf zwei für Graphenbearbeitung typische Vorgehensweisen kennen lernen, die es erlauben, jeden Knoten eines Graphen in systematischer Weise zu besuchen bzw. jede Kante zu durchlaufen. Als Anwendung dieser Verfahren werden wir den Test auf Zyklenfreiheit und das topologische Sortieren genauer betrachten.

16.3.1 Breitendurchlauf

Breitendurchlauf

Der *Breitendurchlauf* ist ein Algorithmenmuster, das die Knoten eines Graphen nach der Entfernung von einem Startknoten geordnet durchläuft: Zuerst werden alle von diesem Startknoten direkt durch eine Kante erreichbaren Knoten bearbeitet, danach die nur durch mindestens zwei Kanten, dann die durch drei etc. Das Verfahren ist englisch als *breadth-first-search* bekannt, abgekürzt als BFS.

Der folgende Algorithmus `BFS` realisiert einen iterativen Breitendurchlauf durch einen ungerichteten Graphen. Als Hilfsstruktur wird eine Warteschlange `Q` benutzt. Zur Verdeutlichung wird der Bearbeitungsstatus eines Knotens als Farbwert angegeben: Weiße Knoten sind unbearbeitet, für graue Knoten ist bereits die Entfernung bestimmt, aber diese wurden nicht auf weiterführende Pfade untersucht, und schwarze Knoten sind abgearbeitet. Pro Knoten wird die Distanz `d` zum Startknoten abgespeichert sowie der Knoten, von dem aus dieser Knoten erreicht wurde. Diese Vorgängerkanten π (für predecessor) ergeben nach Abarbeitung des Graphen einen aufspannenden Baum.

Algorithmus 16.1
Breitendurchlauf

algorithm BFS (G, s)
  Eingabe: ein Graph G, ein Startknoten $s \in V[G]$
  for each Knoten $u \in V[G] - s$ **do**
    farbe[u]= weiß; d[u] = ∞; π[u] = **null**
  od
  farbe[s] = grau; d[s] = 0; π[s] = **null**

```
Q = emptyQueue; Q = enqueue(Q,s);
while ¬ isEmpty(Q) do
  u = front(Q);
  for each v ∈ ZielknotenAusgehenderKanten(u) do
    if farbe(v) = weiß then
      farbe[v] = grau; d[v] = d[u]+1;
      π[v] = u; Q = enqueue(Q,v)
    fi
  od
  dequeue(Q); farbe[u] = schwarz
od
```

Die Arbeitsweise des BFS-Algorithmus soll nun anhand eines Beispiels verdeutlicht werden. Abbildung 16.5 zeigt einen Graphen mit acht Knoten nach der Initialisierungsphase des Algorithmus.

Abbildung 16.5
Breitendurchlauf am Beispiel nach initialem Schritt

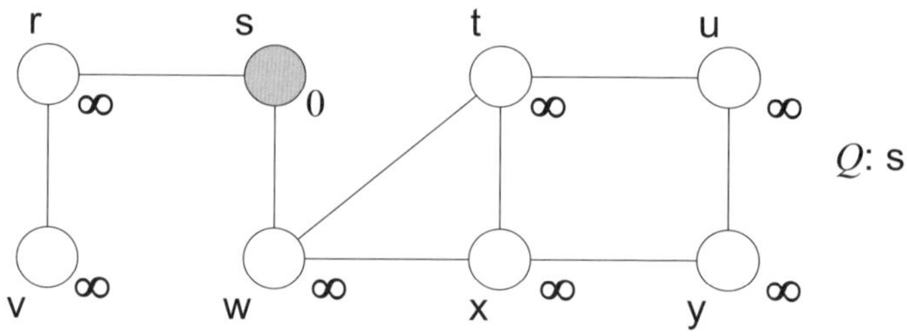

Die Initialisierungsphase markiert den Startknoten, hier den Knoten s, als grau und alle anderen Knoten als unbearbeitet, also weiß. Die Entfernung des Startknotens wird auf 0 gesetzt, die aller anderen Knoten auf unendlich (∞). Die Warteschlange Q wird mit dem Startknoten initialisiert.

Abbildung 16.6 zeigt nun die folgenden Abarbeitungsschritte (nach jedem Durchlauf der äußeren Schleife). Die Schritte sind zeilenweise von oben links nach unten rechts angeordnet.

Der erste Durchlauf (links oben) bearbeitet den (nun zu schwärzenden) Knoten s. Die direkt erreichbaren Knoten r und w werden mit der Distanz 1 versehen, grau markiert und (in beliebiger Reihenfolge) in die Warteschlange aufgenommen (aus der vorher s entfernt wurde).

Der zweite Durchlauf entnimmt w als vordersten Knoten aus der Warteschlange. Die von ihm erreichbaren Knoten t und x werden mit der Distanz 2 versehen und wie beschrieben bearbeitet. Man beachte, dass auch s von w aus erreichbar ist – s wurde aber bereits als bearbeitet gekennzeichnet und wird deshalb ignoriert. Ähnliches geschieht

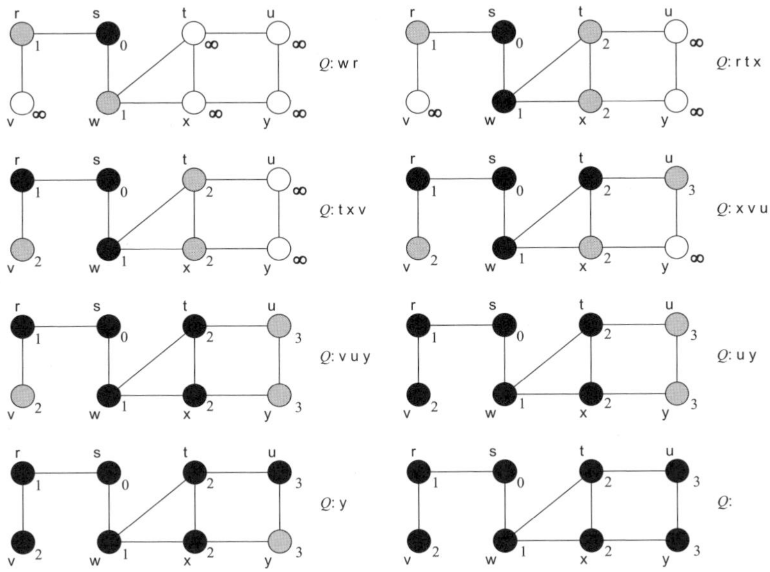

Abbildung 16.6
Breitendurchlauf in den folgenden Schritten

im vierten Durchlauf mit dem Knoten x, der grau markiert ist und sich daher schon in der Bearbeitung befindet.

Die weiteren Durchläufe folgen dem gleichen Muster, so dass wir auf eine detaillierte Beschreibung verzichten können. Abbildung 16.7 zeigt abschließend den durch das Setzen der Zeiger π während des Breitendurchlaufs erzeugten aufspannenden Baum.

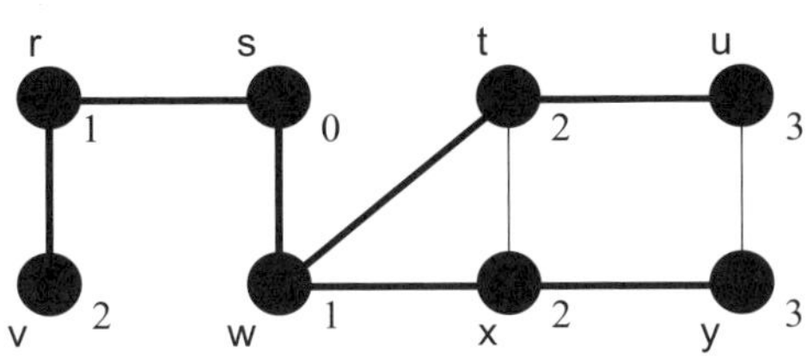

Abbildung 16.7
Durch Breitendurchlauf erzeugter aufspannender Baum

Der konkret berechnete aufspannende Baum hängt übrigens von der Reihenfolge ab, in der die ausgehenden Kanten eines Knotens bearbeitet werden (und damit Knoten in die Warteschlange aufgenommen werden). Wird dies nicht durch die Datenstruktur oder die Verfeinerung dieser Auswahl vorgegeben, ist `BFS` nichtdeterministisch.

Abschließend sei erwähnt, dass die vorgestellte Realisierung dem Buch *T. Cormann, C. Leiserson, R. Rivest: Introduction to Algorithms* [CLR01] entnommen wurde. Die dortige Präsentation (und die einiger folgender Algorithmen) mit Farbwerten hat uns derart überzeugt, dass wir sie übernommen haben, obwohl die drei Farbwerte im `BFS` genau genommen redundant sind und aus den aktuellen Distanzwerten und einer Knotenordnung abgeleitet werden können.

Die Implementierung des Breitendurchlaufs auf Basis der `Graph`-Klasse aus Abschnitt 16.2.6 ist in Programm 16.2 dargestellt. Hierfür ist die Klasse um die Konstanten für die Farbwerte (`WHITE`, `GRAY`, `BLACK`) sowie die Klasse `BFSItem` zur Repräsentation der Knoteninformationen `color`, `d` und π (`pred`) zu erweitern. In der Methode `breadthFirstSearch`, die mit der Nummer des Startknotens als Parameter aufzurufen ist, wird zu jedem Knoten des Graphen ein Objekt der Klasse `BFSItem` benötigt. Daher wird zu Beginn ein Feld `table` entsprechend der Anzahl der Knoten angelegt, das als i-tes Element ein Objekt mit den Informationen zum Knoten i besitzt. Der Zugriff auf die einzelnen Informationen kann damit direkt über den Index des Knotens erfolgen.

Programm 16.2
Implementierung des Breitendurchlaufs

```
import java.util.*;

public class Graph {
  public final static int WHITE = 0; // Farbwerte
  public final static int GRAY = 1;
  public final static int BLACK = 2;

  // Knoteninformationen
  static class BFSItem {
    int color, distance, pred;

    public BFSItem(int c, int d, int p) {
      color = c; distance = d; pred = p;
    }
  }
  ...

  public void breadthFirstSearch(int start) {
    int i;
    Queue queue = new ArrayQueue();

    // Knotenliste initialisieren
    BFSItem[] table = new BFSItem[labels.size()];
    for (i = 0; i < table.length; i++)
      table[i] = new BFSItem(WHITE, Integer.MAX_VALUE, -1);

    table[start].color = GRAY;
    table[start].distance = 0;
```

```
    queue.enter(new Integer(start));
    while (! queue.isEmpty()) {
      int u = ((Integer) queue.leave()).intValue();
      Iterator iter = getEdges(u);
      while (iter.hasNext()) {
        Edge v = (Edge) iter.next();
        if (table[v.dest].color == WHITE) {
          table[v.dest].color = GRAY;
          table[v.dest].distance = table[u].distance + 1;
          table[v.dest].pred = u;
          queue.enter(new Integer(v.dest));
        }
      }
      table[u].color = BLACK;
      System.out.println("vertex #" + u + ": " +
                         table[u].distance);
    }
  }
}
```

Die für den Algorithmus benötigte Warteschlange ist unter Nutzung der Klasse `ArrayQueue` realisiert. Da diese Klasse jedoch nur Objekte und keine einfachen Werte aufnehmen kann, muss der Umweg über die Klasse `java.lang.Integer` erfolgen. Die weitere Implementierung entspricht Algorithmus 16.1, wobei das Durchlaufen aller Zielknoten über einen Iterator erfolgt. Am Ende der Bearbeitung werden die fertigen (schwarz markierten) Knoten mit ihrer Distanz vom Startknoten ausgegeben. Zu beachten ist außerdem, dass der Algorithmus auf einem ungerichteten Graphen arbeitet. Dies bedeutet, dass für die Implementierung in Programm 16.2 entweder die Methode `getEdges` der Klasse `Graph` (Programm 16.1) so angepasst wird, dass nicht nur die ausgehenden, sondern auch die eingehenden Kanten zurückgegeben werden oder dass beim Aufbau des Graphen jede ungerichtete Kante durch zwei entgegengesetzt gerichtete Kanten repräsentiert wird.

16.3.2 Tiefendurchlauf

Während der Breitendurchlauf in die Breite geht und sich sozusagen Schicht für Schicht weiter vom Startknoten entfernt, geht der *Tiefendurchlauf* so weit wie möglich einen gewählten Pfad entlang. Der Algorithmus `DFS` für *depth-first search* realisiert einen rekursiven Durchlauf durch einen gerichteten Graphen. Auch hier werden wieder Farbmarkierungen für den Bearbeitungsstatus eines Knotens genutzt: Weiß

Tiefendurchlauf

markiert sind noch nicht bearbeitete Knoten, graue Knoten sind in Bearbeitung, schwarze bereits fertig abgearbeitet.

In Pseudocode-Notation kann der Tiefendurchlauf wie in Algorithmus 16.2 skizziert werden.

Algorithmus 16.2
Tiefendurchlauf

```
algorithm DFS (G)
  Eingabe: ein Graph G

  for each Knoten u ∈ V[G] do
    farbe[u]= weiß; π[u] = null
  od;
  zeit = 0;
  for each Knoten u ∈ V[G] do
    if farbe[u]= weiß then DFS-visit(u) fi
  od

algorithm DFS-visit (u)
  Eingabe: ein Knoten u

  farbe[u]= grau; zeit = zeit+1; d[u]=zeit;
  for each v ∈ ZielknotenAusgehenderKanten(u) do
    if farbe(v) = weiß then
      π[v] = u; DFS-visit(v)
    fi
  od;
  farbe[u] = schwarz; zeit = zeit+1; f[u]=zeit
```

Für jeden Knoten des Graphen werden wieder einige Hilfsinformationen abgespeichert. Wie bereits erwähnt, gibt der Farbwert den Bearbeitungsstatus an. Das Attribut d speichert den Beginn der Bearbeitung des Knotens ab, f analog das Ende der Bearbeitung des Knotens. Hierzu wird eine Variable `zeit` bei jedem Bearbeitungsschritt um 1 erhöht.

Als Erweiterung des Tiefendurchlaufs kann sozusagen »on the fly« eine Klassifikation der bearbeiteten Kanten (u, v) erfolgen:

- Kanten des aufspannenden Baumes werden genau dann gefunden, wenn der Zielknoten weiß ist.
- Mit B werden Kanten gekennzeichnet, deren Zielknoten beim Test grau ist. Es handelt sich um so genannte *Back-Edges* oder Rückkanten im aufgespannten Baum. Eine mit B markierte Kante zeigt einen Zyklus an!
- Mit F wird markiert, falls beim Test ein schwarzer Knoten gefunden wird, dessen Bearbeitungsintervall ins Intervall des aktu-

ell bearbeiten Knotens passt. Es handelt sich hierbei um einen *Forward-Edge* bzw. Vorwärtskante in den aufgespannten Baum.

- Der letzte Fall ist ein schwarzer Zielknoten v, dessen Intervall nicht ins Intervall passt ($d[u] > d[v]$). Derartige Kanten klassifiziert man als C für *Cross-Edge*, eine Kante, die zwei aufspannende Bäume verbindet.

Der Ablauf des Tiefendurchlaufs beim `DFS` wird nun anhand des in Abbildung 16.8 gezeigten Graphen vorgeführt.

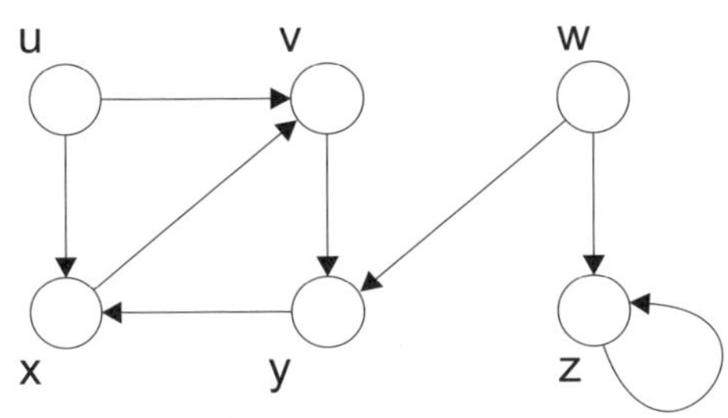

Abbildung 16.8
Beispielgraph für Tiefendurchlauf

Der Beispielgraph in Abbildung 16.8 ist derart gewählt, dass alle Kantenarten beim Ablauf tatsächlich einmal auftreten. Er ist bereits initialisiert – alle Knoten sind weiß markiert.

In den Abbildungen 16.9 und 16.10 wird nun die Abarbeitung des Graphen in insgesamt 16 Schritten gezeigt. Wieder ist die Reihenfolge von links nach rechts und zeilenweise von oben nach unten.

Der erste Graph in Abbildung 16.9 zeigt als ersten Schritt, dass zufällig durch die Angabe **`for each`** ein noch weißer Knoten ausgewählt wird, in unserem Falle der Knoten u. Für diesen Knoten wird nun die rekursive Prozedur `DFS-visit` aufgerufen. Die Farbe des Knotens wird beim Aufruf auf grau gesetzt, die untere Intervallgrenze d erhält den ersten Zeitpunkt 1. Bevor nun die Abarbeitung des Knotens damit beendet werden kann, dass der Farbwert auf schwarz gesetzt wird und die obere Grenze $f[u]$ gesetzt werden kann, wird die rekursive Prozedur `DFS-visit` für alle von u erreichbaren *weißen* Knoten aufgerufen (damit wird wieder – analog zur `BFS` – mittels der π-Zeiger der aufspannende Baum konstruiert).

Der zweite Graph in Abbildung 16.9 zeigt nun den Beginn der Bearbeitung des ersten rekursiven Aufrufs, hier für den Knoten v. Der aufspannende Baum wird durch dickere Kanten grafisch dargestellt. Der nächste Schritt ruft von v aus den Knoten y auf. Im fünften Graphen wird mit der Kante (x, v) erstmals eine Back-Edge entdeckt. Der Knoten x ist der Knoten, der fertig abgearbeitet werden kann und schwarz gefärbt wird. Von dort aus geht die Abarbeitung der Rekursionskette

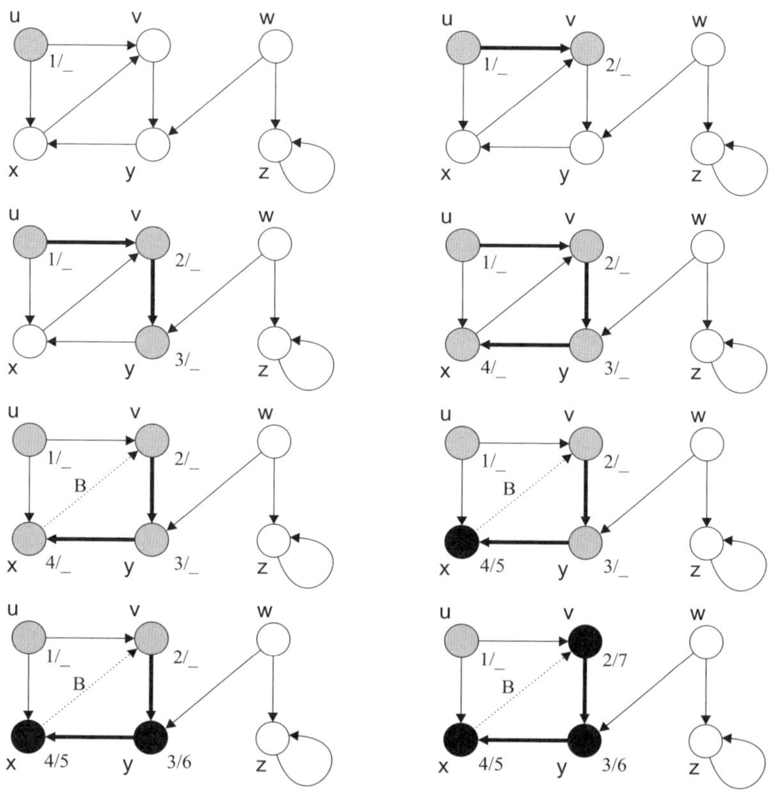

Abbildung 16.9 *Die ersten acht Zwischenzustände beim Tiefendurchlauf*

über y und v zurück zum Startknoten v, der im 10. Schritt (nach Entdeckung einer Forward-Edge, Abbildung 16.10) abgearbeitet wird.

Nach Abarbeitung des zehnten Schrittes zeigt sich der Sinn der äußeren Schleife über alle (weißen) Knoten: Durch die Wahl von w als noch weißen Knoten wird die Wurzel eines weiteren aufspannenden Baumes für den verbleibenden Restgraphen bestimmt. Hier wird auch sofort eine Cross-Edge gefunden, die in den ersten aufspannenden Baum führt (Kante (w, y)). Am letzten Knoten z wird schließlich noch gezeigt, dass auch Kanten der Form (z, z) korrekt behandelt werden.

Wir werden auf eine genauere Analyse des Tiefendurchlaufs verzichten. Die Prozedur `DFS-visit` wird nur für *weiße* Knoten aufgerufen; die äußere Schleife garantiert, dass dies für *jeden* weißen Knoten geschieht. Da ein Aufruf als Erstes den Knoten grau einfärbt, wird `DFS-visit` *für jeden Knoten genau einmal aufgerufen*. Innerhalb des Aufrufs wird eine Schleife über alle von diesem Knoten ausgehenden Kanten durchlaufen – der Aufwand ist somit insgesamt linear: $O(|V| + |E|)$.

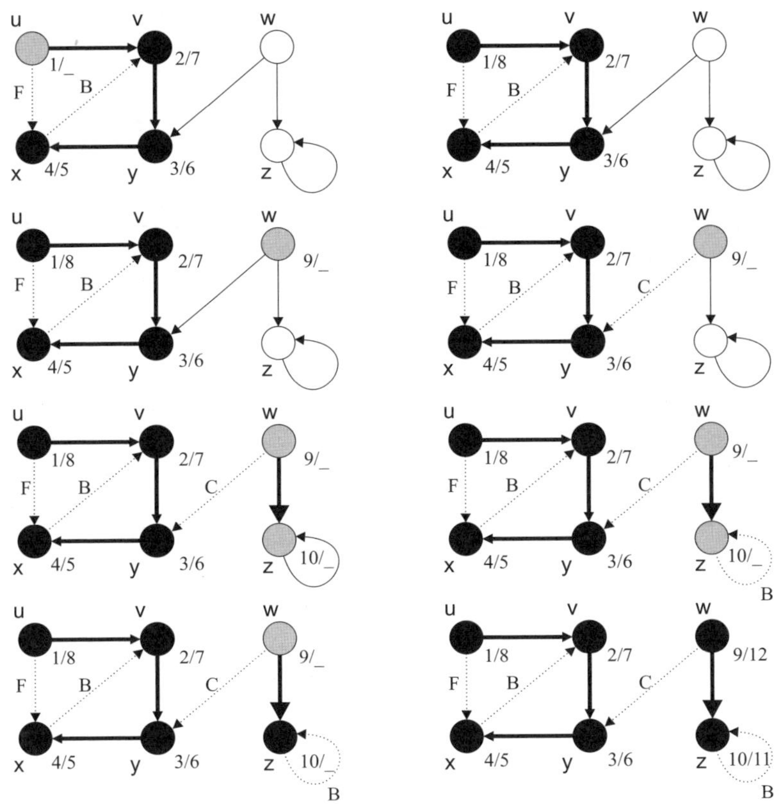

Abbildung 16.10 *Die Zwischenzustände 9 bis 16 beim Tiefendurchlauf*

16.3.3 Zyklenfreiheit und topologisches Sortieren

Der Tiefendurchlauf kann für viele Probleme genutzt werden, die es erfordern, jeden Knoten und jede Kante genau einmal zu inspizieren. Zwei interessante Problemstellungen können ohne größere Modifikationen beim Tiefendurchlauf mit bearbeitet werden: der Test auf Zyklenfreiheit und das topologische Sortieren.

Test auf Zyklenfreiheit

Test auf Zyklenfreiheit mit `DFS`

In vielen Anwendungen wird ein Test auf Zyklenfreiheit für gerichtete Graphen benötigt, etwa bei der Bearbeitung von logistischen Transportstrecken oder der Analyse von Vererbungshierarchien.

Der Tiefendurchlauf mit `DFS` bearbeitet dieses Problem mit, indem Back-Edges erkannt werden. Ein gerichteter Graph G ist zyklenfrei genau dann, wenn keine Kante als B markiert wurde.

Gegenüber intuitiv näher liegenden Verfahren zum Test auf Zyklenfreiheit – etwa der Konstruktion der transitiven Hülle des Graphen –

zeichnet sich dieses Verfahren insbesondere durch die bereits erwähnte sehr gute Laufzeitkomplexität aus.

Topologisches Sortieren

Topologisches Sortieren

Das *topologische Sortieren* ist ebenfalls eine Problemstellung, die in vielen graphbasierten Anwendungen ihren praktischen Einsatz findet. Formal lässt sich das Problem wie folgt charakterisieren: Gegeben ist ein azyklischer gerichteter Graph. Gesucht wird eine Reihenfolge der Knoten, so dass jeder Knoten nach all seinen Vorgängern kommt, es also keine »Rückkanten« gibt.

Werden die gerichteten Kanten als kausale oder zeitliche Abhängigkeiten aufgefasst, so spricht man auch vom *Scheduling-Problem.*

Aus dem `DFS`-Algorithmus kann man nun leicht wie folgt ein `Topological-Sort`-Verfahren ableiten. Man lasse `DFS(G)` laufen, um den Wert $f[v]$ für jeden Knoten v zu bestimmen. Die Werte von $f[v]$ geben nun direkt eine topologische Sortierung vor.

Konkret wird bei jeder Abarbeitung eines Knotens, also dem Setzen des Wertes $f[v]$, der Knoten vorne in eine verkettete Liste eingehängt. Diese Liste gibt nun die gesuchte Ordnung an.

Beispiel für topologisches Sortieren

Als Beispiel für topologisches Sortieren betrachten wir ein in Lehrbüchern häufig verwendetes einfaches Beispiel anstelle eines echten Scheduling-Problems.

Ein zerstreuter Professor hat Probleme, morgens seine Kleidungsstücke in der richtigen Reihenfolge anzuziehen. Daher legt er die Reihenfolgebedingungen beim Ankleiden fest:

Unterhose *vor* Hose
Hose *vor* Gürtel
Hemd *vor* Gürtel
Gürtel *vor* Jackett
Hemd *vor* Krawatte
Krawatte *vor* Jackett
Socken *vor* Schuhen
Unterhose *vor* Schuhen
Hose *vor* Schuhen
Uhr: egal

Der zerstreute Professor nutzt nun topologisches Sortieren, um eine korrekte Reihenfolge zu bestimmen. Abbildung 16.11 zeigt die Vorgaben notiert als gerichteter Graph.

Abbildung 16.12 zeigt das Ergebnis eines Laufes mit dem `DFS`-Algorithmus. Als erster Knoten wurde zufällig das Hemd ausgewählt.

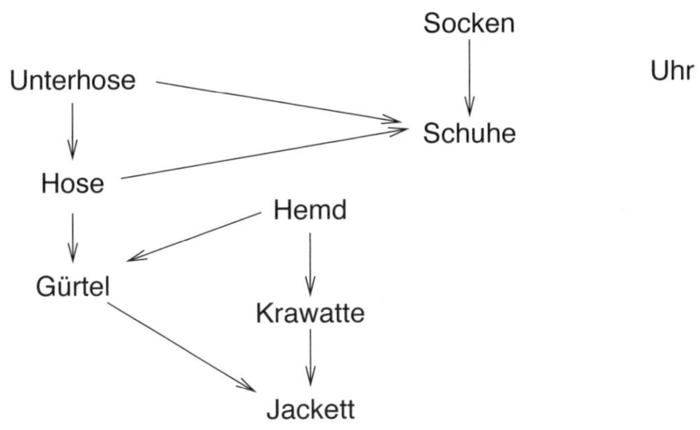

Abbildung 16.11 *Eingabe für topologisches Sortieren*

Die f-Werte (Zeitpunkt des Verlassens eines Knotens nach rekursiver Abarbeitung) geben uns nun eine gewünschte Ordnung vor.

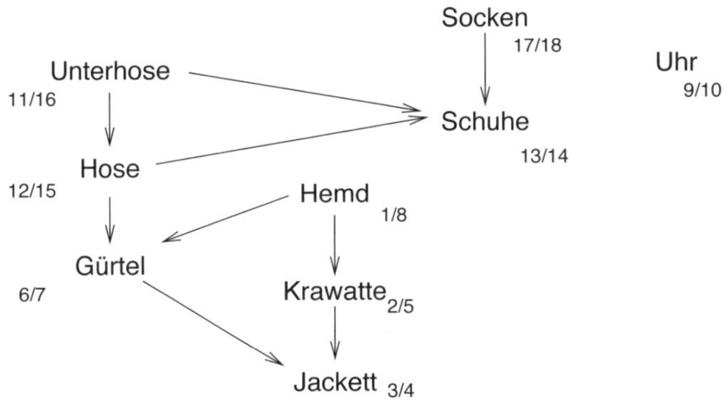

Abbildung 16.12 *Topologisches Sortieren durch Tiefensuche mit* `DFS`

Die folgende Liste zeigt den jeweiligen f-Wert und das zugehörige Kleidungsstück. Man kann sich leicht vergewissern, dass alle vorgegebenen Bedingungen eingehalten werden.

18 Socken
16 Unterhose
15 Hose
14 Schuhe
10 Uhr
8 Hemd
7 Gürtel
5 Krawatte
4 Jackett

Es gibt viele mögliche Ordnungen, die die gegebenen Bedingungen einhalten. So zeigt Abbildung 16.13 einen Fall, bei dem mit dem Gürtel begonnen wurde.

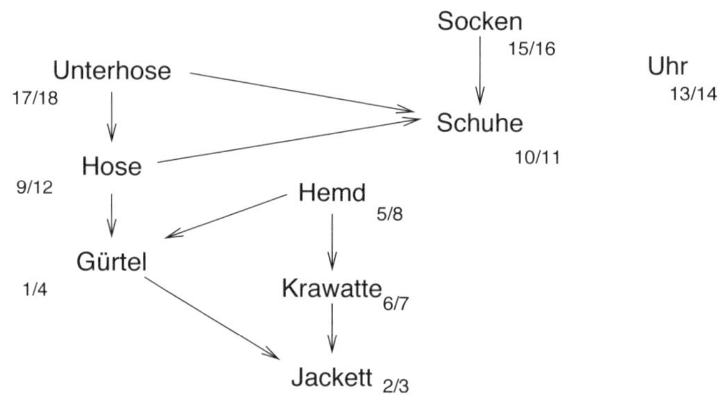

Abbildung 16.13 *Topologisches Sortieren durch Tiefensuche II*

Topologisches Sortieren mit `DFS` berechnet nichtdeterministisch *eine* dieser Ordnungen in Abhängigkeit der nichtdeterministischen Wahl weißer Knoten in der äußeren Schleife.

16.4 Algorithmen auf gewichteten Graphen

Eine wichtige Erweiterung des einfachen Graphenmodells sind *gewichtete Graphen*, bei denen den Kanten ein *Kantengewicht* zugeordnet ist. Es gibt Anwendungen sowohl für gerichtete als auch für ungerichtete gewichtete Graphen. Ungerichtete gewichtete Graphen können zum Beispiel Flugverbindungen mit Meilenangaben oder Straßennetze mit Kilometerangaben modellieren. Das Beispiel der Straßennetze benötigt gerichtete gewichtete Graphen, falls Einbahnstraßen modelliert werden sollen.

Abbildung 16.14 zeigt einen einfachen gewichteten Beispielgraphen. Die Kante (s, u) hat beispielsweise das Gewicht 10. Werden die Gewichte als zu addierende Kosten aufgefasst, ist es also günstiger, indirekt über x von s nach u (mit Gesamtkosten von 8) zu gehen, als die direkte Kante zu nutzen. Die fehlenden Kanten können für viele Zwecke auch als Kanten mit unendlich großem Gewicht aufgefasst werden.

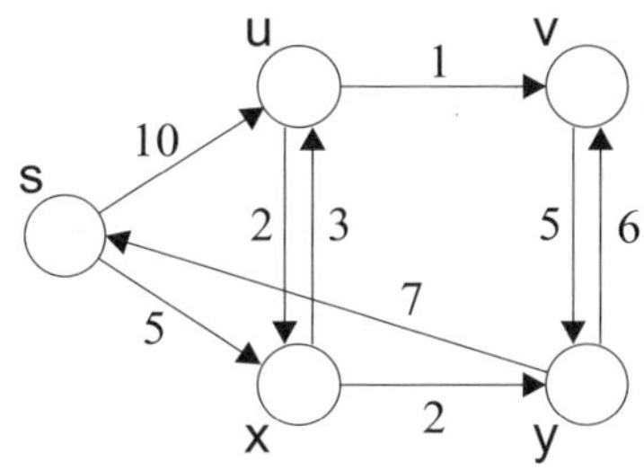

Abbildung 16.14
Gewichteter Graph

16.4.1 Kürzeste Wege

Eine der wichtigsten Problemstellungen für gewichtete Graphen ist das Finden *kürzester Wege*, also von Pfaden durch den Graphen, für die es keine »günstigere« Alternativstrecke mit geringeren Kosten gibt. Wir formulieren das Problem zuerst exakter, bevor wir uns passenden Algorithmen zuwenden.

Gewichteter Graph

Ein gerichteter Graph wird als $G = (V, E, \gamma)$ mit einer Gewichtsfunktion $\gamma\colon E \rightarrow \mathbb{N}$ notiert, wenn wir als Kantengewichte natürliche Zahlen zulassen wollen. Ein Weg oder auch *Pfad* durch G ist gegeben durch eine Liste von aneinanderstoßenden Kanten:

$$P = \langle (v_1, v_2), (v_2, v_3), (v_3, v_4), \ldots, (v_{n-1}, v_n) \rangle$$

P steht hier für das englische *path*. Das *Gewicht* oder auch die *Länge* eines Pfades wird durch Aufsummierung der einzelnen Kantengewichte bestimmt:

$$w(P) = \sum_{i=1}^{n-1} \gamma((v_i, v_{i+1}))$$

Distanz als Länge kürzester Wege

Die *Distanz* zweier Punkte $d(u, v)$ ist nun das Gewicht des kürzesten Pfades von u nach v. Derartige Problemstellungen bestehen in vielen Anwendungen: Prominente Beispiele sind die Routenplanung in Navigationssystemen oder die Wegsuche in Computerspielen.

Zu kürzesten Wegen sind zwei Bemerkungen angebracht. Kürzeste Wege sind nicht eindeutig: Es kann mehrere Pfade zwischen zwei Punkten mit gleicher Länge geben. Kürzeste Wege müssen nicht existieren. So kann es vorkommen, dass überhaupt kein Weg existiert. Im Fall von nicht ausschließlich positiven Kantengewichten könnte des Weiteren ein Zyklus mit negativem Gewicht existieren, der beliebig oft durchlaufen wird und bei jedem Durchlauf das Gewicht des Pfades verringert.

Wir werden drei Algorithmen für die Bestimmung kürzester Wege betrachten. Dijkstras Algorithmus ist ein Greedy-Verfahren, das für nichtnegative Gewichte eine optimale Lösung findet. Als zweite Variante behandeln wir den A*-Algorithmus, der ähnlich dem Dijkstra-Verfahren ist, dabei aber zur Klasse der *informierten* Suchverfahren zählt. Anschließend werden wir einen weiteren Algorithmus betrachten, der auch negative Kantengewichte behandeln kann.

16.4.2 Dijkstras Algorithmus

Dijkstras Algorithmus zum Finden kürzester Wege ist ein sehr bekannter Graphenalgorithmus, der von Dijkstra 1959 veröffentlicht und nach ihm benannt wurde. Er basiert auf einer iterativen Erweiterung einer Menge von »billig« erreichbaren Knoten und kann daher als eine auf dem Greedy-Prinzip basierende Weiterentwicklung der Breitensuche für gewichtete Kanten aufgefasst werden. Allerdings funktioniert diese Weiterentwicklung nur für nichtnegative Gewichte.

Das Verfahren von Dijkstra ist in Algorithmus 16.3 in Pseudocode-Notation angegeben.

Algorithmus 16.3 *Dijkstras Algorithmus*

algorithm Dijkstra (G, s)
Eingabe: Graph G mit Startknoten s

```
for each Knoten u ∈ V[G] − s do
  D[u] := ∞
od;
D[s] := 0; PriorityQueue Q := V;
while ¬ isEmpty(Q) do
  u := extractMinimal(Q);
  for each v ∈ ZielknotenAusgehenderKanten(u) ∩ Q do
    if D[u] + γ((u, v)) < D[v] then
      D[v] := D[u] + γ((u, v));
      adjustiere Q an neuen Wert D[v]
    fi
  od
od
```

Pro Knoten wird ein Wert D abgespeichert, der für den Startknoten den Wert 0 erhält und nach Ablauf des Verfahrens den korrekten Distanzwert zum Startknoten abspeichern soll. Während der Berechnungen enthält diese Variable Zwischenwerte, so ist am Anfang die Distanz unendlich.

Die verwendete *Prioritätswarteschlange* ermöglicht das Herauslesen des jeweils *minimalen* Elementes, sie entspricht somit einer sortierten Liste, aus der jeweils das erste Element entfernt wird, und könnte beispielsweise unter Verwendung eines Heaps implementiert werden (siehe Abschnitt 14.6.1). Der Algorithmus berechnet die Distanz aller

Knoten zum Startknoten. Das eingesetzte Verfahren entspricht einer Breitensuche mit gewichteter Entfernung. Wir werden die Arbeitsweise wieder an einem einfachen Beispiel erläutern.

Abbildung 16.15 zeigt das Ergebnis der Initialisierungsphase für den Graphen aus Abbildung 16.14.

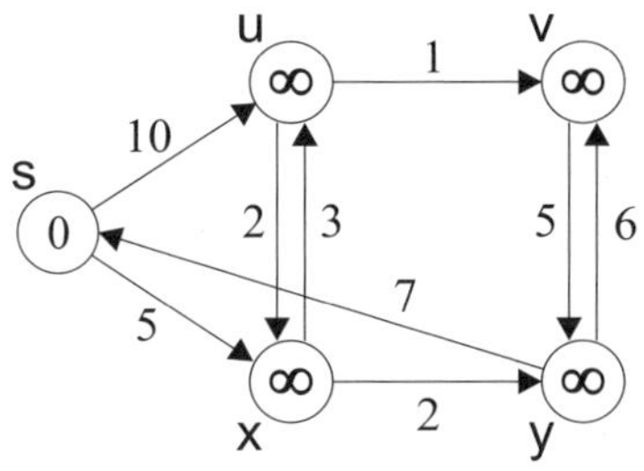

Abbildung 16.15 *Dijkstras Algorithmus: Initialisierung*

Die Prioritätswarteschlange hat nach der Initialisierung die folgende Form:

$$Q = \langle (s:0), (u:\infty), (v:\infty), (x:\infty), (y:\infty) \rangle$$

Nach dem ersten Schleifendurchlauf berechnet Dijkstras Algorithmus den in Abbildung 16.16 gezeigten Zustand. Alle von s aus direkt erreichbaren Knoten werden mit dem durch die direkte Kante bestimmten Gewicht versehen. s selbst wurde aus Q entfernt.

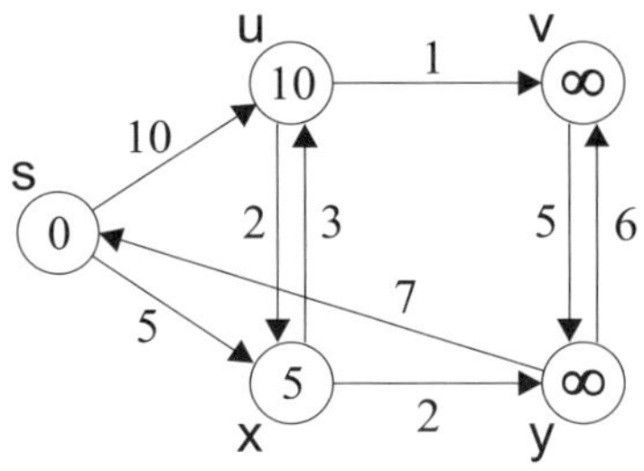

Abbildung 16.16 *Dijkstras Algorithmus nach erstem Durchlauf*

Nach dem ersten Schleifendurchlauf sieht Q wie folgt aus:

$$Q = \langle (x:5), (u:10), (v:\infty), (y:\infty) \rangle$$

Der zweite Durchlauf der Schleife bearbeitet nun den Knoten mit dem minimalen Distanzwert aus der Prioritätswarteschlange, in diesem Fall den Knoten x mit Wert 5. Dieser Wert ist tatsächlich der endgültige Distanzwert von x – jeder andere Pfad zu x müsste über (s, u) gehen und (da wir nur nichtnegative Kantengewichte haben) mindestens zu einer Distanz von 10 führen. Abbildung 16.17 zeigt das Ergebnis des zweiten Durchlaufs.

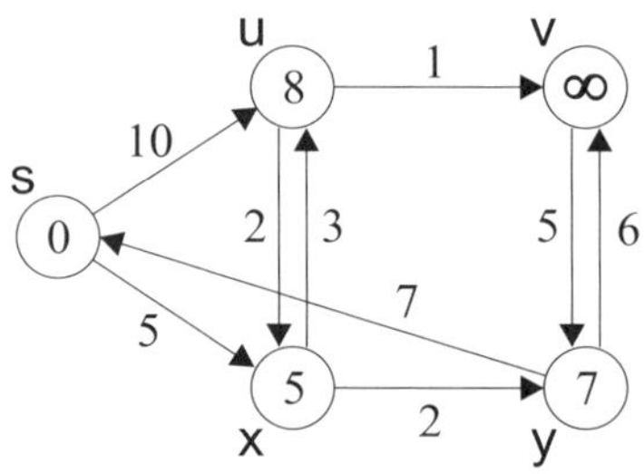

Abbildung 16.17
Dijkstras Algorithmus nach zweitem Schleifendurchlauf

Als Ergebnis des zweiten Schleifendurchlaufs wird Q wie folgt angepasst:

$$Q = \langle (y, 7), (u : 8), (v : \infty) \rangle$$

Man beachte hierbei die Anpassung des Wertes von $D[u]$. Hier wird notiert, dass der indirekte Weg über x geringere Kosten als die direkte Kante (s, u) erfordert.

Im dritten Schritt wird nun der Knoten y bearbeitet. Abbildung 16.18 zeigt das Ergebnis.

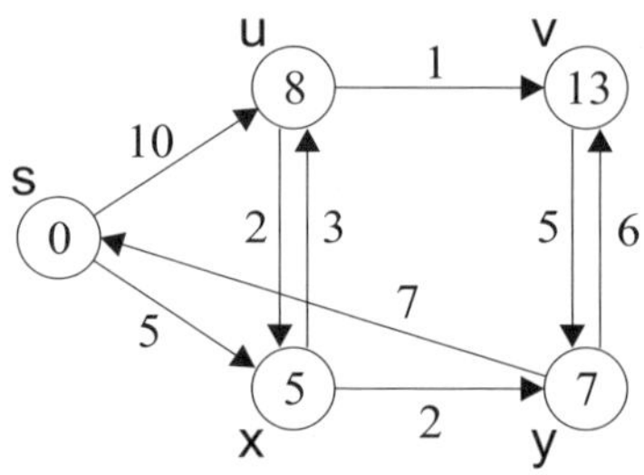

Abbildung 16.18
Dijkstras Algorithmus nach drittem Schleifendurchlauf

Nach dem dritten Durchlauf sieht Q wie folgt aus:

$$Q = \langle (u : 8), (v : 13) \rangle$$

Im vierten Schritt wird nun der Knoten u bearbeitet (Abbildung 16.19). Q enthält nun nur noch einen Knoten:

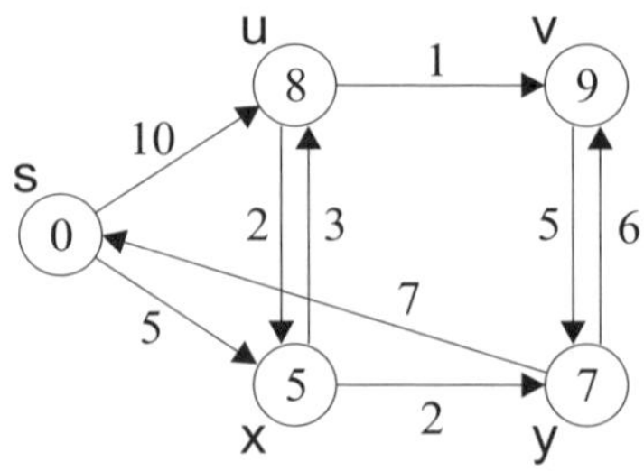

Abbildung 16.19
Dijkstras Algorithmus nach viertem Schleifendurchlauf

$$Q = \langle(v : 9)\rangle$$

Die Abarbeitung des letzten Knotens ändert nun nichts mehr an den Distanzwerten, Abbildung 16.19 zeigt bereits das Endergebnis der Berechnung. Die Prioritätswarteschlange ist leer: $Q = \langle\rangle$.

Wie immer bei Greedy-Verfahren müssen wir uns nun genau überlegen, ob das Verfahren tatsächlich immer das Optimum berechnet.

Wir wissen, dass nur nichtnegative Kantengewichte vorliegen. Betrachten wir nun einen Iterationsschritt und nehmen an, dass wir in den bisherigen Iterationen jeweils einen Knoten mit korrektem Distanzwert hinzugenommen haben.

In dem Iterationsschritt wird die »billigste« Verbindung zu einem noch nicht bearbeiteten Knoten hinzugenommen. Für diese Verbindung gilt Folgendes:

- Da die bisher bearbeiteten Knoten den korrekten Distanzwert haben, ist der neue Distanzwert durch den »billigsten« aus dem bisher bearbeiteten Teilgraphen um genau eine Kante hinausgehenden Pfad bestimmt.
- Jeder Pfad zum Zielknoten dieses Pfades, der um mehr als eine Kante aus dem bearbeiteten Bereich hinausgeht, ist teurer als die gewählte, da Kosten mit zusätzlich hinzugenommenen Kanten nicht sinken können.

Man beachte, dass die Argumentation nicht für negative Kantengewichte gelten würde.

Der Aufwand von Dijkstras Algorithmus wird durch die Operationen zur Entnahme der Knoten aus der Warteschlange sowie zur Anpassung der Distanzwerte der benachbarten Knoten bestimmt. Für den Fall, dass alle Operationen der Prioritätswarteschlange in $O(1)$ ausgeführt werden können, beträgt der Aufwand bei einem Graphen mit m Kanten und n Knoten demnach $O(m + n)$. Für eine Prioritätswarteschlange auf Basis einer verketteten Liste bedeutet dies somit $O(n^2)$, für eine Heap-basierte Variante entsprechend $O(m \log n)$. Für beliebige Kantengewichte werden aufwendigere Algorithmen benötigt.

16.4.3 A*-Algorithmus

Wie Dijkstras Algorithmus dient der A*-Algorithmus zur Bestimmung des kürzesten Weges zwischen zwei Knoten in einem Graphen mit positiven Kantengewichten. Im Unterschied zu Dijkstras Algorithmus gehört der A*-Algorithmus jedoch zu den *informierten* Suchverfahren: Er verwendet eine Heuristik – eine Art »Daumenregel« – zur Beschleunigung der Lösungsfindung. Konkret bedeutet dies, dass zuerst die vielversprechendsten Knoten untersucht werden, d.h. diejenigen, die *wahr-*

Informierte Suchverfahren

scheinlich schneller zum Ziel führen. Hierzu kommen pro Knoten u drei verschiedene Kostenwerte zur Anwendung:

- $g(u)$ bezeichnet die bisherigen Kosten vom Startknoten bis zu u,
- $h(u)$ die *geschätzten* Kosten von u bis zum Zielknoten,
- $f(u)$ die Kosten vom Start zum Ziel über den Knoten u, d.h.

$$f(u) = g(u) + h(u)$$

Heuristik

Die h-Kosten stellen hierbei die Heuristik dar. Bei der Routenplanung kann hierfür beispielsweise die Entfernung zweier Orte in Luftlinie genutzt werden, die aus den GPS-Koordinaten einfach berechnet werden kann. Eine Mindestanforderung an derartige Heuristiken ist die *Zulässigkeit*, die besagt, dass Kosten niemals überschätzt werden dürfen: Ist die tatsächliche Entfernung (entlang der Straßen) zwischen zwei Orten etwa d, muss die geschätzte Entfernung h (in Luftlinie) kleiner sein: $h < d$. Für die Luftlinie ist dies offensichtlich gegeben. Eine schärfere Form ist die *Konsistenz* (manchmal auch als *Monotonie* bezeichnet) einer Heuristik, die zusätzlich noch die Erfüllung der Dreiecksungleichung fordert. Hierbei dürfen die geschätzen Kosten $h(u)$ eines Knotens u nicht größer sein als die Summe der tatsächlichen Kosten zu einem Nachbarn $\gamma(u, v)$ und dessen geschätzte Kosten $h(v)$. Die Kostenschätzung auf Basis der Luftlinie erfüllt diese Eigenschaft ebenfalls. Typischerweise wird eine konsistente Heuristik verwendet – in diesem Fall findet der A*-Algorithmus immer die optimale Lösung.
Zur Suche nach dem kürzesten Weg werden die Knoten in drei Gruppen eingeteilt:

- In der *OPEN*-Liste werden alle Knoten gesammelt, zu denen schon ein Weg gefunden wurde. Für jeden dieser Knoten wird der f-Wert gespeichert. Im nächsten Schritt wird dann der vielversprechendste Knoten, d.h. der mit dem kleinsten f-Wert, aus dieser Liste entnommen. Für eine effiziente Implementierung sollte daher eine Prioritätswarteschlange verwendet werden.
- In der *CLOSED*-Liste werden die Knoten erfasst, die fertig bearbeitet sind – zu denen also der kürzeste Weg bekannt ist.
- Alle anderen Knoten sind noch unbekannt, d.h., sie wurden noch nicht untersucht.

Der A*-Algorithmus arbeitet nun wie folgt (Algorithmus 16.4). Zunächst wird der Startknoten in die *OPEN*-Liste eingetragen. Danach wird so lange der Knoten mit dem kleinsten f-Wert aus dieser Liste entnommen und verarbeitet, bis diese Liste leer ist. Bei der Verarbeitung wird zuerst überprüft, ob der entnommene Knoten dem Zielknoten entspricht. In diesem Fall wurde der Weg gefunden und kann ausgegeben werden. Anderenfalls wird der Knoten *expandiert*, d.h., dessen Nachfolgeknoten werden in die *OPEN*-Liste aufgenommen, der Knoten selbst wird zur *CLOSED*-Liste hinzugefügt.

Expandieren von Knoten

Algorithmus 16.4
A-Algorithmus*

```
algorithm A*-Suche (G, s)
  Eingabe: Graph G mit Startknoten s ∈ G[V] und Zielknoten z ∈ G[V]

  procedure expand(Knoten u ∈ G[V])
  begin
    for each v ∈ ZielknotenAusgehenderKanten(u) ∩ CLOSED do
      tf := g(u) + γ(u, v) + h(v)
      if v ∈ OPEN ∧ tf > f(v) then continue; fi;
      v.pred := n;
      Aktualisiere f- und g-Kosten von m;
      if v ∉ OPEN then
        OPEN := enqueue(OPEN, v);
      fi
    od
  end

  PriorityQueue OPEN := ⟨⟩, Liste CLOSED := ⟨⟩
  OPEN := enqueue(OPEN, s);
  while ¬ isEmpty(OPEN) do
    n := extractMinimal(OPEN);
    if n = z then return WegGefunden; fi;
    expand(n);
    CLOSED := enqueue(CLOSED, n);
  od;
  return WegNichtGefunden
```

Beim Expandieren eines Knotens u werden alle Nachfolgeknoten v untersucht. Ist v bereits in der *CLOSED*-Liste, kann er ignoriert werden. Sonst wird der f-Wert aus dem Weg bis zum Knoten u (d.h. der g-Wert von u), dem Gewicht $\gamma(u, v)$ und der geschätzten Entfernung h von v zum Zielknoten bestimmt. Anhand dieses f-Wertes kann ermittelt werden, ob bereits ein kürzerer Weg zu diesem Knoten gefunden wurde. In diesem Fall kann der Knoten bzw. der aktuelle Weg ignoriert werden. Abschließend werden noch die g- und f-Kosten des Knotens aktualisiert und der Knoten selbst in die *OPEN*-Liste aufgenommen. Zur Speicherung des Weges werden die Knoten rückwärts verkettet: Jeder

Knoten hat einen Verweis auf seinen Vorgänger. Am Ende kann dann der kürzeste Weg rückwärts ausgehend vom Zielknoten rekonstruiert werden.

Betrachten wir hierzu ein kleines Beispiel zur Routenplanung zwischen einigen ausgewählten Städten (Abbildung 16.20), wobei die Entfernungen unter Verwendung gängiger Webanwendungen wie `maps.google.de` und `www.luftlinie.org` ermittelt wurden. Die Aufgabe ist das Finden des kürzesten Weges zwischen Ilmenau und Magdeburg.

Abbildung 16.20 *A*-Algorithmus: Beispiel*

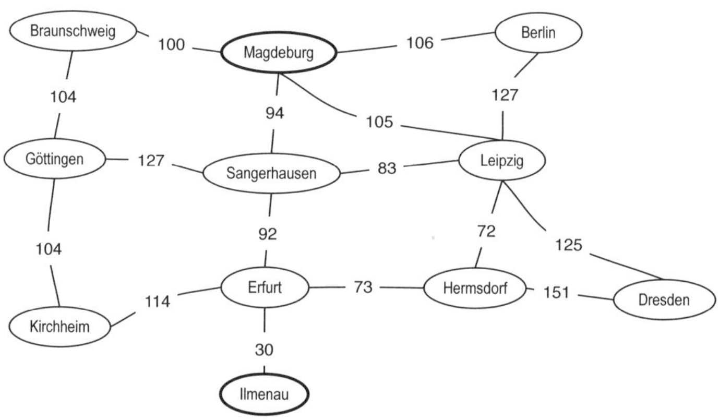

Der A*-Algorithmus übernimmt Ilmenau als Startknoten in die *OPEN*-Liste. Von hier aus geht es zunächst nur nach Erfurt, wodurch Erfurt in die *OPEN*-Liste und Ilmenau in die *CLOSED*-Liste eingetragen werden. Von Erfurt gibt es drei mögliche Varianten – Kirchheim, Sangerhausen und Hermsdorf – die ebenfalls in die *OPEN*-Liste aufgenommen werden. Unter Nutzung der Heuristik (Entfernung nach Magdeburg in Luftlinie) wird zunächst Sangerhausen weiter untersucht, da die geschätzte Weglänge (f-Kosten) hier 199 km beträgt, im Gegensatz zu Hermsdorf mit 241 km und Kirchheim mit 347 km. Danach wird Erfurt in die *CLOSED*-Liste verschoben. Abbildung 16.21 zeigt diesen Zustand: Für jeden Knoten sind jeweils die h-Kosten angegeben, die Knoten in der *OPEN*-Liste sind grau dargestellt, die Knoten der *CLOSED*-Liste gestrichelt. Weiterhin sind auch die Vorgängerbeziehungen der bereits bearbeiteten Kanten eingetragen.

Im weiteren Verlauf werden die von Sangerhausen direkt erreichbaren Knoten betrachtet: Erfurt ist bereits in der *CLOSED*-Liste und kann deshalb ignoriert werden, Göttingen, Magdeburg und Leipzig werden dagegen in die *OPEN*-Liste eingetragen. Die *OPEN*-Liste enthält danach folgende Einträge (f-Kosten in Klammern):

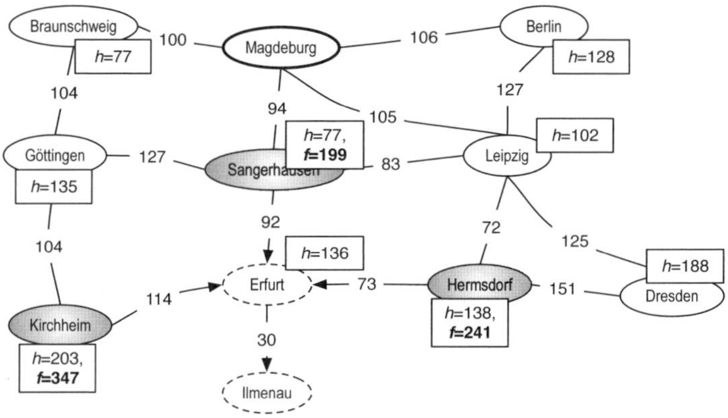

Abbildung 16.21 *A*-Algorithmus: Beispiel im 2. Schritt*

⟨Magdeburg (216), Hermsdorf (241), Leipzig (307), Kirchheim (347), Göttingen (384) ⟩

Aus dieser Liste wird Magdeburg zuerst entnommen, da hier der f-Wert am kleinsten ist. Magdeburg ist gleichzeitig auch der Zielknoten und somit kann die Suche beendet werden. Das Zurückverfolgen des Weges über die Vorgängerbeziehungen liefert schließlich den Weg

Ilmenau → Erfurt → Sangerhausen → Magdeburg

Abschließend wollen wir noch eine Java-Implementierung dieses Algorithmus angeben. Hierzu wurde die `Graph`-Klasse aus Programm 16.1 erweitert: Die Klasse `Node` wurde um einen Verweis auf den Vorgänger `predecessor` sowie drei Kostenwerte ergänzt. Den Kern der Implementierung in Programm 16.3 bildet die Methode `search`. Für die Heuristik werden im Beispiel einfach feste Werte angenommen, die in einer Methode `estimateCost` ausgelesen werden. In einer realen Routenplanung würden hier etwa aus den gespeicherten GPS-Koordinaten der Orte die Entfernungen in Luftlinie berechnet werden.

Programm 16.3 *A*-Suche in Java*

```
public class AStarSearch {
  private Graph graph;
  private PriorityQueue<Node> openList =
            new PriorityQueue<Node>();
  private List<Node> closedList =
            new LinkedList<Node>();

  public AStarSearch(Graph g) { graph = g; }

  private int estimateCost(Node node, Node target) {
```

```
    return node.getCost(Graph.Node.H_COST);
  }

  public List<Node> search(String from, String to) {
    Node fromNode = graph.getNode(from);
    Node toNode = graph.getNode(to);

    openList.offer(fromNode);

    while(! openList.isEmpty()) {
      // Knoten mit den geringsten f-Kosten entnehmen
          Node node = openList.poll();
      // und zur CLOSED-Liste bewegen -> ist fertig behandelt
      closedList.add(node);
          // Ziel erreicht?
      if (node.equals(toNode))
        // Pfad rekonstruieren
        return reconstructPath(node);
      // alle Nachbarknoten durchlaufen
      for (Edge e : node.adjList) {
        Node succ = e.getDestNode();
        // Knoten wurde bereits behandelt?
        if (closedList.contains(succ))
          continue;

        Edge ee = node.getEdgeTo(succ);
        // f-Kosten berechnen
        int tf = node.getCost(Graph.Node.G_COST) +
                 ee.getCost() + estimateCost(succ, toNode);
        // der neue Weg ist teurer als der alte Weg -> ignorieren
        if (openList.contains(succ) &&
            tf > succ.getCost(Graph.Node.F_COST))
          continue;

        // vorläufigen Vorgänger setzen
        succ.setPredecessor(node);
        // Kosten aktualisieren
        succ.setCost(Graph.Node.F_COST, tf);
        succ.setCost(Graph.Node.G_COST,
                     node.getCost(Graph.Node.G_COST) +
                     ee.getCost());
        // ggf. zur OPEN-Liste hinzufügen
        if (openList.contains(succ))
          openList.remove(succ);
        openList.offer(succ);
      }
```

```
    }
    return null;
  }

  private List<Node> reconstructPath(Node node) {
    List<Node> path = new LinkedList<Node>();
    path.add(node);
    while (node.getPredecessor() != null) {
      node = node.getPredecessor();
      path.add(0, node);
    }
    return path;
  }
}
```

Bei der Java-Variante ist zu beachten, dass die verwendete Implementierung einer Prioritätswarteschlange `java.util.PriorityQueue` bei einer Änderung des Vergleichskriteriums der Objekte (hier der f-Kosten) keine Umsortierung vornimmt. Daher wird der betroffene Knoten jeweils zunächst aus der *OPEN*-Liste entfernt und anschließend mit neuem Wert neu eingetragen.

Die Rekonstruktion des Weges erfolgt durch eine eigene Methode `reconstructPath`, die eine Liste mit den Knoten entlang des kürzesten Weges ausgibt.

Eigenschaften des A-Algorithmus*

Fassen wir abschließend noch einmal die wichtigsten Eigenschaften des A*-Algorithmus zusammen:

- Der Algorithmus ist *vollständig*, d.h., sofern eine Lösung existiert, wird diese auch gefunden.
- Falls eine konsistente Heuristik zum Einsatz kommt, wird immer die *optimale* Lösung gefunden.
- Es gibt keinen anderen Algorithmus, der die Lösung bei Nutzung der gleichen Heuristik schneller findet – der A*-Algorithmus ist *optimal effizient.*

Die Laufzeitkomplexität des A*-Algorithmus ist zunächst quadratisch: $O(|V|^2)$. Entscheidenden Einfluss hat jedoch die Realisierung der *OPEN*-Liste. Bei einer Variante auf Basis binärer Heaps (Abschnitt 14.6.1) beträgt die Komplexität

$$O((n + e) \log n),$$

wobei n die Anzahl der expandierten Knoten bezeichnet und e die Anzahl der besuchten Kanten. Mit so genannten Fibonacci-Heaps [FT87] sind sogar $O(n \log n + e)$ erreichbar.

Vergleicht man den A*-Algorithmus mit dem Algorithmus von Dijkstra, so fällt die Verwandtschaft auf. Tatsächlich kann der Dijkstra-Algorithmus als eine spezielle Form des A*-Algorithmus angesehen werden, die gerade *keine* Heuristik verwendet, bei der also $h = 0$ und damit auch $f = g$ ist. Damit lassen sich auch die Vor- und Nachteile charakterisieren: Der A*-Algorithmus ist besser, wenn eine (konsistente) Heuristik genutzt werden kann, da sich dadurch die Laufzeit verkürzen lässt. Dijkstras Verfahren ist dagegen besser, wenn keine Heuristik zum Einsatz kommen kann, etwa weil das Ziel bei der Suche noch nicht bekannt ist. Ein Beispiel hierfür ist die Umkreissuche: Vom aktuellen Punkt aus soll die nächste Raststätte gefunden werden.

16.4.4 Kürzeste Wege mit negativen Kantengewichten

Dijkstras Algorithmus funktioniert nur, wenn Kantengewichte keine negativen Werte annehmen können. Dies kann man sich leicht daran verdeutlichen, dass eine lokal ungünstige nächste Kante durch eine darauf folgende negativ gewichtete Kante nachträglich zu einer besseren Verbindung führt. Allgemein versagen unter diesen Bedingungen Greedy-Verfahren, die nur ein lokales Optimum wählen.

Abbildung 16.22 zeigt einen Graphen mit negativen Kantengewichten. Derartige Graphen können zum Beispiel entstehen, wenn in einem Verbindungsnetz Verbindungen mit negativen Kosten (also Gewinnen) versehen werden, um die Auslastung von Knoten oder Verbindungen durch Anreize zu erhöhen (etwa Auslastung von innerstaatlichen Flugverbindungen durch Bonusangebote).

Abbildung 16.22 *Graph mit negativen Kantengewichten*

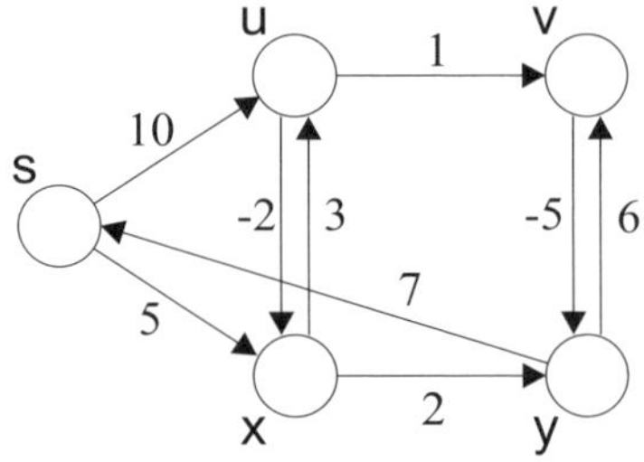

Ein Algorithmus, der auch im allgemeinen Fall beliebiger Kantengewichte funktioniert, ist der Bellman-Ford-Algorithmus. Dieser Algorithmus arbeitet nach einem komplett anderen Prinzip: In mehreren Durchläufen wird jeweils die beste bisher mögliche Verbindung bestimmt, wobei der i-te Durchlauf alle Pfade der Länge i berücksichtigt. Der längste Pfad ohne Zyklus hat eine Länge von $|E| - 1$, so dass man diesen Prozess nach $|E| - 1$ Durchläufen abschließen kann. Als Optimierung kann man das Verfahren vorzeitig beenden, wenn in einem Durchlauf keinerlei Änderung zur vorigen Wertebelegung mehr auftrat.

Das Verfahren von Bellman-Ford ist in Algorithmus 16.5 skizziert (die $D[x]$ sind wieder mit unendlich vorbesetzt).

Algorithmus 16.5
Bellmann-Ford-Algorithmus

algorithm BF (G, s)
Eingabe: ein Graph G mit einem Startknoten s

```
D[s] := 0;
for i := 1 to |E| - 1 do
  for each (u,v) ∈ E do /* gerichtete Kanten */
    if D[u] + γ((u,v)) < D[v] then
      D[v] := D[u] + γ((u,v))
    fi
  od
od
```

Für das folgende Beispiel nehmen wir an, dass in jedem Schritt die $D[x]$ der letzten Iteration genommen werden, also dass **for each** zumindestens konzeptionell parallel ausgeführt wird. Diese Annahme beeinträchtigt aber nicht die Korrektheit der Ausführung.

Abbildung 16.23 zeigt die Initialisierung des Graphen aus Abbildung 16.22 mit den initialen $D[x]$-Werten. Die Initialisierung des Knotens s mit 0 bestimmt den Knoten, von dem aus die kürzesten Wege berechnet werden.

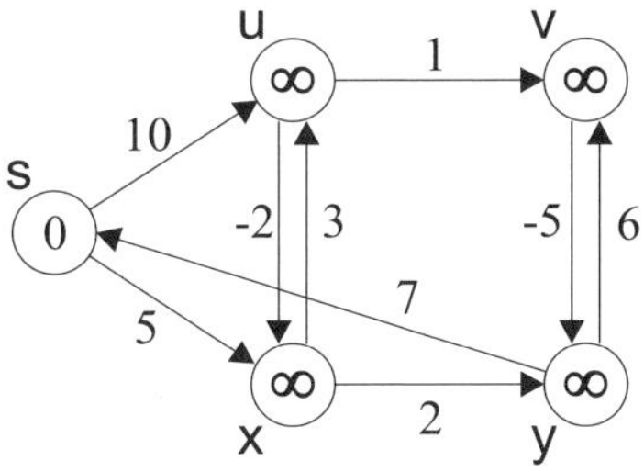

Abbildung 16.23
Bellman-Ford-Algorithmus: Initialisierung

In der Abbildung 16.24 sieht man den Zustand nach der ersten Iteration. Alle Pfade der Länge 1 wurden berücksichtigt. Nur die Knoten u und x haben dadurch einen neuen D-Wert.

Nach der ersten Iteration hat der Knoten u einen vorläufigen Wert von 10 bekommen, da er von s direkt mit einer Kante des Gewichtes

Abbildung 16.24
Bellman-Ford-Algorithmus: Schleifendurchlauf für $i = 1$

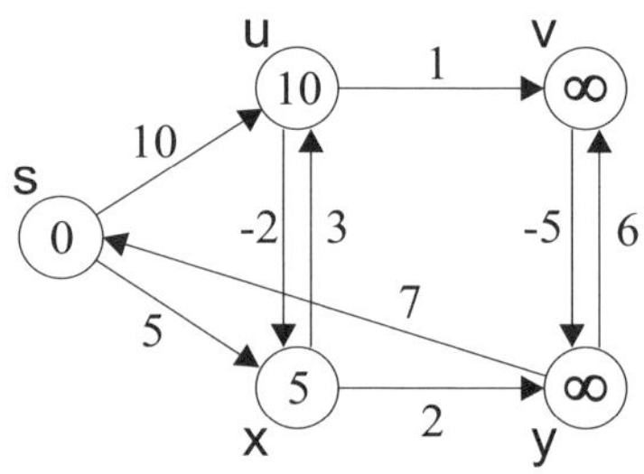

10 erreicht werden kann. Man sieht, dass derartige Zwischenergebnisse *nicht* die endgültigen Entfernungen sind, da mittels eines Pfades der Länge 2 (über x) eine billigere Verbindung mit Kosten $5 + 3 = 8$ aufgebaut werden kann.

Die Abbildung 16.25 zeigt den Zustand nach der zweiten Iteration. Pfade der Länge 2 wurden berücksichtigt; der Knoten u hat daher bereits seinen endgültigen Wert zugewiesen bekommen.

Abbildung 16.25
Bellman-Ford-Algorithmus: Schleifendurchlauf für $i = 2$

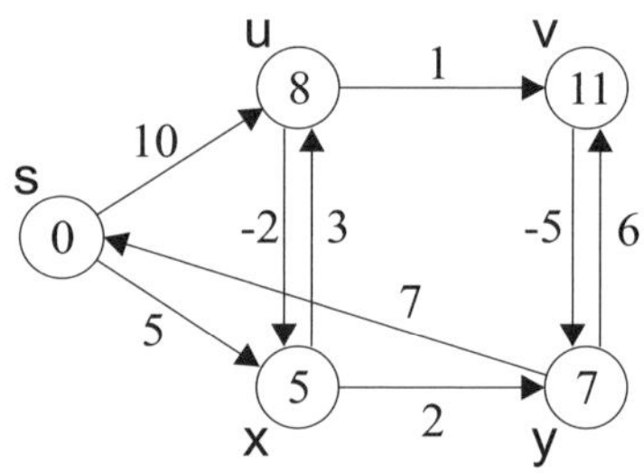

Abbildung 16.26 zeigt nun die Berücksichtigung von Pfaden der Länge 3. Die Änderung des Wertes $D[u]$ kann erst jetzt an den Knoten v propagiert werden – die Kante (u, v) wird also zweimal zur Berechnung von $D[v]$ herangezogen.

Abbildung 16.26
Bellman-Ford-Algorithmus: Schleifendurchlauf für $i = 3$

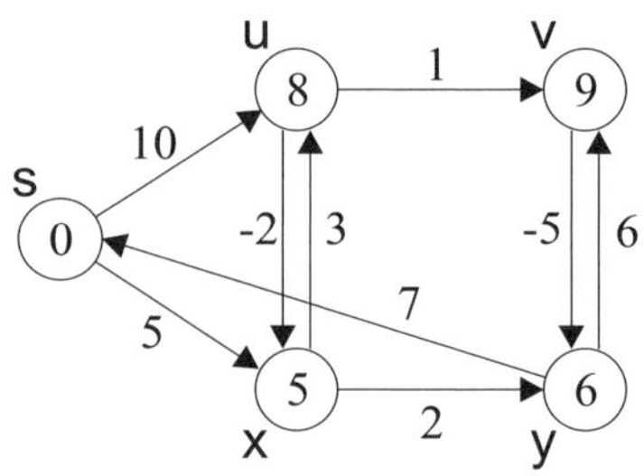

Die Abbildung 16.27 zeigt das Ergebnis des letzten Durchgangs, in dem die negativ gewichtete Kante (v, y) zur Berechnung des Wertes $D[y]$ genutzt wird. Ein Greedy-Verfahren, das jeden Knoten nur einmal besucht, hätte für y den in jedem Schritt lokal optimalen Pfad $\langle s, x, y\rangle$ gewählt und daher nicht das beste Ergebnis geliefert.

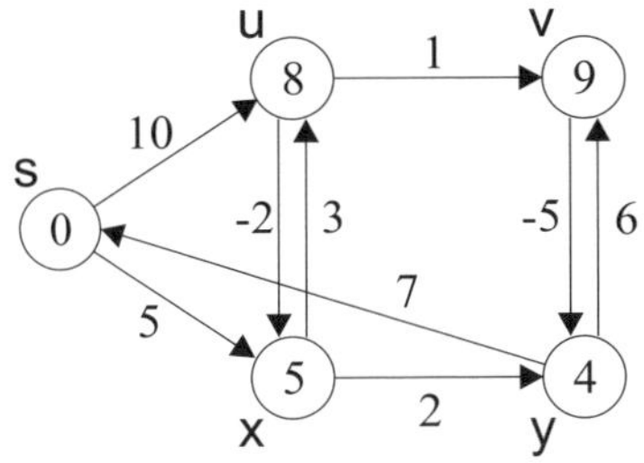

Abbildung 16.27 *Bellman-Ford-Algorithmus: Schleifendurchlauf für* $i = 4$

Betrachten wir abschließend noch die Situation nach $|E| - 1$ Iterationen. Eine Kante könnte noch verbessert werden (in einem Schritt) *genau dann, wenn* der Graph einen Zyklus mit negativer Länge enthält.

Zyklen negativer Länge

Dies kann man mittels einer Argumentation über die Länge möglicher kürzester Pfade beweisen. Derartige Pfade können maximal $|E|-1$ Kanten ohne Zyklen enthalten; deren kürzeste Entfernung wird bei $|E| - 1$ Iterationen korrekt berechnet.

Abbildung 16.28 zeigt einen derartigen Graphen mit negativ gewichtetem Zyklus.

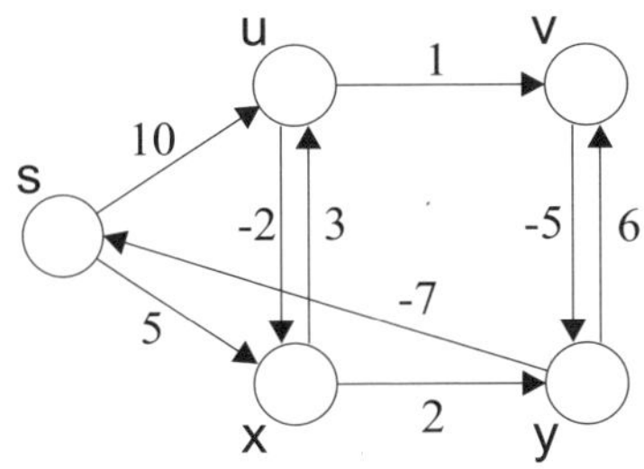

Abbildung 16.28 *Graph mit negativ gewichtetem Zyklus*

Der Zyklus s, x, u, v, y, s in dem Graphen aus Abbildung 16.28 hat die Kosten $5+3+1-5-7 = -3$; jeder Durchlauf durch den Zyklus erzeugt also einen Gewinn, es gibt hier keinen günstigsten Pfad endlicher Länge!

16.4.5 Maximaler Durchfluss

Neben den kürzesten Pfaden gibt es eine Reihe weiterer interessanter Fragestellungen für gewichtete Graphen. Wir werden mit der Frage nach dem *maximalen Durchfluss* eine weitere praxisrelevante Fragestellung genauer betrachten.

Das Problem des maximalen Durchflusses wird durch logistische Aufgaben motiviert. Ein Beispiel ist die Paketvermittlung in

Maximaler Durchfluss durch Netzwerk

Computernetzwerken. Abbildung 16.29 zeigt ein hypothetisches Netzwerk, in dem Verbindungen zwischen zwei Rechnern eine Kapazität von k pro Zeiteinheit zu verschickenden Datenpaketen haben. Sollen nun von dem Rechner `Quelle` ein große Anzahl von Paketen möglichst schnell (oder gar unter Echtzeitanforderungen, etwa einer Videoübertragung) zum Rechner `Ziel` übertragen werden, stellt sich die Frage der maximal übertragbaren Pakete.

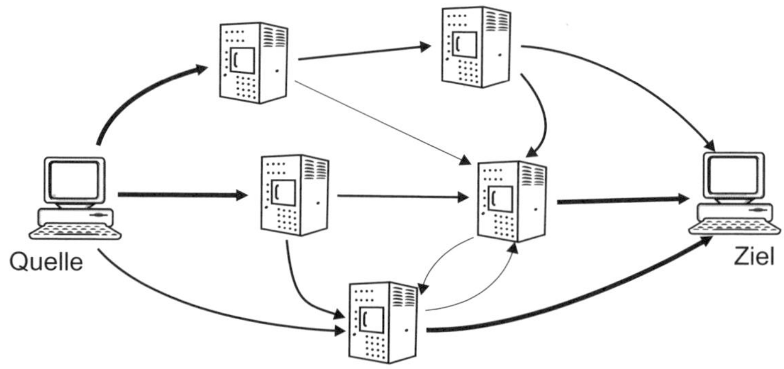

Abbildung 16.29 *Paketvermittlung in Computernetzwerk*

Netzwerk als Graph mit Kapazitäten

Dieses Problem ist als die Bestimmung des *maximalen Durchflusses* durch ein Netzwerk bekannt. Wir werden diese Fragestellung nun konkretisieren, indem wir das Netzwerk als gerichteten Graphen G mit *Kapazitäten* modellieren.

Aktueller Fluss

Ein (Durch-)Fluss F legt für jede Kante einen aktuellen Fluss fest, der in einem korrekten Fluss unter der maximalen Kapazität liegt. In einem Fluss kennen wir für jede Kante den Wert c der maximalen Kapazität und den Wert f des aktuellen *Flusses*. Indirekt ist uns damit mit $c - |f|$ auch die verbleibende, nicht genutzte Kapazität bekannt. Diese verbleibende Kapazität wird als *verfügbare* Kapazität bezeichnet.

Ein Sonderfall sind Verbindungen, die in beiden Richtungen genutzt werden können. Dies wird mittels zweier entgegengesetzt gerichteter Kanten mit identischer Kapazität modelliert. Wir werden im Algorithmus einen positiven Fluss in eine Richtung durch einen (imaginären) negativen Fluss in die andere Richtung ausgleichen. Als Resultat entsteht der unerwartete Effekt, dass ein aktueller Fluss für eine dieser Kanten dabei einen negativen Wert annimmt.

Korrekter Durchfluss

Wir haben bereits den Begriff des korrekten Flusses erwähnt. Ein korrekter Fluss muss die folgenden Bedingungen erfüllen:

Korrekheitsbedingungen für Durchfluss

1. Die Einschränkungen der Kapazität der Kanten werden eingehalten (auch bei negativem Fluss!):

$$|f(u,v)| \leq c((u,v))$$

2. Die *Konsistenz des Flusses* besagt, dass auch bei in beiden Richtungen nutzbaren Verbindungen als Nettoeffekt nur in eine Richtung gesendet wird, und der entstehende negative Fluss den korrekten Wert annimmt:

$$f(u,v) = -f(v,u)$$

3. Wichtigstes Korrektheitskriterium ist die Bewahrung des Flusses für jeden Knoten $v \in V - \{q, z\}$ mit Ausnahme der Quelle q und des Ziels z:

$$\sum_{u \in V} f(v,u) = 0$$

Maximaler Durchfluss

Der *Wert eines Flusses* für eine Quelle q ist durch den dort herausfließenden aktuellen Fluss bestimmt:

$$val(G,F,q) = \sum_{u \in V} f(q,u)$$

Alternativ könnte man auch den am Ziel ankommenden Fluss bestimmen – bei einem korrekten Fluss müssen diese Werte identisch sein.

Gesucht wird nun für einen gegebenen Graphen G mit Kapazitäten, einer Quelle q und einem Ziel z der *maximale Fluss*, der wie folgt definiert ist:

Definition des maximalen Flusses

$$\mathbf{max}\{val(G,F,q) \mid F \text{ ist korrekter Fluss in } G \text{ bezgl. } q \text{ und } z\}$$

Im folgenden Abschnitt werden wir einen effizienten Algorithmus zur Berechnung des maximalen Flusses vorstellen.

16.4.6 Der Ford-Fulkerson-Algorithmus für die Bestimmung des maximalen Flusses

Der Ford-Fulkerson-Algorithmus

Der Ford-Fulkerson-Algorithmus bestimmt für einen mit Kapazitäten versehenen Graphen den maximalen Durchfluss von einer Quelle zu einem Ziel. Der Algorithmus arbeitet mit einer Mischung aus Zufallsauswahl und Greedy-Vorgehen.

Als *nutzbaren Pfad* bezeichnen wir einen (zyklenfreien) Pfad von der Quelle q zum Ziel z, der an allen verwendeten Kanten eine verfügbarer Kapazität (also $c - |f| \geq 1$ für ganzzahlige Kapazitäten) hat. Ein derartiger Pfad hat einen *nutzbaren Fluss*, gegeben durch das Minimum der verfügbaren Kapazitäten der einzelnen Kanten.

Der Algorithmus arbeitet nun nach einem einfachen Prinzip: *Füge so lange verfügbare Pfade zum Gesamtfluss hinzu wie möglich.* Der *Ford-Fulkerson-Algorithmus* kann in Pseudocode-Notation daher wie folgt skizziert werden:

```
initialisiere Graph mit leerem Fluss;
do
  wähle nutzbaren Pfad aus;
  füge Fluss des Pfades zum Gesamtfluss hinzu;
while noch nutzbarer Pfad verfügbar
```

Wir werden nicht auf das Verfahren zur Auswahl eines nutzbaren Pfades eingehen – dies kann etwa durch Tiefensuche entlang nutzbarer Kanten erfolgen. Stattdessen werden wir das Funktionieren des Verfahrens anhand eines einfachen Beispielszenarios demonstrieren.

Die Abbildung 16.30 zeigt ein Beispielnetzwerk, bestehend aus sieben Knoten. Die Kanten werden mit drei Werten beschriftet, wobei der dritte Wert nur zur Verdeutlichung dient, da er aus den ersten beiden berechnet werden kann.

Abbildung 16.30
Graph mit Kapazitäten mit leerem Fluss

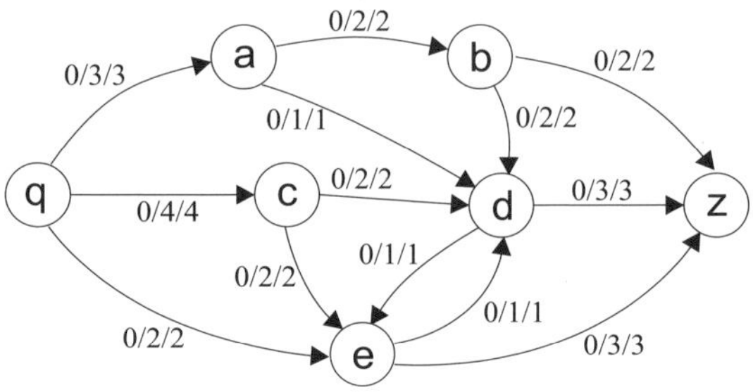

Der erste notierte Wert ist der *aktuelle Fluss* f entlang der Kante. Im initialisierten Graphen ist dieser Wert überall 0. Der zweite Wert ist die vorgegebene *Kapazität* c. Die abgeleitete noch verfügbare Kapazität $c - f$ wird als dritter Wert notiert.

In den folgenden Beispielabbildungen wird der jeweils ausgewählte nutzbare Pfad fett dargestellt. Kanten ohne verbleibende Kapazität sind gestrichelt gezeichnet.

Die Abbildung 16.31 zeigt als ersten Schritt die Auswahl eines nutzbaren Pfades. Am Beginn wird aus der Vielzahl nutzbarer Pfade zufällig oder mit einer geeigneten Heuristik ein Pfad ausgewählt.

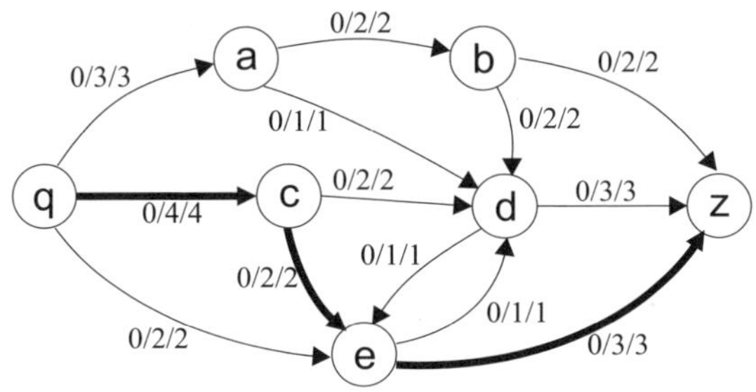

Abbildung 16.31 *Ford-Fulkerson: Auswahl des ersten Pfades*

Im Beispiel wird der Pfad $q \to c \to e \to z$ mit der nutzbaren Kapazität 2 ausgewählt, obwohl sowohl kürzere Pfade als auch nutzbare Pfade mit höherer Kapazität existieren.

In Abbildung 16.32 sind das Ergebnis dieses Schrittes – die Adjustierung der Kantenbeschriftungen – sowie die Auswahl des zweiten Pfades $q \to e \to d \to z$ dargestellt. Da die Kapazität der Kante $c \to e$ nach dem ersten Schritt bereits erschöpft ist, ist diese gestrichelt gezeichnet. Der Suchraum nutzbarer Pfade hat sich nach diesem Schritt bereits verkleinert, da (c, d) nicht mehr verfügbar ist.

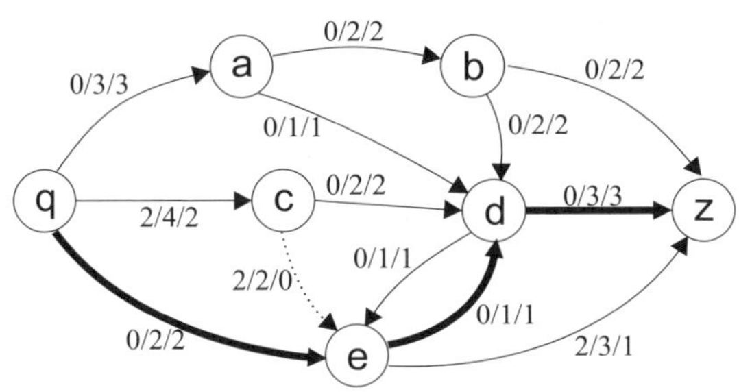

Abbildung 16.32 *Ford-Fulkerson: Adjustierung der Kantenbeschriftung und Auswahl des zweiten Pfades*

Die adjustierten Kantenbeschriftungen sind in Abbildung 16.33 angegeben. Eine Besonderheit ist hierbei die Adjustierung der Rückkante $d \to e$ mit einem negativen Wert. Die Auswahl des dritten Pfades $q \to a \to b \to z$ mit der Kapazität 2 ist ebenfalls in dieser Abbildung dargestellt.

Als vierter Pfad wird $q \to a \to d \to e \to z$ mit einer Kapazität von 1 ausgewählt. Dieser Schritt ist gemeinsam mit den aktualisierten Kantenbeschriftungen nach Schritt 3 in Abbildung 16.34 zu sehen.

Nach diesem Schritt muss auch die Kante $d \to e$ mit der negativen Kapazität adjustiert werden. Dies zieht eine Aktualisierung der Rückkante $e \to d$ nach sich (deren Kapazität danach nicht mehr erschöpft ist), so dass sich die in Abbildung 16.35 angegebenen Kapazitäten ergeben. Schließlich wird noch als fünfter Pfad $q \to c \to d \to z$ ausgewählt.

Abbildung 16.33
Ford-Fulkerson: Auswahl des dritten Pfades

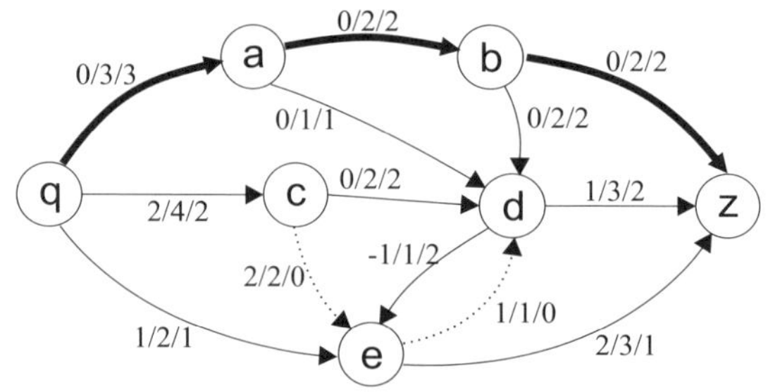

Abbildung 16.34
Ford-Fulkerson: Auswahl des vierten Pfades

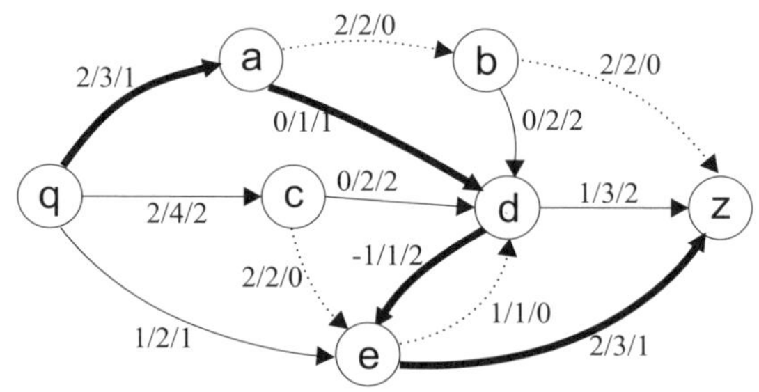

Abbildung 16.35
Ford-Fulkerson: Auswahl des fünften Pfades

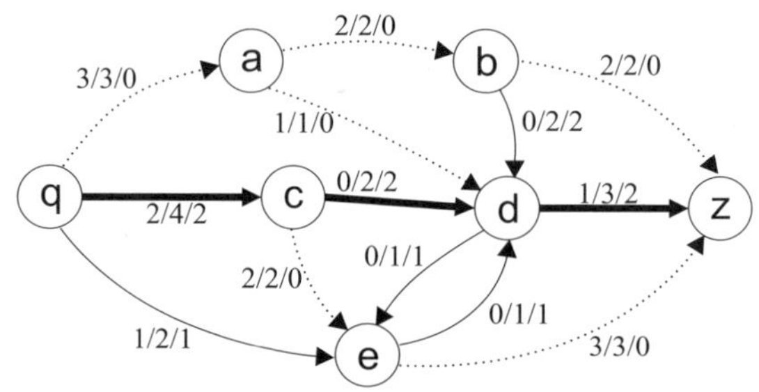

Da damit keine weiteren Pfade möglich sind, ist die Berechnung des maximalen Flusses beendet und es ergibt sich die in Abbildung 16.36 dargestellte Nutzung der verfügbaren Kapazitäten.

Abbildung 16.36
Ford-Fulkerson: Abschluss der Berechnung

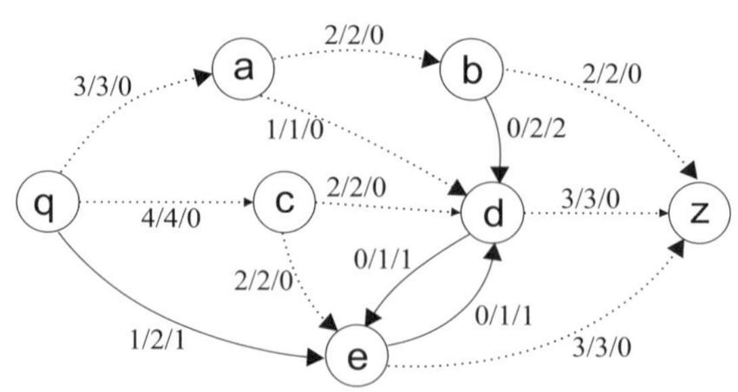

Aus der obigen Beschreibung des Verfahrens von Ford-Fulkerson wird ersichtlich, dass es sich eigentlich noch nicht um einen »wirklichen« Algorithmus handelt: Welcher Pfad in jedem Schritt ausgewählt wird, bleibt offen und man kann sich vorstellen, dass die Anzahl der Iterationen von der Wahl der Pfade beeinflusst wird. So wurden Verbesserungen in Form von Heuristiken zur Auswahl geeigneter Pfade vorgeschlagen. Das Verfahren von Edmonds und Karp basiert beispielsweise auf der Eigenschaft, dass die Anzahl der Pfade, die in einem Graphen $G = (V, E)$ bis zum Finden des maximalen Flusses verfolgt werden müssen, kleiner als $|V||E|$ ist, wenn jeweils der kürzeste verfügbare Pfad von der Quelle q zum Ziel z gewählt wird. Demzufolge kann zur Auswahl des jeweils nächsten Pfades eine Variante des Breitendurchlaufs verwendet werden, die für jede Iteration den kürzesten Pfad ermittelt.

16.5 Weitere Fragestellungen für Graphen

Auf dem Gebiet der Graphenalgorithmen gibt es noch eine Vielzahl interessanter Problemstellungen, deren detaillierte Betrachtung allerdings den Rahmen dieses Buches sprengen würde. Wir werden daher als Abschluss dieses Kapitels nur kurz einige ausgewählte Probleme skizzieren, um einen Eindruck über die Aufgaben und auch die Anwendungsgebiete zu vermitteln.

Problem des Handlungsreisenden

Problem des Handlungsreisenden

Eine der wohl bekanntesten Aufgabenstellungen im Bereich der Graphentheorie ist das Problem des Handlungsreisenden (engl. travelling salesman problem). Hierbei soll ein Handlungsreisender nacheinander n Städte besuchen und am Ende wieder an seinem Ausgangspunkt ankommen. Dabei soll jede Stadt nur einmal besucht werden und der Weg mit den minimalen Kosten gewählt werden. Alternativ kann auch ein Weg ermittelt werden, dessen Kosten unter einer vorgegebenen Schranke liegen. Ein naiver Ansatz zur Lösung dieses Problems ist das erschöpfende Durchsuchen des Graphen, indem alle möglichen Rundreisen betrachtet werden und schließlich die mit den geringsten Kosten ausgewählt wird. Allerdings versagt dieses Verfahren bei größeren Graphen aufgrund der hohen Komplexität. Tatsächlich ist das Problem des Handlungsreisenden ein NP-vollständiges Problem, wobei die Komplexität nach heutigem Wissensstand bei $O(2^n)$ liegt. Üblicherweise verwendet man daher zur Lösung Optimierungsverfahren, die suboptimale Lösungen liefern.

NP-vollständig

Planare Graphen

Eine weitere Aufgabenstellung mit einem praktischen Bezug ist das Problem planarer Graphen. Gegeben ist hierbei ein beliebiger Graph G. Die Frage ist nun: Lässt sich dieser Graph G *planar* zeichnen, d.h. ohne sich überschneidende Kanten? Diese Aufgabe besteht beispielsweise beim Chip- oder auch Leiterplatten-Design, wo Leiterbahnen zwischen elektronischen Bauelementen möglichst kreuzungsfrei zu gestalten sind.

Eine vorgeschlagene Lösung besteht darin, zu untersuchen, ob der Graph ein (isomorphes) Abbild von $\mathbf{K}_5$ oder $\mathbf{K}_{3,3}$-Graphen als Teilgraphen (Abbildung 16.37) besitzt. In diesem Fall gibt es keinen planaren Graphen.

Abbildung 16.37
$\mathbf{K}_5$ *und* $\mathbf{K}_{3,3}$

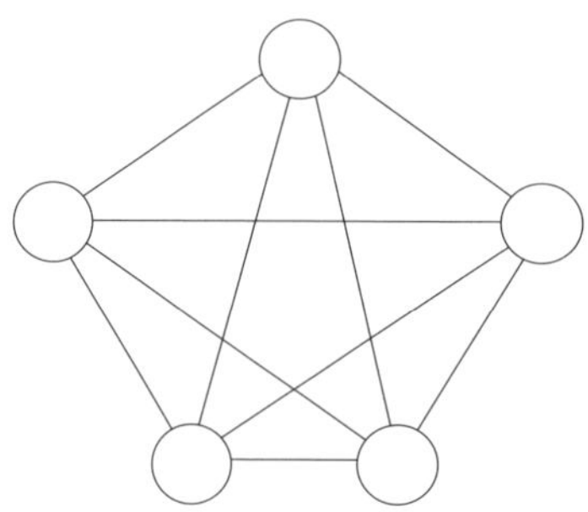

(a) $\mathbf{K}_5$: vollständiger Graph mit 5 Knoten

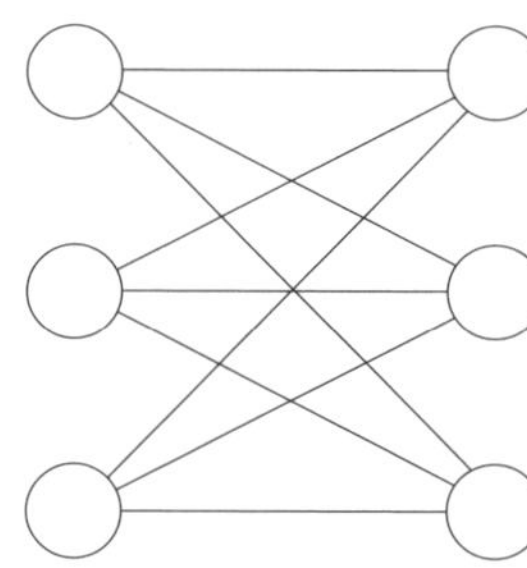

(b) $\mathbf{K}_{3,3}$: vollständiger bipartiter Graph der Ordnung $(3, 3)$

Weitere Fragestellungen in diesem Kontext sind u.a.:

- Das Finden »schöner« planarer Darstellungen, wobei die Winkel zwischen Kanten an Knoten nicht zu klein werden, die Längen der Kanten nicht zu stark differieren oder die Knoten gemäß bestimmter geometrischer Strukturen angeordnet sind.
- Darstellungen mit einer minimalen Anzahl von Kantenüberschneidungen, beispielsweise zu Minimierung der Anzahl von Brücken in Förderanlagen oder auch in elektronischen Schaltungen.
- Das Zerlegen eines nichtplanaren Graphen in eine minimale Anzahl planarer Teilgraphen, wenn z.B. im Chip-Design Leiterbahnen in mehreren Ebenen angeordnet werden sollen.

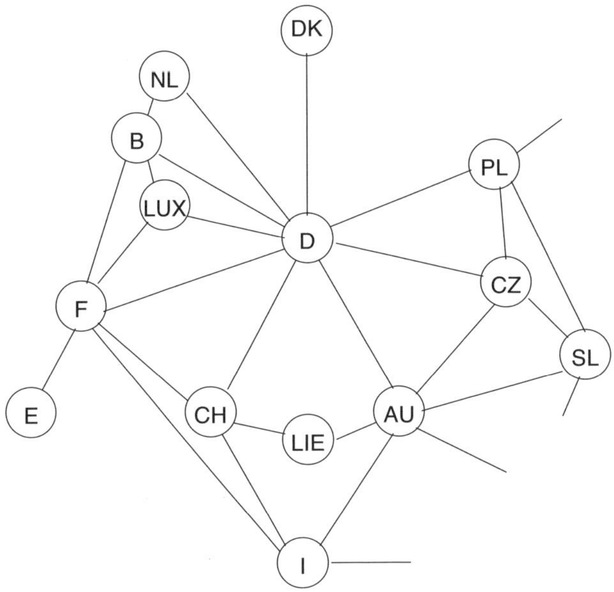

Abbildung 16.38
Ländernachbarschaft in Europa als Graph

Einfärben von Graphen

Ein letztes hier zu betrachtendes Problem ist das Einfärben von Graphen. Hierbei sollen die Knoten so eingefärbt werden, dass keine zwei benachbarten Knoten dieselbe Farbe haben. Mit dieser Fragestellung sind eigentlich zwei Probleme verbunden:

- die eigentliche Einfärbung,
- die Bestimmung der minimal benötigten Anzahl von Farben.

Eine nahe liegende Anwendung dieses Problems ist das Einfärben von Landkarten. Betrachtet man die Nachbarschaft von Ländern als Kanten wie in Abbildung 16.38, so entspricht das Einfärben der Länder auf der Karte dem Einfärben von Knoten.

Eine andere Anwendung ist etwa die Vergabe von überschneidungsfreien Klausurterminen. Hierbei bilden die Fächer die Knoten. Eine Kante wird eingefügt, wenn ein Student beide zu den Knoten korrespondierenden Fächer hört.

17 Suchen in Texten

Nicht immer unterliegen im Computer verarbeitete Daten einer Struktur, die ihre Organisation in Feldern, Listen oder Bäumen erlaubt. Stattdessen bestehen diese Daten nur aus einer langen Folge von Zeichen. Textdokumente, wie sie mit Texteditoren oder Textverarbeitungssystemen erstellt werden, weisen zum Beispiel diese Struktur auf. Nun hat sicher jeder bereits einmal die Situation erlebt, in einem einzelnen Dokument oder in einer Sammlung von Dokumenten (sowohl auf dem PC als auch im World Wide Web) nach einem bestimmten Wort suchen zu müssen. Es ist daher offensichtlich, dass die Suche in Texten eine große Bedeutung hat und dass gerade vor dem Hintergrund der weltweit verfügbaren, riesigen Dokumentbestände effiziente Verfahren benötigt werden.

Textdokumente

Ausgehend von der näheren Untersuchung der Aufgabenstellung und einem ersten »naiven« Ansatz werden wir in diesem Kapitel Verfahren zur Textsuche sowie für das verwandte Problem der Suche anhand von Mustern, die auf mehrere verschiedene Wörter passen würden, vorstellen.

17.1 Probleme der Worterkennung

Die grundsätzliche Aufgabenstellung besteht darin, eine Zeichenkette – ein so genanntes Muster – in einem (längeren) Text zu finden. Sowohl Text als auch Muster können auf einem beliebigen, aber natürlich gemeinsamen Alphabet basieren. Auch wollen wir im Weiteren Wortgrenzen wie Leer- oder Interpunktionszeichen vollständig ignorieren. Es handelt sich hierbei um eine typische Funktion der Textverarbeitung und ein entsprechendes Softwaresystem sollte daher eine effiziente Lösung bereitstellen. Als Maß für die Effizienz können wir einfach die Anzahl der notwendigen Vergleiche zwischen den Zeichen betrachten.

Muster

Maß für die Effizienz

Ein direkter Lösungsansatz für dieses Problem ist sicher nahe liegend: An jeder Position im Text, an der das Muster passen könnte, wird verglichen. Sei $text[0 \ldots n-1]$ der zu durchsuchende Text und $pat[0 \ldots m-1]$ das gesuchte Muster (engl. pattern), dann ist für jede

Position i im Text zu prüfen, ob $pat = text[i \ldots i + m - 1]$ erfüllt ist. In Algorithmus 17.1 ist dieser »Brute-Force«-Algorithmus vollständig angegeben. Das Ergebnis der Suche kann entweder die Position sein, an der das Muster zum ersten Mal gefunden wurde, bzw. -1 im Fehlerfall (wie im angegebenen Algorithmus) oder ein Wahrheitswert.

Algorithmus 17.1
Brute-Force-Suche in Texten

```
algorithm BruteForceSearch (text, pat)
  Eingabe: zu durchsuchender Text text der Länge n,
        gesuchtes Muster pat der Länge m

  for i := 0 to n − m do
    j := 0;
    while j < m ∧ pat[j] = text[i + j] do
      j := j + 1
    od;
    if j ≥ m then return i fi
  od;
  return −1
```

Der Ablauf dieses Verfahrens und der damit verbundene Aufwand (in Anzahl der Vergleiche) ist in Abbildung 17.1 verdeutlicht. Das Muster wird Position für Position über den Text »geschoben« und dabei werden die Zeichen beider Texte verglichen. Sobald keine Übereinstimmung festgestellt wird, kann abgebrochen und an der nächsten Position des Textes fortgesetzt werden. In der Abbildung ist links von den einzelnen Schritten jeweils die Anzahl der Vergleiche angegeben, die grau hinterlegten Felder im Muster zeigen übereinstimmende Zeichen.

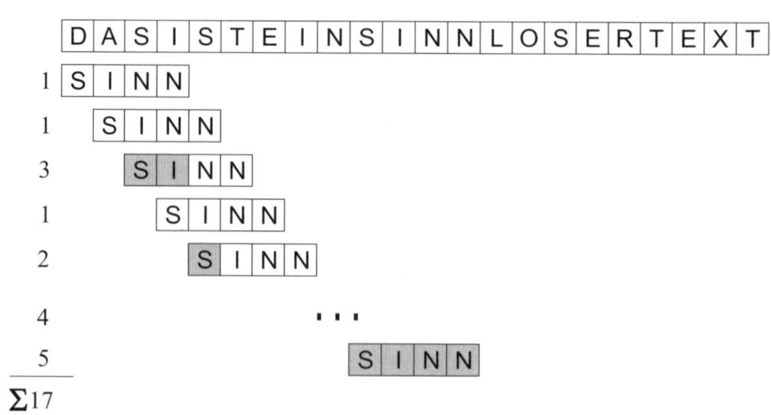

Abbildung 17.1
Ablauf beim Brute-Force-Algorithmus

Man kann sich nun klar machen, dass im ungünstigsten Fall ca. $(n - m) \cdot m$ Vergleiche notwendig sind. Dieser ungünstigste Fall tritt beispielsweise bei einem binären Alphabet ein, wenn Muster und Text aus lauter 0-Zeichen bestehen und nur als letztes Zeichen eine 1 aufweisen. Hier würde fast jedes Mal das gesamte Muster verglichen werden müssen, bevor die Nichtübereinstimmung bzw. die Übereinstimmung an der letzten Position erkannt wird. Die Laufzeitkomplexität beträgt für diesen Fall $O((n - m) \cdot m) = O(nm)$, der zusätzliche Platzbedarf ist aber konstant und damit $O(1)$. Insbesondere für lange Muster wünscht man sich daher eine Verbesserung der Laufzeitkomplexität, gegebenenfalls auch bei einer Verschlechterung des Platzbedarfs.

Laufzeitkomplexität

17.2 Knuth-Morris-Pratt

Das Problem des Brute-Force-Verfahrens ist im Wesentlichen, dass bei Feststellen einer Nichtübereinstimmung sowohl der Zeiger im Muster als auch der Zeiger im Text zurückgesetzt werden. In Algorithmus 17.1 ist dies im Vergleich in der **`while`**-Bedingung zu erkennen: Da sich der Index für $text$ aus $i+j-1$ ergibt und j im Fehlerfall auf 1 zurückgesetzt wird, muss auch die Textposition zurückgesetzt werden. Im Beispiel in Abbildung 17.1 tritt dies etwa im 3. Schritt nach dem Vergleich von »S« und »N« auf. Obwohl man an dieser Stelle eigentlich weiß, dass zuvor »S« und »I« gelesen wurden, wird dies nicht ausgenutzt.

An dieser Stelle setzt der Algorithmus von Knuth, Morris und Pratt an, der die Suche mit einer Komplexität von $O(n + m)$ ermöglicht. Die Idee ist hierbei gerade, die bereits gelesene Information bei einer Nichtübereinstimmung zu nutzen. Kommt es an der Stelle j des Musters pat zu einer solchen Nichtübereinstimmung, so gilt $pat[0 \ldots j - 1] = text[i \ldots i + j - 1]$. Daher kann das Muster um mehr als eine Stelle verschoben werden und auch der Zeiger im Text muss nicht mehr zurückgesetzt werden. Die Anzahl der zu verschiebenden Stellen ist dabei nur vom Muster abhängig.

Nutzung bereits gelesener Informationen

Der Knuth-Morris-Pratt-Algorithmus (kurz »KMP«) nutzt dies aus, indem in einem Vorverarbeitungsschritt die Struktur des Musters analysiert wird. Daraus kann abgeleitet werden, wie weit im Fall einer Nichtübereinstimmung zurückgegangen werden muss. Diese Informationen werden in einem Feld gespeichert, das als $next$- bzw. $border$-Feld oder manchmal auch als Fehlerfunktion bezeichnet wird. Es enthält für jede Position des Musters die Distanz für eine sichere Verschiebung. Diese Werte werden bestimmt, indem für jedes j das längste Präfix des Musters pat ermittelt wird, das auch Suffix von $pat[1 \ldots j]$ ist.

Vorverarbeitungsschritt

Verschiebedistanz

Tritt nun im Rahmen der Suche beim Vergleich an der Position j des Musters eine Nichtübereinstimmung auf, dann wird im Muster auf Position $next[j]$ zurückgegangen. In Abbildung 17.2 ist dies für das Muster »ABCAAB« mit dem zugehörigen $next$-Feld dargestellt.

Abbildung 17.2
Knuth-Morris-Pratt-Algorithmus am Beispiel

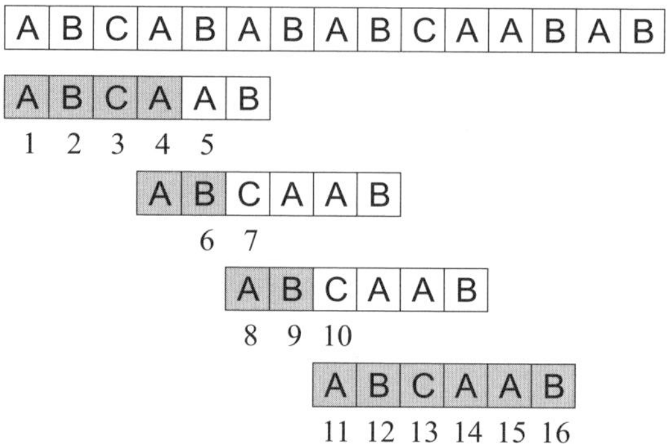

j	0	1	2	3	4	5	6
$next[j]$	-1	0	0	0	1	1	2

Der erste Konflikt tritt an Position 4 (die erste Position war 0!) auf ($i = j = 4$). Unter Verwendung der Information aus $next[j]$ ergibt sich als neue Position im Muster $j = 1$, so dass das Muster wie in der zweiten Zeile dargestellt positioniert wird. Beim nächsten Schritt wird sofort wieder ein Konflikt erkannt. Da hier jedoch die Verschiebedistanz 0 ist, wird im Muster wieder von vorn begonnen. Im folgenden Schritt tritt die Nichtübereinstimmung an Position $j = 2$ auf, das $next$-Feld liefert hierfür den Wert 0. Schließlich kann im vierten Schritt eine vollständige Übereinstimmung gefunden werden.

In Algorithmus 17.2 ist dieses Prinzip unter Verwendung des zuvor berechnetes $next$-Feldes umgesetzt.

Algorithmus 17.2
Knuth-Morris-Pratt

```
algorithm KMPSearch (text, pat)
  Eingabe: zu durchsuchender Text text der Länge n,
        gesuchtes Muster pat der Länge m

  j := 0;
  for i := 0 to n − 1 do
    while j ≥ 0 ∧ pat[j] ≠ text[i] do j := next[j] od;
    j := j + 1;
    if j = m then return i − m + 1 fi
  od;
  return -1
```

Die Werte des *next*-Feldes werden berechnet, indem eine Kopie des Musters an sich selbst »entlang geschoben« wird und die überlappenden Zeichen jeweils verglichen werden. Dies erfolgt schrittweise für die Werte $j = 0 \dots m - 1$, d.h., es werden jeweils j Zeichen des Musters unter sich selbst gelegt, wobei das erste Zeichen der Kopie zu Beginn unter dem zweiten Zeichen angeordnet wird. Die Kopie des Musters wird dann so lange nach rechts verschoben, bis entweder alle überlappenden Zeichen übereinstimmen oder keine Überlappung mehr besteht. Die Anzahl der überlappenden Zeichen entspricht dann dem Wert von $next[j]$. In Abbildung 17.3 ist dies am Beispiel des Musters »ABCAAB« dargestellt. Die Überprüfung beginnt bei $j = 1$, $next[0]$ wird auf -1 gesetzt. Die grau hinterlegten Zeichen in der Abbildung markieren den jeweils betrachteten Bereich des Musters.

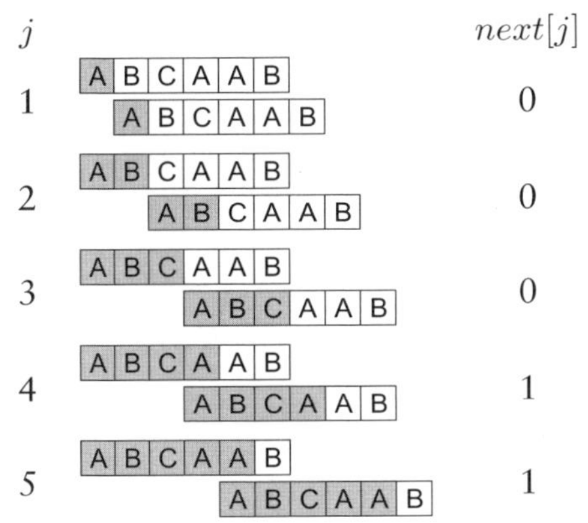

Abbildung 17.3 *Berechnung der next-Tabelle*

Abschließend ist in Programm 17.1 die Implementierung der Suchmethode und der Vorverarbeitung angegeben. Die Methode `kmpSearch` ist eine direkte Umsetzung des Algorithmus 17.2. Im ersten Schritt wird das *next*-Feld für das angegebene Muster berechnet, der weitere Ablauf folgt dem beschriebenen Algorithmus und bedarf sicher keiner weiteren Erläuterungen. Die Methode `initNext` dient zur Initialisierung des *next*-Feldes und implementiert das in Abbildung 17.3 dargestellte Prinzip. Die Methode ist prinzipiell ähnlich der Suchmethode. Jedoch wird hier das Muster mit sich selbst auf Übereinstimmung geprüft.

Programm 17.1 *Java-Methoden für den KMP-Algorithmus*

```
// next-Tabelle initialisieren
private static int[] initNext(String pat) {
  int[] next = new int[pat.length()];
  int i = 0, j = -1;
```

```
    next[0] = -1;
    while (i < pat.length() - 1) {
      while (j >= 0 && pat.charAt(i) != pat.charAt(j))
        j = next[j];
      i++; j++;
      next[i] = j;
    }
    return next;
  }

  // Suchfunktion
  public static int kmpSearch(String text, String pat) {
    int[] next = initNext(pat);
    int i = 0, j = 0;

    while (i < text.length()) {
      while (j >= 0 &&
             pat.charAt(j) != text.charAt(i))
          j = next[j];
      i++; j++;
      if (j == pat.length())
        return i - pat.length();
    }
    return -1;
  }
```

Der Aufwand für den KMP-Algorithmus ergibt sich aus dem Aufwand für die Vorbereitungsphase und dem eigentlichen Suchaufwand. Bei der Suche wird in jedem Schritt entweder i oder j (oder beide) um mindestens 1 erhöht, maximal wird also die Schleife $2n$-mal durchlaufen, der Aufwand ist daher $O(n)$. Zum Aufbau der $next$-Tabelle wird das Muster mit der Länge m in gleicher Weise wie bei der Suche durchlaufen, entsprechend ist der Aufwand $O(m)$. Insgesamt ergibt sich somit eine Laufzeitkomplexität von $O(n + m)$.

Laufzeitkomplexität

Es stellt sich noch die Frage, ob der KMP-Algorithmus in der Praxis wirklich schneller ist als der naive Ansatz. Schließlich kann eine signifikante Einsparung von Vergleichen nur dann erfolgen, wenn Teile des Muster sich wiederholen. Ein wesentlicher Vorteil des KMP-Algorithmus ist jedoch, dass im zu durchsuchenden Text nie rückwärts gegangen werden muss. Gerade bei sehr großen Texten, die von externen Speichermedien gelesen werden, ist dies von großer Bedeutung.

17.3 Boyer-Moore

Beim KMP-Algorithmus haben wir das Vermeiden des Zurücksetzens des Textzeigers als einen wesentlichen Vorteil herausgestellt. Wenn dieses Zurücksetzen dagegen ohne Schwierigkeiten möglich ist (etwa bei Texten im Hauptspeicher), kann eine andere Idee verfolgt werden. Vergleicht man das Muster von rechts nach links mit dem Text und stellt dabei fest, dass bereits das erste Zeichen im Text nicht im Muster vorkommt, so kann das Muster um m Positionen verschoben werden. In Abbildung 17.4 ist dieser Fall dargestellt. Beim Vergleich an Position 5 wird eine Nichtübereinstimmung festgestellt. Da außerdem das Zeichen »D« nicht im Muster auftritt, kann auch keine Übereinstimmung an den Positionen 0...4 auftreten, so dass das Muster bis an Position 6 verschoben werden kann. In diesem günstigen Fall (Nichtübereinstimmung beim ersten zu vergleichenden Zeichen sowie Nichtvorkommen des Textzeichens im Muster) würden somit nur $O(n/m)$ Vergleiche benötigt.

Vergleich von rechts nach links

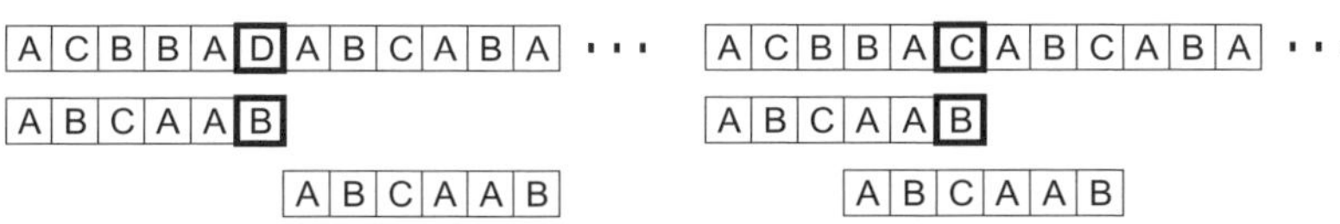

(a) Zeichen kommt im Muster nicht vor (b) Zeichen kommt im Muster vor

Abbildung 17.4 *Boyer-Moore: Verschiebung des Musters bei Nichtübereinstimmung I*

Der *Boyer-Moore-Algorithmus* kombiniert nun die oben skizzierte Idee des Vergleichs von rechts nach links mit einem »Verschiebe-Ansatz« ähnlich dem KMP-Algorithmus und ist dadurch unter bestimmten Umständen effizienter. Diese beiden Heuristiken oder Strategien sind:

occurence-*Heuristik*

- Die *bad character-* oder *occurence-*Heuristik mit der bereits beschriebenen Vorgehensweise. Allerdings kann das Muster nicht immer komplett verschoben werden: Ist das Textzeichen, das zur Nichtübereinstimmung führt, im Muster vorhanden, so kann das Muster nur bis zur Ausrichtung an diesem Zeichen verschoben werden (Abbildung 17.4).

match-*Heuristik*

- Die *good suffix-* oder *match-*Heuristik, für die die Verschiebedistanzen aus der Struktur des Musters abgeleitet werden. Nachdem bereits eine Übereinstimmung eines Teils (Suffix) des Musters erkannt wurde, können folgende Fälle auftreten:
  1. Es gibt noch ein weiteres Vorkommen dieser Zeichenfolge im Muster. In diesem Fall kann das Muster so weit verschoben werden, bis dieser Teil auf die entsprechende Zeichen-

folge im Text ausgerichtet ist. In Abbildung 17.5 tritt dies für die Folge »BC« auf. Demzufolge wird das Muster um zwei Positionen verschoben, so dass die Folge »BC« auf Position 2-3 mit der Folge aus dem Text übereinstimmt.

2. Ein Präfix des Musters stimmt mit einem Teil des Suffix überein. So ist in Abbildung 17.5 das Präfix »BC« Teil von »ABC«. Entsprechend kann das Muster nur so weit verschoben werden, dass dieses Präfix mit der Zeichenfolge »BC« des Textes in Übereinstimmung gebracht wird.
3. Das Suffix tritt im Muster – auch in Teilen – nicht wieder auf. Demzufolge kann das Muster über seine gesamte Länge verschoben werden.

Abbildung 17.5
Boyer-Moore: Verschiebung des Musters bei Nichtübereinstimmung II

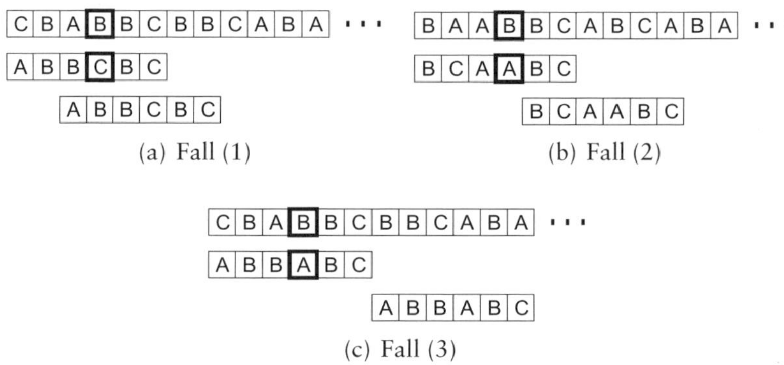

Für die beiden Heuristiken wird jeweils die Verschiebedistanz berechnet und das Muster schließlich um den maximalen Wert dieser Distanzen verschoben. Hierzu werden benötigt:

last-Tabelle

- eine so genannte *last*-Tabelle, die für jedes Zeichen des Textes (oder praktischerweise des zugrunde liegenden Alphabets) die sichere Verschiebedistanz speichert,

shift-Tabelle

- die so genannte *shift*-Tabelle, die zu jedem Suffix des Musters, das eventuell zu einer Nichtübereinstimmung führen kann, die sichere Verschiebedistanz enthält. Konkret bedeutet dies, dass nach der Übereinstimmung zwischen dem Teilmuster $pat[j + 1 \ldots m - 1]$ und dem Text und einer Nichtübereinstimmung von $pat[j]$ der Wert $shift[j]$ die mögliche Distanz zur Verschiebung liefert.

Die *last*-Tabelle für das Muster kann einfach berechnet werden, indem für jedes Zeichen des Alphabets seine letzte Position im Muster bestimmt wird bzw. der Wert -1, falls das Zeichen im Muster nicht vorkommt. Für ein Muster pat der Länge m mit $pat = p_0 p_1 \dots p_{m-1}$ und ein Alphabet Σ kann $last(pat, a)$ für alle $c \in \Sigma$ wie folgt bestimmt werden:

Berechnung der last-Tabelle

$$last[c] = \max\{j \mid p_j = c\}$$

Die Initialisierung der *shift*-Tabelle ist dagegen etwas aufwendiger. Diese Tabelle enthält für jedes j die Distanz der Verschiebung, wenn das an Position j beginnende Suffix des Musters übereinstimmt und an Position $j-1$ eine Nichtübereinstimmung auftritt. Die Berechnung basiert auf zwei Bedingungen:

Berechnung der shift-Tabelle

- $Cs(i, s)$: für jedes k mit $i < k < m$ gilt: $s \geq k \vee pat[k - s] = pat[k]$ — *Shift-Condition*
- $Co(i, s)$: wenn $s < i$ dann gilt: $pat[i - s] \neq pat[i]$ — *Occurence-Condition*

Für alle i mit $0 \leq i < m$ berechnen sich die Werte der Tabelle wie folgt:

$$shift[i + 1] = \min\{s > 0 \mid Cs(i, s) \text{ und } Co(i, s) \text{ gelten}\}$$

Der Wert $shift[0]$ wird auf m gesetzt. Zur effizienten Berechnung dieser Tabelle verwendet man ein Hilfsfeld *suffix* mit

$$suffix[i] = \max\{k \mid pat[i - k + 1 \dots i] = pat[m - k \dots m - 1]\}$$

für alle i mit $1 \leq i < m$. Dieses Hilfsfeld enthält an der Position i die Länge der längsten Zeichenfolge, die gleichzeitig Suffix des gesamten Musters und des Teilmusters $pat[0 \dots i]$ ist (Abbildung 17.6).

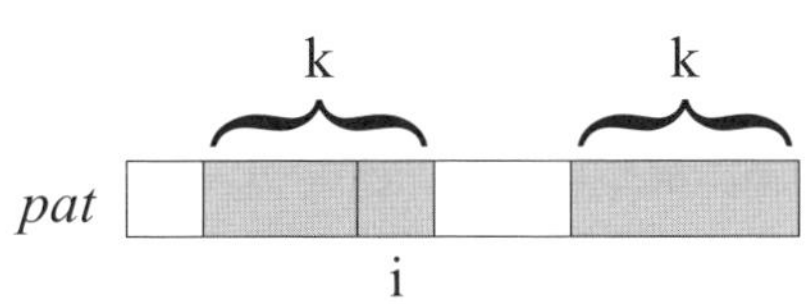

Abbildung 17.6
Boyer-Moore: Suffix-Tabelle

Ein Beispiellauf des Algorithmus ist in Abbildung 17.7 für das Muster »ACBABCBA« mit den zugehörigen *last*- und *shift*-Tabellen angegeben. Im ersten Schritt wird beim ersten Vergleich an Position 7 bereits eine Nichtübereinstimmung erkannt. Da sowohl *last* als auch *shift* eine Distanz von 1 liefert, wird das Muster um 1 verschoben. Im zweiten Schritt wird das Suffix »CBA« als übereinstimmend erkannt. Hier liefert die *shift*-Tabelle die Verschiebedistanz 4. Beim nächsten Schritt wird sofort beim ersten Vergleich ein Konflikt festgestellt. Unter Verwendung des Wertes aus der *last*-Tabelle wird das Muster um zwei Positionen verschoben, wobei sich dieser Wert aus $m - (last[C] + 1)$ berechnet. Nach einem weiteren Schritt und der Erkennung des übereinstimmenden Suffix »CBA«, die eine Verschiebung um vier erfordert, wird schließlich das Muster erkannt.

Abbildung 17.7 *Boyer-Moore-Algorithmus am Beispiel*

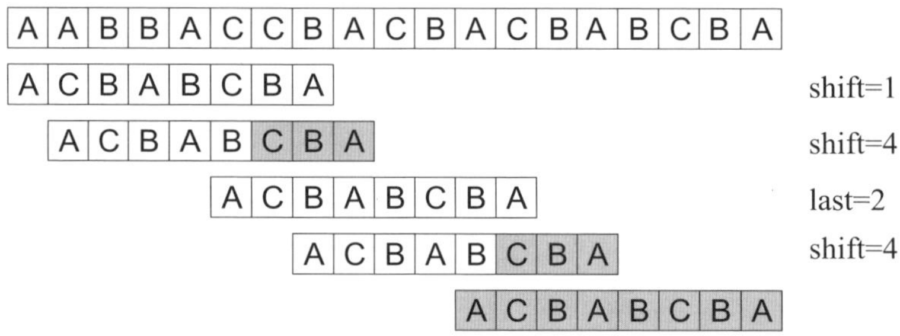

c	A	B	C	D
last[i]	7	6	5	-1

i	0	1	2	3	4	5	6	7	8
pat[i]	A	C	B	A	B	C	B	A	
suffix[i]	1	0	0	3	0	0	0	8	0
shift[i]	7	7	7	7	4	7	7	1	0

In Algorithmus 17.3 ist das Verfahren von Boyer-Moore unter Verwendung dieser beiden Strukturen dargestellt. Die Zeichen des Musters werden jeweils von rechts nach links mit dem Text verglichen, daher wird j vor jedem Durchlauf mit dem Index des letzten Musterzeichens $(m - 1)$ initialisiert. Ist nach dem Vergleich der Wert $j \leq 0$, so bedeutet dies, dass das Muster vollständig übereinstimmt und die Suche wird beendet. Andernfalls wird die maximale Verschiebedistanz aus den beiden Heuristiken bestimmt und das Muster entsprechend verschoben.

Algorithmus 17.3 *Boyer-Moore*

algorithm BMSearch ($text$, pat)
  Eingabe: zu durchsuchender Text $text$ der Länge n,
    gesuchtes Muster pat der Länge m

  $i := 0$;
  while $i \leq n - m$ **do**
    $j := m - 1$;

while $j \geq 0 \wedge pat[j] \neq text[i+j]$ **do** $j := j - 1$ **od**;
if $j < 0$ **then**
  return i
else
  $i := i + \max(\mathit{shift}[j+1], j - \mathit{last}[text[i+j]])$
fi
od;
return -1

In Programm 17.2 ist eine mögliche Implementierung des Boyer-Moore-Algorithmus angegeben. Ähnlich wie bereits beim KMP-Algorithmus werden in einer Vorverarbeitungsphase zunächst die beiden benötigten Tabellen *last* und *shift* aufgebaut. Zu diesem Zweck sind zwei zusätzliche Methoden `initLast` und `initShift` implementiert, die die Tabellen entsprechend der oben beschriebenen Eigenschaften berechnen. Für die *last*-Tabelle wird dabei vereinfachend angenommen, dass nur ASCII-Zeichen im Bereich 0...255 in Muster und Text verwendet werden. Bei Berücksichtigung des vollen Unicode-Zeichensatzes von Java müsste die Tabelle sonst 2^{16} Einträge aufweisen.

Vorverarbeitungsphase

Programm 17.2
Implementierung des Boyer-Moore-Algorithmus

```
public class BMSearch {
  // last-Tabelle initialisieren
  private static int[] initLast(String pat) {
    int[] last = new int[256];
    int i;

    for (i = 0; i < 256; i++)
      last[i] = -1;
    for (i = 0; i < pat.length(); i++)
      last[pat.charAt(i)] = i;
    return last;
  }

  // shift-Tabelle initialisieren
  private static int[] initShift(String pat) {
    int m = pat.length();
    int[] shift = new int[m + 1];
    int[] suffix = new int[m + 1];

    int i, j, h = 0;
    suffix[m - 1] = m;
    j = m - 1;
    for (i = m - 2; i >= 0; i--) {
```

```
    if (i > j && suffix[i + m - 1 - h] < i - j)
      suffix[i] = suffix[i + m - 1 - h];
    else {
      if (i < j)
        j = i;
      h = i;
      while (j >= 0 &&
             pat.charAt(j) ==
             pat.charAt(j+m-1-h))
        j--;
      suffix[i] = h - j;
    }
  }

  for (i = 0; i < m; i++)
    shift[i] = m;
  j = 0;
  for (i = m - 1; i >= -1; i--)
    if (i == -1 || suffix[i] == i + 1)
      while (j < m - 1 - i) {
        if (shift[j] == m)
          shift[j] = m - 1 - i;
        j++;
      }
  for (i = 0; i < m - 1; i++)
    shift[m - 1 - suffix[i]] = m - i - 1;
  return shift;
}

// Suchfunktion
public static int bmSearch(String text, String pat) {
  int last[] = initLast(pat);
  int shift[] = initShift(pat);

  int i = 0;
  while (i <= text.length() - pat.length()) {
    int j = pat.length() - 1;
    while (j >= 0 &&
           pat.charAt(j) == text.charAt(i+j))
      j--;
    if (j < 0)
      return i;
    else
      i += Math.max(shift[j],
                    j - last[text.charAt(i+j)]);
  }
```

```
    return -1;
  }
}
```

Laufzeitkomplexität

Da die Analyse der Laufzeit für den Boyer-Moore-Algorithmus etwas schwieriger ist, wollen wir nur kurz auf die wesentlichen Eigenschaften eingehen. In der Vorbereitungsphase beträgt der Aufwand für die Erstellung der *shift*-Tabelle $O(m)$ mit einer ähnlichen Argumentation wie bereits beim KMP-Algorithmus, für die Erstellung der *last*-Tabelle $O(m + |\Sigma|)$. Unter der Voraussetzung, dass das Muster nicht oder nur wenige Male im Text vorkommt, werden im schlechtesten Fall $O(n)$ Vergleiche benötigt. Bei einem im Vergleich zur Länge des Musters großen Alphabet beträgt die Anzahl der Vergleiche sogar nur $O(n/m)$. In den eher seltenen Fällen, wo ein Suffix des Musters sehr häufig im Text vorkommt (z.B. beim Suchen des Musters AB^{m-1} im Text B^n), ist der Aufwand $O(n \cdot m)$.

17.4 Pattern Matching

Mit den bisher betrachteten Algorithmen wird die Suche nach einer konkreten Zeichenfolge im Text unterstützt. Oft soll aber auch nach Zeichenfolgen gesucht werden, die einem allgemeineren Muster entsprechen. Dies ist beispielsweise notwendig, wenn die exakte Schreibweise des gesuchten Wortes nicht genau bekannt ist oder wenn mehrere »ähnliche« Vorkommen des Suchbegriffs gefunden werden sollen. Dieses Problem der Suche nach solchen allgemeineren Mustern wird als *Pattern Matching* (Musteranpassung) bezeichnet. Hierfür benötigen wir zunächst eine geeignete Notation, um eine – möglicherweise unendliche – Menge von Zeichenketten zu beschreiben, sowie einen Mechanismus oder Algorithmus zur eigentlichen Musteranpassung.

Pattern Matching

17.4.1 Reguläre Ausdrücke

Eine Notation zur Definition von Mustern, die eine Menge von möglichen Zeichenfolgen beschreiben, sind die *regulären Ausdrücke* (siehe auch Abschnitt 2.2.2). Ein solcher Ausdruck wird über den Symbolen eines Alphabets Σ durch Verwendung von folgenden Verknüpfungsoperatoren gebildet:

Reguläre Ausdrücke

- *Verkettung:* Mit dieser Operation lassen sich Folgen von Zeichen festlegen. So bedeutet die Notation `AB`, dass `B` direkt auf `A` folgt. Eine Übereinstimmung zum Muster besteht daher nur

Verkettung

dann, wenn beide Zeichen im Text auch direkt in dieser Reihenfolge hintereinander stehen.

Oder

- *Oder:* Diese Operation erlaubt die Angabe einer Alternative. Mit der Notation `A+B` wird ausgedrückt, dass entweder ein `A` oder `B` im Text vorkommen sollen. Kombiniert mit der Verkettungsoperation und Klammern lassen sich auch komplexere Ausdrücke bilden. So steht etwa `AB(CD+BA)AB` für die Zeichenfolgen `ABCDAB` und `ABBAAB`, während das Muster `(A+B)(A+B)` zu den Zeichenfolgen `AA`, `AB`, `BB` und `BA` passt.

Hüllenbildung

- *Hüllenbildung:* Dieser Operator erlaubt die beliebige Wiederholung von Teilen eines Musters. So steht `AB*` für die Zeichenfolgen, die aus einem `A` gefolgt von 0 oder mehr Wiederholungen von `B` bestehen, z.B. `A`, `AB`, `ABB`. Auch hier ist wieder eine Klammerung möglich, so dass beispielsweise `(ABC)*` u.a. mit folgenden Zeichenfolgen übereinstimmt: `ABC`, `ABCABC`, `ABCABCABC`.

An diesen wenigen Beispielen wird schon deutlich, dass reguläre Ausdrücke viele Textmuster beschreiben können. In der Praxis werden zur Vereinfachung noch weitere Operatoren eingesetzt, die u.a. die Angabe von Klassen von Zeichen (z.B. alle Ziffern) oder auch die Negation bzw. den Ausschluss von Zeichen ermöglichen. Allerdings lässt sich dies auch mit den oben eingeführten Operatoren ausdrücken.

Anwendung regulärer Ausdrücke

Anwendung finden reguläre Ausdrücke etwa in der Shell des UNIX-Betriebssystems zur Angabe von Dateinamen, in UNIX-Werkzeugen wie `grep`, die Textdateien anhand von regulären Ausdrücken durchsuchen können, in leistungsfähigen Texteditoren zur Suche bzw. Ersetzung oder in E-Mail-Programmen zur Filterung eingehender Nachrichten.

17.4.2 Endliche Automaten

Nachdem wir mit den regulären Ausdrücken eine Notation zur Beschreibung von Mustern kennen gelernt haben, benötigen wir noch einen Mechanismus, der überprüft, ob ein Text ein gegebenes Muster enthält. Die Schwierigkeit dabei ist, dass wir aufgrund der Eigenschaften von regulären Ausdrücken keinen »einfachen« Algorithmus angeben können. Eine effiziente Form der Überprüfung regulärer Ausdrücke sind die so genannten *endlichen Automaten*, eine Ausprägung der abstrakten Maschinen aus Kapitel 6.2. Ein solcher Automat besteht aus

1. einer endlichen Zustandsmenge S,
2. einer Menge Σ (oder auch Alphabet) von Eingabesymbolen,
3. einem Zustand s_0, der als Start- oder Anfangszustand bezeichnet wird,

4. einer Menge F von Zuständen, die als akzeptierte oder Endzustände bezeichnet werden, und
5. einer Übergangsfunktion *move*, die ein Paar (s, a), bestehend aus einem Zustand $s \in S$ und einem Symbol $a \in \Sigma \cup \epsilon$ (ϵ steht hier für den leeren String), auf eine Menge von Zuständen abbildet.

Markierter, gerichteter Graph

Ein endlicher Automat lässt sich als markierter, gerichteter Graph darstellen, wobei die Knoten die Zustände und die markierten Kanten die Übergangsfunktion repräsentieren. Zu einem regulären Ausdruck kann nun ein solcher Automat konstruiert werden. Ausgehend vom Startzustand wird mit jedem gelesenen Zeichen die Übergangsfunktion ausgewertet und gegebenfalls ein neuer Zustand eingenommen. Ist ein Endzustand erreicht, so wurde der Ausdruck erkannt. Anders ausgedrückt, ein Automat akzeptiert eine Zeichenfolge genau dann, wenn es einen Pfad vom Startzustand zu einem Endzustand gibt und die Markierungen der Kanten des Pfades exakt diese Zeichenfolge bilden. Interessanterweise wird beim KMP-Algorithmus die Kodierung eines endlichen Automaten gerade als *next*-Tabelle genutzt.

Akzeptanz einer Zeichenfolge

Nichtdeterministischer endlicher Automat

Da die Übergangsfunktion eine Menge von Zuständen liefert, handelt es sich hierbei um einen nichtdeterministischen endlichen Automaten (NEA). Dies ist für die Erkennung regulärer Ausdrücke sinnvoll, weil durch die Oder- und die Hüllen-Operationen mehrere (d.h. zwei) Übergänge aus einem Zustand möglich sind. In Abbildung 17.8 ist ein Beispiel eines solchen Automaten für die Erkennung des Ausdrucks »A(A+B)*BA« dargestellt. Die Zustandsmenge ist $S = \{0, \ldots, 3\}$, das Alphabet $\Sigma = \{A, B\}$, der Startzustand ist 0 und der Endzustand 3. Der Automat befindet sich damit zu Beginn im Zustand 0. Wird ein A-Zeichen gelesen, erfolgt ein Übergang in Zustand 1. Dort können beliebig viele A- oder B-Zeichen gelesen werden. Hier wird auch der Nichtdeterminismus deutlich: Beim Lesen eines B-Zeichens ist auch der Übergang in Zustand 2 möglich. Dort wird nur noch ein A akzeptiert, wobei der Endzustand eingenommen und die Eingabe akzeptiert wird.

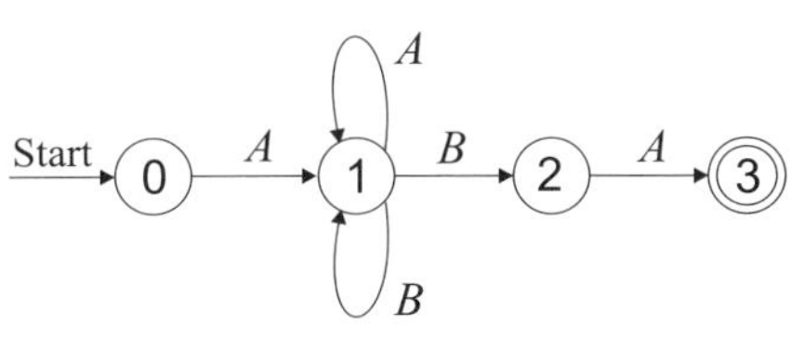

Abbildung 17.8 Beispiel für einen nichtdeterministischen endlichen Automaten

Mit dem Hilfsmittel NEA sind wir nun prinzipiell in der Lage zu prüfen, ob eine Zeichenfolge zu einem gegebenen regulären Ausdruck passt. Die weiteren Aufgaben bestehen nur noch darin, zu diesem Ausdruck den entsprechenden Automaten zu konstruieren und ein Programm zur Simulation des Automaten zu implementieren. Wir wollen das erste Teilproblem anhand einiger einfacher Regeln lösen und für die zweite Teilaufgabe einen Algorithmus skizzieren.

Konstruktion eines NEA

Die Konstruktion eines NEA aus einem gegebenen regulären Ausdruck r beginnt mit der Zerlegung dieses Ausdrucks in seine Bestandteile. Zu jedem atomaren Symbol $a \in \Sigma$ oder ϵ (dem leeren String) wird ein eigener Automat erstellt, der aus einem Startzustand, einem Endzustand sowie einer Kante besteht, die beide Zustände verbindet und mit dem jeweilen Symbol markiert ist (Abbildung 17.9).

Abbildung 17.9 *Konstruktion eines NEA aus regulären Ausdrücken I*

(a) NEA für A (b) NEA für ϵ

Diese einzelnen Automaten werden anschließend entsprechend der definierten Operationen verknüpft. So ergibt sich für den regulären Ausdruck r_1+r_2 mit den Automaten $N(r_1)$ und $N(r_2)$ der NEA aus Abbildung 17.10(a), der einen neuen Start- und einen neuen Endzustand besitzt sowie ϵ-Kanten zu bzw. von den »alten« Start- und Endzuständen der Teilautomaten. In ähnlicher Weise erfolgt die Verknüpfung für die Operationen Verkettung r_1r_2 (Abbildung 17.10(b)), wobei hier der Endzustand von $N(r_1)$ und der Startzustand von $N(r_2)$ verschmolzen werden, und Hüllenbildung (Abbildung 17.10(c)).

Abbildung 17.10 *Konstruktion eines NEA aus regulären Ausdrücken II*

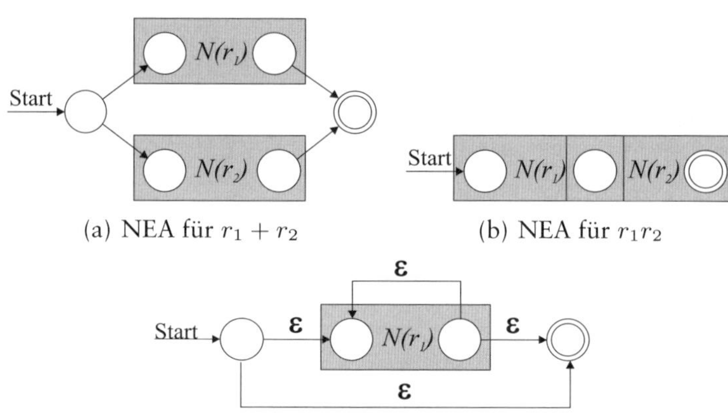

(c) NEA für r_1^*

Unter Anwendung dieser Regeln ergibt sich für den Ausdruck »A*BA« der in Abbildung 17.11 dargestellte Automat, indem zunächst jeweils für A, B und A elementare Automaten konstruiert werden. Im zweiten Schritt wird der Automat für die Hülle von A erstellt und schließlich werden noch die Verkettungen umgesetzt.

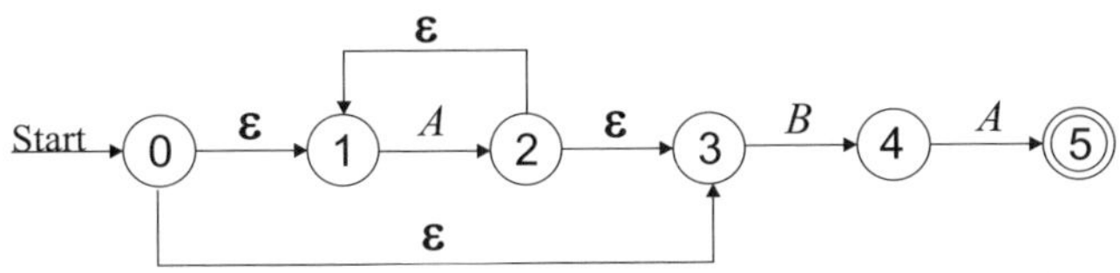

Abbildung 17.11
*Aus »A*BA« konstruierter NEA*

Wie kann nun ein solcher Automat simuliert werden? Zunächst benötigen wir eine geeignete Repräsentation für die Zustände und Übergänge. Hierfür bietet sich eine einfache Tabellendarstellung an, wobei für jeden Zustand (*state*) die mit einem gelesenen Symbol (*symbol*) durchzuführenden Übergänge zu den Folgezuständen (*next*) angegeben sind. Da es für die speziell nach obigen Regeln konstruierten Automaten aus einem Zustand bis zu zwei Übergänge geben kann, werden für ϵ-Übergänge entsprechend zwei Folgezustände *next1* und *next2* benötigt. Als Beispiel ist in Abbildung 17.12 die zum Automaten aus Abbildung 17.11 korrespondierende Darstellung angegeben.

Repräsentation der Zustände und Übergänge

state	0	1	2	3	4	5
symbol	ϵ	A	ϵ	B	A	ϵ
next1	1	2	3	4	5	0
next2	3	2	1	4	5	0

Abbildung 17.12
Repräsentation eines NEA

Bei der Simulation eines NEA muss dem nichtdeterministischen Verhalten Rechnung getragen werden. Es sind daher jeweils alle Zustände zu sichern und später der Reihe nach abzuarbeiten, die während des Verarbeitens eines bestimmten Symbols eingenommen werden können. Ein ähnliches Vorgehen wurde beispielsweise auch beim Breitendurchlauf eines Graphen (Abschnitt 16.3.1) gewählt und mit Hilfe einer Warteschlange realisiert.

Simulation eines NEA

In Programm 17.3 ist eine an [Sed02a] angelehnte Implementierung zur Simulation eines NEA angegeben. Diese Implementierung nutzt die Datenstruktur *Deque* als Kombination von Warteschlange und Kellerspeicher. Die Warteschlange wird benötigt, weil erst alle Zustände des aktuellen Zeichens untersucht werden müssen, bevor mit dem nächsten Zeichen fortgefahren wird – der neue Zustand wird am Ende der Warteschlange eingeordnet. Ein Kellerspeicher ist zur Verarbeitung von Nullzuständen mit ϵ-Übergängen notwendig, da diese zur sofortigen Untersuchung als erste Elemente eingeordnet werden sollen. In Java kann hierzu beispielsweise ein Liste verwendet werden, die das Einfügen und Herausnehmen von Elementen an beiden Enden unterstützt.

Programm 17.3
Simulation eines NEA

```
import java.util.LinkedList;

public class NEA {
  public static final int SCAN = -1;

  // Klasse zur Repräsentation der Zustände
  static class State {
    public State(char s, int n1, int n2) {
      symbol = s; next1 = n1; next2 = n2;
    }
    char symbol; // zu akzeptierendes Symbol
    int next1, next2; // Nachfolgezustände
  }

  // "Programm" des NEA
  State[] states = {
    new State(' ', 1, 3), new State('A', 2, 2),
    new State(' ', 3, 1), new State('B', 4, 4),
    new State('A', 5, 5), new State(' ', 0, 0)
  };

  public NEA() {}

  public boolean match(String s) {
    LinkedList deque = new LinkedList();
    // Initialisierung
    int j = 0, state = states[0].next1;
    deque.addLast(new Integer(SCAN));
    while (state != 0) {

      if (state == SCAN) {
        j++;
        deque.addLast(new Integer(SCAN));
      }
      else if (states[state].symbol == ' ') {
        // "leeres" Zeichen -> Nullzustand
        int n1 = states[state].next1;
        int n2 = states[state].next2;
        deque.addFirst(new Integer(n1));
        if (n1 != n2)
          deque.addFirst(new Integer(n2));
      }
```

```
      else if (states[state].symbol == s.charAt(j))
        // Zeichen akzeptiert
        deque.addLast(new Integer(states[state].next1));
      if (deque.isEmpty() || j > s.length())
        // kein Endzustand erreicht -> Fehler
        return false;

      // (!) neuen Zustand einnehmen
      state = ((Integer) deque.removeFirst()).intValue();
    }
    // Endzustand: Eingabe akzeptieren
    return true;
  }

  public static void main(String[] args) {
    NEA nea = new NEA();
    System.out.println("accept = " + nea.match("AABA"));
  }
}
```

Da der Automat bei ϵ-Übergängen in einem beliebigen von mehreren möglichen Zuständen sein kann, werden diese jeweils in die Deque aufgenommen. Zur Unterscheidung der möglichen Zustände für das aktuelle Symbol der Zustände des nachfolgenden Symbols wird ein spezielles Symbol `SCAN` verwendet.

Mit der internen Klasse `State` werden die einzelnen Zustände und Übergänge des Automaten repräsentiert. Das »Programm« für den Automaten besteht somit aus einer Menge von Objekten dieser Klasse, die im Feld `states` abgelegt sind. Entsprechend ist noch eine Methode vorzusehen, die aus einem gegebenen regulären Ausdruck die Repräsentation des Automaten erzeugt.

Erkenner-Methode

Die eigentliche Erkenner-Methode ist die Methode `match`, die überprüft, ob die übergebene Zeichenkette `s` zum Muster des Automaten passt. Ausgehend vom Startzustand 0 läuft die Abarbeitung in einer **`while`**-Schleife so lange, bis entweder der Endzustand (gekennzeichnet durch einen Sprung in den Zustand 0) erreicht ist oder eine Nichtübereinstimmung mit dem Muster erkannt wurde. Letzteres ist der Fall, wenn kein Zustand mehr in der Warteschlange ist oder das Textende erkannt wurde, ohne dass ein Endzustand erreicht ist. Erfordert der aktuelle Zustand einen Vergleich mit dem Eingabetext – erkennbar an `states[state].symbol != ' '` –, so wird das entsprechende Zeichen `s.charAt(j)` gelesen und bei einer Übereinstimmung mit dem Übergangssymbol der Nachfolgezustand eingenommen.

In Abbildung 17.13 ist der Ablauf der Simulation bei der Verarbeitung der Zeichenkette »AABA« dargestellt. Es sind jeweils der aktuelle

Abbildung 17.13 Ablauf bei Erkennung von »AABA«

state	deque	j	Vergleich
1	(-1, 2)	0	√
-1	(2, -1)	1	
2	(1, 3, -1)	1	
1	(3, -1, 2)	1	√
3	(-1, 2)	1	
-1	(2, -1)	2	
2	(1, 3, -1)	2	
1	(3, -1)	2	
3	(-1, 4)	2	√
-1	(4, -1)	3	
4	(-1, 5)	3	√
-1	(5, -1)		
5	(0, -1)		

Zustand (`state`), der Inhalt der Deque (`deque`) sowie die Position des gerade untersuchten Zeichens der Zeichenkette angegeben. Ein √-Zeichen in der Spalte »Vergleich« markiert die Zustände, bei denen ein Zeichen der Eingabe untersucht wird. Der Inhalt der Deque ist dabei nach der Verarbeitung des jeweiligen Zeichens, aber vor dem Einnehmen des neuen Zustandes dargestellt (die mit *(!)* markierte Zeile in Programm 17.3).

Das beschriebene Programm ist im Prinzip wieder eine Simulation einer abstrakten Maschine, wie wir das bereits in Kapitel 6 anhand der Registermaschine oder dem Markov-Algorithmus kennen gelernt haben. Die Anwendung zur Erkennung regulärer Ausdrücke zeigt, dass solche Maschinen durchaus auch zur Lösung praktischer Probleme eingesetzt werden.

17.4.3 Java-Klassen für reguläre Ausdrücke

Java-Klassenbibliothek

Da Pattern Matching mit regulären Ausdrücken ein häufig vorkommendes Problem ist, gibt es in den Klassenbibliotheken der aktuellen Java-Version 1.4 einige Klassen, die dies bereits implementieren. Der einfachste Zugang ist dabei über die Klasse `java.util.Pattern` möglich. In dieser Klasse ist eine statische Methode **`boolean`** `matches(String rexpr, String string)` definiert, die nach dem regulären Ausdruck `rexpr` in der Zeichenkette `string` sucht und im Erfolgsfall den Wert **`true`** liefert. Auf diese Weise lässt sich durch die folgende Anweisung das gleiche Verhalten wie in Programm 17.3 erzielen:

```
boolean res = Pattern.matches("A*BA", "AABA");
```

In diesem Beispiel sind die Schritte der Konstruktion des Automaten sowie der Erkennung in einer Methode kombiniert. Darüber hinaus besteht auch noch die Möglichkeit, dies getrennt durchzuführen und somit einen einmal konstruierten Automaten zur Erkennung in mehreren Zeichenketten zu nutzen. Hierzu muss die Klassenmethode `Pattern.compile(String rexpr)` verwendet werden, die anhand eines gegebenen regulären Ausdrucks `rexpr` ein neues `Pattern`-Objekt erzeugt. Für dieses Objekt kann anschließend die Methode `matcher(String string)` aufgerufen werden, die ein Objekt der Klasse `java.util.Matcher` liefert. Mit dieser Klasse sind eine Reihe von Methoden zur Suche, aber auch zur Ersetzung von Teilen der Zeichenkette auf Basis des gefundenen regulären Ausdrucks definiert. Die einfachste Variante ist wiederum die Verwendung der Methode **boolean** `matches()`:

Kompilieren von Mustern

```
Pattern p = Pattern.compile("A*BA");
Matcher m = p.matcher("AABA");
boolean res = m.matches();
```

Zur Konstruktion von regulären Ausdrücken stehen die in Abschnitt 17.4.1 vorgestellten Operatoren zur Verfügung, wobei jedoch die Oder-Verknüpfung durch ein »|« notiert wird. Darüber hinaus gibt es noch eine Vielzahl weiterer Operationen, z.B.

Operatoren

- für das mindestens einmalige Vorkommen eines Zeichens oder einer Zeichenfolge (`AB+` für ein `A` gefolgt von mindestens einem `B`),
- für Klassen von Zeichen (`[a-z]` für alle Zeichen zwischen `a` und `z` oder als Kurzform `\w` sowie `\d` für eine Ziffer) und Negationen davon (`[^abc]` für alle Zeichen außer `a`, `b` oder `c`).

Eine vollständige Aufstellung der verfügbaren Operatoren kann der API-Dokumentation zur Klasse `java.util.Pattern` entnommen werden.

17.4.4 Ähnlichkeit von Zeichenketten: Die Levenshtein-Distanz

Neben der Suche nach allgemeineren Mustern von Zeichenketten spielt in vielen Anwendungen auch die Suche nach einem *ähnlichen* Text zu

Ähnlichkeitsvergleich

einer gegebenen Zeichenkette eine wichtige Rolle. Hierbei wird ein »unscharfer« bzw. fehlertoleranter Vergleich durchgeführt, der auch mit Tippfehlern, Buchstabendrehern oder unterschiedlichen Schreibweisen umgehen kann.

Eine häufig eingesetzte Lösung ist die Verwendung der Editierdistanz, die nach ihrem Erfinder, dem russischen Mathematiker Levenshtein, auch *Levenshtein-Distanz* genannt wird. Dieses Maß beschreibt den Abstand zwischen zwei Zeichenketten in Form der Mindestanzahl von Editieroperationen, die notwendig sind, um die eine Zeichenkette in die andere zu überführen. Als Editieroperationen werden dabei das Einfügen, Löschen und Ersetzen einzelner Zeichen berücksichtigt. Einige Erweiterungen wie die Damerau-Levenshtein-Distanz lassen darüber hinaus auch noch die Transposition (d.h. das Vertauschen von zwei Zeichen) zu. In Abbildung 17.14 ist dies an einigen Beispielen illustriert, wobei jeweils auch die Operationen angegeben sind:

- `insert`(c) für das Einfügen des Zeichens c,
- `update`$(a \rightarrow b)$ für das Ersetzen von a durch b und
- `delete`(c) für das Löschen von c.

Hierbei ist zu beachten, dass die Transformation der ersten Zeichenkette in die zweite auch durch andere Operationen erreicht werden kann, wie etwa `delete`(M); `insert`(H) für das erste Beispiel. Allerdings beschreibt die Levenshtein-Distanz jeweils die minimale Anzahl von Operationen, d.h. in diesem Fall 1 (wie in Abbildung 17.14) statt 2.

Abbildung 17.14
Beispiele für die Levenshtein-Distanz

Zeichenketten	Distanz	Operationen
Maus – Haus	1	`update`(M → H)
Qualität – Quantität	2	`update`(l → n); `insert`(t)
Psychologie – Physiologie	3	`update`(s → h); `update`(c → s); `update`(h → i)

Ein verbreiteter Algorithmus zur Bestimmung der Levenshtein-Distanz zweier Zeichenketten der Länge m bzw. n basiert auf einer $(m + 1) \times (n + 1)$-Matrix D und nutzt dynamische Programmierung (siehe Abschnitt 8.5). Jede Zelle (i, j) dieser Matrix beschreibt die Levenshtein-Distanz zwischen dem i- und dem j-Präfix der beiden Zeichenketten. Die einzelnen Zellenwerte lassen sich rekursiv wie folgt berechnen:

$$
\begin{aligned}
D_{0,0} &= 0 \quad D_{i,0} = i \quad D_{0,j} = j \\
\text{sowie für alle} & \quad 1 \leq i \leq m, 1 \leq j \leq n \\
D_{i,j} &= \begin{cases} D_{i-1,j-1} + 0 \text{ gleiches Zeichen} \\ D_{i-1,j-1} + 1 \text{ Zeichen ersetzen} \\ D_{i,j-1} + 1 \text{ Zeichen einfügen} \\ D_{i-1,j} + 1 \text{ Zeichen löschen} \end{cases}
\end{aligned}
$$

Die Matrix wird von links oben (Position $(0, 0)$) nach rechts unten aufgebaut. Jeder horizontale und vertikale Schritt entspricht dabei einer Editieroperation (mit Kosten $+1$), ein diagonaler Schritt wird entweder mit $+1$ (keine Übereinstimmung) oder 0 (Übereinstimmung) gewertet. Man kann sich dies sehr leicht in der Zeile 0 verdeutlichen: Um von der leeren Zeichenkette zum j Zeichen langen Präfix der anderen Zeichenkette zu kommen, werden j (Einfüge-)Operationen benötigt.

Abbildung 17.15 demonstriert dieses Prinzip am Beispiel des Vergleichs der beiden Zeichenketten »Qualität« und »Quantität«. Hierbei steht ϵ wieder für die leere Zeichenkette. Die markierten Zellen der Matrix stellen die gewählte Folge von Editieroperationen dar: In jedem Schritt wird der Weg mit den minimalen Kosten gewählt. In unserem Beispiel ist dies zu Beginn die Diagonale mit den 0-Werten. Die Ersetzung des »l« durch das »n« kostet dann eine Operation (auf der Diagonale $+1$). Danach muss ein »t« eingefügt werden (horizontaler Schritt mit $+1$), bevor auf der Diagonale fortgefahren werden kann. Unten rechts in der Zelle (m, n) kann dann die Levenshtein-Distanz des vollständigen Vergleichs abgelesen werden.

	ϵ	Q	u	a	n	t	i	t	ä	t
ϵ	**0**	1	2	3	4	5	6	7	8	9
Q	1	**0**	1	2	3	4	5	6	7	8
u	2	1	**0**	1	2	3	4	5	6	7
a	3	2	1	**0**	1	2	3	4	5	6
l	4	3	2	1	**1**	**2**	3	4	5	6
i	5	4	3	2	2	2	**2**	3	4	5
t	6	5	4	3	3	2	3	**2**	3	4
ä	7	6	5	4	4	3	3	3	**2**	3
t	8	7	6	5	5	4	4	3	3	**2**

Abbildung 17.15
Matrix zur Bestimmung der Levenshtein-Distanz

Betrachten wir abschließend noch eine Implementierung dieses Verfahrens (Programm 17.4). Nach dem Anlegen eines zweidimensionalen

Feldes der Größe $(m + 1) \times (n + 1)$ werden die 0. Zeile und 0. Spalte initialisiert. Anschließend wird die Matrix zeilenweise durchlaufen und jede Zelle entsprechend der obigen Formel mit einem Wert belegt. Im Fall der Gleichheit der Zeichen an der Position $i - 1$ und $j - 1$ wird der Kostenwert 0, anderenfalls 1 (Ersetzung) addiert. Das Ergebnis kann schließlich an der Position n, m ausgelesen und zurückgegeben werden.

Programm 17.4 *Implementierung der Levenshtein-Distanz*

```
public class Levenshtein {
  public static int distance(String s1, String s2) {
    int m = s1.length(), n = s2.length();
    int[][] d = new int[m + 1][n + 1];
    int i, j;

    for (i = 0; i <= m; i++) d[i][0] = i;
    for (j = 0; j <= n; j++) d[0][j] = j;
    for (i = 1; i <= m; i++) {
      for (j = 1; j <= n; j++) {
        int cost = (s1.charAt(i-1) == s2.charAt(j-1) ? 0 : 1);
        d[i][j] = Math.min(
                    Math.min(d[i-1][j] + 1, // Zeichen gelöscht
                             d[i][j-1] + 1), // Zeichen eingefügt
                d[i-1][j-1] + cost); // Zeichen ersetzt bzw. gleich
      }
    }
    return d[m][n];
  }

  public static void main(String[] args) {
    System.out.println(distance("Qualität", "Quantität"));
  }
}
```

Die Nutzung der `distance`-Methode ist im Hauptprogramm wieder am Beispiel des Vergleichs von »Qualität« und »Quantität« dargestellt.

Änlichkeitsvergleiche auf Basis der Levenshtein-Distanz sind eine wichtige Technik in vielen Anwendungen, die eine fehlertolerante Suche erfordern. Typische Beispiele hierfür sind die Rechtschreibprüfung in Textverarbeitungsprogrammen, die Dublettenerkennung bei der Bereinigung großer Datenmengen (repräsentieren zwei Datensätze das gleiche Objekt wie etwa eine Person, auch wenn eventuell unterschiedliche Schreibweisen verwendet wurden?) oder auch der Vorschlag alternativer Suchbegriffe bei Web-Suchmaschinen.

18 Literaturhinweise zum Teil III

Das Konzept der abstrakten Datentypen wird in vielen Lehrbüchern für Einführungsveranstaltungen und auch in Büchern zur theoretischen Informatik und zu logischen Grundlagen der Informatik behandelt. Eine logikorientierte Einführung in die wichtigsten Aspekte bietet das Buch von Kreowski [Kre91]. Als weiterführende Literatur seien spezielle Bücher zur algebraischen Spezifikation von ADT empfohlen [EM85, EGL89].

Die objektorientierten Konzepte von Java werden auch in den meisten Büchern zur Programmiersprache behandelt, die wir bereits in Abschnitt 4 auf Seite 113 aufgeführt haben. Mit der objektorientierten Programmierung in Java beschäftigt sich auch das Buch von Wolff [Wol99]. Eine ausführliche Beschreibung der Java-Klassenbibliothek ist u.a. in den Büchern von Middendorf [MSH03] und Flanagan [Fla00] zu finden.

Grundlegende Datenstrukturen und deren Umsetzung werden sehr gut in den Büchern von Sedgewick [Sed02a, Sed02b], Goodrich/Tamassia [GT10] und Weiss [Wei98] erläutert. Diese Bücher behandeln auch die Themenbereiche Bäume, Hashen und Graphen.

Einige der beschriebenen Baumstrukturen (B-Bäume, Tries) und das dynamische Hashen sind insbesondere für die Speicherung von Daten auf Hintergrundspeichern entwickelt worden. Sie werden daher vor allem in Büchern zur Implementierung von Datenbanksystemen ausführlich behandelt [HR01, SHS05]. Auch das Buch von Tharp beschäftigt sich intensiv mit derartigen Speicherstrukturen, darunter sind auch verschiedene dynamische Hashverfahren [Tha88]. Graphenalgorithmen werden besonders ausführlich im Buch von Ottmann und Widmayer [OW02] sowie im Buch von Mehlhorn [Meh84b] behandelt.

Textsuche und insbesondere endliche Automaten für reguläre Ausdrücke werden vor allem in Büchern zum Information Retrieval [FBY99] und zum Compilerbau [ASU99] ausführlich erläutert.

A Quelltext der Klasse IOUtils

Die folgende Klasse wird in einigen Beispielen dieses Buches zum Einlesen von Werten verwendet. Sie vereinfacht die Nutzung der Ein-/Ausgabeklassen der Standardbibliothek und verbirgt auch die Ausnahmebehandlung. Daher ist die Klasse speziell für erste Programmierversuche geeignet.

```
package algoj;

import java.io.*;
import java.util.Vector;

// Die Klasse IOUtils beinhaltet Methoden, die die Ein- und
// Ausgabe von Werten vereinfachen.
public class IOUtils {

  // Liest einen int-Wert von der Standardeingabe und gibt
  // diesen als Ergebnis zurück.
  // Beispiel:
  // int i = IOUtils.readInt();
  //
  // Ergebnis: der gelesene int-Wert
  //
  public static int readInt() {
    int result = 0;
    BufferedReader reader =
      new BufferedReader(
        new InputStreamReader(System.in));
    try {
      result = Integer.parseInt(reader.readLine());
    }
    catch (IOException e) {
      System.err.println("I/O Error: " +
                         e.getMessage());
    }
    catch (NumberFormatException e) {
      System.err.println("Format Error: " +
```

```
                         e.getMessage ());
  }
  return result;
}

// Liest einen float-Wert von der Standardeingabe und gibt
// diesen als Ergebnis zurück.
//
// Ergebnis: der gelesene float-Wert
//
public static float readFloat() {
  float result = 0;
  BufferedReader reader =
    new BufferedReader(
      new InputStreamReader(System.in));
  try {
    result = new Float(reader.readLine()).floatValue();
  }
  catch (IOException e) {
    System.err.println("I/O Error: " +
                         e.getMessage ());
  }
  catch (NumberFormatException e) {
    System.err.println("Format Error: " +
                         e.getMessage());
  }
  return result;
}

// Liest eine Zeichenkette von der Standardeingabe und gibt
// diese als Ergebnis zurück.
// Beispiel:
// String s = IOUtils.readString();
//
// Ergebnis: die gelesene Zeichenkette als String-Objekt
//
public static String readString() {
  String result = null;
  BufferedReader reader =
    new BufferedReader(
      new InputStreamReader(System.in));
  try {
    result = reader.readLine();
  }
  catch (IOException e) {
    System.err.println("I/O Error: " +
```

```
                e.getMessage());
  }
  return result;
}

// Liest ein Zeichen von der Standardeingabe und gibt
// dieses als Ergebnis zurück.
//
// Ergebnis: das gelesene Zeichen als char-Wert
//
public static char readChar() {
  char result = '\u0000';
  BufferedReader reader =
    new BufferedReader(
      new InputStreamReader(System.in));
  try {
    result = (char)reader.read();
  }
  catch (IOException e) {
    System.err.println("I/O Error: " +
                e.getMessage());
  }
  return result;
}

// Liest ein Folge von Integerwerten aus der angegebenen Datei
// und gibt diese in einem Feld zurück.
// Im Fehlerfall wird null geliefert.
//
// Parameter: filename Der Name (inkl. Pfad) der einzulesenden Datei
// Ergebnis: das int-Feld mit den Werten
//
public static int[] readIntArray(String filename) {
  int[] result = null;

  Vector values = new Vector();
  try {
    BufferedReader reader =
      new BufferedReader(new FileReader(filename));
    while (reader.ready()) {
      Integer value = Integer.valueOf(reader.readLine());
      values.addElement(value);
    }
    reader.close();
    result = new int[values.size()];
    for (int i = 0; i < values.size(); i++)
```

```
        result[i] =
          ((Integer)values.elementAt(i)).intValue();

    }
    catch (IOException e) {
      System.err.println("I/O Error: " +
                         e.getMessage ());
    }

    return result;
  }
}
```

Abbildungsverzeichnis

Tabellenverzeichnis

Algorithmenverzeichnis

Beispielverzeichnis

Programmverzeichnis

Literaturverzeichnis

[ABCW02] H.-J. Appelrath, D. Boles, V. Claus und I. Wegener. *Starthilfe Informatik*. B.G. Teubner, Stuttgart, Leipzig, 2002.

[AGH05] K. Arnold, J. Gosling und D. Holmes. *The Java Programming Language*. Addison-Wesley, Reading, MA, 4. Auflage, 2005.

[AL00] H.-J. Appelrath und J. Ludewig. *Skriptum Informatik – eine konventionelle Einführung*. B.G. Teubner, Stuttgart, Leipzig, 5. Auflage, 2000.

[ASU99] A.V. Aho, R. Sethi und J.D. Ullman. *Compilerbau Teil I+II*. R. Oldenbourg Verlag, München, Wien, 1999.

[AU96] A.V. Aho und J.D. Ullman. *Informatik. Datenstrukturen und Konzepte der Abstraktion*. MITP-Verlag, 1996.

[Bau96] B. Baumgarten. *Petri-Netze. Grundlagen und Anwendungen*. Spektrum Akademischer Verlag, 1996.

[BKK03] C. Borgelt, F. Klawonn und R. Kruse. *Neuro-Fuzzy-Systeme*. Vieweg Verlag, 2003.

[Bog99] M. Boger. *Java in verteilten Systemen: Nebenläufigkeit, Verteilung, Persistenz*. dpunkt.verlag, 1999.

[Bol06] D. Boles. *Programmieren spielend gelernt: mit dem Java-Hamster-Modell*. B.G. Teubner, Stuttgart, Leipzig, 3. Auflage, 2006.

[Bra95] R. Brause. *Neuronale Netze*. Teubner Verlag, Stuttgart, Leipzig, 1995.

[Bro98] M. Broy. *Informatik. Eine grundlegende Einführung. Band 2: Systemstrukturen und Theoretische Informatik*. Springer-Verlag, 2. Auflage, 1998.

[Bro09] M. Broy. *Informatik. Eine grundlegende Einführung. Band 1: Programmierung und Rechnerstrukturen*. Springer-Verlag, 3. Auflage, 2009.

[CLR01] T. H. Cormen, C. E. Leiserson und R. L. Rivest. *Introduction to Algorithms*. MIT Press, Cambridge, MA, 2. Auflage, 2001.

[CW01] M. Campione und K. Walrath. *The Java Tutorial.* Addison-Wesley, Reading, MA, 2001.

[CWH98] M. Campione, K. Walrath und A. Huml. *The Java(TM) Tutorial Continued: The Rest of the JDK(TM) (The Java(TM) Series).* Addison-Wesley, Reading, MA, 1998.

[Das97] J. Dassow. *Skript zur Vorlesung Algorithmen und Datenstrukturen.* Universität Magdeburg, Wintersemester 96/97 und Sommersemester 97, 1997.

[EG00] K. Echtle und M. Goedicke. *Lehrbuch der Programmierung mit Java.* dpunkt.verlag, Heidelberg, 2000.

[EGL89] H.-D. Ehrich, M. Gogolla und U. W. Lipeck. *Algebraische Spezifikation abstrakter Datentypen.* B.G. Teubner, Stuttgart, 1989.

[EM85] H. Ehrig und B. Mahr. *Fundamentals of Algebraic Specification 1: Equations and Initial Semantics.* Springer-Verlag, Berlin, 1985.

[Fac03] Fachredaktionen des Bibliographischen Instituts (Hrsg.). *Schülerduden. Die Informatik.* Bibliographisches Institut, Mannheim, 2003.

[FBY99] B. Frakes und R. Baeza-Yates (Hrsg.). *Information Retrieval: Data Structures & Algorithms.* Prentice Hall, Upper Saddle River, NJ, 1999.

[Fla00] D. Flanagan. *Java Foundation Classes in a Nutshell: Deutsche Ausgabe.* O'Reilly Verlag, Köln, 2000.

[Fla03] D. Flanagan. *Java in a Nutshell: Deutsche Ausgabe.* O'Reilly Verlag, Köln, 4. Auflage, 2003.

[FT87] M. Fredman und R. Tarjan. *Fibonacci Heaps and their Uses in Improved Network Optimization Algorithms.* Journal of the ACM, 34(3):596–615, Juli 1987.

[GL90] L. Goldschlager und A. Lister. *Informatik. Eine moderne Einführung.* Carl Hanser Verlag, München, Wien, 3. Auflage, 1990.

[Goo98] G. Goos. *Vorlesungen über Informatik, Band 4, Paralleles Rechnen ud nicht-analytische Lösungsverfahren.* Springer-Verlag, Berlin, Heidelberg, New York, 1998.

[GT10] M.T. Goodrich und R. Tamassia. *Data Structures and Algorithms in Java.* Wiley, 5. Auflage, 2010.

[GZ05] G. Goos und W. Zimmermann. *Vorlesungen über Informatik. Band 1: Grundlagen und funktionales Programmieren.* Springer-Verlag, 4. Auflage, 2005.

[GZ06] G. Goos und W. Zimmermann. *Vorlesungen über Informatik. Band 2: Objektorientiertes Programmieren und Algorithmen.* Springer-Verlag, 4. Auflage, 2006.

[HR01] T. Härder und E. Rahm. *Datenbanksysteme – Konzepte und Techniken der Implementierung*. Springer-Verlag, 2. Auflage, 2001.

[Knu98] D.E. Knuth. *The Art of Computer Programming: Volumes 1-3 Boxed Set*. Addison-Wesley, Reading, MA, 1998.

[Kre91] H.-J. Kreowski. *Logische Grundlagen der Informatik*. R. Oldenbourg Verlag, München, Wien, 1991.

[KY02] H. Kredel und A. Yoshida. *Thread- und Netzwerk-Programmierung mit Java: Praktikum für die Parallele Programmierung*. dpunkt.verlag, 2. Auflage, 2002.

[Lea99] D. Lea. *Concurrent Programming in Java: Design Principles and Patterns*. Addison-Wesley, Reading, MA, 1999.

[Lek93] Lektorat des BI-Wissenschafts-Verlags (Hrsg.). *Duden Informatik*. B.I., 2. Auflage, 1993.

[Meh84a] K. Mehlhorn. *Data Structures and Algorithms 1: Sorting and Searching*. Springer-Verlag, Berlin, Heidelberg, New York, 1984.

[Meh84b] K. Mehlhorn. *Data Structures and Algorithms 2: Graph Algorithms and NP-Completeness*. Springer-Verlag, Berlin, Heidelberg, New York, 1984.

[Mic98] Z. Michaelwicz. *Genetic Algorithms + Data Structures = Evolution Programs*. Springer-Verlag, Berlin, Heidelberg, New York, 1998.

[MSH03] S. Middendorf, R. Singer und J. Heid. *Java Programmierhandbuch und Referenz für die Java-2-Plattform – Standard Edition*. dpunkt.verlag, Heidelberg, 2003. 3., überarbeitete und erweiterte Auflage.

[OW02] P. Ottmann und P. Widmayer. *Algorithmen und Datenstrukturen*. Spektrum Akademischer Verlag, Heidelberg, 4. Auflage, 2002.

[Rec00] P. Rechenberg. *Was ist Informatik? Eine allgemeinverständliche Einführung*. Carl Hanser Verlag, München, Wien, 2000.

[Rei85] W. Reisig. *Petri Nets. An Introduction*. Springer-Verlag, Berlin, 1985.

[RP02] P. Rechenberg und G. Pomberger. *Informatik-Handbuch*. Carl Hanser Verlag, München, Wien, 3. Auflage, 2002.

[Sah00] S. Sahni. *Data Structures, Algorithms, and Applications in Java*. McGraw-Hill, 2000.

[Sed02a] R. Sedgewick. *Algorithmen in C++. Teil 1–4*. Pearson Studium, München, 2002. 3., überarbeitete und erweiterte Auflage.

[Sed02b] R. Sedgewick. *Algorithmen in Java. Teil 1–4*. Pearson Studium, München, 2002. 3., überarbeitete Auflage.

[SHS05] G. Saake, A. Heuer und K. Sattler. *Datenbanken – Implementierungstechniken*. MITP-Verlag, Bonn, 2. Auflage, 2005.

[Tan09] A.S. Tanenbaum. *Moderne Betriebssysteme*. Pearson Studium, München, 3. Auflage, 2009.

[Tha88] A. L. Tharp. *File Organization and Processing*. John Wiley & Sons, New York, 1988.

[Wei98] M.A. Weiss. *Data Structures & Algorithm Analysis in Java*. Addison-Wesley, Reading, MA, 1998.

[Wir00] N. Wirth. *Algorithmen und Datenstrukturen. Pascal-Version*. B.G. Teubner, Stuttgart, Leipzig, 2000. 5. Auflage.

[Wol99] C. Wolff. *Einführung in Java: Objektorientiertes Programmieren mit der Java 2-Plattform*. B.G. Teubner, Stuttgart, Leipzig, 1999.

[Zel94] A. Zell. *Simulation neuronaler Netze*. R. Oldenbourg Verlag, München, Wien, 1994.

Index

T